陈津生　编著

建设工程总承包项目
招标与投标操作实务

U0194359

化学工业出版社
·北京·

内 容 简 介

本书以招投标法律法规，工程总承包项目招投标的新规章、新规范为依据，对工程总承包项目招标与投标操作关键点进行详解。本书包括 4 篇内容，分别为绪论篇、招标篇、投标篇和评标篇，分别从招标人和投标人两个角度加以展开论述，内容自成体系，又相互呼应，具有系统性、普及性、通俗性、实用性的特点。本书内容全面，同时又配有大量实际工程案例，对一些典型案例进行深入透彻分析，具有理论与实际紧密结合的特点，使读者学得懂、用得上，真正做到现学现用。

本书可作为建设方、承包企业、代理机构、公共资源交流中心、咨询机构、政府监督机构等有关人员的学习资料，也可作为行业或企业开展工程总承包知识的培训教程，还可以作为高等院校相关专业学生的提高读物。

图书在版编目（CIP）数据

建设工程总承包项目招标与投标操作实务/陈津生
编著 . —北京：化学工业出版社，2021.6（2023.8重印）
ISBN 978-7-122-38941-1

Ⅰ.①建… Ⅱ.①陈… Ⅲ.①建筑工程-招标②建筑
工程-投标 Ⅳ.①TU723

中国版本图书馆 CIP 数据核字（2021）第 069528 号

责任编辑：彭明兰 文字编辑：刘厚鹏
责任校对：王 静 装帧设计：刘丽华

出版发行：化学工业出版社（北京市东城区青年湖南街 13 号 邮政编码 100011）
印 装：北京天宇星印刷厂
787mm×1092mm 1/16 印张 24½ 字数 663 千字 2023 年 8 月北京第 1 版第 4 次印刷

购书咨询：010-64518888 售后服务：010-64518899
网 址：http://www.cip.com.cn
凡购买本书，如有缺损质量问题，本社销售中心负责调换。

定 价：98.00 元

前言

　　工程总承包模式由于具有项目整体设计方案利于优化、可以有效实现建设项目的进度、成本和质量的控制和责任主体明确的三大优势，目前，已发展成为世界工程建设承包市场的主流模式。为此，近年来，推行工程总承包模式成为我国建设行业承包市场改革的重要内容。

　　自2003年2月建设部印发了《关于培育发展工程总承包和工程项目管理企业的指导意见》以来，我国工程总承包推行的步伐正在加快，法律法规不断健全。国务院、国家发展改革委员会、住房和城乡建设部先后出台了《建设项目工程总承包合同示范文本（试行）》《标准设计施工总承包招标文件》《住房城乡建设部关于进一步推进工程总承包发展的若干意见》《建设项目工程总承包管理规范》《建设项目工程总承包费用项目组成（征求意见稿）》《房屋建筑和市政基础设施项目工程总承包计价计量规范（征求意见稿）》等文件；2020年3月开始正式实施《房屋建筑和市政基础设施项目工程总承包管理办法》。于此之前，各地政府积极试行工程总承包模式、地方有关工程总承包的法规、规范也密集出台。工程总承包模式的推广和应用已成燎原之势，势不可挡。

　　工程总承包模式的推行，为我国建设事业带来了良好的发展机遇，同时也面临着挑战，对从业人员的要求和人才的培养提出了更高的标准。众所周知，工程总承包是一项集工程项目的设计、采购、施工、试运行于一体的系统工程，具有投资大、周期长、过程复杂等特点，有许多方面需要进行研究、探讨，其中招投标则是其中一项重要的内容。

　　工程总承包的招投标活动与传统项目招投标活动在承发包模式、招投标方式和评标方法等方面都有很大的差别，长期以来从业者无章可循，在招投标工作中有一定的困惑和障碍，这也成了我国推行总承包事业发展的瓶颈。目前，国家的工程总承包招投标法规、标准不断颁布，招投标的基本规则已成定局，为承发包各方在工程总承包招标投标操作层面提供了法律依据。为宣传工程总承包招投标的新政、新章、新标，解决从业者在招投标实际操作层面急需解决的关键性问题，同时，分享我国优秀企业工程总承包项目招投标的实践经验，提高从业者招投标的业务水平，作者编著了本书。

　　本书内容分4篇，共计20章。第1篇绪论篇，主要对国家颁布的工程总承包招投标新规范、新规章进行要点解读；第2篇招标篇，以招标单位为视角，全面对工程总承包招标操作规范与技术进行详解；第3篇投标篇，则以投标单位为视角，全面详解工程总承包投标操作关键节点的策略与技巧；第4篇评标篇，对工程总承包项目评标的首推方法——综合评分法的操作原则与技术进行了较为深入的探讨。本书内容全面，同时又配有大量实际工程案例，对一些典型案例进行深入透彻分析，具有理论与实际紧密结合的特点，使读者学得懂、用得上，真正做到现学现用。

　　本书由陈津生编著，王慎柳、王子刚、杨红、陈凯参与了资料的收集与整理工作。在编著过程中，作者收集、参考了一些专家、学者和实践者的论著、研究和实践成果，在此一并表示感谢。

　　由于作者水平有限，书中论述难免有不足之处，敬请同行和各位读者不吝斧正，以利再版时予以修正，以满足广大读者对工程总承包项目招投标知识学习的需要。

陈津生

2020.11.16

于北京·花园村

目录

绪论篇

第1章
工程总承包与招投标知识

　　工程总承包模式是国际上广泛运用的一种模式，也是我国目前积极推广的一种项目承包模式。招投标则是依据工程项目的特点，进行承发包的主要交易形式和国际惯例。探讨工程总承包招投标问题，首先需要搞清楚什么是工程总承包以及招投标的基本概念。为此，本章对工程总承包与招投标的基本知识加以阐述。

1.1　工程总承包概述

1.1.1　工程总承包的概念

（1）对定义的表述

　　在原建设部《关于培育发展工程总承包和工程项目管理企业的指导意见》（建市〔2003〕30号）（以下简称第30号文）中，对工程总承包的基本概念描述如下：

　　"（一）工程总承包是指从事工程总承包的企业（以下简称工程总承包企业）受业主委托，按照合同约定对工程项目的勘察、设计、采购、施工、试运行（竣工验收）等实行全过程或若干阶段的承包。

　　（二）工程总承包企业按照合同约定对工程项目的质量、工期、造价等向业主负责。工程总承包企业可依法将所承包工程中的部分工作发包给具有相应资质的分包企业；分包企业按照分包合同的约定对总承包企业负责。

　　（三）工程总承包的具体方式、工作内容和责任等，由业主与工程总承包企业在合同中约定。"

　　第30号文在对工程总承包的定义中，强调了总承包企业对工程项目的全部或若干阶段（即两个阶段以上）的承包工作。从以上描述可知，工程总承包是指总承包企业受业主的委托，按照合同约定，对工程项目的勘察、设计、采购、施工、试运行（竣工验收）等实行全过程或不少于其中两个阶段的承包。承担总承包工作的主体称为总承包人,总承包人对工程的质量、安全、工期和造价等全面负责。

《住房城乡建设部关于进一步推进工程总承包发展的若干意见》(建市〔2016〕93号)(以下简称第93号文)指出:"工程总承包是指从事工程总承包的企业按照与建设单位签订的合同,对工程项目的设计、采购、施工等实行全过程的承包,并对工程的质量、安全、工期和造价等全面负责的承包方式。工程总承包一般采用设计-采购-施工总承包或者设计-施工总承包模式。建设单位也可以根据项目特点和实际需要,按照风险合理分担原则和承包工作内容采用其他工程总承包模式。"

第93号文与第30号文相比,第93号文将第30号文对工程总承包定义描述的"实行全过程或若干阶段的承包"具体表述为"对工程项目的设计、采购、施工等实行全过程的承包"似乎更加突出为设计-采购-施工(EPC)或设计-施工(D-B)模式。同时,强调了风险合理分担的问题。

《房屋建筑和市政基础设施项目工程总承包管理办法》(建市规〔2019〕12号)(以下简称第12号文)第三条:"本办法所称工程总承包,是指承包单位按照与建设单位签订的合同,对工程设计、采购、施工或者设计、施工等阶段实行总承包,并对工程的质量、安全、工期和造价等全面负责的工程建设组织实施方式。"

第12号文和第93号文对工程总承包定义的表述保持了一致。

(2)对定义的理解

从上述文件对工程总承包的定义,可以从以下几个方面予以理解。

① 工程总承包是指从事工程总承包的企业受业主委托,按照合同约定对工程项目的勘察、设计、采购、施工、试运行(竣工验收)等实行全过程或者设计-施工等阶段的承包,即只有所承包的工作中同时包含项目发展周期中两项或两项以上工作时,才能被称为工程总承包。

② 我国推荐的工程总承包模式主要是指对工程设计-采购-施工(EPC)或者设计-施工(D-B)实行的工程总承包形式。

③ 在工程总承包模式下,工程总承包企业按照合同约定对工程项目的质量、工期、造价等向业主承担全面责任。

④ 工程总承包企业可依法将所承包工程中的部分工作(工程项目的设计或施工业务)根据合同约定或者经建设单位同意,直接择优分包给具有相应资质的企业。分包企业按照分包合同的约定对总承包企业负责。

⑤ 工程总承包的具体方式、工作内容、合同价款支付、风险分担以及对质量、安全、工期的其他责任等,由业主与工程总承包企业在合同中约定。

1.1.2 工程总承包优势

(1)基本特征

① 企业利润较高 工程总承包模式是一种价格固定和工期固定承包模式。在该模式下,业主不允许承包商因材料、设备或人工费用变化进行调价和工期的延长。业主和承包商事先要谈妥工程项目价格,此价格包括了承包商在执行合同过程中,应对可能遇到的各种风险的费用。为此,工程总承包价格要比传统承包模式的价格高出许多。

② 工期要求严格 工程总承包模式下,可以大大缩短工期,工期缩短意味着业主可尽快收回投资并开始盈利的时间短,时间就是金钱;工期滞后也就意味着业主获得利润的时间拖后。因为工程总承包模式投资巨大,业主通常采取各种融资方式进行融资,工期拖后,业主作为融资人所面临的风险就会增大。因此,业主对工期的要求也非常高,一般情况下,承

包商没有延长工期的权利。

③ 便于阶段协调　工程总承包模式是一种快速跟进的管理模式。快速跟进模式的最大优点就是可以大大缩短工程从规划、设计到竣工的周期，节约建设投资，减少投资风险，可以比较早地取得收益。在工程总承包模式下，承包商对项目两个阶段以上进行工程总承包，在项目初期和设计时就考虑到对采购和施工的影响，避免了设计和采购、施工的矛盾，减少了由于设计错误、疏忽引起的变更，可以显著减少项目成本，缩短工期。

④ 承包商风险高　工程总承包模式实施过程中的绝大部分风险由承包人承担。建设工程承包合同中一般都将工程的风险划分为业主的风险、承包人的风险、不可抗力风险。在传统合同模式下，业主的风险大致包括：政治风险、社会风险、经济风险、法律风险以及外界风险等，其余风险由承包人承担。另外，出现不可抗力风险时，业主一般负担承包人的直接损失。但在工程总承包合同下，上述传统合同模式中的外界（包括自然）风险、经济风险一般都要求承包人来承担，这样，项目的风险大部分转移给了承包人。

⑤ 企业自由空间大　工程总承包模式的管理方式不同于传统的分段式承包模式。业主不应该过于严格地控制总承包人，而应该在工程项目建设中给工程总承包人较大的工作自由。譬如，业主不应该审核大部分的施工图纸，不应该检查每一个施工工序。业主需要做的是了解工程进度，了解工程质量是否达到合同要求，建设结果最终是否能够满足合同规定的建设工程的功能标准。

⑥ 实施事后监督　业主对项目管理一般采取两种监督方式：过程控制方式和事后监督方式。所谓过程控制方式是指业主聘请监理工程师监督承包商所承包的工作实行全过程的控制监管，并签发证书，实际介入对项目实施过程的管理。所谓事后监督方式是指业主一般在项目实施过程中并不介入管理，但在竣工验收环节较为严格，通过严格的竣工验收对项目实施总过程进行事后监督。工程总承包业主是采取后一种监督方式。

⑦ 总承包人对项目负总责　在工程总承包模式下，工程总承包人对其承包的整个工作过程负总责，对建设工程的质量及建设工程的所有专业分包人履约行为负总责。也就是说，工程总承包人是工程总承包项目的第一责任人；在传统承包模式下，业主则是建设工程质量、安全的第一责任人。

(2) 突出优势

由于工程总承包具有以上特征，因此工程总承包模式与传统分段式承包模式相比较，具有以下三个方面的优势。

① 强调和充分发挥设计在整个工程建设过程中的主导作用，有利于工程项目建设整体方案的不断优化。

② 有效克服设计、采购、施工相互制约和相互脱节的矛盾；有利于设计、采购、施工各阶段工作的合理衔接；有效地实现建设项目的进度、成本和质量控制符合建设工程承包合同约定；确保获得较好的投资效益。

③ 建设工程质量、安全、进度责任主体明确，有利于追究工程质量以及其他责任和确定工程质量以及其他责任的承担人。避免传统承包模式存在的责任不明确，相互扯皮的现象。

当然，在工程总承包模式也有其急需解决的不足之处，主要表现在以下三个方面。

① 能够承包大型工程总承包项目的承包人数量有限，不是随便一个公司就能够承揽的。当然，工程勘察、设计、施工企业也可以组成联合体对工程项目进行联合总承包，但联合体内部之间的关系有时也很难处理。由于实行的是工程总承包，业主对项目标价不好估算，因此准确地估价存在困难。

② 在工程总承包模式项目中，由于采取的是固定总价，业主将许多风险转移给了承包

人，承包人面临着巨大的风险，项目是否能够顺利实施，达到业主的功能要求，很大程度上取决于总承包人的经验和管理水平。

③ 在工程总承包模式项目中由于承包人需要承担较大的风险，所以承包人在投标时通常会预留很高的风险费用，这有可能造成合同价格的偏高。

1.1.3 工程总承包模式发展

目前，我国对工程总承包模式的推行时间不长，涉及面不宽，仍处于推广阶段，虽然工程总承包业务所占市场比例比较低，但市场发展潜力巨大，发展趋势被看好。国内工程总承包市场已经开始形成，涉及行业由化工、石化拓展到其他多个行业，工程总承包收入和规模不断上升，并呈现出以下特点。

(1) 法律法规不断完善

为促进工程总承包业务的发展，与工程总承包相关的政策法规相继出台，如《关于培育发展工程总承包和工程项目管理企业的指导意见》（建市〔2003〕30号）、《关于工程总承包市场准入问题说明的函》（建市函〔2003〕161号）、《住房城乡建设部关于推进建筑业发展和改革的若干意见》（建市〔2014〕92号）、《住房城乡建设部关于进一步推进工程总承包发展的若干意见》（建市〔2016〕93号）、《国务院办公厅关于促进建筑业持续健康发展的意见》（国办发〔2017〕19号），为工程总承包业务的健康发展提供了指导性政策，对推进工程总承包业务的快速发展产生了极大的推动作用。

2016年以来，各地陆续出台推进总承包模式发展的地方性指导性文件，如北京市《关于在本市装配式建筑工程中实行工程总承包招投标的若干规定》《上海市工程总承包试点项目管理办法》、深圳市《EPC工程总承包招标工作指导规则（试行）》、浙江省《关于深化建设工程实施方式改革积极推进工程总承包发展的指导意见》配套法规、山东省《关于开展装配式建筑工程总承包招标投标试点工作的意见》《湖北省水利建设项目工程总承包指导意见（试行）》《四川省政府投资项目工程总承包试点工作方案》等，这些地方性政策文件，为工程总承包业务落地以及开展总承包项目招投标制度提供了进一步的政策支撑。

同时，《标准设计施工总承包招标文件》（2012年版）、《建设项目工程总承包合同示范文本（试行）》（GF-2011-0216）、《建设项目工程总承包管理规范》（GB/T 50358—2017）、《房屋建筑与市政基础设施工程总承包管理办法》（建市规〔2019〕12号）等规章、规范的颁布，为工程总承包招投标业务的实际操作提供了有力的依据。

(2) 行业领域不断拓展

早在1984年，工程设计企业就开始了工程总承包的实践，不过仅集中在工业工程领域，尤其是化工、电力、冶金、石化等几个行业。近年来，逐步推广到公路、水利、纺织、铁道、机械、电子、石油、天然气、建材、市政、兵器、轻工、铁路等20多个行业。建筑行业的工程总承包是在2016年住建部发布《住房城乡建设部关于进一步推进工程总承包发展的若干意见》之后，尤其是国务院2017年19号文《关于促进建筑业持续健康发展的意见》下发之后，工程总承包市场才活跃起来，房屋建筑与市政基础设施行业的工程总承包项目也在不断增加，且取得了明显的进展。

(3) 合同额不断地增长

据行业统计报告显示，从2014年到2018年，设计企业工程总承包营业额和新签合同额逐年增加，平均复合增长率近30%，工程总承包收入在总营业收入中的比重也逐年递增，从2014年的34.6%增加到2018年的50.2%。

2019 年总承包的总产值占中国建筑行业总产值近 93%。中国建筑行业中总承包的总产值由 2015 年的 163655 亿元增至 2019 年的 231055 亿元，复合年增长率为 9.0%。预期工程总承包商在建筑行业仍占主导地位。十四五期间的 2024 年总承包商的总产值将进一步达到 313586 亿元，2019 年至 2024 年的复合年增长率为 5.0%。建筑行业总承包的总产值发展图见图 1-1。

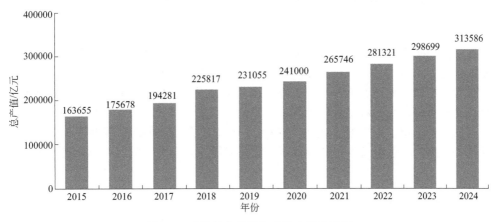

图 1-1 建筑行业总承包的总产值发展图

（4）资质与产值不成正比

自 2015 年至 2019 年，具备一级总承包资质的承包商的建筑工程产值在所有类别的总承包商中为最高，甚至超过具备特级资质的承包商。2019 年中国一级总承包资质承包商总产值达 10720.9 亿元，占中国所有总承包商的总产值的 46.4%。预计建筑行业政策、规范将保持稳定，到 2024 年，一级总承包资质承包商的总产值将进一步达 14738.6 亿元，2019 年至 2024 年的复合年增长率为 6.3%。说明具有特级的总承包商可以投标更大型、更复杂的建筑工程项目。国内建筑行业各级资质总承包商总产值情况图见图 1-2。

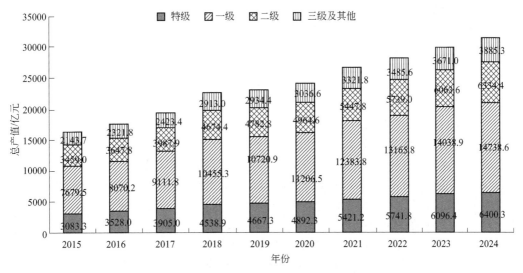

图 1-2 国内建筑行业各级资质总承包商总产值情况图

（5）设计单位快速发展

目前，设计单位投标的工程总承包是我国总承包的重要力量。以中国勘察设计协会工程总承包"百名排序"的前 100 家设计企业工程总承包总额为例，2012～2016 年间，其工程总承包总额均在 3100 亿元以上，截至 2017 年底，建筑设计行业得益于工程总承包业务大幅增长，营业收入达到 12384.40 亿元，同比增长 80.01％。新签合同中境内工程总承包项目为最主要业务来源，2017 年建筑设计行业新签合同额为 11837.40 亿元，同比增长 93.03％。中国工程勘察设计需求稳步提升，工程总承包收入占比超 50％。

(6) 境外业务成新亮点

根据中国勘察设计协会发布的勘察设计企业境外工程总承包榜单情况显示，2018 年上榜企业数量达 84 家，上榜门槛为 226 万元；这 84 家上榜企业 2018 年营业额合计 959.13 亿元。前两名为中国中材国际工程股份有限公司和中国石油工程建设有限公司，营业额均超过了 120 亿元。目前，我国对外承包工程项目日趋大型化，部分大型对外企业积极进入高端市场，不但在国外承担了不少 EPC 总承包项目，而且总承包合同额大幅度增长。在水电、火电、石化、公路、有色金属等行业建成了一批具有可观盈利前景的工程总承包项目。

1.2 工程总承包项目承发包

1.2.1 承发包模式

工程总承包承发包模式有多种，适用于不同情况，建设单位可以根据工程项目的具体情况和自己的意愿加以选择。目前，流行的工程总承包承发包模式按照项目周期过程通常表现为以下几种。

① 设计-施工总承包（Design-Build，缩写为 D-B） 是指工程总承包商按照合同约定，承担工程项目设计和施工两部分工作，并对承包工程的质量、安全、工期、造价全面负责，其他工作由业主完成。

D-B 模式由一个承包人对整个工程负责，项目的设计和施工连为一体，由于设计师和建造商之间具有充分的沟通和协调空间，有利于设计、施工各环节的统筹协调，能够有效地减少设计、施工之间的矛盾和争议，对于采用高科技的项目很有意义；同时这种总承包模式允许快速建造，对于面临激烈竞争急于将新产品推向市场的行业来说具有很强的吸引力。

② 设计-采购工程总承包（Engineering Procurement，缩写为 EP） 是指工程总承包企业按照合同约定，承担工程项目设计和设备材料的采购工作，并对承包工程设计、采购质量负责。在该种模式下，建设工程涉及的施工等工作，由业主完成。

③ 采购-施工工程总承包（Procurement Construction，缩写为 PC） 是指工程总承包企业按照合同约定，承担工程项目采购和施工工作，并对承包工程的质量、安全、工期、造价全面负责。在该种模式下，建设工程涉及的设计工作，由业主来完成。

④ 设计-采购-施工/交钥匙工程总承包（Engineering Procurement Construction，缩写为 EPC，或简称"交钥匙工程"） 是指对设计、采购、施工总承包，并对承包工程的质量、安全、工期、造价全面负责，总承包商最终向业主提交一个满足使用功能、具备使用条件的工程项目。

EPC 模式是典型的工程总承包模式，是国际建筑市场较为通行的项目支付与管理模式之一，也是我国积极推行的最主要的一种工程总承包模式。EPC 工程总承包模式不同于单纯的施工总承包模式，通常是业主在没有具体的设计图纸的情况下，只根据项目的内容和业主的要求实现的结果来进行招标，承包商中标后要承担设计、施工、采购等全部的工作，必须等项目试运营成功后才能被视为完成全部工作。

⑤ 建设-运营-移交总承包（Build Operation Transfer，缩写为 BOT） 是指有投融资能力的

工程总承包人受业主委托，按照合同约定对工程项目的勘查、设计、采购、施工、试运行实现全过程总承包。同时，工程总承包商自行承担工程的全部投资，在工程竣工验收合格并交付使用后，行使特许专营权，期间回收投资并赚取利润。特许权期限届满时，该工程无偿移交给政府。BOT可以看作是EPC模式的前伸，将EPC工程总承包模式前伸至融资环节。

⑥ 公私伙伴关系（Public Private Partnership，缩写为PPP） 是指政府为了提供某种公共物品和服务，政府与私人组织之间以特许权协议为基础，彼此之间形成一种伙伴式的合作关系，并通过签署合同来明确双方的权利和义务，以确保合作的顺利完成，将部分政府责任以特许经营权的方式转移给社会主体（企业），政府与社会主体建立起"利益共享、风险共担、全程合作"的共同体关系，政府的财政负担减轻，同时，社会主体的投资风险也减小。PPP由政府与私人共同投资，政府参与到融资环节，可看作是BOT在融资环节上的进一步拓展或改进。

设计-采购-施工（EPC）工程总承包、设计-施工总承包（D-B）模式两种模式是国家大力推行工程总承包的重点模式。

1.2.2 承发包内容

工程总承包项目的承发包工作内容视业主选择的承发包模式而定，可能是整个项目建设周期过程的全部或者项目建设周期的两个及两个以上阶段的相关工作内容。工程总承包模式承发包工作内容可以包括项目建议书，可行性研究，勘察、设计，材料、设备采购，建筑项目施工、设备安装工程、生产设备试车、生产职工培训等项目生命周期的全部内容，具体承发包内容如下。

（1）项目建议书

项目建议书（又称立项申请报告），是项目发展周期的初始阶段基本情况的汇总，是国家选择和审批项目的依据，也是制作可行性研究报告的依据。它是政府投资项目立项前必须有的前期审批工作，是企业投资建设应报政府核准的项目时，为获得项目核准机关对拟建项目的行政许可，按核准要求报送的项目论证报告。

项目建议书是依据项目筹建单位或项目法人建设意图，根据国民经济的发展、国家和地方中长期规划、产业政策、生产力布局、国内外市场、所在地的内外部条件，就某一具体新建、扩建项目提出的项目的建议文件，是对拟建项目提出的框架。项目建议书可以由建设单位编制，也可由工程总承包方来完成。

（2）可行性研究

可行性研究是指在调查的基础上，通过市场分析、技术分析、财务分析和国民经济分析，对各种投资项目的技术可行性与经济合理性进行的综合评价。可行性研究的基本任务是对新建或改建项目的主要问题，从技术经济角度进行全面的分析研究，并对其投产后的经济效果进行预测，在既定的范围内进行方案论证的选择，以求最合理地利用资源，达到预定的社会效益和经济效益。可行性研究的结果是可行性研究报告。可行性研究报告可以由建设单位编制，也可由工程总承包方负责来完成。

（3）勘察、设计

工程勘察是用专业技术、设备对工程地址一定范围内的地形、地貌、地势，地质成因及构成，岩土性质及状况，水文情况等等进行揭示、探明的工作。初勘可验证工程选址的正确性；详勘能给设计提供地基的各种物理、力学性能的详细指标，为建设项目的选址、工程设计和施工提供科学的依据。

工程设计是根据工程用途、规模及勘察报告等进行计算、构造、绘图，完成在预定的使用期内实现工程物预定的使用功能、安全可靠功能及经济、美观目标的设计。

重大项目和特殊项目采用三阶段设计，即方案设计、初步设计（技术设计）和施工图设计。方案设计主要提出设计方案，即根据设计任务书的要求收集必要的基础资料，结合地基环境，综合考虑技术经济条件和建筑艺术的要求，对建筑总体布置、空间组合进行可能的合理安排，提出两个或三个可供建设单位选择的方案。方案设计作为工程的估算依据。

初步设计就要确定方案设计的构想，对建筑物和构筑物进一步细化，包括设计说明书、设计图纸、主要设备材料表和工程概算等部分。例如位置、大小、层数、朝向、设计标高、道路绿化布置和经济技术指标等；各层面及主要剖面、立面图，建筑物总尺寸、开间、进深等；大型民用建筑还可以绘制透视图、鸟瞰图或制作建筑模型，并做出说明书和概算书。

施工图设计是在初步设计的基础上，为满足工程的施工安装，对各项目工作的细化，其深度通常要达到施工安装和验收的要求，施工图设计是编制预算的依据。

具备勘察、设计资质的企业作为工程总承包人的可以自行勘察、设计，施工企业作为工程总承包人的，可以委托具备相应资质的勘察、设计单位实施勘察、设计工作。

（4）材料、设备采购

工程建设项目材料、设备是指用于建设工程材料（包括钢材、水泥、黄沙、石子、商品混凝土、预制混凝土构件、墙体的材料以及管道、门窗、防水材料等）以及各种准备用于生产的机械设备。在工程总承包项目中，一般是由工程总承包人对所需要的工程材料、设备，向分包供应商进行发包，工程总承包人与供应分包商就商品质量、期限、价格，达成交易协议，完成协议内容，有时也可以按照工程项目材料、设备的运输、安装、调试等综合内容进行分包。

（5）建筑项目施工

在工程项目的初步设计或施工图设计完成后，将要对施工设计图纸交付实施，任务是将设计图半成品变成产成品（如工厂、矿井、电站、桥梁、住宅、学校等），施工单位作为工程总承包人的，可以依法自行进行施工；具备勘察、设计资质的单位作为工程总承包人的可以向具有相应资质的建筑施工企业分包，最终向业主交付设计文件规定的建筑产品。建筑施工包括施工现场的准备工作、永久性建筑施工等。在施工营造中，工程总承包人对工程建筑的质量、安全、工期等全面负责。

（6）设备安装工程

在工业项目中，设备安装是指工程建设完成、所需设备采购任务完成后，需要完成的设备安装工作，包括设备安装及工业管道安装等。工程总承包人可以分包给专业公司来完成。之所以对设备安装分包，主要是由于设备的形成过程与建筑产品的形成过程客观上存在很大的区别；并且设备安装项目种类多、技术发展快、设备安装要求较高、技术难度往往很大，需要专门的技术企业来完成。为此，设备安装工程是项目建设承发包的重要工作内容，分包方通常是具有相应设备安装资质和能力的设备安装企业。

（7）生产设备试车

在工程总承包承发包合同中，如果约定有生产设备的试车条款，工程总承包商应负责组织试车，试车内容应与分承包商的设备安装范围相一致。试车阶段是对整个工程总承包项目的设计、采购、施工和管理工作的综合验收，也是对项目工程质量的最终检验。同时，试车阶段也是对调试人员、操作人员技术，项目对环境影响的一个最终检验。

(8) 生产职工培训

基本建设项目（如石油工程、化工工程等）的最终目的是形成新的生产力，为市场提供更多的资源。进行生产需要技术工人操作，尤其是一线职工，为了项目建成交付使用后投入生产，在建设期间就需要培养一批合格的技术职工和配套的管理人员，发包方往往将这一任务发包出去，对职工进行专业技术培训，使他们掌握相应的技术和管理技术，胜任岗位。这一工作通常由工程总承包人负责委托相应的设备生产厂家、专业机构、学校、企业去完成。

1.2.3 承发包途径

工程承发包途径是指建设工程承发包双方交易的路径，是承发包双方产生经济关系的方式。建设工程承发包制度是我国建设领域交易经济活动中的一项基本制度，可分为直接发包和依法招投标发包。

住建部 2019 年颁布的第 12 号文第八条规定："建设单位依法采用招标或者直接发包等方式选择工程总承包单位。"由此可见，工程总承包项目不一定都必须通过招标方式进行承发包，承发包途径有直接承发包和招投标承发包两种基本途径。

(1) 直接承发包

直接发包是指由发包人直接选定特定的承包人进行直接协商谈判，对工程建设项目达成一致协议后，双方签订工程承包合同的承发包途径。我国对于适用直接承发包的工程项目有严格的规定，只有少数的特殊工程，才适用直接承发包。相关法律法规对可以直接承发包的项目的条件做出如下规定。

①《中华人民共和国招标投标法》 本法规中第六十六条规定："涉及国家安全、国家秘密、抢险救灾或者属于利用扶贫资金实行以工代赈、需要使用农民工等特殊情况，不适宜进行招标的项目，按照国家有关规定可以不进行招标。"该条是对依法必须进行招标的项目的除外规定。

第一，涉及国家安全、国家秘密的项目。

招标活动要求公开进行；对公开招标来说，要求招标人将招标项目的技术、质量要求及实施地点等通过招标公告、招标文件予以公布；对邀请招标来说，也必须在一定的范围内公开招标项目的情况。而涉及国家安全、国家秘密的项目，如某些国防工程建设项目，由于项目本身的保密性要求，不允许将项目的有关情况予以公开，因此，这类项目显然不适宜采用招标方式进行采购。1988 年制定的《中华人民共和国保守国家秘密法》中规定："属于国家秘密的设备或者产品的研制、生产、运输、使用、保存、维修和销毁，由国家保密工作部门会同中央有关机关制定保密办法。"这部法律还对"国家秘密"的范围和确认也作了相应的规定。

第二，抢险救灾的项目。

采用招标方式进行采购，须严格按照法定的程序进行招标、投标和评标，所需的时间往往较长。而抢险救灾项目时限性强，因此不适宜采用招标采购的方式，依照规定可以不进行招标。除抢险救灾项目外，其他因采购任务紧急来不及进行招标，而采购任务紧急又不是因招标人的拖延或其他可归责于招标人的原因造成的，通常也可不进行招标。

第三，属于利用扶贫资金实行以工代赈、需要使用农民工的项目。

所谓"以工代赈"，是指国家通过安排贫困地区的农民群众参加有关项目的建设，由国家出资向参加建设的农民支付劳动报酬，以代替向贫困地区农民群众发放赈灾救济款物的扶贫赈灾措施。

按照国务院办公厅 1997 年发布的《国家扶贫资金管理办法》的规定："国家扶贫资金是指中央为解决农村贫困人口温饱问题，支持贫困地区经济发展而专项安排的资金。"国家扶贫资金中的"以工代赈资金，重点用于修建县、乡公路（不含省道、国道）和为扶贫开发项目配套的道路，建设基本农田（包含畜牧草场、果林地），兴修农田水利，解决人畜饮水问题等。"按照这一规定，扶贫资金中的以工代赈资金有特定的用途，主要只能用于向参加有关项目建设的贫困地区的农民群众支付劳动报酬。使用以工代赈资金建设的项目，应按规定使用特定贫困地区的农民工，不能通过招标投标方式，选择其他人中标承包。

第四，因其他特殊情况不适宜进行招标的项目。

其他不适宜进行招标的特殊情况包括哪些，招投标法第六十六条未作具体规定，只是以"等"字概括。从国外的有关立法及实际情况看，对采购标的物因涉及专利权、专卖权等原因只能从某一家供应商或承包商处获得的，为与现有设备配套而需从该设备原提供者处购买零配件的等，都属于不适宜进行招标采购的特殊情况。按照第六十六条的规定，除该条已列举的不适宜招标的项目外，其他还有哪些项目属于不适宜招标的项目可不进行招标的，需按国家的有关规定执行。

②《中华人民共和国招标投标法实施条例》（以下简称《招标投标法实施条例》）第九条规定："除招标投标法第六十六条规定的可以不进行招标的特殊情况外，有下列情形之一的，可以不进行招标：

（一）需要采用不可替代的专利或者专有技术；

（二）采购人依法能够自行建设、生产或者提供；

（三）已通过招标方式选定的特许经营项目投资人依法能够自行建设、生产或者提供；

（四）需要向原中标人采购工程、货物或者服务，否则将影响施工或者功能配套要求；

（五）国家规定的其他特殊情形。"

《招投标法实施条例》第九条是对招标投标法第六十六条涉及的安全、保密和抢险救灾等项目的进一步细化和解释。第二项"采购人依法能够自行建设、生产或者提供；"仅指采购人自己建设和使用的项目可以不招标，不包括投资相关人。第三项"已通过招标方式选定的特许经营项目投资人依法能够自行建设、生产或者提供；"是指特许经营项目投资人，而不是中标人。第四项"需要向原中标人采购工程、货物或者服务，否则将影响施工或者功能配套要求；"该情况确实存在，且比较复杂和普遍，防止利用此款规避或虚假招标，如违反程序建设造成后续工程无法招标，以行业垄断作为配套理由等。

（2）招标承发包

招标承发包是指由发包人按照国家法律规定通过招标的方式进行发包，通过公开或邀请竞价，按照国家对发包人条件的法律规定和发包人对项目的标准，从自愿投标的潜在投标人中，选择理性承包人的活动。招标承发包应是一种纯市场的行为。为此，招标、投标活动必须坚持公开、公平、公正和诚实信用的原则。不得设置任何条件和障碍排斥任何投标人。

国家对必须招标的工程总承包项目有严格的要求，有以下法律法规对此做出了明确的规定。

《中华人民共和国招标投标法》第三条规定："在中华人民共和国境内进行下列工程建设项目包括项目的勘察、设计、施工、监理以及与工程建设有关的重要设备、材料等的采购，必须进行招标：

（一）大型基础设施、公用事业等关系社会公共利益、公众安全的项目；

（二）全部或者部分使用国有资金投资或者国家融资的项目；

（三）使用国际组织或者外国政府贷款、援助资金的项目。"

同时，《必须招标的工程项目规定》（国家发展计划委第 16 号令）、《必须招标的基础设施和公用事业项目范围规定》（发改法规〔2018〕843 号）对于必须招标的项目范围和规模标准做了明确的界定。

2019 年住建部颁布的《房屋建筑和市政基础设施项目工程总承包管理办法》第八条规

定："……工程总承包项目范围内的设计、采购或者施工中，有任一项属于依法必须进行招标的项目范围且达到国家规定规模标准的，应当采用招标的方式选择工程总承包单位。"

由此可见，在业主发包的工程总承包项目中，无论是设计、采购，还是施工，只要有一项按照法律规定，属于必须招标的，则整个工程总承包项目应当采用招标的方式选择工程总承包单位。

1.3 工程总承包项目招投标

1.3.1 招投标性质特征

建设工程招投标是指招标人在发包建设项目之前，依法通过招标方式向潜在投标人发出邀约，投标人根据招标人的意图和要求提出报价，择日当场开标，以便从中择优选定中标人的一种经济交易活动和法律行为。

(1) 招投标性质

首先，招投标是一种交易方式。招投标是伴随着社会经济的发展而产生并不断发展的高级的、有组织的、规范化的交易运作方式。建设工程项目招标是指业主（建设单位）表明自己的目的，对拟建工程项目发布公告，招揽建设项目的承包单位，通过他们之间的竞争，从中选择条件优秀的投标人来完成项目建设的一种经济行为。建设工程项目的招投标是在国际、国内建设工程项目承包市场上为买卖特殊商品而进行的，由一系列特定环节组成的特殊的经济交易活动，它包括招标、投标、开标、评标和决标、签约和履行等。

其次，招投标又是一种法律行为。招投标这一经济交易活动必须由一系列法律作保障。因此，建设工程项目的招投标又是一种法律行为。它是通过法律程序和法律方式，吸引建设项目的承包单位积极参与投标，业主在投标竞争中择优的过程。我国法学界一致认为建设工程招标要约邀请，而投标是邀约，中标通知书是承诺。我国合同法也明确规定招标公告是要约邀请，也就是说招标实际上就是邀请投标人对其提出邀约（即报价），属于邀约邀请，投标则是一种邀约，它符合邀约的一切条件，如具有缔结合同的主观目的：一旦中标投标人将受到投标书的约束，投标书的内容具有促使合同成立的主要条件等。招标人向中标人发送中标通知书则是招标人同意接受中标投标人的投标条件，即同意接受该投标人的邀约的意思表示，应属于承诺。

(2) 招投标特征

招投标具有以下特征。

① 竞争性　通过竞争机制，实行交易公开。由于招标投标采取公开发布信息的方式，打破地区、国家的限制，只要投标人具有符合项目要求的实力，均有机会通过参与竞争中标，获得项目建设权和获得其利润，促进企业的生存与发展。

② 合理性　生产具有使用价值的商品的社会必要劳动时间一般是不易被人为规定的，只有通过生产条件各不相同的商品生产者之间的竞争来形成。其次还要看是否灵活地反映了市场行情，既要考虑市场供需状态的变化，也要考虑各种价格涨落的趋势。为此，招投标具有合理性，其合理性主要体现在价格水平上。

③ 法制性　招投标必须以法律作为保障买卖双方关系的基础。一方面是招投标必须受到建设工程所在国的法律、法规、政策的约束，依法进行；另一方面，招投标必须以严格的合同制为基础，明确规定工程承包和发包双方的权利、义务和责任。法制性是建设工程项目这一特殊交易方式顺利进行的基本保证。

④ 公正性　投标的公正性主要体现在，为了实现公平竞争，必须进行公开招标，给予

所有的潜在投标人均等、公平的竞争机会；编制招标文件不得在技术规格、性能指标上限制潜在投标人；在评标过程中必须严格按照招标文件中公布的评定标准、客观、公正地评价各份合格的投标；在签订合同时，必须严格按照招标文件的邀约和投标文件的承诺，公正地签订所有条款，任何条款都不得对某一方具有明显的倾向性。

⑤ 规范性　招投标有规范性的要求，程序必须规范，严格按照招标文件中规定的日程，依次开展各个具体环节的工作；操作必须规范，有关手续的办理一定要严格、完备，如投标文件的递交、密封、检查、评标等；合同文件必须规范，不但招标文件要规范，同时，合同条件的设置也要规范。

1.3.2　总承包招投标意义

工程总承包的招投标，由于其承包项目的特殊性，除具有一般招投标的意义外，招投标还具有特殊意义，主要体现在以下几个方面。

(1) 降低选择承包人的风险

工程总承包项目规模大、综合性强，投资高，业主面临着选择承包人的巨大风险，通过招投标可以选择出一个合格的总承包商，降低选择风险。

工程总承包模式是承包方与建设方建立在互惠、互利、互信的基础上执行的一种项目承包模式，它与传统承包模式比较，建设环节多、专业配合复杂、管理协调工作量大，因此，对工程承包方综合能力的要求也较高，承包企业实力不同，各具专长和自己的优势，但不是任何一个企业就可以升任的，企业必须具备一定的技术和管理能力，通过招投标，发包方可以从中选择更为合适的承包方。

对于国内企业而言，大多数建设工程企业在项目管理、技术创新、信息化建设上与国际水平还有一定的差距。目前，工程总承包模式在国内尚未完全推广，仅有一些实力较为雄厚的企业使用该模式，且执行过程中并不顺利。因此，这对于采用工程总承包模式的发包方是一种挑战，而对于建设前期确定承包商，则更是一种挑战。通过公开、公平、公正和诚实信用的招标活动，可以选择出具有优势的承包商，这是工程总承包项目顺利成功的关键所在。因此，与其他传统承包模式相比较，工程总承包招投标的意义更重大。

(2) 促进做好项目前期调研工作

工程总承包一般实行合同固定总价，可以促进工程总承包人深入做好项目前期的调研工作。工程总承包招投标的一个最大特点是项目的风险较大。由于将工程项目的设计，设备采购、安装，施工，试运行等均交给中标人——工程总承包人来完成，工程总承包人能否守信、能否控制投资、能否保证质量、能否如期履约，能否选择合格的工程总承包人，业主承担着巨大风险。

依据工程总承包合同和国际惯例，工程总承包实行项目固定总价，业主将大部分风险转移给了承包人，很多风险业主是不负责赔偿的。由于投标报价只是在技术方案的基础上的报价，在实际工程总承包实施过程中会增加许多未知部分的费用，具有一定的费用风险，要预防费用风险，就必须深入做好项目的前期调研工作，特别是准确了解项目所在地地形、详细掌握地勘资料和编制好项目的投标文件等。通过招投标方式，可以有力地促进承发包双方尤其是承包人深入细致地对项目做好前期的调研工作，为项目的顺利实施做好准备。

(3) 减少工程项目交易费用

工程总承包模式通过招投标实现一揽子交易可以减少交易费用。与传统模式设计、施工分开招标相比，推行工程总承包招投标制能够减少交易费用，节省人力、物力、财力，工程总承包项目招投标将传统招标的招标程序合为一体，将设计、采购、施工、试运行全部或部分等实现一次招标，而传统模式将设计、采购、施工、试运行等阶段工作分别招投标。工程总承包招标程序缩减，合同关系简单，减少招标成本，所以在国家大力推行的工程总承包模式中，投资人与工程总承包人一体化招标的模式更容易被接受。

（4）降低拟建工程项目造价

工程总承包项目投资巨大，通过招标可以使工程造价大为降低。工程总承包项目一般实行固定总价，且符合国家有关标准规定的项目依法必须招投标。为此，工程总承包项目招投标适合我国其他招投标项目的法律法规。目前，我国从招标、投标、开标、评标直至定标，均有明确的法律、法规规定，招投标已进入制度化操作。招投标中，若干投标人在同一时间、地点，对设计、采购、施工、试运行全部项目进行报价竞争，在专家支持系统的评估下，以群体决策方式确定工程总承包中标者，除减少业主的交易过程的费用外，在招标过程中可以货比三家，形成合理的竞争价格，这本身就意味着招标人收益的增加，对工程造价必然产生积极的影响。

（5）整合优化建设方案

工程总承包项目招投标有利于优化设计，取得更为有效的整合、优化社会资源的效果。工程总承包项目招标通过对各投标方对标的初步设计、采购和实施技术方案的比较，选择那些设计方案科学、合理、经济的投标者，有利于项目设计的优化组合、有效地控制投资。工程总承包项目中风险主要由承包方承担，具有促进承包商全面负责的功能，可提高项目可行性研究和初步设计深度，可实现对投资总价的控制，省去索赔及费用增加，项目最终价格及工期要求的实现具有更大的确定性。通过工程总承包项目的招投标，取得比传统承包模式更为显著的社会资源整合、优化的社会效果。

1.3.3 招投标基本制度

随着招标投标法的实施和公开招标实践的深入发展，建设市场必将形成政府依法监督、招投标活动当事人在建设工程交易中心依据法定程序进行交易活动、各中介组织提供全方位服务的市场运行新格局，我国的招标投标制度逐步成熟和完善。

（1）市场准入制度

市场准入制度是国家对市场进行干预的基本制度，它作为政府管理的第一环节，既是政府管理市场的起点，又是一系列现代市场经济条件下的一项基础性的、极为重要的经济法律制度。我国实行勘察、设计企业资质，施工企业资质以及有关执业人员的资格制度，对进入市场的单位和人员需遵循法规和具备相应的条件，对不具备条件或采取挂靠、出借证书，制造假证书等欺诈行为的应实行清出制度，逐步完善了资质和资格管理，特别应加强工程项目经理的动态管理。

（2）集中交易制度

按照规定必须招标的建设工程，应当进入建设工程交易服务中心（以下简称交易中心）统一进行招标投标。交易中心将办成"程序规范，功能齐全，手段多样，质量一流"的服务型有形招标投标市场；除提供各种信息咨询服务外，其主要职责是能保证招投标全过程的公开、公平和公正，确保进场交易各方主体的合法权益得到保护，特别是要保障法律规定的必须进行招标项目的程序规范合法，规避营私舞弊行为的发生。

（3）招标代理制度

招标投标法明确规定：招标代理机构是从事招标代理业务并提供相关服务的社会中介组织。从国际上看，招标代理机构是建设工程市场和招标投标活动中不可缺少的重要力量。随着我国建设市场的健康发展和招标投标制度的完善，招标代理机构已经在数量和质量上得到大力的发展。同时，推动我国的招标投标制度与国际惯例的接轨。

（4）招标规范制度

按照我国招标投标法规定，工程的招投标方式为公开招标和邀请招标两种，建设工程招投标实行招标人负责制。招标人的法定代表人是招标活动的第一责任人，对招标过程和结果的合法性负责。同时对于招标项目审批手续、招标项目资金来源、招标代理机构、招标公告、招标方式条件、编制招标文件等有明确的规范。

（5）评标规范制度

我国招标投标法、招标投标法实施条例以及《评标委员会和评标方法暂行规定》等，对评标委员会组成、纪律；评标方法及其使用范围、评标程序、标底或最高限价的使用等均建立了规范制度。例如《评标委员会和评标方法暂行规定》（七部委第 12 号令）第二十九条规定：评标方法包括经评审的最低投标价法、综合评估法，或者法律、行政法规允许的其他评标方法。

（6）评委专家库制度

我国法律法规规定：各省或市应依据招标投标法规定设立评委专家库，而建设工程交易中心则应制定专业齐全、管理统一的评委专家名册。同时，应充分发挥评委专家名册的作用，改变专家评委只进行评标的现状，充分利用这一有效资源为招标投标管理服务。评委专家库制度有以下作用。

① 评委专家库制度可作为投标资格审查的评审专家库，提高资格审查的公正性和科学性。

② 可作为工程投标名册（指由政府组织的每年进行评审的投标免除审查单位名单）的评审委员库，利用他们的社会知名度和制定科学的评审制度，提高工程投标名册的权威性，逐步得到社会各界的认可。

③ 分组设立主任委员，负责定期组织评委讨论和研究新问题及相关政策，开辟专家论坛，倡导招标投标理论研究，并可联系相关院校进行相关课题研究，以便更好地为管理和决策提供理论依据。

④ 评委专家名册内应增设法律方面的专家，开辟法律方面的咨询服务，并逐步开展招标仲裁活动。

（7）"评定分离"制度

招标"评定分离"制度是对现行的评标办法的全面创新，具有遵守国际惯例、突出业主定标权、落实业主负责制、实现市场主体责权统一的特点，由业主组织定标委员会决定中标人，并体现了招标投标过程的全公开。为完善评标、定标机制，实现公正评标、阳光定标奠定制度基础。

评标和定标是将评标阶段分为两个环节，两者具有不同的功能。所谓"评定分离"，就是要改变以往评标、定标全部由评标专家决定的做法，主要突出招标人的择优定标权，即评标委员会的评审意见仅作为招标人定标的参考，招标人拥有定标的决策权，按规定通过表决来确定中标人，旨在让评标专家做该做的专业性工作，把定标的工作和责任还给招标人。

"评定分离"的具体做法是评标委员会向中标人推荐不超过三个合格的中标候选人，并对每个中标候选人的优势、风险等评审情况进行说明；除招标文件明确要求排序的外，推荐中标候选人不标明排序。招标人根据评标委员会提出的书面评标报告和推荐的中标候选人，按照招标文件规定的定标方法，结合对中标候选人合同履行能力和风险进行复核的情况自主确定中标人。我国目前推行"评定分离"制度已在广州、深圳等地进行了多年实践，并且取得了良好效果。"评定分离"制是我国 2017 年的招标投标法修订草案的最大亮点。

(8) 保证体系制度

根据国际工程管理的通行做法，我国的工程保证担保制度得到广泛推行和发展。特别是投标保证、履约保证和支付保证在我国工程管理领域将得到广泛运用，它将是充分保障工程合同双方当事人的合法权益的有效途径，同时必将推动我国的招标投标制度逐步走向成熟。

投标保证是指投标人按照招标文件的要求向招标人出具的，以一定金额表示的投标责任担保。其实质是为了避免因投标人在投标有效期内随意撤回、撤销投标或中标后不能提交履约保证和签署合同等行为而给招标人造成损失。招标人可以根据工程总承包项目的规模、特点等因素合理确定投标保证金的金额，但不得超过招标项目估算价或概算价的2%。投标保证金除现金外，可以是银行出具的银行保函、保兑支票、银行汇票或现金支票。

履约保证是投标人中标后应向招标单位提交履约保证，履约保证一般由一家经招标单位同意的银行和保险公司出具的履约保证书。履约保证书的金额按招标文件规定，以工程的合同价格作为基础。履约保证是承包人保证履行工程合同义务的一种担保；也是工程业主用经济手段约束承包人从合同签订之日起，直到工程维修期满为止的整个期间，按工程承包合同履行义务的一种手段。如果承包人一旦中途毁约，工程业主便可持履约保证书到担保单位索取保证金作为在另雇其他单位继续施工中所遭受的损失的补偿。履约保证书的有效期一般延续到工程保修期满。承包人获得了工程业主签发的最终维修合格证书后，工程业主应退还履约保证书。

业主的支付保证则是指中标人要求招标人提供的保证履行合同中约定的工程款支付义务的担保。

(9) 电子招投标制度

近年来，国家以及有关部门积极推进招标信息化进程，招标投标实施条例第五条规定：国家鼓励利用信息网络进行电子招标投标。2013年2月国家发展改革委、住房和城乡建设部等八部委联合颁布《电子招标投标办法》是中国推行电子招投标的纲领性文件，它将成为我国招投标行业发展的一个重要里程碑。国家鼓励利用信息网络进行电子招标投标，数据电文形式与纸张形式的招投标活动具有同等法律效力。

大力推行投标信息化工作，整合全部信息资源，在网上实现招投标各环节管理，监督电子化操作控制，努力实现网上报建、审批、开标、评标、现场直播等功能。在招投标过程中电子招投标操作平台的运用，使招投标业务流程更加规范；招投标效率提高，成本降低；招投标工作更加透明公正，更加环保节约。

(10) 监督管理制度

招标投标法实施条例第四条规定："国务院发展改革部门指导和协调全国招标投标工作，对国家重大建设项目的工程招标投标活动实施监督检查。国务院工业和信息化、住房城乡建设、交通运输、铁道、水利、商务等部门，按照规定的职责分工对有关招标投标活动实施监督。

县级以上地方人民政府发展改革部门指导和协调本行政区域的招标投标工作。县级以上地方人民政府有关部门按照规定的职责分工，对招标投标活动实施监督，依法查处招标投标活动中的违法行为。

县级以上地方人民政府对其所属部门有关招标投标活动的监督职责分工另有规定的，从其规定。财政部门依法对实行招标投标的政府采购工程建设项目的预算执行情况和政府采购政策执行情况实施监督。监察机关依法对与招标投标活动有关的监察对象实施监察"。

招标监督管理机构是法律赋予的对招标投标活动实施监督的部门。应负责有关工程建设招标法规的制定和检查，负责招标纠纷的协调和仲裁，负责招标代理机构的认定等。

工程总承包项目招投标应全面、严格遵守上述招投标制度。

第2章
工程总承包招投标规章规范

招投标活动的首要原则是"合法合规"，工程总承包招投标活动必须在相关法律法规的指导下进行。随着工程总承包模式推行工作的深入发展，近年来，我国结合国情，制定和颁布了一系列有关规章、标准，为开展工程总承包招投标活动提供了法律基础和操作规范。本章将对工程总承包招投标有关规章规范（含征求意见稿）进行解读。

2.1 工程总承包管理办法

2.1.1 制定和颁布

《房屋建筑和市政基础设施项目工程总承包管理办法》（建市规〔2019〕12号）（以下简称住建部第12号文）是继《国务院办公厅关于促进建筑业持续健康发展的意见》（国办发〔2017〕19号）发布之后，为加快推进工程总承包，完善工程总承包管理制度，提升工程建设质量和效益，对房屋建筑和市政基础设施项目实行工程总承包管理进行的规范。该办法自2017年12月起经两次向社会发布征求意见稿，历时两年后的2019年12月正式颁布。住建部第12号文共分总则、工程总承包项目的发包和承包、工程总承包项目实施、附则四章共二十八条。

2.1.2 工程总承包概念和发包条件

（1）明确工程总承包的概念

"本办法所称工程总承包，是指承包单位按照与建设单位签订的合同，对工程设计、采购、施工或者设计、施工等阶段实行总承包，并对工程的质量、安全、工期和造价等全面负责的工程建设组织实施方式。"（住建部第12号文第三条）

【解读】如前所述，《住房和城乡建设部关于进一步推进工程总承包发展的若干意见》（住建部第93号文）对工程总承包定义是："工程总承包是指从事工程总承包的企业按照与建设单位签订的合同，对工程项目的设计、采购、施工等实行全过程的承包，并对工程的质量、安全、工期和造价等全面负责的承包方式。

工程总承包一般采用设计-采购-施工总承包或者设计-施工总承包模式。建设单位也可以根据项目特点和实际需要，按照风险合理分担原则和承包工作内容采用其他工程总承包模式。"第12号文第三条与第93号文对工程总承包概念的表述保持了一致，再次明确了什么是工程总承包方式。

（2）明确总承包发包条件

"建设单位应当在发包前完成项目审批、核准或者备案程序。采用工程总承包方式的企业投资项目，应当在核准或者备案后进行工程总承包项目发包。采用工程总承包方式的政府投资项目，原则上应当在初步设计审批完成后进行工程总承包项目发包；其中，按照国家有关规定简化报批文件和审批程序的政府投资项目，应当在完成相应的投资决策审批后进行工程总承包项目发包。"（住建部第12号文第七条）

【解读】该条是对工程总承包发包的基本条件的规定，也是工程项目招标的前提。住建部第93号文明确："建设单位可以根据项目特点，在可行性研究、方案设计或者初步设计完成后，按照确定的建设规模、建设标准、投资限额、工程质量和进度要求等进行工程总承包项目发包。"

在试点实践中，部分省市规章也将发包起点分别设定为可行性研究后、方案设计后发包和初步设计后发包，这主要考虑到工程总承包模式的特点。但在实践中部分项目未取得备案、核准文件，或未完成初步设计就开始工程总承包项目招标。可行性研究、方案设计后发包基础资料不足，项目本身具有极大的不确定性，容易导致承发包双方在项目实施过程中发生争议。为此，该条款分为两种情况，对于企业投资项目的发包条件应在完成项目备案或核准手续后进行招标；政府投资项目原则上应在初步设计审批完成后进行招标，且在初步设计审批、投资决策审批的基础上实施发包，企业投资项目应当在核准或备案后发包。

2.1.3　对招标的要求和规定承包人条件

(1) 对建设单位招标的要求

"建设单位依法采用招标或者直接发包等方式选择工程总承包单位。工程总承包项目范围内的设计、采购或者施工中，有任一项属于依法必须进行招标的项目范围且达到国家规定规模标准的，应当采用招标的方式选择工程总承包单位。"（住建部第12号文第八条）

【解读】该条是对工程总承包项目发包方式的要求，明确了工程总承包项目发包方式分为依法采用招标或者直接发包等方式选择工程总承包单位。"依法"招标即工程总承包项目范围内的设计、采购或者施工中，有任一项属于依法必须进行招标的项目范围且达到国家规定规模标准的，发包人应当采用招标方式发包。

"建设单位应当根据招标项目的特点和需要编制工程总承包项目招标文件，主要包括以下内容：

(一) 投标人须知；

(二) 评标办法和标准；

(三) 拟签订合同的主要条款；

(四) 发包人要求，列明项目的目标、范围、设计和其他技术标准，包括对项目的内容、范围、规模、标准、功能、质量、安全、节约能源、生态环境保护、工期、验收等的明确要求；

(五) 建设单位提供的资料和条件，包括发包前完成的水文地质、工程地质、地形等勘察资料以及可行性研究报告、方案设计文件或者初步设计文件等；

(六) 投标文件格式；

(七) 要求投标人提交的其他材料。

建设单位可以在招标文件中提出对履约担保的要求，依法要求投标文件载明拟分包的内容；对于设有最高投标限价的，应当明确最高投标限价或者最高投标限价的计算方法。

推荐使用由住房和城乡建设部会同有关部门制定的工程总承包合同示范文本。"（住建部第12号文第九条）

【解读】该条是对工程总承包招标文件编制的要求。招标文件编制应按照《标准设计施工总承包招标文件》规定以及国际惯例，本条对工程总承包的招标文件的基本内容进行原则规范，规定其中发包人在招标文件中应提供明确的发包人要求，需列明项目的目标、范围、设计和其他技术标准，包括对项目的内容、范围、规模、标准、功能、质量、安全、节约能源、生态环境保护、工期、验收等的明确要求，并明确发包人应提供的资料和条件，包括发包前完成的水文地质、工程地质、地形等勘察资料，以及可行性研究报告、方案设计文件或者初步设计文件等。

强调这一要求的原因是工程总承包项目通常采用固定总价方式发包，承包人准确报价的前提条件是发包人能提供充分的报价基础资料。实践中，承包人往往以项目发生变更为由，主张对合同价格进行调整，但双方因报价基础资料不完备或不准确导致对于项目是否发生变更产生争议，进而无法对合同价款是否应调整达成一致意见。发包人在招标时应明确项目需求并确保项目基础资料准确，以便承发包双方能准确判断项目是否发生变更。

（2）规定了总承包人的条件

"工程总承包单位应当同时具有与工程规模相适应的工程设计资质和施工资质，或者由具有相应资质的设计单位和施工单位组成联合体。工程总承包单位应当具有相应的项目管理体系和项目管理能力、财务和风险承担能力，以及与发包工程相类似的设计、施工或者工程总承包业绩。

设计单位和施工单位组成联合体的，应当根据项目的特点和复杂程度，合理确定牵头单位，并在联合体协议中明确联合体成员单位的责任和权利。

联合体各方应当共同与建设单位签订工程总承包合同，就工程总承包项目承担连带责任。"（住建部第 12 号文第十条）

【解读】该条款为对承包单位的资质条件要求。对于资质条件的要求与以往文件的规定有些变化，原文件精神是为鼓励实施工程总承包模式，对工程总承包不设资质，一般是由具有相应设计资质或施工总承包资质的单位承担。本条款的规定与上述原建设部 30 号文和住建部第 93 号文的承包人的资质条件要求发生了变化，这意味着第 12 号文即工程总承包管理办法实施后，作为工程总承包人的企业，仅具有施工资质或设计资质的企业将无法单独承接工程总承包业务。如需继续承接工程总承包业务，需与其他具有相应施工资质或设计资质的企业组成联合体，或取得双资质。这一变化主要出于对确保工程质量的考虑。

（3）对投标主体的限制

"工程总承包单位不得是工程总承包项目的代建单位、项目管理单位、监理单位、造价咨询单位、招标代理单位。

政府投资项目的项目建议书、可行性研究报告、初步设计文件编制单位及其评估单位，一般不得成为该项目的工程总承包单位。

政府投资项目招标人公开已经完成的项目建议书、可行性研究报告、初步设计文件的，上述单位可以参与该工程总承包项目的投标，经依法评标、定标，成为工程总承包单位。"（住建部第 12 号文第十一条）

【解读】该条款是对投标主体的限制。是对工程总承包项目中的前期咨询单位能否参与后续工程总承包项目的投标进行的规定。前期咨询单位原则上不允许参加后续工程投标。但政府投资项目在附加条件下，即招标人公开已经完成的咨询成果情况下，是可以允许其参加后续工程总承包项目投标，成为后续工程总承包人。当然，企业投资项目的管理应当更为宽松。

（4）承包人双资质的申请

"鼓励设计单位申请取得施工资质，已取得工程设计综合资质、行业甲级资质、建筑工程专业甲级资质的单位，可以直接申请相应类别施工总承包一级资质。鼓励施工单位申请取得工程设计资质，具有一级及以上施工总承包资质的单位可以直接申请相应类别的工程设计甲级资质。完成的相应规模工程总承包业绩可以作为设计、施工业绩申报。"（住建部第 12 号文第十二条）

【解读】该条是对承包人双资质的申请的规定。国家为提高工程总承包单位的市场竞争力，一直鼓励工程总承包单位同时取得工程设计资质和施工资质。原建设部第 30 号文件："打破行业界限，允许工程勘察、设计、施工、监理等企业，按照有关规定申请取得其他相应资质。"第 93 号文件："完善工程总承包企业组织机构，工程总承包企业要根据开展工程总承包业务的实际需要，及时调整和完善企业组织机构、专业设置和人员结构，形成集设计、采购和施工各阶段项目管理于一体，技术与管理密切结合，具有工程总承包能力的组织体系。"可见，这一条款规定与上述文件精神相吻合。

2.1.4 风险分摊、合同价款及其他

(1) 明确风险分摊的原则

"建设单位和工程总承包单位应当加强风险管理，合理分担风险。建设单位承担的风险主要包括：

（一）主要工程材料、设备、人工价格与招标时基期价相比，波动幅度超过合同约定幅度的部分；

（二）因国家法律法规政策变化引起的合同价格的变化；

（三）不可预见的地质条件造成的工程费用和工期的变化；

（四）因建设单位原因产生的工程费用和工期的变化；

（五）不可抗力造成的工程费用和工期的变化；

具体风险分担内容由双方在合同中约定。"（住建部第 12 号文第十五条）

【解读】工程总承包项目通常为交钥匙工程，具有以较高的固定价格发包，将大部分风险转移给承包商的特点，但有些发包人往往会利用自身的优势地位，将本属于自己责任的风险过度转移给承包人，加重了承包人的风险责任，造成承包人风险过重、权利失衡，导致承发包双方在结算过程中发生争议。为此，该条款明确了建设单位应承担的风险责任。通常而言，承发包双方仅能对前述风险内容进行细化，不能将本应属于发包人的风险约定由承包人承担。顾名思义，前述发包人应承担风险事由导致的合同工期延误和费用增加的责任应由发包人承担，承包人有权要求工期顺延和调增合同价款。

(2) 确定合同价款的形式

"企业投资项目的工程总承包宜采用总价合同，政府投资项目的工程总承包应当合理确定合同价格形式。采用总价合同的，除合同约定可以调整的情形外，合同总价一般不予调整。

建设单位和工程总承包单位可以在合同中约定工程总承包计量规则和计价方法。

依法必须进行招标的项目，合同价格应当在充分竞争的基础上合理确定。"（住建部第 12 号文第十六条）

【解读】该条款是对合同价款的规定。工程总承包模式，一般采用总价合同形式，采用总价合同的，在合同约定的风险范围内各自承担风险，合同总价不予调整，避免承包人进行不合理低价投标。特殊情况也可以根据项目的具体情况，经当事人双方互相协商采取其他计价模式。同时，本条还规定了在合同中应明确计价、计量规则和计价方法，避免在结算时发生纠纷。

(3) 确定总承包分包方式

"工程总承包单位可以采用直接发包的方式进行分包。但以暂估价形式包括在总承包范围内的工程、货物、服务分包时，属于依法必须进行招标的项目范围且达到国家规定规模标准的，应当依法招标。"（住建部第 12 号文第二十一条）

【解读】该条款是对工程总承包单位对分包商发包的规定。凡是以"暂估价"形式分包时，在招标的项目范围且达到国家规定规模标准的，对分包商必须依法招标。除此，工程总承包单位可以直接对分包业务发包。"暂估价"是指发包人在工程量清单或预算书中提供的用于支付必然发生，但暂时不能确定价格的材料、工程设备的单价，专业工程以及服务工作的金额，在招标文件中暂时估定的工程的金额。

(4) 明确总承包安全责任

"建设单位不得对工程总承包单位提出不符合建设工程安全生产法律、法规和强制性标准规定的要求，不得明示或者暗示工程总承包单位购买、租赁、使用不符合安全施工要求的安全防护用具、机械设备、施工机具及配件、消防设施和器材。

工程总承包单位对承包范围内工程的安全生产负总责。分包单位应当服从工程总承包单位的安全生产管理，分包单位不服从管理导致生产安全事故的，由分包单位承担主要责任，分包不免除工程总承包单位的安全责任。"（住建部第 12 号文第二十三条）

【解读】该条款是对建设单位、工程总承包单位、分包单位的安全责任的规定。第 93 号文虽然规定了工程总承包单位对工程总承包项目的安全全面负责，但未明确建设单位、工程总承包单位和分包单位之间安全责任具体的划分原则，导致实践中发生安全生产事故后，工程总承包单位无法准确界定其应承担的安全责任。为此，本条款对于三方安全责任进行了规定。

2.2　标准设计施工总承包招标文件

2.2.1　编制背景和文件适用

（1）编制背景

《中华人民共和国标准设计施工总承包招标文件》（发改法规〔2011〕3018 号）（以下简称标准文件）。为落实中央关于建立工程建设领域突出问题专项治理长效机制的要求，进一步完善招标文件编制规则，提高招标文件编制质量，促进招标、投标活动的公开、公平和公正，九部委于 2011 年 12 月颁布该标准文件。

（2）标准文件使用

标准文件要求，"投标人须知"（投标人须知前附表和其他附表除外）、"评标办法"（评标办法前附表除外）、"通用合同条款"应当不加修改地引用。行业主管部门可以做出补充规定。

① 标准文件行业补充原则　国务院有关行业主管部门可根据本行业招标特点和管理需要，对标准文件中的"专用合同条款""发包人要求""发包人提供的资料和条件"做出具体规定。其中，"专用合同条款"可对"通用合同条款"进行补充、细化，但除"通用合同条款"明确规定可以做出不同约定外，"专用合同条款"补充和细化的内容不得与"通用合同条款"相抵触，否则抵触内容无效。

② 招标人可以补充、细化和修改的内容

a."投标人须知前附表"用于进一步明确"投标人须知"正文中的未尽事宜，招标人或者招标代理机构应结合招标项目具体特点和实际需要编制和填写，但不得与"投标人须知"正文内容相抵触，否则抵触内容无效。

b."评标办法前附表"用于明确评标的方法、因素、标准和程序。招标人应根据招标项目具体特点和实际需要，详细列明全部审查或评审因素、标准，没有列明的因素和标准不得作为资格审查或者评标的依据。

c. 招标人或者招标代理机构可根据招标项目的具体特点和实际需要，在"专用合同条款"中对标准文件中的"通用合同条款"进行补充、细化和修改，但不得违反法律、行政法规的强制性规定，以及平等、自愿、公平和诚实信用原则，否则相关内容无效。

（3）标准文件适用范围

标准文件适用于设计施工一体化的总承包项目。

【解读】该标准编制的思路基本上与 FIDIC99 版的编制思路比较一致，制定了全国各个行业统一的标准。即使各行业自己要编制具体的标准文件，也要基于统一标准情况下来做，而不是每个行业自己另起炉灶。该标准文件不分行业，各个行业都通用，不仅仅适用于房屋建筑、土木工程，同样，也可以适用工业项目。

从承包模式角度讲，标准文件既适用于设计-施工（D-B），也适用于设计-采购-施工模式（EPC），既适用于标准化的设备采购，也适用于非标准化的设备采购，适用于各类工程总承包模式。同时，由于该标准文件适用是跨行业的，该标准文件包含了设备采购的内容，其适应范围广泛。

2.2.2 总承包企业与经理资质

（1）总承包人资质

"第二章　投标人须知

……

1.4 投标人资格要求（适用于未进行资格预审的）

1.4.1 投标人应具备承担本招标项目资质条件、能力和信誉。"

【解读】该标准文件对于投标人资格的要求分为适用于未进行资格预审、已进行资格预审的两种情况。本节只对未进行资格预审的情况进行解读（涉及其他两种情况的条款解读也是如此）。

《中华人民共和国建筑法》第二十六条明确规定："承担建筑工程的单位应当持有依法取得的资质证书，并在其资质等级许可的业务范围内承揽工程"。标准文件为了与上位法衔接，也为给推广工程总承包模式留出空间，原则规定"投标人应具备承担本招标项目的资质条件"。至于在具体资质要求上是否要求总承包人必须同时具有设计、施工资质，由招标人根据行业管理情况，以及招标项目的特点和实际需要，在招标文件中予以明确。该标准文件没有做具体的硬性规定必须要具备什么样的资质才能承担设计施工总承包，而是把这个资质规定留给招标人。

（2）项目经理资质

"第二章　投标人须知

……

1.4.1 投标人应具备承担本招标项目资质条件、能力和信誉。

……

（5）项目经理的资格要求：应当具备工程设计类，或者工程施工类的注册执业资格，具体要求见投标人须知前附表；

（6）设计负责人的资格要求：应当具备工程设计类的注册执业资格，具体要求见投标人须知前附表；

（7）施工负责人的资格要求：应当具备工程施工类的注册执业资格，具体要求见投标人须知前附表。"

【解读】该标准文件规定，项目经理应当具备工程设计类，或者工程施工类的注册执业资格。首先，强调了必须具备注册执业资格。目前的招标文件的设计或施工类的注册资格包括：注册建筑师、注册结构工程师、注册设备工程师，或者是注册建造师。但其他有些执业人员，比如说注册造价师，或者注册监理师，并没有包括在设计施工这两类中，按照标准文件的规定，只具备上述注册执业资质的并不具备担任项目经理的资格。如果现行管理法规、规定某项工作必须要求要有相应资质的，应遵守该法规的规定。

其次，标准文件还强调了项目经理的能力和信誉问题，与现在一些资质管理以及相关的规定做了很好的衔接。

2.2.3 合同（A）、（B）条款与监理人

（1）关于合同（A）、（B）条款

"第四章　合同条款及格式

第一节 通用合同条款

......

1.13 发包人要求中的错误（A）

1.13 发包人要求中的错误（B）

......

4.11 不可预见物质条件（A）

4.11 不可预见的困难和费用（B）

......

6.2 发包人提供的材料和工程设备（A）

6.2 发包人提供的材料和工程设备（B）

......

7.2 发包人提供的施工设备和临时设施（A）

7.2 发包人提供的施工设备和临时设施（B）

......

8.1 道路通行权和场外设施（A）

8.1 道路通行权和场外设施（B）

......

15.5 计日工（A）

15.5 计日工（B）

15.6 暂估价（A）

15.6 暂估价（B）

......

16.1 物价波动引起的调整（A）

16.1 物价波动引起的调整（B）

......

18.9 竣工后试验（A）

18.9 竣工后试验（B）"

【解读1】设置（A）、（B）条款的原因。

该标准文件考虑到设计施工总承包的投资主体的不同，对工程总承包实施阶段要求的不同，工作内容不同，根据我国目前进行工程总承包的实际情况，借鉴 FIDIC 经验，在通用合同条款中设置了相同的条款号，用（A）、（B）表示，供招标人根据实际需要选择使用。招标人将项目部分阶段工作作为工程建设总承包工作内容进行发包时（如设计-施工总承包），可选择（A）条款；招标人将项目全部工作作为工程总承包工作内容进行发包时（如设计-采购-施工，即 EPC 总承包），可选择（B）条款，使整个标准文件中的合同条款更加适用于各种各样情况的需要。

另外，设置（A）、（B）条款源于对风险分配问题的考虑，一种分配原理［（A）条款］是按照有经验承包商不能够做出合理预见的，承包商不承担对风险分配条款进行设置；另一种分配原理［（B）条款］是按照类似 FIDIC 编制的 EPC 银皮书价格高度固定来设置风险分配。基于这两种理念，标准文件规定了（A）、（B）条款，主要是让整个标准设计施工合同条件，能够尽量最大限度地既有一定灵活性，又有一定标准性。

【解读2】对（A）、（B）条款的选择。

对于合同条件中的（A）、（B）条款的选择，招标人将工程建设项目的部分阶段工作进行发包时，可选择（A）条款；招标人将工程建设项目的全部工作进行发包时，可选择（B）条款。

主要表现在1.13发包人要求中的错误；4.11不可预见物质条件、6.2发包人提供的材料和工程设备、7.2发包人提供的施工设备和临时设施、8.1道路通行权和场外设施、15.5计日工、15.6暂估价、16.1物价波动引起的调整、18.9竣工后试验。（A）条款以发包人承担风险为主，（B）条款承包人承担风险为主。

在1.13发包人要求中的错误，（A）条款规定了承包人应认真阅读符合发包人要求，发现错误时，应及时书面通知发包人（1.13.1）。发包人要求中有错误导致承包人增加费用和工期延误的，发包人应当承担由此增加的费用和工期延误，并向承包人支付合理利润（1.13.2），这基本上与FIDIC的黄皮书保持一致，当发包人有错误的时候，承包人可以进行索赔。

（B）条款则相对增大了承包人的风险，要求承包人应当认真阅读复核发包人要求，发现错误应及时书面通知（1.13.1）。承包人未发现发包人要求中存在错误的，承包人自行承担由此导致的费用增加和（或）工期延误（1.13.2）。承包人如果复核时没有发现，承包人可能就要承担相应的风险，不能进行索赔，也就是说（B）条款的风险对承包人来说更大。

4.11不可预见物质条件。当发现了不可预见物质条件的时候，在（A）条款下，承包人可以向业主进行索赔。在（B）条款下，如果合同没有另有规定，不可预见的风险全部由承包人承担。（B）条款往往是业主强调"合同价格固定"的意向非常明确。

6.2发包人提供材料和工程设备。（A）条款规定了甲方供材料和工程设备情况下的风险的承担问题。（B）条款规定的是发包人不提供任何材料和工程设备情况，完全基于EPC交钥匙承包模式。

7.2发包人提供的施工设备和临时设施。（A）条款是发包人提供的施工设备或临时设施在专用合同条款中约定。（B）条款是发包人不提供施工设备或临时设施。

8.1道路通行权和场外运输。在（A）条款中的道路通行权和场外运输的手续主要是由发包人办理，承包人来协助。（B）条款主要是由承包人来进行办理，发包人来进行协助。

15.5关于计日工。（A）条款计日工规定得非常详细，而（B）条款只是规定，如果签约合同价包括计日工的，按合同约定进行支付，实际上不太被鼓励。更多是在（A）条款，相对来说变更比较多，（B）条款基本上是基于交钥匙这种目的来理解的。在这种情况下，条款会简单一些。

15.6暂估价。在（A）条款规定得比较详细，分别对发包人在价格清单中给定暂估价的专业服务、材料、工程设备和专业工程属于依法必须招标的范围并达到规定的规模标准的和未达到必须招标标准的计价规定。（B）条款则规定签约合同价包括暂估价的，按合同约定进行支付。

16.1物价波动。同样，在（A）条款非常详细地规定了关于物价波动以后应该如何进行调价，附有明确的调价公式。（B）条款则规定除了法律或专用合同条款另有约定外，合同价格不因物价波动进行调整，更适用于EPC模式。相对来说，（B）条款对承包商的风险更大一些。

18.9竣工后试验。在（A）条款，以发包人为主进行竣工后试验，（B）条款以承包人为主来进行竣工后试验。

总之，从风险分配来看，（A）条款风险分配相对比较均匀一些，但是选择（A）条款发包人干预度会比较深一些。（B）条款给承包人自由权限大一些，几乎全部由承包人来完成，但是承包人要承担的风险更多一些，或者说（A）条款更像FIDIC的黄皮书，（B）条款更像FIDIC的EPC银皮书。

（2）监理人与监理资质

"第四章　合同条款及格式

第一节　通用合同条款

……

1.1.2.9 监理人：指在专用合同条款中指明的，受发包人委托对合同履行实施管理的法人或其他组织。属于国家强制监理的，监理人应当具有相应的监理资质。"

【解读】该条款是在标准文件中对监理的一个定位，建立了以监理人为主体的合同管理模式。《标准施工招标文件》对监理人的定位是比较高的，监理人合同管理权限很大，标准文件同样贯彻了这种精神。有人认为，强制监理一般只是在施工阶段，在标准文件中监理扩展到设计阶段，是否有强制监理扩大化的问题。

为了避免监理强制扩大化，标准文件规定："监理人指专用合同条款中指明的，受发包人委托对合同履行实施管理的法人或其他组织。"意思是说，监理人既包括受发包人委托的这种合同管理，也包括国家规定的强制监理，只有强制监理才需要委托具有相应资质的监理单位来承担。换句话来讲，对于整个监理的范围是这样规定的。施工安全和质量属于一个强制性监理，监理人必须有资质。对非强制性的部分，不一定要由有监理资质的单位来做。业主可以委托一个机构，也可以委托两个机构，一个是有资质的，一个是无资质的，可以自由选择。对于一个机构的监理人实力比较强，可能既做了强制性部分的监理工作，又做了非强制性监理工作，且对设计管理也十分擅长，业主可以只委托一个监理机构。所以对监理人应有一个宽泛的理解，不一定是说有监理资质的，就只局限于施工阶段质量监理工作，但强制性监理范围的部分，必须由有监理资质的承担。

总体来讲，目前在建设工程总承包项目中，监理还是很有必要的，并没有像西方国家那样，直接取消监理，只有发包方和承包方两方，不存在扩大强制监理的范围。总之，业主对于非强制性监理部分，不一定委托有监理资质的单位来做，可以委托最适合的单位来做，这是该条款是对监理的一个定位。

2.2.4　合同文件组成及其他

（1）合同文件组成

"第四章　合同条款及格式

……

1.1.1.1 合同文件（或称合同）：指合同协议书、中标通知书、投标函及投标函附录、专用合同条款、通用合同条款、发包人要求、价格清单、承包人建议书，以及其他构成合同组成部分的文件。"

标准文件相应部分：技术标准、图纸、清单。

【解读】在标准文件中所规定的内容与传统承包模式都类似。发包人要求，价格清单、承包人建议书、其他合同文件，是在标准文件中提出的新概念。按照国际惯例，工程总承包模式的合同文件比较核心的组成部分有两方面：一个是发包人要求，另一个是承包人建议书，在这一点上，我国招标文件规范与国际惯例保持一致。

对于价格清单的概念，根据项目不同的招标阶段，可能形成的工程量不一样，有些阶段在招标的时候可能根本无法形成工程量清单，所以这里采用价格清单提法，而并没有采用工程量清单这个说法。

（2）承包人对监理人指示的执行

"第四章　合同条款及格式

……

15.1 变更权 在履行合同过程中，经发包人同意，监理人可按第15.3款约定的变更程序向承包人做出有关发包人要求改变的变更指示，承包人应遵照执行。变更应在相应内容实施前提出，否则发包人应承担承包人的损失。没有监理人的变更指示，承包人不得擅自变更。"

【解读】在该条规定中，承包人对监理人指示的执行问题采用了FIDIC黄皮书的规定，没有考虑FIDIC编制的EPC银皮书的规定。承包人收到监理人做出的指示后，应遵照执行，只是构成变更的，应该按照第15.3款执行。

承包人是否必须在工程总承包合同中遵照业主指示。在工程实践中，有些业主要求会发生许多变化，并向承包人提出，如果按照现在的规定，承包商必须执行，然后举证是否属于变更。这样就产生了变相得总承包商设计权力的嫌疑，确实涉及设计建造承包商的利益问题，因为这两种规定可能会产生不同的结果。所以，在该条款中并未考虑EPC银皮书的规定。

(3) 竣工的界定

"第四章　合同条款及格式

......

18.9 竣工后试验（A）

除专用合同条款另有约定外，发包人应：

(1) 为竣工后的试验提供必要的电力、设备、燃料、仪器、劳力、材料，以及具有适当资质和经验的工作人员；

(2) 根据承包商按照第5.6款提供的手册，以及承包人给予的指导进行竣工后试验。发包人应提前21天将竣工后的试验日期通知承包人。如果承包人未能在该日期出席竣工后试验，发包人可自行进行，承包人应对检验数据予以认可。因承包人原因造成某项竣工后的试验未能通过的，承包人应按照合同的约定进行赔偿，或者承包人提出修复建议，按照发包人指示的合理期限内改正，并承担合同约定的相应责任。

18.9 竣工后试验（B）

除专用合同条款另有约定外：

(1) 发包人为竣工后的试验提供必要的电力、材料、燃料、发包人人员和工程设备；

(2) 承包人应提供竣工后的试验所需要的所有其他设备、仪器，以及有资格和经验的工作人员；

(3) 承包人应在发包人在场的情况下，进行竣工后试验。发包人应提前21天将竣工后试验的日期通知承包人。因承包人原因造成某项竣工后的试验未能通过的，承包人应按照合同的约定进行赔偿，或者承包人提出修复建议，按照发包人指示的合理期限内改正，并承担合同约定的相应责任。"

【解读】工程总承包模式除了有竣工验收外，还有竣工后试验。竣工后试验是设计-施工模式与传统施工承包模式下的关于竣工验收方式的重要区别。

竣工后试验是指在项目业主要求中规定的试验，并在承包人建议书中详细说明。这些试验在接收后尽快进行，以确定工程是否符合规定的性能标准。设计-施工模式下，一般由项目业主进行竣工后试验。竣工后试验的合同条款一般包括：竣工后试验程序、延误的试验、重新试验和未能通过竣工后试验。

竣工的界定是总承包商比较关注的问题，也是业主比较关注的一个问题，什么时候竣工实际上相当于承包人到什么时期不再承担工期延误责任了。关于竣工时间，有两种划分，一个是机械完工，另一个是必须要通过性能考核。

第一种界定：机械完工，站在承包人角度来讲竣工的界定希望以机械完工为界，机械完成了以后，再进行性能考核，性能考核期间，误期不再是承包商的责任了。

第二种界定：性能考核后完工，必须要通过性能考核，必须达到发包人的要求，发包人的要求了才算竣工。

从目前住建部规定，包括《建设项目工程总承包的管理规范》（GB/T 50358—2017）和《建设项目工程总承包合同示范文本》在内的文件上来看，基本上是以机械完工作为竣工的界定，是对承包商比较有利的。通过性能考核作为界定点也有可能产生一些问题。如果是非承包商原因等造成的一些延误，可能会进行工期延误索赔等，甚至其他的索赔，这需要有一个相应的条款来支撑，该条做了相关的赔偿规定。

2.3 工程总承包费用项目组成

2.3.1 编制背景与适用范围

(1) 编制背景

《建设项目工程总承包费用项目组成（征求意见稿）》（建办标函〔2017〕621号）（简称《费用组成》）是为贯彻落实《国务院办公厅关于促进建筑业持续健康发展的意见》（国办发〔2017〕19号），适应推进建设项目工程总承包的需要，2017年9月住建部参照财政部《基本建设项目建设成本管理规定》和国家发展改革委以及有关行业建设管理部门发布的建设工程费用构成编制并颁布的征求意见稿。

《费用组成》对于有效控制工程总承包项目投资，规范工程总承包的工程量计价计量设置，提高工程总承包建设效率，具有重要的意义。该费用组成规范共设四章十条。附件为建设项目工程总承包费用计算方法参考（征求意见稿），附件共设置四条。

(2)《费用组成》适用范围

"建设项目工程总承包是指从事工程总承包的企业按照与建设单位签订的合同，对工程项目的设计、采购、施工等实行全过程的承包，并对工程的质量、安全、工期和造价等全面负责的承包方式。

建设单位可以在建设项目的可行性研究批准立项后，或方案设计批准后，或初步设计批准后采用工程总承包的方式发包。"（《费用组成》第一条）

【解读】该条实际是对项目费用组成适应范围的规定，适用于工程总承包项目。对可行性研究后，或方案设计后、初步设计后三种工程总承包项目发包均适用。

2.3.2 费用组成与使用原则

(1) 费用组成

建设项目工程总承包费用项目由建筑安装工程费、设备购置费、总承包其他费、暂列费用构成（《费用组成》第三条），并对各项费用的概念做了解释（《费用组成》第五条、第六条、第七条、第八条）。

【解读】在《建筑安装工程费用项目组成》中，是分别以费用构成要素和造价形成两种形式划分。费用构成要素划分为人工费、材料（包含工程设备）费、施工机械使用费、企业管理费、利润、规费和税金七项。为指导工程造价人员计算建筑安装工程造价，将建筑安装工程费用按照工程造价形成顺序划分为分部分项工程费、措施项目费、其他项目费、规费和税金。而工程总承包费用项目，只是以费用要素进行了划分，分为建筑安装工程费、设备购置费、总承包其他费和暂列费用共四项，对《建筑安装工程费用项目组成》的项目进行了归类合并，设计费、勘察费、研究试验费、土地租用及补偿费、临时设施费、企业管理费、税金等包括在工程总承包管理费之中。

（2）使用原则

"建设单位可以根据项目特点，在可行性研究、方案设计或者初步设计完成后，按照确定的建设规模、建设标准、功能需求、投资限额、工程质量和进度要求等进行工程总承包项目发包。其发包（招标）、承包（投标）、价款结算应符合现行合同法、招标投标法、建筑法等法律法规的相关规定。

（一）建设单位可根据建设项目工程总承包的发包内容确定费用项目及其范围，按照本办法的规定编制最高投标限价，做好投资控制，依法必须招标的项目，应采用招标的方式，择优选择总承包单位。

（二）总承包单位应根据本企业专业技术能力和经营管理水平，自主决定报价，参与竞争，但其报价不得低于成本。

（三）确定的总承包单位应与建设单位签订工程总承包合同，建设单位与总承包单位的价款结算应按合同约定办理。"（附件第一条）

【解读】该条是建设方、承包方使用费用项目组成的原则性要求。建设方依据该费用组成规范控制工程造价；承包方依据该费用组成规范自主决定报价。

2.3.3 总承包费用计算方法

① 建筑安装工程费　建设单位应根据建设项目工程发包在可行性研究或方案设计、初步设计后的不同要求和工作范围，分别按照现行的投资估算、设计概算或其他计价方法编制计列（附件第二条）。

② 设备购置费　建设单位应按照批准的设备选型，根据市场价格计列，批准采用进口设备的，包括相关进口、翻译费用。

$$设备购置费＝设备价格＋设备运杂费＋设备备件费（附件第三条）$$

③ 总承包其他费　建设单位应根据建设项目工程发包在可行性研究或方案设计或初步设计后的不同要求和工作范围计列。《费用组成》中的原文为：

"（一）勘察费：根据不同阶段的发包内容，参照同类或类似项目的勘察费计列。

（二）设计费：根据不同阶段的发包内容，参照同类或类似项目的设计费计列。

（三）研究试验费：根据不同阶段的发包内容，参照同类或类似项目的研究试验费计列。

……"（附件第四条）。

④ 暂列费用　根据工程总承包不同的发包阶段，分别参照现行估算或概算方法编制计列（附件第五条）。

【解读】第二至五条款为工程总承包费用项目的计算提供了参考思路。对于招标人编制最高限价，做好投资控制，投标企业自主报价、参与竞争具有很大的指导意义。

2.4　工程总承包计价计量规范

2.4.1　编制意义与价格组成

（1）编制意义

《房屋建筑和市政基础设施项目工程总承包计价计量规范（征求意见稿）》（建办标函〔2018〕726号）是为贯彻落实《国务院办公厅关于促进建筑业持续健康发展的意见》（国办发〔2017〕19号），完善工程建设组织模式，推进工程总承包，建立与工程总承包相配套的计价计量体系，由住建部于2018年12月发布的征求意见稿。

我国的计价计量体系是建立在施工图基础上的。对于采用工程总承包的项目，由于没有与之相适应的计价计量规则，在实践中往往采取模拟清单、费率下浮的方式进行招标发包，无法形成总价合同，不利于发包人控制项目投资，也不利于承包人优化设计和改进施工，制约工程总承包的推行。

计价规范的制定，使工程总承包项目计价计量提供的依据逐步得到完善。该规范适用于工程总承包的房屋建筑工程、市政工程、城市轨道交通工程的计价计量活动。规范适用于可行性研究或方案设计后、或初步设计后的工程总承包项目计价计量。该规范共九章三个附录。下面将该规范（以下简称《总承包计价规范》）与《建设工程工程量清单计价规范》（以下简称《清单计价规范》）的主要规定条例进行对照分析。

（2）价格组成

《总承包计价规范》规定：

"2.0.20 项目清单

发包人提供的载明工程总承包项目勘察费、设计费、建筑安装工程费、设备购置费、总承包其他费和暂列金额的名称和相应数量等内容的项目明细。

……

3.1.3 建设项目工程总承包费用项目由勘察费、设计费、建筑安装工程费、设备购置费、总承包其他费组成。"

在 4. 清单编制部分中，明确了费用清单的组成包括：勘察、设计费清单；总承包其他费、暂列金额清单；设备购置清单；建筑安装工程项目清单。

《清单计价规范》规定：

"1.0.3 建设工程承发包及实施阶段的工程造价应由分部分项工程费、措施项目费、其他项目费、规费和税金组成。

……

4.1.4 招标工程量清单应以单位（项）工程为单位编制，应由分部分项工程项目清单、措施项目清单、其他项目清单、规费和税金项目清单组成。"

【解读】相比于传统施工承包模式，仅包含建筑安装工程费用，工程总承包则包含建筑安装工程费之外更多的费用。《总承包计价规范》与《清单计价规范》比较，对价格组成进行了调整，将勘察、设计费单列，增加了土地租用占道费即临时占用道路而发生的费用，工程量清单也做了相应的调整。

由于是多阶段的工作一并发包，可行性研究阶段后工程总承包费用的构成更接近固定资产投资的构成，但需别除由建设单位使用的相关费用，且适当进行费用的细分、调整或重新定义。初步设计后的费用项目，范围会缩小，费用项目构成详见表 2-1。

表 2-1　工程总承包费用构成参照表

504 号文名称	本规范拟用名称	可行性研究或方案设计后	初步设计后
建筑安装工程费	建筑安装工程费	全部	全部
设备购置费	设备购置费	全部	全部
勘察费	勘察费	全部	部分费用
设计费	设计费	全部	除方案设计、初步设计外的费用
研究试验费	研究试验费	全部	部分费用
土地征用及迁移补偿费	土地租用、占道及补偿费	根据工程建设期间是否需要而定	
项目建设管理费	总承包管理费	大部分费用	部分费用
临时设施费	临时设施费	全部费用	部分费用
招标投标费	招标投标费	大部分费用	部分费用
社会中介机构审查费	咨询和审计	大部分费用	部分费用
检验检测费	检验检测费	全部	全部

504 号文名称	本规范拟用名称	可行性研究或方案设计后	初步设计后
系统集成费	系统集成费	全部	全部
其他待摊费	财务费	全部	全部
	专利及专有技术使用费	根据工程建设是否需要确定	
	工程保险费	根据发包范围确定	
	法律服务费	根据发包范围确定	

注：1. 504 号文为财政部《基本建设项目建设成本管理规定》（财建〔2016〕504 号）。

2. "本规范"是指拟编制的《工程总承包计价计量规范》。

3. 在承发包时，发包人可设置暂列金额，进入合同总价，但应由发包人掌握使用。

2.4.2 发包起点与价格调整

（1）发包起点

《总承包计价规范》规定：

"4.1.2 清单分为可行性研究或方案设计后清单、初步设计后清单。

4.1.3 编制项目清单应依据：本规范；经批准的建设规模、建设标准、功能要求、发包人要求。其中建筑安装工程项目在可行性研究或方案设计后发包的应按附录 A.1 或 B.1 或 C.1 编制；初步设计后发包的应按附录 A.2 或 B.2 或 C.2 编制。"

《总承包计价规范》编制说明中规定：

"本规范工程计量以附录的形式表现，包括：附录 A 为房屋建筑工程清单项目及计算规则，适用于工业与民用建筑工程。附录 B 为市政工程清单项目及计算规则，适用于城市市政建设工程。附录 C 为城市轨道交通工程清单项目及计算规则，适用于城市轨道交通工程。"

《清单计价规范》规定：

"1.0.2 本规范适用于建设工程承发包及实施阶段的计价活动。"

【解读】《总承包计价规范》依据住房和城乡建设部颁布的《住房城乡建设部关于进一步推进工程总承包发展的若干意见》（建市〔2016〕93 号）、《中华人民共和国标准设计施工总承包招标文件》（发改法规〔2011〕3018 号）等文件精神，规定在工程总承包项目的发包阶段，建设单位可以根据项目特点，在可行性研究、方案设计或者初步设计完成后，按照确定的建设规模、建设标准、投资限额、工程质量和进度要求等进行工程总承包项目发包。为此，总承包计价规范结合发包起点的不同设置了不同的清单编制方案供参考使用。

（2）价格调整

《总承包计价规范》规定：

"3.1.5 建设项目工程总承包应采用总价合同，除合同另有约定外，合同价款不予调整。"

《清单计价规范》规定：

"7.2.1 发承包双方应在合同条款中对下列约定：……4. 工程款的调整因素、方式、程序、支付时间……。"

"7.2.2 合同中没有按照本规范 7.2.1 条的要求约定或约定不明的，若发承包双方在合同履行中发生争议由双方协商确定；当协商不能达成一致时，应按本规范的规定执行。"

【解读】对于价款调整未约定的清单按照约定不明处理，原则上还是可以调整的，而《总承包计价规范》则定义不予调整。这是工程总承包模式本身的性质、特征所决定的，是工程总承包计价的基本特征之一。投标人应特别注意招标文件中的价款调整范围及方式、确定风险费用。

2.4.3　风险划分与计量计价

（1）地下、水文条件的风险划分

《总承包计价规范》规定：

"3.2.1 发包人应在基准日期前，将取得的现场地下、水文条件及环境方面的所有资料提供给承包人。发包人在基准日期后得到的所有此类资料，也应及时提供给承包人。

承包人应负责核实和解释所有此类资料。除合同另有约定外，发包人对这些资料的准确性、充分性和完整性不承担责任。"

《清单计价规范》规定：

"4.1.2 招标工程量清单必须作为招标文件的组成部分，其准确性和完整性应由招标人负责。

……

4.1.5 编制招标工程量清单应依据：……6. 施工现场情况、地勘水文资料、工程特点及常规施工方案；……"

【解读】对于传统施工承包模式而言，《建设工程工程量清单计价规范》规定招标人对于地下、水文条件的准确性、充分性和完整性是负责的。而对于适用工程总承包的计价规范规定的，对此招标人则不承担责任，将此风险转给了承包人。对于地下、水文条件情况的了解，招标人在长期立项过程中所收集的资料应该是较为完善的，但对于投标人而言，在短暂的投标文件有效编制期内核实并发现其中的瑕疵存在较大的挑战，且在动辄百家投标人的工程中，进行标前现场地质试验非常困难。在工程总承包模式中，投标人运用总承包计价规范，应重点分析这项风险，采取实施控制措施。

（2）合同的计量计价

《总承包计价规范》与《清单计价规范》合同计量计价条款比较，见表2-2。

表2-2　《总承包计价规范》与《清单计价规范》合同计量计价条款比较

《总承包计价规范》	《清单计价规范》
3.2.3 承包人应将合同约定的建筑安装工程费作为最高限价，在其限额内进行设计。 可行性研究或方案设计后发包的，初步设计概算及施工图预算不得超过上述限价；初步设计后发包的，施工图预算不得超过初步设计概算，超过的，修正及调整费用发包人不再另行支付	8.3.2 采用经审定批准的施工图纸及其预算方式发包形成的总价合同，除按照工程变更规定的工程量增减外，总价合同各项目的工程量应为承包人用于结算的最终工程量
3.2.4 承包人提交给发包人的初步设计经发包人及相关部门审核批准后，承包人在进行施工图设计时，不得提高或降低标准。承包人提高标准的，按提高后标准实施，增加的费用发包人不另行支付；承包人降低标准的，按发包人原标准实施，增加的费用由承包人承担	8.3.3 总价合同约定的项目计量应以合同工程经审定批准的施工图纸为依据，发承包双方应在合同中约定工程计量的形象目标或时间节点进行计量

【解读】工程总承包模式与传统承包模式项目的设计主体不同，承发包双方的责任划分发生改变，适用于传统承包模式的工程量清单规范的设计是发包人委托专业机构设计，按图施工。工程总承包模式的设计为承包人的工作，必须符合发包人的要求、限额施工，承包人需限额设计。非发包人的原因引起的变更将不作费用调整，迫使承包人费用控制（不含投标策划），必须由施工阶段推移至设计阶段。

2.4.4　发包人-错误与风险界限

（1）发包人要求错误

《总承包计价规范》规定：

"3.4.1 承包人复核发包人的要求，发现错误的，应及时书面通知发包人。发包人作相

应修改的，按照变更调整；发包人不做修改的，应承担由此导致承包人增加的费用和（或）延误的工期以及合理利润。

承包人未发现发包人要求中存在错误的，承包人自行承担由此增加的费用和（或）延误的工期，合同另有约定的除外。"

《清单计价规范》规定：

"4.1.2 招标工程量清单必须作为招标文件的组成部分，其准确性和完整性应由招标人负责。"

【解读】在《清单计价规范》中若出现发包人错误影响工程量清单的，应由招标人负责。而《总承包计价规范》要求承包人承担由此产生的风险，则承包人应从收到招标文件开始，认真分析发包人要求的准确性、完整性。

（2）风险界限

《总承包计价规范》规定：

"3.4.5 除合同另有约定外，承包人应视为承担任何风险意外所产生的费用。"

《清单计价规范》规定：

"3.4.1 建设工程发承包，必须在招标文件、合同中明确计价中的风险内容及其范围，不得采用无限风险、所有风险或类似语句规定计价中的风险内容及范围。"

这是基于市场交易的公平性要求和工程施工过程中承发包双方权、责的对等性要求，承发包双方应合理的分摊风险，所以做出上述要求，该条为强制性条款，必须严格执行。

【解读】《总承包计价规范》中该条款基本沿袭了 FIDIC 编制的 EPC 银皮书的风险分摊的原则，高利润，就应该承担高风险。将大部分风险转移给承包商承担，这样对于承包商的风险识别和控制管理就提出了更高的要求，投标人应充分分析项目风险，决策是否投标，取定合理的风险费或在合同外另行约定。

2.4.5 清单工程量及其他

（1）清单工程量

《总承包计价规范》规定：

"4.5.9 招标人在初步设计后编制项目清单，对于土石方工程、地基处理等无法计算工程量的项目，可以只列项目、不列工程量。但投标人应在投标报价时列出工程量。"

《清单计价规范》规定：

"4.2.1 分部分项工程项目清单必须载明项目编码、项目名称、项目特征、计量单位和工程量。"

分部分项工程项目清单的五个要件：项目编码、项目名称、项目特征、计量单位和工程量，是构成清单的缺一不可的五个要素。该条为强制性条款，必须严格执行。

【解读】由于工程总承包项目在施工图纸尚未完成的情况下发包，为此，可能有些分部分项工程项目暂时无法计算其工程量，但招标人应列出项目，投标人应在投标报价时列出工程量。投标人报价时切勿不对该项未列工程量项目进行报价。

（2）项目特征不符

《总承包计价规范》规定：

"6.2.2 招标人在初步设计图纸后招标的，若投标人发现招标图纸和项目清单有不一致，投标人应依据招标图纸按下列规定进行投标报价……"

《清单计价规范》规定：

"9.4.1 发包人在招标工程量清单中对项目特征的描述，应被认为是准确的和全面的，并且与实际施工要求相符合。承包人应按照发包人提供的招标工程量清单，根据项目特征描述的内容及有关要求实施合同工程，直到项目被改变为止。"

【解读】当发现招标图纸和项目清单有不一致时，《总承包计价规范》报价依据为图纸，而《清单计价规范》报价依据是项目特征，承包人在投标报价时应加以区别。

（3）合同价款调整

《总承包计价规范》规定：

"8.1.4 因人工、主要材料价格波动超出合同约定的范围，影响合同价格时，根据合同中约定的价格指数和权重表，按下式计算差额并调整合同价款：……。"

《清单计价规范》规定：

"附录 A 物价变化合同价款调整方法

A.1 价格指数调整价格差额；

A.2 造价信息调整价格差额。"

【解读】《总承包计价规范》仅设有价格指数法。

（4）附加条款

① 术语

《总承包计价规范》规定：

"2.0.30 签约合同价（合同价款）

发承包双方在工程合同中约定的工程造价，包括勘察费、设计费、建筑安装工程费、设备购置费、总承包其他费和暂列金额。

……

2.0.32 竣工结算价（合同价格）

发包人根据合同约定支付给承包人完成全部承包工作的合同总金额，包括在履行合同过程中合同价款的调整及索赔。"

《清单计价规范》规定：

"2.0.47 签约合同价（合同价款）

发承包双方在工程合同中约定的工程造价，即包括了分部分项工程费、措施项目费、其他项目费、规费和税金的合同总金额。

……

2.0.51 竣工结算价

承发包双方依据国家有关法律、法规、标准规定，按照合同约定确定的，包括在履行合同过程中按照合同约定进行的合同价款调整，是承包人按合同约定完成全部承包工作后，发包人应付给承包人的合同总金额。"

【解读】两者均规定了签约合同价（合同价款）和竣工结算价（合同价格）。合同价款与合同价格一字之差，但所含范围却大不相同，签约过程中需要留意其涵义。签约合同价（合同价款）是指在工程招投标阶段，承发包双方根据合同条款及有关规定，双方根据市场行情共同议定和认可的，并通过签订工程承包合同所确定的拟建工程的成交价。但它并不等同于最终决算价（合同价格）。竣工结算价（合同价格）是指工程竣工后，承包方按照合同约定的条款和结算方式，向建设单位结算工程价款的实际价格。是业主结清双方往来款项金额和承包企业收取的工程价款。

② 品牌要求

《总承包计价规范》规定：

"3.2.6 承包人提供的施工图设计应标明主要材料、设备的技术参数、规格及品牌（在合同约定的品牌选用)。"

【解读】《中华人民共和国招标投标法实施条例》第三十二条（五）限定或者指定特定的专利、商标、品牌、原产地或者供应商，属于以不合理的条件限制、排斥潜在投标人或者投标人。

传统的承包模式的施工图纸是发包人委托设计的，如注明品牌，属于排斥潜在的投标人。而工程总承包项目通过招投标进行市场竞争后确定承包人，由其设计的施工图中标明使用品牌并不涉及排斥潜在投标人，在施工图中标明技术参数、规格和品牌、明确标准，有利于合同履约。

③ 行政部门延误索赔

《总承包计价规范》规定：

"8.2.2 合同约定范围内的工作需国家有关部门审批的，发包人和（或）承包人应按照合同约定的职责分工完成行政审批报送。因国家有关部门审批迟延造成费用增加和（或）工期延误的，由发包人承担。"

【解读】《总承包计价规范》明确了由于行政部门原因而产生延误损失的责任承担主体。而《清单计价规范》对此并无明确的规定。

第2篇

招标篇

第3章
工程总承包项目招标概述

　　招标是国家所提倡的一种重要的发包方式，是指招标人事先发出招标通告或招标文件，按照法律规定，提出技术、商务等交易条件邀请投标人参加投标的行为，通过招标，招标人从众多的潜在投标人中选择出理想的承包人的活动过程。本章将对所涉及的工程总承包招标的基本概念做一综合性论述。

3.1　招标人与业主

3.1.1　招标人的涵义

　　明确项目招标人定义的法律意义在于：确定项目招标人的主体资格，即规定了哪些人可以成为项目招标人从事招标活动，有利于进一步明确项目招标人的法律地位，规定其应享有的权利和应承担的义务，使招标人与其他的主体之间区别和联系更加清晰、明确；了解哪些人可以招标，哪些项目必须招标的问题，才能使招标活动更加符合我国法律环境，更具有规范性。

　　招标投标法第八条："招标人是依照本法规定提出招标项目、进行招标的法人或者其他组织。"该条是对项目招标人的定义，项目招标人的定义包括以下涵义。

　　（1）招标人须是"提出招标项目"进行招标的人

　　所谓"提出招标项目"即根据工程实际情况和招标投标法的有关规定，提出或对拟招标进行采购的工程、货物或服务项目，办理有关审批、备案手续，落实项目的资金来源等行为。

　　"进行招标"是指项目招标人自行或委托招标代理机构提出招标方案，拟定或确定招标方式，编制资格预审或招标文件，发布资格预审或招标公告，审查潜在投标人资格，主持资格审查或开标、评标会议，确定中标人，签订建设工程承包合同等。在此，招标机构所从事的民事法律行为即为项目招标人所从事的，其法律责任最终由项目招标人承担。

（2）招标人须是法人或其他组织

① 法人组织　我国民法典第 57 条至第 60 条规定：法人是具有民事权利能力和民事行为能力，依法独立享有民事权利和承担民事义务的组织。法人应当具备下列条件。

a. 依法成立。依法成立是对法人成立的概括要求，就实质要件而言，依法成立主要是对法人组织合法性的要求，即法人组织的目的和宗旨要符合国家和社会公共利益的要求，并且其组织机构、设立方式、经营范围等要符合国家法律和政策的要求。

b. 法人应当有自己的名称、组织机构、住所、财产或者经费。

有自己的名称、组织机构和住所：法人有了自己的名称、组织机构和住所，才能成为特定化的组织进行经营。因此，名称、组织机构和住所也是法人设立的一个条件。

有自己的财产（企业法人）或者经费（机关、社会团体、事业单位法人）：财产或者经费是法人从事民事活动的物质基础，是法人享有民事权利和承担民事义务的前提，也是其承担民事责任的财产保障。

c. 能够以全部财产独立承担民事责任。也就是说法人在经济活动中发生纠纷或争议时，能以自己的名义起诉或应诉，并以自己的财产独立承担责任，这是法人区别于自然人的一个重要特征。

法人分为营利法人、非营利法人、特别法人。营利法人包括：各种所有制形式的有限责任公司、股份有限公司，国有独资公司，公司以外其他类型的国有企业和集体所有制企业，以及依法取得法人资格的中外合作经营企业、外资企业等。其都具有作为招标人参加招标投标活动的权利。有独立经费的各级国家机关和依法取得法人资格的事业单位、社会团体、基金会、社会服务机构等非营利法人，也都具有作为招标人参加招标投标活动的权利能力。

② 其他组织　"其他组织"也就是非法人组织，非法人组织是不具有法人资格，但是能够依法以自己的名义从事民事活动的组织，包括个人独资企业、合伙企业、不具有法人资格的专业服务机构以及企业的分支机构等，这些企业和机构也可以作为招标人参加招标投标活动。

上述关于招标人的定义基本涵盖了我国目前实践中出现的招标主体的范围。目前，我国无论是工程总承包模式，还是传统承包模式方面，已在基本建设项目、机械成套设备、进口机电设备、科技项目、政府机关办公设备和大额办公用品的采购等许多领域都普遍开展了招标投标活动，招标主体主要是工程建设项目的建设单位（项目法人）、企业以及实行政府采购制度的国家机关、事业单位等。

从国外的情况看，法律规定必须进行招标的项目主要是政府采购项目，所规定的招标主体通常为国家机构、地方当局和国有企业，此外，还包括从事水、能源、交通运输和电信等事业的由国家授予专营权的企业以及受国家政府资助的不具有工、商业性质的其他法人。

3.1.2　业主的概念及与招标人的区别

随着我国市场经济的发展以及一系列关于投资体制的改革和招投标市场制度的完善，招标人不一定是项目业主的现象也经常出现。在这种情况下，投标人很容易混淆两者的概念，在中标人与发包人签订合同后履行过程中发生纠纷时，有些人搞不清楚业主是谁，维护自身合法权益十分困难，很容易出现踢皮球的现象，这样既不利于维护投标人的合法权益，也不利于我国招投标市场的稳定。因此，搞清招标人与业主概念的区别十分必要。

（1）项目业主的概念

对于项目业主没有一个统一的定义，表述各不相同。有人将业主定义为在建设市场的招投标过程中，业主就是买主或出资人。业主邀请若干家投标人（卖主）通过公平竞争，从中择优选择卖主。也有人定义为业主就是项目、工程、服务和货物的所有人。标准施工招标文件使用指南中对业主的定义是："项目审批、核准和备案文件中载明的单位"。FIDIC 银皮书中将雇主（即业主）定义为"系指在合同协议书中被称为雇主的当事人及其财产所有权的合法继承人"。《建设项目工程总承包合同示范文本》中则将业主称为发包人："系指在合同协议书中约定的，具有项目发包主体资格和支付工程价款能力的当事人或取得该当事人资格的合法继承人。"

上述工程项目的业主的定义虽然不同，但它们是从不同角度进行的定义，本质上还是一样的。也就是说通常所说的工程建设项目中的"业主"就是指项目的"建设单位"，泛指建设项目的投资人。业主是建设市场的买方，是未来工程项目的所有者，对项目目标的实现起着主导作用，是工程项目的责任主体。"业主"在项目准备开始实施阶段，业主会组建项目组作为执行项目的机构，与其他参与方直接接触，并接受政府监管和其上级公司的监管，按照规定程序向上级公司汇报工程进度、质量和费用情况。另外，业主应按照工程总承包合同的内容规定，行使其权利和履行其义务。

（2）招标人与业主的区别

① 阶段称谓不同　"招标人"是在招标阶段的一个特殊称谓，是与"投标人"相对的概念，一旦招标结束就没有招标人的概念了。而业主是工程建设中的专用语言，适用于整个工程项目建设的全过程，不因招投标的结束而结束。

在工程项目合同签订过程中，还出现了与"承包人"相对应的"发包人"的概念，发包人是相对于承包人承包合同一方的当事人，一般就是指业主。总之，招标人与业主的概念是工程项目处于不同阶段的称谓。招标人只是阶段性的，业主则是贯穿工程项目全生命周期的概念。

② 主体范围不同　在建设工程实践中，招标人不一定是业主，招标人是"招标单位"或"委托招标单位"的统称，不仅仅包括业主，还可以包括项目代建机构、招标代理机构等。对承包范围内的工程或货物进行招标采购的，如项目管理公司或代建方，或者业主未成立之前代为管理的政府主管部门等，只要是符合招标投标法中对招标人的定义的就可以是招标人。对于政府出资的项目一般会就项目成立专门的建设项目法人单位，则该项目的法人单位就是招标人。

③ 主体法律性质不同　长期以来，在计划经济体制下，我国所有工程建设项目基本上都是由政府投资的，且鉴于工程招标的项目通常标的大，耗资多，影响范围广，招标人责任较大，为了切实保障招投标各方的权益，法律未赋予自然人成为招标人的权利，招标人都是以"法人"名义投资的，招标人的主体为"法人"，自然人是不能成为招标人的。改革开放后，特别是 2004 年颁布的《国务院关于投资体制改革的决定》，进一步明确了企业的投资主体地位，形成了投资主体多元化、资金来源多渠道、投资方式多样化、项目建设市场化的新格局，充分发挥了市场在资源配置中的基础性作用。为此，项目业主可以是法人，也可以是自然人。

3.2 招标前置条件

招标投标法第九条规定：招标项目按照国家有关规定需要履行项目审批手续的，应当先履行审批手续，取得批准。招标人应当有进行招标项目的相应资金或者资金来源已经落实，并应当在招标文件中如实载明。以及住建部第 12 号文件有关条款规定，履行项目审批手续和落实项目资金来源是工程总承包项目进行招标前必须具备的两项基本前置条件。工程总承包项目招标条件，见表 3-1。

表 3-1　工程总承包项目招标条件

前置条件内容	项目性质		前置具体条件
履行项目审批手续	企业投资项目		核准或者备案后招标
	政府投资项目	常规报批项目	初步设计审批完成后招标
		简化报批项目	完成相应的投资决策审批后招标
落实项目资金来源	必须招标的项目		落实资金或资金来源后招标

3.2.1 履行项目批准手续

(1) 批准手续制度

无论采取何种工程承包模式，按照现行法律规定，对于必须招标的项目事先要获得批准。我国对政府投资项目和企业投资项目，分别采用"审批""核准"和"备案"制。

① 审批制　对政府投资项目、社会公共事业基础设施建设等项目实行审批制。一般来说，各省发展改革委员会是负责全省政府投资的管理工作的主管部门，市、州、县（市、区）发展改革委员会是负责本行政区内的政府投资管理工作的主管部门，主管部门对审批项目进行全方位审批。

审批内容：政府投资项目根据建设性质、资金来源和投资规模，主管部门审批项目建议书、可行性研究报告、初步设计及概算。政府投资项目的可行性研究报告、初步设计，由政府投资主管部门委托咨询评估机构进行咨询评估或评审；重大项目应当进行专家评议；咨询评估没有通过的不予审批。

② 核准制　对属于《政府核准的投资项目目录》（2016 年本）中的重大项目和限制类项目，从维护社会公共利益角度实行核准制。进行核准的项目，应当向核准机关提交申请报告，申请报告应由具备相应工程资质的机构编制。主管部门从社会和经济、公共管理的角度对项目进行审核。

③ 备案制　对于《政府核准的投资项目目录》（2016 年本）以外的其他项目，无论规模大小，均实行备案制。由省发展改革委员会或市（州）发展改革委员会备案。

(2) 招标内容审核

按照招标投标法实施条例第七条规定："按照国家有关规定需要履行项目审批、核准手续的依法必须进行招标的项目，其招标范围、招标方式、招标组织形式，应当报项目审批、核准部门审批、核准。项目审批、核准部门应当及时将审批、核准确定的招标范围、招标方式、招标组织形式通报有关行政监督部门"。

依据上述规定，对于需要审批和核准的依法必须进行招标的项目，需要审核招标的内容；不属于依法必须招标的项目，即使是审批类或核准类的项目，也不需要审核招标内容；审核的招标内容为：招标范围、招标方式和招标组织形式。

① 招标范围　招标范围是指项目的勘察、设计、施工、监理、重要设备、材料等内容，项目对哪些部分进行招标，哪些部分不进行招标。其中，是否可以不进行招标，项目审批、

核准部门应根据招标投标法实施条例第九条规定判断。

② 招标方式　招标方式分为公开招标和邀请招标两种。根据招标投标法第十一条和招标投标法实施条例第八条规定,国家重点项目、省(自治区、直辖市)重点项目、国有资金占控股或者主导地位的项目应当公开招标。对于应当公开招标的依法必须招标项目,是否可以进行邀请招标,项目审批、核准部门应根据招标投标法实施条例第八条规定判断。

③ 招标组织形式　招标组织形式分为委托招标和自行招标两种。委托招标是指招标人委托招标代理机构办理招标事宜;自行招标是指招标人依法自行办理招标事宜。招标人是否可以自行招标,项目审批、核准部门应根据招标投标法第十二条第二款和招标法实施条例第十条的规定,从招标人是否具有与招标项目规模和复杂程度相适应的技术、经济等方面的专业人员判断。

拟招标的工程项目应当合法,这是开展招标工作的前提。依据国家有关规定应批准而未经批准的项目,或违反审批权限批准的项目均不得进行招标。在项目审批前擅自开始招标工作,因项目未被批准而造成损失的,招标人应当自行承担法律责任。对于国家未规定必须进行审批的项目,招标人可以自行决定招标时间。

3.2.2　项目资金的落实

招标人应当有进行招标项目的相应资金或者有确定的资金来源,这是招标人对项目进行招标并最终完成该项目的物质保证。招标项目所需的资金是否落实,不仅关系到招标项目能否顺利实施,而且对投标人利益关系重大。投标人为获得招标项目,通常进行了大量的准备工作,在资金上也有较多的投入,中标后如果没有资金保证,势必造成不能开工或开工后中途停工,或者中标后作为货主的招标人无钱买货,这将损害投标人的利益。如果是涉及大型基础设施、公用事业等工程,还会给公共利益造成损害。因此,招标人必须在招标时应有与项目相适应的资金保障。

从目前的实践看,工程招标项目的资金来源一般包括:国家和地方政府的财政拨款、企业的自有资金及包括银行贷款在内的各种方式的融资以及外国政府和有关国际组织的贷款。工程招标人在招标时必须确实拥有相应的资金或者有能证明其资金来源已经落实的合法性文件为保证,并应当将资金数额和资金来源在招标文件中如实载明。资金或资金来源未落实的项目,不能获得审批、核准、备案。

工程总承包项目应合规合法,招标发包必须具有以上最基本的两项前置条件。

3.2.3　特殊前置条件

由于工程总承包模式是对一般承包项目建设周期的前伸和后延的承包模式,其发包时项目并无施工图纸,建设内容、建设范围、建设功能不确定性因素较大,为此我国法律规章对其招标强调了特殊的前置条件。

(1)　项目内容前置条件

2019年12月,住建部颁布的第12号文件第六条规定:"建设内容明确、技术方案成熟的项目适宜采用工程总承包方式。"建设内容明确包括:建设范围、建设规模、建设标准、功能要求等前期条件明确。技术方案成熟是指技术方案相对于某项工程预期目标的保证程度。技术方案包括设计方案、施工方案、工艺路线、技术标准等。

各地方政府对工程总承包招标发包的前期条件都做了相同的规定。例如,上海市规定:按照国家及本市有关规定,已完成项目审批、核准或者备案手续发包的,工程项目的建设规模、设计方案、功能需求、技术标准、工艺路线、投资限额及主要设备规格等均确定的，采用装配式或者 BIM 建造技术的中、小型房屋建筑项目采用工程总承包方式招标。

四川省规定，依法必须招标的装配式建筑项目，原则上应采用工程总承包模式招标发包，可按照技术复杂类工程项目招标。装配式建筑工程项目的建设规模、建设标准、功能需求、技术标准、工艺路线、投资限额及主要设备规格等，即发包人对工程项目要求能确定的，应采用工程总承包招标发包。

（2）招标起点前置条件

住建部第 12 号文件中第七条规定："……采用工程总承包方式的政府投资项目，原则上应当在初步设计审批完成后进行工程总承包项目发包；其中，按照国家有关规定简化报批文件和审批程序的政府投资项目，应当在完成相应的投资决策审批后进行工程总承包项目发包。"

从前一阶段试点城市或地区制定的工程总承包试行规章及政策文件分析，通常在项目立项、可行性研究批复阶段、方案设计或初步设计审批后，均允许采用工程总承包模式发包，如上海、福建等，但有些地区如浙江、湖南并不接受项目立项可行性研究批复阶段的工程项目总承包发包。

由于工程总承包模式的特殊性，业主在发包时尤其是方案设计或初步设计未批复时，对项目的要求、规模、标准、功能等尚不能清晰确定，且各地都在推广固定总价下工程总承包模式，承发包双方均难以对该种情况下固定总价的风险范围进行清晰的界定，这样在项目实施过程中往往会就合同履行的价款调整或风险分配产生争议。

基于此，上海和福建虽允许项目立项、可行性研究阶段下的工程总承包发包，但也都设定了特别的条件或规定。如上海就规定只有重点产业项目，标准明确的一般工业项目，采用装配式或者 BIM 建造技术的中、小型房屋建筑项目等七种项目且工程项目的建设规模、设计方案、功能需求、技术标准、工艺路线、投资限额及主要设备规格等均已确定的情况下，才可以在项目审批、核准或者备案手续完成阶段进行工程总承包的发包。

福建省则强调在项目立项、可行性研究批复后进行工程总承包发包的，宜采用预算后审方式，中标价仅作为合同暂定价，在中标人完成初步设计和设计概算报批手续后，中标人再进行施工图设计并编制预算。预算造价经建设单位及财政审核部门（如需）审核确定后作为合同价，并以签订合同补充协议的方式确定工程总承包的固定总价。

考虑到工程总承包的特征，工程总承包发包人在初步设计批复后进行工程总承包发包，更易于成本控制和固定总价的风险分配。因此，政府投资项目的工程总承包的发包应以初步设计批复后进行为主，特定项目在项目立项、可行性研究批复阶段实施工程总承包发包的，承发包双方应结合地方主管部门的规定或指导性文件，合理确定合同价格形式和风险责任分配，减少合同履行过程中的争议。

上述条款构成工程总承包项目招标发包的特殊前置条件。

3.3 必须招标项目的判断

3.3.1 招标项目判断程序

随着招投标活动的监管力度越来越严格，市场竞争日趋激烈，招标活动的"合规性"风险也日益突出，如何确保招标活动符合相关法律法规的规定已然成为招标人关注的问题。确保工程总承包项目发包的合规的前提是确定应该遵守的规则。开展招标活动前的首要问题是判断项目是否属于必须依法招标的范围，其次才能判断具体的工作流程以及应该遵守的法律法规，确保招标活动的合规合法。事实上许多建设单位甚至是招标机构的人员对这个问题也不完全清楚，因此，实践中不乏出现程序不当、适用法规不宜等张冠李戴的情况，轻则造成工程项目延误、重则违反法律法规。

住建部 2019 年颁布的第 12 号文件第八条："工程总承包项目范围内的设计、采购或者施工中，有任一项属于依法必须进行招标的项目范围且达到国家规定规模标准的，应当采用招标的方式选择工程总承包单位。"如何判断工程总承包项目是否必须招标，按现行招标投标法等法律法规规定，必须招标项目的判断需要一定的步骤，其判断程序示意图见图 3-1。

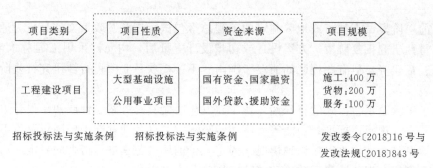

图 3-1　必须招标项目判断程序示意图

3.3.2　项目类别的判断

《中华人民共和国招标投标法》规定依法必须招标的项目时明确了是针对工程建设项目，并非针对所有项目。那么，哪些项目属于工程建设项目，招标人如何判断自己的项目是否属于工程建设项目呢？

《中华人民共和国招标投标法》第三条规定的"工程建设项目"的概念在投标法实施条例第二条定义为：所称工程，是指建设工程包括建筑物和构筑物的新建、改建、扩建及其相关的装修、拆除、修缮等，所称与工程建设有关的货物，是指构成工程不可分割的组成部分，且为实现工程基本功能所必需的设备、材料等；所称与工程建设有关的服务，是指为完成工程所需的勘察、设计、监理等服务。

第一，"工程"必须与"建设"相联系。招标投标法提出的是"工程建设项目"，强调的是"建设项目"，工程是指通过设计、施工、制造等活动形成的有形固定资产项目。没有与"建设"活动相联系的工程，例如建成的房屋、建筑、楼宇、厂房、市政、桥梁等，则已物化，不属于招标投标法所称工程的范畴，而属于有形固定资产。

第二，不能做缩小工程范围的理解。对工程不能做固定化的理解，招标投标法实施条例中所指的工程，采用的是列举法，使用的是"包括"字眼，"包括建筑物和构筑物的新建、改建、扩建及其相关的装修、拆除、修缮等"；建设工程不仅仅限于构筑物和建筑物，例如，某些专业领域的建设项目，化工企业新上一套设置，没有建筑物或构筑物建设，也应属于建设工程项目。关于工程建设项目的定义，《建设工程质量管理条例》（2019 版）也有提及，其第二条："凡在中华人民共和国境内从事建设工程的新建、扩建、改建等有关活动及实施对建设工程质量监督管理的，必须遵守本条例。本条例所称建设工程，是指土木工程、建筑工程、线路管道和设备安装工程及装修工程。"从文字上看，这个定义似乎更为全面和准确。

这样就将没有建筑物或构筑物的"线路管道工程""设备安装工程""装饰装修工程"等包括其中。

第三，不能做扩大工程范围的理解。对于招标投标法实施条例第二条中的"与工程建设有关的货物、服务"应有正确的理解。所谓"与工程建设有关的货物"，是指构成工程不可分割的组成部分，且为实现工程基本功能所必需的设备、材料等；所称"与工程建设有关的服务"，是指为完成工程所需的勘察、设计、监理等服务。货物、服务如果与建设工程无关，则不属于招标投标法的调整范围。同时，避免将"希望工程""五个一工程""系统工程"等概念化的协作活动理解为建设工程。

第四，判断是否属于必须招标的工程建设项目最为直接和简便的方法是查看项目的立项文件，绝大部分经发展改革委批复或核准的固定资产投资项目都包括工程建设，不论是基建项目还是技改项目，通常都会有工程的新改扩建，专业工程如引进生产线也会有安装工程，这些都属于工程建设项目。

工程建设项目主要强调一次性，与经营性物资采购有很大区别，比如国有企业生产原材料采购、聘用会计师事务所、律所、咨询公司等服务采购，虽然属于国有资金，合同金额也超过依法招标的限额，但这些都是企业日常经营性采购，不属于工程建设项目。因此，不论是否使用国有资金，都不是招标投标法界定的依法招标的范围。

根据《关于国务院投资体制改革的决定》的文件，政府投资项目都要经过国务院投资主管部门（各级发展改革委）的审批，对于企业不使用政府投资建设的项目，一律不再实行审批制，区别不同情况实行核准制和备案制。如果企业投资《政府核准的投资项目目录》内的项目，由政府进行核准，投资目录外的项目只需备案。

对于一些大型央企、国企等企业集团，如果投资上述核准的目录内的项目，可以按项目单独申报；如果投资项目的数量较多，为了简化手续也可以先编制企业集团中长期发展建设规划，规划经相关政府部门批准后，规划中属于目录内的项目就不再需要核准了，只需办理备案手续。大型企业有一定的投资决策权，可以结合国家规定，审批下属企业的各类建设项目。对于核准类项目，集团总部需先上报相关政府主管部门核准后再内部批复。因此，招标机构或招标人针对各类项目都可以从立项申请文件的源头来判断该项目是否属于工程建设项目。

3.3.3 招标项目范围的判断

招标投标法第三条规定："在中华人民共和国境内进行下列工程建设项目包括项目的勘察、设计、施工、监理以及与工程建设有关的重要设备、材料等的采购，必须进行招标：

（一）大型基础设施、公用事业等关系社会公共利益、公众安全的项目；

（二）全部或者部分使用国有资金投资或者国家融资的项目；

（三）使用国际组织或者外国政府贷款、援助资金的项目。"

上述依法必须招标项目的具体范围和规模标准，由国务院发展计划部门会同国务院有关部门制订，报国务院批准。

据此，可以从项目性质以及资金来源两个维度来判断工程建设项目是否依法必须招标。

从项目性质看，关系公共利益和公众安全的基础设施和公用事业项目，不论资金来源，不论国有资金还是民营企业自有资金，都属于必须依法招标的范围。

从资金来源看，使用国有资金或外资的项目，不论项目所属行业，也不论具体采购内容，都属于必须依法招标的范围。

招标投标法规定，上述所列项目的具体范围和规模标准只有国务院才有权决定，其他部门都无权决定。

3.3.4 项目规模标准的判断

招标活动需要付出一定的成本。因此，并不是上述所有属于依法必须招标范围的项目都要通过公开招标方式进行招标，只有工程建设项目达到一定规模标准才采用公开招标的方式发包。对此发展改革委员会的第16号令制定了明确的规模标准。

(1) 国家投资项目必须招标项目的具体范围（资金来源）

第16号令第二条："全部或者部分使用国有资金投资或者国家融资的项目包括：

（一）使用预算资金200万元人民币以上，并且该资金占投资额10%以上的项目；

（二）使用国有企业事业单位资金，并且该资金占控股或者主导地位的项目。"

对该条款的进一步解释如下：

"预算资金"一般指公共预算资金、政府性基金预算资金。

"国有企业事业单位资金"包括：国有企业事业单位自有资金和自筹资金。

"占控股或者主导地位"参照公司法第二百一十六条："其出资额占有限责任公司资本总额百分之五十以上或者其持有的股份占股份有限公司股本总额百分之五十以上的股东；出资额或者持有股份的比例虽然不足百分之五十，但依其出资额或者持有的股份所享有的表决权已足以对股东会、股东大会的决议产生重大影响的股东"。

国有企业事业单位通过投资关系、协议或者其他安排，能够实际支配项目建设，也属于占控股或者主导地位，项目中国有资金的比例，应当按照项目资金来源中所有国有资金之和计算。

(2) 国外资金项目必须招标项目的具体范围（资金来源）

第16号令第三条："使用国际组织或者外国政府贷款、援助资金的项目包括：

（一）使用世界银行、亚洲开发银行等国际组织贷款、援助资金的项目；

（二）使用外国政府及其机构贷款、援助资金的项目。"

第16号令上述第二条、第三条为国家投资的项目、国外资金项目必须招标的具体范围进行了细化。

(3) 对公众项目必须招标的具体范围（项目性质）

第16号令第四条："不属于本规定第二条、第三条规定情形的大型基础设施、公用事业等关系社会公共利益、公众安全的项目，必须招标的具体范围由国务院发展改革部门会同国务院有关部门按照确有必要、严格限定的原则制订，报国务院批准。"

住建部第834号令对此做了规定，第二条："对不属于《必须招标的工程项目规定》第二条、第三条规定情形的大型基础设施、公用事业等关系社会公共利益、公众安全的项目，必须招标的具体范围包括：

（一）煤炭、石油、天然气、电力、新能源等能源基础设施项目；

（二）铁路、公路、管道、水运，以及公共航空和A1级通用机场等交通运输基础设施项目；

（三）电信枢纽、通信信息网络等通信基础设施项目；

（四）防洪、灌溉、排涝、引（供）水等水利基础设施项目；

（五）城市轨道交通等城建项目。"

至此，从项目来源和项目性质两方面，对于必须招标项目的具体范围均作了明确的细化。

（4）必须招标项目的规模标准

全部落入上述具体范围内的工程建设项目，也不是全部都必须依法招标，还有一个规模标准，第 16 号令对此划了红线，做了明确的规定。

第五条："本规定第二条至第四条规定范围内的项目，其勘察、设计、施工、监理以及与工程建设有关的重要设备、材料等的采购达到下列标准之一的，必须招标：

（一）施工单项合同估算价在 400 万元人民币以上；

（二）重要设备、材料等货物的采购，单项合同估算价在 200 万元人民币以上；

（三）勘察、设计、监理等服务的采购，单项合同估算价在 100 万元人民币以上。

同一项目中可以合并进行的勘察、设计、施工、监理以及与工程建设有关的重要设备、材料等的采购，合同估算价合计达到前款规定标准的，必须招标。"

值得注意的是：

① 400 万元以上、200 万元以上、100 万元以上以及 10％等限额标准，均包括本数。

② 发包人依法对工程以及工程建设有关的货物、服务全部或部分实行工程总承包的，总承包中施工、货物、服务等各部分的估算价中，只要一项达到施工部分估算价 400 万元以上，或者货物部分达到 200 万元以上，或者服务部分达到 100 万元以上，则整个总承包发包应当招标。

3.4 招标方式与工作流程

3.4.1 招标主要方式

从世界各国的情况看，招标主要有无限竞争性招标方式即公开招标和有限竞争性招标方式即邀请招标方式。《中华人民共和国招标投标法》明确规定：招标分为公开招标和邀请招标。

（1）无限竞争性招标方式（公开招标）

无限竞争性招标又称公开招标，是工程项目主要的招标方式，它是指招标人按照法定程序，通过报纸、刊物、广播、电视等大众媒体，向社会公开发布招标公告，凡是对此招标项目感兴趣的所有潜在的、符合规定条件的承包商，都可以参加投标，采购人通过某种事先确定的标准，从所有投标供应商中择优评选出中标供应商，并与之签订政府采购合同的一种采购方式。

无限竞争性招标是最具竞争性的招标方式，该方式按照公开的地域范围又可以分为国内无限竞争招标和国际无限竞争招标。在国际上所谈到的招标都是指无限竞争性招标即公开招标。

无限竞争性招标有利于开展真正意义上的竞争，充分体现公开、公平、公正的招标原则，为承包商提供良好的竞争平台，防止垄断；能有效地促进承包企业在增强竞争实力上练内功，努力提高工程质量、缩短工期、降低造价，创造最为合理的利益回报。同时，采用公开招标方式，招标单位也有较大的选择余地。

无限竞争性招标也具有以下不足：对投标人而言，参加投标的人越多，参加者的中标概率越小，需要承担投标费用风险；对招标人而言，审查投标人资格、审阅投标文件的工作量很大，招标工作时间较长，招标费用支出也比较高；由于投标人良莠不齐，也容易被不负责任的投标单位抢标。

国际无限竞争招标适用条件：国际无限竞争招标适用于由世界银行及其附属组织国际开

发协会和国际金融机构提供优惠贷款的项目；联合国经济援助的项目；国际财团或多家金融机构投资的项目；需要承包商带资承包或延期付款的项目；大型土木工程或施工难度大、发包方国内无能力完成的项目。

国内无限竞争招标主要适用于国家和省（市）重点建设项目和国有资金投资占控股或者主导地位的招标项目，以及依据法律法规规定应当公开招标的项目。

（2）有限竞争性招标方式（邀请招标）

有限竞争性招标又称为邀请招标或选择性招标，是指由招标人根据自己的经验和掌握的资料（供应商或承包商的资信和业绩），向被认为有承包能力承担工程服务的、预先选择的特定的、一定数目的法人或其他组织发出邀请书，邀请他们参加投标竞争，从中选定中标供应商的一种招标方式。一般约定，一定数目的法人或其他组织不能少于三家。

我国对于工程项目采取邀请招标有严格的规定。《中华人民共和国招标投标法》第十一条规定："国务院发展计划部门确定的国家重点项目和省、自治区、直辖市人民政府确定的地方重点项目不适宜公开招标的，经国务院发展计划部门或者省、自治区、直辖市人民政府批准，可以进行邀请招标。"

招标投标法实施条例第八条规定："国有资金占控股或者主导地位的依法必须进行招标的项目，应当公开招标；但有下列情形之一的，可以邀请招标：

（一）技术复杂、有特殊要求或者受自然环境限制，只有少量潜在投标人可供选择；

（二）采用公开招标方式的费用占项目合同金额的比例过大。

有前款第二款所列情形，属于本条例第七条规定的项目，由项目审批、核准部门在审批、核准项目时做出认定；其他项目由招标人申请有关行政监督部门作出认定。"

上述第八条明确了公开招标项目采用邀请招标方式应当具备的条件和遵循的程序。第一款规定了可以邀请招标的两种情形：

第一，"技术复杂、有特殊要求或者受自然环境限制，只有少量潜在投标人可供选择"的项目可以进行邀请招标。

根据这一规定进行邀请招标，除了"技术复杂、有特殊要求或者受自然环境限制"外，还应当同时满足"只有少量潜在投标人可供选择"这一条件。考虑到上述特殊情况下，即使采用公开招标方式，投标人也是已知有限的，直接邀请符合条件的潜在投标人投标，不仅有利于提高采购效率、节约采购成本，而且可以在一定程度上避免因投标人不足三个而导致招标失败。

需要说明的是，项目技术虽然复杂，有特殊要求，或者受自然环境限制，但如果有足够多的潜在投标人，对于应当公开招标的项目而言，规定仍不能采用邀请招标。另外，"技术复杂、有特殊要求或者受自然环境限制"这三个要件均应当是客观的，特别是项目的特殊要求，要从招标采购项目的功能、定位等实际需要出发，实事求是地提出。

第二，"采用公开招标方式的费用占项目合同金额的比例过大"。招标采购本质上是一种经济交易活动，应当遵循经济规律。不管是世界银行《货物、工程和非咨询服务采购指南》，还是联合国贸易法委员会《货物、工程和服务采购示范法》，均将物有所值（value for money）作为采购活动的基本原则或者价值目标之一。当招标成本等于甚至大于招标收益时，招标活动就失去了意义。第八条第二项规定是"物有所值"原则的具体体现。当然，"物有所值"原则不仅仅要求选择适当的招标采购方式，还体现在合理确定强制招标范围和规模标准等活动中。需要说明的是，第二项规定根据我国政府采购法第二十九条，使用了"费用"而非"成本"这一概念。这一点，与联合国贸易法委员会《货物、工程和服务采购示范法》同时考虑"时间"和"费用"有所不同。由于实践中不同招标项目差别较大，本项没有规定公开招标费用占项目合同金额的具体比例。

第八条第二款规定，对于应当审核招标内容的项目，由项目审批、核准部门在审批、核准项目时认定公开招标费用占项目合同金额的比例是否过大，其他应当公开招标的项目由招标人申请有关行政监督部门做出认定。当然，第一款第一项规定的情形也应当根据招标投标法实施条例第七条履行审核手续。

有限竞争性招标能够按照项目需求特点和市场供应状态，有针对性地从已知了解的潜在投标人中，选择具有与招标项目需求匹配的资格能力、价值目标以及对项目重视程度均相近的投标人参与投标竞争；有利于投标人之间均衡竞争，并通过科学的评标标准和方法实现招标需求目标；招标工作量和招标费用相对较小，既可以省去招标公告和资格预审程序（招投标资格审查）及时间，又可以获得基本或者较好的竞争效果。

有限竞争性招标也有不足：有限竞争性招标与无限竞争性招标相比，投标人数量相对较少，竞争开放度相对较弱；受招标人在选择邀请对象前已知投标人信息的局限性，有可能会损失应有的竞争效果，得不到最合适的投标人和获得最佳的竞争效益。

虽然邀请招标在潜在投标的选择上和通知形式上与公开招标有所不同，但其所适用的程序和原则与公开招标是相同的。

有限竞争性招标的适用项目为：工作量不大，投标人数有限或其他不宜进行国际公开招标的项目；某些大型复杂、专业性很强的项目；由于工期紧迫或出于军事保密要求或其他方面原因不宜公开招标的项目；工程项目发出招标通知后，如无人投标或投标人数不足法定三家的项目。

在国际工程招标实践中，对于工程项目采用公开招标还是要邀请招标，各国或国际组织的做法也不尽相同，有的未给出强制性意见，而是把自由裁量权交给了招标人，由招标人根据项目的情况采取公开招标或邀请招标方式，只要不违反法律规定，最大限度地实现公平、公开、公正的原则即可。例如，"欧盟采购指令"规定，如果采购金额达到法定的限额，采购单位有权在公开招标和邀请招标中自由选择。实际上邀请招标在欧盟各国运用的较为普遍。"世界贸易组织采购协议"也对这两种招标方式的孰优孰劣未置可否。但世界银行"采购指南"把国际无限竞争招标即公开招标作为最能充分实现资金的经济和效率要求的方式，要求借款人以此作为最基本的采购方式，只有在国际无限竞争招标不是最为经济和有效的情况下，才可采用其他招标方式。

（3）议标（谈判招标）

除上述两种主要招标方式外，国外在建筑领域里还有一种使用较为广泛的采购方法，被称为议标。议标也称谈判采购，是招标人直接选定一家或少数几家承包公司，采购人和被采购人之间通过一对一谈判而最终达到采购目的的一种采购方式。实质上即为谈判性采购，不具有公开性和竞争性，因而不属于招标投标法所称的招标投标采购方式。（招标投标法不允许议标）

从实践上看，公开招标和邀请招标的采购方式要求不得对报价及技术性条款进行谈判，议标则允许就报价等进行一对一的谈判。因此，有些项目（比如一些小型建设项目）采用议标方式目标明确，省时省力，比较灵活；对服务招标而言，由于服务价格难以公开确定，服务质量也需要通过谈判解决，采用议标方式不失为一种恰当的采购方式。但议标因不具有公开性和竞争性，采用时容易产生幕后交易，暗箱操作，滋生腐败，难以保障采购质量，据有些省的统计，在所有经济犯罪案件中有 40% 与招标投标有关，而这类犯罪案件的绝大部分又与招标方式采用议标有关。招标投标法根据招标的基本特性和我国实践中存在的问题，未将议标作为一种招标方式予以规定。因此，议标不是一种法定招标方式。依照招标投标法的规定，凡属招标投标法第三条规定必须招标的项目以及按照招标投标法第二条规定自愿采用招标方式进行采购的项目，都不得采用议标的方式。

议标作用：对业主来讲，通过议标，可以使标价降低或使标书中的其他条件更有利于自己。比如，设第一中标候选人的标价最低，但在其他方面如延期付款条件却比不上第二低标的候选人。这时，业主就会一方面与第一候选人商议较优惠的延期付款条件，另一方面与第二候选人协商降低标价的问题。对投标人来说，通过议标，可以澄清标书某含糊不清的条款，改善合同条件，或增强自身的竞标能力。议标具有降低标价、缩短施工日期、改善支付条件、提出新的施工或设计方案、免费增加施工机械等作用。

议标方式具有以下特点：议标没有资格预审、开标等环节，方法简单，通过谈判即可授标。对投标人来说，不用出具投标保函，也无需在一定时间内对其报价负责；议标方式竞争对手少，缔约的成功率较大。严格地说，议标不算是一种招标方式，只是一种"谈判合同"，在工程实践中应用得不多。

议标的程序：

① 招标委员会确定议标日程。

② 招标人与投标人进行议标，参加议标人员为双方的技术、经济和法律专家。所涉及的问题如标书中的商务、技术、法律和其他方面问题。

③ 议标的结论要用完善、准确的措辞以书面形式记载，以便纳入合同文件中。双方应各由一名高级代表审阅议标形成的文件，并在文件的每一页上签字。

④ 如果议标的时间过长，超出了投标有效期，招标人会要求几位有希望的候选人延长投标保函的有效期。如果投标人拒绝，则其标书失效。

议标一般适用于以下情况：

① 执行政府缔约的承包合同；

② 由于技术上的特定需要，只能委托给特定的承包商或制造商实施的合同；

③ 属于国防工程需要保密的工程项目；

④ 项目已经公开招标，但无中标者或没有理想的承包商，通过议标另行委托承包商实施工程；

⑤ 业主提出工程外新增工程等。

3.4.2 招标工作流程

（1）项目立项流程

工程总承包招标人在初步设计审批前招标的立项流程如下。

① 招标人委托具备资格条件的工程咨询公司编制可行性研究报告，项目要到当地发展改革部门或是建设行政主管部门去办理立项目审批，根据项目和性质的不同，看是审批还是核准，经审批或核准是具备招标的前提条件。

② 招标人委托咨询机构提供各专业完整的初步设计图，不必详细到施工图。通常来说，初步设计是指在可行性研究之后进行的，是为了进一步认证项目的技术和经济上的可行与合理，而对项目设计的初稿（草图），特别大的项目有时还会进行扩大初步设计和再扩大初步设计。初步设计文件应由有相应资质的设计单位编制，若为多家设计单位联合设计的，应由招标人负责汇总设计资料。

③ 招标人将初步设计文件向有关部门申请审批、核准。

④ 招标人委托招标代理人招标。选择委托招标代理人时，应明确以下五点。

a. 招标人有权自行选择招标代理机构，委托其办理招标事宜。任何单位和个人不得以任何方式为招标人指定招标代理机构。

b. 招标代理人具有与招标项目规模和复杂程度相适应的技术、经济等方面的专业人员，应当拥有一定数量的具备编制招标文件、组织评标等相应能力的专业人员。

c. 招标人应当与被委托的招标代理机构签订书面委托合同。招标人与招标代理机构应根据拟招标项目投资额，在双方充分协商沟通的基础上，确定招标人向招标代理机构支付的拟招标项目招标代理的全过程所需的全部费用。收费应当符合国家有关规定，且在合同中约定。

d. 招标人具有编制招标文件和组织评标能力的，可以自行办理招标事宜。任何单位和个人不得强制其委托招标代理机构办理招标事宜。依法必须进行招标的项目，招标人自行办理招标事宜的，应当向有关行政监督部门备案。

e. 国务院住房城乡建设、商务、发展改革、工业和信息化等部门，按照规定的职责分工对招标代理机构依法实施监督管理。

招标人自主选择代理机构，一般来说应选择那些专业能力强，以往项目成功招标比较多，与招标人沟通方便的机构。招标代理机构信息可以通过全国建筑市场监管公共服务平台获取。

（2）项目招标流程

工程总承包项目与其他传统承包项目的招标流程并无本质区别，完全受招标投标法等法律法规的约束，但其招标的工作量较传统模式的招标要大得多。

我国招标投标法中规定的招标流程包括招标、开标、评标和定标，其主要工作包括：招标方案策划、招标文件编制、投标资格审查、开标、定标几大部分。工程招标是由一系列前后衔接、层次明确的工作步骤构成的。招标流程及招标主要工作图（资格后审）见图 3-2。

招标工作流程包括：策划、招标、开标、评标、定标五阶段，招标人的主要工作简述如下。

① 策划　工程总承包的招标人根据项目特点和需要，对招标方案策划包括：招标方式策划、评标方法策划、计价方式策划、价格模式策划、管理模式策划、招标标的策划以及其对他问题进行策划。

② 招标

a. 按照策划的工程总承包招标方案编制招标文件，主要包括：招标项目技术要求；对投标人的资格审查标准、投标报价要求、核评标方法标准等所有实质性要求和条件以及编制拟签合同的主要条款。

b. 工程总承包招标招标文件编制完成后，发布招投标公告、发售招投标文件、现场踏勘和召开标前会议。

召开标前会议是一项十分重要的工作，尤其是对于大型工程总承包项目的招标，通常在报送投标报价前由招标机构召开一次标前会议，以便向所有有资格的投标人澄清他们提出的各种问题。标前会议和现场考察的费用通常由投标人自行负担。如果投标人不能参加标前会议，可以委托其当地的代理人参加，也可以要求招标机构将标前会议的记录寄给投标人。招标机构有责任将标前会议记录和对各种问题的统一答复或解释整理为书面文件，随后分别寄给所有的投标人。标前会议记录和答复问题记录应当被视为招标文件的补充。

③ 开标　开标应当按照招标文件载明的时间、地点举行，应按照确定的开标程序进行。开标由招标人或招标代理机构主持，全体投标人代表以及其他相关部门人员参加。

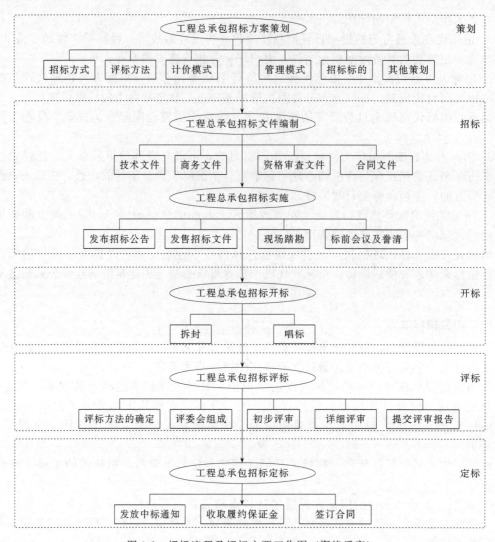

图 3-2　招标流程及招标主要工作图（资格后审）

招标人检查投标书密封情况，确认无误后，由有关人员当面拆封，验证投标资格，并宣读投标人名称、投标价格以及其他内容。

招标人可以对唱标做出必要的解释，但所作的解释不得超过投标文件记载的范围或改变投标文件的实质内容，开标应作纪录，存档备查。

④ 评标

a. 工程总承包招标评标方法的确定：评标程序和方法，应在招标前确定并在招标文件中予以公布。

b. 评委会组成：招标人或招标代理机构负责组织评标委员会，评标委员会应当依照法律规定和项目特点，由建设单位代表、具有工程总承包项目管理经验的专家以及从事设计、施工、造价等方面的专家组成工程总承包评标委员会。

有些地方政府规章对工程总承包招标项目评委会组成做了较为细致的规定，如江苏省规定，工程总承包招标评标委员会应当包含工程设计、施工和工程经济等方面的专家，成员人数应为 9 人（专业工程为 7 人）以上单数，其中负责评审设计方案和项目管理组织方案的评标委员会成员为 7 人（专业工程为 5 人）以上的单数。同时还规定，若招标人不采取"评定分离"方式确定中标人，则招标人可以委派 1 名具备工程类中级及以上职称或者具有工程建设类执业资格的代表参与评标。

c. 初步评审：评审所有投标人的资格条件是否符合招标文件要求，是否对于招标文件实质性内容全部做出了实质性响应。

d. 详细评审：经初步评审合格的投标文件，评标委员会应当根据招标文件确定的评标标准和方法，对其技术部分和商务部分作进一步评审、比较。

e. 提交评标报告：评标委员会经过对所有投标文件的评审和比较后，向招标人提交评标报告，并抄送有关行政监督部门。

⑤ 定标   定标又称决标，就是招标人确定中标人。招标投标法实施条例第五十五条规定："招标人应当确定排名第一的中标候选人为中标人。"条例修改稿中修订为：中标人的确定除排名第一的中标候选人之外，也可以由招标人通过授权评标委员会直接确定。招标人根据评标委员会提出的书面报告和推荐的中标候选人自行确定中标人的应在向有关政府监督部门提交的招投标书面报告中，说明其确定中标人的理由。

定标后招标人除了要向所有投标人发出中标情况通函外，还包括向中标人发放中标通知、收取履约保证金、与中标人签订合同这三项工作。

第4章
工程总承包招标方案策划

招标方案策划是招标活动的一种程序,是指找出招标有关活动的因果关系,衡量招标采取的途径,将其作为开展招标活动的基础和依据。招标方案策划对招标各个环节乃至工程的实施都具有深刻影响。由于工程总承包项目发包招标的内容多而复杂,方案策划尤为重要,是招标工作极其重要的第一步。招标方案策划主要内容有:招标方式策划、计价模式策划、管理模式策划、招标标的策划和评标方法策划。

4.1 招标方式策划

4.1.1 招标组织形式策划

对于属于必须公开招标范围的项目,招标人首先面临的问题是招标的组织形式,是自己直接招标,还是委托招标代理机构招标,招标组织形式是招标方案策划的第一项内容。工程总承包招标可以自行招标,也可以委托招标代理机构招标。

(1) 自行招标

自行招标就是业主自行完成招标备案、资格预审,编制招标文件,组织开标评标等全部过程。《中华人民共和国招标投标法》第十二条规定:"招标人具有编制招标文件和组织评标能力的,可以自行办理招标事宜……依法必须进行招标的项目,招标人自行办理招标事宜的,应当向有关行政监督部门备案。"招标人自行办理招标事宜,应当具备以下具体条件:

① 具有项目法人资格(或者法人资格);

② 具有与招标项目规模和复杂程度相适应的工程技术、概预算、财务和工程管理等方面专业技术力量;

③ 有从事同类工程建设项目招标的经验;

④ 拥有3名以上取得招标职业资格的专职招标业务人员;

⑤ 熟悉和掌握招标投标法及有关法规规章。

业主自行招标具有其自身优势,比如,招标操作是由企业内部人员承担,对于业主和项目的建设情况比较了解,使用企业自己人比较牢靠;与业主利益一致,能够在招标过程中更准确、更深入地贯彻业主的意图,且相互沟通信息便利。同时,自行招标还可以大大减少招标前期的准备时间,并可以节约因委托招标代理机构而产生的费用。但也存在一些缺陷。如容易产生"暗箱操作、内定中标人""招标工作效率低,事后补办手续""招标行为不规范,招标人员不够专业"等问题。而且由于项目业主不懂招标业务,临时组织招标机构进行招标,而导致招标失败的事情常有发生。

(2) 委托招标

委托招标是指委托具有招标代理能力的机构去完成这些工作。《中华人民共和国招标投标法》第十二条:"招标人有权自行选择招标代理机构,委托其办理招标事宜。任何单位和个人不得以任何方式为招标人指定招标代理机构……"。代理招标是指业主通过委托招标代理机构对招标活动进行操作。由代理机构完成招标一切活动。招标代理机构是依法设立、从事招标代理业务并提供相关服务的社会中介组织。招标代理机构应当具备下列条件:

① 改革有从事招标代理业务的营业场所和相应资金;

② 有能够编制招标文件和组织评标的相应专业力量;

③ 招标代理机构与行政机关和其他国家机关不得存在隶属关系或者其他利益关系。

招标代理机构应当在招标人委托的范围内承担招标事宜。其可以承担下列招标事宜:

① 拟订招标方案,编制和出售招标文件、资格预审文件;

② 审查投标人资格;

③ 委托专业机构编制标底或控制价;

④ 组织投标人踏勘现场;

⑤ 组织开标、评标,协助招标人定标;

⑥ 草拟合同;

⑦ 招标人委托的其他事项。

招标代理机构不得无权代理、越权代理,不得明知委托事项违法而进行代理。

招标代理机构在其代理权限范围内,以招标人的名义组织招标工作。作为一种民事法律行为,委托招标属于委托代理的范畴。其中,招标人为委托人,招标代理机构为受托人。这种委托代理关系的法律意义在于,招标代理机构的代理行为以双方约定的代理权限为限,招标人因此将对招标代理机构的代理行为及其法律后果承担民事责任。

我国的招标代理机构从无到有,业务从小到大,累计完成了几万个招标项目。这些机构经过长期的招标实践,总结和积累了丰富的招标经验。在编制招标文件、审查投标人资格、评估最佳投标人能力等方面,形成了较系统的规程和技巧,在代理招标活动中发挥着重要的作用。

委托招标具有很多优势,专业化程度高、服务效果好,在招标程序上不至于出现漏洞,且具有相关技术权威和经济专家组成的专家库等。同时,委托招标代理机构可以减少业主的工作量,业主只需向招标代理人提供必要的要求、材料等;而且,其可以避免产生一些不良后果,比如,有些没中标的单位可能会对招标程序的公正公平性产生怀疑,甚至会投诉、向上级单位反映。招标代理机构即使真的存在问题,也是由他们自己解决。

但委托招标也存在一些不足,如个别代理机构背离委托人的意图,出现"中介不中"的现象,特殊情况下倾向于个别投标人,甚至与投标人串通围标;业主需要向招标代理机构缴纳代理费用,代理费往往是不菲的。

工程总承包招标策划过程中,招标人有权自行选择招标代理机构,委托其办理招标事宜。任何单位和个人不得强制其委托招标代理机构办理招标事宜。自行招标与代理招标操作方式的选择,完全取决于业主自身具备的管理能力和招标项目的具体情况。

4.1.2 招标方式的选择

我国一般项目使用两种招标方式,一种是公开招标,另一种是邀请招标。公开招标是指招标人以招标公告的方式邀请不特定的法人或者其他组织投标。邀请招标是指招标人以投标邀请书的方式邀请特定的法人或者其他组织投标。

这两种招标方式是国际工程上使用较多的方式。世界银行项目发包的方式,主要(占 60%~70%)是采用国际竞争性招标即公开招标方式,并须以 FIDIC 合同条款(主要是其第一部分"通用条款")为项目管理的指导原则，承发包双方还须执行由世界银行颁发的世界银行《采购指南》《国际土木工程建筑合同条款》《世界银行监理指南》等文件。

此外，在有充足理由或特殊原因的情况下，经世界银行同意，可以采用国际有限招标方式发包，不宜或没必要进行国际招标的工程，经世界银行同意，也可以采用国内有限竞争性招标（邀请招标）、国际或国内选购、直接购买、政府承包或自营等发包方式。此外，国外大多数国家和国际组织，包括世界银行、亚洲开发银行等常用的工程项目招标方式主要有两种：公开招标或邀请招标。

《中华人民共和国招标投标法》及《中华人民共和国招标投标法实施条例》对投标人采取公开招标或邀请招标，有严格的适用条件，工程总承包招标应严格遵守，决策。对于适合邀请招标的项目，业主也可以选择公开招标的方式，确定投标人。招标人在确定项目的招标方式后，到有关部门备案。

4.2 计价模式策划

4.2.1 基本计价合同类型

工程合同是建设项目实施过程中的指导性文件，是确定业主和承包商权利和义务的依据。合同计价方式决定了项目风险在业主和承包商之间的分配，是工程合同中最为核心的要素。目前，在一般的施工工程项目中，普遍采用的合同计价方式主要包括两类：基于价格的合同与基于成本的合同，两种计价合同各有特色，采用何种方式直接影响到业主与承包商之间在履约过程中的权利、义务。

(1) 基于价格的合同

在这类合同中，采用的价格是在工程实施前就明确的，业主承担的风险较小，可以将大部分风险转移给承包商。基于价格的计价合同最常用的是固定总价合同和单价合同两类。这两类计价合同由于在具体项目合同中所采用的支付条款不同而有所差异。

① 固定总价合同 所谓固定是指这一款项一经约定，除非业主设计变更或增加新项，一般不允许调整合同价格。所谓总价是指承包商需要完成合同约定范围内的工作而应得的报酬。

固定总价合同往往以分期付款的方式支付，每期款项的支付是以承包商完成既定的工程内容为前提，从这个意义上说，固定总价合同又称为"履约合同"。在国际工程承包中，因为这种计价合同为固定总价，项目管理简单、结算方便，颇受业主的青睐。这种计价合同的使用范围不断扩大，在一些大型的工程总承包项目（EPC）中，都采用固定总价合同形式。由于业主在招标时的起点往往是在初步设计后，甚至是立项审批后，无法提供更为详细的设计文件，无法提供比较准确的工程范围和工程量清单，为此，承包人要承担来自各方面的风险。

② 单价合同 单价合同是指业主在招标时与投标人约定，按照招投标文件就分部分项工程所列出的工程量表确定各分部分项工程费用的单价，并进行结算的合同类型。这类计价合同的特点是工程量可变，但单价不变，工程量可以按实际完成的工程量进行调整。这种价格形式，业主则承担工程量变更的风险，而承包人承担报价风险，从而使项目风险可以得到合理的分摊。这类计价合同使用较为广泛，FIDIC土木工程和我国建筑工程施工项目均采用这种计价类型。单价合同又可分为固定单价合同和可调单价合同。但是，单价合同也有其缺

点，主要表现在：一是工程造价在项目结束前是不确定的、动态的，不利于业主对造价的控制；二是当工程量清单要求的工作内容与实际工作内容不一致时，业主与承包人双方容易产生价格纠纷。

（2）基于成本的合同

这类计价合同中的合同价格，在项目实施前是无法确定的，必须等到工程完工后，由实际的工程成本来决定。采用成本合同的业主要承担工程成本风险，同时，为了保证承包人经济地使用各种资源，业主管理和监督承包人的工作量很大。而承包人所承担的风险与基于价格的合同风险相比较要小些。基于成本计价合同中最为常用的是成本补偿合同和目标成本合同。

① 成本补偿合同　成本补偿合同也称为成本加酬金合同，《住房城乡建设部关于进一步推进工程总承包发展的若干意见》（建市〔2016〕93号）曾提出过这种合同计价方式。成本加酬金合同与固定总价合同正好相反。在合同签订时，由于工程实际成本往往不能确定，只能确定酬金的取值比例或者计算原则。由业主向承包人支付工程项目的实际成本，并按事先约定的某一种方式支付酬金。工程最终的合同价格按照工程实际成本再加上固定数量或一定比例的酬金进行计算，包括了承包人的融资成本、管理费用以及利润。成本补偿合同对业主而言，有一定的优点：

a. 不必等待所有施工图完成才开始招标，只要双方确定了酬金比例，就可以开始实施，可以有效缩短工期。

b. 成本补偿合同中，业主承担了来自"量与价"的全部风险。而承包人则大大减轻了承担各种风险的压力，减少了价格争议的发生。为此，承包人往往对工程变更和不可预见条件的反应会比较积极和快捷。

c. 成本补偿合同有利于激发承包商对业主变更的响应，激发帮助业主对工程项目功能、建筑内容、建筑标准等的改进的积极性。

成本加酬金合同的缺点是：业主对工程造价不易控制，承包人在工程中没有项目成本控制的积极性，甚至不愿意压缩成本，并希望通过增加成本来增加其酬金。业主可以通过确定最大保证价格约束工程成本不超过某一限值，从而转移一部分风险。

② 目标成本合同　目标成本合同是在成本补偿合同的基础上发展起来的一种合同计价方式。为了克服成本加酬金合同的缺陷，目标成本合同即在工程项目实施前，由业主与承包人达成协议，确定该项目的一个目标成本，这个目标成本可以是总价的形式，也可以是基于工程量清单（BOQ）的单价形式。如果最终承包商的成本低于这个目标成本，那么节约的部分由业主和承包人按约定的比例进行分享。如果实际成本高于这个目标成本，超过部分不再计取酬金，同时采取一定的处罚措施。

基于成本计价合同一般适用于：工程范围无法确定，无法准确地估价，缺少工程的详细说明的项目；工程特别复杂，工程技术方案不能预先确定的项目；时间特别紧急，要求尽快开工的工程，如抢救、抢险工程，无法详细计划和合同洽谈的工程项目。

4.2.2　总价合同具体模式

总价合同是工程总承包项目的主要合同模式。在工程总承包项目实践中总价合同有以下三种具体模式：模拟工程量清单计价模式、批复初步设计概算下浮计价模式和批复施工图预算下浮计价模式。

（1）模拟工程量清单计价模式

招标模拟工程量清单模式，是指采用有综合单价的模拟清单和最高限价的招标。模拟工程量清单是招标人依据国家标准、招标文件、设计文件以及施工现场实际情况编制的，随招标文件发布投标报价的模拟工程量清单。一般在批复初步设计后通过公开招标引入工程总承包人。工作范围包括：施工图阶段的勘察设计、设备材料采购、工程施工和试运行等全部工作。总承包人签订合同时，依据招标工程量模拟清单和总承包人的报价下浮确定合同总价，且不能超过招标最高限价。

模拟工程量清单计价模式的优点是：尽管实施阶段详细施工图设计与投标时的项目设计会有很大的变化，模拟清单单价也可以锁定大部分的清单综合价，降低了施工期间造价控制和后期工程费用结算的难度和强度。同时，EPC 投标人由于有了共同的模拟清单综合单价基础，可以使承包人根据工程量模拟清单结合自身实力报价，合同总价确定需要的时间比较短，预期利润率较大，可以将施工图设计与施工较好地结合起来。

模拟工程量清单计价模式的缺点是：要求造价公司在没有施工图纸的条件下编制模拟清单，编制的清单还要尽可能地覆盖后期施工阶段可能出现的清单形式，模拟的工程量清单与实际工程量可能存在较大的出入。其对于造价公司是一个巨大的挑战，造价公司不仅仅需要有类似的项目经验，有丰富的编制清单及控制价的实践经验，而且还要有类似工程量的指标、造价指标的积累，对清单特征的描述也需要特别谨慎、注意技巧。目前选择这种计价模式的人们较多。

(2) 批复初步设计概算下浮计价模式

一般在项目可行性研究批复后，通过公开招标方式引入工程总承包人。工作范围包括：初步设计、施工图设计阶段的勘察设计、设备材料采购、工程施工和试运行全部工作。总承包合同签订时，只明确合同范围和下浮率，以可行性研究投资估算为基础的"暂估合同总价"，待初步设计概算批复后，以补充协议的方式确定合同总价。

批复初步设计概算下浮计价模式的优点是：促使承包人尽快完成初步设计阶段的工作，以尽快地确定合同总价，承包人可以将设计与施工尽早地结合，节约工期；合同总价确定早，预期利润率较大。

批复初步设计概算下浮计价模式缺点是：初步设计阶段工作可能较粗，不可预见因素较多，因此，对于承包人来说承担的风险较大。

(3) 批复施工图预算下浮计价模式

一般可在项目可行性研究或初步设计批复后，通过公开招标方式引入总承包人。工作范围包括：初步设计（如有）及施工图阶段的勘察设计、设备材料采购、工程施工和试运行全部工作。总承包合同签订时，只明确合同范围和下浮率，以招标暂估价工程量清单为基础的"暂估合同总价"，待施工图预算批复后，以补充协议的方式确定合同总价。

批复施工图预算下浮计价模式的优点是：施工图设计较详细，可以最大限度地降低承包商的风险。

批复施工图预算下浮计价模式的缺点是：合同总价在施工图设计批复后才能确定，时间较晚；在施工图预算基础上下浮，利润较低；为了最大限度地降低承包商的风险，总承包方会对施工图进行反复论证，施工图设计周期较长。

(4) 三种模式对比分析

三种合同总价计价具体模式在总价确定时间、合同风险、预期利润方面各有利弊。为充分调动工程总承包商的积极性，缩短建设工期，并在设计环节就对工程投资进行控制，批复初步设计概算下浮模式效果较佳。三种合同总价计价模式对比见表 4-1。

表 4-1　三种合同总价计价模式对比表

对比内容	招标模拟清单计价模式	批复初步设计概算下浮计价模式	批复施工图预算下浮计价模式
工程量清单	提供	不提供	不提供
下浮率	不报	报	报
合同总价确定时间	早	较早	晚
合同风险	大	较大	小
预期利润率	较大	较大	小
工期保证率	较大	大	小

4.2.3　进度款支付模式

总承包价款支付包括：预付款、勘察设计费、工程进度款以及其他几类款项。这里仅就进度款支付模式进行分析，其他价款支付在执行过程中与常规项目基本没有区别。依据实践中的调研可知，工程项目总承包进度款支付有以下三种形式：工程量清单支付、形象进度支付、工程量清单结合形象进度支付。

(1) 工程量清单支付

完工结算按照合同总价，中间结算依据工程量清单单价按照实际发生的工程量予以结算。根据对工程总承包项目（EPC）实践情况调查，一般正常月进度款是依据经监理签证的实际完成工程量，参照投标单价进行支付。对于招标清单没有类似工程单价的项目，只计量不计价；对于存在工程量清单缺漏项项目，也暂不支付，最后总价支付。

(2) 形象进度支付

完工结算按照合同总价，中间结算依据形象进度支付。形象进度支付是指按照合同协议设置的形象支付节点，例如，"浇制钢筋混凝土柱基础完工""基础回填土完成80%"和"预制钢筋混凝梁、柱完成70%"等，每到一个形象进度节点就进行一次支付。项目开工后，业主与承包商制定计量与支付实施细则，将批复初步设计概算清单根据建筑物特点划分为若干个支付节点，每个节点完成并验收合格后，一次性支付。

(3) 工程量清单结合形象进度支付

完工结算按照合同总价，中间结算主要依据完成工程量清单进行结算，分阶段按照形象进度予以调整。例如，某项目开工后，业主与承包人制定计量与支付实施细则，将批复初步设计概算清单的项目，按照有关概算规则划分三个等级项目，对各个等级项目的计量和支付做出约定。支付分为非修正月和修正月，非修正月，按照实际完成工程量支付，修正月对完工项目按照形象进度支付，但下级项目支付总价不能突破上级项目支付总价。

以上三种支付模式在保证现场资金流、支付争议、利润总额、审计风险等方面各有利弊，三种进度款支付模式对比见表4-2。

总之，招标人应在招标方案策划时，根据项目风险的具体情况和自身管理能力选择适合项目的计价模式和进度款支付模式，并在招标文件合同中加以明确。

表 4-2　三种进度款支付模式对比表

对比项目	工程量清单支付	形象进度支付	工程量清单结合形象进度支付
现场资金流	满足	不满足	满足
支付争议	较小	较大	较大

对比项目	工程量清单支付	形象进度支付	工程量清单结合形象进度支付
利润总额	最后	逐步	逐步
审计风险	存在	存在	存在
审计争议	少	较多	较少

4.3 管理模式策划

工程总承包模式下有很多的管理模式可以选择，选择一个好的管理模式是工程总承包项目成功的重要一步。不同的管理模式下，所采用的工程总承包（EPC）招标策略和合同策略就有所不同。目前，国际上流行"PMC＋EPC"管理模式、"PMT＋EPC"管理模式、"IPMT＋EPC"管理模式等多种形式，业主可以根据自身的管理机构和管理水平，合理策划管理模式。

4.3.1 PMT+EPC 管理模式

由业主成立项目管理组（Project Management Team，缩写为PMT），PMT主要管理层人员主要来自于业主方的长期雇员，次要岗位（如一般的人员）都是临时借聘或招聘来的，代表业主方承担组织项目建设的责任，行政关系上作为业主方的一个临时机构。PMT将设计采购、施工、试运行等工作交给一家或几家EPC总承包商去完成，PMT负责管理、协调EPC总承包的工作。

PMT＋EPC管理模式主要适用于业主必须拥有大量的专业管理和专业技术人才的项目。如果业主没有一个较为专业的队伍，将会对项目管理产生不利的影响，很难运用PMT模式。为了克服此模式的这一缺陷，业主可以选用下面介绍的IPMT＋EPC管理模式。

4.3.2 PMC+EPC 管理模式

以往业主在工程建设时需要组建相应的项目管理组，一旦工程结束相关人员就得解散或遣散，经验得不到积累，只有一次教训，没有二次经验。当业主管理团队人员少，管理能力相对薄弱，不宜组建PMT时，可以选用PMC＋EPC管理模式。

项目管理咨询（Project Management Consulting，缩写为PMC）。PMC＋EPC模式，通常是指业主方在EPC项目中不直接管理项目建设，而是通过委托PMC公司对EPC项目进行全面的管理。PMC公司是业主代表的延伸，代表业主对EPC工程项目进行全过程、全方位的项目管理，包括项目定义、项目整体规划、工程招标选择EPC承包商、工程监理、投料试车、考核验收等全过程管理，并对业主负责，与业主方的利益保持一致。

当前，PMC＋EPC模式是国际上流行的管理模式。其优点是业主只保留一小部分对项目的决策权，而绝大部分的项目管理工作由PMC承包人去做，大大减轻了业主的工作量。同时，PMC公司可以充分发挥其自身专业管理与技术的优势和实践经验，有利于实现业主的资源优化配置，降低工程项目成本，提高工程建设质量和效率。但PMC模式也有缺点，由于PMC模式在国内起步较晚，实力较强的PMC公司较少，且普遍存在管理能力不足的问题。而引入国际上优秀的PMC公司倒是一种不错的选择，但是其所花费用相对较高，对于经济实力较强的业主可以引入，但对于经济实力相对薄弱的业主，则需要选择其他项目管理模式。

4.3.3 IPMT＋EPC 管理模式

在业主成立项目管理组的情况下，为了克服业主专业人才的不足，可以选用 IPMT＋EPC 管理模式。

所谓 IPMT＋EPC 管理模式是指由业主和 PMC 公司成立"一体化项目管理团队（Integrated Project Management Team，缩写为 IPMT）"，一体化项目管理是指业主与 PMC 公司按照合同协议，共同组建一体化项目部，PMC 公司受业主的委托，实施项目全过程管理的项目管理模式。一体化是指组织机构和人员配置的一体化、项目程序体系的一体化、工程各个阶段和环节的一体化以及管理目标的一体化。

IPMT 负责人一般由业主担任，业主负责各专业的审查、监督等工作。PMC 公司负有完成基础设计、项目定义、策划合同与招标、管理参与项目的各承包商、控制项目执行等职责。

IPMT 对工程总承包项目（EPC）实施一体化管理模式的优点是有利于业主组织一套固定的专业化团队，确定完善的管理程序，形成整套的管理经验。同时，其可使工程项目直接在业主的掌控之下，能够保证项目降低成本、缩短工期、控制风险，按预先计划实现目标。

4.4 招标标的策划

4.4.1 标段划分策划

（1）工程标段的概念

建设工程项目标段是指对一个整体工程按实施阶段（勘察、设计、采购、施工、试车等）和工程范围切割为工程段落，并把上述段落或单个，或组合起来进行招标的招标客体。广义的工程标段可以分为以下三种：

① 分期标段 有的大型、特大型建设工程（如 EPC 项目）由于资金供应、市场需求等方面的原因需要分期实施，并分期进行招标，这类按期进行招标的招标客体称为分期标段。由于对大型、特大型工程分期实施的方案研究属于项目立项可行性分析的范畴，因此，本节不再赘述。

② 工程标段 工程标段是指把准备投入建设的某一整体工程或某一整体工程的某一期工程划分为若干工程段落并（或）单个或组合起来进行招标的招标客体，工程标段则是本节予以阐述的对象。

③ 分部分项标段 某一工程标段的总承包人在中标以后，根据总承包合同条件，可以把总承包项下的工程分为若干工程部分，甚至在分部以后还划分若干子项工程，然后把部分分部工程、子项工程通过招标方式分包给相应的分包商，这类分包合同招标客体的分部工程、子项工程就称为分部、分项标段。由于本节讨论是将业主方划分标段作为讨论对象，而分部、分项标段涉及的是总承包商对标段的划分，因此，也不在本节赘述。

（2）标段划分意义

标段划分解决的是要招什么标，怎么招标的问题，是招标策划的重要内容之一。工程标段划分规模策划得是否科学、合理，直接关系到招标所选择的工程总承包人，从而影响到工程项目能否按照预期顺利完成。如果业主将标段划分得过小，需要的承包人就会变多，交叉影响就较大，需要总体平衡的问题就多，容易导致各种问题的积压。如果标段划分得过大，所选择的承包人只是对工程项目的主要部分内容具有专长，而对其他部分的内容有欠缺，这样就有可能导致质量降低、工期延误等情况发生，使项目预期不能顺利实现。为此，标段划分是一项专业性十分强的工作，并且与工程建设效率，乃至与项目的成败有重大关系。

(3) 标段划分法律规定

招标投标法第十九条规定："招标项目需要划分标段、确定工期的，招标人应当合理划分标段、确定工期，并在招标文件中载明。"

招标投标法实施条例第二十四条规定："招标人对招标项目划分标段的，应当遵守招标投标法的有关规定，不得利用划分标段限制或者排斥潜在投标人。依法必须进行招标的项目的招标人不得利用划分标段规避招标。"

上述规定可以总结为"两个应当、两个不得"。"两个应当"即划分标段应当合理、划分标段应当在招标文件中载明，"两个不得"即不得利用划分标段限制或者排斥潜在投标人、不得利用划分标段规避招标（指依法必须进行招标的项目）。

① 划分标段应当合理　标段划分合理与否的判断有两点：划分理由的客观性和划分结果的竞争性。标段划分理由的客观性和标段划分结果的竞争性两者缺一不可，只有同时满足这两个条件，才能认定为划分标段合理。

标段划分理由的客观性表现在，划分标段虽然是人为决策过程，但必须有客观事实作为依据和支持，必须经得起检验。举一个货物采购的例子，某石化公司需要采购水处理药剂做性能对比试验，目的是找出适合各分厂使用的产品，为下一步统一全公司水处理药剂做准备。这种情况下，水处理药剂采购项目必须划分为几个标段，且各标段中标人必须为不同的供应商，否则就无法进行对比试验。就该招标项目而言，划分标段是必然要求，划分标段的理由无疑是符合客观性要求。

认定标段划分理由的客观性有一定难度，根据招标行业公认的准则，工程项目一般按以下原则划分标段：在满足现场管理和工程进度需求的条件下，以能独立发挥作用的永久工程为标段划分单元。专业相同、考核业绩相同的项目，可以分为一个标段。而货物采购标段划分的原则为：技术指标及要求相同的、属一个经销商经营的货物，可以划分在同一个标包；对一些金额较小的货物，可以适当合并标包。

标段划分结果的竞争性是指通过标段划分能够扩大竞争格局，而不是缩小竞争格局。为了做到扩大竞争格局，招标人应当在充分调研的基础上进行标段分析，不仅要考虑招标项目的特点、现场条件、投资、进度、自身管理能力等因素，还应考虑潜在投标人的资质、能力、业绩、竞争能力，达到扩大竞争性的目的，以便通过对标段的合理划分选择出最符合要求的中标人，以利于项目的顺利实施。

② 划分标段应当在招标文件中载明　要真正做到"载明"，必须认真落实以下两个关键问题。

第一是标段界面。许多招标文件对标段划分表述模糊，标段之间接口不全面、存在漏项或者歧义，各标段责任不清，更有甚者只写上标段名称，潜在投标人想看的内容看不到，空话、套话一大堆。如果标段界面"载"而不"明"，应认定标段划分不符合法律规定。对于工程项目来说，标段界面清晰尤为重要，施工项目涉及安全、质量、投资和进度等诸多方面，若各标段承包商之间界面划分不清，在安全责任、质量责任、投资责任、工期责任上必然会出现推诿扯皮现象，会给招标人带来重大的隐患。要做到标段界面清晰、责任明确，招标人需要调动资源做好充分深入的准备划定工作。

第二是评标标准。评标标准编制尤为困难。评标标准必须考虑评标过程可能出现的所有特例,针对评标中的可变因素做出具体规定,逻辑严密并有很强的可操作性。如果评标标准不能保证在任何情况下都能够评选出唯一的中标人,则可认定该评标标准不符合法律规定。对于划分为多个标段的招标项目而言,一家投标人同时参与多个标段的竞争是常态,而"多投多中"和"多投一中"是实践中经常用到的评标标准。

③ 不得利用划分标段限制或者排斥潜在投标人 事后判断招标人利用划分标段限制或者排斥潜在投标人较为简单,只需看其标段划分后的招标结果竞争格局是扩大了还是变小了就可以做出结论,在此不再赘述。如何在事前判断划分标段是否被用来限制或者排斥潜在投标人,在这里对利用划分标段限制或者排斥潜在投标人的常见方式列举如下,以便对照:

a. 标段划分过大,相应的资质要求过高、资金要求严苛,使得有资质、有实力参加投标的潜在投标人变少;

b. 标段划分过小,不利于吸引规模大、有实力的潜在投标人投标,客观上排斥大型企业参加投标;

c. 标段划分过散,导致界面犬牙交错,互相交叉影响,协调工作量过大,超出大多数业内竞争者的承受能力;

d. 标段划分不考虑专业性,甚至横跨数个不相关专业,导致大多数潜在投标人无法发挥专业特长,或者只能组成联合体参与投标;

e. 标段划分为某些投标人量身定做,只有个别企业满足条件。

出现以上五种情形之一的,可以认定为利用划分标段限制或者排斥潜在投标人,招标人策划标段划分方案时应当引以为戒。

④ 依法必须进行招标的项目的招标人不得利用划分标段规避招标

a. 规避招标的项目是指依法必须进行招标的项目,招标人自愿招标的项目不在此列。

b. 依法必须进行招标项目的界定,既有项目性质标准,又有资金渠道标准和项目规模标准。

划分标段无法改变项目性质和资金渠道,利用标段划分规避招标的主要手段是通过将项目化整为零、肢解拆分,使之达不到法定的招标工程规模标准。

针对招标人利用划分标段规避招标的问题,一方面,要加大对招标投标法的宣传力度,增强大家依法招标的自觉性,使其"不想做";另一方面,要建立管办分开的招标管理体制,设置专职招标管理部门对招标活动实行全程监控,使其"不能做";最后,要建立健全监督检查和责任追究机制,做到警钟长鸣,使其"不敢做"。

划分标段不仅关系到招标活动的合法性,而且决定着与招标人签约的合同相对人数量,对招标项目的项目管理模式、实施效果都会产生重大的影响。标段划分方案在很大程度上体现了招标人的招标组织水平和招标从业人员的业务水平,如何通过科学方法合法合理划分标段,使招标结果最优化,值得业内人员认真探讨与思考。

(4) 标段划分原则

① 责任明确原则 标段是作为招标客体的工程标段,是构成合同的标的。如果标段划分后在合同履行过程中,造成业主与承包人、或标段的承包人与另一标段的承包人之间的责任犬牙交错,产生较多的边界纠纷,说明标段划分是不成功的。为此,标段划分应遵循责任明确原则。责任明确的含义包括:质量责任明确、工期责任明确、成本责任明确、环保责任明确、安全责任明确和知识产权责任明确等,责任明确是标段划分的重要原则。

例如,工程项目上有些部分是多个分项工程的交叉点,在划分标段范围时,对交叉部分要特别注意。这部分内容应根据其特点科学地划分到最适合的标段上去,不能漏项也不能重复招标,避免因为责任不清产生矛盾纠纷。例如,某制油化工公司的煤直接液化项目和煤制烯烃项目都是投资 100 亿元以上的项目，很难有这样一个实力强大的 EPC 总承包人独自来完成，而且这些项目中包含着许多专利技术装置，如煤直接液化项目中的煤液化装置、煤的氢化装置、低温甲醇洗装置、硫回收装置等；煤制烯烃项目中的煤气化装置、净化装置、MTO 装置等，都有着各自的技术专利包，各个总承包商对不同的专利装置各有所长，各有优势。因此，合理制定划分标段方案直接关系到整个招标方案的策划，选择优秀的、最佳的总承包人问题。该业主煤直接液化项目投资 140 亿元，最终划分了 16 个 EPC 合同标段；煤制烯烃项目投资 150 亿元以上，最终划分了 19 个 EPC 合同标段。

② 经济高效原则　标段划分的越细致，范围越小，业主对其控制权力就越大，可以通过价格竞争最大化的手段更经济地发包工程。但是，各个标段工程之间的协调也会越困难，相互协调的风险也越大；同时，承包人的责任划分也越加困难。反之，标段划分的越粗略，范围越大，业主对其控制权力就越小，通过价格竞争最大化的手段发包取得的经济效果就越差。但各个标段工程之间的协调工作则相对容易些，业主承担的协调风险也就越小。所以，标段细分可以取得相对经济的发包价格，但不易取得工程建设的效率。标段粗分不易取得相对经济的发包价格，但易取得工程建设的效率。所谓经济高效原则就是要根据工程项目的特点和业主的自身条件平衡经济与工程效率的关系，找到两者的最佳平衡标段界限点，以此划分标段，实现经济效果与工程效率的高度统一。

工程实践中的标段划分应坚持经济高效原则，业主有多个招标项目同时开展，且项目内容类似，应根据项目的特点进行整合，合并招标。这样不仅节约了招标人和投标人的成本，也节省了时间，提高了招标工作的效率。例如，某业主准备发包三个实验室项目，都是以采购台式电脑、投影机等设备为主，在实际操作中，业主将这三个项目整合成一个标段进行招标，顺利地完成了招标工作，还方便了各投标人，减少了投标人的投标成本。

③ 客观务实原则　客观务实是指从实际出发，标段的划分应充分考虑到工程的特殊性，包括潜在的竞标人的情况、项目的投资规模、设备装置的地区分布、业主的财务和管理能力等具体情况，从中找出决定划分标段的主要因素，进行客观务实的划分标段。努力使主观设想和客观实际相结合，才能达到预期的目标。因此，客观务实是互分标段的一项重要原则，应贯穿划分标段整个过程的始终。

④ 符合专业原则　标段划分要考虑项目所需专业和承包人自身的专业现状和特点。例如，某大型博物馆项目在主体工程完工后的精装修和展陈弱电阶段采取了 EPC 招标，标段划分首先考虑项目所需的专业特点，招标人将标段锁定在单纯精装修、展陈为主附带少量精装修，以及弱电三个专业承包人上，且考虑到工程体量大，而且为了工期目标和体现竞争，又将单纯装修划分为三个标段，将展陈部分划分为两个标段进行招标。

⑤ 便于操作原则　便于操作包含几层涵义，一是对招标的操作性，就是说划分后的标段在市场上具有一定的吸引力，有一定数量的竞标对象，这样可以形成合理的价格竞争。竞标对象不感兴趣的标段不是一个成功划分的标段。

二是业主管理上的可操作性，是指业主的管理能力或委托的工程咨询公司水平能否达到对各标段的协调和有效的控制。

三是业主确定的标的可操作性，即设计图纸在未明确的前提下，业主对该标段是否有能力、客观地确定该标段标的，达到控制该标段工程造价的目的。此外，该标段在货物供应、施工安全、知识产权方面的可操作性。没有操作性的标段划分是无意义的。

4.4.2　招标范围策划

由于潜在投标人对项目知悉的信息存在差异，对招标文件的理解程度不同，在编制招标文件时，招标人明确招标范围尤为重要。一是有利于各投标人在一个平台公平竞争，不至于产生不平衡报价。二是有利于明确责任，责任界面清晰，避免在合同履行过程中产生争议。因此，在招标前根据标段的划分，要理清各标段的标段范围和工作内容。

（1）标段范围

把各个标段的范围边界划分清楚，既不能有疏漏，又不能有交叉和重叠。如工程是初步设计后发包的，标段界区应以项目初步设计总图为依据，设定各标段界区坐标，以各点坐标连线（红线）为界。界区的划分包括地下和地上，重点是管沟和电缆沟、管道桥架和电缆桥架、工艺管道、电气、仪表、电信、消防、道路等要素的划分。

要明确与本标段连接的分界点及责任分担。如管道分界点为界区外 1m 或与界外主管道碰头为止，但排水管道一般为界区外第一个排水井（如有），后碰头者负责连接施工；电气专业明确采用是受电制还是送电制。如受电制，入界区电缆接口为装置接线母排；如送电制，负责将电缆敷设至接收方的装置区内电缆接口。特殊边界用语言描述不清，如管道桥架、电缆桥架、道路等分界点还应配图加以说明。对界面描述不清，会给后续的施工带来很大的麻烦，一旦出现争议，业主协调起来非常困难，往往会引起合同变更。

（2）工作内容

工程总承包工程的工作内容一般包括设计、采购、施工、培训、试车等全部或部分组合内容。应明晰工程承包商进场前业主应交付的条件，如初步设计、临时道路、场地平整、临水和临电供应等；在建设过程中是否由甲方供应材料、业主应提供对外协调等服务；竣工交付界面，是完成单机试车、联动试车，还是投料试车，以及试车所需的物料、人员如何分担，施工的剩余物料归属业主还是承包商。在明确上述框架基础上，还要明确设计的范围、深度、标准、交付的成果；甲方供应材料交付界面及责任划分；培训业主人员数量、时间及达到的效果；施工过程的风险和责任承担等等，所有内容都要考虑周全并描述清楚。

4.4.3 进度、质量、造价策划

（1）进度计划策划

工期不仅是经济效益因素，有时还存在一定的政治因素。因此，怎样科学、合理地对投标人提出工期要求，也是业主招标前的一项重要策划课题。

① 根据项目总体进度，不仅要合理划分标段，还要安排好招标顺序。一般是：施工准备工程在前，主体工程在后，如场地平整，地质勘察、临时设施等都应先期招标。在关键线路上的工程在前，工期比较短的工程在后，如长周期的关键设备，特别是需进口的大型设备，加工周期和运输时间较长应先招标，为后续的施工图设计提供基础条件。制约后续的工程在前，如为满足先地下后地上的施工客观规律，地下公用管网工程应先招标；从工艺角度分析，试车是从工艺路线前端开始的，因此，前端装置应优先于其他装置招标。

② 根据项目总工期要求并考虑客观的制约因素、工程施工的特点、条件和需要等合理安排工期，编制一级网络计划，找出关键线路，确定控制点。在各标段的招标文件中明确规定工期的起止时间，要求投标人按照控制点编制二级网络计划。

（2）质量标准策划

工程质量与工程造价成正比关系，工程质量要求越高，施工投入的人工、材料、机械费用和技术管理费用越多。因此，必须全面、正确地分析把握建设项目的功能、特点和条件，依据有关法律、标准、规范、项目审批和设计文件以及实施计划等总体要求，科学合理地设定工程建设项目的质量目标。

例如，化工项目主要采用国家或化工行业标准作为工程质量验收评定标准。采用特殊工

艺或新技术的工程，国内没有现成的质量验收评定标准，可以参考国外相应的验收评定标准，以满足工程质量控制的需要。在 EPC 招标时应明确以下内容。

① 控制工程设计的深度、标准、规范、性能指标　将国家、行业验收标准或国外相应标准作为质量控制标准，通过委托初步设计单位或第三方设计单位编制设计统一规定，对设计深度、质量、统一性进行明确。在实施过程中业主或委托第三方对承包人的设计质量进行过程审核。在招标文件中规定承包商承担招标范围内的全部设计责任。在各个设计阶段，分别举行设计条件联络及审查会，避免将设计隐患带到工程施工阶段，确保工程设计质量得到有效控制和保障。

② 控制材料、设备、构配件的规格、标准、质地和性能指标　为了有效控制重要材料、设备质量档次，业主采用资格预审方式确定主要材料和机器、电气、仪表等设备制造商、供应商名单，明确要求投标人只能从业主提供的供应商名单内进行采购。因此，业主设置的名单涉及面越大，控制力就越强，但会增加工程造价。

为了保证项目的统一性要求和质量控制，对各标段的电气、仪表等控制系统，由业主组织各 EPC 承包商共同招标选定。

项目配套设施招标时，对地砖、板材等市场价格差异较大且难以控制质量的装饰装修材料，采用暂估价形式。待承包人详细设计完成后，由业主确定质量档次并组织工程总承包人共同招标，招标过程中要求投标人提供产品样品，材料的质量及价格得到有效控制。

③ 控制建筑、安装工程质量　应在招标文件中明确规定，工程总承包人承担工程质量全部责任，应具有自身的质量管理体系。

a. 明确施工所用物料的验收程序和验收标准，把控施工物料的质量；

b. 业主参与工程总承包商组织的施工分包商招标，选择实力较强的施工分包单位；

c. 强调监理单位的授权范围和管控作用；

d. 明确业主在施工过程管理的参与程度。

(3) 造价控制策划

项目初步设计及其概算是项目建设过程管理的一个标尺，一旦获得上级主管部门批准，即为项目实施的控制目标。工程招标形成的合同价格是工程造价控制的第二个重要阶段。因此，在招标阶段如何将各标段的中标价控制在相应的概算范围内，是招标策划的一项重要内容。

① 合理设置造价控制目标　在明确了工艺技术和标段范围、质量标准后，依据初步设计及其概算，逐一落实设备配置，核算各装置的机器、电气、仪表等设备和材料的数量。通过网上查询、向制造商发书面询价函、查找一年内的合同价等多种渠道进行询价，每一项询价至少参考三家的报价，由于不是正式投标报价，要考虑报价中含有一定的"水分"。

通过多种渠道查找近期相同或类似项目的造价。有相同项目的，该项目的造价直接作为参考依据。没有相同但有类似项目的，可参考项目的相同装置的造价。根据建设地点、时间等差异性因素及市场询价结果对相同或类似项目造价进行调整、汇总，作为本项目的摸底价。正常情况下，摸底价应在概算的 95% 以内，摸底价可作为项目控制价或标底价。

② 规范投标报价是控制工程造价的基础　一是规范报价格式：招标文件中的投标报价表是规范投标报价的基础平台。一级报价表按设计、采购、施工、其他分类；二级报价表按设备装置单元分类；三级报价表按土建、电气、电信、仪表、消防、给排水、暖通等专业分类。投标人负责详细设计，对项目的工程量掌握程度远超业主。因此，要求投标人根据初步设计及自身经验核定工程量并承担工程量的偏差风险，依据有关工程量清单计价规范，按分部分项进行报价。以工程量清单形式报价，便于对比、核实投标工程量和报价的合理性。

二是设置暂估价：对技术方案未确定的专项工程和市场质量、价格偏差较大的材料设定暂估价，待条件具备时由业主主导进行招标确定。例如某化工项目，在招标时，对于是否采取某方案未确定，将该项工程设置了暂估价。

③ 变更、签证条款设定　为了有效控制在合同履行过程产生的变更，在招标时避免承包商产生通过合同变更途径来谋取利益的想法。一是要严格变更事项，明确规定一些事项不被视为变更：

a. 由于承包商在本合同责任范围内的原因导致的任何改变、修改或修正均不被视为变更；

b. 中间交接前为满足现行法律、法规的要求而导致的任何改变和（或）费用增加和（或）工期延误的，将不被视为变更；

c. 承包商理解并接受合同的要求为最低要求，承包商为达到设备或装置性能要求以及设备或装置操作安全和便利要求而进行的设计深化、任何设备或材料以及相应的安装施工标准提高，而导致的增加某项工作或者增加设备、材料等，只要是经验丰富的合格承包商能够或者应当能够知道或发现或预见到的，都不应视为变更。

二是要明确设计变更和现场签证管理程序与计价原则。因业主原因的设计变更、现场签证发生的工程内容增减，首先由业主确认工程量，承包人按照工程建设项目所在地相关定额编制工程预算。材料价格按变更事项开始实施时当地造价管理部门公布的信息指导价执行，信息指导价中未列的部分参考市场价，并经业主审定。单项变更导致工程量变化所发生的费用在单位工程报价的±1%以内不计，超过±1%（不包括1%）的开始累积计取，累计超过±5%以上（不含5%），超过部分的费用经业主审核后计入工程结算价。

④ 招标范围外新增工程控制　应明确招标范围外增加的工程为新增工程，由业主确认。因业主原因而发生的新增工程，由承包人按照工程建设项目所在地相关定额编制工程预算，材料价格按变更事项开始实施时当地造价管理部门公布的信息指导价执行，信息指导价中未列的部分参考市场价，并经业主审定。工程预算经业主审核后计入工程结算价：

$$结算价＝审核后的预算×中标价÷招标控制价$$

在合同期内，除国家相关法律法规变化引起的税费变化和合同约定的可以调整的部分外，合同价格不予调整。

为了保证招标准备工作能够有序开展，无论项目是否委托招标代理机构，业主都应以自身为主，组织相应的人员成立专项工作组（如技术团队和询价团队），明确分工，责任落实到人。

按有目标、有计划、有路径、有评价、有考核、有责任人的"六有"原则，有效保证招标准备的各项工作顺利开展，在招标前做到心中有数。

在工程总承包项目招标应倡导"全盘谋划、整体布局"的理念，把工程总承包项目招标管理的重点前移，通过加强招标前的谋划布局，规避在项目招标过程中以至建设过程中可能产生的合同纠纷及风险，达到项目建设工期最短、投资控制最好、原始开车连续运行周期最长的目标。通过细化招标前谋划布局，达到预期的招标效果。

4.5　评标方法策划

4.5.1　评标技术策划

按照我国招投标法律规定，工程项目招标应采用综合评标法和经评审的最低投标价法两种评标技术。

① 综合评标法　综合评标法俗称"打分法"。就是把涉及的投标人各种资格资质、技术、商务以及服务的条款，都折算成一定的分数值，总分为100分。评标时，对投标人的每

一项指标进行符合性审查、核对并给出分数值，最后，汇总比较，取分数值最高者为中标人。适用于大型项目、技术比较复杂、业主对招标项目要求高的工程总承包项目。工程总承包项目宜用综合评标法进行评标。

② 经评审的最低投标价法　经评审的最低投标价法是指对能够满足招标文件的实质性要求的投标文件，以价格因素为主导，按照招标人统一制定的规则，统一口径，对各投标报价进行折算，从最低的评审价中推荐中标候选人的评标方法。经评审的最低投标价法一般适用于具有通用技术、性能标准或者招标人对其技术、性能没有特殊要求的招标项目。由于法律规定严格限定经评审的最低投标价法的适用范围，因此，该评标方法在工程总承包评标中应慎用。

4.5.2　标价控制标准策划

（1）标底与无标底策划

在评标中，如何控制投标报价，总有一个衡量的尺度，这就是投标报价控制标准的策划，是采取无标底招标，还是采取有标底招标；需要业主在招标策划中予以考虑。

① 有标底招标　标底是招标工程的预期价格，能反映出拟建项目的资金额度，以明确招标单位在财务上应承担的义务。我国国内工程项目招标的标底应是在批准的工程概算或修正概算以内的金额，标底是招标拟建工程项目的理想价格。

根据我国的现实情况，标底是衡量投标的重要尺度，以此参考价作为衡量投标报价是否合理、准确的准绳，是评标、定标的重要依据。科学合理的标底一方面可以有效降低投标人进行围标而导致价格抬高的状况，判断投标人投标价超过的幅度是否在合理区间，能够为业主正确地选择出报价合理的承包商。另一方面标底也可以防止过度低价中标的现象发生，如招标投标法第四十一条规定，投标人的投标应能够满足招标文件的实质性要求，并且经评审的投标价格最低；但是投标价格低于成本的除外。在过去很长的一段时间，我国标底在招标评标时，均以标底上下的一个幅度为判定投标是否合格的条件。

国内传统承包模式工程的标底是招标人根据招标项目的具体情况所编制的，完成拟建项目所需的已经批准的概算为参照而计算出合理的基本价格，它不等同于概（预）算，也不等同于合同价格，受投资环境、管理体制、设计深度、编制人员素质的多因素影响。由于标底的编制应以"量准价实"为原则，一般适用于施工图纸设计达到一定的深度、材料设备标准用量明确的项目招标。而设计深度不够、对材料用量的标准和设备选型等内容待定或含糊不清的工程总承包项目招标，采用标底招标是不适用的。

我国法律对设置标底是许可的，但没有招标必须设置标底的规定。招标投标法第二十二条第二款："招标人设有标底的，标底必须保密。"第四十条："评标设有标底的，应当参考标底。"

招标投标法实施条例第二十七条："招标人可以自行决定是否编制标底。一个招标项目只能有一个标底。标底必须保密。接受委托编制标底的中介机构不得参加受托编制标底项目的投标，也不得为该项目的投标人编制投标文件或者提供咨询。"

《评标委员会和评标方法暂行规定》第十六条："招标人设有标底的，标底在开标前应当保密，并在评标时作为参考。"第二十一条："评标委员会发现投标人的报价明显低于其他投标报价或者在设有标底时明显低于标底，使得其投标报价可能低于其个别成本的，应当要求该投标人做出书面说明并提供相关证明材料。"

根据我国上述有关现行法规可以看出：招标人可根据项目特点决定是否编制标底。招标项目编制标底的，应根据批准的初步设计、投资概算，依据有关计价办法，参照有关工程定额，结合市场供求状况，综合考虑投资、工期和质量等方面的因素合理确定。标底由招标人自行编制或委托中介机构编制。一个工程只能编制一个标底。任何单位和个人不得强制招标人编制或报审标底或干预其确定标底。招标项目可以不设标底进行无标底招标。

长期以来，编制的标底广泛采用以施工图预算为基础的单价法，它主要采用各地区，各部门统一的综合单价，对造价管理部门或实行统一管理，比较方便。但是它是计划经济体制的产物。在市场经济条件下，市场价格无时无刻不在变动之中，采用上述方法计算结果会偏离实际，所造成的误差，需要用价差等来弥补和调整，其应用有一定的局限性。编制标底控制价的方法目前并不多用。

② 无标底招标　　所谓"无标底招标"是指招标人不编制标底，不设投标报价的有效幅度，投标人根据招标文件规定自主报价的招标方式。无标底招标可以允许各投标企业根据自身的技术水平、管理能力并结合市场实际情况自主报价，能在保证工程质量、工期的前提下，最大限度地降低造价；还可以节约招投标过程中因编制标底以及各节点发生的交易成本。同时，可以促进廉政建设，使其无标底可泄露，杜绝了违法违纪，保证了业主内部的廉政，从根本上维护了业主、承包单位双方的利益。

从我国的工程定额改革的趋势和与国际接轨的要求看，实行彻底的量、价分离和统一的工程量清单计算规则，已成必然。目前，已广泛使用于工程招投标实践之中。招标人提供统一的量，投标人根据自己的实际情况提供价，实施量、价分离的原则，可以较好地适应市场经济的需要。采用无标底招标，既符合国际惯例，又与我国市场经济发展相适应。因此，无标底招标是业主的理性选择。标底招标与无标底招标优缺点对比见表 4-3。

表 4-3　标底招标与无标底招标优缺点对比表

招标方式	优点	缺点
有标底招标	便于业主(建设单位)了解、控制标价,降低因为围标而造成的不必要损失,避免决策中的盲目性	不利于充分竞争,标底不一定能反应市场价格,容易产生腐败现象
无标底招标	减少了标底编制环节,降低了招标成本,有利于降低工程造价,杜绝了摸标底、泄露标底的串标腐败行为	易产生恶意哄抬标价从而给业主带来的一系列风险,易产生"降低中标、高价结算"的风险

(2) 最高限价策划

最高投标限价，简称最高限价，又称招标控制价，是指招标人根据国家以及当地有关规定的计价依据和计价办法、招标文件、市场行情，并按工程项目设计施工图纸等具体条件调整编制的，对招标工程项目限定的最高工程造价，也可称其为"拦标价""预算控制价"或"最高报价"。也就是项目投标价的"天花板价"，超过"天花板价"的投标报价将被淘汰出局。对最高限价的概念的理解，应把握以下要点。

① 国有资金投资的工程建设项目实行工程量清单招标，为有利于客观、合理地评审投标报价和避免哄抬标价，造成国有资产流失，招标人应编制招标控制价，作为招标人能够接受的最高交易价格。

② 最高限价应由具有编制能力的招标人或受其委托具有相应资质的工程造价咨询人编制。工程造价咨询人不得同时接受招标人和投标人对同一工程的招标控制价和投标报价的编制。

③ 招标人应将招标的最高限价及有关资料报送工程所在地工程造价管理机构备查。

④ 投标人的投标报价高于最高限价的，其投标应予以拒绝。这也是最高限价与标底的区别，如果将最高限价称为"天花板价"，不应上调或下浮；则可以称标底为"理性价"。在招标中标底只是作为参考，可以在合理的范围内上下浮动，谁的投标报价接近标底，谁就有可能成为中标人。

⑤ 最高限价超过批准的概算时，招标人应将其报原概算审批部门审核。因为我国对国

有资金投资项目实行的是投资概算审批制度，国有资金投资的工程项目原则上不能超过批准的投资概算。

⑥ 最高限价应在招标文件中公布，且应在招标文件中如实公布招标最高限价的各组成部分的详细内容，无需保密。最高限价的作用决定了其不同于标底，标底是隐蔽（绝密）的，只有在揭标时才能当场公布。

⑦ 投标人经复核，认为招标人公布的最高限价没有按照规范进行编制，可以向招标监督机构或工程造价管理机构投诉。招标投标监督机构应会同工程造价管理机构对投诉进行处理，发现确有错误的，应责成招标人修改。

⑧ 在招标文件方案策划时，招标人应结合项目的具体情况策划最高投标限价编制方案。

4.5.3 开评标程序策划

（1）开评标程序类型

开评标程序是指招标人开评标具体方式以及递交标书的先后次序。世界银行和亚洲开发银行贷款项目的开评标程序有以下四种：一阶段开评标程序和二阶段开评标程序，一阶段开评标程序又分为一阶段单信封程序、一阶段双信封程序；二阶段开评标程序又分为二阶段双信封程序和二阶段（单信封）程序。

① 一阶段单信封程序　一阶段单信封招标程序是指招标人要求投标人的技术投标书和报价封装于同一信封递交招标人，一次性开评标，递交了具有响应性的最低评标价的投标人中标，也就是常用的开评标程序。

② 一阶段双信封程序　一阶段双信封招标程序是指招标人要求投标人将技术标和报价标分开密封在两个信封中，两个信封同时提交给招标人。但评标人先开启技术标进行评审，评审确定递交了具有响应性的技术标的投标人。然后，招标人再开递交了具有响应性的技术标的投标人的报价标。最终评审确定出提交了具有响应性的最低评标价的投标人中标。

一阶段双信封程序适用于土建工程或含土建内容较多，且技术统一的项目，且这些适用的项目不能在评价机械、设备等技术替代方案时产生问题。

③ 二阶段双信封程序　二阶段双信封招标程序是指招标人要求投标人将技术标书和报价标书分别密封在两个信封中，并要求同时提交。

第一阶段：招标人先开启技术标进行评审，不能满足技术要求的投标人被要求修改其技术标书，修改后的技术标书要满足招标人的要求。被要求修改而不修改技术标书的将被招标人拒绝，判定为废标。

第二阶段：满足技术要求和资格要求的投标人被邀请递交修改的技术标书和补充报价书。补充报价书只能包含因修改技术报价标书所导致的报价修改。如果补充报价标书包含因修改技术报价书所导致的报价修改之外的其他修改，其投标书被拒绝，判定为废标。修改的技术标、原来的报价标和修改的报价标在第二阶段招标时，同时公开开标，经评审确定递交了具有响应性的最低评标价的投标人中标。

④ 二阶段（单信封）程序　二阶段（单信封）招标程序是指招标人要求投标人在第一阶段招标时，只递交技术标书，对不能满足招标人技术要求的投标人，要求修改其技术投标书，修改的技术标要满足招标人的要求。被要求修改而不修改技术标的投标人将被拒绝，判定为废标。

在第二阶段，满足技术要求和资格要求的投标人被邀请提交修改的技术标和报价标。修改的技术标和报价标在第二阶段招标时同时公开开标，经评审确定提交了具有响应性的最低评标价的投标人中标。

二阶段招标适用于项目投资额巨大，或项目技术水平较高，或项目有复杂性特殊性要求，且招标人无法准确拟定和提出项目范围、技术标准、报价规则或者商务条件的项目。或市场上刚刚出现可供选择的新技术时，不确定应该采取哪一种技术规范；或招标人已经获取多个市场选择，存在两个以上同等性能的技术方案供其选择时，适用二阶段招标。

（2）工程总承包开评标程序适用

工程总承包项目的投资额巨大、技术复杂要求高，不确定因素多。为此，招标人采用二阶段开评标程序比较适合。目前，我国有些地方政府规章结合地方实际对工程总承包的开评标程序做出明确的规定，操作规定各有特色。

①《上海市工程总承包招标评标办法》 第五条："工程总承包招标的评标采用二阶段评标。评标方式分为综合评估方法一和综合评估方法二。由招标人根据项目情况自行选择。"

综合评估方法一：采用二阶段开评标，入围方式为全部入围。评审采用百分值制评分方法，得分最高分的为第一中标候选人，得分第二的为第二中标候选人，以此类推。

综合评估方法二：采用二阶段开评标，入围方式为全部入围。在工程总承包方案（含设计方案、施工方案）和工程总承包报价方案都通过的投标人中，以投标报价最低的投标人为中标人。综合评估两方法开评标程序均如下。

第一阶段：投标截止时间前，工程总承包方案文件和工程总承包报价文件同时递交；开启工程总承包方案文件，封存工程总承包报价文件。

第二阶段：开启封存的工程总承包报价文件；评标委员会的经济专家对工程总承包报价文件进行评审，并对工程总承包方案和工程总承包报价的得分进行汇总。

②《江苏省房屋建筑和市政基础设施项目工程总承包招标投标导则》 第二十条："工程总承包项目招标一般应当采用两阶段评标。投标人应当按照招标文件的要求编制、递交投标文件（一般包括两部分：一是设计文件部分，二是投标文件的商务技术部分，包括：资格审查材料、工程总承包报价、项目管理组织方案以及工程业绩等）。开标、评标活动分两个阶段进行。"

第一阶段：先开标设计文件部分，并先对设计文件进行评审。在设计文件评审合格（得分60%以上，具体合格分在招标文件中明确）的投标人中，只有设计文件得分汇总排在前若干名的（不少于5名，具体数量在招标文件中明确），才能进入第二阶段开标、评标；设计文件评审合格的投标人少于5名的，全部进入第二阶段开标、评标。

第二阶段：开启投标文件的商务技术部分（仅针对进入第二阶段的投标文件进行），并按照招标文件规定的评标方法完成评审，实行资格后审的，还应对投标人的资格进行审查。设计文件得分是否带入第二阶段，由招标人根据招标项目的实际情况在招标文件中明确。

在初步设计完成后进行招标的工程总承包项目，可以不采用两阶段评标。如果采用，则第一阶段评审"项目管理组织方案"，第二阶段评审"资格审查材料、工程总承包报价以及工程业绩"等。同上海的招标办法规定基本相同。

在工程总承包招标中要求投标人采取何种开评标程序，是招标方案策划的重要内容。在策划招标方案时，招标人可以结合项目具体情况予以选择。

第 5 章
工程总承包清单与控制价

工程量清单和控制价是招标文件编制的重要组成部分，也是投标人的报价依据和招标人控制投标报价的基准。工程总承包工程量清单与控制价的编制比传统工程项目承包模式编制要复杂得多，难度也大得多。为此，如何编制出科学、准确、合理的工程量清单和控制价，成为招标人十分关注的问题。

5.1 工程量清单计价制度概述

5.1.1 工程量清单计价的概念

（1）工程量清单计价的基本概念

工程量清单计价是指按照国家计价规范、规则，依照工程量清单和综合单价法，由市场竞争形成工程造价的计价模式和方法。工程量清单计价是指投标人完成由招标人提供的工程量清单所需的全部费用；计价采用综合单价计价。

工程量清单是指在招标中将业主要求投标人完成的工程项以及其相应工程实体数量全部列出的清单，为投标人提供拟建工程的基本内容、实体数量和质量要求等信息。招标人将编制好的工程量清单提供给投标人，投标人可以结合市场变化、自身技术装备、施工经验、企业成本、企业定额、管理水平、期望利润等因素对其各名目相应价格进行自主填报。

在工程量清单计价制度中，将发包人提供的要求投标人完成的工程费用名目及其相应工程实体数量全部列出的清单，称为项目清单。将构成合同文件组成部分的，由投标人按招标人提供的项目清单规定的格式和要求填写的，并标明价格的报价明细，称为价格清单。

（2）工程量清单计价的作用

① 招标人可以利用自己编制的工程量清单来编制最高限价。

② 工程量清单计价下，工程项目的材料价格、机具价格、人工成本等全部开放，由市场供求关系的变化来决定成本的高低，投标企业可以根据自身的综合实力，进行自主报价，营造公平竞争的市场环境。

③ 工程量清单计价下能够有效地控制消耗量，虽然投标企业有自主报价的权利，但工程项目的资源消耗仍然需要遵循政府颁布的"社会资源平均消耗量指导标准"，从而有效控制工程项目中的资源投入和成本花费，这对于实现资源的节约利用，提高工程项目的整体质量也起到积极作用。

5.1.2 工程量清单计价和传统定额计价比较

（1）两计价模式的相同之处

从表现形式方面，工程量清单计价和传统定额计价都是工程项目招投标报价的一种计价模式，最后都会形成工程招投标价格。工程招投标价格是指在工程项目作为商品的招投标交易过程中所形成的工程价格。一方面这个价格必须服从劳动价值学说，价格是由价值来决定的，并围绕着价值上下波动，而工程价值是由社会必要劳动时间决定的；另一方面工程价格也服从西方经济学的供需规律，即价格由买卖双方共同决定，由招投标双方共同决定。不管是工程量清单计价模式，还是传统定额计价模式都需要服从上述价值规律，因而可以说它们在本质上都是一致的。

在实践中，可以看到工程量清单计价模式和传统定额计价模式对工程造价进行了不同的划分，但是不管它们如何划分，最终表现出来的建筑安装工程内涵应该是一致的。其一，两类计价模式都必须客观、全面地体现出工程项目的生产价值，对于企业来说，综合评估工程项目的生产价值，直接关系到企业成本投入和产出，影响到企业的经济效益。因此，无论是工程量清单计价模式，还是传统定额计价模式，都需从企业的角度出发，通过体现生产价值来保护企业的权益和效益。其二，必须明确地划分企业成本和费用，从而有利于成本和费用的考察，为企业下一步的工作开展和发展规划的制定提供参考依据。

（2）两计价模式的差异之处

① 两计价模式含义的比较　对于施工项目而言，传统定额计价模式下，投标人根据施工设计图中的有关内容，核算工程项目中的每个分项工程的工程量，然后按照定额计价标准，计算出分项工程所需的直接施工费用和其他间接费用，通过相加最终计算出工程项目造价。而工程量清单则是另外一个计算标准，首先在整个工程招投标阶段，招标人需要按照国家规定的工程量清单计价范围来确定工程招标项目的下限，然后综合分析本项目的工程量，在这一价格范围内，由承包商进行自主报价。在工程量清单计价模式下，根据组成内容的不同，又可细分为全单价、工程单价和成本单价三种计价方式。

② 两计价模式原则的比较　在定价原则上，传统定额计价模式是"量价归一"的原则，这与早期国内实行计划经济有密切的关系。在计划经济体制下，由于市场资源相对有限，因此需要对工程项目资源的消耗进行严格的控制，而由政府进行定价则成为一种常用的手段。例如工程项目的原材料、人力资源和机械设备的消耗量比较大，通过政府的指令性计价，可以有效地控制资源的消耗，这在当时的经济环境下，具有一定的意义。而随着改革开放的全面推进，生产力的提高使得市场资源的总量也大幅度增加，传统计价模式的这种"活价格、死预算"的缺陷，反而制约了市场经济下企业的发展，难以满足当代市场经济发展的需求，工程量清单的计价模式应运而生。

工程量清单计价模式遵循"量价分离"的定价原则。在这一计价模式下，企业遵循统一的计量规则，根据工程项目的实际情况，进行自主报价，企业可以根据自身的实力来确定报价的高低，一方面能够提高企业的技术利用效率，利用尽可能低的资源消耗创造更高的利润；另一方面也可以带动技术创新，提高工程项目质量，对于推动市场的健康发展、有序的发展起到积极作用。

（3）两计价模式报价的比较

招标评标原则不同，直接影响到报价的方法。传统计价模式由政府进行指令性定价，因此对同一个工程项目采取"四统一"的定价方法，即统一定额、统一图纸、统一方案和统一技术，这种计价方法虽然能够确保标价符合工程实际情况，但是不能真正反映出投标单位的综合实力，包括技术水平、管理能力等。由于信息不对称、不完善、不透明，也就无法做到多个投标单位的公开、公平竞争。而工程量清单计价由市场灵活计价，计价方式仍然按照国家招投标法的具体内容，但计价主体则是企业本身。因此，可以充分发挥企业的能动性和自主性，企业可以根据工程项目的实际人工成本、材料花费等要素来确定最终的标价，各投标单位可以在公开、透明的环境下竞争。

从上述计价模式的比较中可以看出，工程量清单计价有很大的优越性，它是与市场经济相适应的招投标计价模式，顺应国际和国内建设市场发展的必然趋势。

5.1.3 工程量清单计价制度发展

工程量清单计价最早产生于 19 世纪 30 年代的西方国家，由估价师编制工程量清单，以此来进行招投标和价款变更。1922 年英国开始形成规范化的工程量计算规则，使工程量计算有了统一的标准和基础，促进竞争性投标的发展。

1992 年，原建设部提出"控制量、指导价、竞争费"的改革措施，在我国实行市场经济初期起到了积极作用。但仍难改变工程预算定额中国家指令性的状态，不能准确反映各企业的实际消耗量。2000 年原建设部先后在广东、吉林、天津等地率先实施工程量清单计价，进行了三年试点。

2003 年 2 月发布《建设工程工程量清单计价规范》（GB 50500—2003），在全国范围内实施工程量清单计价模式。这是我国推行工程建设市场化与国际接轨的重要步骤，是工程量计价由定额模式向工程量清单模式的过渡，是国家在工程量计价模式上的一次革命，是我国深化工程造价管理的重要措施。

工程量清单是建设工程计价、工程付款和结算、调整工程量、进行工程索赔的依据。这使得所有投标人所掌握的信息相同，受到的待遇是客观、公正和公平的，为投标人的投标竞争提供了一个平等和共同的基础。

5.2 工程量清单编制

5.2.1 清单编制特点与费用组成

（1）清单编制特点

工程总承包是业主与中标企业按照签订的合同，对工程项目的勘察、设计、采购、施工等实行全过程的承包建设，并对工程的质量、安全、工期和造价等全面负责的工程项目承包方式。为此，其工程量清单编制与一般承包项目的工程量清单编制具有不同的特点。

① 编制难度大　施工项目工程量清单计价是招标人依据施工图纸、招标文件要求和统一的工程量计算规则以及统一的施工项目划分规定，为投标人提供工程量清单。然而，工程总承包项目招标的介入点一般是从初步设计、可行性研究或方案设计完成之后开始的，而此时并没有施工图纸。因此，对工程量清单的编制带来一定的困难。清单编制需要根据招标介入点不同而不同，招标人需要依据建设项目的初步设计，或可行性研究批准立项或方案设计批准后的具体情况，编制工程量清单，情况较为复杂。

② 不确定性多　工程总承包项目技术结构一般比较复杂，建设周期长、费用大，工程变更相对较多，因而建设过程中的不确定性因素比较多，工程量清单所列数量与在实施中承包人完成的实际工程量，有较大的出入。招标人可对项目清单中认为需要增加的自行增加并报价，一切在报价时未报价项目，均被视为已包括在报价金额内；招标人对土石方工程、地基处理、施工措施等无法计算工程量的可只列项目，不列工程量，由投标人自行报量。

③ 造价控制难　如上所述，由于工程总承包模式的工程量往往难以估计，招标人的计量往往是模拟其他相同或类似工程的计量，工程清单量与实际工程量偏差较大。造价不容易控制，造价风险程度高，业主对工程造价的控制难度增大。为此，编制一份高质量的工程总

承包项目清单，对于业主控制造价具有重要意义。

（2）清单编制规定

① 清单编制主体　工程总承包工程量清单应由具有编制能力的招标人或受其委托、具有相应资质的工程造价咨询人编制。投标人应在工程量清单上自主报价，形成价格清单。

② 清单编制类型　清单依据工程总承包发包起点不同，可分为可行性研究或方案设计后清单、初步设计后清单。

③ 清单编制依据　工程量清单应依据国家计价规范、经批准的建设规模、建设标准、功能要求、发包人要求，并根据招标起点不同进行编制。

④ 编制条件和责任　招标工程量清单必须作为招投标文件的组成部分，其准确性和完整性由招标人负责。

⑤ 清单价格内容　价格清单应视为已经包括完成该项目所列（或未列）的全部工程内容，除另有规定和说明者除外。

⑥ 清单编制的作用　招标工程量清单是工程量计价的基础，应作为编制招标控制价、投标报价、计算工程量、工程索赔的依据之一。

⑦ 清单计量规定　工程量清单和价格清单列出的数量，并不视为要求承包人实施工程的实际或准确的工程量。

⑧ 清单其他规定　价格清单中列出的工程量和价格应仅作为合同约定的变更和支付的参考，不能用于其他目的。

（3）清单费用组成

由于工程总承包项目的特殊性，其工程项目清单的内容与一般施工承包项目清单组成有所不同。施工承包项目清单费用划分为：分部分项工程费、措施项目费、其他项目费、规定费用和税金五项。依据工程总承包项目费用组成（征求意见稿）的规定，工程总承包项目清单划分为以下内容：勘察、设计费清单，建筑安装工程费清单，设备购置费清单，总承包其他费用和暂列金额清单。

① 勘察、设计费清单　发包人按照合同约定支付给承包人用于完成建设项目进行工程水文地质勘察所发生，以及发包人按照合同约定支付给承包人用于完成建设项目进行工程设计所发生的费用名目和数量明细。费用名目包括勘察费、设计费、方案设计费、初步设计费、施工图设计费、竣工图编制费、其他。

② 建筑安装工程费清单　发包人按照合同约定支付给承包人用于完成建设项目发生的建筑工程和安装工程所需的费用名目和数量明细。不包括应列入设备购置费的设备价值。

③ 设备购置清单　发包人按照合同约定支付给承包人用于完成建设项目，需要采购设备和为生产准备的没有达到固定资产标准的工具、器具的费用名目、规格、数量明细。不包括应列入安装工程费的工程设备（建筑设备）的价值。

④ 总承包其他费用和暂列金额清单　发包人按照合同约定支付给承包人应当分摊计入相关项目的各项费用。名目主要包括：研究试验费、土地租用占道及补偿费、总承包管理费、临时设施费、招标投标费、咨询和审计费、检验检测费、系统集成费、财务费、专利及专有技术使用费、工程保险费、法律服务费等其他专项费。

暂列金额是发包人为工程总承包项目预备的用于项目建设期内不可预见的费用，包括项目建设期内超过工程总承包发包范围增加的工程费用，一般自然灾害处理、"超规""超限"设备运输以及超出合同约定风险范围外的价格波动等因素变化而增加的，发生时按照合同约定支付给承包人的费用。

5.2.2 清单编制操作与规范

(1) 模拟清单编制

① 模拟工程量清单　传统承包模式的工程量清单计价是招标人依据施工图纸、招标文件要求和统一的工程量计算规则以及统一的施工项目划分规定，为投标人提供工程量清单。然而，工程总承包项目有其特殊性，其招标的介入点都是从可行性研究或方案设计，或者初步设计完成之后开始的，而此时并没有施工图纸。因此，工程量清单分为两类，一类是初步设计后清单；另一类是可行性研究或方案设计后清单。

第一类在完成了初步设计后，就可以进行工程量清单的编制工作，从而为投标人的报价提供依据，尤其是在以单价合同为计价方式的工程总承包（EPC）项目中，是以工程量清单中的工程量汇总为总价进行报价的，所以完成初步设计后，就可以采用工程量清单进行招标。

第二类是招标的介入点在可行性研究或方案设计阶段编制工程量清单，此时编制清单的依据则是业主的要求、对项目的描述以及概念设计，其设计深度无法达到编制完整的、较为准确的工程量清单的要求，因此，称之为"模拟工程量清单"。两种不同的介入点招标模式见图 5-1。

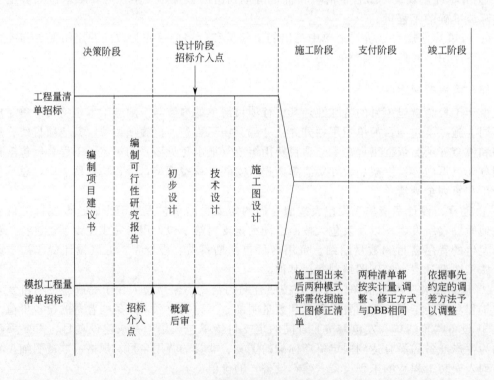

图 5-1　两种不同的介入点招标模式

工程总承包（EPC）项目招标选择可行性研究后作为介入点，要在项目可行性研究之后编制工程量清单，具有缩短工期、节约时间的优势，适用于业主需要提前赶工的项目，但是由于其工程量是虚拟的，工程量的准确性差，导致投标人承担的风险较大。而选择初步设计后为招标的介入点，工程量的准确性则要高些。为此，住建部第 12 号文规定政府投资的工程总承包项目应在初步设计后招标发包，以降低项目造价风险。

② 模拟工程量清单编制

a. 模拟工程量清单编制依据。模拟工程量清单进行招标是在项目没有初步设计图纸或初步设计不完备的情况下编制清单。为此，需要利用类似工程的清单项目和技术指标，对于主体结构异型的建设项目可能需要对比大量的参照工程数据，列出工程项目的清单。而对于基础结构相似的项目，需要比对的类似项目数据较少且往往选择一个极为相似的项目即可，较容易编制工程量清单。其中，基础结构相似是指建筑的主体结构相似。

Ⅰ. 主体结构相似的项目适宜采用模拟工程量清单。对于建造的基础结构较为相似的工程总承包（EPC）项目，业主可以利用概念设计结合已往的经验进行模拟工程量清单的编制。在实际项目中，仍需要参照相似工程项目的清单和施工图编制，来模拟做出拟建工程的工程量清单。不过总体来说，主体结构相似的建筑之间的各个指标相似度较高这种相似的工程项目也是容易找到的，因此适合采用模拟工程量清单招标。

Ⅱ. 实现全过程造价控制适宜采用模拟工程量清单。可行性研究阶段采用模拟工程量清单招标，通过严格监管解决了业主对总承包商（EPC）的不信任问题，充分利用了模拟工程量清单的特点，项目可行性研究阶段的工程量清单招标，在初步设计不完备的情况下达到编制工程量清单的目的。所以部分业主为了不让总承包商获得过多的控制权利，并且希望尽可能地降低工程造价，此时会选择模拟工程量清单招标。

与传统的工程量清单相比较，采用模拟工程量清单在可行性研究阶段就可以招标。所以在实际使用过程中，要遵循国家工程量清单计价规范的要求进行模拟。编制依据见图 5-2。

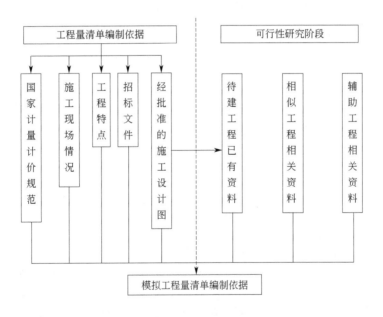

图 5-2　模拟工程量清单编制依据

在工程总承包（EPC）项目中，采用模拟工程量清单的方式可以在可行性研究阶段进行招标，对于主体结构相似的工程项目，模拟工程量清单较容易列项；对于建筑主体结构异形或者建筑异形外观部分，则可以参照相似工程的工程量清单及其施工图进行清单的编制。模拟工程量清单的准确程度影响投标人的报价，因此，应当选择具有丰富经验的编制人员，结合相似工程以及模拟工程量清单编制，尽量减少因模拟工程量清单的不确定性带来的风险。在选择相似性工程项目时，不能单纯地对工程进行简单的基础性对比，而要对建筑的各个要素都进行详细的对比，以选定参照的类似工程。

b. 类似工程的寻求方法。模拟工程量清单中的类似工程如何寻求。这是模拟工程量清单的难点和重点。首先是根据业主对拟建工程的要求，对基本类似的工程进行筛选，条件是选出的工程的主体结构必须与拟建工程类似。一般而言，即使类似也会有一部分信息无法与拟建工程匹配，因此，还需要寻找一个辅助工程作为清单列项的依据。

其次，依据可行性研究阶段的工程信息寻找拟建工程项目的类似工程，选定参照工程后结合编制人员的经验进行模拟工程量清单的编制，但是工程大体相似，细节上也不一定会完全相同，所以在模拟工程量清单时还要有重点地对清单进行增减调整。

在确定了类似工程之后，就可以开始编制拟建工程量清单了。首先，通过层次分析法（AHP）分析出各个项目在拟建工程中所占的权重，从中选择出几个权重最高的项目，作为匹配的主要因素；其次，对比拟建工程项目的指标与匹配因素的偏差，通过计算得到工程项目的类似程度；再次，从类比项目中选出类似工程。

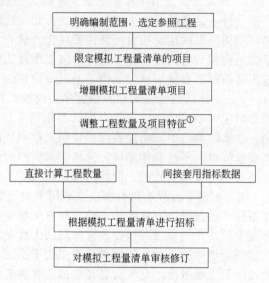

图 5-3　模拟工程量清单编制流程

注：①由于模拟工程量清单缺乏准确性，其工程量及项目特征均需要进行调整。其确定方法主要有两种。一是直接计算工程量：在项目的概念设计阶段如果建筑的主体结构相似，通过编制人员的多年经验，一些工程数量可以直接估算；二是间接套用指标数据：在工程量方面，可以先结合常见建筑的指标数据大致进行估算，再结合拟建项目自身情况进行修正

c. 模拟工程量清单编制流程。选定类似工程之后，就可以开始编制拟建项目的模拟工程量清单，其具体编制流程见图 5-3。

(2) 项目清单计量规范

在房屋建筑和市政工程领域，由于工程类别不同，工程内容不同，工程量清单就不同。依据工程总承包计量计价规范（征求意见稿），工程总承包项目清单可划分为房屋建筑工程项目清单、市政工程项目清单、城市轨道交通工程项目清单三类。

三类工程项目清单各自又可各自划分为可行性研究及方案设计后项目清单、初步设计后项目清单两类。即房屋建筑工程总承包项目清单可划分为房屋建筑工程总承包可行性研究及方案设计后项目清单、房屋建筑工程总承包初步设计后项目清单。市政工程总承包项目清单可划分为市政工程总承包可行性研究及方案设计后项目清单、市政工程总承包初步设计后项目清单。城市轨道交通工程总承包项目清单可划分为城市轨道交通工程总承包可行性研究及方案设计后项目清单、城市轨道交通工程总承包初步设计后项目清单。

在上述划分的基础上，每类项目清单又可进一步细分。例如，A.1 房屋建筑工程总承包可行性研究及方案设计后项目清单细分为：住宅、办公建筑、酒店建筑等等分项的计量单位、计量规则和工作内容；A.2 房屋建筑工程总承包初步设计后项目清单细分为：A.2.1 土石方工程、A.2.2 地基处理与边坡支护工程、A.2.3 地下室防护工程、A.2.4 桩基工程、A.2.5 砌筑工程、A.2.6 钢筋混凝土工程、A.2.7 装配式工程、A.2.8 钢结构工程等等的计量单位、计量规则和工作内容。市政、轨道分类项目清单根据情况也细分为子项。根据其他类型项目清单分类计量规范，参见住建部颁布的《房屋建筑和市政基础设施项目工程总承

包计量计价规范（征求意见稿）》。招标人可根据发包项目类别、发包起点的具体情况选择使用。

房屋建筑工程总承包初步设计后项目清单部分中的 A.2.7 装配式工程编制表列举见表 5-1。

表 5-1　A.2.7 装配式工程

项目编码	项目名称及特征	计量单位	计量规则	工程内容
	装配式钢筋混凝土柱	m³	按设计图示尺寸以体积计算	
	装配式钢筋混凝土梁	m³	按设计图示尺寸以体积计算	
	装配式钢筋混凝土叠合梁(底梁)	m³	按设计图示尺寸以体积计算	
	装配式钢筋混凝土楼板(底板)	m³	按设计图示尺寸以体积计算	
	装配式钢筋混凝土外墙面板(PCF)	m³	按设计图示尺寸以体积计算	
	装配式钢筋混凝土外墙板	m³	按设计图示尺寸以体积计算	包括成品装配式钢筋混凝土构件、运输、安装、吊装、注浆、接缝处理、表面处理、打样、成品保护
	装配式钢筋混凝土外墙挂板	m³	按设计图示尺寸以体积计算	
	装配式钢筋混凝土内墙板	m³	按设计图示尺寸以体积计算	
	装配式钢筋混凝土楼梯	m³	按设计图示尺寸以体积计算	
	装配式钢筋混凝土阳台板	m³	按设计图示尺寸以体积计算	
	装配式钢筋混凝土凸(飘)窗	m³	按设计图示尺寸以体积计算	
	装配式钢筋混凝土烟道、通风道	1. m³ 2. 根	按设计图示尺寸以体积计算 按设计图示数量以根计算	
	装配式钢筋混凝土其他构件	m³	按设计图示尺寸以体积计算	
	装配式隔墙	m²	1. 按图示尺寸以垂直投影面积计算,扣除门窗洞口面积和每个面积>0.3m²的孔洞所占面积; 2. 过梁、圈梁、反边、构造柱等并入轻质隔墙的面积计算	包括轻质隔墙;构造柱、过梁、圈梁、现浇带的混凝土、钢筋、模板及支架(撑);螺栓、铁件、表面处理、打样、成品保护

注：1. 装配式其他构件包括装配式空调板、线条、成品风帽等小型装配式钢筋混凝土构件。

2. 装配式隔墙是指由工厂生产的，具有隔声、防火、防潮等性能，且满足空间功能和美学要求的部品集成，并主要采用干式工法装配而成的隔墙。

(3) 项目清单计价规范

在《房屋建筑和市政基础设施项目工程总承包计量计价规范（征求意见稿）》中，在对计量进行规范的同时，也对项目清单计价行为进行了规定。

① 勘察、设计费清单　勘察设计费清单应结合工程总承包范围按照表 5-2 所示内容确定列项。

表 5-2　勘察、设计费清单

工程名称：

编码	项目名称	金额/元	备注
	勘察费		
	设计费		
	方案设计费		
	初步设计费		
	施工图设计费		
	竣工图编制费		
	其他		

投标人认为需要增加的有关设计费用，请在"其他"下面列明该项目的名称及金额（一切在报价时未报价的项目均被视为已包括在报价金额内）

② 总承包其他费、暂列金额清单　总承包其他费、暂列金额应结合工程总承包范围按

照表 5-3 所示内容确定列项；可以增列，也可以减少；总承包其他费项目可以详细列项，也可以几项合并列项。

表 5-3　工程总承包其他费、暂列金额清单

编码	项目名称	金额/元	备注
	总承包其他费		
	研究试验费		
	土地租用、占道及补偿费		
	总承包管理费		
	临时设施费		
	招标投标费		
	咨询和审计费		
	检验检测费		
	系统集成费		
	财务费		
	专利和专用技术使用费		
	工程保险费		
	法律服务费		
	其他		
投标人认为需要增加的有关项目,请在"其他"下面列明该项目的名称及金额(一切在报价时未报价的项目均被视为已包括在报价金额内)			
	暂列金额		

③ 设备购置清单　设备购置清单应根据拟建工程的实际需求按照表 5-4、表 5-5 所示内容列项；设备购置项目清单应列出设备名称、品牌、技术参数或规格、型号、计量单位、数量。

表 5-4　设备购置清单

工程名称：

编码	设备名称	品牌	技术参数规格型号	计量单位	数量	单价/元	合价/元
	其他						

表 5-5　必备的备品备件清单

编码	备品备件名称	规格型号	单位	数量	单价/元	合价/元

④ 建筑安装工程项目清单　建筑安装工程项目清单应按照附录规定的项目编码、项目名称、计量单位、计算规则进行编制；编制项目清单出现附录中未包括的项目，编制人应做补充。建筑安装工程项目清单表格见表 5-6。

表 5-6　建筑安工程项目清单

编码	项目名称及特征	单位	数量	单价/元	合价/元
	其他				

投标人认为需要增加的项目,请在"其他"下面列明该项目的名称、内容及金额(一切在报价时未报价的项目均被视为已包括在报价金额内)

工程总承包项目清单的编制是一项复杂的系统工程,它不单纯是一个工程量项目清单的编制问题,也是工程支付结算的依据,将会影响到工程支付结算的准确性。因此,要做好这项工作,就必须依据编制人员的经验和参照工程项目的资料来进行,并对工程量项目清单进行审核与修订。

5.2.3　清单编制注意事项

(1) 应高度重视清单编制质量

依据《建设工程工程量清单计价规范》规定,工程量清单是工程量计价的基础,应作为招标控制价、投标报价、工程计量和进度款支付、调整合同价款、办理竣工结算以及工程索赔的依据。计价规范明确了工程量清单是工程量计价的基础,是整个工程量清单计价活动的重要依据,贯穿于整个工程建设的全过程。同时也规定了招标人应承担的工程量计量的风险。因此,工程量清单的编制质量不但直接影响到工程招标的质量,也将直接影响到工程造价。所以,在有关规范的指导下,为了提高工程项目招标管理效率和有效控制工程造价,要求业主高度重视工程量清单的编制工作。

① 按照国家规范,保证各个阶段的设计深度　设计工程的质量对于工程建设投资、质量进度的影响是深刻的。对丁工程项目来说,往往由于设计深度不足,地质、水文、测量等基础资料缺位、或不详实,或不细致,或不可靠,造成施工阶段设计变更频繁,尤其是基础处理、隐蔽工程等诸多涉及安全与功能、主体结构等方面工程量大度增加。一方面导致工程总进度滞后;另一方面给业主的投资控制和合同管理带来极大的风险。

由于工程总承包切入点靠前,这种现象更为难免。为了避免工程总承包这一现象的出现,有关规范、规章对 EPC 设计深度做了明确规定。例如《房屋建筑和市政基础设施项目工程总承包管理办法》(建市规〔2019〕12 号)(以下简称第 12 号文)第六条规定:"建设内容明确、技术方案成熟的项目,适宜采用工程总承包方式。"第七条规定:"采用工程总承包方式的政府投资项目,原则上应当在初步设计审批完成后进行工程总承包项目发包。"

② 承包人应按照国家现行设计规范、标准进行建设项目设计　可行性研究或方案设计后发包的,承包人要负责所有初步设计和施工图设计并取得相关部门的批准;初步设计后发包的,负责所有施工图设计并取得相关部门的批准。

因此,业主必须立足实际,保证足够的设计经费和合理的设计时间,确保设计深度达到国家规范的规定,尽可能保证工程地质、水文、测量等基础资料的可信性、完整性;对重大建筑布置、总图运输、重大施工组织设计等问题上要邀请专家进行专题研究,加强复核力度;对于总工期、关键线路工期等,项目业主应将自己的想法尽可能及时与设计人沟通、阐述。此外还可以采取设计咨询、平行招标等措施,从源头上把握住设计质量,从而为高质量工程量清单编制打下基础。

（2）选择优秀的造价咨询单位

由于工程总承包项目的特殊性，与传统的工程项目比较，工程量清单的编制对编制人员提出了更高的素质要求，不仅仅要求专业知识强、操作技能熟练、熟知有关工程量清单计价规范和相关规定，而且需要了解和掌握大量 EPC 工程的相关资料以及有相关项目的编制业绩。因此，工程量清单的编制人员的从业经历和业绩对于提高工程量清单质量十分重要。

更为重要的是应明确工程量清单编制项目的负责人，并对项目负责人的综合能力进行充分的评估考察，监督落实具体编制人员。同时业主应将自己的想法和要求向工程量清单编制人员详细阐述，并要求清单编制人员经常到项目现场勘察，并兼备深化设计的能力，能够在进一步深化设计的基础上编制工程量清单。

此外，清单项目的特征描述要根据计价规范对项目特征的要求，结合技术规范、标准图集、施工图纸，按照结构、使用材料及规格或安装位置等予以详细而准确的表述和说明，以保证后期合同执行中，业主、监理等理解和有效执行前期的指导思路。清单编制还应加强对后期可能的变更、索赔等因素的考虑，这样招标文件不仅满足招投标、评标的要求，更能满足后期计量支付、竣工结算、变更索赔的要求。

（3）强化清单编制的审核制度

业主应尽量保证清单编制的时间，实施交叉编制审核制度，可采用一家咨询单位编制，另一家单位审核的方式，找出差异、完善内容、确保清单项目的完整性、工程量数据的准确性以及工程量清单编制质量的可靠性。业主还可以实行清单编制的奖罚制度，明确将清单的编制精度和编制费用挂钩，准确率高的按照一定比例上浮；而准确率低，错误多的则扣除一定比例的编制费用；出现重大错误的，应明确赔偿责任。

5.3 工程总承包招标控制价概述

5.3.1 招标控制价的涵义

工程总承包项目的控制价是指招标人依据国家以及当地有关计价规范及相关文件，根据不同阶段的设计文件和招标工程量清单，并参照经政府审核部门批准的投资估算、概算以及其他市场情况等因素设定的对招标工程项目限定的最高工程造价或招标最高限价，也可称其为"拦标价"。对于招标控制价，应注意从以下方面理解。

① 国有资金投资项目招标必须编制招标控制价。根据招标投标法实施条例规定，国有资金投资的工程项目进行招标，招标人可以设标底。当招标人不设标底时，为有利于客观、合理地评审投标报价和避免哄抬标价，造成国有资产流失，招标人必须编制招标控制价，作为投标人的最高投标限价及招标人能够接受的最高交易价格。

② 招标控制价超过批准的概算时，招标人应将其报原概算审批部门审核。因为我国对国有资金投资项目实行的是投资概算审批制度，国有资金投资的工程项目原则上不能超过批准的投资概算。

③ 投标人的投标报价高于招标控制价的，其投标应予以拒绝。国有资金投资的工程项目，招标人编制并公布的招标控制价相当于招标人的采购预算，同时要求其不能超过批准的概算。因此，招标控制价是招标人在工程招标时能接受投标人报价的最高限价，投标人的投标报价不能高于招标控制价，否则，其投标将被拒绝。

④ 招标控制价应由具有编制能力的招标人或受其委托具有相应资质的工程造价咨询人编制和复核。工程造价咨询人不得同时接受招标人和投标人对同一工程的招标控制价和投标

报价的编制。

⑤ 招标控制价应在招标文件中公布，招标人应将招标控制价及有关资料报送工程所在地工程造价管理机构备查。招标控制价的作用决定了招标控制价不同于标底，无需保密。为体现招标的公平、公正，防止招标人有意抬高或压低工程造价，招标人应在招标文件中如实公布招标最高控制价的各组成部分的详细内容，不得对所编制的招标控制价进行上调或下浮。

5.3.2 招标控制价编制必要性

招标控制价是通过招标发包方式选择工程总承包企业的重要计价文件，对控制项目投资和合理化选择总承包单位起着重要作用。但对于如何编制控制价，目前没有统一的规定，也暂未形成行业的规范做法。项目"合规性"是国有资金投资建设项目验收的重要内容，项目实施过程中存在"不合规"将对项目验收带来无法弥补的损失。因此，本节基于国有资金投资的建设项目，从项目"合规性"出发，通过对国家、行业、地方政策文件的梳理，总结分析工程总承包项目招标控制价的编制特点、依据以及相应的编制方法。

(1) 从招标控制价的作用角度分析编制的必要性

招标控制价是招标人在工程招标时能够接受的投标人报价的最高限价，超过该价格的，招标人不予接受，将被判定为废标。因此，招标人通过编制并在招标文件中公布的控制价可以有效地控制投资，同时招标控制价可以防止投标人围标、无限制地哄抬标价，给招标人造成损失。当然，从建筑市场角度分析，公布招标控制价有利于引导投标人投标报价，避免投标人无标底情况下的无序竞争。控制价的重要作用可以归结为以下几点。

① 招标控制价是国家宏观调控建筑行业的主要手段，是维护市场经济秩序的重要途径。对于合同双方而言，是明确自身责任的主要参考文件，也是彼此监督责任履行情况的主要参考，也是监理部门有效实行监理工作的主要依据。编制招标控制价的任务就是保证工程项目在合法的范围内有效进行，保障我国市场经济的秩序稳定，提高建筑行业的规范化程度。

② 招标控制价是控制投资、核实建设规模的依据。控制价必须控制在批准的估算或概算限额之内，如果按规定程序和方法编制的招标控制价超过批准的估算或概算，应进行复核和分析，应剔除或调整不合理部分；如仍超限额，应会同设计单位一起寻找原因，必要时由设计人调整原来的估算修正概算，并报原批准机关审核批准后，才能进行招标工作。

③ 招标控制价是招标人在招标过程中向投标人公示的工程项目总价格的最高限制标准，要求投标人投标报价不能超过它。控制价的编制过程是对项目所需费用的预先自我测算过程，通过控制价的编制可以促使招标单位事先加强工程项目的成本调查和预测，对价格和有关费用做到心中有数。

④ 由于控制价是招标人根据政府部门颁布的取费标准批准及编制的，它体现的是社会工程造价的平均水平，控制价的具体项目划分和综合单价的组成原则与投标人的投标报价中各清单项目是完全一致的，它们之间具有一一对应的关系。通过招标控制价和投标报价各项目的对应比较，可以检验投标报价的合理性。如果投标人要采取不平衡报价、低于成本价等方式报价就很容易被发现而失去中标机会，这样就能够促使投标人理性投标和报价。

⑤ 编制控制价是招标中防止盲目报价、抑制低价中标等现象的重要手段。盲目压低标价的低价抢标者，在施工过程中会采取偷工减料、无理索赔等种种不正当手段以避免自己的损失，使工程质量和施工进度无法得到保障，业主的合法权益受到损害。在评标过程中，以控制价为绳，剔除低价抢标的标书是防止这种现象发生的有效措施。

(2) 从政策角度分析编制控制价的必要性

针对招标控制价的编制和建设项目投资控制管理及建设实施，国家、地区出台了一些规定、规范。主要有关的法律法规如下：

《中央预算内直接投资项目管理办法》（发展改革委令第 7 号）和国家发展改革委关于印发《中央预算内直接投资项目概算管理暂行办法》的通知（发改投资〔2015〕482 号）两个文件中提出：项目批复的概算作为项目建设实施和控制投资的依据，且超值不补。项目主管部门、项目单位和设计单位、监理单位等参加单位，应当加强项目投资的全过程管理，确保项目总投资控制在概算以内。

招标投标法实施条例第二十七条规定："招标人设有最高投标限价的，应当在招标文件中明确最高投标限价或者最高投标限价的计算方法。招标人不得规定最低投标限价。"

《房屋建筑和市政基础设施项目工程总承包管理办法》第九条规定：建设单位可以在招标文件中提出对履约担保的要求，依法要求投标文件载明拟分包的内容；对于设有最高投标限价的，应当明确最高投标限价或者最高投标限价的计算方法。

《建设项目工程总承包管理规范》第十三条规定："建设单位应当在招标文件中明确最高投标限价。"

《房屋建筑和市政基础设施项目工程总承包计价计量规范（征求意见稿）》第五条规定："国有资金投资的建设工程总承包项目招标，招标人应编制最高投标限。"

地方政府关于工程总承包的规章对于最高控制价做了详尽不同的规定。

上海市提出了："建设单位应当在招标文件中明确最高限价"的要求，但并未给出编制的方法和思路。

湖南省提出应当在以经批复同意的可行性研究报告、方案设计（或初步设计）的投资估价或工程概算作为招标报价的思路。

江苏省则规定：招标人应当根据不同阶段的设计文件，参考工程造价指标、估算定额、概算定额等设定最高投标限价。最高投标限价不得高于投资估算、初步设计概算。

福建省对工程总承包招标控制价的编制规定较江苏省更为详细："招标人根据不同阶段的设计文件，参考投资估算指标、概算指标、概算定额以及同类项目造价指标设定最高投标限价。

设有最高投标限价的，招标文件应当明确最高投标限价或者最高投标限价的计算方法。K 值为最高投标限价下降的幅度。K 的取值范围实行动态管理，由省住建厅根据市场情况变化等因素适时调整，并向社会公布。工程总承包项目现阶段的 K 取值范围为：

（一）装配式建筑工程为 5% 以内；

（二）其他工程为 10% 以内。

K 的取值区间幅度为 2%～4%，具体幅度由招标人在招标文件中确定。招标人应根据项目具体情况决定 K 值的大小。"

综上所述可见，国有资金投资的建设工程总承包项目招标，招标人应编制最高控制价。

5.3.3 招标控制价编制的特点

与传统承包模式比较工程总承包控制价编制具有"三个缺少"的特点，从这三个缺少的特点，可以看出工程总承包控制价的编制存在一定的难度。

（1）缺少费用划分和计价方法

目前国家、行业层面并未出台与工程总承包控制价编制配套的费用划分的办法和各类费用计算的参考依据，住建部 2017 年 9 月发布《建设项目工程总承包费用计算方法参考》的征求意见稿，但目前尚未正式出台。由于国家、行业尚未出台相关支持性文件，导致国有资金建设项目招标控制价编制缺少规范的计算依据，各建设单位和咨询单位只能根据自己的理解和经验编制招标控制价。从而使招标控制价编制存在较大的政策风险。2017 年浙江省出台了地方性的工程总承包控制价费用划分标准和计价依据，为地区工程总承包控制价编制提供了参考依据。

（2）缺少造价指标数据库支持

住建部《关于进一步推进工程总承包发展的若干意见》提出建设单位可以根据项目特点在可行性研究、方案设计或初步设计完成后，按照确定的建设规模、建设标准、投资限额、工程质量和进度要求等进行工程项目总承包，各地工程总承包推进意见中大部分沿用了上述三个发包阶段。因此，工程总承包控制价编制分为上述三种情况下的编制。

按照我国目前咨询文件编制深度规定，可行性研究报告和方案设计阶段不能提供项目工程量信息，需要编制人员根据项目规模及各专业设计方案并结合类似工程项目造价指标编制项目投资估算，估算指标尤其是建设工程费的估算指标没有国家、行业或地区的统一规定。由于缺乏统一的造价指标数据库的支持，由不同人员编制的同一项目的招标控制价可能存在着较大的差别，其准确性和客观性受到较大的限制。

初步设计阶段，根据初步设计资料可以核算主要工程量并套用相关的定额资料计算造价，但其工程量仅是实体工程的主要工程量，未能细化的次要工程量和造价占 5% ～ 10% 的措施费的工程量，编制人只能根据经验进行估算。因此，即使项目信息相对明晰的初步设计阶段，其部分造价计算仍然需要采取估算方法进行编制。

（3）缺少适合的编制人员

由于工程总承包招标控制价编制的上述两个特点，对现阶段招标控制价编制人员提出了更高的要求，需要编制者具有较高的素质和职业能力，需要具备复合型的知识结构。一方面编制者需要通过三个阶段的有限的显性工程资料，结合自身的经验对隐性的资料进行推测、分析、估算；同时基于工程总承包项目一般采取的总价合同特点，编制者需要结合项目的特点、招标人要求、招标文件及其中的合同条件，对项目建设中的风险因素进行分析并估算相应的风险费用，现阶段，满足以上要求的编制人员相对较少。

5.3.4 编制人员的选择

按照国家政策要求，业主可以自行或委托第三方编制招标控制价，但鉴于工程总承包招标控制价编制的困难，除非业主具有相关专业人员的能力可以自行编制，原则上还是应该委托具有类似业绩的第三方造价咨询单位编制。

业主在选择造价咨询编制单位时，应重点考察编制单位的类似项目业绩、人员资质和能力。类似业绩主要是针对工程总承包招标控制价编制的业绩、人员资质和能力包括：应具备建设项目全过程造价管理控制能力，应精通估算、概算、预算、决算编制，熟悉招投标知识，熟悉工程总承包合同知识。

5.4 工程总承包招标控制价编制

目前，我国工程总承包项目招标控制价管理尚处于探索阶段，因此，在招投标实际中，各地采用招标控制价的做法差异较大，从而出现建设过程中变更大、整体项目结算超支的现象。综合其原因，大部分业主对当前工程总承包控制价的内涵、风险等认识不清。为此，探讨在工程总承包模式下，如何科学合理地编制项目的招标控制价，对于控制工程造价，减少资源浪费具有重要的意义。

5.4.1 编制依据与费用组成

(1) 招标控制价编制规则

国有资金投资的建设工程总承包项目招标,招标人必须设有招标控制价。投标控制价应由具有编制能力的招标人或受其委托具有资质的工程造价咨询人编制和复核。工程造价咨询人接受招标人委托编制最高投标限价,不得再就同一工程接受投标人委托编制投标报价。一个项目只能设定一个招标控制价。

招标人应在发布招标文件时公布最高投标限价。投标人的投标报价高于最高投标限价的,其投标报价应视为无效。

(2) 招标控制价编制依据

① 国家有关计量计价规范。

② 国家或省级、行业建设主管部门颁发的相关文件。

③ 经批准的建设规模、建设标准、功能要求、发包人要求。

④ 拟定的招标文件与合同条款内容:

a. 建设项目室内、室外、场外工程的具体内容;

b. 招标范围内的工程内容;

c. 承包人的工作内容如设计、采购、施工;

d. 需要承担的工程建设其他费用类别;

e. 项目质量、工期、文明施工要求;

f. 依据合同承包人承担的风险范围;

g. 合同付款条件;

h. 工程保险、保函类别及数额;

i. 不可抗力约定条款等。

⑤ 项目前期批复资料:包括项目批复的可行性研究报告及估算、方案设计资料及估算,或初步设计资料及估算。

⑥ 与建设工程项目相关的标准、规范等技术资料。

⑦ 相同/类似项目造价资料:

a. 业主已建成或市场上与招标项目相同/类似项目的估算、概算、预算、结算资料,包括建设时间、建设地址、建设标准、具体方案;

b. 设备材料采购价格资料等。

⑧ 可参考的行业造价规范、计价依据:国家、行业、项目所在地工程费用计价办法、依据、可参考的行业收费标准、属地性质的工程建设其他费用收费标准。

⑨ 市场价格资料。如项目所在地发布的工程造价信息资料、项目所在地市场竞争情况。

⑩ 项目所在地非常规风险等。

⑪ 造价的其他相关资料。

(3) 招标控制价费用组成

① 勘察费 根据不同阶段的发包内容,参照同类或类似项目的勘察费计列。

② 设计费 根据不同阶段的发包内容,参照同类或类似项目的设计费计列。

③ 建筑安装工程费 在可行性研究或方案设计后发包的,按照现行的投资估算方法计列;初步设计后发包的按照现行的设计概算的方法计列;也可以采用其他计价方法编制计列,或参照同类或类似项目的此类费用并考虑价格指数计列。

④ 设备购置费 应按照批准的设备选型,根据市场价格计列。批准采用进口设备的,

包括相关进口、翻译等费用。

$$设备购置费＝设备价格＋设备运杂费＋备品备件费$$

⑤ 总承包其他费　根据建设项目在可行性研究或方案设计或初步设计后发包的不同要求和工作范围计列。

a. 研究试验费：根据不同阶段的发包内容，参照同类或类似项目的研究试验费计列。

b. 土地租用、占道及补偿费：参照工程所在地职能部门的规定计列。

c. 总承包管理费：可以按照财政部财建〔2016〕504 号附件 2 规定的项目建设管理费计算（表 5-7）按照不同阶段的发包内容调整计列；也可参照同类或类似工程的此类费用计列。

d. 临时设施费：根据建设项目特点，参照同类或类似工程的临时设施计列，不包括已列入建筑安装工程费用中的施工企业临时设施费。

e. 招标投标费：参照同类或类似工程的此类费用计列。

f. 咨询和审计费：参照同类或类似工程的此类费用计列。

g. 检验检测费：参照同类或类似工程的此类费用计列。

h. 系统集成费：参照同类或类似工程的此类费用计列。

i. 财务费：参照同类或类似工程的此类费用计列。

j. 专利及专有技术使用费：按照专利使用许可或专有技术使用合同规定计列，专有技术以省、部级鉴定批准为准。

k. 工程保险费：按照选择的投保品种，依据保险费率计算。

l. 法律服务费：参照同类或类似工程的此类费用计列。

m. 暂列金额：根据不同阶段的发包内容，参照现行的投资估算或设计概算计列。

表 5-7　项目建设管理费总额控制数费率表

工程总概算/万元	费率/%	算例/万元	
		工程总概算	项目建设管理费
1000 以下	2	1000	$1000 \times 2\% = 20$
1001～5000	1.5	5000	$20 + (5000 - 1000) \times 1.5\% = 80$
5001～10000	1.2	1000	$80 + (10000 - 5000) \times 1.2\% = 140$
10001～50000	1	50000	$140 + (50000 - 10000) \times 1\% = 540$
50001～100000	0.8	100000	$540 + (100000 - 50000) \times 0.8\% = 940$
1000000 以上	0.4	200000	$940 + (200000 - 100000) \times 0.4\% = 1340$

5.4.2　招标控制价编制路径分析

根据工程总承包项目业主的需要，招标项目可能是一个从可行性研究或方案设计、初步设计之后作为起点发包，项目往往无详细设计或施工图纸，仅仅有项目的基本要素或初步设计可以利用。因此，在以往的工程总承包招标实践中，业内存在两种招标控制价的编制路径。

（1）第一种编制路径与分析

第一种编制路径是借鉴同类工程价格数据编制。借鉴同类工程价格数据编制是工程总承包招标时点在可行性研究阶段，招标人根据工程总承包的基本要素确定招标控制价。通过工程造价指数、工程造价估算指标，借鉴同类项目价格数据进行测算。这样的测算对编制人员的经验和素质要求较高，需要在实践中总结形成工程总承包项目造价数据库，从同类或类似的工程项目中提取工程造价指标，如结构含量指标、单位工程预算单价等，将这些指标作为编制工程总承包招标控制价的参考，并根据市场价格变动情况合理调整价格，最终形成招标控制价。

对第一种路径做如下分析。

一是运用第一种编制路径编制招标控制价，业主将面临对工程总承包基本要素定义不准确而带来的风险。编制招标控制价依赖于基本要素定义，基本要素定义是编制招标控制价的核心，也是未来项目交付使用考核时的基本要求。如果招标人没有充分定义工程总承包基本要素，出现不合理、漏项或者失误的情况，将可能产生高额的索赔费用和严重的工期延后。反之，如果招标人没有客观地定义基本要素，夸大其功能或描述含混，将可能使招标控制价编制得过高，从而失去合适的潜在中标人，可能造成流标。

二是采用第一种路径编制招标控制价，存在潜在的投资估算风险。在工程总承包项目编制招标控制价前，可以参考的资料仅有项目建议书、规划设计条件、建设用地状况、项目方案设计等资料，只能依据类似工程项目中所提取的一定的工程造价指标（单位工程预算单价），结合工程造价指数进行一定的价格调整。采用类似工程项目中所提取的工程造价指标，其精确度无法衡量，因此，存在潜在投资估算风险，可能会造成招标控制价的过高或过低。

三是采用第一种路径编制招标控制价，业主还将面临承发包范围不明的风险。在工程项目总承包模式下，在可行性研究阶段招标时，业主在招标前没有完成工程设计，没有完整的施工图纸等文件，对于标的定义只通过性能和功能要求进行描述，这就可能造成承发包范围模糊，不能严格的界定，最终容易引发工程项目范围界定纠纷。

基于上述风险的存在，住建部在第 12 号文中明确规定：政府投资项目原则上应当在初步设计审批完成后进行工程总承包项目发包。

(2) 第二种编制路径与分析

第二种编制路径是先设计，再编制后续工程的招标控制价。招标人招标时，只对项目设计阶段确定招标控制价，依据设计招标控制价与招标文件其他标准选择工程总承包人，与中标者签订项目设计阶段的承包合同，并形成设计阶段的合同价格。承包人履行合同规定的相关设计任务，业主根据承包人完成的设计成果，按照计价规范等编制后续工作的招标控制价，并通过相关主管部门的审核，形成最终招标控制价。承发包双方根据招标控制价和其他有关规定完成工程总合同价格的商榷。承包人继续履行合同，达到项目价格控制的目的。

对第二种路径做如下分析。

一是采用第二种编制招标控制价的路径，业主将面临设计承包人主导控制价的风险。由于在这种方法下，业主已经确认了工程总承包人。承包人在第二次确定招标控制价前，在完成工程设计时，可能向着有利于自身条件的方面设计，而非充分考虑业主的诉求，从而会带来过高的招标控制价。

二是采用第二种编制招标控制价路径，存在设计图纸的设计深度和质量风险。由于业主依据设计图纸，按照清单计价规范等进行工程总承包后续工作，进行控制价的测算，设计图纸的设计深度和质量在很大程度上将决定招标控制价的质量，招标控制价的质量最终影响业主的利益。

三是采用第二种编制路径编制招标控制价，在第二次确定招标控制价后并经过主管部门的审核批准，该招标控制价达不到承包人的预期，将陷入尴尬境地，容易引发价格争议和招标控制价的纠纷，浪费时间、精力和财力，增加招标成本。

为避免业主所面临承包人主导控制价的风险，住建部第 12 号文中规定：政府投资项目的项目建议书、可行性研究报告、初步设计文件编制单位及其评估单位，一般不得成为该项目的工程总承包单位。但政府投资项目招标人公开已经完成的项目建议书、可行性研究报告、初步设计文件的，上述单位可以参与该工程总承包项目的投标，经依法评标、定标，成为工程总承包单位。

5.4.3　招标控制价编制注意事项

（1）明确项目承发包范围

业主在招标文件和合同中应对工程总承包项目的性能和功能要求进行描述，项目特征描述清晰与否直接关系到施工过程中工程量大小，甚至还有可能造成施工过程中的设计变更，产生不必要的索赔等开支。工程总承包项目应当注意工程项目特征的描述问题，以免造成招标控制价丧失其准确性和可靠性。同时要明确规定项目质量、进度等指标，在合同中明确规定承发包双方的权利与义务，避免在合作过程中因为项目承发包范围不明确而产生纠纷。

（2）选择高素质编制人员

控制价形成过程中，参与编制招标控制价的工作人员必须具有扎实的理论基础和良好的实践经验，从而在编制招标控制价的过程中，可以通过自我检查找出其中潜在的错误。招标控制价的编制负责人对控制价进行检查时应当从开始到结尾综合检查，不能进行随机抽样检查。同时，必须充分重视计算过程中的小数点的位数问题，以免造成重大的差错，并对其中比较容易犯错的地方进行反复的检查。

（3）注意利益分配与风险分担

在利益分配中，双方应该遵循公平与诚实信用原则，做到既满足各方的期望要求，又不影响各方的工作积极性；遵循收益与风险对等原则，不存在无风险的收益，也不存在无收益的风险，一定的收益对应一定的风险，要获得一定的收益就应当承担一定的风险，各方应做到利益共享、风险共担；遵循利于合同履行原则，项目是否能够顺利进行取决于合同能否得到有效履行，与合同双方之间的收益分配有着很大的关系。

（4）投资估算、概算与控制价

近年来，各地在采用工程总承包模式招标的时候，有些招标人往往将主管部门批复的估算或者概算直接作为工程招标控制价进行招标，估算是指对拟建项目固定资产投资、流动资金和项目建设期的贷款利息的估计，其偏差率为 10%～30%。概算亦称"初步设计概算"，是初步设计阶段概略地计算建设项目所需全部建设费用的文件，包括建设项目从立项、可行性研究、设计、施工、试运行到竣工验收等的全部建设资金，是对建设项目投资额度的概略计算，其偏差率一般为 5%～10%。因此，控制价不能直接采用概算或概算指标，而应采取这些指标的下浮，招标人应根据不同阶段的设计文件，参考投资估算指标、概算指标、概算定额以及同类项目造价指标设定最高投标限价。最高投标限价不得高于投资估算、初步设计概算。

第6章
工程总承包招标文件编制

　　招标文件是全面体现业主意图的重要文件，是业主选择出理想承包人的基本依据和标准条件。同时，对工程项目进行事前控制以及保证项目顺利完成起着关键性作用。因此，编写出一份高质量的招标文件至关重要。本章以国家颁布的标准设计施工总包招标文件为依据，介绍工程总承包招标文件的编制。

6.1 招标文件编制概述

6.1.1 招标文件作用与内容

(1) 招标文件重要作用

　　工程总承包招标文件是工程建设方（业主）按照国家招投标法的有关规定，对即将建设的工程项目在设计、采购、施工等方面给出基础信息和数据条件，并对承包商提出响应性要求的文件。

　　招标文件是招标工程建设的大纲，是全面体现业主项目意图的重要文件，也是业主实施工程建设的工作依据，招标文件详细列出了招标人对拟建项目的基本情况描述、投标须知、合同条件、业主对工程的要求、工程量清单、评标方法和标准，是投标人编制投标文件和投标的基础和依据，是招标活动双方当事人的行为准则和评标的重要依据。同时，也是合同文件的重要组成部分。因此，招标文件的编制质量和深度，关系着整个招标工作的成败。工程总承包项目的招标，与勘察设计、设备材料供应和施工传统项目的招标，特点、性质都是截然不同的，应依法从项目实际需要出发，编写招标文件。

　　我国推行工程总承包多年，由于国内适应市场经济的下工程总承包模式还在不断完善过程中，又由于工程业主方的要求不尽完全相同，因此，招标文件的内容结构就不同。长期以来招标人都是以手头得到的某一招标文件为版本，来增减招标文件内容，如参考国际 FIDIC 编制的 EPC 银皮书、黄皮书、《标准施工招标文件》而编写。由于针对性不强，造成一些工程总承包项目招标文件编制不统一且不全面，不适情，为此，不断引发招投标纠纷，而我国一直没有可参照执行的标准工程总承包招标的招标文本。

　　为规范工程总承包招标活动，提高招标文件的编制水平，促进招投标活动的公开、公平和公正，2012 年国家发展改革委等九部委联合发布实施了我国第一部适用于设计施工一体化的《中华人民共和国标准设计施工总承包招标文件》（2012 年版）。该标准文件对工程总承包的招标文件进行了统一规范，该标准文件不分行业，不分工程总承包类型，既适用于 EPC 模式，也适用于 D-B 模式或其他工程总承包模式，为业主招标文件的编写提供了模板。

(2) 招标文件主要内容

　　招标文件应包括：工程项目的需求清单、技术要求、对投标人的资格审查标准、投标报价要求、评标标准和方法、定标方法等所有实质性要求和条件，以及拟签合同的主要条款。

　　招标人的项目有技术有强制性国家标准的，招标人应在招标文件中提出相应要求；有推荐性国家标准、行业标准、地方标准的，国家鼓励中标人在招标文件中采用。

招标项目需要分划分标段、确定工期的，招标人应合理划分标段，确定工期，并在招标文件中载明。

招标文件应当载明是否允许中标人依法对中标项目的部分工作进行分包，以及允许分包的范围，分包应符合国家关于分包的规定。

依法必须进行招标的项目，招标文件应当使用国务院发展改革委员会同有关行政监督部门制定发布的标准文本和国务院有关行政监督部门制定发布的行业标准文本编制。

6.1.2　招标文件编制原则

工程总承包招标文件同其他传统承包模式招标文件编写遵循的基本原则是一致的，应坚持以下基本原则。

（1）合法性原则

合法是招标文件编制过程中必须遵守的基本原则。招标文件是招标的基础，是今后订立合同的依据，因此，招标文件的每一条款都必须是合法的。在编制中应遵守国家有关招投标工作的各项法律法规，如《中华人民共和国招标投标法》《中华人民共和国政府采购法》《中华人民共和国合同法》以及相关的法律规章等。如果项目招标文件中涉及的内容有国家标准或对投标人资格有明确规定要求的，招标人要按照国家法律法规的规定编制文件。如果所编制的招标文件内容不符合国家法律法规的规定，必将为招标工作埋下隐患，导致招标工作流产，给招投标双方都会带来经济损失。

坚持合法性原则就要求编制招标文件的从业者不仅要具有精湛的专业知识、良好的职业素养，还要有一定的法律法规知识，招标文件的合同条款不得和《中华人民共和国合同法》相抵触。例如，有的招标文件中要求必须有本省的某行业领域资格证书，限制外地供应商竞争的规定条款，这就与我国法律法规相背离了。

（2）公平性原则

招标是招标人公平地选择中标人的过程。因此，招标文件的编写也必须充分体现这一原则。首先招标文件的条款对每一个投标人都是公平的，不能具有倾向性、以排斥某类特定投标群体。《中华人民共和国招标投标法》第二十条规定："招标文件不得要求或者标明特定的生产供应者以及含有倾向或者排斥潜在投标人的其他内容。"

招标文件中如对投标地域的限定、对企业资质或业绩有明显加分倾向、技术规格中的内容暗含有利于或排斥特定潜在投标人、评标办法不公正等，这些招标文件中的条款都会造成不公平竞争，影响项目招标的正常开展。有些招标文件一公布出来就遭到投诉，主要就是因为编制文件时没有坚持公正原则，致使招标文件具有明显的倾向性。

（3）公正性原则

公正性原则体现在处理好招标人与投标人的关系上，在市场经济的条件下，既要尽量压低工程总承包价格，也要考虑到承包商合理的企业利润。同时，尽管工程总承包项目将风险大部分转移给承包商，但发包人也要明确自己所应承担一定的义务，并进行详细的说明。住建部第12号文第十五条规定："建设单位和工程总承包单位应当加强风险管理，合理分担风险"，对招标风险分配的公平性提出了要求。

（4）合理性原则

招标文件的合理性原则主要体现在招标人提出的要求和设置投标人资格两个方面。合理是指招标人提出技术要求、商务条件必须依据充分且切合实际。技术要求根据可行性报告、技术经济分析确立，不能盲目提高标准、提高设备精度等，否则会多花不必要的钱。合理的特殊要求，可在招标文件中列出，但这些条款不应过于苛刻，更不允许将风险全部转嫁给投标人。由于项目有特殊要求，需要提供出合同条款，如支付方式、售后服务、质量保证、主保险费及投标企业资格文件等，这部分要求的提出也要合理。验收方式和标准应采用我国通用的标准，或我国承认的国外标准等。

招标人应合理的设置投标人资格。由于我国工程总承包模式处于推广阶段，具有承包大型（如 EPC）项目的承包企业数量有限。为此，在设置资格条件时，应针对不同项目的行业特点，结合项目预算和市场情况等诸多客观因素，科学合理的设置资格条件，吸引实力强、知名度高、信誉好的承包商投标，这样才利于项目的正常开展。如果对投标人的资格设置过高的投标"门槛"，会导致潜在投标人数量过少，甚至出现投标单位数量不足三家或无人投标的情况，最终导致串标或流标。

(5) 严谨性原则

招标文件的编制是否完善、细致直接影响着招标工作的效率和质量，甚至决定着招标最终的结果。投标文件包括投标须知、技术要求、工程量清单、合同条件、评标办法等内容，文件一旦出现纰漏，将会造成不必要的麻烦，甚至影响招标工作的进展。因此，招标文件的编制应遵从严谨性原则。这就要避免使用笼统的文字表述，内容尽可能做到量化，否则会给后续招标工作带来隐患，甚至在履行合同期间引起过多的索赔和纠纷。

(6) 规范性原则

规范性原则是指招标文件语言、文字运用要规范。以最为规范的文字，把招标采购的目的、要求、进度、服务等描述得简洁有序、准确明了。使有兴趣参加投标的所有投标人都能清楚地知道投标人提供什么样的工程才能满足业主的需求。不允许使用大概、大约等无法确定的语句，不要委婉描述，不要字句堆砌，表达上的含混不清，会造成理解上的差异。不要在某一部分说清楚了的事，又在另外章节中复述，弄不好可能产生矛盾，让投标人无所适从。如在工程总承包中，对设备采购的设备软件问题，也应根据需要合理做出提示，以防在签约时出现价格争议。

6.2 招标文件编制重点

6.2.1 功能描述部分的编制

指导工程总承包实践的根据之一就是招标文件中"与标的物相关的条款"功能描述。项目功能描述部分是工程总承包招标文件中的核心组成部分，是工程总承包投标的基本依据。其主要作用是取代了原有施工招标文件中的图纸和设计规范，确定了工程总承包项目的工程范围和建设标准。往往也是工程总承包招标文件编制的重点难点。功能描述得是否准确、清晰到位，往往会影响到工程项目包括合同价在内的各个目标的实现，尤其是闭口合同总价包干的实现。功能描述包括但不限于以下几个方面。

(1) 项目背景以及现状

主要包括项目的政治、经济、社会等各方面的背景；建设项目的必要性和可行性；项目所在地的气候特征、工程地质、水文以及场地的施工现场状况。

（2）工作范围具体要求

应阐述总承包商应完成的工作内容，明确划分双方的工作范围和责权，从而避免在执行合同过程中发生相互推诿现象。对于"点状"工程而言，至少应从总体建筑要求、单体建筑要求、各工种工作内容三个方面明确承包商的工作范围，对于"线状"工程而言，应特别约定承包商外部的协调的工作范围。工程总承包商工作范围要求见表 6-1。

表 6-1　工程总承包商工作范围要求表（仅供参考）

工作范围要求方面	工作范围要求要点
总体建筑要求	场地建设(人流、停车空间、排水设施、公共设施);建筑物总平面布置(建筑物的总体关系、规模、建设地点、总体结构、主要设备);建筑物的系统需求(材料、设备);应用 WBS(工作分解结构)对总体项目进行分解
单体建筑要求	单体建筑建设要求(建筑物的组织、建设标准、建设规模、建设地点,拟建设施的用途、朝向);室内设计(用户的要求、功能、尺度、关系、条件);空间确定和面积分配;本空间与相邻空间的关系
各工种工作内容	土方工程;结构工程;房建工程;电气工程;供水排水工程;供热、通风与空调工程

（3）对项目的技术要求

一方面要明确整个工程项目的工艺流程、对设备制造和安装的要求，对永久工程的建设标准和技术要求等；另一方面应明确提出各项性能保证值、考核标准、业主在项目管理方面的要求等。

（4）招标项目进度计划

进度计划的确定不仅关系到能否利用工程总承包模式达到设计、采购和施工深度交叉缩短工期的目的，而且关系到项目能否按期投产并取得经济效益。因此，招标文件应对时间进度按照里程碑加以具体约定，包括关键长周期设备采购、大型设备吊装、中间交接、联动试车、投料试车等要求。

（5）目投资成本控制

① 采用固定总价合同　工程总承包项目应采取固定总价合同。业主委托设计单位进行基础设计或由专业工程公司进行基础设计，完成工艺、设备管道、电气、控制等方面的基础设计工作，并以此作为承包人投标的依据，这种既定方案的工程总承包项目招标有利于业主控制项目投资。采用既定方案固定总价的基本锁定了项目的投资成本，即以经评审的基础设计或投标技术方案为基础核算承包总价。合同在执行过程中调整幅度很小，如果出现变更，则所有变更申请均由业主确认批准后方可执行。

② 要求填报分项报价　在工程总承包招标文件中应要求投标人填报分项价格，并尽可能地细化到工程量估价报价，这样有利于提高投标报价的可比性和合理性，便于招标人选择承包商和结算价款。

③ 明确招标项目控制价　根据我国工程造价限额体系，估算大于或等于概算、大于或等于施工图预算，在保证工程功能的前提下，工程总承包价格不能突破承包范围相应的概算。故在招标文件中将概算（或下浮一定比例）作为总价控制限额，并明确超过限额的作为"废标"处理。

（6）充分利用投标人须知前附表

投标人须知前附表是针对本次招标项目在投标人须知对应款项中需要明确或说明的具体要求予以明确的附表。工程总承包项目，其招标文件应当根据《中华人民共和国标准设计施工总承包招标文件》（2012 年版）编制。其中规定：投标人须知前附表，用于进一步明确投标人须知中的未尽事宜。因此，招标人或招标代理机构应充分利用投标人须知前附表，应结合招标项目的具体特点和实际需要编制和填写，但不得与"投标人须知"正文内容相抵触，否则抵触内容无效。

6.2.2 合同条款编制重点

（1）合同条款编制重点

指导工程总承包实践的根据，除"与标的物相关的条款"之外，"合同条款"则又是一项核心内容，是招标文件的重要组成部分。合同中核心的部分分为通用合同条件和专用合同条件，但在实践中也将两者合二为一，统称为合同条件。工程总承包的合同条件（无论是 FIDIC 银皮书，还是国内的标准工程总承包合同文本）都规定了合同双方在设计、采购、施工、试车等方面的权利、义务以及管理程序。合同的严密性和准确性是保障业主获得各种利益的重要前提，如果招标人在编制合同条件环节中掉以轻心，就有可能使业主的利益遭受巨大的损失。工程总承包招标文件合同条件编制重点见表 6-2。

表 6-2　工程总承包招标文件合同条件编制重点（仅供参考）

重点条款	并列重点内容
合同价格与支付	合同价格采用固定不变的总价合同,除合同明文规定的情况以外,合同价格不因情况的变化而调整;支付条款规定合同价款的支付方法,包括预付款、进度款和最终结算款支付时间和条件
工期管理	竣工时间以及设计、采购、施工的里程碑计划;承包商进度计划的提交要求;工程开工日期、工程暂停和复工、进度延误、赶工;延长工期;竣工验收;延期赔偿费;质量保证期等
质量管理	承包商在施工过程中,在材料选用、施工工艺等方面,应依据合同和法律的规定严格遵守相应的技术标准;明确工程总承包对工程质量负总责,业主应有权要求承包商对不合格的工程进行返工
HSE 管理	承包商对项目实施期间有关项目人员、公众的人身和财产安全负责,做好疾病预防并为项目人员提供必要的医疗服务,采取合理的措施防止对周边环境造成大气污染、噪声污染、水污染等
风险与保险	对于非业主和承包商自身原因造成的影响,应在合同中约定分摊方法;规定对工程进行保险的投保方、保险金额、保险条件等内容
索赔与争议处理办法	明确只有发生因业主责任的风险事故并对承包人造成了影响,承包商才能够有权提出索赔;确定若双方对索赔产生争议的解决程序

（2）合同条款编制注意的问题

招标人在编制招标文件中合同条款时，应着重注意以下问题。

① 关键设备采购条款　对于有条件的业主可以在合同中明确约定自行采购关键设备或委托第三方采购部分关键设备，同时应建立相应的采购、储存和运输系统，保证所采购设备的质量，避免因业主自行采购部分关键设备而引起与承包商关于质量、进度等方面的不必要纠纷。

业主也可以利用合同中的保护伞协议保留部分采购权力。保护伞协议中会固定供应商的供货范围、服务内容、协议条款和单价，但不固定数量，在招标时，投标人同意将该协议作为项目总承包合同中的一部分转让给本项目的工程总承包（EPC）人，并为本项目提供货物及相关的服务，执行将来工程总承包（EPC）人下达的订货订单，将来的订货合同条款和技术要求不低于与招标人达成的保护伞协议中的条款。

据有关资料显示，对于成本较高的标准设备和 DCS、ESD 等全厂性设备，采用保护伞协议可以实现全厂的标准化和整体集成。但也应注意，过度使用保护伞协议也会带来一些风险：保护伞协议范围过大，难以保证采购进度，且会减弱工程总承包人（EPC）的积极性，保护伞协议的要求如果不明确，往往还会容易引起业主和 EPC 总承包商的大量争议。

② 设计变更控制条款　工程总承包商应以基础设计或投标文件为基础进行项目详细设计，对设计的可靠性、适用性以及设备的选型负责；业主负责对变更的原因、工程量、投资进行把握，所有变更方案都需经过业主批准后实施。由于工程总承包（EPC）合同是固定总价合同，对于合同规定的承包商涉及范围内的变更，其所需费用均不做调整；对于承包商设计范围外或由业主提出的变更，其所需费用可做一定幅度的调整；但是该部分费用不宜过大，以保证项目总投资不超出经批准的设计概算，实现既定的投资控制目标。

③ 项目设计优化条款　项目设计优化是指工程总承包商在满足基础设计的技术、工艺要求的前提下，为了达到节省投资的目的，寻求最优设计方案的一系列工作。在合同条款和附件中应明确约定鼓励工程总承包（EPC）人通过新设计、新工艺、新材料以及以往的工程经验等进行设计优化。业主在批准其优化的设计方案后，应核算节约的投资额，对于节省的投资，双方应该按照合同约定的比例分享或由业主给予承包商一定的奖励。

④ 性能保证、考核条款　对于工业项目而言，性能保证是指承包商所承包的装置在规定的输入条件下所必须达到的合同规定的各项技术经济指标，装置必须通过性能考核工作确认。

性能考核是指试生产产出合格的产品后，对装置进行生产能力、工艺指标、环保指标、产品质量、设备性能、自控水平、消费定额以及装置的可操作性等是否达到合同及设计要求的全面考核。性能考核是为了验证装置的性能保证值，是装置竣工验收前的重要步骤，项目未经性能考核不得进行竣工验收。因此，业主应在合同及附件中，明确约定项目应达到的性能保证值、考核标准及性能考核失败后违约金的数额。

6.2.3　评标办法编制重点

工程造价、工期、质量目标需要通过总承包人来完成，业主通过招标以及评标来选择能够达到这些目标的承包商。而工程总承包人的技术水平、投标报价、管理水平等是决定能否达到上述目标的关键。因此，工程总承包招标文件中的评标办法也将至少从商务、技术和项目管理三个方面设定编制。

（1）商务部分

商务部分中，建议在投标报价中所占权重不少于40%，投标人的资质和业绩权重不低于5%，投标报价的权重应充分反映出业主对投标控制的关切度，在评标时应从项目全寿命周期出发，分析投标总价的合理性；从分部分项工程、主要设备、材料措施费等方面分析分项报价的合理性。

（2）技术部分

技术部分主要强调对于基础设计、工作范围、服务范围的偏离、建设，该部分权重不低于20%。

（3）项目管理部分

由于采用工程总承包模式，在项目管理过程中，业主处于相对弱势地位，承包商在建设期逐步占据核心地位，其项目管理能力的强弱直接关系到整个项目的成败，因此评标办法在设置分值和权重时，应充分体现出各个承包商在项目管理能力上的差异，分别从设计计划、采购计划、施工计划、分包计划、质量管理体系、安全健康管理、进度控制等方面进行细化，建议该部分的权重不少于40%。

工程总承包评标办法编制要点见表 6-3。

表 6-3　工程总承包评标办法编制要点（仅供参考）

评审指标	评审权重	评审内容
商务部分	40%～70%	工程总报价设计全寿命期运营费；总报价的净现值（报价组成的合理性；分部分项工程合理性分析；主要材料合理性分析；措施费合理性分析）
技术部分	20%～40%	1. 设计评审：完整性；是否符合业主要求；创新性；可建设性；是否有偏差；关键设计人员； 2. 永久设施与采购：工程设施对气候环境的总体适用性；拟用设备功能、质量及操作的便利性；工程设施对规定的性能达标程度、备件类型、数量、易购性和维修服务； 3. 施工：施工方案的合理性；施工机具的充分性、适用性和先进性；关键施工技术人员管理指标
项目管理部分	40%	1. 计划能力：设计计划；采购计划；施工计划；分包计划；类似工程总承包的经验； 2. 项目团队：项目经理和管理团队的整体综合实力；内部组织结构与沟通；公司总部的后方支持机构； 3. 控制能力：质量管理体系的完备性（公司与项目的综合）；建设工期的控制能力及对问题的敏感性；价值工程与价值管理；健康、安全、环保体系的完善性

6.3　标准招标文件解析

6.3.1　标准招标文件结构

国家发展改革委等九部委制定的《中华人民共和国标准设计施工总承包招标文件》为工程总承包提供了标准招标文件模板。工程总承包标准招标文件的组成大致分为以下三个部分：第一部分招标须知与合同条款（商务部分）；第二部分发包人的要求（技术部分）；第三部分投标文件格式要求（商务部分）。工程总承包招标文件框架结构示意图见图 6-1。

6.3.2　标准招标文件内容

下面按照标准文件，针对未进行资格预审的部分（仅限于综合评估法）对该标准文件进行逐条解析（除标题号外，编号与原标准文件保持一致，直接引用）。

第一卷

【说明】　招标文件的第一卷部分应包括四项内容：投标公告、招标须知、评标办法、合同条款与格式。本节仅对标准招标文件中公开招标且未进行资格预审的招标文件的编写进行简要分析。

项目名称：　　　　某某设计施工总承包招标公告
第一章　招标公告

【提要】　招标公告是指在相应的招投标网站和报刊媒介上发布的公示信息，这种公告是对所有有意向来参与投标的投标人提供的公开信息。

---

1. 招标条件
本招标项目（项目名称）已由（项目审批、核准或备案机构名称）以（批文名称及编号）批准建设，项目业主为（业主单位名称），建设资金来自（资金来源），项目出资比例为（比例），招标人为（业主或招标代理机构名称），项目已具备招标条件，现对此项目的设计施工总承包进行公开招标。

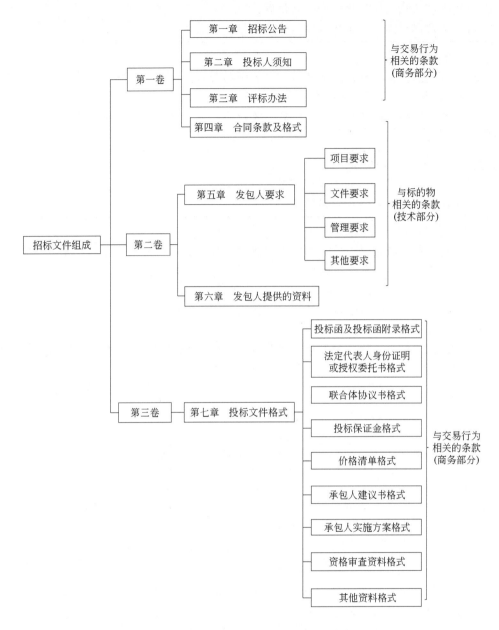

图 6-1 工程总承包招标文件结构示意图

【注意】 招标条件主要是为投标人提供投标决策的依据。

① 必须明确项目名称；审批、核准、备案机构名称；批文名称和编号；

② 必须明确建设资金来源及项目出资比例；

③ 必须明确和承诺本项目"已经具备招标条件"。

2. 项目概况与招标范围

阐明本次招标项目的建设地点、规模、招标范围、计划工期等。

【注意】 对项目概况与招标范围条款的编写应：

① 必须明确建设地点、规模，交代项目的复杂性；

② 建设工期的长短涉及投标人的建设履约能力；
③ 清晰的招标范围是为了明确双方履约界区的划分。

---

3. 投标人资格要求

3.1 本次招标要求投标人需具备（明确资质等级）资质，业绩（明确业绩的要求），并在人员、设备、资金等方面具有的设计、施工能力；

3.2 本次招标（接受或不接受）联合体投标。联合体投标的应满足下列条件：（提出对联合体条件的要求）

【注意】 投标人资格要求编写应：
① 根据各行业管理部门的不同规定要求其资质；
② 明确联合体成员的各自资格要求。

---

4. 招标文件的获取

4.1 凡有意投标者请于（数字）年（数字）月（数字）日至（数字）年（数字）月（数字）日，每天上午（数字）时至（数字）时，下午（数字）时至（数字）时（北京时间，下同），在（详细地址），持单位介绍信购买招标文件。

4.2 招标文件每套售价（数目）元，售后不退。技术资料押金（数目）元，在退还技术资料时退还（不计利息）。

4.3 邮购招标文件的，需另加手续费（含邮费）（数目）元。招标人在收到邮购款和技术资料押金（含手续费）后，（天数）日内寄送。

【注意】 招标文件的获取编写：
① 应注意编写时注明持单位介绍信购买招标文件；
② 出售招标文件，不得以营利为目的；
③ 要求邮购招投标的，只能承诺寄送日期而不能承诺接收日期。

---

5. 投标文件的递交

5.1 投标文件递交的截止时间（投标截止时间，下同）为（数字）年（数字）月（数字）日（数字）时（数字）分，地点为（详细地址）。

5.2 逾期送达的或者未送达指定地点的投标文件，招标人不予受理。

【注意】 投标文件的递交条款的编写：
① 应注意的是项目的截标日，即为项目的开标日；
② 递交地点有可能因在截标日前和后而不同；
③ 需要明确逾期送达或未送达到指定地点，投标文件不予受理。

---

6. 发布公告的媒介

本次招标公告同时在（发布公告的媒介名称）上发布。

【注意】 发布公告的媒介条款的编写：应注意同一公告在不同媒体所发布的信息必须一致。

---

7. 联系方式

招标人（名称、地址、邮编、联系人、电话、传真、电子邮件、网址、开户行、账号）。招标代理机构（名称、地址、邮编、联系人、电话、传真、电子邮件、网址、开户行、账号）。

【注意】 联系方式条款编写：

① 应注意的是招标人和招标代理人同为招标方，但彼此是代理和被代理的关系；

② 交代清楚电子邮件联系方式使用的要求和效力。

第二章　投标人须知

【提要】 投标人须知是对招标的说明、要求和规定，主要是告知投标人投标时的有关注意事项，招标文件中这一部分内容和文字一经公布不准随意改动，须知的内容应明确、具体。具体包括以下部分内容：投标人须知前附表、1.总则、2.招标文件、3.投标文件、4.投标、5.开标、6.评标、7.合同授予、8.纪律和监督、9.需要补充的其他内容、10.电子招标投标。

<table>
<tr><th colspan="3">投标人须知前附表</th></tr>
<tr><th>条款号</th><th>条款名称</th><th>编列内容</th></tr>
<tr><td>1.1.2</td><td>招标人</td><td>名称、地址、联系人、联系电话</td></tr>
<tr><td>1.1.3</td><td>招标代理机构</td><td>名称、地址、联系人、联系电话</td></tr>
<tr><td>1.1.4</td><td>项目名称</td><td></td></tr>
<tr><td>1.1.5</td><td>建设地点</td><td></td></tr>
<tr><td>1.2.1</td><td>资金来源及比例</td><td></td></tr>
<tr><td>1.2.2</td><td>资金落实情况</td><td></td></tr>
<tr><td>1.3.1</td><td>招标范围</td><td></td></tr>
<tr><td>1.3.2</td><td>计划工期</td><td>计划工期(日历天)、计划开始工作日期、计划竣工日期</td></tr>
<tr><td>1.3.3</td><td>质量标准</td><td>设计要求的质量标准、施工要求的质量标准</td></tr>
<tr><td>1.4.1</td><td>投标人资质条件、能力和信誉</td><td>资质条件、财务要求、设计业绩要求、施工业绩要求、信誉要求、项目经理的资格要求、设计负责人的资格要求、施工负责人的资格要求、施工机械设备、项目管理机构和人员、其他要求</td></tr>
<tr><td>1.4.2</td><td>是否接受联合体投标</td><td>不接受；接受及应满足的条件</td></tr>
<tr><td>1.5</td><td>费用承担和设计成果补偿</td><td>不补偿；补偿及补偿标准</td></tr>
<tr><td>1.9.1</td><td>踏勘</td><td>不组织；组织，踏勘时间、集中地点</td></tr>
<tr><td>1.10.1</td><td>投标预备会</td><td>不召开；召开，召开时间、地点</td></tr>
<tr><td>1.10.2</td><td>投标人提出问题的截止时间</td><td></td></tr>
<tr><td>1.10.3</td><td>招标人书面澄清的时间</td><td></td></tr>
<tr><td>1.11.1</td><td>投标人规定由分包人承担的工作</td><td></td></tr>
<tr><td>1.11.2</td><td>投标人拟分包的工作</td><td>□不允许
□允许，分包内容要求：
　　分包金额要求：
　　对分包人的资质要求</td></tr>
<tr><td>1.12</td><td>偏离</td><td>□不允许
□允许，允许偏离的内容、范围、幅度</td></tr>
<tr><td>2.1</td><td>构成招标文件的其他资料</td><td></td></tr>
<tr><td>2.2.1</td><td>投标人要求澄清招标文件的截止时间</td><td></td></tr>
<tr><td>2.2.2</td><td>投标截止时间</td><td></td></tr>
<tr><td>2.2.3</td><td>投标人确认收到招标文件澄清的时间</td><td></td></tr>
<tr><td>2.3.2</td><td>投标人确认收到招标文件修改的时间</td><td></td></tr>
<tr><td>3.1.1</td><td>构成投标文件的其他资料</td><td></td></tr>
<tr><td>3.2.4</td><td>最高投标限价或其计算方法</td><td></td></tr>
<tr><td>3.2.5</td><td>投标报价的其他要求</td><td></td></tr>
<tr><td>3.3.1</td><td>投标有效期</td><td></td></tr>
<tr><td>3.4.1</td><td>投标保证金</td><td>投标保证金的形式：
投标保证金的金额：</td></tr>
</table>

条款号	条款名称	编列内容
3.5.2	近年财务状况	_____年_____月_____日至_____年_____月_____日
3.5.3	近年完成的类似项目	_____年_____月_____日至_____年_____月_____日
3.5.5	今年发生的重大诉讼及仲裁情况	_____年_____月_____日至_____年_____月_____日
3.6	是否允许递交备选投标方案	□不允许 □允许
3.7.3	签字和盖章要求	
3.7.4	投标文件副本份数	_____份
3.7.5	装订要求	
4.1.2	封套上应载明的信息	招标人的地址： 招标人的名称： _____(项目名称)投标文件
4.2.2	递交投标文件地点	
4.2.3	是否退还投标文件	是；否
5.1	开标时间、地点	开标时间：同投标截止日期； 开标地点：
5.2	开标程序	密封情况检查；开标顺序
6.1.1	评委会的组建	评委会构成：_____人 其中招标人代表_____人，专家_____人； 评标专家确定方式：
7.1	是否授予评委会确定中标人	□是 □否，推荐的中标候选人数：
7.2	中标候选人公示媒体	
7.4.1	履约担保	履约担保形式： 履约担保金额：
9		需要补充的其他内容
10	电子招投标	□否 □是，具体要求：
……	……	……

【注意】 投标人须知前附表编写应注意以下问题。

① 招标人应重视投标人须知前附表的编制和运用　投标人须知前附表一方面要载明招标项目的一些基本信息，如招标人的名称和地址、招标项目的性质、数量、实施地点和时间以及获取招标文件的办法等事项，另一方面还要载明招标文件中重要的核心内容。投标人须知前附表和投标人须知是招标文件的重要组成内容。

② 明确投标人须知前附表的作用

a. 将投标人须知中的关键内容和数据摘要列表，起到强调和提醒作用，为投标人迅速掌握投标人须知内容提供方便，但必须与招标文件相关章节内容衔接一致；

b. 对投标人须知正文中的核心内容在前附表中给予具体约定，也可以弥补投标人须知正文的未尽事宜；

c. 对投标人须知的修改、补充和摘要，当正文中的内容与前附表规定的内容不一致时，一般以前附表的规定为准。招标人或招标代理机构应结合招标项目的具体特点和实际需要编制和填写，但不得与"投标人须知"正文内容相抵触，否则抵触内容无效。

1. 总则

1.1 项目概况

1.1.1 说明本项目是按照法律规定招标的项目，已经具备招标条件；

1.1.2 说明招标人：见投标人须知前附表。

1.1.3 招标代理人：见投标人须知前附表。

1.1.4 招标项目名称：见投标人须知前附表。

1.1.5 建设项目地点：见投标人须知前附表。

【注意】 总则的编写应注意强调招标公告中所述以上各相关内容。

1.2 资金来源和落实情况

1.2.1 资金来源及比例：见投标人须知前附表。

1.2.2 资金落实情况：见投标人须知前附表。

【注意】 资金来源和落实情况编写应注意：

① 建设资金来源是指国债资金、贷款资金、自有资金等；项目出资比例如股份公司，其中国债资金含 60%，A 公司出资 20%，B 公司出资 20%；

② 资金落实情况包括：政策性专项资金、贷款协议资金、建设单位自有资金等。

1.3 招标范围、计划工期、质量要求

1.3.1 招标范围：见投标人须知前附表。

1.3.2 计划工期：见投标人须知前附表。

1.3.3 质量标准：见投标人须知前附表。

【注意】 招标范围、计划工期、质量要求编写应注意以下几点。

① 为便于施工过程中的索赔，需用详细的文字加以描述，尤其是要描述清楚双方设计深度、采购分工、施工界区划分范围等。

② 除总工期外，发包人还应明确要求以下区段工期：阶段性工程，例如对满足重要单体工程因使用需要和季节施工条件等对工期的要求。

③ 质量要求是国家或行业的强制性标准，只要满足合格要求即满足竣工验收条件，如需要达到优良或某奖项要求，要另行规定奖惩量化标准。

1.4 投标人资格要求（适合于未进行资格预审的）

1.4.1 投标人应具备承担本招标项目资质条件、能力和信誉。

(1) 资质要求：见投标人须知前附表；

(2) 财务要求：见投标人须知前附表；

(3) 业绩要求：见投标人须知前附表；

(4) 信誉要求：见投标人须知前附表；

(5) 项目经理的资格要求：应当具备工程设计类或者工程施工类注册执业资格，具体要求见投标人须知前附表；

(6) 设计负责人的资格要求：应当具备工程设计类注册执业资格，具体要求见投标人须知前附表；

(7) 施工负责人的资格要求：应当具备工程施工类注册执业资格，具体要求见投标人须知前附表；

（8）施工机械设备：见投标人须知前附表；

（9）项目管理机构及人员：见投标人须知前附表；

（10）其他要求：见投标人须知前附表。

【解读1】 "投标人资格要求"可按照行业有关管理规定选择。

① 投标人需有设计施工总承包资质；

② 投标人需有行业要求的设计资质；

③ 投标人需有行业要求的施工资质；

④ 投标人需有行业要求的项目管理资质。

以上当中只有单一资质的，可以通过分包或联合体方式，选择符合资质的设计分包商或施工分包商或设计联合体成员或施工联合体成员。明确分包或联合体不同形式下的不同责任，并应注意总承包人在财务上是否具有抗赔偿风险的能力。

【解读2】 关于对"项目经理"等人员的要求编写应注意：

对于总承包人的项目经理要求，需要的是其应具有相应的在设计、采购、施工三者之间的内部管理能力和对外协调统筹能力。因此，可以从项目经理的业绩经验上提出要求。

而对于项目经理领导之下的设计负责人和施工负责人，可以按照行业管理要求提出必要的要求，如"建筑师""造价师""建造师"等满足注册执业资格强制性专业要求的人员。

1.4.2　投标人须知前附表规定接受联合体投标的，除应符合本章第1.4.1项和投标人须知前附表的要求外，还应遵守以下规定：

（1）联合体各方应按招标文件提供的格式签订联合体协议书，明确联合体牵头人和各方权利义务；

（2）由同一专业的单位组成的联合体，按照资质等级较低的单位确定资质等级；

（3）联合体各方不得再以自己名义单独或参加其他联合体在本招标项目中投标。

【注意】 对1.4.2内容的编写应注意：

① 应要求按照招标文件提供的格式签订联合体协议书；

② 若有资格预审时，宜要求提供联合体协议书正本；

③ 按协议书中的工作分工对应要求专业资质；

④ 联合体按照各自的承担的工作量分摊需要的有关工程实施费用，可明确要求各联合体成员的财务能力。

1.4.3　投标人不得存在下列情形之一：

（1）为招标人不具有独立法人资格的附属机构（单位）；

（2）为招标项目前期工作提供咨询服务的；

（3）为本招标项目的监理人；

（4）为本招标项目的代建人；

（5）为本招标项目提供招标代理服务的；

（6）被责令停业的；

（7）被暂停或取消投标资格的；

（8）财产被接管或冻结的；

（9）在最近三年内有骗取中标或严重违约或重大工程质量问题的；

（10）与本招标项目的监理人或代建人或招标代理机构同为一个法定代表人的；

（11）与本招标项目的监理人或代建人或招标代理机构相互控股或参股的；

（12）与本招标项目的监理人或代建人或招标代理机构相互任职或工作的。

【注意】 对1.4.3投标人不得存在下列情形之一的编写应注意：在履约表现上有被停业、被取消投标资质、在财务上被接管冻结、近三年有骗标、重大违约或工程有重大质量问题的不得投标。在评标时应如何调查，招标人应有所考虑。

1.4.4 单位负责人为同一人或者存在控股、管理关系的不同单位，不得同时参加本招标项目投标。

【注意】 对1.4.4内容的编写应注意：如何理解和确定是否存在"管理关系"的投标人，招标人编写时应予以考虑。

1.5 费用承担和设计成果补偿

1.5.1 投标人准备和参加投标活动发生的费用自理。

1.5.2 招标人对符合招标文件规定的未中标人的设计成果进行补偿的，按投标人须知前附表规定给予补偿，并有权免费使用未中标人设计成果。

【注意】 对1.5内容的编写应注意：

① 对于未中标的设计成果是否都必须进行补偿；

② 应清楚的规定符合招标文件补偿的条件和补偿标准。

1.6 保密

参与招标投标活动的各方应对招标文件和投标文件中的商业和技术等秘密保密，否则应承担相应的法律责任。

1.7 语言文字

招标投标文件使用的语言文字为中文。专用术语使用外文的，应附有中文注释。

1.8 计量单位

所有计量均采用中华人民共和国法定计量单位。

【注意】 对1.8内容的编写应注意：

① 重要外文术语、资料均应提供中文注释，中间出现歧义的，应以中译文为准；

② 设计文件中如涉及和我国市政接口的英制标准，应特别要求一律改用我国适用的公制标准。

1.9 踏勘现场

1.9.1 投标人须知前附表规定组织踏勘现场的，招标人按投标人须知前附表规定的时间、地点组织投标人踏勘项目现场。

1.9.2 投标人踏勘现场发生的费用自理。

1.9.3 除招标人的原因外，投标人自行负责在踏勘现场中所发生的人员伤亡和财产损失。

1.9.4 招标人在踏勘现场中介绍的工程场地和相关的周边环境情况，供投标人在编制投标文件时参考，招标人不对投标人据此做出的判断和决策负责。

【注意】 对1.9内容的编写应注意：

① 工程总承包项目的复杂性决定了现场踏勘的必要性；

② 工程总承包项目投标人参加现场踏勘是他们的权利和责任；

③ 招标人在踏勘现场中，对介绍和提供的资料所承担的责任应予以明确。

1.10 投标预备会

1.10.1 投标人须知前附表规定召开投标预备会的，招标人按投标人须知前附表规定的时间和地点召开投标预备会，澄清投标人提出的问题。

1.10.2 投标人应在投标人须知前附表规定的时间前，以书面形式将提出的问题送达招标人，以便招标人在会议期间澄清。

1.10.3 投标预备会后，招标人在投标人须知前附表规定的时间内，将对投标人所提问题的澄清，以书面形式通知所有购买招标文件的投标人。该澄清内容为招标文件的组成部分。

【注意】 对1.10内容的编写应注意：

① 招标人有责任对"业主要求"和"业主资料"结合"现场踏勘"发现的错误进行答疑和澄清；

② 无论投标人是否参加标前会，招标人都应该在规定的时间内将所有投标人在标前会时提出的问题书面答复送达所有潜在的投标人，该答复是构成招标文件的一部分。

1.11 分包

1.11.1 投标人须知前附表规定应当由分包人实施的非主体、非关键性工作，投标人应当按照第五章"发包人要求"的规定提供分包人候选名单及其相应资料。

1.11.2 投标人拟在中标后将中标项目的部分非主体、非关键性工作进行分包的，应符合投标人须知前附表规定的分包内容、分包金额和资质要求等限制性条件。

1.12 偏离

投标人须知前附表允许投标文件偏离招标文件某些要求的，偏离应当符合招标文件规定的偏离范围和幅度。

【注意】 对1.11、1.12内容的编写应注意：

① 标前规定分包还是投标人标后拟分包，应予以确定考虑；

② 允许偏差的项目应符合《评标委员会和评标方法暂行规定》第二十六条规定。

---

2. 招标文件

2.1 招标文件组成

本招标文件包括：

(1) 招标公告（或投标邀请书）；

(2) 投标人须知；

(3) 评标办法；

(4) 合同条款及格式；

(5) 发包人要求；

(6) 发包人提供的资料和条件；

(7) 投标文件格式；

（8）投标人须知前附表规定的其他资料。

根据本章第1.10款、第2.2款和第2.3款对招标文件所作的澄清、修改，构成招标文件的组成部分。

【注意】 对2.1部分的编写应注意：

① "发包人的要求"和"发包人提供的资料条件"与施工招标文件结构不同，是招标文件的核心，应要求投标人认真阅读，发现错误要及时通知发包人；

② 招标人可以在招标文件中合理设置技术创新、节能环保方面的要求和条件（招投标法修订）。

2.2 招标文件的澄清

2.2.1 投标人应仔细阅读和检查招标文件的全部内容。如发现缺页或附件不全，应及时向招标人提出，以便补齐。如有疑问，应在投标人须知前附表规定的时间前以书面形式（包括信函、电报、传真等可以有形地表现所载内容的形式，下同），要求招标人对招标文件予以澄清。

2.2.2 招标文件的澄清以书面形式发给所有购买招标文件的投标人，但不指明澄清问题的来源。澄清发出的时间距投标人须知前附表规定的投标截止时间不足15天的，并且澄清内容影响投标文件编制的，将相应延长投标截止时间。

2.2.3 投标人在收到澄清后，应在投标人须知前附表规定的时间内以书面形式通知招标人，确认已收到该澄清。

2.3 招标文件的修改

2.3.1 招标人可以书面形式修改招标文件，并通知所有已购买招标文件的投标人。修改招标文件的时间距投标人须知前附表规定的投标截止时间不足15天的，并且澄清内容影响投标文件编制的，将相应延长投标截止时间。

2.3.2 投标人收到修改内容后，应在投标人须知前附表规定的时间内以书面形式通知招标人，确认已收到该修改。

【注意】 对2.3部分的编写应注意：招标人在截止时间不足15天时再对招标文件提出澄清或修改的，投标人有要求延长投标截止日期的权力。

3. 投标文件

3.1 投标文件的组成

3.1.1 投标文件应包括下列内容：

（1）投标函及投标函附录；

（2）法定代表人身份证明或附有法定代表人身份证明的授权委托书；

（3）联合体协议书；

（4）投标保证金；

（5）价格清单；

（6）承包人建议书；

（7）承包人实施计划；

（8）资格审查资料；

（9）投标人须知前附表规定的其他资料。

> 3.1.2 投标人须知前附表规定不接受联合体投标的，或投标人没有组成联合体的，投标文件不包括本章第 3.1.1（3）目所指的联合体协议书。

【注意】 对 3. 投标文件部分的编写应注意："承包人建议书"和"承包人实施计划"是决定投标文件技术上成败关键，招标人要对招标文件中的"发包人的要求"和"发包人提供的资料和条件"做针对性的最优化响应。

> 3.2 投标报价
> 3.2.1 投标人应按第七章"投标文件格式"的要求填写价格清单。
> 3.2.2 投标人应充分了解施工场地的位置、周边环境、道路、装卸、保管、安装限制以及影响投标报价的其他要素。投标人根据投标设计，结合市场情况进行投标报价。
> 3.2.3 投标人在投标截止时间前修改投标函中的投标报价总额，应同时修改投标文件"价格清单"中的相应报价，投标报价总额为各分项金额之和。此修改须符合本章第 4.3 款的有关要求。
> 3.2.4 招标人设有最高投标限价的，投标人的投标报价不得超过最高投标限价，最高投标限价或其计算方法在投标人须知前附表中载明。
> 3.2.5 投标报价的其他要求见投标人须知前附表。

【注意】 对 3.2 投标报价部分的编写应注意：
① 招标人编制该部分文件时，应要求投标人按要求填写价格清单，投标人应充分了解施工现场情况，根据投标设计结合市场情况决定报价；
② 投标人在修改投标函中的总报价时，应同时修改投标函中的价格清单中的相应报价；
③ 如招标人设有投标最高限价，依据我国工程造价限额体系，在保证工程功能的前提下，投标报价不得超过最高限价，招标人在编制投标人须知前附表中予以载明最高限价超过限额的作为"废标"处理。

> 3.3 投标有效期
> 3.3.1 除投标人须知前附表另有规定外，投标有效期为 120 天。
> 3.3.2 在投标有效期内，投标人撤销或修改其投标文件的，应承担招标文件和法律规定的责任。
> 3.3.3 出现特殊情况需要延长投标有效期的，招标人以书面形式通知所有投标人延长投标有效期。投标人同意延长的，应相应延长其投标保证金的有效期，但不得要求或被允许修改或撤销其投标文件；投标人拒绝延长的，其投标失效，但投标人有权收回其投标保证金。

【注意】 对 3.3 投标有效期部分的编写应注意：
① 投标有效期的长短必须充分考虑评标、定标、公示、签约四个阶段所需要的时间，而工程总承包的特点之一就是签约细化谈判所需时间最多；
② 不同意延长的投标人不得判定废标，而只能是失效标。因此，招标人无权没收其投标保证金。

> 3.4 投标保证金
> 3.4.1 投标人在递交投标文件的同时，应按投标人须知前附表规定的金额、担保形式和第七章"投标文件格式"规定的投标保证金格式递交投标保证金，并作为其投标文

件的组成部分。联合体投标的，其投标保证金由牵头人递交，并应符合投标人须知前附表的规定。

3.4.2 投标人不按本章第3.4.1项要求提交投标保证金的，评标委员会将否决其投标。

3.4.3 招标人与中标人签订合同后5日内，向未中标的投标人和中标人退还投标保证金及同期银行存款利息。

3.4.4 有下列情形之一的，投标保证金将不予退还：

(1) 投标人在规定的投标有效期内撤销或修改其投标文件；

(2) 中标人在收到中标通知书后，无正当理由拒签合同或未按招标文件规定提交履约担保。

【注意】 对3.4投标保证金部分的编写应注意：

① 投标保证金的上限额度应按照行业规定执行；一般规定投标保证金不得超过招标项目估算价的2%；

② 中标人提交履约担保金额以中标合同金额为基价的10%把握。

3.5 资格审查资料（适用于未进行资格预审的）

3.5.1 "投标人基本情况表"应附投标人营业执照及其年检合格的证明材料、资质证书副本等材料的复印件。

3.5.2 "近年财务状况表"应附经会计师事务所或审计机构审计的财务会计报表，包括资产负债表、现金流量表、利润表和财务情况说明书等复印件，具体年份要求见投标人须知前附表。

3.5.3 "近年完成的类似设计施工总承包项目情况表"应附中标通知书和（或）合同协议书、工程接收证书（工程竣工验收证书）复印件；或"近年完成的类似工程设计项目情况表"应附中标通知书和（或）合同协议书、发包人出具的证明文件；"近年完成的类似施工项目情况表"应附中标通知书和（或）合同协议书、工程接收证书（工程竣工验收证书）复印件。具体年份要求见投标人须知前附表，每张表格只填写一个项目，并标明序号。

3.5.4 "正在实施和新承接的项目情况表"应附中标通知书和（或）合同协议书复印件。每张表格只填写一个项目，并标明序号。

3.5.5 "近年发生的重大诉讼及仲裁情况"应说明相关情况，并附法院或仲裁机构做出的判决、裁决等有关法律文书复印件，具体年份要求见投标人须知前附表。

3.5.6 投标人须知前附表规定接受联合体投标的，本章第3.5.1项至第3.5.5项规定的表格和资料应包括联合体各方相关情况。

【注意】 对3.5资格审查资料部分的编写应注意：

① "近年完成的类似设计施工总承包项目情况表"可根据情况提供"类似设计项目情况表"和"类似施工项目情况表"；

② 所有有关表格均应清楚规定要求提供的具体的起止年月，以利于判断投标人的从建业绩的长久和是否存在在建项目。

3.6 备选投标方案

除投标人须知前附表另有规定外，投标人不得递交备选投标方案。允许投标人递交备选投标方案的，只有中标人所递交的备选投标方案方可予以考虑。评标委员会认为中标人的备选投标方案优于其按照招标文件要求编制的投标方案的，招标人可以接受该备选投标方案。

【注意】 对 3.6 备选投标方案部分的编写应注意：
① 只有投标的中标人的备选方案才可以考虑，其他备选方案不考虑；
② 评委会认为中标人的备选方案优于其主选方案；
③ 是否接受中标人的备选方案由招标人决定。

3.7 投标文件的编制

3.7.1 投标文件应按第七章"投标文件格式"进行编写，如有必要，可以增加附页，作为投标文件的组成部分。其中，投标函附录在满足招标文件实质性要求的基础上，可以提出比招标文件要求更有利于招标人的承诺。

3.7.2 投标文件应当对招标文件有关招标范围、投标有效期、工期、质量标准、发包人要求等实质性内容做出响应。

3.7.3 投标文件应用不褪色的材料书写或打印，并由投标人的法定代表人或其授权的代理人签字或盖单位章。投标人的法定代表人授权代理人签字的，投标文件应附有法定代表人签署的授权委托书。投标文件应尽量避免涂改、行间插字，或删除。如果出现上述情况，改动之处应加盖单位章或由投标人的法定代表人或其授权的代理人签字确认。签字或盖章的具体要求见投标人须知前附表。

3.7.4 投标文件正本一份，副本份数见投标人须知前附表。正本和副本的封面上应清楚地标记"正本"或"副本"的字样。当副本和正本不一致时，以正本为准。

3.7.5 投标文件的正本与副本应分别装订成册，具体装订要求见投标人须知前附表规定。

【注意】 对 3.7 投标文件的编制部分的编写应注意：
① 投标人的投标函附录中，投标人提出的比招标文件要求更有利于招标人的承诺；
② 凡是要求投标人"签字或盖章"和"尽量避免涂改"的文件，可以规定"签字并盖章"和"不得涂改"；
③ 投标文件正本需打印，副本可以为正本的复印件，副本份数可以是数本。

---

4. 投标

4.1 投标文件的密封和标记

4.1.1 投标文件应进行包装、加贴封条，并在封套的封口处加盖投标人单位章。

4.1.2 投标文件封套上应写明的内容见投标人须知前附表。

4.1.3 未按本章第 4.1.1 项或第 4.1.2 项要求密封和加写标记的投标文件，招标人不予受理。

4.2 投标文件的递交

4.2.1 投标人应在第 2.2.2 项规定的投标截止时间前递交投标文件。

4.2.2 投标人递交投标文件的地点：见投标人须知前附表。

4.2.3 除投标人须知前附表另有规定外，投标人所递交的投标文件不予退还。

4.2.4 招标人收到投标文件后，向投标人出具签收凭证。

4.2.5 逾期送达的或者未送达指定地点的投标文件，招标人不予受理。

【注意】 对 4. 投标部分的编写应注意："招标人收到投标文件后，向投标人出具签收凭证"的意义。

> 4.3 投标文件的修改与撤回
>
> 4.3.1 在本章第 2.2.2 项规定的投标截止时间前，投标人可以修改或撤回已递交的投标文件，但应以书面形式通知招标人。
>
> 4.3.2 投标人修改或撤回已递交投标文件的书面通知应按照本章第 3.7.3 项的要求签字或盖章。招标人收到书面通知后，向投标人出具签收凭证。
>
> 4.3.3 投标人撤回投标文件的，招标人自收到投标人书面撤回通知之日起 5 日内退还已收取的投标保证金。
>
> 4.3.4 修改的内容为投标文件的组成部分。修改的投标文件应按照本章第 3 条、第 4 条规定进行编制、密封、标记和递交，并标明"修改"字样。

【注意】 对 4.3 投标文件的修改与撤回部分的编写应注意：

① 投标截止日期前，投标人有权修改和撤回已递交的投标文件，但双方必须以书面方式申请和认可；

② 理清投标文件撤回和撤销的差别。投标文件撤回是指在标书发生法律效力之前，投标人使其不发生法律效力而取消投标书的行为。投标文件撤销是指在标书发生法律效力之后，投标人使其丧失法律效力而取消标书的行为。

> 5. 开标
>
> 5.1 开标时间和地点
>
> 招标人在本章第 2.2.2 项规定的投标截止时间（开标时间）和投标人须知前附表规定的地点公开开标，并邀请所有投标人的法定代表人或其委托代理人准时参加。

【注意】 对 5.1 开标时间和地点部分的编写应注意：投标人是否必须参加开标会，遵照行业管理部门的规定。

> 5.2 开标程序
>
> 主持人按下列程序进行开标：
>
> (1) 宣布开标纪律；
>
> (2) 公布在投标截止时间前递交投标文件的投标人名称，并点名确认投标人是否派人到场；
>
> (3) 宣布开标人、唱标人、记录人、监标人等有关人员姓名；
>
> (4) 按照投标人须知前附表规定检查投标文件的密封情况；
>
> (5) 按照投标人须知前附表的规定确定并宣布投标文件开标顺序；
>
> (6) 设有标底的，公布标底；
>
> (7) 按照宣布的开标顺序当众开标，公布投标人名称、项目名称、投标保证金的递交情况、投标报价、质量目标、工期及其他内容，并记录在案；
>
> (8) 规定最高投标限价计算方法的，计算并公布最高投标限价；
>
> (9) 投标人代表、招标人代表、监标人、记录人等有关人员在开标记录上签字确认；
>
> (10) 开标结束。

【注意】 对 5.2 开标程序部分的编写应注意：

① 必须按照投标人须知前附表的规定确定并宣布投标文件开标顺序开标，二者保持一致；

② 开标方必须包括：开标人、唱标人、记录人、监标人，并在开标前明确各自责任。

> 5.3 开标异议
>
> 投标人对开标有异议的，应当在开标现场提出，招标人当场做出答复，并制作记录。

【注意】 对 5.3 开标异议部分的编写应注意：

① 招标人有邀请所有投标人参加开标会的义务，投标人有放弃参加开标会的权利。投标人不出席开标仪式的，对开标不得提出异议。

② 对开标的异议必须在开标现场提出。因为这些争议和问题如不及时加以解决，将影响招投标的有效性以及后续评标工作，事后纠正存在困难或者无法纠正。

> 6. 评标
>
> 6.1 评标委员会
>
> 6.1.1 评标由招标人依法组建的评标委员会负责。评标委员会由招标人或其委托的招标代理机构熟悉相关业务的代表，以及有关技术、经济等方面的专家组成。评标委员会成员人数以及技术、经济等方面专家的确定方式见投标人须知前附表。
>
> 6.1.2 评标委员会成员有下列情形之一的，应当回避：
>
> (1) 投标人或投标人主要负责人的近亲属；
>
> (2) 项目主管部门或者行政监督部门的人员；
>
> (3) 与投标人有经济利益关系，可能影响对投标公正评审的；
>
> (4) 曾因在招标、评标以及其他与招标投标有关活动中从事违法行为而受过行政处罚或刑事处罚的；
>
> (5) 与投标人有其他利害关系。

【注意】 对 6.1 评标委员会部分的编写应注意：

① 招标人有权按照规定参加评标；

② 如何管理和监督评标专家的回避事宜，被动回避的后果是什么，应考虑清楚。

> 6.2 评标原则
>
> 评标活动遵循公平、公正、科学和择优的原则。
>
> 6.3 评标
>
> 评标委员会按照第三章"评标办法"规定的方法、评审因素、标准和程序对投标文件进行评审。第三章"评标办法"没有规定的方法、评审因素和标准，不作为评标依据。

【注意】 对 6.3 评标部分的编写应注意：对量化评标的把握。

> 7. 合同授予
>
> 7.1 定标方式
>
> 除投标人须知前附表规定评标委员会直接确定中标人外，招标人依据评标委员会推荐的中标候选人确定中标人，评标委员会推荐中标候选人的人数见投标人须知前附表。
>
> 7.2 中标候选人公示
>
> 招标人在投标人须知前附表规定的媒介公示中标候选人。
>
> 7.3 中标通知
>
> 在本章第 3.3 款规定的投标有效期内，招标人以书面形式向中标人发出中标通知书，同时将中标结果通知未中标的投标人。中标通知书按本章附表格式填写。

【注意】 对7.3中标通知部分的编写应注意：中标通知书应明确：标价、工期、质量标准、项目经理姓名、施工负责人姓名、递交履约担保和签约日期及地点。

7.4 履约担保

7.4.1 在签订合同前，中标人应按投标人须知前附表规定的担保形式和招标文件第四章"合同条款及格式"规定的或者事先经过招标人书面认可的履约担保格式向招标人提交履约担保。除投标人须知前附表另有规定外，履约担保金额为中标合同金额的10%。联合体中标的，其履约担保由联合体各方或者联合体中牵头人的名义提交。

7.4.2 中标人不能按本章第7.4.1项要求提交履约担保的，视为放弃中标，其投标保证金不予退还，给招标人造成的损失超过投标保证金数额的，中标人还应当对超过部分予以赔偿。

【注意】 对7.4.2部分的编写应注意：

① 招标人应注意考虑如何防止恶意"低价弃标"行为，"低价弃标"是指在业主发出中标通知后，投标人由于感到中标价格低而自动放弃中标的行为；

② "给招标人造成的损失超过投标保证金数额的，中标人还应当对超过部分予以赔偿。"应注意如何赔偿的问题。

7.5 签订合同

7.5.1 招标人和中标人应当自中标通知书发出之日起30天内，根据招标文件和中标人的投标文件订立书面合同。中标人无正当理由拒签合同的，招标人取消其中标资格，其投标保证金不予退还；给招标人造成的损失超过投标保证金数额的，中标人还应当对超过部分予以赔偿。

7.5.2 发出中标通知书后，招标人无正当理由拒签合同的，招标人向中标人退还投标保证金；给中标人造成损失的，还应当赔偿损失。

【注意】 对7.5.2部分的编写应注意：招标人无正当理由拒签合同的，招标人向中标人退还投标保证金；给中标人造成损失的，还应当赔偿损失。

---

8. 纪律和监督

8.1 对招标人的纪律要求

招标人不得泄露招标投标活动中应当保密的情况和资料，不得与投标人串通损害国家利益、社会公共利益或者他人合法权益。

8.2 对投标人的纪律要求

投标人不得相互串通投标或者与招标人串通投标，不得向招标人或者评标委员会成员行贿谋取中标，不得以他人名义投标或者以其他方式弄虚作假骗取中标；投标人不得以任何方式干扰、影响评标工作。

8.3 对评标委员会成员的纪律要求

评标委员会成员不得收受他人的财物或者其他好处，不得向他人透漏对投标文件的评审和比较、中标候选人的推荐情况以及评标有关的其他情况。在评标活动中，评标委员会成员应当客观、公正地履行职责，遵守职业道德，不得擅离职守，影响评标程序正常进行，不得使用第三章"评标办法"没有规定的评审因素和标准进行评标。

【注意】 对8.2部分的编写应注意：

① 搞清什么是"投标人不得以任何方式干扰、影响评标工作"的具体内容；

② 执行招标投标法实施条例中发现和治理串标、以他人名义投标和弄虚作假中标的行为。

> 8.4 对与评标活动有关的工作人员的纪律要求
>
> 与评标活动有关的工作人员不得收受他人的财物或者其他好处，不得向他人透漏对投标文件的评审和比较、中标候选人的推荐情况以及评标有关的其他情况。在评标活动中，与评标活动有关的工作人员不得擅离职守，影响评标程序正常进行。
>
> 8.5 投诉
>
> 投标人和其他利害关系人认为本次招标活动违反法律、法规和规章规定的，有权向有关行政监督部门投诉。
>
> 9. 需要补充的其他内容
>
> 需要补充的其他内容：见投标人须知前附表。

【注意】 对 9. 需要补充的其他内容部分的编写应注意：

严格执行招标投标法实施条例第七十七条："捏造事实、伪造材料或者以非法手段取得证明材料进行投诉，给他人造成损失的，依法承担赔偿责任"治理恶意投诉。

> 10. 电子招标投标
>
> 采用电子招标投标，对投标文件的编制、密封和标记、递交、开标、评标等具体要求，见投标人须知前附表。
>
> 附件一：开标记录表；
>
> 附件二：问题澄清通知；
>
> 附件三：问题的澄清；
>
> 附件四：中标通知书；
>
> 附件五：中标结果通知书；
>
> 附件六：确认通知（附件均在此略）。

【注意】 对 10. 电子招标投标部分的编写应注意：应作为六个必不可少的程序文件，其内容可按项目具体特点和情况填写。

第三章 评标办法（综合评价法）

【提要】 对于大型规模的工程总承包项目多采用"综合权重最优价值"评价方法，但最终的目的还是要达到"最低评标价"，常采用"投标价/投标方案得分"的综合计算方法。

评标办法前附表

条款号		评审因素	评审标准
2.1.1	形式评审标准	投标人名称	与营业执照、资质证书一致
		投标函签字盖章	有法定代表人或其委托代理人签字或加盖单位章
		投标文件格式	符合第七章"投标文件格式"的要求
		联合体投标人	提交联合体协议书，并明确联合体牵头人
		报价唯一	只能有一个有效报价
		……	……

続表

条款号		评审因素	评审标准
2.1.2	资格评审标准	营业执照	具备有效的营业执照
		资质等级	符合第二章"投标人须知"第1.4.1项规定
		财务状况	符合第二章"投标人须知"第1.4.1项规定
		类似项目业绩	符合第二章"投标人须知"第1.4.1项规定
		信誉	符合第二章"投标人须知"第1.4.1项规定
		项目经理	符合第二章"投标人须知"第1.4.1项规定
		设计负责人	符合第二章"投标人须知"第1.4.1项规定
		施工负责人	符合第二章"投标人须知"第1.4.1项规定
		施工机械设备	符合第二章"投标人须知"第1.4.1项规定
		项目管理机构及人员	符合第二章"投标人须知"第1.4.1项规定
		其他要求	符合第二章"投标人须知"第1.4.1项规定
		联合体投标人	符合第二章"投标人须知"第1.4.2项规定
		……	……
2.1.3	响应性评审标准	投标报价	符合第二章"投标人须知"第3.2.4项规定
		投标内容	符合第二章"投标人须知"第1.3.1项规定
		工期	符合第二章"投标人须知"第1.3.2项规定
		质量标准	符合第二章"投标人须知"第1.3.3项规定
		投标有效期	符合第二章"投标人须知"第3.3.1项规定
		投标保证金	符合第二章"投标人须知"第3.4款规定
		权利义务	符合第四章"合同条款及格式"规定的权利义务
		承包人建议	符合第五章"发包人要求"的规定
		……	……

条款号	条款内容	编列内容
2.2.1	分值构成 (总分100分)	承包人建议书：_____分 资信业绩部分：_____分 承包人实施方案：_____分 投标报价：_____分 其他评分因素：_____分
2.2.2	评标基准价计算方法	
2.2.3	投标报价的偏差率计算公式	偏差率＝100％×(投标人报价－评标基准价)/评标基准价

条款号		评分因素(偏差率)	评分标准
2.2.4(1)	承包人建议书评分标准	图纸	……
		工程详细说明	……
		设备方案	……
		……	……
2.2.4(2)	资信业绩评分标准	信誉	……
		类似项目业绩	
		项目经理业绩	……
		设计负责人业绩	……
		施工负责人业绩	……
		其他主要人员业绩	……
		……	……
2.2.4(3)	承包人实施方案评分标准	总体实施方案	……
		项目实施要点	……
		项目管理要点	……
		……	……
2.2.4(4)	投标报价评分标准	偏差率	……
		……	……

条款号		评分因素（偏差率）	评分标准
2.2.4(5)	其他因素评分标准	……	……
	……	……	……
3.2.1	设计部分评审	……	……

2.1.1 形式评审标准

条款号		评审因素	评审标准
2.1.1	形式评审标准	投标人名称	与营业执照、资质证书一致
		投标函签字盖章	有法定代表人或其委托代理人签字或加盖单位章
		投标文件格式	符合第七章"投标文件格式"的要求
		联合体投标人	提交联合体协议书，并明确联合体牵头人
		报价唯一	只能有一个有效报价

【注意】 对2.1.1形式评审标准部分的编写应注意：

① 可做出不按照招标文件规定的投标文件格式投标导致废标的规定；

② 在评标前附表中，一些必要处可要求投标人"签字和/或盖章"；

③ 关于形式审查标准，对投标文件进行形式审查就是对投标书的外在形式和表面内容进行评审，主要重点在于投标书的复合性（例如投标人名称与营业执照、资质证书一致；报价是否按照招标人的要求只有一个有效报价等）和完整性的审查（例如投标函上是否有法定代表人或其委托代理人签字或加盖单位章等）。

2.1.2 资格评审标准

条款		评审因素	评审标准
2.1.2	资格评审标准	营业执照	具备有效的营业执照
		资质等级	符合第二章"投标人须知"第1.4.1项规定
		财务状况	符合第二章"投标人须知"第1.4.1项规定
		类似项目业绩	符合第二章"投标人须知"第1.4.1项规定
		信誉	符合第二章"投标人须知"第1.4.1项规定
		项目经理	符合第二章"投标人须知"第1.4.1项规定
		设计负责人	符合第二章"投标人须知"第1.4.1项规定
		施工负责人	符合第二章"投标人须知"第1.4.1项规定
		施工机械设备	符合第二章"投标人须知"第1.4.1项规定
		项目管理机构及人员	符合第二章"投标人须知"第1.4.1项规定
		其他要求	符合第二章"投标人须知"第1.4.1项规定
		联合体投标人	符合第二章"投标人须知"第1.4.2项规定

【注意】 对2.1.2资格评审标准部分的编写应注意：

① 应明确对"设计负责人"和"施工负责人"的业绩经验要求；

② 关于资格审查标准，资格审查最终目的是审查总承包商的"履约资格"和"履约能力"。前者指法定的基本条件（例如营业执照）和法定的限制条件（例如施工资质）；后者是根据项目特点具体约定的，例如类似工程经验、财务报表及融资水平、公司总部组织结构、项目经理和技术人员及施工组织负责人的各类执业资格证书、资源投入等。以上审查标准都可以按照项目特点和要求给予细化，按照定性方式审查。

2.1.3 响应性评审标准

条款号		评审因素	评审标准
2.1.3	响应性评审标准	投标报价	符合第二章"投标人须知"第3.2.4项规定
		投标内容	符合第二章"投标人须知"第1.3.1项规定
		工期	符合第二章"投标人须知"第1.3.2项规定
		质量标准	符合第二章"投标人须知"第1.3.3项规定
		投标有效期	符合第二章"投标人须知"第3.3.1项规定
		投标保证金	符合第二章"投标人须知"第3.4款规定
		权利义务	符合第四章"合同条款及格式"规定的权利义务
		承包人建议	符合第五章"发包人要求"的规定

【注意】 对2.1.3响应性评审标准部分的编写应注意：

① 招标人对其中的"权利和义务"在签约时需要进一步细化；

② 对于投标人而言，其中的"承包人建议"要对招标文件中"发包人要求"逐条细化响应，尤其要就设计方案、采购方案、施工方案和管理方案做出最优化的投标响应。

条款号	条款内容	编列内容
2.2.1	分值构成 （总分100分）	承包人建议书：_____分 资信业绩部分：_____分 承包人实施方案：_____分 投标报价：_____分 其他评分因素：_____分
2.2.2	评标基准价计算方法	
2.2.3	投标报价的偏差率计算公式	偏差率＝100％×(投标人报价－评标基准价)/评标基准价

【注意】 本部分编写时应注意：

① 按照预期项目技术目标和设计深度制定对"承包人建议书"和"承包人实施方案"得分权重分配；

② 从经济效益出发，对"投标报价"的得分权重必须本着对投标报价低者给予优先考虑的原则。

2.2.4 (1) 承包人建议书评分标准

条款号		评分因素(偏差率)	评分标准
2.2.4(1)	承包人建议书评分标准	图纸	……
		工程详细说明	……
		设备方案	……
		……	……

【注意】 对2.2.4（1）承包人建议书评分标准部分编写时应注意：

① 明确要求投标人提供"图纸"的设计深度。

② "工程详细说明"，投标人需要详细说明其选择的或深化的"设计方案"特点。包括其建造可行性；与其他工艺比较优化的特征；"施工方案"的先进性；"采购方案"的选材和交货效率特点；"管理方案"的周密性和协调性。

③ "设备方案"设备的先进性是否符合项目使用功能和节能环保；操作和维修的便利性；备品配件类型、数量和易购性；整体设备对投资的影响。

2.2.4（2）　资信业绩评分标准

条款号		评分因素（偏差率）	评分标准
2.2.4(2)	资信业绩评分标准	信誉	……
		类似项目业绩	
		项目经理业绩	……
		设计负责人业绩	……
		施工负责人业绩	……
		其他主要人员业绩	……

【注意】 对 2.2.4（2）资信业绩评分标准部分编写时应注意：
① "信誉"标准要求应当适当；"类似项目业绩"中设计和施工经验可以分别评审；
② "项目经理""设计负责人""施工负责人"业绩要求附有有关证明文件；
③ 其他主要人员包括：建筑师、设计师、土木工程师、设备工程师、建造师等。

2.2.4（3）　承包人实施方案评分标准

条款号		评分因素（偏差率）	评分标准
2.2.4(3)	承包人实施方案评分标准	总体实施方案	……
		项目实施要点	……
		项目管理要点	……

【注意】 对 2.2.4（3）承包人实施方案评分标准部分编写时应注意：
① 总体实施方案：要求提供"项目总体计划安排表"，评价其在设计、采购、施工的总体合理安排程度；
② 项目实施要点：要对投标人的设计方案、采购方案、施工方案分别做详细的分析，主要针对各方案中实施重点和难点的应对方案进行评价；
③ 项目管理要点：分别针对其设计管理计划、采购计划、施工计划中的各环节内部控制重点和整体协调接口点进行评价。

【解析1】 关于设计方案的评审：设计方案的完整性是否符合要求；设计方案存在的各项偏差和偏差程度；设计方案的可建造性（可行合理）；设计方案的创新性或先进性（当今水平）；总布置与现场地质地形适宜性（基础结构）；总布置与现场气候气象的适宜性（基础结构）；总体工程设施是否达到规定的性能标准；工艺操作和维修的便利性；设计方案的"单位功能成本"价值分析；设计方案对"投资影响"的"投资满意度"分析。

【解析2】 关于采购方案的评审：主要设备材料采购范围确定；关键设备材料的技术规格；关键设备材料的质量措施；关键设备材料的性能保障；关键设备材料采购方法和制造商清单；业主特别要求的特殊材料设备的供应商的选择清单。

【解析3】 关于施工方案的评审：是否采取了业主规定的施工技术（如果有规定）；施工技术描述程度；施工技术在技术上和质量保证上的可行性；施工技术安全保障程度；施工技术对环境的影响和措施。

【解析4】 关于管理方案的评审：在过去类似的项目中，是否有作为总承包商或分包商的管理经验（以总进度计划为目标的整体管理网络）；"设计管理计划"中的"设计组织结构和关键人员""设计进度安排"；对施工与采购连贯和接口安排；"施工管理计划"中分别对"项目施工部组织结构和关键人员""设计概念组织计划""施工分包计划""各施工程序""施工与采购的接口"文件的描述；"采购管理计划"中"采购管理组织机构""采购工作流程图""关键设备和大批量材料的进场计划""设备安装和调试接口计划""总包采购和分包采购的衔接"。

2.2.4. (4)、(5)

条款号	内容	评审因素	评审标准
2.2.4(4)	投标报价评分标准	偏差率	……
2.2.4(5)	其他因素评分标准	……	……

【注意】 对 2.2.4. (4)、(5) 部分编写时应注意：
① 明确"投标报价"中关于基准价的计算标准；
② 使用偏差率时，明确偏差率得分标准。

3.2.1 设计部分评审

条款号	内容	评审因素	评审标准
3.2.1	设计部分评审	……	……

【注意】 对 3.2.1 设计部分评审的编写应注意考虑设计部分的科学性、合理性、经济性、可行性，同时也可以考虑将其创新性和环保性作为评审标准。

正文部分

1. 评标办法

本次评标采用综合评估法。评标委员会对满足招标文件实质性要求的投标文件，按照本章第 2.2 款规定的评分标准进行打分，并按得分由高到低顺序推荐中标候选人，或根据招标人授权直接确定中标人，但投标报价低于其成本的除外。综合评分相等时，以投标报价低的优先；投标报价也相等的，由招标人或者经招标人授权评标委员会自行确定。

【注意】 对 1. 评标办法部分编写应注意：如何判断"投标报价低于其成本价"。

2. 评审标准
2.1 初步评审标准
2.1.1 形式评审标准：见评标办法前附表。
2.1.2 资格评审标准：见评标办法前附表。
2.1.3 响应性评审标准：见评标办法前附表。

【注意】 对 2. 评审标准部分编写应注意：根据项目技术和管理特征及复杂性，各分项中应适当增加审查方面内容。

2.2 分值构成与评分标准
2.2.1 分值构成
(1) 承包人建议书：见评标办法前附表；
(2) 资信业绩部分：见评标办法前附表；
(3) 承包人实施方案：见评标办法前附表；
(4) 投标报价：见评标办法前附表；
(5) 其他评分因素：见评标办法前附表。

2.2.2 评标基准价计算

评标基准价计算方法：见评标办法前附表。

2.2.3 投标报价的偏差率计算

投标报价的偏差率计算公式：见评标办法前附表。

2.2.4 评分标准

(1) 承包人建议书评分标准：见评标办法前附表；

(2) 资信业绩评分标准：见评标办法前附表；

(3) 承包人实施方案评分标准：见评标办法前附表；

(4) 投标报价评分标准：见评标办法前附表；

(5) 其他因素评分标准：见评标办法前附表。

【注意】 对 2.2 分值构成与评分标准部分编写时应注意：设计技术方案、资格条件、价格水平等得分权重应因项目不同而分配不同。其中技术方案得分，必须考虑给投标人得以发挥特长的余地，标准限制过死或千篇一律，都不符合设计施工总承包的特殊性。

3. 评标程序

3.1 初步评审

3.1.1 评标委员会可以要求投标人提交第二章"投标人须知"第 3.5.1 项至第 3.5.5 项规定的有关证明和证件的原件，以便核验。评标委员会依据本章第 2.1 款规定的标准对投标文件进行初步评审。有一项不符合评审标准的，评标委员会应当否决其投标。(适用于未进行资格预审的)

3.1.2 投标人有以下情形之一的，评标委员会应当否决其投标：

(1) 第二章"投标人须知"第 1.4.3 项、第 1.4.4 项规定的任何一种情形的；

(2) 串通投标或弄虚作假或有其他违法行为的；

(3) 不按评标委员会要求澄清、说明或补正的。

【注意】 对 3.1.2 部分编写时应注意：

① 除以上规定，凡有其他"废标"规定的，都应该在投标人须知或另外专用附件中集中列明。

② 如果要强调遵守"部门规章"，需明确说明。

3.1.3 投标报价有算术错误的，评标委员会按以下原则对投标报价进行修正，修正的价格经投标人书面确认后具有约束力。投标人不接受修正价格的，评标委员会应当否决其投标。

(1) 投标文件中的大写金额与小写金额不一致的，以大写金额为准；

(2) 总价金额与依据单价计算出的结果不一致的，以单价金额为准修正总价，但单价金额小数点有明显错误的除外。

【注意】 对 3.1.3 部分编写时应注意：

① 可约定所能接受算术错误的最高额度，以防止不诚信标；

② 算数错误的纠正必须要求投标人书面承诺接受。

3.2 详细评审

3.2.1 评标委员会按本章第 2.2 款规定的量化因素和分值进行打分，并计算出综合评估得分。评标办法前附表对承包人建议书中的设计文件评审有特殊规定的，从其规定。

（1）按本章第 2.2.4（1）目规定的评审因素和分值对承包人建议书计算出得分 A；

（2）按本章第 2.2.4（2）目规定的评审因素和分值对资信业绩部分计算出得分 B；

（3）按本章第 2.2.4（3）目规定的评审因素和分值对承包人实施方案计算出得分 C；

（4）按本章第 2.2.4（4）目规定的评审因素和分值对投标报价计算出得分 D；

（5）按本章第 2.2.4（5）目规定的评审因素和分值对其他部分计算出得分 E。

3.2.2 评分分值计算保留小数点后两位，小数点后第三位"四舍五入"。

【注意】 对 3.2 详细评审部分编写时应注意：

① 如何控制评标专家不合理的"极端分"；

② 为了评标的公平，小数点进位规则必须统一规定。

3.2.3 投标人得分＝A＋B＋C＋D＋E。

3.2.4 评标委员会发现投标人的报价明显低于其他投标报价，或者在设有标底时明显低于标底，使得其投标报价可能低于其个别成本的，应当要求该投标人做出书面说明并提供相应的证明材料。投标人不能合理说明或者不能提供相应证明材料的，评标委员会应当认定该投标人以低于成本报价竞标，应当否决其投标。

【注意】 对 3.2.4 部分编制时应注意：

① 判断"明显低于其他投标报价"或"明显低于标底"应规定量化界限才可操作；

② 就可能低于成本的价格，应允许投标人说明或提供证明，说明其合理来源。但是"说明"和"证明"都必须能令评委满意，其价格才可接受，评委有此判定权力。

3.3 投标文件的澄清和补正

3.3.1 在评标过程中，评标委员会可以书面形式要求投标人对所提交投标文件中不明确的内容进行书面澄清或说明，或者对细微偏差进行补正。评标委员会不接受投标人主动提出的澄清、说明或补正。

3.3.2 澄清、说明和补正不得改变投标文件的实质性内容。投标人的书面澄清、说明和补正属于投标文件的组成部分。

3.3.3 评标委员会对投标人提交的澄清、说明或补正有疑问的，可以要求投标人进一步澄清、说明或补正，直至满足评标委员会的要求。

【注意】 对 3.3 部分编制时应注意：

① 不接受投标人主动提出的澄清、说明或补正；

② 按照格式，要清楚地规定澄清、说明或补正的答复日期，不可无限期地等待。

3.4 评标结果

3.4.1 除第二章"投标人须知"前附表授权直接确定中标人外，评标委员会按照得分由高到低的顺序推荐中标候选人

3.4.2 评标委员会完成评标后，应当向招标人提交书面评标报告。

【注意】 在对 3.4 评标结果部分编制时应注意：

① "附表授权直接确定中标人"的也要适当规定递补中标人；

② 评标报告首先应递交招标人进行确认。

第三章 评标办法（经评审的最低投标价法）

【提要】 对于小型规模和技术难度较低的土建（D-B）工程项目多采用"经评审的最低投标价法"，用以考虑技术和商务价格的权重。

评标办法前附表

条款号		评审因素	评审标准
2.1.1	形式评审标准	投标人名称	与营业执照、资格证书一致
		……	……
2.1.2	资格评审标准	营业执照	具备有效的营业执照
		……	……
2.1.3	响应性评审标准	投标报价	符合第二章"投标人须知"3.2.4 项规定
		……	……
2.1.4	承包人建议书评审标准	图纸	……
		……	……
2.1.5	承包人实施方案评审标准	总体实施方案	……
条款号		量化因素	量化标准
2.2	详细评审标准	付款条件	……
		……	……

【注意】 编制评标办法前附表时应注意：

① 与前述"综合评价法"的"初步评审"内容基本一致，只是增添了技术部分：2.1.4 承包人建议书评审标准和 2.1.5 承包人实施方案评审标准。如何制定这两项刚性满足条件要结合项目实际要求。

② "详细评审标准"中的量化因素和量化标准根据项目技术经济要求设置。如付款偏离、漏项调整、进度拖延调整等。

正文部分

1. 评标方法

本次评标采用经评审的最低投标价法。评标委员会对满足招标文件实质要求的投标文件，根据本章第 2.2 款规定的量化因素及标准进行价格折算，按照经评审的投标价由低到高的顺序推荐中标候选人，或根据招标人授权直接确定中标人，但投标报价低于其成本的除外。经评审的投标价相等时，投标报价低的优先；投标报价也相等的，由招标人或者招标人授权的评标委员会自行确定。

【注意】 编制 1. 评标方法部分时应注意：使用"经评审的最低投标价法"招标的，很容易造成"低价竞争"，因此尽量采用资格预审的程序，鼓励真正具备资格条件的投标人竞标。

---

2. 评审标准

2.1 初步评审标准

2.1.1 形式评审标准：见评标办法前附表。

2.1.2 资格评审标准：见评标办法前附表。

2.1.3 响应性评审标准：见评标办法前附表。

2.1.4 承包人建议书评审标准：见评标办法前附表。

2.1.5 承包人实施方案评审标准：见评标办法前附表。

2.2 详细评审标准

详细评审标准：见评标办法前附表。

【注意】 编制 2.2 详细评审标准应注意：只有列入"评标办法前附表"的评审因素和评审标准才能被使用，招标人不得临时增减评审因素和标准。

---

3. 评标程序

3.1 初步评审

3.1.1 评标委员会可以要求投标人提交第二章"投标人须知"第 3.5.1 项至第 3.5.5 项规定的有关证明和证件的原件，以便核验。评标委员会依据本章第 2.1 款规定的标准对投标文件进行初步评审。有一项不符合标准的，评标委员会应当否决其投标。(适用于未进行资格预审的)

3.1.1 评标委员会依据本章第 2.1.1 项、第 2.1.3 项、第 2.1.4 项规定的标准对投标文件进行初步评审。有一项不符合标准的，评标委员会应当否决其投标。当投标人资格预审申请文件的内容发生重大变化时，评标委员会依据本章第 2.1.2 项规定的标准对其更新资料进行评审。(适用于已进行资格预审的)

【注意】 对 3.1 初步评审部分的编制应注意：因为初步评审是定性方式评审的，因此，有一条构成实质不响应的就可以得出被废标的结论。

3.1.2 投标人有以下情形之一的，评标委员会应当否决其投标：

(1) 第二章"投标人须知"第 1.4.3 项、第 1.4.4 项规定的任何一种情形的；

(2) 串通投标或弄虚作假或有其他违法行为的；

(3) 不按评标委员会要求澄清、说明或补正的。

【注意】 对 3.1.2 部分编制时应注意：

① 有其他"废标"条款的，要集中列明；

② 明确说明应遵守的"部门规章"或"行业规范"。

3.1.3 投标报价有算术错误的，评标委员会按以下原则对投标报价进行修正，修正的价格经投标人书面确认后具有约束力。投标人不接受修正价格的，评标委员会应当否决其投标。

(1) 投标文件中的大写金额与小写金额不一致的，以大写金额为准；

(2) 总价金额与依据单价计算出的结果不一致的，以单价金额为准修正总价，但单价金额小数点有明显错误的除外。

【注意】 3.1.3 部分编制时应注意：

① 为什么设计施工总承包合同中常采用固定总价；

② 单价在工程变更中的作用；

③ 招标人规定的暂估价和暂列金的作用是什么。

3.2 详细评审

3.2.1 评标委员会按本章第 2.2 款规定的量化因素和标准进行价格折算，计算出评标价，并编制价格比较一览表。

3.2.2 评标委员会发现投标人的报价明显低于其他投标报价，或者在设有标底时明显低于标底，使得其投标报价可能低于其成本的，应当要求该投标人做出书面说明并提供相应的证明材料。投标人不能合理说明或者不能提供相应证明材料的，由评标委员会认定该投标人以低于成本报价竞标，评标委员会应当否决其投标。

【注意】 对 3.2.2 部分的编制应注意：

① 交货或完工期延误、错漏项、付款方式、能耗或操作费用等所有量化调整都必须根据招标文件公布的明确计算公式进行调整；

②"低于成本"的认定方法和对澄清说明或证明的认定权。

3.3 投标文件的澄清和补正

3.3.1 在评标过程中，评标委员会可以书面形式要求投标人对所提交的投标文件中不明确的内容进行书面澄清或说明，或者对细微偏差进行补正。评标委员会不接受投标人主动提出的澄清、说明或补正。

3.3.2 澄清、说明和补正不得改变投标文件的实质性内容。投标人的书面澄清、说明和补正属于投标文件的组成部分。

3.3.3 评标委员会对投标人提交的澄清、说明或补正有疑问的，可以要求投标人进一步澄清、说明或补正，直至满足评标委员会的要求。

【注意】 对 3.3 部分的编制应注意：

① 所有双方澄清均应以书面形式，才具有约束力；

② 评委会对投标人的"澄清说明"是否可以接受具有认定权。

3.4 评标结果

3.4.1 除第二章"投标人须知"前附表授权直接确定中标人外，评标委员会按照经评审的价格由低到高的顺序推荐中标候选人。

3.4.2 评标委员会完成评标后，应当向招标人提交书面评标报告。

【注意】 对 3.4 评标结果部分编制时应注意：

① 推荐中标人的替补机制；

② 招标人对评标报告的首先确认程序。

第四章 合同条款及格式

【提要】 招标文件中的合同条款是拟签合同的主要条款，是投标人必须做出实质性响应的条款。非实质性条款可以在中标后签订合同时双方经过谈判、协商予以确定。合同条款可分为通用条款和专用条款。2012 版《中华人民共和国标准设计施工总承包招标文件》合同部分提供的（A）（B）条款较多，由合同当事人选择约定。

第一节 通用合同条款

1. 一般约定
2. 发包人义务
3. 监理人
4. 承包人
5. 设计
6. 材料和工程设备
7. 施工设备和临时设施
8. 交通运输

9. 测量放线	17. 合同价格与支付
10. 安全、治安保卫和环境保护	18. 竣工试验和竣工验收
11. 开始工作和竣工	19. 缺陷责任与保修责任
12. 暂停工作	20. 保险
13. 工程质量	21. 不可抗力
14. 试验和检验	22. 违约
15. 变更	23. 索赔
16. 价格调整	24. 争议的解决

【注意】 对第一节通用合同条款编制时应注意：
① 各行业标准文件都应该使用该"通用合同"原文；
② 任何细化、补充和说明应在行业文本中的"专业条款"中进行。

第二节 专用合同条款

【注意】 对第二节专用合同条款编制时应注意：
① 专业条款的编号应与通用条款一致；
② 专用条款对通用条款的细化、说明和补充不应与通用条款相抵触；
③ 专用条款中详细附件需要在合同谈判时补充完整。

第三节 合同附件格式

附件一：合同协议书；
附件二：履约担保格式；
附件三：预付款担保格式。

【注意】 对第三节合同附件格式编制时应注意：
①"合同协议书"中规定的"（5）发包人的要求"和"（7）承包人建议"同为合同文件。
②"合同协议书"明确规定"实际开工时间按照监理人开始工作通知中载明的开始工作时间为准。工期为____天。"明确了延误索赔计算起始时间。
③"履约担保格式"中明确了"担保有效期自发包人与承包人签订的合同生效之日起至发包人签发工程接受证书之日止"。
④"履约担保格式"中规定担保人"在收到你方以书面形式提出的在担保金额内的赔偿要求后，在7天内支付"。其为无条件或有条件。
⑤"预付款担保格式"规定"担保有效期自预付款支付给承包人起生效，至发包人签发的进度付款证书说明预付款已完全扣清为止"以及承诺了"我方在收到你方的书面通知后，在7天内支付。"

第二卷

【说明】 本卷包括两部分内容：发包人要求和发包人提供的资料。

第五章 发包人要求

【提要】 发包人要求部分是招标文件的核心组成部分，是发包人达到项目最终目的意愿的表述，也是承包人投标的基本依据，其主要作用是取代了原有施工招标文件中的图纸和设计规范，确定了总承包项目工作范围和建设标准。发包人要求部分的描述往往也是EPC招标文件编制的重点和难点，其质量的好坏直接影响到工程实施各方面目标的实现。

发包人要求

　　发包人要求应尽可能清晰准确，对于可以进行定量评估的工作，发包人要求不仅应明确规定其产能、功能、用途、质量、环境、安全，并且要规定偏离的范围和计算方法，以及检验、试验、试运行的具体要求。对于承包人负责提供的有关设备和服务，对发包人人员进行培训和提供一些消耗品等，在发包人要求中应一并明确规定。

　　【注意】 对发包人要求部分编制时应注意："发包人要求"通常以具备的设计深度为基础，进一步要求承包方完成的工程和工作范围及应达到的深度。

　　发包人要求通常包括但不限于以下内容：
　　一、功能要求
　　（一）工程的目的。
　　（二）工程规模。
　　（三）性能保证指标（性能保证表）。
　　（四）产能保证指标。

　　【注意】 编制本部分内容时应注意：
　　① 性能保证指标：应明确规定中间产品和最终产品的各项理化性能指标，包括各关键设备和整体工艺性能指标；
　　② 产能保证指标：应明确规定"最低产能"和"最高产能"指标。通常出于生产需要和安全生产的需要，还应明确要求满负荷设计峰值和设计冗余。

　　二、工程范围
　　（一）概述
　　（二）包括的工作
　　1. 永久工程的设计、采购、施工范围。
　　2. 临时工程的设计与施工范围。
　　3. 竣工验收工作范围。
　　4. 技术服务工作范围。
　　5. 培训工作范围。
　　6. 保修工作范围。
　　（三）工作界区
　　（四）发包人提供的现场条件
　　1. 施工用电。
　　2. 施工用水。
　　3. 施工排水。
　　（五）发包人提供的技术文件
　　除另有批准外，承包人的工作需要遵照发包人的下列技术文件：
　　1. 发包人需求任务书。
　　2. 发包人已完成的设计文件。

　　【注意】 编制本部分内容时应注意：
　　① 划清当事双方履约的边界，避免因歧义引起纠纷；
　　② 发包人已完成的设计文件反映在发包时已具备的设计深度。

三、工艺安排或要求（如有）

【注意】 编制本部分内容时应注意：
① 发包人应明确规定的施工方法；
② 发包人应明确应用的新材料、新设备；
③ 业主要求的装置达到何种工艺水平。

四、时间要求
（一）开始工作时间。
（二）设计完成时间。
（三）进度计划。
（四）竣工时间。
（五）缺陷责任期。
（六）其他时间要求。

【注意】 编写时间要求部分时应注意：总承包模式是一种快速跟进方式的管理模式，其目标之一是通过工程设计、采购、施工及试运行的深度合理交叉来缩短建设周期。因此，应在招标文件中对整个建设周期进行具体严格的规定。
① 在规定时间要求时，可细化规定的单项工程或单位工程的节点限制性工期。
② 同时，应要求投标人选用各类图表或网络图形式做出相应的反应。

五、技术要求
（一）设计阶段和设计任务。
（二）设计标准和规范。
（三）技术标准和要求。
（四）质量标准。
（五）设计、施工和设备监造、试验（如有）。
（六）样品。
（七）发包人提供的其他条件，如发包人或其委托的第三人提供的设计、工艺包、用于试验检验的工器具等，以及据此对承包人提出的予以配套的要求。

【注意】 编写技术要求部分时应注意：技术要求部分的编制应明确国家、行业或企业级别的设计标准、规范和规定；决定是否需要对设备进行出厂前的检验；确定送样范围和取样具体方法的要求，以及未达标的责任。
【注意】 关于对技术要求的理解：
① 设计方案：如果发包人只有概念设计或方案设计深度，则要求投标人要提供的设计深度达到初步（基础）设计 BD 的水平，例如，投标人准备选择的施工工艺路线（工艺包 PDP）及准备采用的关键材料和设备的设计选型。发包人已经达到初步设计的深度，则要求投标人对初步设计延伸和细化，要求投标人提供更详细的设计方案，包括工程量清单和设备材料清单。
② 施工方案：为实现以上设计方案，应要求投标人提供拟采用的施工技术和施工组织设计以及与该施工技术相对应的施工机械、测量仪器等。

六、竣工试验
（一）第一阶段，如对单车试验等的要求，包括试验前准备。
（二）第二阶段，如对联动试车、投料试车等的要求，包括人员、设备、材料、燃料、电力、消耗品、工具等必要条件。

（三）第三阶段，如对性能测试及其他竣工试验的要求，包括产能指标、产品质量标准、运营指标、环保指标等。

【注意】 编写竣工试验部分时应注意：

① 单机试车的条件、程序和各方的责任；

② 联动试车和投料试车的条件、程序和各方的责任；

③ 对性能测试的条件、程序和各项性能指标要求。

七、竣工验收

【注意】 编写竣工验收部分时应注意：

① 竣工验收的条件、程序、人员和各方责任要求；

② 应该明确未通过竣工验收或竣工后的验收的赔偿责任、逾期损害赔偿责任以及其他赔偿责任。明确各项赔偿的计算公式。包括"各项产值""关键性能参数"未达到设计标准的赔偿公式；"全寿命期运行成本"的计算式、"能耗保证值超出计算值"的赔偿计算公式；"设备连续正常运转不达标"的赔偿计算公式等。

八、竣工后试验（如有）

【注意】 编写竣工后试验部分时应注意：

① 竣工后验收可由发包人负责，其中工作人员可出自发包人；

② 承包人应提供操作手册和指导。

九、文件要求

（一）设计文件，及其相关审批、核准、备案要求。

（二）沟通计划。

（三）风险管理计划。

（四）竣工文件和工程的其他记录。

（五）操作和维修手册。

（六）其他承包人文件。

【注意】 编写文件要求部分时应注意：

① 应明确告知发包人主管部门有关设计文件的审批、核准、备案的必要程序要求；

② 对于发包人制定的沟通计划和风险管理计划，要求承包人在投标文件中分别进行对称响应；

③ 明确业主对设计文件审批范围的规定和说明利弊。

十、工程项目管理规定

（一）质量。

（二）进度，包括里程碑进度计划（如果有）。

（三）支付。

（四）HSE（健康、安全与环境管理体系）。

（五）沟通。

（六）变更。

【注意】 编写工程项目管理规定部分时应注意：对主要管理（质量、设计进度、采购进度、施工进度、支付、HSE、沟通程序）计划文件的要求。

【理解1】 关于管理总体方案：要求投标人详细说明项目管理团队组成；设计、采购、施工各内部质量管理计划和措施；HSE管理体系；分包计划和对专业分包人及供应商的管理计划；设计、采购、施工的配合衔接和接口管理。

【理解2】 关于各项管理计划：为审查投标人，可以要求提供以下管理文件：设计、采购、施工总体和具体管理组织机构；设计、采购、施工的总体和具体进度执行计划；设计、采购、施工各内部质量控制计划；设计、采购、施工总体协调程序和接口设置；施工的协调机制和程序；分包合同管理办法、施工材料管理控制程序；施工安全保障体系和环境保护体系；项目HSE管理计划；事故紧急处理预案。

十一、其他要求

（一）对承包人的主要人员资格要求。

（二）相关审批、核准和备案手续的办理。

（三）对项目业主人员的操作培训。

（四）分包。

（五）设备供应商。

（六）缺陷责任期的服务要求。

【注意】 编制其他要求部分时应注意：

① 对分包采购方式的要求；

② 业主应尊重承包人对分包人的管理。

【理解】 关于落实"赔偿责任"：考虑到今后可能发生索赔，还应要求投标人提供以下数据：水、电、气等消耗量保证值；各项原材料消耗保证值；投标价格清单中各分项单价；三类备品备件价格清单；关键设备连续运转保证值；有关工艺和设备其他保证值。

发包人要求附件清单

附件一：性能保证表

附件二：工作界区图

附件三：发包人需求任务书

附件四：发包人已完成的设计文件

附件五：承包人文件要求

附件六：承包人人员资格要求及审查规定

附件七：承包人设计文件审查规定

附件八：承包人采购审查与批准规定

附件九：材料、工程设备和工程试验规定

附件十：竣工试验规定

附件十一：竣工验收规定

附件十二：竣工后试验规定

附件十三：工程项目管理规定

【注意】 编写发包人要求附件清单部分时应注意：发包人的各项要求内容都按照该附件内容编制。

第六章　发包人提供的资料

【提要】 第六章　发包人提供的资料内容：承包人建设需要掌握一些必备的项目的资料

和现场条件；向承包人提供工程建设的资料和创造现场条件业主的责任，也是承包商应有的权利。

发包人提供的资料

一、项目概况

二、发包人提供的资料

1. 施工场地及毗邻区域内的供水、排水、供电、供气、供热、通信、广播电视等地下管线资料、气象和水文观测资料，相邻建筑物和构筑物、地下工程的有关资料，以及其他与建设工程有关的原始资料。

2. 定位放线的基准点、基准线和基准标高。

3. 发包人取得的有关审批、核准和备案材料，如规划许可证。

4. 其他资料。

三、发包人提供的条件

应明确发包人在施工场地可供的水、电、燃气和其他服务内容以及环境约束。

【注意】 编写发包人提供的资料部分时应注意：除非合同另外约定，发包人对其提供的有关资料承担准确责任，由此导致的承包人损失，在（A）类条款中，发包人要承担赔偿责任。

第三卷

【说明】 为便于评委会评标，提高评标的质量和效率，招标文件都规定了统一的投标文件的格式，要求投标人的投标文件按照规定格式编制，否则按"废标"处理。

第七章　投标文件格式

【提要】 对投标人提出的对招标文件中的各种文件、文书、表格的格式要求。

招标文件封面格式

招标文件目录

一、投标函及投标函附录格式

（一）投标函格式

（二）投标函附录格式

二、法定代表人身份证明或授权委托书格式

三、联合体协议书格式

四、投标保证金格式

五、价格清单格式

（一）价格清单说明文书格式

（二）价格清单表格格式

六、承包人建议书格式

七、承包人实施方案格式

八、资格审查资料格式

九、其他资料格式

【注意】 编写本部分内容时应注意：其中"承包人建议书格式"和"承包人实施方案格式"需要结合项目的具体技术特点和要求做调整和补充。

第7章
工程总承包投标资格预审

资格审查是竞争性项目招标的必要程序。资格审查是招标人的权利，也是投标人的义务。招标人通过对投标人进行资格审查，以确保投标人具有足够能力和经验来履行合约。资格审查分为两种方式即资格预审和资格后审，工程总承包招标一般采取资格预审制。

7.1 资格审查概述

7.1.1 资格审查依据

资格审查是国际工程管理的惯例，是由招标人、招标代理机构，或者招标人委托的合法机构根据资格审查的不同方式对投标人的资质条件、业绩、信誉、技术、设备、资金、财务状况等诸多方面的情况进行审查。投标人只有被认定合格后，才可以参加投标。资格审查的最终目的是通过审查筛选出符合国家规定或招标文件要求资格的合格投标人，以保障项目评标委员会能够在有能力承揽该项目的投标人中选择出合格、理想的中标人。实践证明，在招标工程项目中，招标人对投标者的资格审查是非常必要的。通过资格审查可以了解投标人的资信状况，控制投标人数量，从而减少招标成本，排除将合同授予那些没有资格的投标人所带来的风险，保证工程项目按时、高质量地完成。

现行的《中华人民共和国招标投标法》第十八条："招标人可以根据招标项目本身的要求，在招标公告或者投标邀请书中，要求潜在投标人提供有关资质证明文件和业绩情况，并对潜在投标人进行资格审查；国家对投标人的资格条件有规定的，依照其规定。招标人不得以不合理的条件限制或者排斥潜在投标人，不得对潜在投标人实行歧视待遇。"

7.1.2 资格审查原则

对投标人资格的审查除不得违反公开、公平、公正、平等（简称三公一平）、自愿和诚实信用原则外，还应遵循科学、合格和适用的原则。

（1）科学原则

为了保证申请人或投标人具有合法的投标资格和相应的履约能力，招标人应根据招标项目的规模、技术管理特性要求，结合国家企业资质等级标准和市场竞争状况，科学、合理地设立资格审查办法、资格条件以及审查标准。招标人应慎重对待投标资格的条件和标准的设定，尤其是在当前我国工程总承包模式正在推广阶段，具有总承包能力的企业不多的情况下，更应注意这一点。资格审查的条件和标准制定是否科学，将直接影响合格投标人的质量和数量，进而影响到投标的竞争程度和项目招标期望目标的实现。

（2）合格原则

资格审查的目的是择优选择出潜在的投标人，降低招标成本，提高招标工作的效率，招标人应遵循合格的基本原则。选择资质、能力、业绩、信誉合格的资格预审申请者参加投标。对于没有达到资格审查条件的申请人，应予以淘汰，不得作为潜在的投标人，并将"资格预审的结果"予以告之。

(3) 适用原则

对投标人的资格审查有资格预审与资格后审两种方式，两种方式各有其适用条件和优缺点。因此，招标项目采用资格预审还是资格后审，应当根据招标项目的特点需要，结合潜在投标人的数量和招标的时间等因素综合考虑。

7.1.3 资格审查方式分类

(1) 资格预审

资格预审是指在投标前对潜在投标人进行的资格审查。资格预审不合格的潜在投标人不得参加投标。资格预审分为合格制和有限数量制两种方法。合格制是指凡符合资格预审公告或者资格预审文件规定、资格审查标准的申请人通过资格审查后，均可以参加投标。有限数量制是指对通过初步审查和详细审查的资格预审的申请人进行量化打分，按得分高低顺序确定一定数量的通过资格预审的申请人参与投标，而不是资格审查通过的全部投标人均参与投标。

招标投标法实施条例第十五条："公开招标的项目，应当依照招标投标法和本条例的规定发布招标公告、编制招标文件。"

招标人采用资格预审办法对潜在投标人进行资格审查的，应当发布资格预审公告、编制资格预审文件。

依法必须进行招标的项目的资格预审公告和招标公告，应当在国务院发展改革部门依法指定的媒介发布。在不同媒介发布的同一招标项目的资格预审公告或者招标公告的内容应当一致。指定媒介发布依法必须进行招标的项目的境内资格预审公告、招标公告，不得收取费用。

编制依法必须进行招标的项目的资格预审文件和招标文件，应当使用国务院发展改革部门会同有关行政监督部门制定的标准文本。

招标投标法实施条例第十六条至第十九条，第二十一至第二十三条分别就有关资格预审公告、资格预审委员会组成等问题进行了规定。

资格预审方式可以让招标人有充裕的时间筛选潜在投标人，减少评标时的工作量。同时，对投标人来说，可以减少投资成本。其缺点是，招标所耗时间比较长。需要注意的是，资格预审无论是邀请招标，还是公开招标，甚至非招标采购项目都可以使用。在实践中很多人以为资格预审只有在邀请招标中才可以使用，其实这是一种误解。

(2) 资格后审

招标投标法实施条例第二十条："招标人采用资格后审办法对投标人进行资格审查的，应当在开标后由评标委员会按照招标文件规定的标准和方法对投标人的资格进行审查。"

资格后审是指在开标后由评标委员会对投标人的资格进行审查。进行资格预审的，一般不再进行资格后审。采取资格后审的，招标人应当在招标文件中载明对投标人资格要求的条件、标准和方法。资格后审的内容与资格预审的内容是一致的。经资格后审不合格的投标人的投标应作废标处理，不再参加商务标的评审。

资格后审方式可以减少招标与投标双方资格预审的工作环节和费用、缩短招标投标过程，有利于增强投标的竞争性。但这种方式也有其不足之处，相对于资格预审方式，往往会造成失标者在资金和时间上的浪费。

(3) 资格审查方式适用

随着招标投标事业的进一步发展，招标方式的应用也越来越多。因此，资格预审和资格后审方式都得到广泛运用，建设工程市场中的各参与主体在具体工作的过程中，应坚持科学、合理、灵活地选择资格审查方式，使招标投标工作真正做到公平、公平、公开。

资格审查方式的选择与招标项目的规模大小和复杂程度有关。一般情况下如工程总承包项目或者大中型以上、复杂的项目招标采用资格预审。因为采用资格后审时，只是投标人自己事先进行评估是否资格合格，合格后再购买招标文件，并进行编制投标文件。一旦被评委会淘汰，花大力气编制的投标文件也就废掉了，特别是大型、复杂化的工程总承包项目投标文件编制既耗时、又耗力，容易给潜在的投标人造成较大的浪费。如果通过资格预审被淘汰，只是编制了一个资格预审申请文件，这要比投标文件编制简单得多，对潜在投标人较为实际。当然，对于投标人来说"资格后审"相对更为方便，一次完成定标。

资格审查方式的选择还与招标项目的招标方式选择有关。在公开招标的操作中，潜在的投标人很多，执行合同的能力也参差不齐，拟招标项目在工艺和方案中有时会有特殊要求，需要采用资格预审的方式审查，选定合格投标人。而采取邀请招标方式时，业主对潜在投标人的情况已经有一些了解，基本认可他们的实力和执行合同能力，执行合同能力也有一定保障，双方信任度比较高，由评标委员会进行资格后审，省却了资格预审的时间和工作，节约了投标成本，符合招投标活动的宗旨。

在招标过程中，无论采用哪一种方式，都是对其按要求提交的资格证明文件进行审查，来确定潜在投标人在本项目中的合格投标（或授标）资格。

一般对于大中型以上的工程总承包项目，可以采用合格制的资格预审，不适宜采用有限数量制资格预审。实行合格制投标资格预审的，招标人应当参考国家相应行业招标资格预审文件示范文本编制资格预审文件，以保证其竞争的充分性。

如果工程总承包项目较小，技术简单可以采用资格后审。采取资格后审的，招标人应当在招标文件中载明对投标人资格要求的条件、标准和方法，特别是资质和业绩，以便潜在投标人事先评估自己是否资格合格，合格再买招标文件，资格不合格就不要购买招标文件或编制投标文件，以免造成浪费。另一方面，招标人不得改变载明的资格条件或者以没有载明的资格条件对潜在投标人或者投标人进行资格审查。经资格后审不合格的投标人的投标应予以否决。

对于工程总承包招标采取何种资格审查方式，一些地方政府法规都做了具体的规定，如《上海市工程总承包招标评标办法》规定：招标人可以根据具体情况，自行决定是否采用资格预审。《江苏省房屋建筑和市政基础设施项目工程总承包招标投标导则》规定：工程承包项目招标可以采用合格制资格预审，或者资格后审，不得采用有限数量制的资格预审。广州市《关于设计施工总承包招标监管标准的指引》规定：符合《广东省建设工程招标项目特殊性工程划分标准目录》标准的设计施工总承包项目，可采用资格预审方式，其他工程采用资格后审方式。而《福建省房屋建筑和市政基础设施项目工程总承包招标投标管理办法》则规定：依法必须公开招标的，应当采用资格后审方式。

（4）资格审查方式比较

资格预审和资格后审方式比较见表7-1。

表7-1　资格预审和资格后审方式比较表

项目	资格预审	资格后审
审查时间	在发售招标文件前	在开标之后的评标阶段
评审人	招标人或资格预审委员会	评标委员会
评审对象	申请人资格预审申请文件	投标人的投标文件
评审方法	合格制和有限数量制	合格制

项目	资格预审	资格后审
优点	避免不合格的投标人进入投标阶段,节约社会成本;提高投标人的投标针对性、积极性;减少评标的工作量,缩短评标时间、提高评标的科学性与可比性	减少资格预审环节,节约环节成本,缩短招标时间;投标人数量相对较多,为此使招标的竞争性更强;同时有利于防范串标、围标的发生
缺点	延长了招投标过程,增加了组织资格预审和申请人参加资格预审的费用;通过资格预审的人相对较少,容易产生串标、围标	由于投标方案差异大,增加了评标的难度;在投标人过多时,会增加评标费用和评标工作量;增加社会综合成本
适应范围	比较适合于技术难度大,或投标文件编制费用较高,或潜在投标人数量较多的招标项目	比较适用于潜在投标人数量不多,具有通用性、标准化的招标项目

7.2 资格预审与预审制度

7.2.1 资格预审概述

(1) 资格预审的主体与客体

① 资格预审主体 依据现行《中华人民共和国招标投标法》对资格评审组织未直接作任何具体规定,言外之意是资格评审组织应由招标人自主决定。而在招标投标法实施条例第十八条第二款则给予了明确的规定:"国有资金占控股或者主导地位的依法必须进行招标的项目,招标人应当组建资格审查委员会审查资格预审申请文件。资格审查委员会及其成员应当遵守招标投标法和本条例有关评标委员会及其成员的规定。"

国家发展改革委员会等九部委编制的《中华人民共和国标准施工招标资格预审文件》第二章申请人须知规定:资格预审申请文件由招标人组建的审查委员会负责审查,审查委员会参照招标投标法第三十七条规定组建。招标投标法第三十七条规定:"评标由招标人依法组建的评标委员会负责。依法必须进行招标的项目,其评标委员会由招标人的代表和有关技术、经济等方面的专家组成,成员人数为五人以上单数,其中技术、经济等方面的专家不得少于成员总数的三分之二。"

招标投标法第三十七条规定的专家应当从事相关领域工作满八年并具有高级职称或者具有同等专业水平,由招标人从国务院有关部门或者省、自治区、直辖市人民政府有关部门提供的专家名册或者招标代理机构的专家库内的相关专业的专家名单中确定;一般招标项目可以采取随机抽取方式,特殊招标项目可以由招标人直接确定。与投标人有利害关系的人不得进入相关项目的评标委员会;已经进入的应当更换。评标委员会成员的名单在中标结果确定前应当保密。

从以上文件规定看,资格预审评审委员会由招标人自行决定,但招标人应当参照《中华人民共和国招标投标法》和招标投标法实施条例关于组建评标委员会及其成员的规定组建资格审查委员会。可见,国家投资的必须招标的项目资格预审应组建资格审查委员会,招标人组建的资格审查委员会是投标人资格预审的主体。

有些地方规章对此有进一步的明确规定。例如,陕西省住建厅制定的《关于进一步明确工程项目招标投标资格审查有关事项的通知》规定:"招标人依法自主选择资格审查办法。采取资格预审办法进行资格审查的,国有资金占控股或者主导地位的依法必须进行招标的工程,招标人应当组建资格审查委员会审查资格预审申请文件,资格审查委员会及其成员应当遵守招标投标法及其实施条例有关评标委员会及其成员的规定。采取资格后审办法进行资格审查的,资格审查工作由评标委员会负责。资格审查委员会、评标委员会的专家成员应当从省建设工程评标专家库中随机抽取。资格审查委员会、评标委员会成员名单在资格审查结果和中标结果确定前应当保密。"由此看出，在资格预审中，资格审查委员会是资格审查的主体；而在资格后审中，评标委员会是资格审查的主体。

② 资格预审客体　凡自愿申请资格预审，且按资格预审招标公告的要求办理资格预审相关手续的企业或单位，均为资格预审的客体。法律上，对于资格预审的客体都有保护性规定。例如《中华人民共和国招标投标法》第六条："依法必须进行招标的项目，其招标投标活动不受地区或者部门的限制。任何单位和个人不得违法限制或者排斥本地区、本系统以外的法人或者其他组织参加投标，不得以任何方式非法干涉招标投标活动。"为此，对于资格预审单位参加投标预审活动的，任何单位和个人不得以不合理的条件限制、排斥资格预审申请人或者潜在投标人，不得对资格预审申请人或者潜在投标人实行歧视待遇。任何单位和个人不得非法干预或者影响依法进行的资格审查活动。

在各地政府制定的工程总承包规章中，对于预审客体都有明确的保护性规定。如《福建省房屋建筑和市政基础设施项目工程总承包招标投标管理办法》规定：招标人不得设置不合理条款排斥或限制潜在投标人，不得将企业所有制形式、企业注册地、注册资本金、企业成立年限、特定行政区域或特定行业业绩等设置为投标人资格要求或加分条件，不得提出与招标项目具体特点和实际需要不相适应的资质要求和业绩要求等。

（2）资格预审文件与招标文件

资格预审文件是招标人告知申请人资格预审条件、标准和方法，资格预审申请文件的编制和提交的要求等内容的书面文字或称载体，是对申请人的经营资格、履约能力等进行评审，确定通过预审申请人的依据。依法必须进行招标的工程总承包项目，应按照标准设计施工工程总承包项目招标文件中关于资格预审的规定进行编制资格预审文件。资格预审文件与招标文件具有密切的关系，但又有所区别，分析如下。

① 编制目的不同　编制资格预审文件的目的是招标人通过媒介发布预审公告，表示招标项目采用资格预审的方式，公开选择条件合格的潜在投标人，使感兴趣的投标人了解招标采购项目的情况及资格条件，前来购买资格预审文件，参加资格预审和投标竞争。而编制招标文件的目的是通过潜在投标人更加全面、深入地了解招标的有关情况，参加投标，通过招标投标活动确定中标人。

② 内容侧重点不同　招标文件比预审文件的内容要宽泛、全面。资格预审文件内容应包括：资格预审公告、申请人须知、资格审查办法、资格预审申请文件格式、项目建设概况五部分。而招标文件是由招标公告、投标人须知、评标办法、合同条件和格式、发包人要求、投标人要求七部分组成。资格预审文件侧重于预审方面的规定，而招标文件不仅仅包含资格审查的规定，而且侧重于其他招标规定。

③ 获取的程序不同　采用资格预审方式的招标，投标人是通过资格预审环节先获得资格预审文件，然后，通过资格预审的投标人才能购买获得招标文件。而采用资格后审方式的招标，投标人可以直接购买获取招标文件，直接参加评标。

（3）资格预审工作主要流程

资格预审主要工作流程图见图7-1。

① 发布资格预审公告（也可以是招标公告）　招标投标法实施条例对于资格预审公告有如下规定。

a. 招标人采用资格预审办法对潜在投标人进行资格审查的，应当发布资格预审公告、编制资格预审文件。

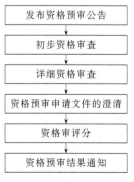

图7-1　资格预审主要工作流程图

b. 依法必须进行招标的项目的资格预审公告，应当在国务院发展改革部门依法指定的媒介发布。在不同媒介发布的同一招标项目的资格预审公告的内容应当一致。指定媒介发布依法必须进行招标的项目的境内资格预审公告不得收取费用。

c. 编制依法必须进行招标的项目的资格预审文件，应当使用国务院发展改革部门会同有关行政监督部门制定的标准文本。

d. 招标人应当按照资格预审公告明确规定的时间、地点发售资格预审文件。资格预审文件的发售期不得少于5日。

e. 招标人发售资格预审文件收取的费用应当限于补偿印刷、邮寄的成本支出，不得以营利为目的。

f. 资格预审应当按照资格预审文件载明的标准和方法进行。

② 初步资格审查　资格预审委员会依据招标项目资格审查规定的标准，对资格预审申请文件的申请人名称、申请函签字盖章、申请文件格式、联合体申请人等进行初步审查。有一项因素不符合审查标准的，不能通过资格预审。

资格预审委员会可以要求申请人提交规定的有关证明和证件的原件，以便核验。

③ 详细资格审查　资格预审委员会依据本项目规定的标准，对通过初步审查的，再对其营业执照、安全生产许可证、资质等级、财务状况、类似项目业绩、信誉、项目经理资格、其他要求、联合体申请人等进行详细审查。有一项因素不符合审查标准的，不能通过资格预审。

通过详细审查的申请人，除应满足上述审查标准外，还不得存在下列任何一种情形：

a. 不按审查委员会要求澄清或说明的；

b. 有申请人须知相关规定的任何一种情形的［如为招标人不具有独立法人资格的附属机构（单位）；为本标段前期准备提供设计或咨询服务的，但设计施工总承包的除外；为本标段的监理人；为本标段的代建人……］；

c. 在资格预审过程中弄虚作假、行贿或有其他违法违规行为的。

④ 资格预审申请文件的澄清　在资格预审过程中，预审委员会可以书面形式，要求申请人对所提交的资格预审申请文件中不明确的内容进行必要的澄清或说明。申请人的澄清或说明采用书面形式，并不得改变资格预审申请文件的实质性内容。申请人的澄清和说明内容属于资格预审申请文件的组成部分。招标人和审查委员会不接受申请人主动提出的澄清或说明。

⑤ 资格预审评分　资格预审委员会依据制定的资格预审评分标准进行评分，评分一般实行百分制，对其资质、资格、业绩等资格评审因素进行打分，按得分由高到低的顺序进行排序。

⑥ 资格预审结果通知　资格预审委员会对资格预审申请文件完成审查后，确定通过资格预审的申请人名单，并向招标人提交书面审查报告；招标人应对资格预审合格的潜在投标人发出资格预审合格通知书，告知获取招标文件的时间、地点和方法，同时，向资格预审不合格的潜在投标人告知资格预审结果。

如通过详细审查申请人的数量不足三家的，招标人重新组织资格预审，或不再组织资格预审而直接招标。依照资格预审文件中载明的评审标准确定投标人后，由招标人向通过资格审查的申请人发出"资格预审合格通知书"。

(4) 资格预审工作节点时限

① 发售期限　现行的招标投标法实施条例第十六条规定："招标人应当按照资格预审公告、招标公告或者投标邀请书规定的时间、地点发售资格预审文件或者招标文件。资格预审文件或者招标文件的发售期不得少于5日。招标人发售资格预审文件、招标文件收取的费用应当限于补偿印刷、邮寄的成本支出，不得以营利为目的。"可见，资格预审文件发售期限不得少于5日。

② 申请文件期限　现行的招标投标法实施条例第十七条规定："招标人应当合理确定提交资格预审申请文件的时间。依法必须进行招标的项目提交资格预审申请文件的时间，自资格预审文件停止发售之日起不得少于 5 日。"

③ 澄清或修改期限　现行的招标投标法实施条例第二十一条规定："招标人可以对已发出的资格预审文件或者招标文件进行必要的澄清或者修改。澄清或者修改的内容可能影响资格预审申请文件或者投标文件编制的，招标人应当在提交资格预审申请文件截止时间至少 3 日前，或者投标截止时间至少 15 日前，以书面形式通知所有获取资格预审文件或者招标文件的潜在投标人；不足 3 日或者 15 日的，招标人应当顺延提交资格预审申请文件或者投标文件的截止时间。"可见，澄清或修改资格预审文件影响资格预审申请文件编制的，应在资格预审申请文件提交截止时间 3 日前做出，或者投标截止时间至少 15 日前。

④ 异议提出期限　现行的招标投标法实施条例第二十二条规定："潜在投标人或者其他利害关系人对资格预审文件有异议的，应当在提交资格预审申请文件截止时间 2 日前提出；对招标文件有异议的，应当在投标截止时间 10 日前提出。招标人应当自收到异议之日起 3 日内做出答复；做出答复前，应当暂停招标投标活动。"可见，资格预审申请文件提交截止时间 2 日前提出。

⑤ 异议答复期限　现行的《招投标法实施条例》第二十二条还规定："潜在投标人或者其他利害关系人对资格预审文件有异议的，应当在提交资格预审申请文件截止时间 2 日前提出；对招标文件有异议的，应当在投标截止时间 10 日前提出。招标人应当自收到异议之日起 3 日内做出答复；做出答复前，应当暂停招标投标活动。"可见，招标人应在收到异议之日起 3 日内答复，做出答复前，暂停招标投标活动。

⑥ 提出诉讼期限　现行的招标投标法实施条例第六十条规定："投标人或者其他利害关系人认为招标投标活动不符合法律、行政法规规定的，可以自知道或者应当知道之日起 10 日内向有关行政监督部门投诉。投诉应当有明确的请求和必要的证明材料。就本条例第二十二条、第四十四条、第五十四条规定事项投诉的，应当先向招标人提出异议，异议答复期间不计算在前款规定的期限内。"可见，投标人或其他利害关系人提出诉讼期限为自知道或应该知道之日起 10 日内。

⑦ 处理投诉期限　现行的招标投标法实施条例第六十一条规定："投诉人就同一事项向两个以上有权受理的行政监督部门投诉的，由最先收到投诉的行政监督部门负责处理。行政监督部门应当自收到投诉之日起 3 个工作日内决定是否受理投诉，并自受理投诉之日起 30 个工作日内做出书面处理决定；需要检验、检测、鉴定、专家评审的，所需时间不计算在内。"可见，行政监督部门处理投诉期限为自收到投诉之日起 3 个工作之日决定是否受理，并自受理之日起 30 个工作日做出处理，需要检验、检测、鉴定、专家评审的，所需时间不计算在内。资格预审工作节点时限表见表 7-2。

表 7-2　资格预审工作节点时限表

序号	内容	时限
1	资格预审文件发售期限	资格预审文件发售期不得少于 5 日
2	资格预审申请文件提交期限	从资格预审文件停止发售之日起不得少于 5 日
3	澄清或修改资格预审文件的期限	在资格预审申请文件提交截止时间 3 日前做出，或者投标截止时间至少 15 日前
4	资格预审文件异议提出期限	在提交资格预审申请文件截止时间 2 日前提出
5	资格预审文件异议答复期限	招标人应当自收到异议之日起 3 日内做出答复
6	投标人与利害关系人提出投诉期限	自知道或者应当知道之日起 10 日内向有关行政监督部门投诉。
7	行政监督部门处理投诉期限	受理之日起 30 个工作日内处理

7.2.2 资格预审制度

(1) 国外资格预审制度

① 美国的资格预审制度　美国采取的资格预审制度是非常严格的，承包商的资质、信誉必须经过专门的资质审查中介机构核定，只有通过了资格预审后，才能参加投标，不符合工程项目资格要求的不能成为投标人或中标。美国法律还规定了参加政府投资的工程，投标人必须提供工程担保函。因此，工程担保函的金额就成为衡量投标人资格的主要标准条件，提高或降低工程担保函的金额就改变了对投标者的资格要求，同时，还要求有类似工程项目的经验。

② 英国的资格预审制度　一般情况下，在发出招标文件之前，业主与其咨询人进行磋商希望选择一些合适的承包商参加投标，这一过程就是资格预审。

资格预审一方面能够保证所得到的标书都是由业主和其咨询人事先审查过的，是由承担该项目的承包商提交的；另一方面能够鼓励那些最具有资格承建该项目的承包商参加投标。英国的资格预审一般由业主和咨询工程师在报纸、杂志刊登广告，介绍招标项目的概况，邀请对该工程感兴趣承包商提出资格预审申请，当收到承包商的资格预审申请书后，业主向他们发出预审文件。业主和咨询工程师对这些文件进行比较分析之后，列出一份获选的投标人名单，一般选择 6～7 家单位，并将此份文件发给全部入选的投标人手中。

③ 国际组织的预审惯例

a.《国际复兴开发银行贷款和国际开发协会信贷采购指南》（简称《信贷采购指南》）。该《信贷采购指南》对资格预审做出规定：对于大型或复杂的工程，准备详细投标文件的高成本可能会妨碍竞争的情况下，诸如为用户专门设计的设备、工业成套设备、专业化服务、某些复杂的信息和技术以及 EPC 交钥匙合同、D-B 设计和建造合同、管理承包合同等，资格预审通常是必要的。这样可以保证招标邀请只发给那些有足够能力和资源的投标人。资格预审应完全以潜在投标人具有令人满意地履行具体合同所需要的能力和资源为基础，应考虑它们的：经验和过去履行类似合同的情况；人员、设备、施工或制造设施方面的能力；财务状况。

需要进行资格预审的，招标人（借款人）应该在发出资格预审邀请之前，将拟使用的文件草本，包括资格预审邀请的内容、资格预审问题清单以及评审的方法、连同拟采用的刊登广告程序说明一起报世行，在世行提出合理要求时，招标人（借款人）应对上述程序和文件做出修改。招标人（借款人）在资格预审结果通知申请者之前，应把申请书的评审报告和所建议的通过评审名单，连同他们的资格证明和预审中拒绝申请人的理由一起报送世行，征求意见，并在世行提出合理要求时，对该名单进行增删或修改。

b.《土建工程采购资格预审文件暨用户指南》（简称《指南》）。该《指南》中规定：大型建筑物、土木工程、供货和安装、交钥匙和设计与建造项目的成功实施，要求合同只授予有相应工程经验和施工技术、在财务和管理方面健全、能够及时提供所要求的全部设备的公司和公司集团。项目执行机构在邀请投标人投标之前，评审公司履行合同能力的过程中，即称为资格预审。其中对资格预审流程进行了说明，如图 7-2 所示。

资格预审程序包括四步：刊登广告；编制和发出资格预审文件；编写和递交申请书；评审申请书和审查申请人资格。

c.《亚洲开发银行贷款采购指南》（下文简称《指南》）（ADB 编制）。亚洲开发银行编制的该《指南》要求对大多数土建工程合同、交钥匙合同，以及昂贵的、技术上复杂的设备供货合同的投标商进行资格预审，以确保只有在技术和财务上都有能力的公司才能应邀投标。资格预审应完全以有意投标的公司能令人满意的承担特定工作为基础，应考虑：一是相

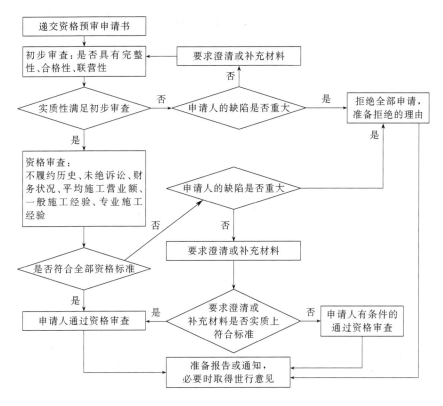

图 7-2 世行资格预审流程图

关经验和以往业绩；二是人员、设备和厂房等方面的能力；三是财务状况。《指南》规定对投标商的资格审查应遵循如下程序。

Ⅰ.资格预审邀请书：资格预审邀请书和所有相关文件（包括拟采用的资格预审方法和标准）均应注明贷款号，并经亚行批准后发出。

Ⅱ.发出资格预审邀请：一旦资格预审邀请书按照要求登出广告和通告后，应立即向亚行提交有关刊登广告和通告的程序报告。

Ⅲ.资格预审建议：一旦资格预审申请书评估完毕，在将评估结果通知预审申请人之前，需得到亚行对评价结果的批复，一旦亚行要求，应及时提供任何资格预审申请书和与申请书有关的资料的复印件。

d.《FIDIC招标程序》（FIDIC编制简称《程序》）。国际咨询工程师联合会编制的该《程序》指出：建议进行资格预审是为了保证所收到的投标书均来自那些雇主和工程师确信有必要的资源和经验，能圆满完成拟建工程的承包商。资格预审的目的是为了确定有资格的公司名单，同时还确保招标有一定的竞争性。为了达到这些目的和鼓励承包商对招标邀请做出反应，允许通过资格预审的公司不超过7个，除非雇主或贷款机构的规则另有规定。

FIDIC资格预审程序如图7-3所示。

（2）国内资格预审制度

我国的招标资格审查制度是从2000年确立的。为解决投标企业的增多带来的评审时间延长、整体效率降低，招标人无法快速择优确定投标企业范围的情况，原建设部2000年6月颁布实施的《房屋建筑和市政基础设施工程施工招标投标管理办法》第十六条规定："招

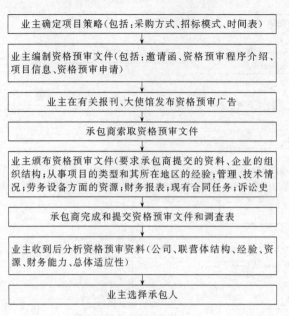

业主确定项目策略(包括:采购方式、招标模式、时间表)

业主编制资格预审文件(包括:邀请函、资格预审程序介绍、项目信息、资格预审申请)

业主在有关报刊、大使馆发布资格预审广告

承包商索取资格预审文件

业主颁布资格预审文件(要求承包商提交的资料、企业的组织结构;从事项目的类型和其所在地区的经验;管理、技术情况;劳务设备方面的资源;财务报表;现有合同任务;诉讼史

承包商完成和提交资格预审文件和调查表

业主收到后分析资格预审资料(公司、联营体结构、经验、资源、财务能力、总体适应性)

业主选择承包人

图 7-3　FIDIC 资格预审程序

标人可以根据招标工程的需要,对投标申请人进行资格预审,也可以委托工程招标代理机构对投标申请人进行资格预审。"在随后的招标投标法实施条例、《工程建设项目施工招标投标办法》《中华人民共和国标准施工招标资格预审文件》《房屋建筑与市政工程标准施工招标资格预审文件》等文件中对资格预审的程序、时限等均做了具体规定。

目前,尚无行业专门的工程总承包招标资格预审规范性文件,除个别地方有专门规范性文件外,主要散见于地方政策、规章之中。

《上海市工程总承包招标评标办法》第六条规定:"招标人可以根据具体情况,自行决定是否采用资格预审。采用资格预审的项目,当通过资格预审的投标人≥3 家,但不足 7 家时,招标人应确定所有通过资格预审的投标人为入围投标人。当通过资格预审的投标人≥7家时,可由招标人通过单位三重一大决策机制,在通过资格预审的投标人中选择不少于 7 家的投标人入围投标,同时形成资格预审入围投标人的决议并加盖单位公章。当实际投标报名单位不足 7 家时,则不再实施资格预审。实际投标报名是指购买或下载招标文件。参加资格预审的投标人,同一公司的下属控股公司同时参加资格预审的投标人最多不能超过两家,具体办法在资格预审文件中载明。"

《江苏省房屋建筑和市政基础设施项目工程总承包招标投标导则》第七条:"工程总承包招标可以采用合格制资格预审或者资格后审,不得采用有限数量制资格预审。"

国内的投标资格预审制度,对资格审查办法分为合格制和有限数量制两类,两者实质上并没有太大区别,只是有限数量制多了一个评分过程,审查标准有初步审查标准和详细审查标准之分。因此,分为初步资格审查和详细资格审查。初步资格审查是对申请人名称、申请函签字盖章、申请文件的格式、申请文件的证明等方面的审查。详细资格审查是对申请人的资质、财务、业绩、信誉等方面的审查。但文件规定无论初步资格审查还是详细资格审查,如果有一项因素不符合审查标准的,则不能通过资格预审。

(3) 国内外资格预审制度比较

国外资格预审制度比较成熟,尤其是在招标预审制度方面都具有标准资格预审文件,在预审程序和内容上均有明确的界定和规范。我国对行业的资格预审文件规范、制度体系较为成熟，但对工程总承包招标预审文件的专门规定缺位，尚有待进一步的完善。

长期以来，我国的资格预审一般是由招标人、招标代理机构或预审委员会直接审核，而美国等西方国家的资格预审是由专门的资格预审中介核定的。从公平、公正、公开的角度分析，国外这种常设、独立的资格审查机构值得我国借鉴。

7.3 资格预审文件编制

7.3.1 资格预审文件内容组成

资格预审文件内容组成见图7-4。

（1）资格预审公告

本部分内容包括项目名称及标段、招标条件、项目概况与招标范围、申请人资格要求、资格预审方法、评标办法、资格预审文件的获取、资格预审申请文件的递交、发布公告的媒介、联系方式等。

招标人按照资格预审文件的格式发布资格预审公告后，将实际发布的资格预审公告编入资格预审文件中，作为资格预审邀请。资格预审公告应同时注明发布媒介名称。

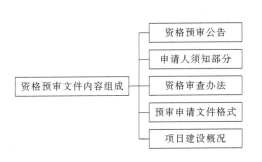

图7-4 资格预审文件内容组成

（2）申请人须知部分

本部分内容包括：

① 申请人须知前附表；

② 总则；

③ 资格预审文件；

④ 资格预审申请文件编制；

⑤ 资格预审申请；

⑥ 资格预审申请文件的审查；

⑦ 通知和公示；

⑧ 申请人的资格改变；

⑨ 纪律与监督和需要补充的其他内容。

申请人须知前附表用于进一步明确"申请人须知"正文中的未尽事宜，资格预审编制人应结合招标项目具体特点和实际需要编制和填写，但不得与"申请人须知"正文内容相抵触，否则抵触内容无效。

（3）资格审查办法

本部分内容包括资格审查办法前附表、审查方法、审查标准、审查程序、审查结果。"资格审查办法前附表"用于明确评审的方法、因素、标准和程序。资格预审编制人应根据招标项目具体特点和实际需要，详细列明全部审查或评审因素、标准，并在本前附表标明申请人不满足其要求即不能通过资格预审的全部条款。没有列明的因素和标准不得作为评审的依据。

（4）预审申请文件格式

本部分内容包括资格预审申请函、法定代表人身份证明、授权委托书、联合体协议书（如有）、申请人基本情况表、项目管理机构组成表、工程总承包项目经理及主要项目管理人员简历表、申请人（工程总承包项目经理）类似工程业绩一览表、拟再发包计划表、拟分包计划表。

（5）项目建设概况

本部分内容包括工程范围、项目规模、设备功能、工程质量要求和工期要求情况等。

7.3.2 预审条件设定

（1）资格预审条件内容

资格预审条件是潜在投标人参加投标的前提条件（投标条件），是投标人中标后，完成中标项目必须具备的履约条件。从我国对工程总承包法规、规章和招标实践分析，工程总承包的资格预审条件主要有以下几个方面。

① 资质资格条件

a. 单位资质：工程总承包企业应当具有与工程规模相适应的工程设计资质或者施工资质，或者由具有相应资质的设计单位和施工单位组成联合体。

b. 人员资格：包括对工程总承包项目经理的资格要求、设计负责人的资格、施工负责人的资格、项目管理机构及人员的要求以及其他要求。

② 企业管理能力

a. 项目管理体系：包括对项目管理组织机构、管理流程体系、管理制度体系、管理评价体系、管理知识平台体系、管理信息交流平台体系等的要求。

b. 项目管理能力：工程总承包单位应当建立与工程总承包相适应的组织机构和管理制度，形成项目设计、采购、施工、试运行管理以及质量、安全、工期、造价、节约能源和生态环境保护管理等工程总承包综合管理能力。

③ 财务要求　投标单位近年来经营利润状况达到标准、流动资金和固定资金情况、需要提供的财务报表、抗风险能力等要求。

④ 工程业绩　例如具有相类似的设计业绩、施工业绩或者工程总承包业绩等要求。

⑤ 信誉要求　对投标人在以往工程实践中的违法、违约行为处理；诚信等级等提出的要求。

工程总承包预审资格条件模板见图7-5。

工程总承包申请人应具备的资格要求

1. 企业应当具备下列资质条件之一：
(A) 设计资质要求；
(B) 施工资质要求；
2. 财务要求；
3. 企业应当具有以下类似工程业绩之一：
(A) 工程总承包业绩要求；
(B) 设计业绩要求；
(C) 施工业绩要求；
4. 工程总承包项目经理应当具备下列资格条件之一：
(A) 注册建筑师、勘察设计注册工程师、注册建造师、注册监理工程师；
(B) 工程建设类高级专业技术职称；
5. 工程总承包项目经理应当承担过以下类似工程业绩之一：
(A) 工程总承包业绩要求；
(B) 设计业绩要求；
(C) 施工业绩要求；
6. 项目管理机构：由招标人根据《建设项目工程总承包管理规范》GB/T 50358—2017予以明确。
7. 其他要求；

图 7-5　工程总承包预审资格条件模板

（2）独立投标人预审条件设定

① 资格条件设定方法　在设置投标条件时淡化资质管理，实行能力认可，在工程实施时，再回归资质管理，由有相应资质的单位分别承担设计、施工任务。招标人可按下列方式之一设置资质投标条件：

a. 具有工程总承包管理能力的企业可以是设计、施工、开发商或其他项目管理单位。

b. 具有相应资质等级的设计、施工或项目管理单位独立或组成联合体投标。

c. 设计单位单独投标并中标，则只能成为"工程总承包人"，并在中标后另行招标确认"施工总承包"单位；联合体投标并中标的，可由牵头单位作为"工程总承包"，同时在备案的招标文件中应明确规定"联合体中的施工单位将自动成为项目的施工总承包方"。

d. 招标人可以确定是否接受联合体投标。若在相关领域已经广泛存在同一单位具有设计、施工双资质的，可以不接受联合体投标。若无上述情况，则需接受联合体投标。目前，由于建筑市场上具有工程总承包业绩的单位较少，在招标时不宜将工程总承包业绩作为投标条件，以促进工程总承包行业的发展。

② 资格条件设定的要点　为了能够选择到理想的工程总承包人，在设定工程总承包人的资格条件时需注意以下两个问题。

a. 明确工程总承包投标人所需具备的资质及相应等级。工程总承包与施工、勘察设计、监理不同，目前我国并没有建立工程总承包的资质等级制度。从理论上讲，任何企业都有资格成为工程总承包人。实践中有些项目业主在工程总承包招标文件中规定，投标人应具备工程总承包一级或几级资质，属于对国家相关法律、政策缺乏了解所致。虽然国家没有工程总承包资质等级制度，但是为了保证工程质量，在招标时仍然需要明确对于工程总承包人的相应资质等级要求，只是不能要求投标人具有工程总承包一级或几级资质。比如，可以根据工程规模规定工程总承包人需具有施工总承包特级、一级或其他适当级别的资质；或者具有相应的勘察设计资质。原建设部《关于培育发展工程总承包和工程项目管理企业的指导意见》对此有较为详细的说明。

b. 确保工程总承包投标具有竞争性。有些项目业主为了能够选择到实力较强的总承包人，对工程总承包投标人的资质条件提出了很高的要求，结果经常适得其反，有相应资质参加投标的单位很少，导致竞争性不够，报价居高不下。比如，有的招标文件规定：工程总承包投标人既要具备施工总承包一级资质又要具备勘察设计甲级资质；或者规定投标人需为具备勘察设计甲级资质的单位，并有若干个同类项目的施工业绩。同时，招标文件明确不接受联合体投标。

基于上述资格条件，投标人既需要具有施工能力又必须能够承担设计工作，而事实上目前我国能够同时满足上述条件的企业还非常少，即使培养具有综合能力的工程施工企业是未来的发展趋势。除非项目业主接受联合体投标，否则按照上述标准设定资格要求很容易导致招标失败。为了能够选择到合适的工程总承包单位，确保项目建设顺利进行，既需要明确投标人的资格条件（尤其是资质条件），又要确保所设定的资格条件的合理性，这是项目业主在进行工程总承包招标时需要认真研究的问题。

（3）联合体投标预审条件设定分析

招标投标法关于联合体投标的第三十一条第二款："联合体各方均应当具备承担招标项目的相应能力；国家有关规定或者招标文件对投标人资格条件有规定的，联合体各方均应当具备规定的相应资格条件。由同一专业的单位组成的联合体，按照资质等级较低的单位确定资质等级。"可见，联合体投标资格条件有以下几个方面。

① 联合体各方均应具备承担招标项目的相应能力　这是招标投标法对于联合体投标各

方的基本要求。这里所讲的承担招标项目的相应能力，是指完成招标项目所需要的技术、资金、设备、管理等方面的能力。不具备承担招标项目的相应能力的各方组成的联合体，招标方也不得确定其为中标人。例如，铁路工程项目的联合体应具备承担铁路工程项目建设的能力；化工项目的联合体应具备承担化工项目建设的能力。

② 国家有关规定或者招标文件对联合体资格的要求　国家有关规定或者招标文件对投标人资格条件有规定的，联合体各方均应当具备规定的相应资格条件。这一要求实际上是保证"联合体各方均应具备承担招标项目的相应能力"得以落实的进一步规定。

投标人的"资格条件"分为两类：一类是"国家有关规定"确定的资格条件。如招标投标法和其他有关法律的规定、行政法规的规定、国务院有关行政主管部门的规定。另一类是"招标文件"规定的投标人资格条件，招标文件的要求条件一般应包括国家规定的条件和国家规定的条件以外的其他特殊条件。

例如，住建部颁布的《房屋建筑和市政基础设施项目工程总承包管理办法》第十条规定："工程总承包单位应当同时具有与工程规模相适应的工程设计资质和施工资质，或者由具有相应资质的设计单位和施工单位组成联合体。工程总承包单位应当具有相应的项目管理体系和项目管理能力、财务和风险承担能力，以及与发包工程相类似的设计、施工或者工程总承包业绩。设计单位和施工单位组成联合体的，应当根据项目的特点和复杂程度，合理确定牵头单位，并在联合体协议中明确联合体成员单位的责任和权利。联合体各方应当共同与建设单位签订工程总承包合同，就工程总承包项目承担连带责任。"工程总承包项目的联合体投标人资格要符合上述规章的要求。

③ 联合体资质设定的原则——"就低不就高"　由同一专业的单位组成的联合体，按照资质等级较低的单位确定资质等级。这一规定的目的是，防止资质等级较低的一方借用资质等级较高的一方的名义取得中标人资格，造成中标后不能保证建设工程项目质量现象的发生。

7.3.3　预审文件编制注意事项

(1) 预审文件编制常见问题

① 项目概况介绍不清　资格预审文件编制时招标人往往忽视了资格预审的重要性，认为公告了就可以，没有必要写得那么详细，反正招标文件还要讲，大体只告知有这么一个工程，没有必要提供准确的项目数据，其中包括建设范围、建设规模、建设标准、功能要求等。这样就有可能导致潜在投标人购买资格预审文件和投标的欲望，造成潜在投标人的严重流失，甚至使投标人不满三家而导致招标失败的局面，既提高了招标成本，又浪费了企业和社会的资源。所以，资格预审文件一定要将项目状况写清楚。

② 对投标人资质要求不明　对投标人的资质要求一直是难以处理的事情，因为我国的资质分行业管理，施工、监理、设计资质归住房和建设部门管理（包括工程类招标代理机构资质），而其他行业又有各自的资质管理认可权（还有各行业协会的），所以对投标人资质要求的编制大都不确切，这就需要招标人（招标代理机构）对国家的资质管理有广泛的了解。由于资质要求写得不确切而引起投诉纠纷也是十分麻烦的事情。

③ 制定的评审标准不够严谨　资格条件评审标准的编制在过去的实际工作中一直被忽视，或者干脆就是由招标人随意操作。因为在工程总承包标准预审文件制定规定颁布前，在法规中没有专门对资格预审的评审做出详细、具体的规定，所以部分招标人在资格评审中具有很大的随意性，造成资格审查的不公平现象。

招标人应该认识到资格预审十分重要，关系到招标成本和中标人的质量问题，直接影响到项目的完成。所以招标人应在资格预审文件中明确评审标准，必须严格按照预先制定的资格评审原则、标准进行操作，不能有任何的随意性。资格评审在一定条件下采用打分方式也是一个不错的选择。无论采用哪一种方法和评审标准，都一定要在资格预审文件中载明。

④ 资格预审的合理时限　资格预审需要一个比较合理的时限，对于资格预审申请书的递交时间，虽然现行招标投标法有具体规定，资格预审申请文件提交期限从资格预审文件停止发售之日起不得少于5日，但许多招标人往往由于项目上马紧迫则予以忽视，所以过去就发生了很多不合理的事情。有时招标人为赶时间，发公告两三天后就逼投标人递交资格预审申请书，不给投标人准备的时间。而有些投标人代表为满足招标人和顺应其需要变成了投标专业户，拿着资质证明文件满世界跑，使得资格预审流于形式，根本起不到作用，达不到目的。所以对于招标人来说，尤其是工程总承包项目必须给出一个资格预审申请递交的合理时限，才能使潜在投标人为本工程提供满足要求的证明文件和具体的人员、机械配备，同时还应留出人员、机械调换时间。

（2）编制注意事项

① 依法必须进行招标的项目的资格预审文件，应当使用国务院发展改革部门会同有关行政监督部门制定的标准文本。由于目前工程总承包预审未有专门行业规范，应按照工程总承包政策文件以及参考标准设计施工总承包招标文件相关规定进行。尤其注意的是在"申请人须知前附表"和"申请人须知"部分对于资格预审的规范性描述。

② 资格预审文件中的"申请人须知前附表"是用于进一步明确"申请人须知"正文中的未尽事宜，资格预审编制人应结合项目特点和实际需要编写和填写。但不得与"申请人须知"正文相抵触，否则抵制内容无效。

③ 资格预审办法前附表，是用于明确资格预审办法和评审的方法、因素、标准和程序。资格预审编制人应结合项目特点和实际需要详细列明全部审查或评审因素、标准，没有列明的因素和标准不得作为资格预审或评审的依据。

④ 招标人应当合理确定提交资格预审申请文件的时间。依法必须进行招标的项目提交资格预审申请文件的时间，按现行招标投标法规定，自资格预审文件停止发售之日起不得少于5日。

⑤ 招标人可以对已发出的资格预审文件进行必要的澄清或者修改。澄清或者修改的内容可能影响资格预审申请文件编制的，招标人应当留有合理的提交资格预审申请文件的截止时间，或顺延投标截止时间，并以书面形式通知所有获取资格预审文件或者招标文件的潜在投标人。

⑥ 招标人编制的资格预审文件的内容违反法律、行政法规的强制性规定，违反公开、公平、公正和诚实信用原则，影响资格预审结果或者潜在投标人投标的，依法必须进行招标的项目的招标人应当在修改资格预审文件或者招标文件后重新招标。

第 8 章
工程总承包招标管理

招标管理是指为保证招标活动在规范、高效状态下进行，为项目履约期奠定良好的基础，招标人围绕该项目的招标活动所采取的一系列组织、控制措施。工程总承包项目招标管理工作涉及面较为广泛，本章仅就招标文件、招标造价、招标风险和招标合同四个方面的管理进行探讨。

8.1 招标文件管理

工程总承包招标文件是工程建设方（业主）对即将建设的工程项目设计、采购、施工全部或两个以上阶段给出基础信息和数据条件的重要文件，招标文件的科学性、合理性、合法性如何，关系到招标工作能否顺利进行，招标管理是招标工作合法、科学、有序、高效顺利进行的重要保证。在招标文件的策划编制环节，招标人应注意以下几个方面的问题。

8.1.1 招标条件的复核

严格审查招标条件，避免先天不足。工程总承包项目是一种快速跟进式的承包管理模式，它与传统的等图纸完成以后再进行招标的方式不同，工程总承包招标文件是为了全面体现业主意图，其内容必须涵盖项目的设计、采购、施工、工程管理、试运行、保修等方面。因此，审查招标实施条件应从以下几个方面进行。

（1）初步设计和投资计划是否批复

根据《中华人民共和国招标投标法》第九条规定："招标人应当有进行项目招标的相应资金或者资金来源已落实。"因此，项目的初步设计及投资计划已批复是 EPC 项目招标的前提。

（2）项目技术要求与工艺流程是否已确定

大型工业工程涉及到永久性设备的设计参数、技术标准以及项目的工艺流程等均是项目目标实现的核心内容，其内容是否完整、可行将直接影响到项目的成败。因此，在招标开始前必须详细地落实技术要求以及工艺流程的确定情况。

（3）是否落实项目招标范围及其他特殊要求

只有确定了招标范围，才能进行概算分解，确定项目总价控制限额，才能有针对性地编制招标文件技术、商务条款。项目的特殊要求是每个项目的自有特征，往往也是项目的核心与技术难点，在招标实施前必须重点关注。

8.1.2 招标文件策划管理

做好招标文件的策划，实现招标目标。工程总承包商在整个项目实施中处于核心地位，与项目参与各方都存在合同与管理的关系，承担的工程范围不仅仅限于工程施工，而且还包括工程的设计、采购、设备安装、组织协调。因此，项目业主在招标阶段最为关心的是通过招标能否选择一个报价合理并能够保证安全、质量和工期要求的承包人。

招标文件是全面体现业主项目目标的重要文件，是对总承包项目进行事前控制以及保证项目顺利实施的关键。如何编制好招标文件防范其存在的风险，需要对招标文件进行精心策划。

项目计划规范书是招标文件的核心组成部分，是投标人投标的基本依据。其主要作用是替代了施工招标模式下的图纸和设计规范，确定了工程项目的招标范围和建设要求。因此，项目计划规范书质量的好坏直接影响到项目各个目标的实现。招标人应从以下五个方面对招标文件进行策划。

（1）准确提供项目背景及现状条件

准确地提供项目背景及现状条件资料是投标人进行投标决策、项目设计的基础，也是承包人在今后履约过程中费用索赔的主要依据，其内容应该包括建设项目的经济、社会环境背景、项目实施的必要性与可行性，项目建设地的气候特征和现场条件等。

（2）详细描述项目技术要求

项目技术要求内容包括：工程所需设备、主要材料的技术要求，内容涉及设计参数、技术标准、采购短（长）名单等，以及整改项目的工艺流程及重要工程的施工技术要求。该部分内容是 EPC 项目招标目标实现的硬核约束内容。因此，在编写时应该特别关注其描述是否明确地、全面地反映出业主方的需求。同时，也需要考虑内容的描述是否会带来投资的增加。

（3）合理规划项目进度安排

对于工程总承包项目，尤其是工业工程的工期，往往是投标人决策是否投标的主要指标，当然也是业主最为关心的指标之一。因此，招标文件中合理规划进度显得至关重要。项目进度计划的确定应根据项目现状、管理要求以及项目工程量综合确定，应包括工程最终完成日期，项目各个重要、关键节点完工日期，进度描述应准确、无异议。同时为了更好地监控工期，应设定工期的罚则，当然，也应考虑如果工期设置不合理，罚则较重会带来的投资增加的风险。

（4）明确项目管理要求

项目管理要求是业主为实现项目目标而设立的管理程序和条件要求，其内容应涵盖设计、采购、施工等方面的流程和原则性要求。

设计管理方面的管理要求应包括：设计的依据、标准，图纸的详细要求，变更的程序等方面。

采购管理方面的管理要求应包括：设备、材料的采购流程，特别是业主提供短名单的设备、材料的采购以及确认流程、验收和交接流程等。

施工管理方面的管理要求应包括：安全管理、质量管理和进度管理三个方面，应重点描述对人员的资格和业绩的要求，关键技术方案的编制以及实施要求，业主对安全、质量和进度实施的特殊要求，以及进度目标和措施等。

（5）明确违约处罚责任

业主方还应明确违约处罚责任，制定详细的、可操作的违约处罚条款。违约处罚条款是业主维护自身利益和实现项目监控的最为有效的方法与手段，招标文件中的相关条款必须详细、可操作。内容包括：项目实施过程中的违约处罚，如安全、质量管理过程中的违规、违约处罚，以及项目完成效果偏差造成的违约，如最终工期的违约，项目技术、经济指标不达标造成的违约等。

8.1.3 合同条款设定管理

注重合同主要条款设置，避免法律风险是招标文件管理的重要内容。招投标的过程就是合同签订的过程，合同条款则是招标文件中最为重要的部分之一。按照招标投标法的规定，招标人和中标人必须按照招标文件和投标文件订立书面合同。招标人和中标人不得再订立背离合同实质内容的其他协议。招标投标法的这些规定，彰显了制定合同条款的重要意义。

然而，由于在编制招标文件中的合同条款时，乙方并未出现，拟定的合同条款有时难以兼顾双方的利益，不能保证完全合理，在合同中任意增加乙方的责任和义务，减少业主的责任和义务的现象屡见不鲜，合同条款设置明显有失公平，导致中标人履约艰难。因此，在合同条款编制时，业主应考虑条款的完备性、公平性、合理性，降低履约风险。

（1）使用、参考国家或行业颁布的规范化、标准化合同文本

国家或行业的工程总承包合同标准化文本，是从国情、行业实际出发，在大量的工程实践基础上总结出来的带有科学性和可行性的合同文件。使用、参考国内、行业的 EPC 工程总承包合同标准文件，也是目前国家建设行政主管部门所积极推荐的，因为它更符合我国实际环境。当然，也可以参照国际咨询工程师联合会 FIDIC 的银皮书《设计采购施工（EPC）/交钥匙工程合同条件》或 FIDIC 的黄皮书《生产设备和设计-施工合同条件》。

（2）合同条款应明确安全、质量、造价的规定

"工期、质量、造价"是建设工程项目的永久主题，是合同履行的核心和依据，也最容易产生争议、索赔。合同中必须对相应的目标要求、程序、验收条件等有明确的说明，例如工期条款部分必须有开工、竣工日期，并约定开工、竣工应办理哪些手续；质量部分条款应明确约定参加验收的部门、人员，采用的质量标准，验收程序、需签署的文件及产生质量争议的处理方法等；造价部分条款中，对价款调整的范围、程序、计算依据和设计变更的确认及结算程序做出明确的规定。

（3）合同条款应明确监理工程师和双方管理人员的职责和权限

在项目实施过程中，业主、承包商、监理人员、参与建设的工程技术人员和管理人员较多，如果对他们的职责和权限不明确或不为对方所知，往往因此造成双方不必要的纠纷和损失。为此，合同条款应明确他们的责任和权限，特别应明确职责和权限的范围、程序、生效条件等，防止其他人员随意签字、给各方造成不必要的麻烦和损失。

（4）合同条款应重视设备、材料采购，项目管理违约责任等

其内容与招标文件中的技术规范书、项目管理要求的内容一样，应明确具体的要求，并制定相应的违约责任。

以招标文件为载体，通过对项目功能的描述、合同条件的策划、达到使工程招标阶段制定的安全、质量、工期、投资等各项目标在工程实施过程中有效落实的目的，从而真正地体现出招标的价值。因此，项目招标文件的编制必须符合待建项目的特点、实际情况和业主自身的需要，不能生搬硬套。编制出一份好的工程总承包招标文件，将有助于控制好项目投资和更好地开展项目管理工作。

8.2 招标造价管理

8.2.1 招标造价管理意义

招标造价管理是指在招标阶段对工程造价的控制。招标造价控制是招标管理工作的重要内容之一。工程总承包招投标的目的是保证缩短工程项目建设周期，确保工程安全、质量，同时也要达到节约建设资金，提高投资效益的目的。而在工程总承包招投标过程中涉及的最重要的问题就是工程造价，也是业主工程项目招标管理中的重点和难点。

工程造价的控制是一个全过程的控制，涉及范围比较广泛。除了项目决策、招标、设计阶段以外，采购、施工、试运行、结算环节都具有一定的关联，而在这多个环节中，招标阶段的造价控制则具有重要的意义。招标阶段的造价既是设计阶段概算、预算控制的目标，又是核实工程投资规模、控制采购、施工阶段工程造价的依据。为此，招投标阶段是确定工程造价的一个重要阶段，它对今后的工程实施以至于工程竣工结算都有着直接的影响。实际上招标阶段的造价控制涉及合同的内容签订，是避免法律风险以及经济方面损失的必要条件。通过招投标阶段的造价控制和管理，也能够使承包单位进一步将顺后续设计、采购、施工、试车、验收等阶段的工作流程与工作内容，从而避免在实施管理过程中出现混乱，提高工程建设的工作效率。

当前，我国工程项目管理模式并不完善，尤其是对于工程总承包模式的造价控制则更为困难，造价控制的效果难以体现。但是，随着建设工程市场的全面开放和建设体制改革的不断深化，工程招投标工作已经全面走上法制化、规范化、科学化的轨道。如何适应激烈的市场竞争形势，招标人在招标阶段如何做好造价控制工作，降低工程成本，已成为招标人实施招标管理和研究的重要课题。

8.2.2 影响招标造价因素

（1）招标文件编制质量

招标文件是整个招标过程的纲领性文件，具有重要的法律效力，也是成本控制的重要依据。一份质量高的招标文件对招标过程应有较为具体、完备的说明；对于工程建设的功能、要求、范围、技术有明确的描述；对于合同的签订有着直接的影响。如果招标文件编制不科学、不规范、不清晰，文件内容不符合工程造价的规定，导致造价不科学、不严谨。当文件出现缺陷时，投标人往往会利用缺陷获得最大的经济利益，这极有可能提高工程造价。

（2）评标体系的合理性

评标体系的建立是否得当直接影响到投标人的报价和对评审的结果，对造价产生影响，比如评标体系不完备导致低于成本价投标者中标。目前，部分工程的评标体系尚未发挥作用，有些只是流于形式。例如，实践中有些评委由于时间短、任务重，不能对标书进行详细评审或进行综合判断，评委会不能实现与其职责，或并未结合项目实际而选择了不适宜的评标方法，影响了工程造价的合理性。

（3）工程量清单的质量

工程量清单的运用使工程造价更接近工程的实际价值，在新的计价模式下，工程量由招标人提供，投标人的竞争性报价是基于工程量清单上所列量值。一旦出现量值与实际情况严重不符，列项重复或缺项都会引起工程造价的波动，不利于造价控制。这一方面，对于工程总承包项目工程量清单的编制质量表现得更为困难。

（4）要素成本的市场价格波动

工程总承包项目工期长，在建设过程中，各项建设要素成本市场价格可能会发生较大的变化，如工程设备采购租赁费用、建设材料费用、人力成本支出费用等，不同时期不同地区都有可能出现一定范围的价格波动，如果招投标双方没能准确地预测这种价格波动的影响，会在一定程度上影响工程造价的准确性。

（5）相互串标的外部环境

相互串标的行为是影响工程造价因素之一。在投标时，投标人相互串通投标，有意压低标价，又由于招标文件编制得不规范、不标准，质量不高，就有可能产生造价风险。

8.2.3 招标造价控制措施

(1) 提高招标文件编制质量

招标文件是投标单位编制投标文件的依据，是招标单位与中标单位签订合同的基础，招标文件提出各项要求，对承发包双方都有约束力。因此，招标人在编制招标文件时，应充分保证招标文件的针对性、严谨性、可操作性和全面性。招标文件的编制应遵循有关法律法规标准，例如招标投标法、标准设计施工总承包招标文件、工程总承包计量计价规范，保证其规范性。

(2) 重视工程量清单的编制

工程量清单是招标文件的重要组成部分，是投标人投标报价的基础。招标人必须邀请具有相应资质的造价咨询单位编制，编制工程量清单要注意以下几个方面的问题。

① 明确编制依据　业主要全面、清晰地向造价咨询单位说明工程意图、技术规范、实地踏勘，使工程量清单客观科学、准确无误，以减少以后的工程变更。

② 项目划分清晰　项目之间界限清楚，工程项目内容、工艺和质量标准明确。

③ 清单言简意赅　包括工程项目补充说明、施工工艺特殊要求、招标须知、施工条件、自然条件等都应准确表达，以避免日后的索赔。

(3) 做好对投标人的资格审查

严格按照有关法律法规的规定对投标人进行全面的资格审查，尽量避免"一级企业投标、二级企业转包、三级企业进场"现象的发生，以免影响造价的增加、工程延期、工程质量难保。严格审查，选出优秀的承包人可以减少实施过程中的麻烦，防止工程造价升高。

(4) 设立招标最高限价

考虑到目前建设工程市场机制不完善，因此，提倡设立并公开招标工程的最高限价。最高限价考虑了招标文件、市场行情、计价规定，同时，兼顾了拟建工程具体条件、水平等因素，使招标工作更加客观公正。最高限价的设立具有以下作用。

① 最高限价明确了建设单位的造价尺度，淡化了标底的唯一性和关键性，促使投标企业在节约成本、优化资源配置上下功夫。

② 最高限价防止串标、围标和陪标、恶意抬标。

③ 最高限价为变更、清单计算提供参考依据，能够有效地控制造价。招标最高限价的确定应详细地进行大量市场人工、材料、机械行情调查，并掌握较多的该地区条件相近同类工程项目的造价资料，经过认真研究分析比较计算，将工程最高限价控制在同类工程社会平均水平的基础之上。

(5) 建立科学的评标体系

评标体系对投标人进行公平、公正、公开的评价，直接影响到是否能够选择出合适的承包人。要对投标人进行全面的、综合的评价是控制工程造价的重要环节。这就要选择适合工程项目具体情况的科学评标方法，详细明确评标的具体程序、标准；严格评标委员会的纪律，严格按照预定办法进行评标。

(6) 实施限额设计

通过进行限额设计工作，达到控制招标造价的目的。一般来说，限额设计是按照投资或造价的限额进行满足技术要求的设计。它包括两方面内容，一方面是项目的下一阶段按照上一阶段的投资或造价限额达到设计技术要求，另一方面是项目局部按设定投资或造价限额达到设计技术要求。

工程总承包项目的限额设计主要是指在方案设计或初步设计的基础上，确定招标工程项目的总估算、概算额度，将通过有关部门批准的估算、概算投资，作为使用限额设计控制投资，同时在满足工程项目各部分功能的情况下，并依据项目配置情况来确定投资限额。换句话说，将方案设计或初步设计后形成的估算或概算投资作为使用限额设计控制的投资，按上一阶段批准的投资额度来控制下一阶段的设计工作，限额设计中以控制工程量为内容，如果抓住了控制造价的核心，就能够使得工程造价得到严格的管理和控制。

（7）重视评标中的询标工作

询标是指对投标文件填报的项目内容、综合单价组成、投标报价和含义不明确、表述不一致的内容要求投标人进行澄清、说明和补正。通过询标可以排除可能存在的非实质性、欺骗性、明显低于其个别成本的不合理的合同价格，防止低于成本中标者对工程建设项目造价产生不良后果。

（8）强化对招标文件的审核

强化招标审核包括对招标限价审核和招标文件的审核。

① 首先要加强对招标限价的审核　业主相关人员应对造价机构编制的招标最高控制价进行审核，审核招标控制价的完整性、是否存在分项分部工程漏项问题，项目特征描述是否清晰；"暂估项"及其"暂估材料设备价"设定是否合理；暂列金设定是否合理；计价依据是否符合法律规定；控制价是否已经超出批复的概预算等。

② 另一方面要加强对招标文件的审核　明确招标范围是否满足业主的要求；项目的功能是否描述得全面；业主的要求是否表达清楚；技术标准是否已经明确；招标文件列出的范围是否与工程量清单一致；如有改造项目，招标范围是否覆盖了改造项目；如有拆迁工程，招标文件是否已经涵盖了拆迁内容；发包标段的界面与其他标段的界限是否清晰等。

8.3　招标风险管理

8.3.1　招标风险涵义

目前，专家对风险的定义尽管各不相同，但对风险的基本涵义的认识是一致的，风险具有三个方面的涵义：风险是与人们的行为、活动相联系的；该风险事件是不确定的；该风险事件所造成的目标损失也是不确定的。所谓"招标风险"是指在招标活动中，由于招标人的行为、活动的某些过错或失误或招标的外部环境的某些影响，而导致招标的实际结果和预期有所差异，偏离预期目标，使招标活动、招标人遭受损失的不确定事件。

① "招标风险"与招标人行为、活动相联系，强调的是在招标过程中发生的风险，如招标人违反招标投标法存在暗箱操作行为、招标活动程序违反法律规定等。

② 招标风险发生是不确定的，也可能发生，也可能不发生，如招标外部环境的干扰等就具有不确定性。如果招标风险事件肯定会发生，则就不称其为招标风险了。

③ 招标风险对项目所造成的损失具有不确定性，损失可大可小，如招标风险的发生导致了法律纠纷、造成社会不良影响、第二次招标等结果，造成招标人的经济或社会名誉损失，其损失结果是具有随机性的。如果损失是一定的，那么，就不用对招标风险实施防范了。

8.3.2　招标风险分析

工程总承包项目是一种效益与风险并存的发包模式，具有一般清单招标的风险特征，业主的效益期望越高，则面临的风险就会越大。在招标活动实践中，业主往往缺乏招标经验和对招标技术的把握，容易造成招标阶段的各种风险，影响项目的履约进程和最终工程项目预期的实现。因此，对工程总承包招标阶段进行风险识别分析，使业主对招标风险做到心中有数，注重风险的关键环节，对于业主控制风险具有重要的作用。招标风险概括为招标前期准备风险、招标实施管理风险、招标文件与合同条件风险、评标技术风险、投标环境风险。

（1）招标前期准备风险

① 调研不深入风险　工程总承包项目招标项目涉及设计、采购、施工等各个方面，业主的调查研究十分重要。业主调研主要表现在对市场信息的掌握、对政策规范的了解和对基础数据的收集方面。

如果在调研中所获取的市场信息失真、市场询价不全面，资料缺乏可靠性，为方案策划提供的信息不准确，会造成招标策划方案不够充足以及招标方案策划缺乏科学性、合理性或计划不完善的情况。

政策法规是工程总承包项目招标的法律依据。目前，我国的工程总承包项目政策处于建立完善期，必须注意新政策，新法规、规范、标准修改等动向，按法律招标，否则将面对政策规范风险。

在技术调研中，业主提供与设计、施工有关的地上、地下已有的建筑物、构筑物等现场障碍资料，并对其真实性、准确性、齐全性和及时性负责。如果因业主提供的资料不真实、不准确、不齐全、不及时造成的损失由业主承担。

② 方案策划风险　招标方式策划有瑕疵；评标办法选择不符合项目实际，有缺陷；招标计划安排不完备；从而导致招标活动效率或效果受到影响，以致影响到后期项目建设过程，对业主造成损失。合同类型选择不当，未能采取闭口合同形式，给承包商留有钻空子的机会，给业主造成损失。

招标前期准备风险是业主面临的主要风险，是工程总承包招标风险的重点和难点之一。

（2）招标实施管理风险

① 招标组织管理风险　招标管理制度贯彻落实不到位；采用公开招标程序不符合法律规定；对投标人的资格评审环节不到位或流于形式。

② 招标具体实施风险　工程总承包项目对评标人有特殊的要求，选择评标人员程序不规范，人员不符合要求；评标过程缺乏记录，评标方式不尽统一；缺乏严密的澄清程序和澄清记录，存在人为调控的风险；开标组织不当指业主或招标代理机构未能按照规定主持开标；评标组织不当，未按规定组织评标，工作出现失误，影响评标结果。

③ 招标基础管理风险　招标备案记录不全；忽视招标环节基础资料的保管，缺乏基础资料的归口统一和归档管理制度，导致资料不全或丢失，不便于查询和追溯，影响招标管理和监督的成效。

（3）招标文件与合同条件风险

① 招标文件不规范　工程总承包项目招标文件的编制不规范、质量不高，缺漏项，对投标文件的要求不严，投标文件的格式、内容等参差不齐，影响了评标的质量和效率；招标文件中的功能描述部分业主表达模糊、缺项；项目边界条件模糊、工作范围不明确；预期目标描述不详等。这些风险因素的存在不仅影响招标效果，给招标工作带来麻烦，而且将在施工及项目后期运营中给业主带来风险损失。为此，需要强调的有两点：

一是功能描述风险。工程总承包项目往往在方案设计或初步设计后招标，这是需要业主对拟建工程的功能对投标人作详细说明。使用功能考虑不周风险是 EPC 比较大的重点和难点风险之一。在实践中，由于业主对项目使用功能考虑不周，漏项、阐述模糊的现象时有发生，例如，技术复杂的项目的设计要求和标准表达不到位、漏项。艺术性、效果性强的项目对于艺术效果标准、艺术效果没有说清楚、阐述不明；对招标工作效果乃至在履约阶段、项目后期运营中，给业主带来风险损失。

二是工作范围描述不明风险。由于工程总承包项目规模大、涉及的专业较多以及招标文件、合同条款编制的时间有限，往往会产生对承包商工作范围描述不清的现象，导致投标人报价产生较大偏差，影响招标效果，也为履约期的纠纷埋下隐患，业主面临工作范围描述不明的风险。

② 合同条款不完善　合同条款不完整、叙述不严密，语言含混不清，意思表达不到位，条文存有漏洞，导致在合同履行中承包商索赔，增加履约期的工程变更；本来业主将大部分风险转移给承包商以赢得工程工期、质量的效益，但由于合同条款的漏洞使承包商依赖于索赔或降低工程质量来抵偿其承担的风险损失。

③ 工程量清单风险　大清单工程量（所称大清单是指在方案设计、初步设计阶段发包，并未达到施工图深度时的招标）风险往往是业主面临的问题，大清单工程量的风险主要表现在工程量清单编制不准确、不规范、清单漏项、存在缺陷。在工程量清单计价模式下，业主与承包商进行结算工程量时，一般是按照实际工程量进行调整，在清单工程量与实际工程量差距较大情况下，不仅需要对综合单价进行调整，而且还要对相应措施费进行调整，与此同时工期也可能进行调整。因此，双方难免发生纠纷和矛盾，如果工程量清单编制有缺陷，这种矛盾就会更加突出，业主面临着工程量清单纠纷的风险。

（4）评标技术风险

① 综合打分法风险　运用综合打分法进行评标，在发挥其优势的同时，也存在一些潜在的风险。如评价指标因素以及权值一般难以合理界定；其评价指标因素以及权值确定起来比较复杂，难以做到完全科学合理。另外，评价指标专家难以在短时间内熟悉所评项目资料。由于专家组成员均为临时抽调，在短时间内让他们充分熟悉所评项目资料，全面正确掌握评价因素及其权值，显然有一定的困难。因此，如果准备时间不充分，业主将面临评标效果不佳的风险。

② 不平衡报价风险　不平衡报价是指投标人在总报价确定的前提下，有意识地调整某些分项工程的单价，目的是从设计修改或单价变更中获得额外利润。对于投标人来说不平衡报价是承包商常用的一种策略；但对于业主来说过度的不平衡报价将掩盖工程实际造价，不利于招标人选择优秀的中标人，将会扰乱招标工作的正常进行，并可能成为项目最终投资失控的主要原因，出现"低价中标、高价索赔"的现象，加大了项目建设风险，这是业主在评标时面临的风险之一。

③ 低于成本价风险　承包方为了取得投标项目，常常以低于本企业成本的价格取得合同，随后在合同履行中因价格过低，建设资金匮乏，将会导致项目偷工减料、质量不达标，甚至半途停工，给业主利益造成极大的损害，诸多矛盾和纠纷也会由此而生。业主将承担损失风险。

（5）投标环境风险

① 投标人弄虚作假骗取中标

a. 投标人夸大经济实力，骗取中标。如针对招标人对自有资金或信贷额度的要求，投标人采用举债后再"完璧归赵"方式，夸大自有资金实力；或通过不正当的关系、手段，取得虚假的资信证明等。

b. 投标人夸大经营业绩和技术实力，骗取中标。如有的投标人将承包过的部分附属工程的整体工程悉数列入自己的名下，夸大、虚构自己的业绩；有的在投标文件中大肆造假，制作假文凭、假证书，一些低学历、无技术的临时聘用人员也滥竽充数。

② 围标、陪标高价中标　投标人相互围标、陪标，以骗取高价中标。如有的投标人暗中邀请符合招标条件、具有相应资质条件的其他投标人，相互串通投标，骗取高价中标。有时候是由商定的中标人统一制作标书，有的由陪标人负责制作标书，形成"今天你陪我，明天我陪你"的局面，既降低了围标、陪标成本，也提高了高价中标的可能。陪标、围标的后果是让招标人承担远高于市场的价格，损害了招标人的合法权益。

③ 相互串通营私舞弊　投标人与招标人串通舞弊。在目前的招投标活动中，还存在着种种招标人与投标人串通舞弊，操纵中标结果的行为。这些不合法、不正当的竞争行为，是以牺牲了国家利益、社会利益或者以损害其他人的合法权益为代价的，建设项目屡屡发生的"项目上马，人员下马"的触目惊心的经济案件以及质量安全事故就是明证。

工程总承包业主招标风险因素及风险源见表 8-1。

表 8-1　工程总承包业主招标风险因素及风险源

序号	风险分类	一级风险	二级风险
1	招标前期准备风险	调研不深入风险	市场信息失真、市场询价不全面
			政策法规不了解、基础数据不准确等
		方案策划风险	招标方式设计瑕疵
			评标办法选择有缺陷
			招标计划安排不完备
			……
2	招标实施管理风险	组织管理风险	没有建立招标管理办法
			管理办法贯彻落实不到位
			招标开标评标不符合定程序
			……
		具体实施方面	评委会组成不合规，人员资格不达标
			评标过程缺乏记录，评标方式不尽统一
			……
		基础管理风险	忽视招投标基础资料的保管
			招标备案制度不完善
			……
3	招标文件与合同条件风险	招标文件不规范	招标文件错项、漏项
			投标文件的格式要求欠缺
			……
		合同条款不完善	功能描述不全面、欠深度
			工作范围描述含糊、欠清晰
			合同条款不完整、叙述不严密
			……
		工程量清单风险	未按规范规定编制
			不准确，严重漏项
			……
4	评标技术风险	综合打分法风险	指标因素设置不当
			权值设定不合理
			……
		不平衡报价风险	增加投资成本
			纠纷争议风险
			……
		低于成本价风险	质量不达标
			项目半途停工
			……

序号	风险分类	一级风险	二级风险
5	投标环境风险	投标人弄虚作假骗取中标	虚假的资信证明
			夸大、虚构业绩
			制作假文凭假证书
			以他人名义投标
			……
		围标、陪标高价中标	围标
			陪标
		相互串通营私舞弊	抬高或者压低投标报价
			排挤其他投标人等
			撤换标书、更改报价、泄露标底等

8.3.3 招标风险应对

（1）招标前期准备风险应对

深入调研对于招标工作十分重要，它是业主了解市场的重要途径，为招标策划提供素材和条件，为招标策划奠定基础的前提。业主应意识到招标前期市场调查的重要性，市场调研可以采用专家调查法，邀请有经验的专家调研；也可以采用实地调查法，通过经历过同类项目招标建设的业主了解情况，或亲自到同类项目施工现场进行实地调研，来掌握第一手资料。

业主要学习政策法规，严格执行政策法规；研究规范、标准动向，对于新旧法规、规范交替期的项目，招标文件中必须要交代清楚，进行详细的说明，并明确风险责任。对于业主面临着相关资料的准确性风险。业主要锁定资料来源的可靠性，认真分析数据的可信性、准确性，以规避风险。

方案策划或称为招标策划方案，是一项系统工程，方案策划的质量是招标是否成功的关键，方案策划应有行业专家参与或邀请咨询公司编制，对于招标方案业主应建立审核制度，实施交叉审核方式，确保招标策划方案更加科学、合理、可行。一个高质量的招标策划方案应具有详细的背景描述，明确的招标目的和明确的招标核心内容，科学合理的招标、评标方法。

（2）招标实施管理风险应对

招标实施阶段是招标策划方案的具体化，在实施阶段业主应制定一系列招标程序和管理制度，应按照招标投标法规定的程序实施招标、开标，不能遗漏任何环节，或流于形式；评标应按照评标委员会组成与评标方法的法律规定实施评标，严格评标程序。应结合企业实际，贯彻落实建设工程档案管理和招标档案管理法规，实施过程管理，对于招标过程中所形成的档案资料及时收集和保管，委派专人负责整理，防止流失。

（3）招标文件与合同条件风险应对

科学的策划和编制招标文件可以避免和降低工程风险，近年来，我国招标工作不断走向规范化，行业管理部门提供了不同的招标文件范本，如标准设计施工一体化招标文件、建设工程总承包合同示范文本等，规范 EPC 总承包招标工作。资格审查文件也是招标文件的组成部分，业主编制审查文件时应参照有关工程总承包资格审查文件规范进行编制，防止漏项、不严谨的风险产生。同时，还应考虑各方面因素，设立标底和控制价也是招标文件风险的应对措施之一。招标文件编制完成后，对于非通用条款部分可组织专家论证和审查，做到完整、系统、准确、规范。专家可以从工程咨询公司或行业部门专家中邀请、选择，审查完成后，送交相关核准部门备案。

对于大清单工程量风险，首先可以通过采取审核校核制度、规范编制程序、提高编制人员素质、委托具有相应资质的咨询单位编制等方法加以应对。其次业主可以请有经验的专家对清单项进行斟酌、研究、讨论，严把审查关，避免清单项的偏差较大、缺项较多、特征描述不清现象的发生。再者也可以在招标后对中标设计方案结合其他未中标设计方案的优点进行集思广益的深度优化，使它最终的设计方案是一个符合现场条件的优秀设计方案，避免其在后期的施工图设计方案有较大的变化。

对于工作范围描述含糊、欠清晰风险的应对，业主可以根据工程特点合理划分标段，合理规避风险和争议。对多标段情况，检查相邻接口是否存在空白或重复现象，同时，注意规避交叉及协调难题。

（4）评标技术风险应对

① 综合打分法风险应对　综合打分法风险，主要来自于权值的分配，权值分配对于评标结果会产生重要影响，因为权值的分配不同，可能选择的中标人就不同。那么，如何将综合评标方法权值的分配做到科学、合理，应注意以下几个方面。

a. 应注意法规对设定权值的约束，行业、地方出台的工程总承包项目招标方法规定中对综合评标法都有明确的规定，如《江苏省房屋建筑与市政基础设施项目工程总承包招投标导则》《上海市工程总承包招标评标办法》均对分值权重进行了规范。

b. 注意工程类别对权值分配的影响。综合评分法的权值分配也受工程类别的影响。对于采用装配式或者 BIM 建造技术的中、小型房屋建筑项目，价格标的权值应该在法定区域高一些的位置；对于大型工业建筑工程类别项目，价格标的权值应该在法定区域低一些的位置。

c. 注意技术标对权值分配的影响。技术标是综合评分法中的重要指标，每个项目对技术指标的要求不尽相同。对于技术标准较高，有特殊要求的工程项目价格权重应在法定区域低一些的位置，而技术标的权值分配则应适当提高一些。对于一般技术要求的工程项目其权值分配刚好相反。

d. 注意建筑市场行情变化对权值分配的影响。市场设备、材料价格变化较大，具有很大的波动性时，权值的分配在法规规定的范围内适当向价格标倾斜，赋予较大的权值；市场行情比较稳定时，可以将价格标的权值分配在法规规定的范围内适当放在中上档的位置为宜。

e. 注意发包点不同对权值分配的影响。如前所述，权值分配随项目发包时点不同有所不同，这是由于投标人承包的内容发生了变化，需要评审的指标不同而产生的权值变化。总承包项目发包时点分为：可行性研究完成后、方案设计完成后、初步设计方案完成后发包。权值分配依上述发包时点顺序，其价格标的权值分配依次增加，如报价权值分别为 50%、60&、85% 等，依次递增。

② 不平衡报价风险应对　不平衡报价是建立在投标人自己对工程量估计的基础之上的，毕竟不是工程实际发生的工程量，是不确定的。如果实际工程量与投标人预计的工程量正好相反，例如，投标人估计工程量增加的，实际工程量反而减少；投标人估计工程量减少的，实际工程量反而增加了；投标人的不平衡报价策略就会彻底失败。业主按照这样的思路，在招标工程量清单做出对自己有利的变更，无疑是应对不平衡报价风险的有力对策。

不平衡报价风险可以采取限制其中标来规避，如根据描述不平衡程度参数大小规定评标时在报价上加上一个相应的风险值，通过考虑资金的时间价值等方法以降低其中标的概率，减少不平衡报价对业主的风险影响。对某些特别敏感的分项工程，规定某项不平衡程度大于某临界值时该标作废。还可以采用适当的合同条款进行规避。如合同中规定，清单分项工程变更过大时，应对分项的综合单价重新计价以及相应的计价方法，以消除业主可能因不平衡报价而产生的不公平额外支付；也可以根据投标人报价不平衡程度而加大其履约的担保额度。

③ 低于成本价风险应对　审查投标人报价是否为"低于企业的成本价"，剔除恶意竞标

人。对于常规工程的投标报价是否低于企业成本价的判断方法很多，可以采用专家调查法，即通过邀请有关专家对其进行调查判断；投标企业经营审核法，将投标企业的生产规模、管理水平、自有机械设备情况、原材料采购成本及使用损耗控制、劳动力的组织和调度、融资成本等因素作为依据判定。也可以要求投标人对于不低于成本价做出承诺，对于低于成本价风险应对也算是一种措施。

（5）投标环境风险应对

① 编制高质量的最高限价或标底　通过邀请技术严谨、信誉度高、实力雄厚的造价机构编制工程量清单以及最高限价或标底，高质量的最高限价或标底更能符合社会平均水平，而且能够压制"高估冒算"的现象，对控制工程超额利润，降低围标期望收益都是不错的手段。

② 采取纵横评审法　通常评标人只对各个投标人的标书独立的评审和检查，以招标文件为准绳，看投标书有明显的差异之处，是否满足招标文件的要求。这是对投标文件的纵向评审。而横向评审是指对所有投标书进行相互之间的审核和比较，通过横向评审可以发现围标情况的存在，有效防止违规操作的投标人进入下一轮的评审。

③ 采用公开性高的招标方式　围标、陪标在邀请招标中是最为容易的、最常见的现象。所以采用邀请招标应严格对投标人进行审查。公开招标方式透明度高，投标人数多，诸多投标人在同一时间投标进行评审，使违规者来不及围标、串标。采取公开性和公正性较高的招标方式可以有效地防止一系列违规行为的发生。

④ 采用招标技术应对　招标人在招标中应增加反围标、陪标意识，采取一些技术来降低此类风险。如可以增加投标人的入围数量，冲减围标、陪标人的中标概率；对投标人的相关信息严格保密，使得围标者无所适从；在评标过程中，审查是否存在"雷同卷"，是一种行之有效的技术应对方法；投标保证金的收取、退付实行"投标人账户对保证金账户"，并采用电汇方式等。

⑤ 招标中严格法律管控　在招标过程中，招标人一旦查出围标、串标人员，按照法律进行惩戒，从法律入手真正威慑围标、陪标者。常规惩戒含有刑事惩罚、行政性和经济性惩罚，全方位设定法律惩戒，将减低围标、陪标者的期望收益。

8.4　招标合同管理

8.4.1　决标前合同管理

招投标是合同的形成阶段，对整个项目生命周期有根本性的影响。招标活动的目的就是招标人希望选择一个理想的中标人，并与中标人签订合同。招标人是合同的编制者、主导者，探讨招标人对招标阶段的合同管理至关重要。

（1）关于合同状态研究

合同文件编制的是否公平、合理，不仅仅是由合同条款（文字表达）决定的，而且还取决于合同签订和合同实施的内外部各方面因素。从合同形成来分析，合同价格以工程概算或预算为基础，工程概预算又以合同条件（合同责任、工程范围、工程量）、工程环境、实施方案等为基础，这几个方面相互联系、相互制约共同构成项目的合同状态，合同状态是合同签订时各个要素的总和，工程项目合同状态图见图 8-1。

合同签订时是招投标双方对合同状态的一种承诺，如果影响合同的某一因素发生变化，打破合同状态，则应按照合同规定调整合同状态，达到新的平衡。如合同条件变更、工程环

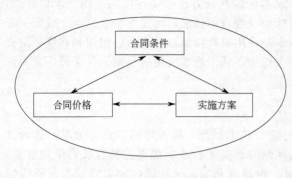

图 8-1　工程项目合同状态图

境变化、实施方案变化都打破了原来的合同状态就要调整价格或工期，达到新的平衡，其中合同价格是核心。

无论是业主还是投标人应具有合同状态的概念。业主在设定、审核合同文件时，不但要研究文字的表达，而且要考虑条款所处的具体内外部环境，合同价格所包括的内容，以及采用的实施方案。例如，外部环境变化，国际经济不稳定时，物价波动大，设置合同文件可以将风险向承包商倾斜，在国际经济稳定时，设置合同文件，可以适当合理地对风险进行分配。

承发包合同的履行实际上是在履行一种合同状态，在既定的环境中，按照既定的实施方案，完成规定的义务。招投标阶段的合同设定，属于一种"计划状态"，一旦这种计划状态被打破，就要形成新的平衡，或实施价格调整或延长工期。为此，业主在设定合同文件时，应考虑到在合同履行中的这种合同状态的动态性，应充分考虑这种动态发生时，使合同状态达到新平衡的调整条款，如合同变更条款、索赔条款、争议处理条款等。

招投标阶段的计划状态将履约过程的合同状态以及工程各个方面和项目管理的各种职能工作紧密地联系起来，形成一个完整体系，"计划状态"处于整个体系中的龙头地位，因此，研究招标阶段的合同管理十分重要。

(2) 合同中的风险分配

业主采用工程总承包模式的原因在于其愿意支付较高的费用，以能够在较短的时间内获取工程质量有保证的项目，及时进行运营获取利润。因此，工程总承包模式将风险责任适当地向承包人倾斜也无可非议，但是也不能将全部风险转移给承包人，打破风险分配的平衡，将会造成工程总承包人负担过重从而影响其积极性和工程项目目标的最终实现。

例如，国际工程总承包合同条件（如 FIDIC 银皮书），将风险分担严重向承包商倾斜，承包人承担的风险有：实施过程中的设计风险；业主提供的现场数据不准确风险；现场施工放线风险；物价上涨或汇率变化所引起的经济风险；货物运输风险；对场外公用设施造成临时停水、停电、中断道路交通、或损害风险以及其他不可预见的风险等等，在传统模式的风险分配的基础上，不仅要承担经济风险、外界（包括自然）风险，甚至还要承担某些业主的过失风险。

我国的工程总承包合同管理政策和合同示范文本与国际 FIDIC 银皮书相比较，对风险分配做了妥善的处理。

住建部颁布的第 12 号文规定："建设单位和工程总承包单位应当加强风险管理，合理分担风险。建设单位承担的风险主要包括：

（一）主要工程材料、设备、人工价格与招标时基期价相比，波动幅度超过合同约定幅度的部分；

（二）因国家法律法规政策变化引起的合同价格的变化；

（三）不可预见的地质条件造成的工程费用和工期的变化；

（四）因建设单位原因产生的工程费用和工期的变化；

（五）不可抗力造成的工程费用和工期的变化。"（第 12 号文第十五条）

2020年颁布的《建设项目工程总承包合同（示范文本）》（GF-2020-0216）（简称《示范文本》）对此做了更为详细的规定。例如主要风险分配规定如下。

① 关于基础资料风险的分配 对"发包人要求"和基础资料中的错误约定，承包人负有认真阅读、复核"发包人要求"以及其提供的基础资料并通知发包人补正的义务，如发包人做出相应修改的，或者发包人"发包人要求"或其提供的基础资料中的错误导致承包人增加费用和（或）工期延误的，发包人应承担由此增加的费用和（或）工期延误，并向承包人支付合理利润。（《示范文本》2.3 提供基础资料）

② 关于不可预见困难风险的分配 不可预见的困难是指有经验的承包商在施工现场遇到的自然物质条件、非自然的物质障碍和污染物，包括地表以下的物质条件和水文条件以及专业合同中约定的其他条件，但不包括气候条件。对于承包人按照约定对不可预见困难遇到的风险而采取的合理措施所增加的费用和（或）工期延误，由发包人承担，并支付合理利润。（《示范文本》4.8 不可预见的困难）

③ 法律和标准变化风险的分配 基准日期之后，承包人完成设计工作所应遵守的法律规定，以及国家、行业和地方的规范和标准发生重大变化，或者有新的法律，以及国家、行业和地方的规范和标准实施的，承包人应向工程师提出遵守新规定的建议。在基准日期之后，因国家颁布新的强制性规范、标准导致承包人的费用变化的，发包人应合理地调整合同价格；导致工期延误的，发包人应合理延长工期。（《示范文本》5.1.3 法律和标准的变化、13.7 法律变化引起的调整）

④ 关于价格波动风险的分配 《示范文本》中区分责任主体，细化市场价格波动对合同价格的影响，引入价格指数权重表降低价格调整争议。合同提供了价格调整公式并引导合同双方采用价格指数权重表，同时区分"承包人原因工期延误后的价格调整""发包人引起的工期延误后的价格调整"，针对不同责任主体所导致的市场价格波动，做出针对性合理、妥善的安排。对于未列入价格指数权重表的费用不因市场变化而调整。（《示范文本》13.8 市场价格波动引起的调整）

⑤ 不可抗力风险的分配 不可抗力是指合同当事人在订立合同时不可预见，在合同履行过程中不可避免、不能克服且不能提前防备的自然灾害和社会性突发事件，如地震、海啸、瘟疫、骚乱、戒严、暴动、战争和专用合同条件中约定的其他情形。

不可抗力导致的人员伤亡、财产损失、费用增加和（或）工期延误等后果，由合同当事人按以下原则承担：

a. 永久工程，包括已运至施工现场的材料和工程设备的损害，以及因工程损害造成的第三人人员伤亡和财产损失由发包人承担；

b. 承包人提供的施工设备的损坏由承包人承担；

c. 发包人和承包人各自承担其人员伤亡及其他财产损失；

d. 因不可抗力影响承包人履行合同约定的义务，已经引起或将引起工期延误的，应当顺延工期，由此导致承包人停工的费用损失由发包人和承包人合理分担，停工期间必须支付的现场必要的工人工资由发包人承担；

e. 因不可抗力引起或将引起工期延误，发包人指示赶工的，由此增加的赶工费用由发包人承担；

f. 承包人在停工期间按照工程师或发包人要求照管、清理和修复工程的费用由发包人承担。（《示范文本》17.4 不可抗力后果的承担）

住建部第 12 号文和我国示范文本，较明确、合理地规定了业主和承包商双方的风险责任。业主在编制合同条款时应结合项目实际情况，引用或参考有关标准、范本的有关风险承担分配条款，处理好双方的风险分配的平衡。

(3) 招标合同文件分析

招标阶段的合同文件编制原则在前面的有关章节已经简要阐述，在此不再赘述。对于编制完成的合同文件，业主需要做进一步审核分析，这是合同管理的重要内容，合同文件的审核是一项综合性的、复杂的、技术性很强的工作，它要求合同管理者熟悉与合同有关的法律、法规、技术，对工程环境全面了解，有合同管理的实践经验和经历。审核分析的内容有以下五个方面。

① 合同的合法性分析

a. 审核合同条款和所指的行为是否符合合同法和其他法规要求。例如赋税和免税的规定，外汇额度条款、劳务进出口、劳动保护、环境保护等条款是否符合相关法律规定。

b. 审核拟定的合同文件格式，是否符合具有的相关标准文件规定。如标准设计施工总承包招标文件中有关合同文件的规定；地方项目还应符合地方政府制定的有关总承包招标合同文件的规定。

c. 有些合同需要公证或经过政府批准才能生效，在国际项目、政府项目在合同签订后或业主向投标人发放中标授意书之后，要经政府批准，合同才能正式生效，这一点应特别注意。不同的国家、地区对不同的项目的合同合法性的具体内容不同。这方面的审核应该由律师完成，这是对合同有效性的控制。

② 合同的完备性分析　合同条款的完备性是指合同条款是否齐全，对各种问题都有规定，不漏项，这是合同条款的完备性审核重点。它与采用的合同文本有关：如果使用的是FIDIC 承包标准合同或我国制定的合同范本，一般认为其完备性不是很大；对一般的工程项目不做完整性审核；但对于有特殊要求的项目，因为需要增加一些内容，因此，需要进行完备性的审核。如果是使用的非标准合同，则可以以标准示范合同为版本一一对照检查，发现是否有遗漏的必须条款。如业主自己标注的总承包合同条款，可以以 FIDIC 银皮书对照比较，检查其完备性。

在工程实践中，一些业主错误地认为合同不完备对自己更有主动权，可以利用不完备推卸自己的责任；增加承包商的合同责任和工作范围；也有承包商认为合同不完备是他们索赔的机会。其实这些思想都是错误的。业主是合同起草人，其应对合同的缺陷、错误、二义性、矛盾性负责。虽然业主对合同承担责任，但是承包商能否有理由提出索赔，以及能否索赔成功都是未知数。在工程中，业主处于主导地位，会以"合同未作说明"为由拒绝承包商的赔偿请求。合同条款的不完备致使业主计划和组织失误，最终造成工程不能顺利完成，引起双方纠纷和争议。因此，合同的完备性对于双方都是十分重要的事情。

③ 合同责任与权益分析

a. 合同应合理地分配各方的责任和权益，使它们达到总体平衡，在分析中，按照合同条款列出上方各自的责任和权益，在此基础上分析他们的关系。

Ⅰ. 责任、权益互为前提：业主有一项合同权益，承包商必然有一项合同责任。反之，承包商有一项合同权益，业主也必然有一项合同责任。

Ⅱ. 对于合同的任何一方，有一项权益，它必然有一项相关的责任；它有一项责任，它必然就有一项与此相关的权益。

Ⅲ. 合同所定义的事件或工程活动之间有一定的联系（逻辑关系），构成事件网络，则双方的责任之间又必然存在一定的逻辑关系。

通过上述分析，就可以确定合同双方责任和权益是否平衡，合同有无逻辑问题即执行上的矛盾。

b. 注意责任和权益的制约关系。

Ⅰ．如果合同规定业主有一项权利，则应分析行使该项权利对承包商产生的影响；该项权利是否需要制约，业主有无滥用这个权利的可能，业主使用这个权利应承担什么责任。这样就可以提出对这项权利的反制约。如果没有这个制约，则业主的权利不平衡。

例如，FIDIC 编制的 EPC 银皮书（99 版）中规定，业主有对承包商的材料、设备、工艺等进行检查的权利，当业主提出检查时，承包商必须执行，甚至包括破坏性检查。"如果检查结果符合规定，业主应承担相应的损失（包括工期和费用赔偿）责任"。这就是对业主权利的限制，以及由这个权利导致的合同责任。防止业主滥用检查权。

Ⅱ．如果合同规定承包商有一项责任，则它又应有一项相应的权利，这个权利是它完成这个责任所必需的，或由这个责任引申的。例如工程总承包商对工程安全、质量负有责任，则它应有编制选择更为科学、合理的施工方案的权利，在不影响项目总体目标的前提下，为了更好地完成合同条件下的建设目标，可以有提出更为科学、合理的建议权利，当然，这一权利应经过业主的批准。

Ⅲ．如果合同规定有一项责任，则应分析完成这项责任有什么前提条件，如果这些前提条件是由业主提供或完成的，则应作为业主的一项责任，如果没有，则不平衡。例如，合同规定承包商必须按时开工，则同时应规定业主必须按照合同及时提供场地、图纸、道路、接通水电、及时划拨预付款、办理各种许可证件包括劳动力出入境、居住、劳动许可证等。这些及时开工的条件，必须提出作为对业主的反制约。

Ⅳ．在承包工程项目中，合同双方有些责任是连环的、互为条件的。例如，在 EPC 项目中的设计是由承包商完成的，双方连环责任，可见图 8-2。

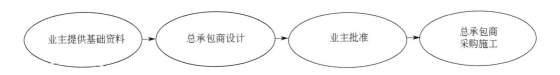

图 8-2　设计与施工责任连环图

应具体将这些活动的责任和时间限定，这在索赔和反索赔中是十分重要的，在确定干扰事件的责任时常常需要分析这种责任连环。

c. 责任和权益条款应具体详细，并注意其范围限定。例如，合同条款规定，只要业主查明拖期是由于意外暴力造成的，则可以免除承包商的责任。"意外暴力"不具体、比较模糊，而且范围太狭窄，如果将"意外暴力"改为"非承包商的原因"，这样就扩大了承包商的索赔权利范围。

d. 双方权益的保护条件。一个合理的合同对双方行为都有制约，也对双方的权益都有很好的保护，这样才能得到双方的认可，才能保证工程项目的顺利进行。例如，对业主的权益，在规定了对于业主的权利，如指令权、变更权、检查权等之后，应有对这种权益的保护条款，例如如果承包商不执行或不配合落实，业主有权对其按照违约责任进行处罚。这就是对业主权利的保护条款。对于承包商的权益保护条款，包括业主的风险定义、延误罚款最高限额、承包商的索赔权、仲裁条款、业主不支付工程款时承包商可以采取停工，甚至中止合同等都是对承包商权益的保护条款。

④ 合同条款之间相互联系分析　根据合同条款具体的表达方式分析执行它将会带来什么问题和后果。在此基础上，要注意合同条款之间的内在联系。同样一种表达方式在不同的合同环境中有不同的上下文，则可能会有不同的风险。由于合同条款所定义的合同事件和合同问题具有一定的逻辑关系（如实施顺序关系、空间上和技术上的相互依赖关系、责任和权

利的平衡关系和制约关系、完整性要求等），使得合同条款之间有一定的内在联系，共同构成一个有机整体，一份完整的合同。例如有关价格方面的条款规定涉及合同计价方法、工程量清单、进度款支付和结算、预付款、暂列金额等一系列条款。

⑤ 合同编制完成后分析 在合同完成后，还要充分考虑到与中标人签订合同时，中标人会有什么样的反映，签约前的合同谈判中会对合同条款提出怎样的具体建议和意见，作为业主应如何对这些具体建议或意见进行处理等。

8.4.2 决标后合同管理

（1）决标后合同谈判

招标投标法第四十六条规定："招标人和中标人应当自中标通知书发出之日起三十日内，按照招标文件和中标人的投标文件订立书面合同。招标人和中标人不得再行订立背离合同实质性内容的其他协议。"

决标后合同谈判是合同订立的前奏。决标后合同谈判不仅关系到合同双方的利益，而且关系到合同的履行，决标后合同谈判在合同订立过程中是一个普遍而重要的问题。

① 决标后合同谈判的前提与基础

a. 决标后合同谈判的目的。决标后合同谈判的目的是将在此以前达成的协议具体化和条理化，是招投标阶段的深化和具体化阶段。虽然此时的合同条款大局已定，但招投标文件中总是有些不明确、不清晰、尚无定量、有缺陷、有漏洞、有变数的地方需要进一步完善和明确。经过谈判使其具体化和条理化，对全部条款予以法律认证。中标后的谈判可能会涉及方方面面，包括：

Ⅰ. 承包内容和范围界限的进一步确认；

Ⅱ. 技术要求、标准规范、技术方案的进一步确认；

Ⅲ. 价格调整条款的进一步确认；合同价款支付方式的确认；

Ⅳ. 工期和维修期的进一步确认；

Ⅴ. 争端解决方式的进一步确认；

Ⅵ. 有关改善合同条款的商谈。因为这时通过招投标文件合同已然形成，决标后合同谈判主要解决的问题往往是局部的和非根本性的问题。可以通过后台解释和借助第三方的力量予以解决。

b. 决标后合同谈判的前提。

Ⅰ. 谈判前提分析：招投标合同的缔结不同于一般的合同签订，它是特殊的缔结合同的过程，经过招投标缔结的合同与普通的邀约、承诺缔结合同过程不同，因为招标文件并不属于邀约，投标人递交的投标文件才属于邀约，招标人发出的中标通知书才属于承诺，也就是说一旦招标人发出中标通知书，就是招标人发出了承诺，招标人将受到这一承诺的约束。

Ⅱ. 前提是中标通知书：中标后合同谈判的前提是投标人收到中标通知书，经过招投标程序后，没有收到中标通知书的投标人当然也就不可能成为合同当事人。在中标通知书发出之前，投标人均不可能成为合同当事人，也就不存在合同的谈判，决标前法律严禁招标人与投标人的任何谈判。只有投标人在收到中标通知书后，才能成为合同当事人。因此，中标后合同谈判的前提是招标人已经发出中标通知书，同时投标人也收到了中标通知书，这是中标后合同谈判的前提。

c. 决标后合同谈判的基础。招标文件是合同谈判的基础之一：虽然招标文件不属于邀约，不受合同法关于要约的法律约束，但是招标、投标作为特殊的合同缔结过程，招标文件作为承载招标人众多信息的文件，且投标人文件必须按照招标文件的要求制作、装订、密封等；同时，投标人中标的评标方式和标准都在招标文件中予以详细的规定，合同的主要条款也在招标文件中予以明示；因此，招标文件也应成为合同谈判的基础之一。

投标文件是决标后合同谈判的基础之二：中标人的投标文件作为邀约，受合同法关于邀约的法律约束。一旦投标人受到招标人发出的作为承诺的中标通知书，从合同法的角度，招标人与投标人之间的合同关系已经确立。但是已经确立的合同关系为什么还需要谈判再签订合同，这主要是因为虽然已经评审中标了，但招投标双方或多或少的都存在一些在招标文件、投标文件中没有包括的内容，或存在不同观点的内容。这就需要双方交换意见和协商，坐下来谈判，并以书面方式固定下来，需要一个谈判过程。

另外，招投标大部分工程项目合同，除要求签订书面的合同外，还要求向相应的行政主管机构备案。招标投标法第四十六条规定："招标人与中标人应当在三十日内，按照招标文件和中标人的投标文件签订书面合同……"。招标投标法实施条例第五十七条："招标人和中标人应当依照招标投标法和本条例的规定签订书面合同……"。按照上述分析，投标文件是合同谈判的基础之二。

② 决标后不能谈判的内容

a. 合同标的不能谈判。合同标的是当事人权利义务所共同指向的对象，是为了获得特定的经济成果，在履行义务时应尽最大努力去实现的利益追求，它是合同成立的重要条件。其可分为物、行为、智力成果三大类。建设工程项目招投标的标的就是指符合业主要求的工程项目。施工合同的标的是施工而不是设计，如果是设计招标，在合同谈判时不能将设计这一合同标的变改为项目管理或勘察等，工程总承包招标不能将 EPC 合同标的改为 EP 或 PC等。招标投标法实施条例第五十七条规定："招标人和中标人应当依照招标投标法和本条例的规定签订书面合同，合同的标的……主要条款应当与招标文件和中标人的投标文件的内容一致。招标人和中标人不得再行订立背离合同实质性内容的其他协议。"

b. 合同价款不能谈判。合同总价款是不能谈判的。合同价款作为招标人的最大关注点，更是投标人投标时的最大关注点，投标报价是投标商务标的核心，是招标人授标的重要评价标准之一。招标人一旦将中标通知书发出且投标人收到中标通知书后，投标人的报价即成为合同价。在谈判时，如果招标人在合同谈判时要求压低价格，或者中标人要求提高价格都是不允许的，法律上也是不允许的。同样，招标投标法实施条例第五十七条规定："招标人和中标人应当依照招标投标法和本条例的规定签订书面合同，合同的标的、价款、质量、履行期限等主要条款应当与招标文件和中标人的投标文件的内容一致。招标人和中标人不得再行订立背离合同实质性内容的其他协议。"

对付款进度或比例是否能够谈判，法无规定，须按照招标文件和中标人的投标文件的综合判断。对于预付款进度和预付款比例，招标投标法实施条例并未规定。那么，这些内容是否属于可以谈判的范畴。例如，中标人在合同谈判中要求业主在维持工程总价不变的情况下，支付工程预付款或者增加其比例，但在工程总承包项目招标中，如果招标文件对于预付款约定为零，并要求投标人对此做出实质性响应，中标人对此也对该条进行了实质性响应。那么，支付预付款是否属于合同谈判范畴，或者在其他工程招标项目中，招标文件并未规定预付款进度或预付款的比例，在合同谈判时是否可以谈判。一般的处理方法是对于招标文件或投标文件中有规定的或规定不清楚的，双方是可以谈判的，但不是对合同总价进行谈判；而招标文件或投标文件中对此有规定的，则不能谈判。

c. 合同的质量不能谈判。在招标合同中，为确保安全生产以及工程安全，招标文件中均约定有工程设计、设备、施工质量标准条款，这是招标文件中的重要条款。在中标后合同谈判中，中标人不能提出低于或高于招标文件或投标文件中规定的工程质量标准，招标人也不能提出高于招标文件或投标文件中规定的工程质量标准，否则将加大投标人的工程成本。对此招标投标法实施条例第五十七条同样规定，招标人和中标人应当依照招标投标法和本条例的规定签订书面合同，合同的质量等主要条款应当与招标文件和中标人的投标文件的内容一致。

d. 合同履行期限不能谈判。合同履行期限是工程合同招投标双方用来界定双方当事人是否按时履行合同义务或者延迟履行合同义务的客观标准，是双方履行合同的时间界限，是招投标双方在招标或投标文件中约定的。同样，对于履行期限，招标投标法实施条例第五十七条规定，应当与招标文件和中标人的投标文件的内容一致。为此，在招标或投标文件中双方约定的合同履行期限受法律法规的制约和保护。在中标后的合同谈判时，招标人对于合同履行期限不能提出缩短，中标人也不能提出延长，否则即为违约谈判，将承担相应的法律责任。

③ 模糊地带分析及其处理

a. 是否可以谈判的模糊地带。一是招标投标法实施条例规定的模糊地带。虽然招标投标法实施条例第五十七条规定了合同标的、价款、质量、履约期限不能谈判，必须与招标文件和投标文件的内容保持一致。除合同标的、价款、质量、履约期限规定外，但还留有"等主要条款"的字样。哪些是主要条款，哪些不是主要条款，上述两部法规以及其他关于招投标的法规均未做出进一步详细的规定和解释。

二是直接适用于合同法的模糊地带。《中华人民共和国合同法》第十二条规定：合同的内容由当事人约定，一般包括以下条款："（一）当事人的名称或者姓名和住所；（二）标的；（三）数量；（四）质量；（五）价款或者报酬；（六）履行期限、地点和方式；（七）违约责任；（八）解决争议的方法。当事人可以参照各类合同的示范文本订立合同。"（合同法第十二条的规定，是指一般签订合同的内容）。

但在招标投标法实施条例中，仅仅选择了合同标的、价款、质量、履约期限四项内容，对于数量、报酬、地点和方式、违约责任和解决争议的方法六项并未作直接规定。那么招标投标实施条例中的"等主要内容"是否是指合同法中的这六项内款，有关法规并未给予说明，这为中标后的谈判范畴留下了模糊地带。

b. 模糊地带的处理建议。招标投标法实施条例以及相关招投标法律法规并未对数量、报酬、地点和方式、违约责任和解决争议的方法六项进行规定，是否属于中标后谈判的范畴，判断原则有两点。

第一点是中标前的招投标双方的谈判与中标后的谈判的概念是不能混淆的，中标前的谈判法律上是不允许的，这一点招标投标法有明确的规定。招标投标法第二十二条规定："招标人不得向他人透露已获取招标文件的潜在投标人的名称、数量以及可能影响公平竞争的有关招标投标的其他情况。招标人设有标底的，标底必须保密。"第五十五条规定："依法必须进行招标的项目，招标人违反本法规定，与投标人就投标价格、投标方案等实质性内容进行谈判的，给予警告，对单位直接负责的主管人员和其他直接责任人员依法给予处分。前款所列行为影响中标结果的，中标无效。"

第二点是是否属于可以谈判的范畴应依据招标文件和投标文件综合判定，如果在招标文件和投标文件中已经明确规定了的，则不属于决标后谈判的内容，双方无需再谈。反之，如果在招标文件和投标文件中并未明确规定，属于遗漏、含混、细化的问题，则就应该属于决标后谈判内容。诸如数量、报酬、地点和方式、违约责任和解决争议的方法等。

④ 决标后合同谈判原则与技巧

a. 树立正确的谈判理念。对于合同谈判应坚持"创造附加值"理念，而不是"零和博弈"。尤其是 EPC 合同包含处于龙头地位的设计环节的工作，有很多的附加值空间，更应遵循这一原则。"创造附加值"理念即双方建立长期的合作伙伴关系，达到"双方共赢"的结果。合同谈判要求双方就不同方案对每一方的全部费用和盈利产生的影响进行坦率的、建设性的讨论，提出创造附加值或降低建造成本的办法，并公平地分配其中的利益。这种合作能创造附加值，当一方获得更多时，无须对方受损或减少收益。从大的方面分析，没有达到共识的只是细节问题，整个事情的性质是合作，而非竞争。

另外，应当把这一谈判当成整个工程项目的一个阶段进行谈判，其主要任务是发现工程实施细节，并且这些细节问题在国内实践中尚未曾明确过，通过谈判逐步将其细节化、明确化、量化，将工程项目向前推。既不能将前期招投标阶段的成果全部推倒重来，也不能误认为招投标阶段已经将所有问题全部解决了，要在推进合作的基础上，通过创造性的解决方案增加合作的利益。

b. 应做好谈判人员的组织工作。虽然在招投标阶段已经对工程项目的实际情况进行了调查，在中标合同谈判前最好再次对工程项目进行调查研究，从项目的实施角度对技术细节进行研究，以便发现新的问题，提出解决新办法，并将经济和技术结合起来寻求有利于双方合作共赢的解决方案。

做好谈判人员的组成。主要谈判人员由高级管理人员担当，在授权范围内负责掌握谈判进程、听取专业意见、处理谈判中的重大问题。专业人员包括工程技术、采购、财务、法律顾问等人员，主要负责专业内的磋商，确定修改会议纪要、备忘录中的条款，为双方主谈人员提供专业范围内的建议等。其他人员在开始谈判前负责收集包括法律规范、政策文件、技术和标准规范、供货商的询价文件等资料，在谈判过程中负责做好会议记录及其他谈判资料的整理。

c. 决标后合同谈判采取的策略。一是坚持以说服为主的策略。在决标后合同谈判的过程中，可能业主和承包商有较大的分歧和争议，但应认识到在决标后合同谈判中的大多数分歧和争议都是一些细节问题，没有必要大动干戈、寸步不让。尽可能地通过说服，会上解决不了的争议，私下通过说服加以解决不断推进合作，有时当退则退，向前推进项目合作这才是要义。

二是适当实施让步策略。妥协和让步是合同谈判技巧成熟的表现。让步要讲究艺术，有效的让步策略有以下三种。

Ⅰ. 让对方感到我方做出的让步是一次重大让步。不能让对方理解为我方的让步是迫于压力，是轻率的、仓促的，否则对方非但不感到满意，反而会得寸进尺。

Ⅱ. 以相同价值的替代方案换取对方立场的松动。替代方案的含义是，我方愿意以放弃某些利益为代价，换取对方同等价值的利益。

Ⅲ. 以让步换取对方同等的让步。对方的让步是否相同一般难以衡量，只能估计。

决标后的合同谈判是一个循环的过程，对每一个问题的谈判、每个分歧的消除，都可能经历分析准备、融洽气氛、实质性磋商、最终达成一致。每一个循环的完成，都是对合同谈判朝着达成协议的方向推动。

d. 谈判日程和地点的安排。由于工程总承包项目合同涉及设计、采购、工程、技术、财务、法律等各方面的内容，合同谈判时间较长，其日程安排应兼顾计划性与灵活性相结合的原则。在谈判中首先对于技术方面的条款进行谈判和磋商，然后为基础，再对商务部分条款进行谈判和磋商。

决标后合同谈判的成果可能会受到谈判地点环境的影响。因此，谈判地点的选择也很重要。决标后合同谈判地点的确定应该按照以业主为主场的原则安排，与合同谈判的正式性和规模相适应来安排。选择地点时，要考虑许多因素，包括双方的交通便利程度、会议配套设施、对方的食宿方便性。有专家建议，在墙上挂一面钟，让大家都看得见时间，一来可有利于提醒合同谈判的节奏，二来也给人以一定的紧迫感。

e. 达成协议阶段工作要点。经过高层的协调，决标后合同谈判的所有问题基本得到全面的解决，开始进入协议阶段。但在协议尚未签订之前，仍有大量的工作要做，双方仍不能过于乐观，而是要更加小心，这个阶段的主要工作如下。

Ⅰ．将决标后谈判结果落实为合同条款。回顾合同谈判过程，将决标后谈判结果落实为合同条款。合同谈判结果与合同文本是有一定差别的，决标后合同谈判是对主要问题进行定性的辩论，而合同文本要通过文字将商务谈判结果准确地表达出来，特别是对边界条件要做出准确的描述，消除误解。在这个阶段，原本已达成一致的问题，仍可能出现理解上的分歧，需要重新经过合同谈判和澄清，达到更严密的理解上的一致。

Ⅱ．准备合同文本。由于存在文字表述出现歧义的可能性，特别是非母语合同文本，合同由谁起草则大有学问。EPC工程总承包项目的合同谈判，一般都是基于事先由一方初步起草的合同文本进行的。进入合同文本最终定稿阶段，仍有大量的文字编写工作，如对原来有争议条款的修改、合同附件的编写等等，对此双方依然不能有丝毫的疏忽，也不能过分相信对方会完全按照自己的理解去表述合同条款。合同条款叙述得详细清楚还是简单粗略，是否有什么"伏笔"，都是双方必须密切注意的事宜。稍有不慎就可能为合同的履行留下隐患。

Ⅲ．合同签字与生效。前述的工作全部完成，合同文本准备完毕，就可进入合同的签字，合同签字只表明合同已经成立，但并不等于合同已经生效。合同生效需要一定的条件，这在合同条款的生效条件中应该有所规定。生效条件多种多样，如业主可以要求承包商提交合同履约保函、合同须经过双方政府部门的批准等等，有的合同总承包商还将业主支付预付款作为生效的条件之一，这都是正常的。

⑤ 决标后的合同谈判案例　某工程总承包项目经过评标后，某企业中标，随后业主和中标人进行签约前的谈判，在当事人双方进行合同谈判中，中标人提出两个问题和招标人协商。

一是关于工期延长的协商。中标人针对合同中的工期提出延长请求，理由为：EPC合同履行过程中包括一个春节，春节作为我国的一个重大节日，农民工等基本上都要回家团聚过年，直到农历正月十五以后才能陆续返回工地，因此，要求业主在签订EPC合同时将工期延长15天的时间。

二是违约行为处罚金额的协商。在谈判中，中标人对将签订的EPC项目合同中对承包单位的违约责任提出意见，认为针对某项违约行为将承担合同总额金额每日万分之五比例过高，建议调低到每日万分之一。同时，中标人也提出对于违约责任，并不属于招标投标法实施条例明确规定的不得谈判的范畴，而是属于可以谈判的范畴。对此，双方又产生了争议。

对于第一个问题"工期延长的协商"，业主予以拒绝。理由为，工期作为合同的履行期限，属于非常重要的合同条款，是评标时的重要标准之一。招标投标法实施条例中已经明确规定，中标后签订合同的主要条款不得与招标文件和中标人的投标文件不一致。如果业主答应中标人延长工期的要求，就要承担相应的法律责任。招标投标法实施条例第七十五条规定："招标人和中标人不按照招标文件和中标人的投标文件订立合同，合同的主要条款与招标文件、中标人的投标文件的内容不一致，或者招标人、中标人订立背离合同实质性内容的协议的，由有关行政监督部门责令改正，可以处中标项目金额5‰以上10‰以下的罚款。"

对于第二个问题"降低违约行为处罚金额"，招标人同样也给予了拒绝。招标人认为，该条款是招标文件中明确规定的，也是投标人在投标文件发出后予以响应的。同时，该条款是对违约行为做出的惩罚约定，对于约束承包商的违约行为较为重要，反映出业主对承包商违约责任的容忍程度，也属于招标文件中的重要条款。虽然招标投标法实施条例在第七十五条中并未明确，但是属于招标投标法实施条例第五十七条中的"主要条款"范畴，招标人同样对中标人的要求予以拒绝。

（2）决标后签约管理

决标后签约管理主要是对投标人拒签合同行为的管理的工作。决标后拒签合同是指中标人无正当理由不与招标人订立合同的行为。中标人无正当理由不与招标人订立合同的行为，我国招投标法律法规有明确的处理规定。

① 决标后对签订合同的规定

a. 招标投标法第四十五条规定："中标人确定后，招标人应当向中标人发出中标通知书，并同时将中标结果通知所有未中标的投标人。中标通知书对招标人和中标人具有法律效力。中标通知书发出后，招标人改变中标结果的，或者中标人放弃中标项目的，应当依法承担法律责任。"

b. 第四十六条规定："招标人与中标人应当自中标通知书发出之日起三十日内，按照招标文件和中标人的投标文件订立书面合同。招标人和中标人不得再行订立背离合同实质性内容的其他协议。"

c. 招标投标法实施条例第七十四条规定："中标人无正当理由不与招标人订立合同，在签订合同时向招标人提出附加条件，或者不按照招标文件要求提交履约保证金的，取消其中标资格，投标保证金不予退还。对依法必须进行招标的项目的中标人，由有关行政监督部门责令改正，可以处中标项目金额 10‰ 以下的罚款。"

② 拒签合同行为的责任分析　从法律性质看，招标文件属于要约邀请，投标文件属于要约，中标通知书属于承诺，根据合同法第二十五条规定，承诺生效时合同成立。即使中标通知发出后未订立书面合同，双方也已建立合同关系，即由招标文件、投标文件和中标通知书形成的合同，而且是书面合同。

从内容上看，投标文件一般都是响应招标文件，甚至将招标文件作为附件，中标通知又是招标人对投标文件的认可，而且招标投标法第四十六条规定的书面合同是按照招投标文件的内容订立的，并且不得再订立背离合同实质性内容的协议，也就是说中标人收到中标通知书后，合同的主要内容已经明确，且不得进行变更。

从形式上看，招投标文件和中标通知书符合合同法第十一条"书面形式是指合同书、信件和数据电文（包括电报、电传、传真、电子数据交换和电子邮件）等可以有形地表现所载内容的形式"的要求。招标投标法第四十六条规定，招标人和中标人应当订立书面合同，但是并未规定应当订立合同书，由于书面合同除了合同书以外，还包括信件和数据电文等可以有形地表现所载内容的形式，所以招标文件、投标文件和中标通知书合在一起就属于有形地表现所在内容的形式，即属于书面合同。根据上述分析，中标人无正当理由未签订书面合同，应属于违约责任。

③ 对拒签合同行为的处罚　根据上述规定，中标人无正当理由未签订书面合同，应承担如下违约责任。

a. 不予退还履约保证金。为了督促中标人履行合同，招标投标法第四十六条第二款规定，招标文件要求中标人提交履约保证金的，中标人应当提交。交纳履约保证金的中标人不履行合同的，所交纳的履行保证金不予退还，不管中标人的违约行为是否给招标人造成了损失。如果中标人给招标人造成的损失额超过履约保证金数额的，中标人还应当对超过部分予以赔偿；如果中标人未按照要求提交履约保证金的，还应当对招标人的损失承担赔偿责任。

b. 赔偿造成的经济损失。如果中标人的违约行为给招标人造成损失的，中标人应当负有损害赔偿的责任。根据招标投标法及合同法的规定，中标人赔偿的范围包括招标人所遭受的直接损失和间接损失，即合同履行后可以获得的利益，但不应超过当事人订立合同时预见到或应当预见到因违反合同可能造成的损失。在招投标实务中，由于中标人不签订书面合同，不实施建设工程给招标人造成的损失范围包括招标、评标费用、工期延误费用、工程建设成本增加的费用、两次中标价之间的差额以及招标人因组织招标而发生的其他费用。

第 9 章
工程总承包项目招标案例

工程项目招标的经验靠在实践中的不断摸索和积累。近年来，我国建设投资单位、招标代理机构等单位在工程总承包招标实践中，积累了丰富的经验。本章将列举工程总承包招标方案整体策划、招标计价模式策划、项目招标全程操作、成片开发项目招标、项目招标风险管理、境外项目招标代理策划六个典型招标案例，供读者参考。

9.1　工程总承包招标方案整体策划案例

【内容摘要】

本例是一则 EPC 工程总承包招标策划的实例，以某热电厂烟气脱硫改造除尘项目为背景，着重介绍了招标人对项目承包模式、合同文件、评标方法以及履约管理的策划过程，为项目招标策划提供了有益的经验。

【项目背景】

某热电厂总建设规模为 8 炉 6 机，总装机容量为 142MW。为执行火电厂大气污染物排放新标准，使原料煤所产生的 SO_2、NO_2 达到新标准，决定对其进行烟气脱硫除尘改造。

【模式策划】

在承包模式选择上，招标人认为 EPC 模式较为合适。所谓 EPC 模式，就是在工程项目建设上采用设计、采购、施工一条龙，全部由一家施工企业进行总承包的工程建设模式。EPC 工程项目模式代表了现代西方工程项目管理的主流，是建筑工程管理模式（CM）和设计的完美结合。成功运用这种模式，能达到缩短工期、降低投资的目的，是其他承包模式所不能比拟的。

EPC 模式的重要特点是充分发挥市场机制的作用。不仅业主将工程首先视为投资项目，而且承包商都从这一优先次序出发。在指定专业分包商时，通常只规定基本要求，以使承包商共同寻求最为经济的方法。对于业主来说就具有了节省投资和管理费用，并可以从工程具体工作中解脱出来的特点。但对总承包方来说，却意味着繁杂的工作和巨大的责任，对上要接受业主、监理的监督管理，对下要为众多分包商创造良好的施工作业环境。

目前，这种国际流行的项目管理方式正显露出无法比拟的优越性。现在的 EPC 模式在电厂建设及电力系统工程建设中采用的较多，特别是在电厂烟气脱硫除尘改造中得到较为广泛的应用。为此，本项目的招标人决定采用 EPC 模式发包。

【合同策划】

对于电厂烟气脱硫除尘改造 EPC 模式招标，原有的招标文件多采用经修改的《电力设备招标范本》，虽然电厂烟气脱硫除尘改造招标的主要部分为脱硫除尘成套设备，但是采用这个范本还是忽略了 EPC 中的很多内容。例如，第一忽视了包括项目中的设计部分也就是 EPC 中的 E（Engineering）。业主认为，EPC 模式中的 E，与 D-B 中的 D（Design）虽然同样可理解为"设计"，但两者的含义大不相同。一般说来，Engineering 指根据制造、加工等方面的科学与工程原理对机器、设备、装置、系统等的机理与流程等方面进行设计；而

Design 是指对建筑物、构筑物的空间划分、功能布置、各部分之间的联系以及外观进行设计和审美与艺术的处理。从这种区别中可以看出，为什么 EPC（设计－采购－施工）招标一般不应用在建筑工程的招标中而多在设备招标中采用。在 EPC 模式招标中，E 是很重要的一个部分，成套设备的工艺是否先进，流程设计是否合理是影响以后整个工程良好运行的关键因素之一。

第二个容易忽略的部分就是 C（Construction），也就是施工部分，虽然 EPC 中的施工大部分为设备安装工程，但由于采用 EPC 模式进行招标的项目，成套设备的组成部分较多，各个环节之间的连接均较为复杂并且具有一定的技术含量。因此，如果没有一个完善的施工组织设计方案及具有相应施工经验的管理者及安装施工队伍，质量和工期很难得到保证。

因此，招标人在接到这个烟气脱硫除尘改造的 EPC 项目委托的时候，针对以上几点进行了相应的修改，修改的主要宗旨是将招标文件除公共部分外均分为设计、采购、施工三个部分，包括招标文件中对投标文件的编制要求、投标文件附件表格、评标标准及方法、评标打分等均进行划分，使得招标文件清晰、明了，使投标单位在制作投标文件时能够符合招标文件的要求，并有利于评标工作的顺利进行。

另外还有一个关键的部分就是投标文件采用的合同文本。由国内 EPC 合同范本使用时间不长，FIDIC 编制的 EPC 合同范本使用较为广泛，所以招标人选择了 FIDIC 编制的 EPC 合同范本。

【评标策划】

本案例的评标工作采用的是综合评分法。在评标的分值权重设计上，招标人设定满分为 100 分。价格 40 分；设计部分 10 分；设备部分 25 分；施工（现场制安）部分 10 分；售后服务 5 分；业绩 5 分；商务条款响应程度 5 分。各项评分因素分数之和为评审总得分。其中针对每一部分又进行了详细的划分。

对于选择评标方法，曾考虑采用双信封评标程序评标，但经过认真的分析后，最终还是选择了综合评分法。双信封评标程序多用在设计、咨询服务等招标中，因为设计方案的选择更为至关重要，并且在某些方面不具有可比性。而综合评分法更能综合考虑各方面因素，并且设计部分在较为成熟的成套设备中所占的比重也较小。

在实际评标中，综合评分法较为实用，并且能够针对投标单位的整体情况进行综合评价，实践证明这种评标方法在 EPC 模式招标中效果还是十分明显的，也是国家推行的 EPC 评标的方法之一。但有一个不足之处是价格分值部分，因为投标单位采用的成套设备差异很大，有的是国产设备，有的是进口设备，并且还有质量优劣之分。评标时专家们就建议应对不同的设备进行等级划分，并给予不同的权重，但是如何进行设备等级划分才比较科学。如果只是按照进口设备和国产设备来划分等级是不太妥当的，因为现有很多国产设备已达到或超过进口设备的质量。招标人经过分析并根据专家的意见，建议在价格分值部分应引入最低评标价法的原理进行优化，在招标文件中进行相应的规定，在评标时将所有的报价根据不同的条件和属性进行加权，尽可能地将价格进行平衡，这样做才能够体现 EPC 模式招标的公平性。

【管理策划】

本案例项目招标中还有一个方面需要进行充分的考虑，那就是如何在招标时考虑到合同执行过程中的协调管理问题。

EPC 模式从工程开始到最后试运行时间长，期间会出现许多意想不到的问题。例如，如何处理好周边关系，总承包商和业主如何协同工作，如何进行现场协调，以消除阻碍项目施工的外部因素，使施工得以顺利进行等。

一个关键因素就是设备供货的协调问题，目前的 EPC 模式在电厂建设及电力系统工程建设中采用的较多，由于电力市场供需的变化，设备到货成为制约施工进度的主要因素。为此，总承包商需要做大量的协调工作，一方面敦促协调设备厂家按合同要求及时交货；另一方面与业主进行储运方面的协调，保证工程设备及时到货。

另一个关键因素就是对于分包商的管理问题，在 EPC 模式招标中较容易出现联合体投标的情况，当出现联合体投标时就会出现分包商，所以如何与分包商进行协同工作也是 EPC 模式工程建设过程中管理的重点。多点作业、多专业穿插、多层面立体交叉、紧凑布局、场地狭小而给施工组织、指挥、协调提出了新课题。

为此，如何在招标时将协调管理问题考虑在前面将是一个不容忽视的问题。本项目招标人从以下几个方面去要求投标人，引起他们对这个问题的重视，并使投标人在投标前就对协调管理有充分的准备。

① 业绩方面考虑，可以要求投标人具有相同项目的业绩，如果对施工所在地非常熟悉并具有良好的社会关系将是一个顺利完成施工的有力保障。

② 设备管理，投标单位须在投标文件中编制完善的设备供货计划及提供供货厂家的书面承诺，并作为一项承诺对投标单位具有约束力。

③ 投标人提供的总体施工组织方案设计。完善的总体施工组织方案将对工程的顺利进行提供有力保证。如采用联合体投标还必须提供完善的联合体协议及涵盖分包商在内的总体及分部施工组织协调方案。

④ 在评标时给予协调管理相应的评标分值。给予协调管理以相应的权重会使投标人对此部分引起重视并做好这方面的工作。

【案例启示】

(1) 关于合同文本方案策划

本案例策划过程中，对于选择 EPC 或 D-B 合同文本介绍了招标人的认识。FIDIC 编制的 D-B 合同文本，按照 FIDIC 的推荐，主要用于包括电力和（或）机械生产成套设备供货和建筑或工程的设计和实施（包括房屋、或大型工程项目）。这种合同的通常情况是承包商按照雇主的要求设计和提供生产设备和（或）其他工程，可以包括土木、机械、电器、房屋建筑和（或）工程构筑物的任何组合。采用这种合同方式，雇主只需在"业主的要求"中说明工程的目的、范围和设计等方面的技术标准，一般是由承包商按照此要求进行设计、提供成套设备并进行安装、施工，完成的工作只有符合"业主的要求"才会被业主接收。业主一般较少参与项目进行中的工作，主要是依靠工程师把好工程的检验关。

① D-B 合同条件适用具体条件

a. 该合同条件的支付管理程序与责任划分基于总价合同，因此，一般适用于大型项目中的安装工程；

b. 业主只负责编制项目纲要和提出对设备的性能要求，承包商负责全部设计、并提供生产设备和全部施工安装工作；

c. 工程师来监督设备的制造、安装和工程施工，并签发支付证书；

d. 风险分担较均衡，D-B 合同文本与 EPC 合同文本相比，最大区别在于 D-B 合同文本是业主承担合同风险，而 EPC 合同文本则将大部分风险转移至承包商。

② 根据 FIDIC 推荐，EPC 合同文本主要用于以交钥匙方式提供加工或动力设施、工程或类似设施、基础设施项目或其他类型发展项目。其适用具体条件为：

a. 私人投资项目，如 BOT 项目（地下工程太多的工程除外）；

b. 电气、机械以及其他加工设备项目；

c. 基础设施项目（如发电厂、公路、铁路、水坝等）或类似项目，业主提供资金并希望以固定价格的交钥匙方式来履行项目；

d. 业主代表直接管理项目实施过程，采用较宽松的管理方式，但严格进行竣工试验和竣工后试验，以保证完工项目的质量；

e. 项目风险大部分由承包商承担，但业主愿意为此多付出一定的费用，因为承包商在投标时肯定会加入较大的风险费；

f. 在交钥匙项目中，一般情况下由承包商实施所有的设计、采购和建造工作，业主基本不参与工作，即在"交钥匙"时，提供一个配套完整、可以运行的设施。

招标人可以根据项目的具体情况，对上述合同文本加以参考选用。

(2) 关于评标程序的策划

本案例项目曾考虑采用双信封评标程序法。但考虑到双信封评标程序法适合于项目规模较大、技术比较复杂或特别复杂的 EPC、招标人对投标人的技术设计方案十分关切的评标活动。但应依据项目的不同特点，采用不同的评标程序。本案例项目由于设计部分在较为成熟的成套设备中所占的比重也较小，并不只占重要比重，且该程序实施起来较为耗时，因此，采用的是属于单信封评标程序法的综合评分法，这样更能综合考虑各方面因素。

(3) 关于协调管理与合同条款策划

通过本案例可以得到启示，对于 EPC 项目参与单位多，关系复杂，因此，沟通与协调管理策划十分重要。沟通与协调包括业主与总承包商之间的沟通与协调、总承包商与监理单位的沟通与协调、工程总承包商与供应商之间的沟通与协调、总承包商与分包商的沟通与协调等等。招标人应将沟通与协调有关条款在招标合同中进行明确规定，并将各个投标人的组织协调方案作为构成项目管理方案的重要内容，将其作为评标的指标之一，这一点是十分重要的。

9.2 招标计价模式策划案例

【项目摘要】

本案例是一则招标计价模式策划的案例。以医院项目招标为背景，对工程项目的各种计价方式进行了比较分析，得出各自的优缺点，结合项目特点选择出该项目的合同计价方式。

【项目背景】

某三级甲等医院新院区建设项目占地 $63961.45m^2$，建筑面积 $155000m^2$。由急诊楼、医学科研楼、第一住院大楼、地下室、总平面景观绿化、附属配套设施工程等构成，建设总投资 12 亿元人民币。

该项目是比较复杂的医院类建设项目，项目投资来源三部分，其中包含中央财政资金、省财政拨付的省财政资金、医院自筹的资金。项目取得了发展改革委有关部门的立项批复；建设方式为 EPC 工程总承包。

【计价模式分析】

本工程是大型医院类建筑，结构复杂，各专业配合需求程度高，需要选择一种合理的工程总承包合同计价方式。招标人对固定总价合同、固定单价合同、成本加酬金合同的选择进行分析如下：

(1) 对采用固定总价合同的分析

固定总价合同的优点分析如下。

① 固定总价合同对于发包人的风险控制比较有利，合同中标总价在不发生变更的情况下即为工程结算总价，业主能够比较好地控制投资。

② 承包人能够主动进行设计方案、施工方案优化，达到降低成本的效果。

③ 发包人承担的风险较小，固定总价合同模式实施过程中的主要风险，例如实物工程量、工程单价、地质条件、设计错误、气候和其他一切客观因素造成的风险主要由承包人承担。

固定总价合同的缺点分析如下。

① 本项目投资资金来源 50% 是政府投资，医院为公立医院，自筹资金部分也为国有资金，因此资金来源全部为国有资金。按照建设工程工程量清单计价规范总则第 1.0.3 条规定："全部使用国有资金投资或国有资金投资为主（以下二者简称国有资金投资）的建设工程施工发承包，必须采用工程量清单计价。"在工程量清单计价下，计价模式是单价计价模式。因此，如果不采用单价计价模式，采用总价计价模式，与清单计价规范相违背，在结算审计阶段会有政策风险。

② 固定总价合同一般适合于工期短（1年内），图纸已经设计完善、结构简单、工程投资较小的项目。本工程建设期长、结构复杂、各专业配合度高，采用固定总价建设，投标单位竞争性较弱，投标人报价会高于正常水平，不利于节约投资。

③ 采用固定总价合同，发包人将大部分风险转移到承包人身上。如果承包人由于自身投标报价失误，在建设过程中承包人无力承担投标报价失误导致的损失，会采用停工、提出变更合同等方式与发包人产生合同纠纷，影响工程建设顺利实施。

④ 如果采用固定总价合同，则与《建设工程工程量清单计价规范》条款相违背。本工程投资来源为国有资金，工程竣工结算必须通过审计。如果采用总价合同，在结算审计中会因为合同计价方式与规范相违背而出现审计风险。如果审计中出现按照单价计价方式的结算金额比总价方式结算金额少的情况，发包人将面临被问责，同时面临因管理不善导致国有资产流失的风险。

⑤ 采用固定总价合同，虽然业主能够控制总投资，但是承包人在建设过程中进行方案优化节约的投资业主没有办法进行分享。

⑥ 由于医院类建筑复杂程度高，采用 EPC 承发包模式建设的情况下，能够有资质和实力参与竞争的企业很少。同时，因为 EPC 承发包模式下，承包人因为承担风险大，在投标报价时会充分考虑实施过程中会出现的一切风险，EPC 合同模式的合同价格一般高于传统合同模式的合同价格。

综合以上因素，如果采用总价合同，中标金额会高出正常的勘察、设计、施工单独发包模式的中标金额，承包人获取的超额利润较大。因此，本项目按照常规 EPC 建设项目采用固定总价合同计价不是很合理。

(2) 对采用固定单价合同的分析

固定单价合同的优点分析如下。

① 首先采用固定单价计价方式，与清单计价规范总则第 1.0.3 条规定一致，符合国有投资项目的管理规定，没有政策风险。

② 其次，采用固定单价计价方式，发包人承担了工程量变化的风险，承包人承担了投标报价单价的风险，体现了风险分担的原则，利于工程顺利实施。

③ 对于发包人来说，采用固定单价方式计价，结算按照实际工程量结算，避免了在总价合同方式下承包人因避免风险提高投标报价获取超额利润的风险。

④ 对于承包人来说，采用固定单价计价，降低了承包人投标报价的风险。因为采用总价计价，在招标时只有方案设计文件及招标技术要求，如果承包人没有丰富的类似经验及对成本测算的强大能力，投标报价偏低会导致严重亏损。

⑤ 采用固定单价计价是目前建设工程使用最多的一种发承包方式。

固定单价合同缺点分析如下。

① 采用固定单价计价，结算总金额远超投标总价的风险很大，业主不能有效控制投资。采用固定单价计价，承包人在建设过程中不会主动进行方案优化来降低投资，反而会为了获取更大的结算金额，给业主提出一些不必要的变更，从而增加结算金额。建设过程中承包人为了获取更大的产值，往往会重复设计增加工程量；增加不必要的勘察项目等，导致投资失控。

② 因为是采用 EPC 建设，在招标阶段没有施工图，不能编制出常规的分部分项工程及措施项目招标工程量清单，因此采用固定单价合同招标时操作难度比较高。

通过分析，本项目如采用固定单价合同业主也面临投资失控、招标阶段无施工图实施困难的问题。

（3）对采用成本加酬金合同分析

成本加酬金合同的优点分析如下。

① 发包人能够用较少的投入完成项目的建设。成本加酬金的方式，工程结算时发包人按照承包人实际发生的成本另外加一定的酬金（管理费、利润）支付给承包人，与前两种方案相比较，同等条件下投资最少。

② 可以在图纸尚未完善时进行招标，有一定的可实施性。

成本加酬金合同的缺点分析如下。

① 招标困难：市场经济条件下，合法的追求利益最大化是一个企业的存在本质。没有任何一个企业会为其他企业做主动让利。采用成本加酬金的方式进行招标，响应的企业将相对较少。尤其是医院类复杂项目，要想招标选择有实力的企业来按照这种合同模式承包，难度很大。

② 成本的界定困难：如何界定承包人发生的实际成本，基本上没有可操作性。

③ 发包人承担了全部风险，承包人没有意愿进行设计优化，发包人需要配备大量人力进行勘察、设计方案审核，控制投资很困难。

因此，成本加酬金的合同计价模式尚不适合于本项目。

【方案选择】

通过以上几种合同计价方式的分析，招标人认为都不是很理想的计价方案。发包人需求的是选择优秀、有实力的总承包企业（或者联合体）实施，并且投资可控、符合相关法规和规范。目前，国有投资项目 EPC 工程还不多，合同计价模式也不成熟，招标人查阅了大量的资料，借鉴了其他一些项目的优点，策划了新的计价模式即采用投标总价限价下的固定单价合同。

（1）投标总价限价下的固定单价合同

该项目合同的计价主要原则是固定单价计价，但是结算总价不能超过投标总价。评标采用综合评估法评审，其中投标报价评审权重为 60%。招标文件公布招标控制价，招标控制价中包括工程勘察费、工程设计费、工程建设费控制价。

投标报价＝工程勘察费投标价＋工程设计费投标价＋工程建设费投标价

投标报价总价高于控制价或者其中勘察费、设计费、工程建设费任何一项超过相应的控制价，就否决其投标。

（2）拟定合同专用关键性条款

对拟定的招标文件合同关键性专用条款做如下表述：

① 本工程合同价由工程勘察费、工程设计费、工程建设费组成；

② 工程勘察费、工程设计费，按项采用固定单价计价；

$$结算的勘察费＝勘察费投标价$$
$$结算的设计费＝设计费投标价$$

③ 工程建设费采用固定单价计价：

$$结算的工程建设费分部分项清单及措施清单单价$$
$$＝相应清单按照本省定额组价的价格×投标价/招标控制价$$

④ 结算总价

$$结算总价＝结算勘察费＋结算设计费＋结算工程建设费$$

(3) 对本计价方案的评价

本方案的优点分析如下。

① 吸取了固定总价合同的优点，结算总价按照投标总价控制，发包人能够有效控制总投资。

② 在这种模式合同下，承包人仍然为了成本不超过投标总价，主动进行设计方案优化，降低工程造价，从而使投资得到有效控制。同时优化后降低工程造价是按照实际工程量结算，避免了业主超额支出，也分享了优化设计的效益。

③ 采用这种方式，避免了固定单价模式下工程投资不可控的缺点，结算总价等于投标总价，避免了投标人故意增加造价的情况。

④ 这种方式符合清单计价规范，符合国有投资项目管理规定，避免了发包人违反相关规范及政策的风险。

⑤ 在这种模式下，避免了固定单价发包模式的不可操作性；招标阶段不需要再编制分部分项清单，投标人根据发布的控制价，进行测算填报工程建设费、勘察、设计费总价；建设过程中施工图完成后，再编制分部分项及措施清单，在此基础上进行相应下浮即为结算价。

本计价方案的缺点分析：在建设过程中，施工图纸出来后，组成分部分项清单和措施清单过程中，涉及到信息价上没有的原材料和设备价格，会出现大量的需要“认质核价”的工作，且这个过程很漫长。

(4) 固定单价合同适用

采用投标总价限定下的固定单价合同比较适合于这类较复杂的 EPC 总承包工程。

① 体现了风险分担的原则，避免了总价合同下承包人承担风险过大的问题；

② 这种计价模式汲取了总价合同的优点，工程总价设置了封顶金额，会促使承包人为了节约造价主动进行优化，而不是在固定单价合同下不管总投资；

③ 汲取了固定单价合同的按实际工程量计价的优点，避免了承包人在总价计价合同方式下因投标报价偏高获取超额利润；

④ 可操作性强，在招标阶段施工图没有出来时即可进行招标选择 EPC 总承包单位。

【案例启示】

① 计价方式策划原则　EPC 工程在资金来源是国有资金的情况下，如何既能够实现 EPC 承发包模式的优势，又能够使竣工结算可控并通过审计，需要从合同法、审计法以及相关政府及主管部门的政策角度进行思考。每一种合同模式都不是完美无缺的，各有优缺点，如何在项目实践中根据自身情况进行选择，需在实施中多方面思考和平衡。

② 选择计价方式需要综合平衡　本项目选择了投标总价限定下的固定单价合同，发包人的投资额得到很好控制。但在施工过程中也因材料认质、认价与承包商出现了大量的分歧，解决分歧的过程十分漫长。因此，EPC 工程模式在国内实施过程中如何选择还有很多问题需要综合考虑和平衡。

③ 计价方式策划的重要性　工程承包合同计价方式的策划是整个招标方案策划的重要组成部分，各种计价方式都存在优劣，只能根据工程项目的具体情况进行综合分析进行策划。EPC 工程模式有诸多优点，能够整合勘察、设计、施工的资源，便于工程顺利实施，同时减少各个环节脱节造成的资源浪费，有效控制工程总投资。对于国有投资的 EPC 工程项目如何计价，如何进行审计。目前，国务院有关主管部门，建设行政部门、审计部门等正在积极制定相关的配套文件和政策，将陆续出台并赋予实施。

9.3　项目招标全程操作案例

【内容摘要】

本案例是一则对 EPC 项目招标全程操作案例，以垃圾填埋污水处理厂工程招标为背景，对项目招标程序资格预审、招标文件编制、评标办法选择以及合同签订等各个环节进行了全程介绍，为行业招标工作提供了可借鉴的经验。

【项目背景】

某市垃圾填埋污水处理厂 EPC 工程招标，污水来源为垃圾渗滤液。总占地面积 $9943.5 m^2$，垃圾渗滤液设计处理规模为 3000 吨/天，该项目建议书已经市发展改革委员会做了同意批复。根据招标投标法，该项目采取公开招标方式。工程项目招标程序为：资格预审、发出招标公告、投标、开标、评标和定标、签订合同。

【资格预审】

（1）设置投标人资格

依据现行的《中华人民共和国招标投标法》第十八条规定："招标人可以根据招标项目本身的要求，在招标公告或者投标邀请书中，要求潜在投标人提供有关资质证明文件和业绩情况，并对潜在投标人进行资格审查；国家对投标人的资格条件有规定的，依照其规定。"

依据招标投标法，本项目属于公开招标范围，实行公开招标。尽管 EPC 在国际上是一种十分盛行的承包方式，但在我国正处于推广阶段，能够满足业主的要求，全面负责设计、采购、施工的总承包企业并不多。因此，在设置投标人资格要求时，对总承包商资格要求为以下两条：

一是市政或环保工程专业乙级以上设计资质。

二是市政公用工程施工总承包二级以上或环保工程承包二级以上施工资质，允许以上资质条件的联合体参加投标，但联合体成员不得超过三家。

本工程共有 10 个单位参加投标，其中只有一个单位独立投标，其他都是联合体投标（设计单位与施工单位组成联合体投标），这说明在国内有 EPC 承包实力的单位不多，我国 EPC 模式推行尚处于初创时期。

（2）投标人资格预审

资格审查有资格预审和资格后审之分。资格预审是指在投标前，由潜在投标人提交资信证明、工程经历、财务状况和管理人员履历等，招标人或者由其依法组建的资格审查委员会按照资格预审文件确定的审查方法、资格条件以及审查标准，对资格预审申请人资格进行审查和评估，资格后审是在开标后由评标委员会对投标人进行的资格审查。采用资格后审时，招标人应当在开标后由评标委员会按照招标文件规定的标准和方法对投标人的资格进行审查。资格后审是评标工作的一个重要内容。

本 EPC 工程为污水处理厂工程，处理的污水来源是垃圾渗滤液，其化学组成部分变化比较大，浓度和性质随着时间呈高度的动态变化，在国内非常有效的处理工艺不多。因此，选择有效的处理工艺和有经验的 EPC 承包商就成为本项目招标的重点目标。为了达到这一目的，本项目采用资格预审的办法。在资格预审的同时，要求潜在的投标人提交拟选用的污水处理工艺方案以及应用的实例，并针对潜在投标人所提供的处理工艺和实例进行考察。

经过资格预审后，招标人对资格预审合格的潜在投标人发出了资格预审合格的通知书，告知获取招标文件的时间、地点和方法。

【文件编制】

依据现行的《中华人民共和国招标投标法》第十九条规定："招标人应当根据招标项目的特点和需要编制招标文件。招标文件应当包括招标项目的技术要求、对投标人资格审查的标准、投标报价要求和评标标准等所有实质性要求和条件以及拟签订合同的主要条款。"

本项目招标文件的内容包括：招标邀请书、招标前附表、综合说明、投标须知、技术规范、合同主要条款、评标方法和评分细则。

(1) 技术要求

因为本项目是污水处理厂的 EPC 工程总承包项目，因此，在技术要求上提供了进水指标、进水量、对出水水质的要求标准；项目用地范围；对构筑物和附属建筑物工程施工的要求；对设备采购和安装的要求，包括以下数据：污水处理水量为 1500t/d，处理水日变量系数为 1.33，污水处理厂占地面积为 $11781m^2$（17.69 亩），以及渗滤液的设计进水水质指标（变化系数为 1.13）。

(2) 招标范围

污水输送管线；污水处理厂内渗滤液处理工艺设备以及生产性构筑物和配套的辅助建筑物；厂内供电、给排水、道路、绿化、自动控制与通信等各项设施的设计、采购、施工和试运行服务。

(3) 工程设计范围

包括方案设计、初步设计和施工图设计等。

(4) 工程采购范围

包括工程所有材料、设备的采购和保管等。

(5) 工程施工范围

包括工程设计范围内所有工程内容，但不限于构（建）筑物以及附属设施的市政、土建、园林和设备、管线、水电安装等。

(6) 工程试运行

工程完工、调试合格后，试运行一年期间的技术保障服务，包括培训、技术指导，以及缺陷期的质量整改。

污水处理厂的运营时间为 15 年。

本 EPC 项目所采用的污水处理工艺一旦不能达到出水标准，将造成环境污染，或导致运营成本过大，使得污水处理厂因成本过高最终无法维持运营，而迫使其关闭（国内已有先例），还连带着垃圾填埋厂也不能正常运营，后果是严重的。因此，污水处理工艺的选择直接关系到本项目的成败。为了避免出现上述情况，有效地制约投标人，特设置了高额技术保函，该保函设置在运营一年达标后退还。

【评标方法】

评标是整个招标过程最重要的部分，而评分细则的确定则对于承包商的选择起到关键性作用。目前，国内对垃圾渗滤液的处理方式主要有"膜处理""生化处理"以及各种组合处理。污水处理工艺不同，其工程建设的费用差别是很大的。同时，造成的后期运营费的差别也是很大的。因此，在制定评标方法时，采用了综合评分法，分为资信、技术和商务三部分。其中资信部分分值权重占5%、技术部分分值权重占45%、商务部分分值权重占50%。

（1）技术评审

技术评审包括设计、设备和施工三部分。在评审细则的设置中，对投标文件的技术部分着重强调了设计的重要性，赋予的"分值"占到了30%，而设备和施工的"分值"仅占10%与5%。评分细则有：设计工艺、设计方案、设计深度、标书响应性、工作计划与质量管理措施、设备性能、优化组合、设备选择、能耗、防爆防腐防蚀性、售后服务承诺、备品备件的满足、项目经理部的组成、施工部署、施工进度计划及措施、主要材料、机械设备、构配件供应计划、施工方案、重点分项专项方案以及质量安全保证措施、劳动力安排、设计和设备供应的协调等方面。

若投标文件的技术评审达不到25分，则不再进行商务评审。

（2）商务评审

EPC的商务评审与单一的设计或采购或施工的评审方法不一样。不同的工艺决定了不同的工程费用，且差别很大。本项目污水处理厂的运营时间为15年，后期的运营费会大大超过建设费用。因此，招标人在投标报价的基础上设置了评标价。对评标价的计算公式是根据不同的处理工艺估算需要的建设费和运营费情况，并进行了整个工程投资费用模拟的计算，最后得出评标价。评标价公式为：

评标价＝工程建设费用＋累计运营费（累计运营费要考虑折现系数）

$$A = X + \alpha \sum_{n=1}^{15} \left[Y(1+i)^{-\alpha} \right] \tag{9-1}$$

式中　A——评标价，万元；

　　　X——投标报价，万元；

　　　Y——年运营费，万元；

　　　n——年数，取1~15；

　　　α——折扣系数；

　　　i——折现系数。

通过式(9-1)可得出各投标人商务部分的评标价格，计算各评标价对评标价的均值偏离度，依据偏离度多少，按规定打分，得出各投标人商务部分的分数。

根据本项目制定的评标价的计算公式和评标办法，很有可能最终得到一个中庸的设计方案，这是招标人始终担忧的一个问题。

开标后由于设计不同，采用的处理工艺不同，采用的设备不同，构（建）筑物不同，各投标人的报价差距很大，最高报价与最低报价相差2倍，相应的年运营费是最低的年运营费的3倍。

整个评标工作持续了4天，对各个单位的投标文件，包括初步设计图纸、选择的工艺设备、构（建）筑物、商务报价、运营费的组成等逐一进行了详细评审，评委会出具了评审报告。本项目最终由某设计单位和建筑单位组成的联合体中标，成为本项目的EPC总承包人。

【签订合同】

依据现行的《中华人民共和国招标投标法》第三十一条规定："联合体各方应当签订共同投标协议，明确约定各方拟承担的工作和责任，并将共同投标协议连同投标文件一并提交招标人。

联合体中标的，联合体各方应当共同与招标人签订合同，就中标项目向招标人承担连带责任。"

第四十五条规定："中标人确定后，招标人应当向中标人发出中标通知书，并同时将中标结果通知所有未中标的投标人。"

第四十六条规定："招标人和中标人应当自中标通知书发出之日起三十日内，按照招标文件和中标人的投标文件订立书面合同。"

本案例招标人依据上述法律规定，在法定的时间内与中标人签署合同，并做好投标人中标后的其他工作。

【案例启示】

(1) 关于联合体与联合体投标

本案例在资格预审中，10家投标人有9家为联合体投标。说明我国处于EPC承包模式推行时期，企业组织结构并未完全顺应形势发展的需要，具有一定实力的EPC承包企业不多，需要一定时间的企业转型过程。因此，联合体投标则是常见的投标形式，招标人对于联合体投标应注意其合法性，对联合体应有以下认识：

① 联合体的性质　联合体投标是指两个以上法人或者其他组织组成一个联合体，以一个投标人的身份共同投标的行为。

a. 联合体承包各方为法人或者法人之外的其他组织。形式可以是两个以上法人组成的联合体、两个以上非法人组织组成的联合体，或者是法人与其他组织组成的联合体。

b. 联合体是一个临时性的组织，不具有法人资格。如果属于共同注册并进行长期经营活动的"合资公司"等法人形式的联合体，则不属于招标投标法所称的联合体。

c. 组成联合体投标是联合体各方的自愿行为，招标人不得强制投标人组成联合体共同投标。这说明联合体的组成属于各方自愿的共同的一致的法律行为。

d. 联合体虽然不是一个法人组织，但是对外投标应以所有组成联合体各方的共同的名义进行，不能以其中一个主体或者两个主体（多个主体的情况下）的名义进行。联合体内部之间权利、义务、责任的承担等问题则需要依据联合体各方订立的合同为依据。

e. 联合体共同投标的联合体各方应具备一定的条件。比如，根据招标投标法的规定，联合体各方均应具备承担招标项目的相应能力；国家有关规定或者招标文件对投标人资格条件有规定的，联合体各方均应当具备规定的相应资格条件。

f. 联合体共同投标一般适用于大型建设项目和结构复杂的建设项目，尤其是EPC工程总承包项目以及其他形式的总承包项目。

② 对联合体投标的资质要求　联合体各方均应当具备国家规定的资格条件和承担招标项目的相应能力。这是对投标联合体资质条件的要求。

a. 联合体各方均应具有承担招标项目必备的条件，如有相应的人力、物力、资金等等。

b. 国家或招标文件对投标人资格条件有特殊要求的，联合体各个成员都应当具备规定的相应资格条件。

c. 同一专业的单位组成的联合体，应当按照资质等级较低的单位确定联合体的资质等级。如在三个投标人组成的联合体中，有两个是甲级资质等级，有一个是乙级，则这个联合体只能定为乙级。之所以这样规定，是促使资质优等的投标人组成联合体，防止货商或承包商来完成，保证招标质量。

(2) 资格预审和评标细则制定是招标成功的关键

资格预审和评标细则的制定关系到是否能够按照业主的意愿选出中标人，标准与细则的制定必须符合法律法规的规定，必须依据拟招标项目的特点而制定，做出科学、合理的标准和办法。

对于一次性开发费用高、开发周期长以及投资规模较大的工程项目，招标风险往往是较大的，通过资格预审可以将投标人数量控制在一定范围内，减少招标成本，通过筛选投标人，为选择出理想中标人打下基础。EPC 资格初步审查一般包括：申请人名称、申请函签字盖章等；详细审查包括：营业执照、安全生产许可证、资质证书、资质等级、财务要求、业绩、拟派项目经理以及其他要求。

评标细则主要内容包括评价指标（标准）、分值权重和提供对投标人进行评分的依据。细则包括：综合评估法评标评价指标和分值设定（分为资信标、技术标、商务标或其他部分）；评分细则制定（资信标、技术标、商务标或其他的评分细则）。由依法组建的评标委员会按评分细则评分。

本案例中，业主为选择出有效的污水处理工艺和优秀的承包商，在资格预审和评审细则确定上花费了大量的时间和精力，因为污水处理工艺关系到招标项目成败，而评分细则的确定则是对承包商选择起着决定性的作用，投标人所确定的预审标准和细则办法通过实践证明是成功的。

(3) 综合评估法是工程总承包项目评标的主要方式

案例采用的综合评估法评标属于 EPC 项目的招标中普遍运用的一种评估方法。综合评估法分为以价格形式评估、或以分数形式评分，以及以其他形式评估。

本案例使用的是以分数形式进行评估比较。在各个投标人的报价基础上，计算其评标价。由于本项目投标人采取的工艺、设备不同，工程费用不同，且项目的运营成本有很大差别。为此，规定评标价由两部分费用组成，第一部分是工程项目建设费用；另一部分是今后运营所需费用。对两部分费用实施综合评审。各个投标人的运营费用需要与工程建设费用放在一个时间点上比较。为此，需要对运营费进行折现。运营费折现后与工程建设费构成评标价。通过选择确定评标基准价，计算各个投标人所得评标价与基准价的偏差。按规定扣减分值，本项目商务标的分值设定 50 分为满分。在 50 分的基础上根据各个投标人评标价的偏离度大小予以扣减，最终得出各个投标人的商务标分值。

9.4 项目招标风险管理案例

【内容摘要】

本案例是一则 EPC 招标风险管理的案例，以垃圾焚烧发电厂项目为背景，介绍了业主如何对项目招标风险进行识别和评估，同时对案例项目招标风险提出了应对措施，为 EPC 招标风险管理提供了思路。

【项目背景】

某环保发电有限公司作为业主，自行对垃圾焚烧发电厂进行 EPC 公开招标。项目设计日处理城市生活垃圾 600t，年处理 21.9 万吨，远期设计日处理城市生活垃圾 1200t，拟建设一条额定处理能力 600t/d 的焚烧及烟气净化处理线，利用垃圾焚烧余热发电，配套一台 12MV 汽轮发电组。

本项目处于川西高原，河谷平原腹地，属于亚热带季风气候，累计年平均降水量达 800～1000mm，累计年平均气温 17℃，累计年平均湿度 60%。项目厂址内采用雨污分流制，雨水直排入厂区自然冲沟，垃圾渗透液在厂内经过处理后达到一级排放标准，通过厂东侧现有排放口排放。项目剩余电力并网采用 35kV 单回路空架路接入位于厂址西北方向的某某 220kV 变电站的 35kV 系统，35kV 并网线路长 6km。本项目所耗燃料为城市生活垃圾，辅助材料准备采用 0# 轻柴油。炉渣可作铺路的路基材料等，项目产生的飞灰在厂内进行固化处理达到《生活垃圾填埋场污染控制标准》中渗出毒性标准后，由项目公司运往政府指定的填埋场填埋，运距约为 5km。本项目采用垃圾焚烧线和烟气处理成套技术及设备，预计应在 2014 年 3 月初步完工，并进入试运行。试运行 4 个月后，进行商业运营，计划工期 420 日历天。

项目完成了可行性研究报告、环境评价、土地预审及规划编制和审查。项目招标方式经当地发展改革委核准，核准内容：招标范围、勘察、设计、施工、监理、重要设备及材料采购。招标方式为公开招标、采取委托招标方式。

EPC 承包商将承担本项目的勘察工作和厂址红线内所有设计、采购、施工、调试、试运行、修补缺陷等工作。项目进入商业运营后，由业主接收。项目业主通过招标确定了监理单位，对施工和设备安装全过程进行监理。

【风险识别】

通过邀请专家采用头脑风暴法和专家调查法对该项目招标风险因素进行识别。项目招标风险因素识别见表 9-1。

表 9-1　垃圾焚烧发电厂项目招标风险因素识别

序号	二级子风险因素	三级子风险因素
1	经济风险	货币汇率变化
2		价格波动
3	技术政策风险	法律法规不完善
4		标准、规范变更
5	自然环境风险	地质条件不准确
6		气候条件发生变化
7	前期准备风险	招标计划不完备
8	招标文件风险	功能描述文件不准确
9		评标办法制定有瑕疵
10	开评标风险	开标组织工作不力
11		评标组织不周密
12	合同风险	合同类型选择不宜
13		合同条款设置有缺陷
14	职业道德风险	工作人员责任心不强
15		虚假信息和受贿发生

【风险评估】

采用专家调查法、风险矩阵法、BORDA 序值法等，对项目风险影响和风险概率进行了评估，垃圾焚烧发电厂招标风险评估结果见表 9-2。

表 9-2　垃圾焚烧发电厂招标风险评估结果

序号	二级风险因素	三级风险因素	风险影响	风险概率/%	风险等级	BORDA 序值
1	经济风险	货币汇率变化	微小	50	中	8
2		价格波动	一般	40	中	10
3	技术政策风险	法律法规不完善	一般	50	中	5
4		标准、规范变更	严重	70	高	2
5	自然环境风险	地质条件不准确	微小	70	中	5
6		气候条件发生变化	微小	40	低	11
7	前期准备风险	招标计划不完备	严重	50	中	3
8	招标文件风险	功能描述文件不完善	关键	70	高	1
9		评标办法制定有瑕疵	一般	20	中	12
10	开评标风险	开标组织工作不力	微小	30	低	13
11		评标组织不周密	微小	30	低	13

序号	二级风险因素	三级风险因素	风险影响	风险概率/%	风险等级	BORDA 序值
12	合同风险	合同类型选择不宜	关键	30	高	7
13		合同条款设置有缺陷	关键	90	高	0
14	职业道德风险	工作人员责任心不强	一般	60	中	4
15		虚假信息和受贿发生	微小	50	中	8

【风险应对】

经评估分析，本案例项目招标风险因素属于中高等级的风险因素为：标准、规范变更，招标计划不完备、功能描述文件不完善，合同类型选择不宜和合同条款设置有缺陷。可分别采取风险抑制和风险转移的策略，风险应对策略如下。

（1）标准、规范变更风险应对

垃圾焚烧发电厂项目目前有建设标准、工程技术规范及评价标准。其中《城市生活垃圾焚烧处理工程项目建设标准》是由原国家建设部和国家计委联合下发的，目前已经实行了12年。建设标准中执行的焚烧炉大气污染物排放限值已落后于国家标准，实践中有部分垃圾焚烧发电厂已参照国际数据自行提高了排放限值。项目期间，国家已经出台了征求意见，参照欧盟标准设置了相关的排放指标，但尚未在规定的时间出台。对垃圾焚烧发电厂项目来说，执行新的标准预计将提高 20% 的建设成本及运营费。

为此，业主对于标准、规范变更风险采取的风险应对措施是：在招标文件中就本项目目前使用的标准规范、即将出台的标准规范以及国内有关实践情况进行了详细、重点的描述，明示了标准、规范变更的风险由承包人承担，并在评标文件中制定了评价条款，鼓励投标人采用高于国家即将出台标准的技术方案和措施。

（2）招标计划不完备风险应对

招标工作计划是招标工作开展的依据，是招标成功的重要保障性文件。由于 EPC 项目规模大、涉及面广，不免在招标计划上出现不完备而产生风险。招标计划不完备风险的产生根源主要在于前期的准备工作不细致，因此，深入调研对于招标工作十分重要。

本案例业主对招标计划不完备风险应对措施是：加强前期的调研工作，采用专家调查法与实地调查法相结合，尤其是通过了解经历过同类项目招标建设的业主招标计划和招标情况，来掌握招标计划制定的第一手资料。另外，邀请专业招标代理机构制定招标工作计划，同时，对于该招标计划召开专家会议，对计划进行严格审查并请他们提出相应的建议。

（3）功能描述不完善风险应对

对招标项目的功能描述可以说是任何工程总承包招标文件中都需要明确的内容。按照前面所述建设标准，本垃圾焚烧发电厂项目属于Ⅲ类工程项目（规模分为 4 个等级，1 级规模最大、4 级规模最小），目前全国自 2005 年后陆续建成并投入使用了 132 座垃圾焚烧发电厂。垃圾焚烧发电厂项目的工艺目前趋于稳定、施工成熟、标准规范配套。

对于功能描述文件不完备风险的应对，业主采取的措施是：在招标文件中设置业绩条件，选择科研咨询机构，编制可行性研究报告送评估单位进行评审，然后由科研咨询机构依据行业标准规定的内容及现场实际，编制功能描述文件，随后业主将功能描述文件送同等资质条件的咨询机构进行审核，最后业主将审核后的功能描述文件提交招标代理机构使用。

(4) 合同类型选择不宜和合同条款有缺陷风险应对

本案例垃圾焚烧发电厂项目投资规模较大，工期跨年，设备安装及土建施工要求配合密切，现场安全、信息、质量、进度和造价管理难度很大。合同类型选择不当，很可能形成开口合同，导致造价无法锁定，建设成本无限放大。

针对这种情况，为了规避此类风险，业主采取的应对措施是：在采取固定总价合同的同时，在招标文件编制及合同谈判时约定了合同价格调整机制；明确了非优化项目，不进行设计变更，以及设计变更的规则和程序；明确了工程里程碑及延误处置条款，并在总工期外做了 30 天的时间预留；明确了索赔和反索赔以及争议的处理等条款，防范此类风险的发生。

本案例项目中的其他风险因素等级较低，项目业主通过明确项目边界条件，加强对招标代理机构的约束，建立廉政合同制度等方式应对风险。

【案例启示】

① 工程总承包招标风险管理是招标管理的重要组成部分，也是工程总承包招标管理的难点和重点。招标风险的识别、评估和应对，不但是招标工作顺利进行的保证，对于业主来说，招标风险应对不当，会导致合同履约的后续风险发生。因此，业主必须十分重视招标风险管理工作，将风险因素尽早实施控制。

② 关于功能描述文件风险。工程总承包项目招标功能描述文件不完备是重要的风险源之一，也是常见的风险。功能描述是对拟建项目要实现的功能进行确切的描述。建设工程总承包发包是以拟建项目功能描述的方法进行招标的，功能描述不清或不全面，会给承发包双方带来各种纠纷，工程造价得不到很好的控制，最终可能导致建设目标不能顺利实现，因此，招标人应十分重视功能描述文件的编制。

③ 关于招标风险识别、评估的方法很多，有专家调查法、头脑风暴法、风险矩阵法、德尔菲法、BORDA 序值法等。前几种方法大家都比较熟悉，BORDA 序值法，又称为 BORDA 计数法。最早由 Jena-Charles de Borda 提出的一种经典的投票表决法，即排序式的投票制度。其方法是在投票时，请投票人表达最希望哪些因素（或候选人）重要（当选），还要求投票人对这些心目中的因素（或候选人）进行排序。投票人通过投票表达出对各因素（或候选人）的偏好次序。然后，对各因素（或候选人）从高到低进行评分并累加，得分最高者获胜。

投标篇

第 10 章
工程总承包项目投标概述

投标与招标是相对的、密不可分的两个方面，投标是整个招投标交易活动的重要组成部分。所谓投标是指投标人应招标人的邀请，根据招标通告或招标文件所规定的条件，按照法律规定，在规定的期限内，向招标人邀约的行为。本章将对涉及工程总承包投标的基本知识进行梳理探讨。

10.1 投标人与投标条件

10.1.1 投标人基本概念

投标人是响应招标、参加投标竞争的法人或者其他组织。所谓响应招标，主要是指投标人对招标文件中提出的实质性要求和条件做出响应。投标人的范围除了法人、其他组织外，在特定情况下还应包括自然人。

招标投标法第二十五条规定："投标人是响应招标、参加投标竞争的法人或者其他组织。依法招标的科研项目允许个人参加投标的，投标的个人适用本法有关投标人的规定。"

（1）投标人一般应该为法人

2020 年 5 月颁布的《中华人民共和国民法典》第五十七条规定："法人是具有民事权利能力和民事行为能力，依法独立享有民事权利和承担民事义务的组织。"法人分为企业法人、机关法人、事业单位法人、社会团体法人。参加投标竞争的法人应为企业法人或事业单位法人。根据上述法条的规定，法人组织对招标人通过招标公告、投标邀请书等方式发出的要约邀请做出响应，直接参加投标竞争的（具体表现为按照招标文件的要求向招标人递交了投标文件），即成为民法所称的投标人。

（2）可以是法人以外的组织

即经合法成立、有一定的组织机构和财产，但又不具备法人资格的组织。包括：经依法登记领取营业执照的个人独资企业、合伙企业；依法登记领取营业执照的合伙型联营企业；依法登记领取我国营业执照的不具有法人资格的中外合作经营企业、外资企业；法人依法设立并领取营业执照的分支机构等。上述组织成为投标人也需要具备响应招标、参加投标竞争的条件。

(3) 特殊情况下可以是个人

即民法典所讲的自然人（公民）。依照规定，个人作为投标人，只限于科研项目依法进行招标的情况。从实践中看，对科学技术研究、开发项目的招标，除可以由科研机构等单位参加投标外，有些科研项目的依法招标活动，允许由科研人员或者其组成的课题组参加投标竞争，也是很有必要的。依照规定，个人参加依法进行的科研项目招标的投标的，适用有关投标人的规定，即个人在参加依法招标的科研项目时享有规定的投标人权利，同时应履行规定的投标人的义务。

将投标主体主要规定为法人或者其他组织，主要是考虑到进行招标的项目通常为采购规模较大的建设工程、货物或者服务的采购项目，通常只有法人或其他组织才能完成。而以个人的条件而言，通常是难以保证完成多数招标采购的项目的。当然，对允许个人参加投标的某些科研项目除外。

10.1.2 投标条件的法律规定

(1)《中华人民共和国招标投标法》

工程总承包的投标人首先必须满足投标人的基本条件。投标人的投标条件应符合招标投标法的有关规定。招标投标法第二十六条规定："投标人应当具备承担招标项目的能力；国家有关规定对投标人资格条件或者招标文件对投标人资格条件有规定的，投标人应当具备规定的资格条件。"投标人的投标条件不能违背这一规定。

(2)《关于进一步推进工程总承包发展的若干意见》（住建部第93号文件）

第七条规定："工程总承包企业的基本条件。工程总承包企业应当具有与工程规模相适应的工程设计资质或者施工资质，相应的财务、风险承担能力，同时具有相应的组织机构、项目管理体系、项目管理专业人员和工程业绩。"

(3) 关于培育发展工程总承包和工程项目管理企业的指导意见

第四条规定："进一步推行工程总承包和工程项目管理的措施

（一）鼓励具有工程勘察、设计或施工总承包资质的勘察、设计和施工企业，通过改造和重组，建立与工程总承包业务相适应的组织机构、项目管理体系，充实项目管理专业人员，提高融资能力，发展成为具有设计、采购、施工（施工管理）综合功能的工程公司，在其勘察、设计或施工总承包资质等级许可的工程项目范围内开展工程总承包业务。

工程勘察、设计、施工企业也可以组成联合体对工程项目进行联合总承包。

（二）鼓励具有工程勘察、设计、施工、监理资质的企业，通过建立与工程项目管理业务相适应的组织机构、项目管理体系，充实项目管理专业人员，按照有关资质管理规定在其资质等级许可的工程项目范围内开展相应的工程项目管理业务。

（三）打破行业界限，允许工程勘察、设计、施工、监理等企业，按照有关规定申请取得其他相应资质。"

(4)《房屋建筑和市政基础设施项目工程总承包管理办法》（住建部第12号文件）

第十条规定："工程总承包单位应当同时具有与工程规模相适应的工程设计资质和施工

资质，或者由具有相应资质的设计单位和施工单位组成联合体。

工程总承包单位应当具有相应的项目管理体系和项目管理能力、财务和风险承担能力，以及与发包工程相类似的设计、施工或者工程总承包业绩。

设计单位和施工单位组成联合体的，应当根据项目的特点和复杂程度，合理确定牵头单位，并在联合体协议中明确联合体成员单位的责任和权利。联合体各方应当共同与建设单位签订工程总承包合同，就工程总承包项目承担连带责任。"

第十二条规定："鼓励设计单位申请取得施工资质，已取得工程设计综合资质、行业的甲级资质、建筑工程专业甲级资质的单位，可以直接申请相应类别施工总承包一级资质。鼓励施工单位申请取得工程设计资质，具有一级及以上施工总承包资质的单位可以直接申请相应类别的工程设计甲级资质。完成的相应规模工程总承包业绩可以作为设计、施工业绩申报。"

第十八条规定："工程总承包单位应当建立与工程总承包相适应的组织机构和管理制度，形成项目设计、采购、施工、试运行管理以及质量、安全、工期、造价、节约能源和生态环境保护管理等工程总承包综合管理能力。"

(5)《上海市工程总承包试点项目管理办法》

第七条（承包人资格）规定："工程总承包企业应当具备与发包工程规模相适应的工程设计资质（工程设计专项资质和事务所资质除外）或施工总承包资质，且具有相应的组织机构、项目管理体系、项目管理专业人员和工程业绩。"

(6) 深圳《EPC工程总承包招标工作指导规则（试行）》

第二条 EPC工程总承包的投标条件规定："目前EPC工程总承包招标的适用依据主要是《关于培育发展工程总承包和工程项目管理企业的指导意见》（建市〔2003〕30号）。在设置投标条件时可淡化资质管理，实行能力认可，在工程实施时回归资质管理，由有相应资质的单位分别承担设计、施工任务。招标人可按下列方式之一设置投标条件：

（一）具有工程总承包管理能力的企业，可以是设计、施工、开发商或其他项目管理单位；

（二）具有相应资质等级的设计、施工或项目管理单位独立或组成联合体投标。

由于目前建筑市场上具有工程总承包业绩的单位较少，在招标时不宜将工程总承包业绩作为投标条件，以促进工程总承包行业的发展。"

(7)《江苏省房屋建筑和市政基础设施项目工程总承包招标投标导则》

第六条规定："工程总承包投标人及项目经理资格条件执行住房城乡建设部有关规定。"

10.1.3 投标条件分析

(1) 投标单位条件

① 具备总承包投标人的资质条件 现行《中华人民共和国招标投标法》第二十六条规定："国家有关规定对投标人资格条件或者招标文件对投标人资格条件有规定的，投标人应当具备规定的资格条件。"

目前，对于工程总承包招标项目，在没有专门设立工程总承包资质的情况下，住建部第93号文件明确了工程总承包企业的基本条件。具有与工程规模相适应的工程设计资质或者施工资质的企业均可作为投标人承揽工程总承包业务。第93号文件发布后，对鼓励设计单位和施工单位积极参与工程总承包起到了积极的推动作用。住建部第12号文件的规定与第93号文件有所不同，改变了设计单位或施工单位分别可以作为投标人的说法，第12号文件

第十条规定："工程总承包单位应当同时具有与工程规模相适应的工程设计资质和施工资质，或者由具有相应资质的设计单位和施工单位组成联合体。"明确了加速设计单位与施工单位融合的政策导向。

近年来，随着房屋建筑与市政基础设施采用工程总承包模式的日益增多，执行过程中也反映出设计单位和施工单位独立承接工程总承包项目的一些不足。工程设计单位缺乏施工管理人员、经验和能力；施工单位则缺乏设计优化和项目统筹能力。建设市场中已经有不少具有前瞻性的企业开始通过新设企业、股权收购、交叉持股等方式整合设计施工能力，为了培育更多的具备设计、施工一体化能力的企业，第12号文件第十条也给出了鼓励设计企业和施工企业补足资质短板的政策。

住建部第12号文件第十条应同时具备设计和施工资质的规定，代表了政府的政策导向，说明是今后的方向。目前，现阶段由于建筑市场上具有工程总承包业绩的单位较少，为促进工程总承包行业的发展，执行工程总承包单位应当具有与工程规模相适应的工程设计资质或者施工资质的政策。

具有工程设计或施工总承包资质的企业可以在其资质等级许可的工程项目范围内开展工程总承包业务。工程设计企业可以在其工程设计资质证书许可的工程项目范围内开展工程总承包业务，但工程的施工则应由具有相应施工承包资质的企业承担，具体工作及分包仍需要相应资质。

工程施工总承包企业可以在其工程施工资质证书许可的工程项目范围内开展工程总承包业务，但工程的设计则应由具有相应设计资质的单位承担，具体工作及设计分包仍需要资质。

国家鼓励具有相应资质的工程设计、施工企业组成联合体对工程项目进行联合总承包。

因此，工程总承包投标人可以是设计单位，也可以是施工单位；具有相应资质等级的设计、施工单位或两者组成联合体均可作为投标人，工程总承包投标人可划分为以下三种类型。

第一种形式：设计院作为投标人承接业务，施工分包。具有相应资质的设计院单独作为投标人承揽业务，然后选择具有相应施工资质、契约精神强、施工管理水平高、市场信誉好的施工企业，将施工任务分包给施工企业完成。

第二种形式：施工单位作为投标人承接业务，设计分包。由具有相应资质的施工企业单独作为投标人承揽业务，选择具有相应设计资质、契约精神强、设计水平高、市场信誉好的设计院，将设计任务分包给设计单位完成。

第三种形式：设计院、施工企业联合体投标，共同完成。设计院和施工单位组成一个联合体，以一个人的身份共同投标，确定牵头人，联合体各方签订共同投标协议书，明确各方工作义务和责任，并将协议书连同招标文件一起提交招标人，共同与业主签订中标合同，承担连带责任。

在工程总承包投标人资质条件方面，国家鼓励设计单位申请取得施工资质，已取得工程设计综合资质、行业的甲级资质、建筑工程专业甲级资质的单位，可以直接申请相应类别施工总承包一级资质。鼓励施工单位申请取得工程设计资质，具有一级及以上施工总承包资质的单位可以直接申请相应类别的工程设计甲级资质。完成的相应规模工程总承包业绩可以作为设计、施工业绩申报。

依据招标投标法的规定，投标人还应具备招标文件规定的资格条件。招标投标法第二十六条规定："招标文件对投标人资格条件有规定的，投标人应当具备规定的资格条件。"招标文件是招投标活动的重要的法律文件，是招标人希望他人向自己发出邀约的表达，受法律保护。招标人针对拟建工程项目实际情况，在招标文件中规定有关资格条件，投标人应当符合招标文件中提出的资格以及其他的投标条件。另外，目前由于建筑市场上具有工程总承包业绩的单位比较少，在总承包招标时，只以其相应资质范围内的业绩作为投标人的条件，而不宜将工程总承包业绩作为投标人的条件，以促进工程总承包行业的发展。

② 具备招标人提出的总承包的能力条件　招标投标法第二十六条规定："投标人应当具备承担招标项目的能力"。承担招标项目的能力是指投标人在财务、技术、人员、装备、抗风险等方面，要具备与完成招标项目的需要相适应的能力或者条件。例如，建筑或市政工程项目的投标人，应具备承担建筑或市政工程建设的能力；化工建设工程项目的投标人，应具备承担化工工程建设的相应能力；水利工程建设项目的投标人，应当具备承担水利工程建设的相应能力；公路工程建设项目的投标人，应具备承担公路工程项目建设的相应能力。同时，还具有相应的组织机构、项目管理体系、项目管理专业人员。

住建部发布的第 93 号文（七）工程总承包企业的基本条件规定："工程总承包企业应当具有与工程规模相适应的工程设计资质或者施工资质，相应的财务、风险承担能力，同时具有相应的组织机构、项目管理体系、项目管理专业人员和工程业绩。"第 12 号文第十条规定："工程总承包单位应当具有相应的项目管理体系和项目管理能力、财务和风险承担能力，以及与发包工程相类似的设计、施工或者工程总承包业绩。"这些规定中均明确强调了将组织机构、项目管理体系和管理能力作为工程总承包投标人的条件。

目前，房屋建筑与市政基础设施行业从事工程总承包的企业，大多数还是沿用传统承包模式即设计或施工分阶段的管理体制，没有特定的工程总承包的组织机构，缺乏工程总承包的综合管理能力，不能有效发挥工程总承包的设计采购施工深度融合的优势，甚至因为组织机构、人员配备、管理体系等不科学、不合理或缺失导致工程总承包项目出现严重问题。震惊国内的 11.24 江西丰城发电厂三期扩建工程冷却塔施工平台坍塌特别重大事故，国务院事故调查组在有关单位的责任认定中指出，工程总承包单位存在管理意识薄弱、管理机制不健全、管理制度流于形式、管理人员无证上岗等管理体系建设问题。所以强调工程总承包相应组织机构、管理体系的建立，将大大有助于加快传统的设计和施工企业向工程总承包公司的转型，真正实现工程总承包总集成、总协调、总管控一体化。

（2）项目经理条件

项目经理是指工程总承包企业法定代表人在总承包项目上的委托代理人。工程总承包项目经理应具备的条件如下。

① 对项目经理条件的规定

a.《关于进一步推进工程总承包发展的若干意见》（住建部第 93 号文件）。第八条规定："工程总承包项目经理应当取得工程建设类注册执业资格或者高级专业技术职称，担任过工程总承包项目经理、设计项目负责人或者施工项目经理，熟悉工程建设相关法律法规和标准，同时具有相应工程业绩。"

b.《建设项目工程总承包管理规范》（2017 版）。3.5.2 项目经理的任职应具备以下条件：

Ⅰ. 取得工程建设类的注册执业资格或高级专业技术职称；

Ⅱ. 具备决策、组织、领导和沟通能力，能正确处理和协调与项目发包人、项目相关方之间及企业内部各专业、各部门之间的关系；

Ⅲ. 具有工程总承包项目管理及相关的经济、法律法规和标准化知识；

Ⅳ. 具有类似项目管理经验；

Ⅴ. 具有良好的信誉。

c.《房屋建筑和市政基础设施项目工程总承包管理办法》（住建部第 12 号文件）。第二十条规定："工程总承包项目经理应当具备下列条件：

（一）取得相应工程建设类的注册执业资格，包括注册建筑师、勘察设计注册工程师、注册建造师，或者注册监理工程师等；未实施注册执业资格的，取得高级专业技术职称；

（二）担任过与拟建项目相类似的工程总承包项目经理、设计项目负责人、施工项目负责人或者项目总监理工程师；

（三）熟悉工程技术和工程总承包项目管理知识以及相关法律法规、标准规范；

（四）具有较强的组织协调能力和良好的职业道德。"

工程总承包项目经理不得同时在两个或者两个以上工程项目担任工程总承包项目经理、施工项目负责人。

d.《江苏省房屋建筑和市政基础设施项目标准工程总承包资格预审文件》规定：

"第二章　申请人须知　申请人须知前附表：1.4.1 申请人应具备的资格要求：4. 工程总承包项目经理应当具备下列资格条件之一：（A）注册建筑师、勘察设计注册工程师、注册建造师、注册监理工程师；（B）工程建设类高级专业技术职称；5. 工程总承包项目经理应当承担过以下类似工程业绩之一：（A）工程总承包业绩要求；（B）设计业绩要求；（C）施工业绩要求。"

江苏省在其他工程总承包管理文件中还规定，项目经理且必须满足下列条件：

"（一）总承包项目经理不得同时在两个或者两个以上单位受聘或者执业。

（二）总承包项目经理不得同时在两个或者两个以上工程项目上任职。

（三）总承包项目经理无行贿犯罪行为记录；或有行贿犯罪行为记录，但自记录之日起已超过 5 年的。"

《江苏省房屋建筑和市政基础设施项目工程总承包招标投标导则》第六条规定："工程总承包投标人及项目经理资格其他条件执行住房城乡建设部有关规定。"

e.《上海市工程总承包试点项目管理办法》。第九条（项目负责人资格）规定："工程总承包项目负责人应当具有相应工程建设类注册执业资格（包括注册建筑师、勘察设计注册工程师、注册建造师、注册监理工程师），拥有与工程建设相关的专业技术知识，熟悉工程总承包项目管理知识和相关法律法规，具有工程总承包项目管理经验，并具备较强的组织协调能力和良好的职业道德。"

② 对总承包项目经理条件分析

a. 住建部第 93 号文件和《建设项目工程总承包管理规范》要求工程总承包项目经理应具备工程建设类的注册执业资格或者高级专业技术职称。在住建部第 12 号文件中对此进一步细化，分为两种情况：一种情况是实行注册执业资格的，项目经理应取得相应工程建设类的注册执业资格（注册建筑师、勘察设计注册工程师、注册建造师，或者注册监理工程师等）；对于未实施注册执业资格的，项目经理需要取得高级专业技术职称。也就是说实行注册执业资格的，只要取得执业资格的，无论是否取得高级专业技术职称，均可作为项目经理。对于未实行注册职业资格的，必须取得高级专业技术职称才可作为项目经理。

b. 第 12 号文件把第 93 号文件中的"担任过工程总承包项目经理、设计项目负责人或者施工项目经理"和"具有相应工程业绩"进一步增加和细化为"担任过与拟建项目相类似的工程总承包项目经理、设计项目负责人、施工总承包项目经理或者项目总监理工程师"，增加了总监理工程师的业绩。

c. 值得注意的是，第 12 号文件比第 93 号文件对工程总承包项目经理条件增加了一句话："工程总承包项目经理一般不得同时在两个或者两个以上工程项目担任工程总承包项目经理、施工项目经理。"这句话和施工项目经理规定是一致的。

d. 关于工程总承包项目经理的其他条件包括：具备决策、组织、领导和沟通能力，能正确处理和协调与项目发包人、项目相关方之间及企业内部各专业、各部门之间的关系；具有工程总承包项目管理及相关的经济、法律法规和标准化知识；具有类似项目管理经验；具有良好的信誉等。

(3) 对工程总承包投标人的限制规定

① 对投标人限制条件的规定

a. 招标投标实施条例第三十四条规定："与招标人存在利害关系可能影响招标公正性的法人、其他组织或者个人，不得参加投标。单位负责人为同一人或者存在控股、管理关系的不同单位，不得参加同一标段投标或者未划分标段的同一招标项目投标。违反前两款规定的，相关投标均无效。"

b. 《关于培育发展工程总承包和工程项目管理企业的指导意见》第四条第四项明确："工程总承包企业可以接受业主委托，按照合同约定承担工程项目管理业务，但不应在同一个工程项目上同时承担工程总承包和工程项目管理业务，也不应与承担工程总承包或者工程项目管理业务的另一方企业有隶属关系或者其他利害关系。"

c. 《房屋建筑和市政基础设施项目工程总承包管理办法》（第 12 号文件）第十一条规定："工程总承包单位不得是工程总承包项目的代建单位、项目管理单位、监理单位、造价咨询单位、招标代理单位。

政府投资项目的项目建议书、可行性研究报告、初步设计文件编制单位及其评估单位，一般不得成为该项目的工程总承包单位。

政府投资项目招标人公开已经完成的项目建议书、可行性研究报告、初步设计文件的，上述单位可以参与该工程总承包项目的投标，经依法评标、定标，成为工程总承包单位。"

② 对投标人限制条件分析　2019 年《房屋建筑和市政基础设施项目工程总承包管理办法（征求意见稿）》第十条规定："工程总承包单位不得是工程总承包项目的代建单位、项目管理单位、监理单位、造价咨询单位、招标代理单位。"

政府投资项目的项目建议书、可行性研究报告、初步设计文件编制单位及其评估单位，不得成为该项目的工程总承包单位。

对于前期咨询和设计单位能否参与同一项目的工程总承包投标，各地方规定存在完全相反的不同态度，在前期调研期间市场主体也普遍关心这个问题。

在该办法起草过程中也存在两种观点，一种观点认为考虑到可能涉嫌不正当竞争，不应予以支持；另一种观点认为允许前期咨询服务企业参与工程总承包项目投标更有利于实现业主的项目需求。最后专家组讨论认为，结合国际上允许前期咨询服务企业参与工程总承包项目投标的惯例，而且前期咨询服务企业在提供前期设计任务书、可行性研究报告、建筑策划等服务的基础上，更能准确理解业主的项目需求和投资控制、质量管控的要求，允许前期服务企业参与工程总承包项目投标，有利于业主需求的更好实现，有利于培育和推进传统设计企业向工程总承包的工程公司转型。

但同时考虑到对其他投标人存在不正当竞争的可能性，为了避免影响其他投标人的投标积极性和竞争充分性，进一步规定前期咨询服务企业需要在招标人公开发包前完成可行性研究报告或勘察设计文件的基础上才能进行投标，这样有助于保证所有投标人均在同等条件下竞标。因此，在第 12 号文件第十一条在原征求意见第十条的基础上增加了一句"政府投资项目招标人公开已经完成的项目建议书、可行性研究报告、初步设计文件的，上述单位可以参与该工程总承包项目的投标，经依法评标、定标，成为工程总承包单位。"即前期参加项目的服务机构在公开相关设计文件后，可以成为投标人。

国家对工程总承包投标人的投标条件做出严格的规定，对保证招标项目的质量，维护工程总承包招标人的利益乃至国家和社会公共利益，都是很有必要的。不具备工程总承包投标条件的投标人，不能参加有关招标项目的投标；招标也应当按照国家有关规定及招标文件的要求，对投标人进行必要的资格审查。不具备规定的投标条件的，不能中标。严格对项目的总承包投标人应具备的资格条件做出规定，也可以使潜在的投标人以此判断自己有无资格参加投标，以避免花费不必要的投标费用，这对潜在投标人也是有益的。

10.2　联合体投标与投标条件

工程总承包项目往往规模较大、结构复杂，需要多专业的配合才能完成，承包单位单独承包的工程项目难度较大，需要与其他单位组成联合体，以一个投标人的身份去投标，优势互补提高竞争力，才能满足总承包建设项目需要。为此，在工程总承包项目承包领域，联合体投标成为一种重要的投标形式和常态。目前，我国现行的法律法规对联合体的组成、投标的资质要求、责任承担等均做了原则性、指导性的规定，但缺乏程序性和可操作性，下面从理论与实务角度对联合体投标与投标条件作初步探讨。

10.2.1　联合体的界定与特征

（1）联合体组织的界定

关于对联合体组组织的界定，法律有明确的规定。《中华人民共和国建筑法》第二十七条规定："大型建筑工程或者结构复杂的建筑工程，可以由两个以上的承包单位联合共同承包。共同承包的各方对承包合同的履行承担连带责任。"

《中华人民共和国招标投标法》第三十一条规定："两个以上法人或者其他组织可以组成一个联合体，以一个投标人的身份共同投标。联合体各方均应当具备承担招标项目的相应能力；国家有关规定或者招标文件对投标人资格条件有规定的，联合体各方均应当具备规定的相应资格条件。由同一专业的单位组成的联合体，按照资质等级较低的单位确定资质等级。联合体各方应当签订共同投标协议，明确约定各方拟承担的工作和责任，并将共同投标协议连同投标文件一并提交招标人。联合体中标的，联合体各方应当共同与招标人签订合同，就中标项目向招标人承担连带责任。"

住建部第 12 号文件第十条第二项规定："设计单位和施工单位组成联合体的，应当根据项目的特点和复杂程度，合理确定牵头单位，并在联合体协议中明确联合体成员单位的责任和权利。联合体各方应当共同与建设单位签订工程总承包合同，就工程总承包项目承担连带责任。"

由上述规定可以看出，对于联合体界定要素有以下方面：一个身份；三个共同；协议分工；连带责任。联合体界定要素见图 10-1。

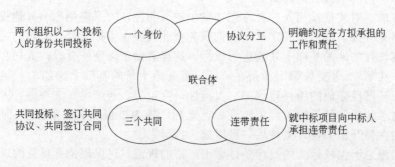

图 10-1　联合体界定要素

（2）联合体的核心特征

① 联合体组成原则　联合体的组成是"可以组成"，也可以"不组成"。是否组成联合体由有关各方自己决定。联合体的组成属于各方自愿的共同的一致的法律行为。招标投标法第三十一条第四款明确规定："招标人不得强制投标人组成联合体共同投标，不得限制投标人之间的竞争。"

分析：联合体是根据招标项目的资质要求，投标单位根据资质、技术实力等在协商一致的基础上自愿组成的联合体，其行为属于各方自愿的、共同的法律行为，法律没有赋予招标人强制要求投标人组成联合体的权利，是否组成联合体由联合体各方自己决定。

② 法律上对资质的要求　招标投标法第三十一条第二款规定："联合体各方均应当具备承担招标项目的相应能力；国家有关规定或者招标文件对投标人资格条件有规定的，联合体各方均应当具备规定的相应资格条件。由同一专业的单位组成的联合体，按照资质等级较低的单位确定资质等级。"

a."联合体各方均应当具备承担招标项目的相应能力"分析。是指完成招标项目所需要的技术、资金、设备、管理等方面的能力。不具备承担招标项目的相应能力的各方组成的联合体，招标方也不得确定其为中标人。

b."国家有关规定或者招标文件对投标人资格条件有规定的，联合体各方均应当具备规定的相应资格条件。"

分析：这一要求实际上是保证"联合体各方均应具备承担招标项目的相应能力"的规定得以落实的进一步规定。这里所讲的投标人的"资格条件"分为两层意思：一层意思是"国家有关规定"确定的资格条件；另一层意思是"招标文件"规定的资格条件。

"国家有关规定"涵义包括三个方面：一是招标投标法和其他有关法律的规定，比如招标投标法第二十六条的规定；二是行政法规的规定；三是国务院有关行政主管部门的规定。

另一类是"招标文件"规定的投标人资格条件，招标文件的要求条件一般应包括国家规定的条件和国家规定的条件以外的其他特殊条件。关于招标人的"资格条件"，招标投标法第二十六条已有具体的规定，这里重新作出规定目的是，不能因为是联合体投标，就应降低投标人的要求。这一规定对招标人和投标人均有约束力。

c."由同一专业的单位组成的联合体，按照资质等级较低的单位确定资质等级。"

分析：这一规定主要是为了防止在投标过程中，联合体中资质较低的一方借用资质等级较高的一方的名义取得中标人资格，造成中标后不能保证建筑工程项目质量现象的发生。从一定意义上要求联合体各方均应具备承担招标项目的相应能力；国家有关规定或者招标文件对投标人资格条件有规定的，联合体各方均应当具备规定的相应资格条件。法律或招标人对投标人的资格提出了明确要求，投标人可以根据自身条件，依据优势互补的原则，成立投标联合体，争取投标成功。

③ 联合体的组织形式　联合体是不具备法人资格的临时性组织，在招投标过程中，所有联合体各方对外"以一个投标人的身份共同投标"。

分析：也就是说，联合体虽然不是一个法人组织，但是对外投标应以所有组成联合体各方的共同的名义进行，不能以其中一个主体或者两个主体（多个主体的情况下）的名义进行，即由联合体各方"共同与招标人签订合同"。这里需要说明的是，联合体内部之间权利、义务、责任的承担等问题则需要以联合体各方订立的合同为依据。在评标、定标之后，如果联合体投标人未中标，则按照联合体协议约定条款项目联合体解散；如果联合体投标人中标，则联合体各方共同与招标人签订合同。依照联合体协议确定的各方在招标项目中承担相应的工作和责任，在完成招标项目并经有关方面验收后解散。

10.2.2 联合体的权利义务及关系

(1) 各成员的权利义务

① 牵头方的主要权利与义务　大型建设总承包项目在招标文件中,应明确可接收联合体方式投标的资质要求,投标单位通过磋商,确定实力较强的一方单位作为联合体牵头单位,负责项目投标的接口等工作。牵头单位的权利与义务在实践中没有统一的标准,法律也没有相应的具体规定,主要是根据各方的优势,通过联合体协议来明确。在项目中标后的承揽项目实践中,时而发生因牵头单位的身份、职责界定不清而产生纠纷的现象。为防止这些问题的出现,牵头单位的权利与义务尽可能在联合体协议中做出明确的列举规定,确定权限范围、授权方式、代理时间等内容以及越权行为的责任。

牵头单位的主要权利是根据联合体其他各方的授权,全面负责整个项目的接口管理、项目进度管理、项目收益分配等。其中接口管理权的行使可能通过几种方式,如牵头单位就招标的工程项目对其他各方直接行使接口与管理权,或者通过成立专门的接口管理机构而行使;项目进度管理权既包括与招标人沟通与协调进度安排,也包括与联合体内部各方的进度管理;项目收益分配权是指牵头单位因其承担的接口管理、项目进度管理、项目收益分配、沟通与协调等工作较其他各方有更多的支出和成本而应得到的相应收益。与其所享有的权利相对应,牵头单位的主要义务是对联合体内部的组织管理、沟通协调和对外代表。对所投标的工程项目、招标人负主要责任;负担前期投标工作中全部或部分的费用支出,与此同时对其他各方的授权谨慎从事代表事务。

② 其他参与方的主要权利与义务　根据联合体协议约定,联合体其他成员方也应承担承揽项目相应的权利与义务。主要权利包括:损失追偿权、知情权、监督权、信息共享权、收益权、参与项目管理权等。主要义务包括:按期、按质完成所负责的项目任务、及时向主体单位及其他各方通报所承担的项目任务的进展和实施情况、支持和配合投标联合体各方的工作、遵守联合体协议规定的管理制度及议事规则、服从主体单位或组织管理机构统一协调和合理调配等、对外承担连带责任、对内按照约定承担责任和风险。

(2) 联合体各方与外部的关系

联合体各方与外部的关系和责任是指与招标人间的关系和责任。招标投标法第三十一条规定:"联合体中标的,联合体各方应当共同与招标人签订合同,就中标项目向招标人承担连带责任。"该条款阐述了联合体与招标人的关系,应包括以下两个方面的内容。

① 中标的联合体各方应当"共同与招标人签订合同",这里所讲的"共同签订合同",是指联合体各方均应参加合同的订立,并应在合同书上签字或者盖章。

② "就中标项目向招标人承担连带责任",这里所讲的"连带责任",有两层涵义:

a. "连带责任"是指在同一类型的债权、债务关系中,联合体的任何一方均有义务履行招标人提出的债权要求;

b. "连带责任"是指招标人可以要求联合体的任何一方履行全部的义务。联合体各方依据联合体协议的约定,履行各自的权利和义务,对招标人依法承担连带责任,如联合体违约招标人可以要求联合体的任何一方履行全部合同义务,且各方均不得以"内部订立的权利义务关系"为由而拒绝履行,对抗招标人。

工程建设项目的联合体的法律性质决定了联合体各方对招标人必须承担连带责任,这有利于联合体各方增强责任感,既要依据联合体内部的协议完成自己的工作职责,又要相互监督协调,保证整体工程项目达到设计要求。对于招标人而言,一旦招标的工程项目出现应由联合体承担责任的问题,他可以选择联合体中的任何一方或者多方承担部分或全部责任。当然,就联合体的内部关系来讲,代他人履行义务的一方,仍有求偿权,即依据内部约定,要求他人承担其按照联合体协议的约定应当承担的义务。

（3）各方之间的内部关系

依据招标投标法第三十一条第三款"联合体各方应当签订共同投标协议，明确约定各方拟承担的工作和责任，并将共同投标协议连同投标文件一并提交招标人"。为此，联合体各方在确定组成共同投标的联合体时，应当依据招标投标法和有关合同立法的规定共同订立投标协议。

联合体各方是由联合体协议联结在一起的合伙合同关系，联合体内部之间权利、义务、责任的承担等问题需要以联合体各方订立的协议为依据，按照协议的约定分享权利、分担义务。实践中的做法一般是在中标之前，联合体各成员间有一个标前的协议，这个协议主要是意向性的，充分体现出原则性就可以，中标以后，联合体成员间要签订详细的联合体协议书，对将来可能出现的问题及处理原则一并写明。联合体内部事务均以联合体协议加以解决，如果联合体一方对从招标人处取得的利益超过联合体协议约定的他方应得的利益，则该方有义务向联合体他方返还；如果联合体一方对招标人履行的义务超过联合体协议约定的他方应负的义务，则该方有权向联合体他方追偿。

联合体各方共同投标的协议应以书面形式为宜，并将共同投标协议连同投标文件一并提交招标人。

10.2.3 联合体投标条件要点与实践

（1）联合体投标条件要点

通过对联合体的基本分析，以及其他有关法规、标准规范的规定，联合体投标应满足条件要点如下。

① 联合体各方均应具备投标要求的相应资质。即投标人资质条件、能力和信誉条件（资质条件、财务要求、设计业绩要求、施工业绩要求、信誉要求、项目经理的资格要求、设计负责人的资格要求、施工负责人的资格要求、施工机械设备、项目管理机构及人员、其他要求）。

② 联合体各方需要签订联合体协议。并应按照招标文件提供的格式签订联合体协议书，明确约定各方拟承担的工作和责任，并将共同投标协议连同投标文件一并提交招标人。

③ 联合体各方需要指定一名牵头人。明确联合体牵头人和各方权利义务；授权其代表所有联合体成员负责投标和合同实施阶段的主办、协调工作；由同一专业的单位组成的联合体，按照资质等级较低的单位确定资质等级。

④ 联合体各方须以牵头人的名义投标及缴纳投标保证金。对联合体各成员具有约束力。

⑤ 联合体各方不得再以自己名义单独或参加其他联合体在本招标项目中的投标；投标人不得存在下列情形之一：

　　a. 为招标人不具有独立法人资格的附属机构（单位）；

　　b. 为招标项目前期工作提供咨询服务的；

　　c. 为本招标项目的监理人或代建人或为本招标项目提供招标代理服务的；

　　d. 被责令停业的；

　　e. 被暂停或取消投标资格的；

　　f. 财产被接管或冻结的；

　　g. 在最近三年内有骗取中标或严重违约或重大工程质量问题的；

　　h. 与本招标项目的监理人或代建人或招标代理机构同为一个法定代表人的、或相互控股或参股的、或相互任职或工作的；

i. 单位负责人为同一人或者存在控股、管理关系的不同单位，不得同时参加本招标项目投标。

⑥ 对外投标应以所有组成联合体各方的共同的名义进行，不能以其中一个主体或者两个主体（多个主体的情况下）的名义进行。联合体中标的，联合体各方应当"共同与招标人签订合同"，就中标项目向招标人承担连带责任。

（2）联合体投标在我国的实践

工程总承包招标项目的复杂性是组成投标联合体的现实根据。在现代社会经济生活中，某些工程总承包招标项目规模巨大，涉及的专业技术复杂，成功完成此种项目的建设，往往需要多个各有所长的实力雄厚的法人或其他组织密切合作、优势互补。现代的社会分工愈来愈精细，虽然有些集团公司的经营范围非常广泛，但其往往也只在某一领域具有相对优势，对大型复杂的工程建设项目，一些集团公司一般也无法成功完成。因此，几个在不同领域各具竞争优势的法人或其他组织组成一个投标联合体，既是他们中标大型复杂工程建设项目的必然选择，又是成功完成此类项目的现实需要。

在我国的大型工程总承包建设项目的招标中，参加投标的很多是投标联合体。如投融资规模达数亿美元的广西来宾电厂 BOT 项目，六家投标人中有五家是投标联合体，它们分别是：中华电力联合体，该联合体由香港中华电力公司和德国西门子公司组成；东棉联合体，该联合体由日本东棉株式会社、新加坡能源国际公司和泰国企业联盟能源公司联合组成；英国电力联合体，该联合体由英国电力公司和日本三井物产商社组成；法国电力联合体，该联合体由法国电力公司和 GEC 阿尔斯通公司联合组成；新世界联合体，该联合体由香港新世界集团、ABB 公司和美国电力公司组成。

我国黄河小浪底水利枢纽主体土建工程项目中Ⅰ、Ⅱ、Ⅲ标的都是投标联合体。其中Ⅰ标——大坝标，由黄河承包商 YRC 联合体中标，该联合体是由意大利、德国等国的企业和中国水电十四局组成。Ⅱ标——泄洪工程，由中、德、意联合体 CGIC 中标，该联合体由德国、意大利等国的企业和中国水电七局与十一局组成。Ⅲ标——引水发电系统，由小浪底联合体 XJV 中标，该联合体由法国、德国等国的企业和中国水电六局组成。在通常情况下，组成投标联合体多方的数量与大型项目的复杂程度、所涉科技应用的广度成正相关关系。

10.3 投标流程与主要工作

10.3.1 投标流程

工程总承包项目的投标工作具有投标工作量大，专业技术要求高、涉及企业部门广泛的特点。投标工作主要流程大致分为：前期准备工作、投标方案策划、编制投标文件、完善和递交标书、合同谈判与签订。投标主要工作流程示意，见图 10-2。

10.3.2 主要工作

（1）前期准备工作

前期准备工作主要包括：研究招标文件、调研市场环境、参加现场踏勘、参加标前会议。

① 研究招标文件　招标文件是投标人投标时主要研究的对象，招标人依据招标文件中的各项要求来安排部署投标的各项工作。在 EPC 模式下，招标文件一般包括投标邀请函、投标人须知、投标书格式与投标书附录、资料表、合同条件、工程量清单、标书图纸、业主的要求等。

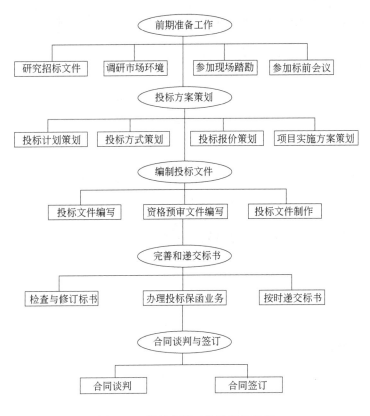

图 10-2　投标主要工作流程示意图

a. 投标人须知。招标文件在"投标人须知"中规定了详细的投标程序和投标书的内容，这是投标人编制技术标和商务标的重要依据。投标人对于"投保须知"除了常规分析外，应重点阅读和分析的内容有：总论部分有关招标范围、资金来源以及对投标人的资格要求。"投标书文件"条款有关投标文件的组成、投标报价与报价分解、可替代方案；"开标与评标"部分中有关对投标书初评、详细评审的方法以及相关优惠政策。上述条款虽然在传统模式的招标文件中也有相应的规定，但是在 EPC 投标文件中这些条款将发生较大的变化，投标人应予以充分重视。

b. 合同条款。在通读合同通用和专用合同条件后，要重点分析有关合同各方的责任与义务、设计要求、检查与检验、缺陷责任、变更与索赔、风险承担责任有关条款的具体规定。有关合同支付方式十分重要，要搞清是采用总价合同，还是单价合同或成本价酬金合同，不同的支付方式承包商的利益和风险是不同的。投标人应在研读合同条款之后，归纳出总承包投标人容易忽视的问题清单。

c. 业主的要求。最为重要的是"业主的要求"，它是投标人投标准备过程中最重要的文件，因此，投标人要反复研究分析。"业主的要求"包含了业主对拟建工程项目的建议要求，是对整个工程情况的总体说明，并强制或建议使用相关技术标准和行业规范与规程。对于 EPC 工程而言，设计深度的要求以及业主能提供的工程资料和数据都在"业主的要求"中有详细的规定。

② 调研市场环境　主要对项目所在国、地区调研市场环境，把握市场建材、设备材料品种、价格、供需状况，政策状况、社会习俗、人文地理等，对项目外部环境的了解和把

握，为投标决策奠定基础。

③ 参加现场踏勘　参加现场踏勘是标前对拟建项目实地情况进行了解的极好机会，通过踏勘可以把握拟建项目的第一手资料，为编制投标书提供许多有用的价值。在踏勘中应注意收集以下资料：工作条件和限制条件（场地状况，周边建筑物和周边场所情况是否对工程有影响，临时水电接入点、料场的进场和垂直运输的影响，临时建筑、办公场所和住宿搭建的空间条件以及通信条件等，当地气候、现场道路交通运输条件，如是国际工程还应了解当地劳工法和进口规定、劳务人员的工资情况；项目人员在当地的签证期限，以及费用；税收规定以及银行和保险业情况等。总之，投标建设项目的报价、设计、采购和施工的影响因素都应考虑其中。

④ 参加标前会议　标前会议是投标人和业主以及其他投标人唯一接触的机会，是解惑答疑的好时机。对于招标书中的疑惑可以当面提出，扫清编制投标文件的认识障碍。在标前会议上承包商应注意提问技巧，不能批评或否定招标人在招标文件中的有关规定，提出的问题应当是招标文件中比较明显的错误或遗漏，也不应只将对自己有利的错误或遗漏提出来，而不提对自己不利的其他错误和遗漏更不要将自己的设计方案或施工方案透露给其他竞争者。同时要仔细倾听业主与其他投标者的谈话和业主对问题的解答，从中了解他们的态度、经验和管理水平。投标者也可以选择沉默，但对于一个具有较强竞争实力的投标人来说，在会上发言无疑是给业主以及其他投标人留下深刻印象的绝好机会。

（2）投标方案策划

投标方案策划是指对投标工作的整体谋篇布局，为下一阶段的投标文件编制和中标后项目的实施奠定基础。投标方案策划工作内容包括（但不限于此）：投标计划策划、投标方式策划、投标报价策划、项目实施方案策划。

① 投标计划策划　投标计划策划即对投标项目的投标工作进度进行统筹计划安排。科学、合理地对投标工作进度进行安排，是投标策划工作的一项重要内容和使投标工作顺利完成的前提条件，应根据招标文件要求和企业实际做好投标工作进度策划编排工作。

② 投标方式策划　在建设工程投标中，投标人的投标方式可以采用多种的策略。例如，在投标方式、方法等方面，各个投标人可以选择不同的投标方式和策略，可以根据项目和企业自身的具体情况加以选择。

③ 投标报价策划　投标报价是商务标的核心，是整个投标方案的重要组成部分和企业投标的利益所在。在激烈竞争的投标实践中，投标人积累了丰富的报价经验和策略可供投标人学习和选择，在不违反现行法律法规和招标文件规定的前提下，选择合适的报价策略，往往成为投标人能否中标的关键。

④ 项目实施方案策划　项目实施方案是投标人完成项目建设的具体措施和途径，是招标人评审的重点部分。项目实施方案分为两部分内容，第一部分是对技术方案策划，除常规技术方案内容外，对于 EPC 工程总承包项目，项目技术方案还应包括以设计为导向的方案比选，以及相关资料分配和预算估计；第二部分内容是项目管理方案策划，包括：质量、安全、费用、安全管理策划，职业健康、环境管理，沟通与协调管理等。

（3）编制投标文件

① 投标文件编写　依据投标人制定的总体实施方案的计划为指导，按照招标文件的要求，编写标书。投标文件一般包括两部分即技术标和商务标。技术标包括：设计方案、采购方案、施工方案和管理方案以及其他辅助文件。商务标包括：报价书及相关报价分解、投标保函、法定代表人的资格证明、授权委托书等。

在编写这两部分文件时，应当充分考虑影响投标质量和水平的关键因素，设立关键点，其中最为关键的两个问题即投标人对设计的管理问题和投标人对设计、采购和施工之间的衔接问题。因为以设计为主导的 EPC 模式与传统承包模式的最大区别是设计因素，设计引起的管理和协调问题必然被招标人所关注。

② 资格预审文件编写 资格预审文件编写包括准备预审材料和编写资格预审文件两个环节。首先要详细了解业主进行资格预审的初衷和对资格预审的具体要求，包括对资格预审表格的规范。然后按照业主的要求准备相关的资料，在材料的丰富程度和证明力度上认真分析。业主在资格审查时一般人通过判断"投标人是否有能力承揽项目"这一原则进行筛选。在这一原则下，业主要求投标人提供的证明资料包括（不限于）资质、经验、能力、财力、组织、人员、资源、诉讼史（有必要时）等。

③ 投标文件制作 招标文件对投标文件都有严格的要求，因此，投标人必须按照招标人的要求如统一的格式、文字大小、标书密封等制作投标书。

(4) 完善和递交标书

① 检查与修改标书 投标书编写完成后，检查工作是必不可少的，因为招标文件中有繁多的要求和规定，稍有不注意就容易出现疏漏。因此，必须做好对投标书的检查工作。一般对投标书的检查顺序和方法如下。

a. 投标文件总体检查。

● 检查项目编号与名称：投标文件整篇项目编号与名称是否正确。实际工作中，编制部门由于编制标书较多，为了节省时间，很多时候投标书是在原来已编制的投标文件基础上修改而成，有时因时间紧，或者同时编制其他标书，可能会出现投标书项目编号与名称错误。

● 检查投标人名称（投标人名称与营业执照、资质证书、安全生产许可证、银行资信证明等证明证书是否一致。投标时因匆忙将投标人名称搞错的不在少数，如少字、错字，还有借别的单位资质的，帮别人编制标书的，就容易搞错投标人名称。

● 检查投标文件的排版：文本格式、字体、行数、图片是否模糊或歪斜，这些是否按照招标文件的要求编辑。

● 检查投标文件目录：投标文件是否编制目录，目录是否完成，是否按照招标文件的要求编制目录，页码是否更新等。

● 检查投标文件的完整性：对照投标文件目录进行逐项检查，看是否有缺项。

● 检查页码、页眉、页脚：对页码、页眉、页脚进行逐页检查，看是否有重页、缺页，起始页码是否正确。

● 检查投标内容：对照招标文件，看投标内容是否符合规定。

● 检查报价：注意报价的货币单位（特别是国际标），投标报价是否大于招标最高控制价，投标报价是否是一个有效报价（招标要求提交备选方案的除外），纸质版、电子版上传的是否为最终版，是否一致。

● 检查预算书：预算书装入的内容是否符合招标文件要求的范围、数量、规定提交的表格。

● 资质文件检查：检查营业执照、资质证书、安全生产许可证、质量认证证书、安全健康认证证书等顺序及完整性，是否清晰，经营范围是否符合招标项目，注册资金和资质是否符合法律法规和招标文件的要求。

● 检查总工期：合同的总工期是否响应招标文件。

● 检查投标有效期：投标文件有效期是否符合招标文件要求。

● 检查项目经理资格：投标的项目经理资格必须满足法律法规及招标文件的要求。

- 检查类似工程施工业绩：提供的类似工程施工业绩必须满足招标文件的要求。
- 检查关键节点工期：有些招标项目在招标文件中约定了关键分部分项或单位工程的工期节点，投标文件必须满足招标文件的规定要求。
- 检查工程质量、技术标准：质量必须符合招标文件及合同的规定要求，必须符合招标文件"技术标准和要求"的规定。
- 检查其投标文件的承诺：投标文件的承诺必须满足招标文件的要求，而且真实有效，没有法律法规等其他否决投标的内容。

b. 投标文件分项检查。
- 检查开标文件：按照投标文件格式要求逐页检查是否响应、漏页，特别是投标函应细致检查，必须与招标文件的投标函所规定的内容、规格一样；检查投标函所写的金额大小写是否有差，检查单价与总价金额是否正确。
- 检查投标保证金：投标保证金是否符合要求（是否是基本账户转出），金额是否符合要求，银行回单是否装入标书。
- 检查商务标部分：投标书的商务标部分格式是否符合要求，逐页检查是否响应、漏页、漏项，营业执照、资质证书、安全生产许可证、质量认证证书、安全健康认证证书等是否在有效期内，有无过期，投标主要人员的信息、证件是否对应，有无过期。
- 检查技术标部分：是否按照招标文件技术标部分的格式编制，逐页检查是否响应、漏页、漏项，施工机械设备安排是否满足招标文件要求或实际施工生产的需要，检查施工范围、工程概况、施工组织方案、现场组织机构设置、安全和质量保障体系及措施、施工总平面布置图、施工网络进度计划图、主要劳动力组织计划等是否齐全、不漏项，项目经理、技术负责人的施工经历、简历情况等。
- 检查电子光盘或U盘：招标文件要求提供电子光盘或U盘的，是否按照要求导入，并确认在电脑上可以打开，光盘或U盘所写明的内容信息是否正确，并粘贴牢固。

c. 投标文件封装和签字、盖章检查。
- 检查法定代表人或委托代表人签字：检查每页有无签字或盖章，签字是否正确，是否和授权人相符。
- 检查授权委托人：授权委托人（有的招标项目还要求公正）、投标人名称是否正确，授权委托书是否有法人签字、委托代理人签字，是否附法人身份证、委托代理人身份证，是否盖单位公章，要求委托书公正的是否有公证单位出具的公证书。
- 检查投标文件的份数：根据招标文件的要求，检查投标文件是否写上正本和副本，确认正本和副本的份数，还需注意要求提供的电子版份数。
- 检查封装方式及密封纸张：封装方式、封装纸张是否按照招标文件要求。
- 检查封装袋封面：是否按照内封、外封的要求填写信息，投标文件的项目编码与名称是否正确，是否正副本分开包装，正副本先内封再外封为一包的，内封是否加盖正副本章，正副本分开装的封装袋外是否加盖正副本章。封装袋外是盖密封章，还是盖单位公章，一定分清，不能错。

d. 开标现场文件资料准备。委托代理人授权委托书原件、身份证原件是否携带。

投标人单位营业执照、资质证书、安全生产许可证复印件盖章或原件是否携带。

主要人员证书原件是否携带（有的招标文件没有要求就不需提供）。

类似工程业绩合同、交竣工验收证书原件是否携带（有的招标文件没有要求就不需提供）。

重要的机械设备购置发票原件是否携带（有的招标文件没有要求就不需提供）。

投标保函银行回单或者招标单位给开具的收款收据原件是否携带。

开标的时间地点打印在一张纸上开标人携带在身上。

要求项目经理到场开标的，安排好项目经理本人按时参加，并携带好身份证原件。

投标文件要求开标准备需准备的其他资料。

按照上述程序和方法依次列出了投标文件总体检查、投标文件分项检查、投标文件封装和签字、盖章检查和开标现场文件资料准备等工作，按照这些顺序依次检查下来可以大大提高标书的正确率，从而增加竞标成功的概率。

② 办理投标保函业务　投标保函是投标人（保函申请人）委托银行向业主（保函受益人）出具的书面保证文件。保函的用途是银行保证投标人在中标人确定之前不得撤销投标，在中标后应当按照招标文件和投标文件与招标人签订合同。如果投标人违反规定，开立保证函的银行将根据招标人的通知，支付银行保函中规定数额的资金给招标人。投标人在办理投标保函应注意以下问题。

a. 递交保证金的时限：投标人必须在投标截止时间前，按招标人的规定递交投标保证金。

b. 未按规定提交保证金：投标人不按招标文件要求提交投标保证金的，其投标文件无效。

未按规定提交保证金主要表现在以下方面：

Ⅰ. 投标保函金额不足。对于投标保函的金额，一般在招标文件中明确规定为投标报价的1%～2%，最多不超过5%，有时也由招标文件规定一个具体金额。对于大型土建工程，也可以规定某一固定数值，如30万美元等。投标人向银行申请开具保函时，应严格按照招标文件规定的数额申请开列。在评标实践中，评标委员对于那些投标保函金额不足的，哪怕只差一分，也会予以废标。

Ⅱ. 投标保函有效期不足。招标文件一般有如下规定："担保人在此确认本担保书责任在招标通告中规定的投标截止期后或在这段时间延长的截止期后28天内保持有效。延长投标有效期无须通知担保人。"许多投标人在向银行申请开具保函时，对于投标保函有效期不够重视，往往会与投标文件有效期混为一谈，出现保函有效期少于30天的现象。

Ⅲ. 投标保函格式不符合招标文件要求。投标保函格式主要是指投标保函的担保条件，即：

第一，委托人在投标书规定的投标有效期内不得撤回其投标；

第二，委托人在投标有效期内收到业主的中标通知后，不能或拒绝按投标须知的要求（如果要求的话）签署合同协议；

第三，不能或拒绝按投标须知的规定提交履约保证金。

投标人如果出现上述情况，业主对银行发出通知，则银行在接到业主的第一次书面要求就支付上述数额之内的任何金额，并不需要业主申述和证实他的要求。

对于上述投标保函格式，投标人在向银行申请开列时，不得更改。任何更改都将导致废标。

③ 按时递交标书

a. 投标文件送达时间。招标投标法第二十八条规定，投标人应当在招标文件要求提交投标文件的截止时间前，将投标文件送达投标地点。招标人收到投标文件后，应当签收保存，不得开启。投标人少于三个的，招标人应当依照本法重新招标。在招标文件要求提交投标文件的截止时间后送达的投标文件，招标人应当拒收。

b. 投标文件送达地点。投标人必须按照招标文件规定的地点，在规定的时间内送达投标文件。投递投标文件的方式最好是直接送达或委托代理人送达，以便获得招标机构已收到投标书的回执。

c. 投标文件送达应注意的问题。在招标文件中通常就包含有递交投标文件的时间和地点，投标人不可以将投标文件送交招标文件规定地点以外地方，如果投标人因为递交投标文件的地点发生错误而延误投标时间的，将被视为无效标而被拒收。

如果以邮寄方式送达的，投标人必须预留出邮寄时间，保证投标文件能够在截止日期之前送达招标人指定的地点。而不是以"邮戳为准"。在投标文件提交截止时间后送达的投标文件，招标人应当原封退回，不得进入开标阶段。

(5) 合同谈判与签订

① 合同谈判 中标后合同谈判是中标人投标过程的最后一个工作步骤。谈判是以招投标文件为基础，谈判的具体内容是在招标、投标时没有涉及的、需要进一步说清楚的或无法定量的内容，包含技术的、商务的问题，都要在合同谈判时来进行准确的陈述。因此，谈判人员必须全面掌握知识，提高应变能力；熟悉谈判技巧，掌握谈判策略。

② 合同签订 招标人和中标人应当自中标通知书发出之日起 30 天内，根据招标文件和中标人的投标文件订立书面合同。因此，双方要注意中标后签订合同时间，及时签约，以避免由于合同失效而引起不必要的麻烦。中标人无正当理由拒签合同的，招标人取消其中标资格，其投标保证金不予退还；给招标人造成的损失超过投标保证金数额的，中标人还应当对超过部分予以赔偿。

招标人无正当理由拒签合同的，招标人向中标人退还投标保证金；给中标人造成损失的，还应当赔偿损失。这是因为依据招标投标法第四十五条规定，中标人确定后，招标人应当向中标人发出中标通知书，并同时将中标结果通知所有未中标的投标人。中标通知书对招标人和中标人具有法律效力。中标通知书发出后，招标人改变中标结果的，或者中标人放弃中标项目的，应当依法承担法律责任。中标通知书相当于对具体合同内容的确定，但不构成承诺的法律效力，所以此时由于任何一方无故不签订具体合同的，构成缔约过失责任。

第 11 章
工程总承包投标方案策划

投标方案策划是编制投标文件的基础和依据，一份好的投标策划方案，可以编制出高质量的招标文件，对于提高企业中标率乃至项目的实施都具有深刻影响。由于工程总承包项目发包招标的内容多而复杂，投标方案策划则显得更加重要，成为投标工作极其重要的第一步。本章将针对工程总承包的投标计划策划、投标方式策划、投标报价策划和项目实施方案策划进行介绍。

11.1 投标计划策划

11.1.1 计划策划依据

招标文件是投标人安排投标工作进度计划的重要依据，投标人进行投标时，招标文件成为最主要的研究对象。投标人应依据招标文件中的各项要求来安排部署投标的各项工作。在工程总承包模式下，招标文件一般包括：投标邀请函、投标人须知、投标书格式与投标书附录、资料表、合同条件、技术规范、工程量清单、标书图纸、业主的要求、现场水文和地表以下情况等资料。投标人应认真阅读招标文件的内容，明确招标文件中规定的各阶段在时限上的要求，根据招标时间规定制定投标进度计划。如购买招标文件的时限、递交投标书时限、递交投标保函时限、踏勘的时间、开标的时间、中标通知书发放的时间等。

11.1.2 计划策划内容

投标人应在深入了解招标文件的基础上，结合自身技术、经济实力，决策是否投标。如决策投标，投标人需要制定投标工作计划。投标工作计划书应包括（但不限于此）以下内容。

（1）计划制定目的

投标工作计划应明确编制的目的。如为满足某招标项目的招标文件要求，在规定的时间内，按时、保质地推进投标的各项工作，特制定本投标工作计划书。

写明投标文件递交截止日期，如某年某月某日某时。本计划书已明确标书制定内容、进度和各部分工作的责任人，请各责任人认真组织标书编制工作。

（2）计划制定依据

在投标工作进度计划中，应附载项目业主的招标文件及附件，投标企业有关投标规章、制度以及编制投标文件依据，如依据企业某月某日投标启动会精神形成的有关文件。

（3）拟投标项目简况及投标文件组成

项目简况：依据招标文件介绍所拟投标项目的概况以及招标人的建设要求。

投标文件组成：根据招标文件要求，明确投标文件应由哪几部分组成，如商务标、技术标、经济标、管理标等，各部分内容编制应符合招标文件的要求。

（4）组织机构及工作分工

依据招标工程项目所涉及的专业面的广泛性、与外部的合作程度、组织协调难度大小，明确负责投标各部分的负责人。同时，还应规定各部分负责人应负责协调解决投标过程中存在的问题，并检查、监督投标进度节点的落实责任。各参与投标的企业各部门应确定专门负责人，明确专人负责按总体进度和质量要求完成相应招标工作。

（5）投标工作进度节点

为保证投标工作的顺利进行，应制定投标工作进度表，投标工作进度表中的进度节点主要包括：购买标书、交付投标保证金/保函、做标、投标等进度节点，对于各项工作的完成时间点、负责部门、人员以及需要的相关的资料等。投标工作计划表见表 11-1。

（6）投标文件目录与责任部门

明确投标文件制定目录，应根据招标文件有关投标文件编排顺序和对投标文件格式的要求，进行投标文件的编排制作。这一部分计划内容要对各个部门提出要求，且在制定排版之前，各个责任人应对投标文件进行补充和进一步完善。

表 11-1 投标工作计划表

序号	工作项目	负责部门或单位	本专项负责人	计划时间	重要相关材料和主要事项	完成情况	备注
	购买标书	后台管理部		月日时前			
	投标保证金			月日时前			
		标书需求评析		月日时前			
		标书提纲评审					
		其他注意事项					
		技术部分			供应商授权书		
					评估得分情况		
		商务部分	营销中心				
编写标书					评估得分情况		
		价格部分					保密
					评估得分情况		
		标书复审					
		标书复核					
		标书打印			本项目正本-副本-电子版		
		标书检查（签名盖章）			本项目共计法人代表签名处；投标人代表签名处		

序号	工作项目		负责部门或单位	本专项负责人	计划时间	重要相关材料和主要事项	完成情况	备注
	投标	时间			月日时			
		地点						
		投标代表（身份证）						
		是否电子标						
		交通安排						
		投标现场策略	营销中心					

项目业务负责人　　　　　　　项目技术负责人　　　　　　　　　　　　　　编制时间　年 月 日

11.2 投标方式策划

投标方式策划是指投标人为了达到中标目的，在投标组织、技术层面所采取的策略、方略。在投标实践中，适当的选择投标方式对于投标企业的中标并取得合理利润具有重要的影响。从投标方式策划角度分析，在投标主体组成形式方面可分为独立投标或联合投标方式；在响应合同条件方面可分为无条件或有条件投标方式；在投标标的数量方面可分为：单标段或多标段投标方式；在投标方案设计方面可分为正选方案或比选方案投标方式。

11.2.1 独立投标或联合投标

在投标前，投标人应对投标方式做出选择，可以采取独立投标，也可以采取联合形式投标。联合体分为合营体或合包集团两种形式，合营体和合包集团在具体运作上，尤其是在各成员的责任权利上是有区别的。合营体侧重共同承担履约责任，各成员相互之间的关系更密切。合包集团强调各负其责，各成员相互之间首先承担各自责任，然后才是连带责任，一般讲联合体是指后者。

在国际工程投标中，以联合体参加项目资格审查以及投标，主要是为了实现如下目的：一是为了享受当地优惠，通常当地公司参加投标时，享受 7.5% 的价格优惠，有些国家更高些，甚至能达到 15%；二是在投标中，由于投标人受到自身资源的限制，在自家公司参加资格审查及投标不能满足条件时，或自家公司参加投标、实施项目很困难时；为了降低投标或实施项目的风险；减少竞争对手；"强强联合"、优势互补，以达到提高投标人的竞争能力的目的，而采取联合体投标方式。

投标人在组成联合体时无论选择何种合作伙伴，必须符合招标文件中规定的要求，联合体各方签订相应的协议。一般来说，在资格审查阶段，应签订联合体备忘录（MOU）；在投标阶段，要签订联合体协议（Agreement）；在项目中标后，要确定联合体章程。在这些文件中，最重要的是明确联合体各成员的股份比例。谁是牵头方，各成员的分工，各成员的责任、义务和权利，以及项目跟踪期间各种费用的分担。联合体对外可以是一个新的名称，也可以用牵头方的名义，对国际工程而言，如果以联合体当地合作伙伴的名义对外，可以增强联合体的亲和力。

11.2.2 无条件或有条件投标

一般来说，招标条件等业主方的文件内容投标人是无权改动的，在招标人既定的条件下进行投标报价，这就是无条件投标。面对投标人不能接受的合同条件时，投标人就只能采取放弃策略。在投标中遇到上述情况除了放弃投标这一极端行为外，还有一种策略就是可以采取有条件投标的策略。例如，招标合同中常有这样的条款："甲方在中标文件中提供的详细初步设计图，不能减少承包商的责任。"投标人自然会想到业主或咨询工程师企图利用这样的不公正的合同条件，将本应由业主或咨询工程师负责和应承担的责任，强加到承包商的头上。面对这种情况，投标人可以提出一个有条件的报价。有条件报价可以采取以下两种方法：一是按照正常情况作价，用文字说明附带一些条件；二是在正常情况下，外加 15%～20% 的成本和费用，用这笔费用来应对可能出现的不测事件，并说明如果招标人或咨询工程师同意修改合同条件和删除一些投标人不愿意接受的条件，投标人可以考虑适当降价。

采用有条件投标策略，投标人可以在招标人规定的时间内发出投标文件，又由于投标人在投标文件中事先设立了条件，可以使自己免除或降低中标后项目实施风险。在评标阶段，如果投标人能获得优先中标人资格的话，业主或咨询工程师就有可能对投标人的有条件投标予以默认，或者按照投标人的条件，对招标文件中的不公平的合同条款进行放弃或修改。

11.2.3 单标段或多标段投标

单标段投标是指投标人只对一个特定标段参与投标竞争。在工程招标实践中，许多大型、复杂的工程总承包项目都存在多个标段招标的情况。多个标段招标有两种情况：第一种情况是若干标段同时招标；如大型水电站按照专业不同分为大坝土建、电力设备安装、道路等多个标段；另一种情况是由于业主资金筹措问题以及各标段设计完成时间原因，各标段需要在不同时间内分开招标。如一条国家级公路，在数年之内分段招标实施。

在第一种"若干标段同时招标"情况下，业主或咨询工程师把一个大项目分成若干段同时招标，是为了降低对投标人的资格要求，从而吸引更多的投标人参与投标，通过提高竞争程度，达到降低造价的目的。当然，同时也是为了找到更专业的承包人。这时投标人应对工程项目情况进行分析，尤其是对其他投标人的情况进行分析，避免与真正的对手进行竞争，避免单标段投标，而选择采用对多个标段投标的投标策略，这样对投标人有利，可以大大提高投标人的中标率。因为，业主或者咨询工程师将数个标段授予同一投标人的机会极小。

对于第二种"不同标段在不同时间分别招标"的情况，中标第一标段的投标人是最为有利的，招标人后面各标段的标价控制会越来越严，价格会越来越低。这时投标人应有清醒的认识，对后来的标段要么就采取低价投标，接受低价承包的现实，要么就放弃投标。因为这时高价投标往往是不现实的，业主很难接受，而且面临着和已在场的承包人展开激烈的竞争。当然如果中标第一标段的投标人实施失利，则对后来投标人是绝好的机会。因为，业主或咨询工程师可能认识到第一标段承包人实施失利是由于标价过低所引起的，业主会在下一个标段接受较高的价格。投标人应根据业主、项目的具体情况进行分析，策划是采取单标段投标，还是多标段投标。

11.2.4 正选方案或比选方案

在招标实践中，经常会出现技术规范中规定的或推荐的一种施工程方案，称为之"正选方案"。业主或咨询工程师的目的是在面临多个投标人的情况下，在同一基础上评价投标人的投标价格，这样操作比较方便。因此，要求投标人必须按照招标文件中规定的施工方案进行施工组织设计和标价计算。

但在许多情况下，对某一工程项目而言，实际上存在许多项目实施方案可以选择，招标文件规定或推荐的实施方案，投标人不一定就认为是最佳的方案，业主或咨询工程师有时也建议投标人提出他们认为最好的项目实施方案作为比选方案。投标人在研究了招标文件，对施工现场进行了踏勘之后，也可以主动提出比选方案，展示自己的实力。

比选方案的提出，一定要基于以下三点：一是比正选方案工期短；二是比正选方案造价低；三是比正选方案工期短又造价低。如果不属于以上三种情况，投标人不宜提出比选方案。是否在投标文件中提出比选方案，是投标人的一种投标策略。

在实际工程项目建设过程中，由于招标书编制时间较紧，发包人没有足够的时间进行审查，工程量清单容易出现纰漏、重复、或描述不清的情况，由于分部分项工程量清单编制不完善，导致工程范围不明确的现象时有发生，容易造成工程纠纷，因此有必要对其工程范围不明确的情况进行研究。在分部分项工程量清单中，工作范围不清集中表现在项目名称不确切、项目特征描述不清晰、工程量计算不准确等方面，投标人应及时将上述三种情况作为机会点，对其进行深入研究，以便找出其中不明确的表现范围，并提出合理的备选方案。分部分项工程量清单的机会点见表 11-2。

表 11-2　分部分项工程量清单的机会点

情况分析	不明确的具体表现	备选方案
项目名称不确切	描述与图纸不符，缺少对工程内容的描述或描述不准确	对项目名称进行规范，提出一个新报价
项目特征描述不清晰	项目特征描述不准确不到位，甚至漏项、错误	完善项目特征的描述，并采用较低规格的价格报价
工程量计算不准确	工程内容说明不清楚而导致工程量计算不准确	按经验将工程内容补充完整，适当降低报价

11.3　投标报价策划

投标报价策划是指投标人为了达到中标目的而在报价方面所采取的手段、技巧。其具有针对性、具体性。无疑，适当地运用符合实际的投标报价策略对于投标企业的中标并取得合理利润具有重要的影响。因此，在投标报价时，就要考虑投标企业自身的优势和劣势，也要分析项目的特点。一般有以下几种供投标人选择的策略：高低价竞标、不平衡报价、增加建议方案报价、多方案报价、突然降价报价、附带优惠条件报价等。

11.3.1　高低价竞标策略

（1）高价竞标策略

高价竞标实际上不能被称为一种投标策略，但是在某些特殊的情况下，也可以视为一种投标策略。有以下三种情况。

第一种情况是当招标项目是本地区很重要的项目，又是投标人的特长，不参与这个项目的投标会引起业主对投标人不当猜疑，投标人为了保持自己的声誉，可以采用高价投标的策略。

第二种情况是业主对投标企业的技术、信誉、业绩较为看重，极力邀请投标人参加竞标，由于某些原因投标人又不想参加，但又不想得罪该业主，可以采取高价投标的策略。

第三种情况是在招标档期内，投标人已经在本地区获得了类似的工程项目，资源一时调配不开，不愿意再中新的项目，而又不能不参加投标，这时投标人可以采取高价竞标的策略，如果真有可能获取该项目的承包权，则投标人将获取较高的利润。

（2）低价竞标策略

低价竞标是指在建设工程招投标过程中，投标人以较低的投标报价，击败其他竞争对手，从而取得项目承包权的一种投标报价策略。低价竞标一般有以下两种情况。

① 低价竞标的目的不是依靠当前招标项目获利，主要是由于投标人处于长远发展战略的需要，是着眼于企业在该国、地区或某一领域今后的发展，争取将来的竞争优势，如为了开辟新的市场、掌握某种有发展前途的施工技术等，通过降价扩大任务来源，从而降低固定成本在各个工程上的摊销比例，既降低工程成本，又为降低新投标工程的承包价格创造条件，宁可对该项目以微利甚至无利的价格参与竞标。

② 当投标人发现招标文件中有不明确之处，并有可能据此索赔时，采用低价竞标策略，可低价投标争取中标，在合同履行过程中，针对招标文件中的缺陷或漏洞，再寻找索赔机会。实际上是一种以退为进的策略，采用这种策略一般要在索赔事务方面具有相当成熟的经验。低价中标，高价索赔是国际上最常采用的一种方法，不中标什么也得不到；中了标，既可以向管理要效益，也可以通过索赔等方式取得投标时无法取得的利润，坚持该原则将会给企业带来某些无法预知的利润。

低价竞标有以下原则。

① 低价竞标非唯一选择原则　一是要深入研究业主方对此工程造价的期望值，这是确定报价的基础之一。这里应该特别考虑业主中主要投资方对价格的态度和倾向，由此再来决定自己的报价；二是了解竞争对手，特别是主要竞争对手的报价情况，可通过分析其经营现状，即工程任务饱和程度、企业资质等级、专业特长、装备能力、对业主的最初承诺，最重要的则是分析项目经理的综合实力等方面后进行推断，再适时调整自己的报价。

② 低而适度、低而有利原则　低价不是越低越好，低价竞标是相对于高价竞标而言的，不见得是所有投标价中的最低价，不能低于企业实际成本。而是科学合理的计算和测算得出的适当价位。投标的目的本就是为承揽业务争取利润，出现无利可图的投标报价，除因出于某种策略考虑外，都是应避免的。

11.3.2　不平衡报价策略

(1) 不平衡报价内涵

不平衡报价是相对通常的平衡报价（正常报价）而言的一种报价策略，是指一个工程项目总的报价基本确定后，如何调整内部个别部分项目的报价，既不提高总的工程报价，又不影响中标，在结算时能得到较好的效益的投标报价的方法。

不平衡报价的原则是保持正常报价水平条件下的总报价不变。对总体报价而言，在总体报价不变的情况下，与正常水平相比，提高某些分项工程的单价，同时，降低某些分项工程的单价。其目的是尽早收回工程款，增加流动资金，有利于工程流动资金的周转。另一方面，企业也是为了获得更多的利润。

对于大型工程项目，尤其是 EPC 项目或者设计施工总承包等总价项目，由于涉及大量设备材料的订货采购，承包商往往在工程预付款之外，还需要垫付大量的资金。而在开工时的一段时间，工程没有实质性进展，这些资金几乎没有收回或收回很少。同时，拖延了整个项目成本费用的回收时间，导致承包商为工程垫付的资金的利息成为可观的财务费用，这时投标人可以采取不平衡报价的策略。

国际工程投标不平衡报价法的主要策略见表 11-3。

表 11-3　国际工程投标不平衡报价法的主要策略

内容		变动趋势	不平衡报价结果		
			高	适中	低
资金时间	前期项目报价	早	√		
	后期项目报价	晚			√

内容		变动趋势	不平衡报价结果		
			高	适中	低
工程量	工程量估算准确性	实际工程量有增加的可能	√		
		实际工程量有减少的可能		√	√
	报单价的项目	没有工程量,有增加的可能	√		
		有假定的工程量,增加不确定		√	
设计深度	单项总价项目	设计描述完整		√	
		设计描述不完整	√		
其他方面	物价指数	上涨比较快	√		
		比较稳定和下降		√	√
	单价和包干项目	固定包干价格项目	√		
		单价项目			√
	暂定项目	自己承包的可能性高	√		
		自己承包的可能性低			√

(2) 不平衡报价的作用

① 提前回笼资金　工程款的结算一般都按照工程的进度拨付,一个有经验的投标人在投标报价时适当将工程量清单中先完成的工作内容单价调高,将后完成的工作内容调低来加快资金回笼。可能后面工作的单价受到损失,但由于前期已经收回了成本,减少了内部管理资金的占用,加快了流动资金的周转,财务的应变能力得到提高。同时,降低了财务成本,达到最终保证企业能够盈利的目的。采用这种投标报价策略不仅能够平衡和舒缓承包商的资金压力,还可以使承包商在工程发生争议的时候处于有利地位,同时还有索赔和防范风险的意味。在这种承包商处于顺差的情况下,主动权掌握在承包商手中,这就是"入袋为安"的道理。

② 提高企业盈利　无论工程量清单有误或有漏项,还是由于设计变更引起的新的工程量清单项目或清单项目工程量的增减,均应按照实量调整。因此,承包商判断出招标文件中工程量清单明显不合理,就有可以为企业提供一些利润。例如,承包商有绝对把握认为招标书中列明的工程量 $1000m^3$ 是错误的,应为 $1500m^3$,按照以往的工程经验,该项目的单价只需要 120 元$/m^3$,可以把单价适当提高为 150 元$/m^3$ 报价,于是合同金额为 150 元$/m^3 \times 1000m^3 = 150000$ 元计算,待到验工计价时 150 元$/m^3 \times 1500m^3 = 225000$ 元,多得利润 75000 元。如果认为工程量清单的数量比实际的工程量要多,那么就可以把报价适当报得低一些,看似有些损失,但是实际工作量并没有那么多,其损失是有限的。同样,通过施工图纸的审核,如果发现工程设计有不合理的地方,确信在施工过程中可以进行变更,那么这个项目的报价就应该调整,以便取得更好的经济效益。

工程量增减的判断正确与否至关重要,它取决于对项目的充分调查研究,对丰富准确信息的掌握和经验的积累。同时,还与最终决策人的水平和魄力分不开。这一策略成功的运用与项目经理在操作中的努力也分不开,对报价较好的条目,多方创造条件寻求合理理由说服业主增加工程量,同时,尽量消减或变更报价中报价较低的条目,达到获取利益最大化的目的。

③ 利润转移功能　对于实行总承包价的工程,灵活运用不平衡投标报价策略,可以提高变更工程的盈利能力,降低工程风险。例如,某办公楼土建工程的投标中工程业主以暂定数量形式,按低标准报价,并纳入总报价之中,但投标时经过分析认为,业主有很大的可能会根据目前的主流市场要求提高工程标准,因此,对初始报价做了下调。工程开工后,业主根据市场调查果然提高了工程标准,另由其他分包公司实施。由于承包人投标时已经将此部

分利润转移到结构工程中去了，巧妙地降低了利润风险。

(3) 不平衡报价分类

在投标报价中一般从以下几个方面采用不平衡报价：时间不平衡报价；工程量不平衡报价；综合不平衡报价。

① 时间不平衡报价　时间不平衡报价，考虑时间价值，承包商有意识地提高前期项目报价，如开办费、土方、基础等，其单价可以定得高一些，以利于资金周转；后期项目报价可以适当降低一些，虽然后期项目是亏损的，但由于前期项目已经多收了工程款，所以对承包商而言，整个工程是可以获得期望收益的，有利于提前兑现工程款。该类不平衡报价手法常用于工期较长，按实际完成工程量支付进度款，且承包商资金周转不富裕的项目。

时间不平衡报价又分为：前后期不平衡报价法、利用里程碑事件或包干项目进行不平衡报价、利用物价指数增长趋势进行不平衡报价。

② 工程量不平衡报价　工程量不平衡报价是指承包商有意识地提高预期工程量可能增加的项目报价，单价可以适当提高，这样在最终结算时可以获得较高的利润，而预期工程量可能减少甚至取消的工程项目的单价报得低一些。可能的情况一旦发生，工程结算时不至于受到较大的损失，结算时承包商可索取超额利润。工程量不平衡报价通常是承包商最可能采用的不平衡报价方式，也是能取得超额利润的有效方法。具体投标报价的技巧为：预计今后工程量会增加的项目，单价可以适当高些，这样最终结算时可以多得盈利。工程量可能减少的项目单价可以降低，减少结算时的损失。

设计图纸不明确，估计修改后工程量可能要增加的项目，可以提高单价，工程内容解释不清的项目，可以适当降低单价，待澄清后再要求提价。

③ 综合不平衡报价　综合不平衡报价是指综合了前两种报价的时间价值和工程量变化以及其他因素的不平衡报价。即既考虑了资金的时间价值，又提高了工程量可能增加的项目报价，降低工程量可能减少甚至取消的工程项目的报价。

a. 暂定工程项目。又叫"任意项目"或选择项目。对这类项目要做具体分析，因为这类项目开工后由业主决定是否实施，由哪家承包商实施。如果业主不对工程进行分标，肯定要做的项目，其中的单价要做高一些；不一定做的项目，报价可做得低一些。如果工程分标，该项目可能由其他承包商施工时，则其中的单价不宜提高，以免抬高总报价。

b. 对于计日工单价。如果是单纯报计日工单价，而且不计入总价中，可调高其单价，因为这些单价不包括在投标总价中，发生时按实计算，可多获取利润；但是如果规定计日工单价计入总价中，则需要具体分析是否报高价，以免抬高总价。总之，要分析业主在开工后可能的日计日工数量，再来确定报价。

c. 暂定工程量的报价。这里有以下两种情况。

Ⅰ. 业主规定了暂定工程量的分项内容和暂定总价，并规定所有投标人都必须在总价中加入这一固定金额，但由于分项工作量不是很准确，所以允许投标人将来按照投标人所报价和实际完成工作量付款。在这种情况下，暂定总价款是固定的，对各个投标人的总报价竞争没有任何影响。因此，投标报价时可以提高暂定工程量的单价。这样既不影响今后工程量变更受损失，也不会影响投标报价的竞争力。

Ⅱ. 业主列出了暂定工程量的项目和数量，但并没有限定这些工程量估价的总价款，要求投标人既要列出单价，又应按暂定项目和数量计算总价，将来结算付款时，按实际完成的工作量和所报单价支付。这种情况下需要慎重考虑，如果单价做得高，同其他工程量一样，将会增加总报价，影响投标的竞争力。如果单价做得低，这类工程量增大，将会影响承包商的收益。一般来说这类工程量可以采用正常价格。如果承包商估计今后实际工程量会增大的，则可适当提高单价，将来可以增加企业的收益。

（4）采取不平衡报价法要点

在工程招标过程中，投标报价是整个过程的核心，报价过高，超出项目的最高限价将失去中标机会，报价过低有可能低于企业个别成本而导致废标，或者即使中标，也有可能给企业带来亏损，影响企业的生存和发展。因此，投标人在投标报价中采取不平衡报价策略时应注意以下两个问题。

① 投标承包商在综合运用上述几种不平衡报价策略时，应综合分析、统筹考虑，视具体情况确定不平衡报价的调整幅度。如某些项目按工程进度名完成得早，可能应采取高报价，而按校核工程量与标书工程量的比较结果又应采取低报价，这就需综合分析比较，最终决定采取何种报价原则更为有利。

② 不平衡幅度调整过于不合理，可能会引起业主在评标时的注意，导致"废标"或得不偿失。如调整幅度超过 15%，可能会直接导致废标。有时在评标过程中业主以某些单价过高为由，要求投标人将上述单价降低到合理的水平，然后再计算总价，这将导致承包商得不偿失。要综合考虑以下三个问题：

一是要根据承包商市场定位，决策策略；二是要确定合适的调整幅度，既满足项目投标不废标，又要考虑后期经营需要；三是要考虑项目的差异性，针对具体项目不同确定合理的调整幅度。

（5）不平衡报价法案例

【案例 11-1】 前后期不平衡报价法

某国际工程采取前后期不平衡报价法报价调整示例见表 11-4。

表 11-4 某国际工程采取前后期不平衡报价法报价调整示例

序号	施工内容	单位	工程量	调整后单价/美元	调整后合价/美元	清单合价/美元	调整后合价/美元
1	施工动员	项	1	500000	1150000	250000	900000
2	土方开挖	m³	4500000	2	2	9000000	9000000
3	土方填筑	m³	3650000	5	5	18250000	18250000
4	混凝土	m³	65000	100	90	6500000	5850000
合计/美元						34000000	34000000

通过上述调整，总报价 3400 万美元并未改变，将本应在后期完成的混凝土报价中的 65 万美元加到前期完成的施工动员的报价中。一旦中标，当承包商完成了施工动员尚未开始永久工程施工时，即可早获得业主 65 万美元的施工动员工程款。可见，这一方法运用得好，可使商业经营上的所谓"早收晚付"黄金原则得以实现，充分利用资金的时间价值规律。承包人将减少前期资金的投入量，进而达到降低流动资金使用利息，减少资金压力，有效规避工程实施风险的效果。

【案例 11-2】 利用里程碑事件或包干项目进行不平衡报价

EPC 项目一般采取固定总价合同模式，支付方式通常采用以完成里程碑事件的进度进行支付工程结算款。根据"早收钱"的原则，可以将"合同总价中里程碑支付表"中所包含的动员计划、项目详细设计、机电供货安装等包干项目比重适当调高，同时，担保期维护费用等后期价格适当调低，取得预期的效益。同时，里程碑事件中的类似环保、现场管理费等一般管理包干类的里程碑项目，也要明确前期支付标准，以便防范执行中的争议。

某国际水电工程的招标书中规定，机电供货安装里程碑事件中在设备出厂、离岸、到岸及工地交货等支付节点分别明确了具体支付节点。招标文件规定：业主收到机电工程发货发票、设备装运、设备离岸后 45 天内即支付 40％的货款，设备到岸后支付 10％的货款，到工地交货后支付 10％的货款，安装调试后支付 35％的货款，质保期后支付 5％货款。为此，承包方在总标价确定后，将适度抬高设备出厂采购价 10％～15％（同时调增设备价格，还可以冲抵项目的财务外账成本，减少应缴纳的企业所得税及利润税等税费），降低安装工程价格。这样，连同工程 10％的预付款（有的业主招标文件规定还提供设备购买预付款），设备离岸后可以得到业主支付 60％～65％的货款，设备到工地后可以得到业主支付 80％～85％的设备货款（未考虑预付款扣还的比例及时间）。

【案例 11-3】 利用物价指数增长趋势进行不平衡报价

国际工程调价公式一般分为不可调和可调两部分。不可调，即合同价格不随物价或工资上升而浮动，其价格始终不变，除非工程变更。可调部分，业主对因现行物价指数的变动所引起的项目成本上涨或下跌按调价公式计算结果予以补偿或扣除。根据调价因子的基础物价指数的变化趋势，在计算时有意识地适当调高或调低调价因子。"工料机"的权重，投标人在投标时的单价分析表一般有所体现，中标后签约谈判时再次和业主确认。由于权重决定承包商获得额外补偿支付的多少，投标人如能把预期涨价的生产要素权重确定得高一些，那么当这种生产要素涨价时，就能获得更多的补偿。反之，投标人将遭受损失。

某国际工程项目投标报价的中，调价公式包括不可调部分和可调部分，可调部分考虑的主要调价因子有人工、材料、设备、柴油、炸药、木材等，从近十年的基础物价指数变化趋势及原因分析看出：

① 人力资源价格指数呈增长趋势；

② 主要材料中的钢铁产品、施工机械设备、炸药主要依靠进口，受国际市场影响比较大且有增长的趋势；

③ 该国木材、油气资源丰富，木材、柴油价格指数增长比较稳定。因此在计算调价因子权重时，适当增加人工、材料、炸药的权重，减少柴油、木材的权重。

该项目竣工结算时，综合调价金额约为合同额的 10％，实际综合成本增长约 7％，取得了约 3％合同额的额外经济效益。

【案例 11-4】 工程量不平衡报价调整

某国际工程项目工程量不平衡报价调整表计算示例见表 11-5。

表 11-5 某国际工程项目工程量不平衡报价调整表计算示例

序号	施工内容	单位	清单工程量	校核工作量	单价/美元	调整单价/美元	清单合价/美元	调整合价/美元
1	施工动员	项	1	1	500000	995000	500000	995000
2	土方开挖	m³	4500000	510000	2	2.7	9000000	12150000
3	土方填筑	m³	3650000	312000	5	4.5	18250000	16425000
4	混凝土	m³	65000	45000	100	72	6500000	4680000
合计/美元							34250000	34250000

通过上述调整，保持总报价 3425 万美元并未改变，将本应在后期完成的混凝土报价中的 182 万美元、土方填筑 182.5 万美元分别分摊到土方开挖 315 万美元、前期完成的施工动员 49.5 万美元，中期完成土方开挖可以额外获得 315 万美元工程结算款（即 1215 万美元－900 万美元＝315 万美元），同时也相应减少了土方填筑的风险。

11.3.3 多方案报价策略

本节以施工建设项目为对象，对多方案报价策略进行介绍，工程总承包项目的投标人可以从中得到启发。

（1）多方案报价策略涵义

多方案报价策略实际上是上述招标方式策略中的"正选方案或比选方案策略"在报价上的具体化。多方案报价是针对下列情况下采取的应对策略。

当招标文件中工程说明书不明确，某些条款不清或不公正，或技术要求苛刻时，争取达到修改说明书和条款为目的所采用的报价策略和方法。由于上述问题的存在投标人往往承担较大风险，为了减少风险，就必须扩大工程单价增加"不可预见费用"，但单价过高又会导致被淘汰的可能性增大。这时可以提出新的建议方案，多方案报价。一方面按照原工程说明书或条款、方案报价，吸引业主主动对原方案进行修改。报价时要对两种方案进行技术与经济的对比，新方案比原方案报价应低些，以利于中标。如注解：如果对工程说明书或条款、方案进行修改，可降低多少费用或减少预付款百分之几。多方案报价策略的成功应用案例很多，如法国布维克公司在科威特布比延桥工程的投标中，投标人提出采用预应力混凝土梁和双柱式排架桩的新方案，不单使造价降低 30% 还大大缩短了工期，从而一举中标。

但在运用该策略和方法时应充分考虑其策略的风险，投标人必须按照原招标文件的有关内容和规定进行报价，否则就会被认为是未做出实质性响应，面临着被判为废标的可能。

（2）多方案报价策略案例

【案例 11-5】 工程进度款备选方案

某 EPC 办公楼招标文件合同条款规定：预付款额为合同价的 10%，开工日支付，基础工程完工后扣回 30%，上部结构工程完成一半时扣回 70%，工程款则依据所完成的工程量按季支付。

某投标企业对该项目进行投标，总价为 9000 万元，总工期为 24 个月，其中基础工程估价为 1200 万元，工期 6 个月；上部结构工程估价为 4800 万元，工期为 12 个月；假定贷款月利率为 1%，为简化计算，季度利率为 3%，各分部工程每月完成的工程量相同且能按规定及时收到工程款，不考虑工程款结算时所需要的时间。

投标人考虑到该工程项目虽然有预付款，但平时工程款按季度支付不利于企业资金周转，所以除按照上述数额报价外，另外建议将付款条件改为合同价的 5% 工程款按月支付，其余条款不变。

① 按照原付款条件所得工程款的终值：

预付款 $A_0 = 9000 \times 10\% = 900$（万元）

基础工程每季工程款 $A_1 = 1200/2 = 600$（万元）

上部结构每季工程款 $A_2 = 4800/4 = 1200$（万元）

装饰和安装工程每季工程款 $A_3 = 3000/2 = 1500$（万元）

按原付款条件所得到的工程款终值：

$$FV_0 = A_0(F/P, 3\%, 8) + A_1(F/A, 3\%, 2)(F/P, 3\%, 6) - 0.3A_0(F/P, 3\%, 6) -$$
$$0.7A_0(F/P, 3\%, 4) + A_2(F/A, 3\%, 4)(F/P, 3\%, 2) + A_3(F/A, 3\%, 2)$$
$$= 900 \times 1.267 + 600 \times 2.030 \times 1.194 - 0.3 \times 900 \times 1.194 - 0.7 \times$$
$$900 \times 1.126 + 1200 \times 4.184 \times 1.061 + 1500 \times 2.030$$
$$= 9934.90（万元）$$

② 按建议的条件所得工程款终值：

预付款 $A'_0 = 9000 \times 5\% = 450$ （万元）

基础工程每季工程款 $A'_1 = 1200/6 = 200$ （万元）

上部结构每季工程款 $A'_2 = 4800/12 = 400$ （万元）

装饰和安装工程每季工程款 $A'_3 = 3000/6 = 500$ （万元）

按建议的付款条件所得工程款终值：

$$FV'_0 = A'_0(F/P, 3\%, 24) + A'_1(F/A, 1\%, 6)(F/P, 1\%, 18) - 0.3A'_0(F/P, 1\%, 18) -$$
$$0.7A'_0(F/P, 1\%, 12) + A'_2(F/A, 1\%, 12)(F/P, 1\%, 6) + A'_3(F/A, 1\%, 6)$$
$$= 450 \times 1.270 + 200 \times 6.152 \times 1.196 - 0.3 \times 450 \times 1.196 -$$
$$0.7 \times 450 \times 1.127 + 400 \times 12.683 \times 1.062 + 500 \times 6.152$$
$$= 9990.33 (万元)$$

③ 两者的差异：

$$FV'_0 - FV_0 = 9990.33 - 9934.90 = 55.43 (万元)$$

比较条款改变前后所得工程款的最终值，承包人按照建议的付款方案比原付款方案可多得 55.43 万元。

【案例 11-6】　技术方案备选方案

某项工程中，允许投标人提出建议方案。某投标人在按照原招标文件的有关内容和规定进行了报价的基础上，建议将原来的框架剪力墙结构改变为框架结构，并对两种结构体系进行了技术经济的对比，证明了框架结构体系不仅能保证工程结构的可靠性和安全性，而且能够增加使用面积，提高空间利用的灵活性，降低工程造价 3%。

在这个案例中，通过对这两个结构体系的技术经济方案分析比较，意味着承包商对这两个方案都报了价，论证了建议方案及框架结构体系的技术可行性和经济的合理性，对业主很强的说服力。业主最后接受了这一方案，该投标人中标。

11.3.4　突然降价报价策略

(1) 突然降价报价策略涵义

在工程项目投标的过程中，企业之间的竞争是激烈的，竞争的对手之间往往通过各种渠道、手段来获取对方的报价情报。因此在报价时，做到报价完全保密是比较困难的事情，这就要求投标人采取随机应变的策略，可以先按一般情况报价，当了解到第一投标价不能保证中标时，在投标截止之前，投标人在充分了解投标信息的前提下，可在自己承受的范围内，通过优化施工组织设计、加强内部管理、降低费用消耗的可能性分析，提出降低报价方案突然降价，从而增加中标概率，这种策略有可能为投标人带来商机。

(2) 突然降价报价策略案例

【案例 11-7】　多方案准备突然降价策略

某石塘水电站工程招标，水电工程局于开标前一天，带着高、中、低三个报价到达投标地点，通过各种渠道了解其他投标人到达的情况和分析可能的竞争对手。直到截止投标前 10 分钟，他们发现第一竞争对手已经放弃了投标，立即决定不用最低报价方案。同时，又考虑到第二竞争对手的竞争实力属于一般，又决定放弃最高报价方案，选择了"中价"投标报价方案，结果成为最低标，为该项目的中标打下了基础。

【案例 11-8】　高报后附带降价声明策略

某工程项目招标，投标人承包商认真分析了工程条件、自身状况和竞争对手的情况，得知本企业在该项目的投标竞争行列中属于具有较强实力的单位，但仍然有几家实力相当的投标单位参与竞标，经过精心研究，编制了较高的报价，并同时准备了一份声明，将原来的报价降低 4% 的补充材料。投标书在投标截止日前一天报送到招标人，而在规定的开标截标时间前 10 分钟，又递交了那份补充说明材料。

本案例投标人恰当地运用了突然降价策略，原投标文件的递交时间比规定的截标时间提前一天，这既符合常理又为其他竞争者调整、确定最终报价留有一定的时间，起到迷惑竞争对手的作用。若提前太多，则会引起其他竞争对手的怀疑；而在规定的开标前 10 分钟又递交了那份降价的补充材料，其他竞争对手不可能再调整报价了。

11.3.5 附带优惠条件策略

（1）附带优惠条件策略的涵义

投标报价附带优惠条件是行之有效的一种争取中标的竞争策略。投标人在报价时，除按招标文件的要求和规定进行报价外，还可以根据自己企业的情况补充投标的优惠条件，如为业主贷款、不要求招标人提供预付款、缩短工期、采用新型机械设备、替业主解决困难等，以增强投标竞争力，争取中标。

有时虽然报价略高，如果采用了吸引业主的优惠条件，这样仍然可能中标。但此时也要注意仔细分析，这些附带优惠条件可能会影响到为企业带来的利润。在条件未成熟时，如果采用补充优惠条件争取中标，产生的后果也是很严重的，它会使企业亏损，影响企业的信誉，所以采用该种策略时要小心谨慎。

（2）附带优惠条件策略案例

【案例 11-9】 垫借建材优惠条件

上海石洞口电厂主厂房基础打桩项目招标中，某投标人获悉业主缺乏钢板桩的信息后，在其投标书中，提出可以垫借 12000 根钢板桩给业主，并可以力争 15 天完工（工期与其他竞争者一样），解决了业主材料短缺的燃眉之急，虽然报价较高，但却中标。

【案例 11-10】 无偿提供技术优惠条件

某工程在程序化报价时，投标单位结合自己"基坑支护"的业务和降水设备齐全的优势，适时地提出了附带的优惠条件：

① 若需要"基坑支护"，将免费为业主提供经济、安全、可行的支护方案的论证和设计；

② 如果在挖空施工中需要降水，将免费设计降水方案。

这样的优惠条件其实易于达到承发包双方的双赢。一方面，使业主感到，只有对本项目进行了充分的研究和准备才能提出优惠条件，反映了投标人对该项目投标的诚意；另一方面，优惠条件的费用其实已经通过价格调整计入其他子项中去了。对于投标人来讲基本上并没有什么损失，却能得到业主的赞扬和信赖。

除上述投标报价策略外，投标报价策略还有很多。在此不一一列举。合理抉择投标报价策略是一项涉及面广、内容复杂的工作，投标单位应根据自身和工程项目的具体特点合理巧妙地利用报价策略和技巧，努力实现技术和经济的最佳结合，力争使报价合理，提高中标率。投标报价尤其特殊，无论国内投标，还是国外投标，研究和把握投标标价策略，对于投标者争取中标都会起到重要作用。

11.4 项目实施方案策划

前面对商务标的投标报价策划进行了一般性探讨，下面将就技术标和管理标的主要内容进行探讨。

11.4.1 技术方案策划

技术方案是指为完成拟建项目的技术支撑、方法和措施。技术方案策划主要包括设计方案、采购方案、施工方案、试车方案的策划编制工作。投标人应结合项目规模和技术难度以及招标人的要求对投标人准备采取的技术方案进行策划，同时分析技术方案的可行性、合理性和经济性。

(1) 设计方案

设计方案策划内容主要包括：需要对业主需求识别分析、设计资源配置方案策划、设计方案优选分析、比对方案的选用等。

(2) 采购方案

采购方案是指投标人根据设计方案对拟购材料、仪器和设备的用途、采购途径、进场时间、实用程度等一系列工作进行的策划安排。

(3) 施工方案

施工方案是指投标人使用何种手段实现设计方案中的种种构想。施工方案策划主要内容包括：施工技术、施工组织设计、各种资源安排的进度计划、主要采用的施工技术和应对的机械设备、测量仪器等工作的策划。

(4) 试车方案

对于工业项目而言，根据业主招标文件、总承包界区及工作内容来策划试车方案。如单体试车条件和实施方案、联动试车条件和实施方案、空负荷联动试车条件和实施方案、投料试车条件和实施方案等方面的策划。

11.4.2 管理方案策划

管理方案是落实技术方案的保证。EPC 项目投标的管理方案策划主要包括项目管理目标策划，管理组织机构设置，对派出项目管理团队的策划，设计、采购、施工、试车各阶段的组织、协调与控制等方面，都需要投标人进行投标前的精心策划与安排。

(1) 项目管理目标策划

① 管理总目标策划　管理总目标策划是投标人管理的总体目标，管理总体目标一般可以设定为满足业主的要求，实现项目的技术标准、质量达标、性能可靠，降低成本；也可以进一步确定总体目标为达到地区、国家工程质量优质奖等。

② 分项管理目标策划　分项管理目标的策划是指对项目分项管理的目标策划，一般包括（不限于）以下内容：工程 HSE 目标：如零伤亡、零污染、保证施工人员的健康等指标策划。工程质量目标：例如，项目达到招标文件的合同要求，设计质量合格率 100％ 等，符合国家和行业现行标准规范。项目进度目标：如按照各阶段的进度计划，按期达到各阶段的里程碑计划等。项目费用目标：优化方案、节省项目投资、双方共赢等。

(2) 项目组织机构设置

项目组织机构的设置，应根据项目性质、规模、特点来确定管理层级、管理跨度、管理部门，以提高管理效率，降低管理成本。

① 管理层级策划　项目部管理层级一般按 2～4 个层级进行设置。

2 个管理层级设置为项目管理层（项目经理，副经理）——项目执行层（管理工程师，一般管理人员）；

3 个管理层级设置为项目高层管理（项目经理，副经理）——项目中层管理（部门经理，副经理）——项目执行层（管理工程师，一般管理人员）；

4 个管理层级设置为项目高层管理（项目经理，副经理）——项目中层管理（部门经理，副经理）——项目基层管理（组长）——项目执行层（管理工程师，一般管理人员）。

一般而言大中型工程总承包工业项目、大型工程总承包民建项目规模大，施工工艺复杂，管理程序多，故在项目实施的时候按 3～4 个管理组织机构层级进行设置，而中小型民建项目、小型工业项目相对规模较小，施工工艺简单，管理流程简单，因此，设置 2～3 个管理层级为宜。例如，某项大型工程采用 4 个管理层级设置，其设置为：

决策层——工程指挥部核心层。工程总指挥部是项目施工决策和保护机构，在公司整个范围内，对项目施工所需要的人员、机械、材料、资金等进行统一协调和调配，为项目提供可靠的保障。

指导层——工程指挥部。由公司相关职能部门组成，对工程施工中涉及的各方面对口进行指导、协助和协调，为项目施工提供全方位的服务。

项目管理层——工程承包项目经理部。按照"项目法施工"组成的项目经理部，对工程进度、质量、安全、文明施工、合同履约全面负责，并协调各专业分包之间的工序搭接和进度、场地、交叉作业的相互配合。确保工程按照既定质量、进度目标交付使用。项目经理部由项目经理、技术负责人、施工员、质检员、安全员、材料员、造价员、机械员、内业技术资料员、试验、财务成本员、计量员、计划统计员等人员，具体实施项目部的职能。

施工作业层——直接参与施工的作业班组。进行劳务招标，精选参加过多项优质工程并有过同类型工程施工经验的各专业班组。

② 管理跨度策划　管理跨度又称"控制跨度"，指管理者直接统属和控制的下级人员的数目。例如，总经理直接领导多少名副经理、部门经理；部门经理直接领导多少名职员等。这个数目是有限的，当超过这个限度时，管理的效率就会随之下降。因此，投标人要想建立有效地管理机构，管理跨度是不能不考虑的问题，投标人必须认真结合项目实际考虑项目部究竟能直接管辖多少下属的问题，即管理幅度问题。

工程项目的组织管理跨度，应结合项目特点、项目规模、项目管理人员的能力来确定，一般情况下，管理跨度按照 3～5 跨度进行设计为宜。

③ 项目管理部设置策划　一般情况下，项目管理部门设置图见图 11-1。

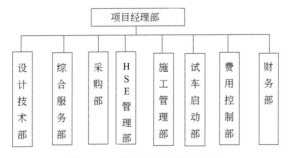

图 11-1　项目管理部门设置图

各项目可根据项目性质、规模、特点、配备人员专业能力等因素，进行部门合并。对于如设计部和综合部合并成设计综合部，施工、采购、HSE 管理部可并成大工程部。

(3) 管理人员配备策划

根据项目性质、特点、规模进行主要管理人员（项目部经理层，关键部门负责人）的配备。选派懂技术、会管理、工作认真、刻苦耐劳的精英到该工程中实施管理与施工，确保本工程优质、高效地按期完成任务。

工程的项目经理、项目副经理、技术负责人、主要管理人员、特殊工种操作人员等均持有政府规定的上岗证或相关的任职资格证书，管理人员均为专职管理人员，不兼任其他岗位的职务。根据工程进展情况，应考虑加派管理人员，加强安全、质量、进度、技术的管理。在配备时，根据人员的履历、经验、专业、工作能力、工作的积极主动性等特点，结合相应的岗位需求进行安排，力争做到"专业对口，能责对等"。

(4) 各个阶段管理策划

工程总承包项目投标各阶段管理策划是指对设计、采购、施工、试车各阶段的具体计划、控制和协调的策划。

① 设计管理策划　设计是整个总承包项目的龙头，直接影响着工程质量、安全、进度和成本，设计管理是落实设计方案的保证。设计管理策划主要内容是设计目标和原则，设计组织机构策划，设计资源的安排，设计进度计划策划，设计执行策划，设计质量、进度控制，设计与采购、施工等各阶段的沟通与协调方法等。

② 采购管理策划　采购承担着项目建设过程承前启后的作用，采购管理策划的内容包括采购目标和原则，采购阶段的划分，采购机构设置，采购物资设备质量控制，采购进度控制，货物的运输管理安排，现场材料的管理，采购、设计、施工之间的沟通与协调等工作的策划。

③ 施工管理策划　施工管理不仅是施工现场开始后的一项工作，而且是从投标开始就应该策划的一项工作。施工管理策划的主要工作包括：进度计划与控制，质量控制，HSE管理，施工协调与调度，施工技术保证与支持，施工分包管理，现场材料设备管理，施工信息管理，施工与设计、采购之间的沟通、协调等工作的策划。

④ 试车管理策划　试车管理策划的主要内容包括：试车组织管理机构、总体试车安排、试车人员安排、对业主人员的培训计划、物资准备计划、安全与环保措施、试车各个环节的控制与协调以及事故处理等，上述内容都需要投标人对其管理进行事先策划。

第 12 章
工程总承包项目投标报价

投标报价是投标企业赢得拟建项目承包权的关键环节，投标报价是否科学、合理、具有竞争性是企业管理能力、市场应变能力、成本控制能力、技术创新能力等市场竞争能力的综合体现。工程总承包项目由于其承包范围广泛，且不确定因素多，使其投标报价与一般承包模式相比具有一定的难度。本章结合工程总承包的特点，就投标企业对工程总承包项目投标报价的一些基本问题进行概括性论述。

12.1 投标范围与费用组成

12.1.1 投标工作范围

工程总承包招标范围按发包起点不同一般分为三种类型：第一类是从项目可行性研究后进行招标；第二类是从方案设计完成后进行招标；第三类是初步设计完成之后进行招标。发包起点不同，其投标的范围就不同，项目的投标范围是与发包起点是相应的。对国家投资的招标项目，应在工程项目初步设计完成后进行发包招标。

对于工程总承包具体投标范围而言，可行性研究完成后发包招标的项目其投标范围包括：方案设计、初步设计（含勘察）、技术设计、施工图设计、材料设备采购、施工安装、联合投料试运行、运行培训等。方案设计完成后的发包招标，其投标范围包括：初步设计（含勘察）、技术设计、施工图设计、材料设备采购、施工安装、联合投料试运行、运行培训等。初步设计完成后的招标，其投标范围包括：技术设计、施工图设计、材料设备采购、施工安装、联合投料试运行、运行培训等。即使同一起点发包招标，由于业主的要求不同，其招标文件规定的范围也会有所不同，例如，有的工程总承包项目要求投标人承包范围是施工图设计、采购、施工、预试车、开车服务直至工程在最终验收；而有些工程业主则要求投标人的承包范围是施工图设计、采购、施工、预试车、开车服务、性能考核。投标人所承包的范围不同，其报价组成内容就有所不同。

12.1.2 报价费用组成

由于工程总承包项目承包范围不同以及分类方法不同，工程总承包投标费用构成就不同。参照国家关于工程总承包计量计价规范（征求意见稿）以及施工项目计价规范，工程总承包费用项目应由以下几部分组成：勘察、设计费，设备购置费，建筑安装工程费，联动投料试车费，总承包其他费，暂列金额组成。

（1）勘察、设计费

工程勘察费是指工程总承包企业根据建设单位要求，自行或委托勘察人对现场地质、水文状况的资料收集、现场踏勘、制订勘察纲要，进行测绘、勘探、取样、试验、测试、检测、监测等作业以及编制工程勘察文件和岩土工程设计文件等服务的费用。

工程设计费是指工程总承包企业根据建设单位要求，自行或委托设计人提供编制建设项目初步设计文件、施工图设计文件、非标准设备设计文件、施工图预算文件、竣工图文件等服务的费用。工程设计费根据不同的设计阶段及工程特点又可分为初步设计费、施工图设计费、技术设计费和其他设计费等；该费用应根据可行性研究及方案设计后、初步设计后的发包范围确定。

（2）设备购置费

设备购置费是指为建设项目购置或者自制达到固定资产标准的各种国产或者进口设备、工具、器具的购置费用。设备购置费包括设备及备品备件的费用，（不包括施工设备）。设备购置费由设备材料价格和服务购置服务费组成。设备材料价格包括材料设备原价、运杂费、运输损耗费；进口材料设备还应包括各种清关费用和翻译等费用。设备购置服务费是指为了组织采购、供应、检验、保管和发放材料设备过程中所发生的费用。例如，仓储保管费（含场地租赁及设施）、仓储消耗费、检验试验费、仓储到现场的运输费等。不包括应列入安装工程费的工程设备（建筑设备）的价值。

（3）建筑安装工程费

建筑安装工程费是指用于完成建设项目发生的建筑工程和安装工程所需的费用。可划分为主要工程项目、辅助和服务性工程项目、室外工程项目及场外工程项目。每一工程项目可根据工程计价需要分为建筑工程费和安装工程费。

主要工程项目是指主要使用功能部分的项目，如大楼或小区住宅的建筑和结构及室内水、电等项目；辅助和服务性工程项目是指辅助使用功能部分的项目，如车库、商店、娱乐场所、托儿所等服务设施；室外工程项目是指红线以内的其他配套工程项目，包括土石方、道路、围墙、挡土墙、排水沟等各种构筑物、给排水管道、动力管网、供电线路、庭园绿化等；场外工程项目包括道路、铁路专用线、桥涵、给排水、供热、供电、通信等工程。建筑安装工程费由人、机、材消耗所发生的费用组成。不包括应列入设备购置费的设备价值。

（4）联动投料试车费

承包人用于完成建设项目，发生的联动投料试车承包商所发生的费用。试车运行一般分为：准备工作、单机试车、联动试车、联动投料试车四个阶段。

联动投料试车费是指完成各试车阶段的费用，含试运行服务费以及培训费。试运行服务费是指工程总承包企业派驻具有相应资格和经验的指导人员，并提供所需要的其他临时辅助设备、设施、工具和器具及相应的准备工作所发生的费用。培训费是指用于完成项目装置系统对操作以及维护人员提供的培训而发生的费用，包括工艺、设备、电器、仪表、安全消防、环保的各项专业的基础知识、原理、性能、流程、装置及设备的运行与维护操作手册。

（5）总承包其他费

工程总承包其他费用包括：总承包管理费、研究试验费、土地租用占道及补偿费、临时设施费、招标投标费、咨询和审计费、检验检测费、系统集成费、财务费、专利及专有技术使用费、工程保险费、法律服务费等。

总承包管理费：是指建设项目总承包商组织项目管理及协调所发生的费用，其主要内容包括：管理人员工资，是指项目管理人员的基本工资、工资性补贴、福利费、劳保费、施工补助、午餐费、办公费、交通差旅费、协调招待费、竣工验收费和其他管理性质的费用等。

研究试验费：为建设项目提供研究或验证设计数据、资料进行必要的研究实验以及按照设计规定在建设过程中必须进行实验、验证所需的费用。

土地租用占道及补偿费：发包人按照合同约定支付给承包人在建设期间因需要而用于租用土地使用权或临时占用道路而发生的费用以及用于土地复垦、植被或道路恢复等的费用。

临时设施费：未列入建筑安装工程费的临时水、电、路、讯、气等工程和临时仓库、生活设施等建（构）筑物的建造、维修、拆除的摊销或租赁费用，以及铁路码头租赁等费用。还应包括项目动迁费，指总承包商和分包商施工队伍调遣费用。

招标投标费：用于材料、设备采购以及工程设计、施工分包等招标投标的费用。

咨询和审计费：承包人用于社会中介机构的工程技术经济咨询、工程审计等的费用。

检验检测费：承包人用于未列入建筑安装工程费的工程检测、设备检验、负荷联合试车费、联合试运转费及其他检验检测的费用。

系统集成费：承包人用于系统集成等信息工程的费用（如网络租赁、BIM、系统运行维护等）。

财务费：承包人在项目建设期内提供履约担保、预付款担保、工资支付担保以及可能需要的筹集资金等所发生的费用。

专利及专有技术使用费：承包人在项目建设期内取得专利、专有技术、商标以及特许经营使用权发生的费用。

工程保险费：承包人在项目建设期内对建筑工程、安装工程、机械设备和人身安全进行投保而发生的费用。包括建设工程设计责任险、建筑安装工程一切险、人身意外伤害险等，不包括已列入建筑安装工程费中的施工企业的人员、财产、车辆保险费。

法律服务费：承包人在项目建设期内聘请法律顾问以及可能由于仲裁或诉讼聘请律师代理等的费用。

（6）暂列金额

发包人为工程总承包项目预备的用于项目建设期内不可预见的费用，包括项目建设期内超过工程总承包发包范围增加的工程费用，一般自然灾害处理、超规超限设备运输以及超出合同约定风险范围外的价格波动等因素变化而增加的，发生时按照合同约定支付给承包人的费用。暂列金额一般由业主确定、填报。

应注意的是：工程总承包中所有项目均应包括成本、利润和税金。利润是承包企业的最终经营成果，是企业存续发展的基础；税金是承包人用于完成建设项目按照法律规定应向国家或地方缴纳的税金，包括：营业税、城市建设维护税、教育附加费以及项目所在地规定的其他费用。

12.2 报价测算的基本方法

工程总承包项目投标报价是对勘察设计、采购、施工安装、试车、培训等全过程的报价，按照计价方式不同，可分为两种基本的投标报价方法：一种是定额系数报价法，另一种是成本加利润法。

12.2.1 定额系数报价法

（1）定额系数报价法的涵义

定额系数报价法是工程总承包商依据对项目所承包的范围，按照招标文件要求的费用项目，在严格核对工程量和包含风险内容基础上，依据国家、地方和行业现行的预算定额及造价方面的有关文件规定，正常编制工程项目投标报价，并根据企业的投标策略、成本水平、市场水平、投标报价经验、竞争对手情况等，测定报价调整系数，以此系数调整正常报价，最终确定投标报价的方法。

（2）定额系数报价法测算

编制报价前要认真阅读招标单位提供的工程总承包项目招标文件、清单、设计文件及建设单位要求，了解当地颁发的现行建筑、安装工程预算定额，以及与之相配套执行的各种费用定额、规定及地方现行的材料预算价格、采购地点及供应方式等，按照招标文件的要求和现场踏勘所了解的情况，编制工程总承包的投标报价文件。搞清投标范围、复核招标文件要求的投标费用项目及其包括的工作内容，认真核对工程量，分析招标文件中是否有遗漏项目（或需要承包商考虑的项目）和风险项目，并将其分摊到招标文件规定的费用项目中，确定编制投标报价使用的预算定额计价依据以及费用标准，按照招标文件格式要求编制投标报价。工程总承包投标报价的主要费用的测算如下。

① 勘察、设计费　以国家计委、建设部制定的《工程勘察设计收费标准》（计价格〔2002〕10号）作为计价的参考依据。报价为全部费用价格（包括成本、利润和税金）。

勘察费测算：

$$工程勘察报价＝工程勘察基准价×（1±调整系数）$$

$$工程勘察基准价＝工程勘察实物工作收费＋工程勘察技术工作收费$$

$$工程勘察实物工作收费＝工程勘察实物工作收费基价×实物工作量×附加调整系数$$

$$工程勘察技术工作收费＝工程勘察实物工作收费×技术工作收费比例$$

综合测算公式：

$$工程勘察报价＝[（工程勘察实物工作收费基价×实物工作量×附加调整系数）＋（工程勘察实物工作收费×技术工作收费比例）]×（1±调整系数）$$

设计费测算：

$$工程设计报价＝工程设计基准价×（1±调整系数）$$

$$工程设计基准价＝基本设计费＋其他设计费$$

$$基本设计费＝工程设计收费基价×专业调整系数×工程复杂程度调整系数×附加调整功能系数$$

综合测算公式：

$$工程设计报价＝（工程设计收费基价×专业调整系数×工程复杂程度调整系数×附加调整系数＋其他设计费）×（1±调整系数）$$

② 建筑安装工程费

$$建筑安装费＝（人工费＋机械费＋材料费）×调整系数$$

按照招标文件的要求，分专业或单位工程，按单项费用综合报价，严格审核工程量计价依据可选定的国家、地方行业现行的预算定额和配套的费用标准，计取单项费用时，应注意两个问题：一是检查单项费用项目中所包含的分部分项、税金、利润、风险及承包商应考虑的项目是否齐全；二是取费项目是否符合招标文件的要求，是否包括要求单列项目内容。

③ 设备购置费测算

$$设备购置费＝（设备原价＋设备购置服务费＋备品备件费）×（1±调整系数）$$

如前所述，设备购置服务费是指为了组织采购、供应、检验、保管和发放材料设备过程中所发生的费用，例如，仓储保管费（含场地租赁及设施）、仓储消耗费、检验试验费、仓储到现场的运输费等，设备购置服务费一般为采购购置设备实际价格的 $1\%\sim3\%$。应注意的是设备购置费报价还应考虑企业的利润和税金因素。

④ 联动投料试车费测算　根据投标人的工程总承包项目实施规划大纲中的试车阶段方

案，按照投标人在试车阶段拟投入人员、材料、设备机具数量，采用选定预算定额人、材、机标准测算报价，包括对业主方面操作人员的培训费、企业利润、税金等，基本与建筑安装工程费测算方法保持一致。

$$联动投料试车费＝(人工费＋机械费＋材料费)×调整系数$$

⑤ 工程总承包费及其他报价测算

$$工程总承包管理费＝投标金额×百分比系数$$

按照招标文件要求的内容或承包商认为包括的内容编制报价。没有统一的内容和计价标准的，一般根据工程总承包项目实施规划大纲，按照成本方法计算报价，有经验的承包商可以根据投标金额的大小按其 1%～5% 确定报价。

其他费用按照国家有关规定，根据项目特点，参照同类或类似项目进行报价测算。

(3) 调整系数的确定

报价调整系数是指投标企业在决标时确定的调整系数，其是在企业管理水平、项目成本水平、项目价格市场水平、业主的希望价位、评标办法、投标人之间的竞争激烈程度、材料物价趋势、投标报价经验等分析的基础上，根据企业投标策略确定报价调整系数的高低。一般情况下，投标企业从占领市场而要必须中标出发，或企业任务不饱和，或市场竞争激烈，可采用低价调整系数；如果企业任务饱满，或有项目专项技术、或属于高技术、高风险领域的项目，可采用高价调整系数。

12.2.2 成本加利润法

(1) 成本加利润法涵义

成本加利润法是指先计算工程总承包项目的成本，然后加上企业应获得合理利润的计算方法，即：投标报价＝成本＋利润。计算工程总承包项目的成本要根据投标项目的规模、范围、性质、工期、技术复杂程度等基本情况，通过对企业拟投入的劳动力、机械设备、材料进行分析，结合有关勘察、设计取费标准、企业的施工定额（参考预算定额）、已完成相似或类似工程的有关资料和投标工程的特点，按照企业的实际工资水平、市场材料设备价格水平、机械费用核算办法、管理费水平、成本核算办法以及项目所在地的人员工资、设备租赁、当地材料市场情况等来预测投标项目的工程成本。

(2) 主要成本的测算内容

工程总承包项目的投标成本按照工程内容划分可分为：勘察、设计成本；设备购置成本；施工安装成本以及其他成本。按照成本项目划分可分为：直接成本、间接成本和其他成本。直接成本包括人工费、材料费、机械使用费、材料设备费。间接成本包括：现场管理费、上级管理费、措施费、财务费等。其他成本包括：税金、投标费、保险费、贷款利息、职工福利基金、养老基金、医疗保险基金、住房公积金等。这些费用在工程投标中分摊到各单项工程中。

另外，有些费用如保险金、临时设施费（包括施工便道、便桥、临时通信、临时生活用水、临时驻地建设、业主和监管工程师的费用等），有的可以在工程量清单中单列，可作为单独一项进行报价，有的没有单列，要将这些费用摊到各项工程中去。

(3) 投标工程利润的确定

在市场竞争条件下，投标企业要想中标必须在综合考虑分析企业内外部因素的基础上来确定投标利润。考虑因素如下：

要考虑竞争对手情况，如果竞争对手的任务不足，对拟建工程期望值较高，投标企业可采用低利润报价策略，保本投标。相反，如果其他竞争对手的任务相对饱和，中标的期望不高，则可以采用高利润报价。

要分析本投标企业目前的状况以及企业对市场的开发状态，如任务充足，具有其他竞争对手无法比拟的优势，如具有某种技术特长、专业优势和特殊机械设备等，利润可以确定地高一些。如果投标企业想开拓投标项目所在地的建设市场，面对地区、行业保护比较严重的现实，要想提高企业的竞争力，就要将利润定得低一点，甚至是零利润。

要根据工程项目的特点确定利润：对于那些技术简单、施工和管理难度一般、投入也比较小，同时工程量比较大的工程项目，可降低利润，通过利用本企业娴熟的施工和高产量来取得利润。对于那些技术复杂、施工和管理难度较大、投入也比较高的工程项目则可以将利润提高一些。世行、亚行投资的项目，由于均采取低价中标的原则，只有低报价才有中标的可能，所以企业在投标时尽可能地采用低利润率。投标企业还要根据本企业的在建或已经完工的同类项目来确定利润率。

12.3　海外投标专项报价测算

设备费用、土建成本测算是工程总承包项目报价测算的重要组成部分，而对于报价风险费用的测算，又往往容易被投标人所忽略，因此下面对其三方面报价测算工作和方法进行介绍。

12.3.1　项目设备费用报价测算

在工程总承包项目中，设备费用占有较大比重，尤其是工业项目一般占到总投资的 $50\%\sim70\%$。为此，投标人对设备费用的测算十分重要。下面以海外工程总承包（EPC）项目为探讨对象，对投标设备费用测算进行介绍。

（1）报价测算前期工作

① 分析招标文件　在工程总承包项目投标报价中，首先应该做的工作就是分析招标文件，在分析过程中明确报价范围、招标文件中对施工和采购的特殊要求，是否有业主设备采购清单，若有设备采购清单是否要求投标人承包报价。

不同的招标文件业主要求的工作范围可能有所不同，例如，有些工程业主在招标文件中要求承包商的工作范围是设计、采购、施工、试车、开车服务，直至工程最终验收；有些工程业主在招标文件中要求承包商的工作范围是设计、采购、施工、预试车、开车、性能考核。对设备采购测算首先要对招标文件有个全面的了解，这一点至关重要。

在分析的过程中，如果发现不明确的地方，投标人应按照招标文件澄清的规定向招标人提出澄清，根据招标人澄清的结果进行投标报价，避免在设备采购报价中失误，造成损失。

② 现场考察与询价　工程总承包项目投标询价是一项十分复杂、综合性较高的工作，所以应该充分掌握项目所在地的现场情况、资源情况、市场竞争情况等。对于国际工程来说，考察的重点为地理位置、交通情况；当地材料设备的供应情况；劳工政策、政府施工政策等。同时，对项目所在地其他类似工程项目进行考察等，这是采购测算报价的重要前提。重点要了解当地政府对人、材、机的使用有无具体要求，用工比例是否有要求；当地劳工的工资计取方式（工作时间、加班情况等），签证事宜（包括办理流程、费用以及有效期等），临时设施的建设是否有要求。

对于海外工程还要了解当地认证系统。例如，巴基斯坦消防需要取得 FM 或 UL 认证；哈萨克斯坦根据产品不同需要取得 CU-TR 认证、GOST-K 认证、GGTN-K 使用许可证、计量证书等。

③ 询价实施控制要点

a. 时间是否满足：工程项目的投标一般规定有时限，投标单位不能在规定时限内完成项目投标工作，就可能失去竞争机会。在工程总承包项目招标中，对大型设备和综合成套设备询价供货商而言，核算报价、资质整理等工作十分浩繁，因此，询价报价的及时性就显得尤为重要。所以在投标询价过程中，对询价供货商应重点强调报价时限，从而能够保证满足投标报价时间上的要求。

b. 价格是否满足：价格作为项目投标询价的核心，需要进行重点控制，一是应以国内外同类设备材料价格作为参考，对供货商报价进行合理控制，使项目报价更趋于合理，更具有投标竞争力。二是针对设备材料价格市场波动，应在询价时与供货商明确价格波动时双方的责任和义务，使供货商能够承担价格波动时的部分风险。

c. 技术条件是否满足：工程总承包项目对于技术往往要求严苛，尤其是海外工程项目。所以在询价过程中，对供货商报价文件的技术部分应充分评审，核实设备材料是否可靠、技术参数配置是否满足招标文件的要求，设计标准是否符合招标文件的约定。

d. 厂家生产进度是否满足：进度控制是项目管理的核心。因此，在投标询价中，应要求询价厂商报价文件中强调供货商的近期订单情况、负荷情况、计划产能情况等，并要求提交详细的生产计划，书面承诺能够完全按照生产计划实施。

e. 运输计划是否满足：设备材料运输计划作为供应计划的最后一个环节，在项目投标询价中，应明确与供货商的设备材料运输的界限，如果是海外工程还要考虑运输计划和海外贸易流程相匹配，以满足项目对设备材料的需要。

f. 售后服务是否满足：供货商在设备材料售后服务的配合直接影响到项目的进度，所以在投标询价中要求供货商提供详细的指导安装、培训、调试验收计划书，尽量选择与售后服务制度较为完善的供货商合作，从而减少风险。

工程总承包项目投标是一项非常复杂的工作，而投标询价在其中占有重要的地位，它不但影响到投标报价的准确性，而且也涉及项目的顺利实施。承包商应根据项目、企业的具体情况，选择投标询价的策略。

④ 明确报价统一编制规定　招标人为保证商务标书编制的准确性、完整性、统一性，报价统一编制规定中要对项目的基本情况、投标报价基本范围、报价文件费用结构和内容、费用计算依据、报价文件组成以及成品文件格式、进度安排进行说明。投标人应对其进行深入理解，尤其理解重点应放在费用计算依据，包括采购费、施工费、其他费用等方面。

对于海外工程项目，材料消耗与国内施工消耗量具有一定的一致性，但是人工、机械消耗差异较大。主要原因在于某个具体工程其结构和形式确定后，在正常情况下完成该项目工程的材料消耗也是一定的，而人工消耗取决于劳动力水平和机械化程度。对于机械消耗而言，机械人工的工作效率影响机械消耗，同时设备采购成本和维护保养成本与国内相比，也存在一定的差异。

因此，海外工程总承包项目需要充分调查当地劳动力政策和调研不同工种劳动力技术水平以确定人机组合，并在此基础上确定中国工人和当地工人的用工比例，再根据功效的差异调整施工消耗量指标，确定人工费、辅材费、机械费调整系数。

(2) 发包项目设计条件

根据工程不同工程量来源，大致分为两种情况。第一种情况是招标文件中业主提出的初步设计条件，投标人根据业主提供的初步设计文件进行报价，也就是初步设计后报价；第二种情况是投标人根据招标文件的要求，去完成初步设计，类似于方案设计后报价。

海外工程总承包（EPC）项目招标文件一般会提供工程量清单，投标人依据招标文件中的工程量清单进行报价。因此，要求各专业设计人员在充分理解招标文件的基础上，根据自己丰富的工作经验以及对工程总承包项目投标报价的经验，准确地提出工程量，尽量减少由于工作量的偏差引起的风险。

在报价编制过程中，需要时刻注意设计条件的升级版，及时更新、对照主项表，检查是否有漏提的条件。若招标文件中有业主采购设备材料清单，需要根据招标文件核对设计人员的分类是否与招标文件一致，有问题需要向设计人员及时提出，由设计人员重新修改以免影响报价基础。例如，某项目报价中一台容器的采购划分与招标文件不一致，向设计人员提出后，经设计人员核实发现将承包商采购误写成业主采购。

（3）设备费用的测算

设备采购一般都要涉及国际交易。在国际贸易中，较为广泛使用的交易价格为 FOB（离岸价格）、CIF（到岸价格）方式，具体采用哪种交易方式，要根据项目所在国法律政策以及招标文件中的要求确定。例如，孟加拉国除非商务部特许，进口贸易均不得采用 CIF 方式，以保护孟加拉国的保险业及运输业。

① 非标准设备采购　非标准设备采购可分为项目所在国采购、国际采购，对于国际采购中的中国采购部分，非标准设备价格测算时有以下两种情况。

a. 依据已购设备合同价：按照不同材质分类型测算出综合单价（考虑人工、材料成本的变化），然后根据设计条件计算出设备费。根据执行项目以及设备供应商的所在地，适当考虑运抵国内港口运输费。

b. 依据设备市场价格：根据类型找到对应材质的设备单价即可。同时需要考虑到运抵国内港口的运输费，或者通过询价获得设备的到港价。对于项目所在国、第三国采购设备一般通过询价确定。

对于工业项目，非标准设备价格测算过程需要注意设备的内件，例如，除沫剂、分布器、搅拌器等；塔器的塔盘、填料；反应器的催化剂都需要单独计价。对于大型非标准设备由于运输条件限制，需要考虑是否采用分段现场制作安装，例如，某项目报价中塔器类全部是按照整体到货考虑。

② 标准设备费的测算　不同项目的标准设备参数差异很大，一般需要通过采购询价。在报价阶段由于资料有限，有些设备设计人员无法提出准确参数，但是设计人员可以根据其经验，估算出该设备的价格。例如，某项目中储蓄罐上配有成套呼吸装置（包括自动通气阀、浮仓呼吸阀、阻火器），由于没有具体的参数，设计人员根据其经验估算出该套设备的价格。再如，某项目中原油储罐上的侧向搅拌器没有参数，采购人员沟通交流之后，向搅拌制造厂询价，确定了搅拌器的价格。

（4）设备安装费测算

对海外工程总承包（EPC）项目而言，考虑到大型施工机具资源较少，动迁费用高，为了合理利用有限资源，加快建设进度，对于一些大型项目，招标文件中对于大型设备的吊装会有特殊的要求。例如，某项目在招标文件中明确提出，单体 80t 以上设备的大件吊装工作由业主负责。此时，承包商不必考虑大件设备吊装的机械台班费。但需要考虑大型设备吊装的配合工作。

工业项目中的塔器类设备的安装，根据设计条件中塔本体的参数与"塔盘"的参数分别计算安装费。由于运输、安装等条件的限制，有些塔器需要在现场"分段组对"安装。大型设备的安装，在安装费计算过程中需要根据项目的具体要求单独考虑大型设备吊装费用。

对于一些特殊施工，可以通过向厂家询价，根据厂家报价，分析其价格是否合理，如合理，就可以采用询价价格。如某项目地处东南亚，临海建设，为了降低储罐的腐蚀，延长使用寿命，储罐的罐壁底部与基础接触的部分需要做特殊的防腐处理（CTPU 弹性防水涂料＋底漆＋1 次胶泥＋2 次胶泥＋2 次黏泥＋玻璃布＋2 道面漆）；在 $10 \times 10^4 m^3$ 和 $5 \times 10^4 m^3$ 储罐周围，采用阴极保护装置减缓设备腐蚀；球棍罐内壁表面的热喷涂铝防腐。对于这一特殊施工，就是通过向专业厂家询价解决的。

对于初涉海外市场的企业，需要了解国内施工单位是否在当地执行过项目，若有，可以邀请该单位参与工程报价，共享他们在当地执行项目的经验。对于一些特殊的国家和地区，可以和当地企业联合完成投标报价工作，如某炼油项目投标报价工作，国内企业还未在当地执行过项目，最终邀请了当地的施工企业参与该项目的投标。

12.3.2 项目土建成本测算

工程总承包项目报价是一项系统工程，其报价由设计、采购、施工、试车等多方面组成，投标土建成本则是一项重要的报价内容。仍以海外工程总承包（EPC）项目为例，对土建成本测算报价工作进行介绍。

（1）海外项目报价的特点

① 基于初步设计的报价　以国内某公司参与海外石油总承包项目为例，其海外分公司获得业主提供的招标文件后，很早将招标文件反馈给国内总部，通过公司总部决策机制确定是否授权相关部门参与投标。在授权同意后，海外分公司联合公司相关部门对业主发布的招标文件进行分析讨论，组织设计人员编制出满足业主的 Istruction to Bidders（ITB）文件的初步设计和初步设计工作量的 Material Take-Off（MTO）文件，此时投标报价工作就能对照初步设计文件核算工程量，进行工程量的计算。

② 以定额计价测算为基础　由于近年来参与海外工程总承包项目类型的多样化，以及在新的国家和地区市场不断开辟的形势下，原有市场多年来积累的单装置、单区块的工程总承包（EPC）项目报价数据参考价值不大。因此，许多新的投标项目工程直接费用需要按定额进行分解重新测定。此外，定额计价计算出的工程直接费用还需要用收集来的投标地区市场价格信息资料进行调整修正，以求符合真实的市场价格水平。尽管定额计价模式有许多的缺点，如不能反映投标企业的技术特色、施工功效、建造成本，套定额的工作量大等，但是作为总承包项目投标报价的基础数据还是比较可靠的，特别是对初涉市场的投标企业，定额计价还是非常重要的。

③ 以各专业直接费成本合成为前提　近年来，海外工程总承包项目，尤其是规模较大的工业投资项目，由于其系统复杂、涉及专业众多，投标报价需要各个专业人员共同完成。在工作中需要各专业核算工程量，计算各专业的直接费用及其中的人工、材料、机械费用，并将土建与安装专业分开分别测算人工、材料、机械费用的调整系数。将调整系数再反馈到各专业的人工、材料、机械分析表中进行对应调整，汇总合成各专业直接费用成本，得到下一步取费的基础数据。各专业预算是一项基础性的工作，但由于海外 EPC 项目的投标只有初步设计的工作量为参考，故要求各专业预算人员应具备很强的业务能力和丰富的总承包项目报价经验，需要充分理解业主 ITB 文件的要求及准确把握初步设计提供的 MTO 的工程量。

④ 基于固定总价的合同条款　工程总承包项目合同最大的特点就是固定总价，合同价格包括总承包商根据合同约定所承担的全部义务（包括暂列金额所承担的义务，如果有的话），以及未正确设计、实施和完成工程，并修补任何缺陷所需要的全部有关事项的费用。

虽然在实际运行中可能因为合同另外一些规定，使合同价格会有些调整，但是对于总价的影响是十分有限的。因此，除了考虑实体工程的费用外，对海外的 EPC 项目需要将工程所在国及地区的社会环境、自然环境、法律法规与国内的差异等因素对 EPC 项目的影响充分考虑到报价中，以防范风险。

（2）土建成本测算特殊性

① 基于初步设计的 MTO 文件工程量计量　工程总承包项目初步设计的 MTO 文件或 Bill of Quantity（BOQ）提供的工程量，只是相当于一份粗略的工程量清单，如对于建筑物工程量的描述只有结构形式、建筑面积、层数等；对于构筑物则只有对应的混凝土工程量和混凝土强度等级；对项目总图部分工程量的描述只有场地平整面积、土方工程量、道路面积以及简要的做法等。由于土建工程定额计价是按照分部分项工程量计价，很显然，这些粗略的工程量不能直接套用土建概算定额。而对于安装专业来说，MTO 文件提供的工程量大部分是可以套用定额的，需要将工程量分解转化的很少。

② 基于基础设计文件的技术要求　在海外工程总承包项目投标中，土建工程的一些通用的技术要求会在基础设计文件中有统一规定的说明。如基础防腐的统一规定、水池用混凝土的抗渗等级、商品混凝土适用范围等。在测算土建成本的过程中，要仔细对应统一规定的要求和范围，以保证土建成本测算的准确性。

③ 需要考虑到业主的一些特殊偏好　以国内某石油公司为例，其海外工程总承包工程分布在非洲、中东等不同的国家或地区，不同的国家或地区的业主往往有不同的偏好，特别是在公用工程的土建部分。例如，有的中东国家业主要求，公用土建部分的装修需要体现一些伊斯兰风格、外墙面的建筑色彩选用白色的花岗岩、门窗选用欧式风格等。尽管业主的这些特殊偏好要求对 EPC 项目成本影响不大，但是在细化项目各单元的成本时就不得不考虑了。在投标测算土建成本时，合理考虑业主的一些特殊偏好，对项目中标后运作过程中的造价管理工作会有很好的指导作用。

④ 需要考虑工程实际的一些特殊要求　与大型工业安装项目相比，土建工程需要更多地考虑工程实际的一些需求，因为设备装置的安装工程大多数是模块化，采用同一工艺同一规模的设备装置，其工程量不会有较大的变化，可比性很强。但土建工程不同，即使同样的建筑面积，也可能由于地址条件、地材选用条件等不同，其工程量可能就会有较大的差别。土建成本的测算就要考虑到工程的实际情况，以求更切合实际。如在某海外 EPC 工程项目的投标中，某框架结构的综合楼，要求墙体加厚填充粗砂，屋顶要求设置一定厚度的沙袋，增强建筑物抵抗流弹袭击，这些要求很显然要增加土建测算成本。

（3）土建成本测算的方法

根据海外工程总承包（EPC）工程报价的特点和土建成本测算的一些特殊性，在土建成本测算实践中，应用测算方法如下。

① 利用标准化设计、限额设计的工程量数据　标准化设计、限额设计也不是新鲜的提法，但在土建成本测算中可以有新的应用。标准化设计、限额设计可以得到模块化的工程量，用此工程量套用定额就可以形成人、材、机的基础数据。根据市场信息价格，再对人、材、机的基础数据进行系数修正，就可以得到对应的土建成本。直接采用标准化设计的工程量数据可以减轻繁琐的工程量计算工作。以国内某石油企业的海外石油地面建设的 EPC 项目投标为例，对 OGM（Oil Gathering Manifold 石油管汇）土建工程量直接计取标准化设计的工程量，大大提高了土建成本测算的工作效率。在海外 EPC 工程中，营地建设、油田井口土建等都适用于采取标准化设计工程量进行计量。

② 对 MTO 文件所提供的工程量进行细化分解 初步设计的 MTO 文件的土建工程量转化为可套用的定额计价的工程量，需要对 MTO 文件提供的工程量进行细化分解。做海外工程总承包投标报价的土建成本测算工作需要土建专业预算人员有较扎实的土木工程专业基础知识和丰富的现场实践经验，如要了解建筑物、构筑物的构造，不同结构和类型的建筑物的主要经济参考指标、施工工艺及流程等。这些积累能帮助土建预算人员顺利地对 MTO 文件提供的土建工程量进行分部、分项分解，达到能够套用定额的程度。在海外 EPC 工程项目中，对 MTO 文件提供的土建工程量细化分解是一项极为专业的工作，又是一项基础性工作，工程量分解能为土建成本测算提供有力的数据支持。

③ 积极响应业主在招标文件中的要求和偏好 在进行土建成本测算前，测算人员需要仔细阅读业主的招标文件，从招标文件中找出影响土建成本测算的要求和业主特殊的偏好的文字内容，领会这些文字的含意，在套用定额过程中，要有针对性地参照这些文字进行调整，保证土建成本测算相应的准确性。海外工程总承包项目土建成本测算工作不是一成不变的，会受到不同国家或地区的气候、工程地质条件、地材选用限制等多因素的影响，需要按照业主的招标文要求和特殊偏好做出相应的调整。如前面所提到的，建筑物抵抗流弹袭击的例子中，对墙体及屋面构造的特殊要求要在土建成本测算。

④ 深入当地市场做好调研、询价工作 在海外的工程总承包实践中，做好当地的市场调查、收集信息十分重要。一个海外工程总承包（EPC）项目周期一般为 2～3 年，市场的前期调研是项目成功的关键，特别是对大体量的土建工程来说，承包商所使用的地材对当地周边市场的依赖性还是很大的，土建地材的价格以及运输费用对土建成本的影响很大。以国内北京市某一"两限房"框架结构塔楼为例，其工程造价构成见表 12-1。

表 12-1 某框架结构塔楼工程造价构成表

工程单方造价 /(元/m²)	占工程单方造价比例/%										
	直接费						企业管理费及其他费用				
	人工费	材料费	机械费	临时设施费	现场经费	合计	企业管理费	利润	规费	税金	合计
1760.97	12.83	62.87	3.82	2.56	2.90	84.98	3.71	4.96	3.06	3.29	15.02

从表 12-1 可以看出，材料费占工程单方造价的 62.87%。

中国企业海外项目多在中东、非洲、中亚一些发展中国家和地区，由于这些国家当地建材市场发育不是很完善。因此，做好前期市场调研，掌握可靠的包括市场材料价格方面的信息，对准确地做好土建成本测算的调价工作具有很大的帮助。

⑤ 做好必要的费用预估 海外工程总承包项目由于受地理位置、市场调研水平等限制，投标人不可能全部准确地掌握第一手现场资料，特别是土建工程的地质情况，加之业主提供的基础资料陈旧，导致初步设计深度不够。如工程实践中可能出现地基处理、降水、超远距离取土、回填等工程量，一般是不会出现在 MTO 文件的数据中，而要根据现场技术人员反映的情况在土建成本测算中做适当调整。在工程总承包（EPC）项目固定总价的条件下，这些发生的费用也是在总报价范围内的，属于工程总承包（EPC）商应承担的风险。

在大型工业项目中，特别是重工业项目，按投资额来算，土建部分的平均比重约为60%。海外工程总承包项目中，安装部分的设备、材料可以通过国内采购或国际订货解决，而土建部分的材料大多都要依赖于项目所在国当地市场解决，市场发育不完善，会导致土建材料调价系数很高。因此，在海外工程总承包项目投标工作中，切实、细致、准确地做好土建成本测算工作，是保证整个项目投资报价水平及项目运作盈利的重要前提。

12.3.3 项目风险费用测算

(1) 风险费用测算的意义

目前，国内企业参与国际工程总承包项目的竞争尚属初期阶段，成功与失败的案例各自参半，总结案例失败的经验教训，其中重要一条就是项目风险管理不到位，从投标阶段的风险费的测算，到项目执行过程中风险防控处置，再到风险发生后减损和索赔工作，均存在不足。另外从项目风险防控效果来看，在项目投标阶段，做好风险费用测算，对项目风险防控提供经济基础是一项最为基本的保障。因此，通过主动控制，做好投标阶段的风险防范，既可以减弱项目执行过程中的防控的被动，又可以降低风险发生后的损失以及减轻索赔工作的压力。因此，做好项目报价风险费用的测算工作，在报价中考虑设置合理的风险储备资金，对于减少风险损失，具有重要的意义。

(2) 投标风险的划分

在投标阶段做好风险的划分，有助于对投标风险费测算更加清晰化、定量化。风险划分的方法很多，在这里主要按照风险性质将工程总承包投标风险划分为八类：

① 商业和法律风险　项目所在国的商业环境和法律变化可能导致的风险、业主信用风险、合同条件风险、分包商风险、潜在负债及受限风险、担保风险、保险风险等。

② 财务和金融风险　项目所在国外汇管制、第三国采购支付风险、汇兑损失风险、货物涨价风险等。

③ 人力资源风险　项目所在国的行业动荡、分包商罢工、关键人员招募风险、违反项目所在国劳动法规风险等。

④ 自然事件风险　项目所在国的异常恶劣天气、自然灾害（地震、海啸、水涝、干旱、火山爆发、泥石流）等风险。

⑤ 环境风险　项目所在国的施工环境隐患风险，承包商自身原因对周边环境所造成的水质、大气污染风险、对周边环境造成的噪声污染等风险。

⑥ 健康安全风险　包括业主的 HSE 的管理要求、承包商 HSE 管理的漏洞、项目本身客观条件对健康安全带来的风险等。

⑦ 管理控制风险　包括管理体系漏洞、第三方合同管理、施工进度计划偏差、质量保证和控制体系缺陷，与业主、分包商、其他承包商的沟通管理；社区事务（包括与政府、土地所有者、当地居民、公共媒体）带来的风险等。

⑧ 设计和运营风险　设计深度、可靠性、能力、标准及运行手册带来的风险；合同执行过程中的承包商技术、许可、采办、运输、储存等差错所带来的风险以及完工后的缺陷责任风险等。

(3) 测算前期的准备

在风险费测算之前，应编制风险清单，由商务报价人员牵头，将招标文件、项目实施计划、投标技术方案、投标商务和技术偏离等资料分送到参与投标的管理、技术、商务、合同职能部门人员手中。然后，各个职能部门人员，按照统一的风险类别的划分，依据自身业务列出存在的风险条目，并归类到相应的事先划分的风险类别中去，同时对该风险条目的内容进行描述。最后，商务人员汇总各职能部门人员提交的风险条目后，通过召开专家以及风险条目提出者参加的会议，最终，确定需要列入风险费测算的风险条目。

（4）风险费测算方法

量化测算风险费，是按照单位工程划分、以风险估价表的形式实施的。量化测算风险费前，需要完成以下五项工作。

① 确定风险重要性系数　根据潜在的风险可能造成的损失金额大小把风险划分为五级风险，并赋予相应的重要性系数。风险重要性系数确定标准见表 12-2。

表 12-2　风险重要性系数确定标准

级别	类别	损失限额(L)/元	风险重要性系数(A)
一级风险	轻微风险	$L \leqslant 1$ 万	0.5
二级风险	重要风险	$L \leqslant 100$ 万	1.0
三级风险	严重风险	$L \leqslant 1000$ 万	1.5
四级风险	重大风险	$L \leqslant 1$ 亿	4.0
五级风险	灾难性风险	$L \geqslant 1$ 亿	5.0

② 确定风险发生概率　根据潜在风险发生的概率，将其划分为六类五级，风险概率级别划分见表 12-3。

表 12-3　风险概率级别划分表

序号	风险类别	风险概率(P)	风险概率级别(B)
一类	风险事件发生可能性极低	$P \leqslant 0.01\%$，取上限 0.01%	1
二类	风险事件发生可能性低	$0.01\% < P \leqslant 1\%$，取上限 1%	2
三类	风险事件有可能发生	$1\% < P \leqslant 10\%$，取上限 10%	3
四类	风险事件发生的可能性大	$10\% < P \leqslant 50\%$，取上限 50%	4
五类	风险事件发生可能性较大	$P > 50\%$，取上限 50%	5
六类	风险事件肯定发生	$P = 100\%$，取上限 100%	5

风险发生概率由投标人在过去项目执行过程中的经验评估，或向相关咨询公司征询意见。

③ 确定风险乘积和等级　根据风险重要性系数和风险概率级别制作风险乘积表，并划分等级。风险乘积划分等级见表 12-4。

风险等级的划分，采取谨慎性原则。风险等级按照风险乘积得分的高低以 20 分、6 分、4 分、2 分、2 分以下为界划分为极端风险、重大风险、高风险、一般风险、低风险五个等级。

在海外工程总承包项目中极端风险并不多见。对重大风险存在的项目，投标人需要研究是否参与投标，慎重做出投标与不投标的决策。

表 12-4　风险乘积划分等级表

风险重要性系数(A)	风险概率级别(B)	两项乘积($A \times B$)	风险等级
5.00	5.00	25.00	
5.00	4.00	20.00	极端风险
4.00	5.00	20.00	
4.00	4.00	16.00	
5.00	3.00	15.00	
4.00	3.00	12.00	
5.00	2.00	10.00	重大风险
4.00	2.00	8.00	
1.50	5.00	7.50	
1.50	4.00	6.00	

风险重要性系数（A）	风险概率级别（B）	两项乘积（$A \times B$）	风险等级
5.00	1.00	5.00	高风险
1.00	5.00	5.00	
1.50	3.00	4.50	
4.00	1.00	4.00	
1.00	4.00	4.00	
1.50	2.00	3.00	一般风险
1.00	3.00	3.00	
0.50	5.00	2.50	
1.00	2.00	2.00	
0.50	4.00	2.00	
1.50	1.00	1.50	低风险
0.50	3.00	1.50	
1.00	1.00	1.00	
0.50	2.00	1.00	
0.50	1.00	0.50	

④ 合理评估风险控制水平　国际工程总承包项目在执行过程中面临的风险较多，投标人应根据自身业务、技术和管理能力，合理评估风险控制水平。在风险管控方面，面对不同的风险一般可划分为四个层级。风险控制水平层级见表 12-5。

表 12-5　风险控制水平层级表

风险等级	风险等级描述	控制水平
一级	风险事件损失完全可以避免	99.99%
二级	风险事件损失大部分可以避免	67%
三级	风险事件损失小分可以避免	33%
四级	风险事件损失完全可以避免	0.01%

项目的管控水平取决于投标人的项目执行能力以及对风险管控的经验。风险控制水平在项目风险费测算中起到修正作用，确保风险费的计取更切合实际。

⑤ 风险处置计划　针对不同的风险，大多按照以下五种方式处置。

a. 风险避免：不参与该项目的投标或将风险事项作为偏离项剔除工作范围，建议招标人单独发包或另行处理。

b. 风险管理：在项目执行过程中通过"四大控制"即进度控制、成本控制、安全控制、质量控制来降低风险发生概率，提高风险管理水平来减少风险可能造成的损失。

c. 风险计价：在报价中，计取合理的风险费，以应对风险损失。

d. 风险转移：承包商可以将风险通过分包、保险等手段转移。

e. 风险自留：无其他合适的处置方法时，则可以将风险自留，通过企业内部的风险资金处理。

根据风险费测算前确认的风险条目以及上述五步骤，可以开展具体风险条目的风险费测算，通过示例进行如下介绍。

(5) 风险费测算示例

以某国煤层气井口 EPC 工程项目为例，在项目风险费测算中运用风险估价表的形式，对详细风险条目的风险费的计取进行测算。

在该煤层气井口 EPC 项目中，井场道路属于关键工作，投标人依据专业分包资源拟选用当地某分包商报价。通过调查了解到，该分包商的履约能力优秀，在以往的工程项目中没有工期延误和返工的纪录，该分包商在井场道路施工方案中，计划采用自有的道路施工设备机具。由于井场道路施工区域的社会依托条件差，城镇距离较远，如果发生设备机具故障需要大修，故障排除有可能需要一定的时间和不菲的费用，可能导致工期延误和大修费用的风险，给项目带来罚款和其他经济损失。经造价工程师估算，如果发生此类风险，损失将达到50万美元。依据以上信息，在风险估价表中依据风险费测算的步骤，对该风险进行如下整理和计算。

  a. 风险类别确认：分包商的设备机具故障风险，属于商业和法律风险类别下的分包商风险。

  b. 风险损失估值：风险损失估值为50万美元，如果按照美元1∶6.8的汇率计算，折合340万元人民币。

  c. 风险影响重要性系数：造成的风险损失估值340万元，但没超过1000万元，该金额按照表12-2风险重要性系数确定标准划分属于第三级，严重风险，对应风险重要性系数$A=1.5$。

  d. 风险发生概率：道路施工设备机具大修周期一般都得超过一年，且大修一般发生在设备闲置时进行，不太可能在施工过程中去大修，风险发生概率取1%，按照表12-3风险概率级别划分表，风险概率级别$B=2$。

  e. 风险乘积和等级：依据风险重要性系数（A）和风险概率级别（B）计算风险乘积，$A \times B = 1.5 \times 2 = 3.00$，按照表12-4风险乘积划分等级表，该项风险属于一般风险等级。

  f. 风险控制水平：经评估，如果发生施工机具故障大修，造成的损失只能小部分得到控制，按照表12-5风险控制水平层级表，该风险控制水平属于三级，取值为33%。

  g. 风险处置计划：

  Ⅰ. 风险计价：依据前述步骤计算风险费用。

    初估风险费＝风险损失×风险概率＝5000000美元×1%＝50000美元

  计价风险费＝初估风险费×（1−风险控制水平）＝50000美元×（1−33%）＝33500美元

  Ⅱ. 风险管理与转移：依据上述第⑦步风险处置计划，投标人选择通过总承包商与分包商的合同以及B2B网络，对进度进行控制。

  通过以上的整理和计算，该风险条目在报价中计取的分项风险费为33500美元。

  国际承包工程的利润率大约为10%左右，EPC工程一般要高于10%，但承包商所承担的风险也相对高一些。但项目中承包商所承担的风险不能影响该利润数额的获得。实施投标风险费测算，将为项目风险留有合理的储备金，将有助于投标人提高风险管理计划的实施能力，进而确保总承包商利润率的实现。

12.4　投标报价编制注意事项

12.4.1　报价过程注意事项

  就国际工程项目投标而言，投标人在报价过程中应注意以下事项。

（1）投标报价决策

  投标报价决策是指投标人召集"算标人员"决策人、高级顾问人员共同研究，就标价计算结果和标价的静态、动态风险进行分析和讨论，做出调整计算标价的最后决定。报价决策中，应注意以下问题。

  ① 报价决策的依据　报价决策的依据应当是"算标人员"的计算书和分析指标，至于其他途径获得的"标底价格"或竞争对手的"标价情报"等可作为参考。要以自己的报价为依据进行科学的分析，而后做出恰当的报价决策。

② 在接受最小的利润和最大的风险内做出决策   由于投标情况纷繁复杂，投标中遇到的情况并不相同，很难界定决策的问题和范围。一般来说投标报价决策并不局限于具体计算，而应当由决策人与"算标人员"一起，对各种影响报价的因素进行恰当的分析，并做出果断地决策。

除了对算标的各种方案、基价、费用分摊系数等予以审定和进行必要的修正外，更重要的是决策人应全面考虑期望利润和承担风险的能力。承包商应当尽可能地避免较大的风险；采取措施转移、防范风险并取得一定的利润。决策者应当在风险和利润之间进行权衡并做出决策。

③ 低报价并不是唯一中标的因素   招标文件中一般申明："本标不一定授予最低报价者或其他任何投标人。"所以决策者可以在其他方面战胜对手。如可以提出某些合理化建议，使业主能够降低成本，缩短工期。如果可以的话，还可以提出对业主工程款的支付条件进行优惠等。

(2) 把握业主要求

业主的要求作为招标文件的核心内容之一，一般对投标项目的招标范围、功能性要求（性能考核要求）、标准、规范与要求做了明确的规定。这些要点对项目投标报价的合理性的影响是宏观的，要仔细研究、谨慎对待，不明确的情况应及时向业主提出澄清，并在投标人的内部进行分析和研究。

① 工程招标范围   对于招标范围应分两个层次把握。

a. 从投标人外部的角度分析，招标文件对招标范围的约定与界面划分是否约定明确、清晰。例如，应关注水电、通信等专业工程中的接驳位置，皮带机等传输系统的划分位置，需承包人提供的供业主及机工使用的设施设备的数量及规格是否明确，若不明确，应提出澄清。另外，通常容易忽视的是工程需要的专利技术的专利费用，对于此项费用，招标文件一般不限制采用何种设计和工艺，只要能达到业主的要求或工程的使用功能即可，实际上隐含了专利费用，需要在报价中考虑。

b. 从投标人内部的角度分析，在各专业进行设计时，采购、施工（施工分包询价）时是否涵括了招标文件约定的范围。例如，设计时场地土石方工程量可由总图专业提供，也可由岩土专业提供，计价时应在项目整体上看是否漏提了专业工程数量。

另外，在设计阶段经常容易漏掉附属工程量，例如，堆场里面的路缘石、交通标志标线等，应引起注意。在实施时，容易漏计"搭接"工序的费用。例如，分包询价时约定 A 单位负责供砂，送到码头，B 单位负责推填与压实，没有考虑码头到填筑区的运输，造成了工序费用的漏计。要注意的是，漏计费用固然使投标人承受很大风险，但是如果在设计、实施阶段计算费用时，重复或重叠的费用计算，则会对中标产生不利影响。

② 功能性要求   在工程总承包招标文件中，业主对项目中某两个相关专业工程的功能要求明显是相矛盾或明显不配套，或对房屋装饰装修工程标准不明确，某些设备是否应具备智能化要求不明确，装卸工艺设备性能考核指标或考核方式不明确时，需要及时让业主澄清，这些要求对项目都是原则性的、基础性的，一定尽早向业主提出澄清，才好开展投标设计并报价。

③ 技术标准规范与要求   就国际工程而言，一般英标、欧标或美标的要求要高于国标。若采用英标、欧标或美标，会造成成本增加。现阶段国内企业参与的国外投标项目，虽然一般要求都是英标、欧标或美标优先，但建议首先向业主提出澄清是否接受采用中国标准与规范进行报价。另外，对于占投标项目工程量或报价比重大的分项工程，投标时应对其设计、施工、材料检验等规范与要求进行通读和梳理；在设计、采购、施工环节，应按照招标文件要求进行设计与实施组织，并在报价中予以反映。例如，应关注混凝土强度和钢筋强度的要求，安装工程的设备或主材的规格参数要求以及是否规定了供应商的短名单（或设备来源

国），这些规定对报价的影响甚大。

（3）分析合同条件

合同条件一般包括通用条款与特殊条款，以及相关的合同附件。合同文件中对报价影响较大的主要有如下几个方面。

① 承包人的权利与义务　一般合同要求承包人承担的义务越多，风险与责任越大，投标时报价中应考虑此类义务与责任。例如，与当地居民、政府部门等的协调工作费用，需要通过调查、估算并在报价中计入费用。

② 项目工期　包括开工日期、总工期和施工工期，以及是否有分段、分批交工的要求。应注意的是，对于工期紧张的关键线路上的工程（工序），不仅应在施工组织环节深入研究，更应从设计方案阶段就研究能缩短工期的方案。另外，对于有雨季、季风期的地区，开工日期应予以关注，有时规定的施工开工日期就在雨季或季风期，对控制工期是十分不利的。最后，若通过各个环节、各种技术手段，评判很难满足工期，则建议在报价中计入合同规定的预期工期罚金。

③ 工程变更和价格调整　工程总承包投标一般为总价结算项目，若变更不是由于当地法律、建设标准、建设规模引起的，价格一般不做调整。但如果投标人实施时优化设计整体取消某一项，咨询工程师很可能会取消这一整体项的付款。所以在投标时若预计某项工程不是很必要，有被咨询工程师通知整体取消或准备投标后实施过程主动申请整体变更取消的，在报价时应不予体现，而将此项费用摊入其他子目报价中。对于最低价中标项目，可以整体取消的项则直接优化掉。关于价格调整，一般工程总承包项目投标对价格风险是不予调整的，投标时应结合汇率、工程所在地通货膨胀率、GDP增长率及计价要素的历史价格水平，对实施期的价格水平做出合理预计，并在报价中考虑此部分风险费用。

④ 工程款支付条件　主要关注是否有预付款以及如何扣回、付款方式是按月还是按里程碑付款、付款比例、保留金比例、付款有无最小金额支付限制、付款时间规定及拖延付款利息支付等。特别是针对设备购置费占比大的项目，是否针对设备购置订货时有付款应予以关注。这些会影响投标人计算现金流及利息费用，若产生垫付资金，则应将资金成本计入报价。

⑤ 工程款支付货币　需要了解支付与结算的货币规定、外币兑换和汇款的规定等。一般支付规定为美元支付，或以美元与工程所在国货币结合，按一定的比例支付。业主支付给承包人货币相对工程成本实际支付货币（主要指人工、采购成本的支出货币）汇率波动大，或变化趋势明显时，应在报价中合理地大致区分成本支出货币种类，产生的汇率差应在报价中予以考虑。

⑥ 保险保函　保险主要关注总承包人需要承担的保险种类、招标人接受的保险公司来源国以及最低保险金额要求。保函方面需要关注保函种类、期限，以及允许开具保函的银行的限制规定。这部分费用虽然占报价总价比例不高，但是基本上是刚性成本。

⑦ 项目税收　税收规定影响大，投标时应重点关注工程用主材和设备是否免税或部分免税，免缴何种税；施工设备永久进口或临时进口是否免税；工程整体层次是否免税或部分免除某种税。报价前应仔细研究招标文件，并咨询工程当地会计师事务所以及在当地有经验的中国承包商，并做好税收策划。

（4）摸清生产要素

① 人工费用方面　人工费用应重点了解工程当地工资水平、工作时间、法定节假日规定、雇主负责的税费，以及当地工人工作效率、工作技能水平。特别是对于限制外国人进入的国家，还应了解劳工比要求。与我国相比，很多国家工人效率与技能水平大幅低于我国工

人，又限制国外工人的进入（或允许进入，但需缴纳高额的签证及代理费等），这些因素不仅在报价的人工费用中要考虑，还要充分预计进度安排中的工作效率。

② 材料、设备费用方面　材料、设备费用应重点关注地材的供应能力，价格水平；进口材料、设备的规格参数、运输调遣及清关问题。例如在填筑、压载需要大量土石方时，对于材料质量、供应能力、运输过程中运费、过路费等需要详细调查，并折算到材料综合单价中。在此还应特别注意应结合材料供应情况，会同设计部门因地制宜的选择设计方案。

③ 施工机械设备方面　施工机械设备应重点了解工程所在地施工机械的可获取性、获取价格、使用要求；进口施工机械设备的进口要求。特别应注意对二手设备入关的限制，施工时施工机械使用的时间段规定，施工机械设备环保排放、安全方面的要求。这些是合理安排施工机械设备来源的前提，也是报价合理的前提。对于环保排放、安全方面的一些规定，很多时候投标时是被忽视的，但是在某些发达国家对于这些方面的要求较高、管理较严，投标时计划用的施工设备在环保、安全配置方面达不到要求，在实施时不允许使用，重新定制很可能耽误工期，采用租赁则大幅增加成本，这些因素在施工机械组织与报价时应充分考虑。

④ 施工现场条件　现场条件是做好投标报价的先决条件之一，承包人投标时应通过现场考察全面了解工程实施的环境。例如，通过了解核实水文、地质、气象、地理地貌方面资料；场内外交通运输条件，特别是既有桥梁等通过能力、水电供应情况、临时工程用地情况。应在报价中体现的有：是否需要新建便道、是否可打井取水、是否需自发电、临时用地是否需要租赁、是否需地基处理、是否有合适的路径布置解决输出问题等。

总体来说，要仔细研究招标文件，尽可能多地调查当地信息，再从设计、采购、施工各个环节提出多个合理、可行方案，供给成本比选，这样才能使最终报出价在减少风险的情况下，提高业主授标的可能性。

12.4.2　报价清单编制注意事项

工程总承包项目一般采用固定总价合同，总价主要根据批复的初步设计下浮一定的比率以及设置招标控制价确定，按照招标人给予的工程量清单进行报价。

在此种情况下报价清单的编制应注意以下事项。

(1) 施工图工程量比投标工程量清单的工程量减少较多时，可能存在审计风险

投标时维持初步设计工程量，通过调整单价来满足招标控制价的要求，会给后期施工图工程量比工程量清单少留审计隐患。对于工程总承包的审计，目前还没有配套的法律法规和相关政策，部分审计单位对于工程总承包的审计沿用单价承包模式的审计方式，完成工程量达不到投标工程量的，就核减费用。

例如某工程的水泵机房投标时配置 2 台 $25m^3/h$ 的水泵，施工图设计的时候，经复核配置了 1 台 $50m^3/h$ 的水泵，结果，审计单位就直接审计掉了 1 台水泵的钱。

(2) 投标工程量清单有错漏项，费用不增加

由于初步设计有错漏项，投标时不加修改的直接引用了初步设计的工程量，导致投标工程量清单有错漏项。例如某工程，溢洪道工作桥本无栏杆工程量，但是从设计方面，以及业主要求，都需要增加栏杆。在工程总承包单位提出增加满足基本功能的栏杆时，业主和监理不同意，要求达到一定的强度和规格，同时对于增加的栏杆，业主不同意增加费用。

(3) 清单中有一些项内容不清，导致工程结算时业主、监理和工程总承包单位理解不一致，结算困难

例如某项工程的投标工程量清单中"其他施工临时工程×万元"。"其他施工临时工程"

在预算定额中主要包括施工供水（大型泵房及干管）、砂石料系统、混凝土拌和浇筑系统、大型机械安装拆卸、防汛、防冰、施工排水、施工通信、施工临时支护设施（含隧洞临时钢支撑）等工程。在进行工程进度款支付过程中，监理单位只根据定额中列出的工作内容予以认可，对于"等"内容不予认可，而且要求其予以认可的内容基本达到所列金额×万元后才予以支付。现场根据定额补充资料主要为洞子进口临时支护（20b 工字钢）、施工排水，2016 年、2017 年防汛物资，冬季施工脚手架、保温土工布、锅炉等。因清单中工作内容不具体，总承包项目部则需要补充很多的工程量确认资料，花费很大的精力去和业主、监理沟通才能得到相应的进度款。

（4）清单中某些项的单价明显偏高，现场单价和投标单价差距较大时，支付困难

例如某工程，投标工程量清单中施工临时交通工程的新建道路（石渣路，4m）单价为60 万元/km。由于该项工作内容投标单价远高于现场实施的实际单价（15 万元/km），业主、监理要求总承包单位提高新建临时道路标准，要把道路做成混凝土路面等，总承包单位亦是需要花费很大的精力去沟通，基本是拖了 2 年左右，快到工程完工了，业主、监理才支付了该项工程费用。

针对以上案例投标清单在履约过程中暴露的问题应当采取如下措施。

① 工程总承包单位投标时，应投入一个专业的设计团队，对工程的初步设计进行全面复核，提出详细的工程量清单，并与初步设计的工程量清单进行对比。对于漏项进行补充，对于错项进行调整，同时根据企业的定额，编制相应的工程单价，形成完整、准确、清晰、合理的投标工程量清单。

② 如果投标时间较紧或者设计团队限制，可以考虑投标工程量清单单价沿用初步设计的单价，工程量则根据招标控制价下调一定比例进行调减。这样可以为后期的施工图设计优化提供空间，还可以减少审计风险。

③ 投标工程量清单中，对于前期付款项目和能够先施工项目，在不影响报价结构合理性的情况下，可适当提高该部分项目单价。比如设计费用、施工临时费用等。工程项目能够尽早收款，为项目的顺利推进创造资金条件。

④ 研究招标文件、初步设计方案和现场施工条件，对于有可能会发生设计变更、允许调整价格的项目，可根据变更的增减来调整单价，以便获取较多的合理利润。

⑤ 完善校对复核制度。无论是招标人还是中介机构，在对报价清单进行编制时，要组建一个强有力的项目小组来完成，这个项目小组要由相关专业的造价员或者具备职业资格的造价工程师来组成，以确保小组队伍的整体素质，为工程量清单编制的准确性、科学性提供保证。

同时，还要实行编制、校对、审核复核制度，最大限度地避免漏项问题的产生。此外，当清单编制工作结束后，编制人员要以图纸为参照自行检查，然后由专业的复核人员进行再次核对，把容易出现错误的地方抽取出来进行重点检查，对于无法准确估算的工程量清单项目，可以运用"暂列金额"或者是"暂估项"的方式将其编制在其他清单项目中，而且提供的数据也要尽可能的准确并附以详细的说明。

⑥ 加强图纸设计审查。对图纸设计审查进行加强，能够确保工程量清单编制依据科学、合理，也能加强建设工程设计质量的监督与管理，从而使工程设计质量得到有效提高，使建设工程图纸中所存在的内外问题在设计阶段得到有效地、切实地解决。很多企业都对基本建设工程管理工作程序进行了规范，并且在内部控制上也制订了相应的流程，对工程建设的各个环节，包括：项目的立项、项目的招标、工程施工、竣工结算等，进行科学合理的节点设置和安排，从而杜绝违章、违规行为，不仅能有效避免投资浪费现象的产生，还能对工程造价进行合理控制。

第13章
工程总承包投标文件编写

投标文件又称标书，是指投标人按照招标书的条件和要求，向招标单位提交的响应性文书。投标文件是招标人做出"废标"或中标与否判断的唯一的书面依据，因此，投标人编写一份高质量的投标文件成为其提高中标率的关键所在，投标人必须对标书的编写给予高度重视。本章将针对工程总承包项目标书的编写加以介绍。

13.1 标书编写概述

13.1.1 标书概念与内容

(1) 标书的概念

标书全称投标文件，简称投标书、标书，是指具备承担招标项目的能力的投标人，按照招标文件的要求向招标人做出响应而编制的文件。标书的编写是在做好招标的前期准备和投标策划、报价测算工作的基础上着手进行的。

(2) 内容划分

在工程总承包招投标实践中，根据业主对投标文件的要求和企业习惯，投标文件内容划分的方法有所不同。在投标文件编写过程中，对标书内容通常有以下几种划分方法。

① 技术标、商务标　将投标文件内容划分为两大部分，即技术标和商务标，即投标书＝技术标＋商务标。技术标部分内容主要涉及一些与标的直接有关的内容，包括：设计方案、采购计划、施工方案和管理方案以及相关的其他辅助性文件。商务标是指与项目交易活动有关的一些内容，包括：报价文件及其相关的价格分解、投标保函、法定代表人的资格证明资料、授权委托书等。

② 技术标、管理标、商务标　也有业内人士习惯将投标文件中的技术标部分再细分为技术标和管理标，将技术标中有关管理方案单列出来，即技术标＝技术部分＋管理部分，标书＝技术标＋管理标＋商务标。

③ 技术标、商务标、经济标　在工程招标实践中，还有些业内人士为了对标书内容进行准确的表述，将上述所述的商务标中的报价单独列出，称为经济标。这样商务标就是专指投标人的资格、信誉、业绩等内容，成为招标人判断投标人是否符合招标文件的资格、能力等要求的依据。标书＝技术标＋商务标＋经济标。

技术标是指投标人对工程项目的具体实施方案和措施，解决怎么干的问题。由于技术标关系到工程质量、工期的保证，因此，成为招标人审查的重点内容。商务标和技术标都通过招标人的预审后，投标人能否入围往往取决于经济标。

商务标是指投标人资质、业绩、经验等，解决的是有没有资格竞标的问题。

经济标是指有关工程价格的问题，包括：投标报价汇总表、规费、税金、项目清单计价表、措施项目计价清单等一系列计价表格的编制，解决的是工程款多少的问题。

在编写投标文件过程中，投标人应根据招标文件的内容要求，并结合企业本身的职能部门设置，对投标文件实施分类，以便实施各部门的分工、交流。

关于标书内容的分类，本书在不同的情况下，为表述方便，混搭使用，只要理解了各个概念的涵义，结合语境，并不会对读者的理解造成障碍。

13.1.2 标书编写的原则

由于工程总承包的承包内容涉及面较传统的项目相比更加广泛，为此，投标文件的编写是一项十分繁重、复杂、细致的工作，尽管工作千头万绪，但应把握好以下编写投标文件的原则。

（1）完整性原则

招标文件是投标文件编制的重要依据，投标人所编制的标书必须保持标书的完整性。招标投标法第二十七条规定："投标人应当按照招标文件的要求编制投标文件，投标文件应当对招标文件提出的实质性要求和条件做出响应"。为此，投标人应认真阅读招标文件，"吃透"文件精神，即投标人要全面消化招标文件的内容，不放过任何细节，这是确保投标书完整性的前提条件，使投标文件应对招标文件的每一项要求都应做出相应的响应，不能有漏项、错项，投标书的完整性有利于招标人对投标文件的评审、比对，提高投标企业的中标率。

投标书的完整性原则是编写标书的第一原则。一个完整的投标书主要体现在以下方面。

商务标部分内容的完整性体现在应包括：投标函、营业执照或注册证明、资格证书、法人代表授权书、以往业绩纪录、各种奖状、荣誉证书；投标分项报价表、投标保证金、银行资信证明等。

技术标部分内容的完整性体现在应包括：设计、采购、施工等实施技术方案及分析、施工设备情况表、货物说明一览表、技术规格偏差表、商务条款偏差表等。

管理标部分内容的完整性体现在应包括：项目总体实施方案、项目管理方案（项目质量管理、项目进度管理、项目安全管理）、实施组织形式等。

当然，根据工程总承包项目招标的具体情况和招标人的具体要求，投标文件的内容可以有所增减。

（2）充分性原则

所谓"充分性原则"是指工程总承包项目投标书的编写应充分反映投标人的承包实力，企业自身的优势所在。例如，提供各种资料的充分性；设计、技术、管理能力的充分性；财务运行的充分性；企业优势等都应在投标文件中体现出来，充分展现给业主，供业主参考，提高企业实力形象。

（3）科学合理原则

商务条件必须依据充分，并且切合实际。技术条件应根据项目现场实际情况、可行性报告、技术经济分析确立，不能盲目提高标准、设备精度、房屋装修标准等等，否则会带来功能浪费，加大业主的投资。

13.1.3 标书编写决策点

如果按照技术标和商务标这两部分划分投标文件，技术标包括：设计方案、采购方案、施工方案和管理方案以及其他辅助性文件；商务标包括：报价书及其价格分解、投标函、法定代表资格证明文件、授权委托书等。

在编写这两部分内容时，应当充分考虑影响总承包商投标文件的质量和水平的关键因素，设立决策关键点，其中最为重要的有两大问题：一是工程总承包设计管理问题；另一个是设计、采购和施工的衔接管理问题。因为以设计为主导的工程总承包（EPC）模式与传统承包模式最大的区别是设计因素。因此，在投标中与传统承包模式具有明显差别的必然是设计引起的管理和协调问题。这两个问题必然是招标人在评审投标文件时特别关注的问题。工程总承包投标文件编制决策点见表 13-1。

表 13-1　工程总承包投标文件编制决策点

分类	项目	内容	决策点
技术标	技术方案	设计	应投入的设计资源
			对业主需要的识别
			设计方案的可建造性
		采购	采购需求及应对策略
		施工	根据业主的需求，解决施工技术应用难题
			施工方案可行性分析
	管理方案	计划	各种计划日程（设计、采购、施工、进度）
		组织	项目团队的组织结构
		协调控制	设计阶段内部协调与控制
			采购阶段内部协调与控制
			施工阶段内部协调与控制
			设计、采购、施工间协调衔接
			进度控制
			质量安全控制
		分包	分包策略
		经验	经验策略
商务标	投标资格	资格业绩	资格资质
			业绩及类似业绩
	报价方案	成本分析	成本分析
			费率确定
			生命周期成本分析
		"标高金"分析	价值增值点的判断
			工程风险识别评估
			报价策略的策划

13.2　技术部分编写

13.2.1　技术标编写

（1）技术标编写概述

技术标编写是一项和投标报价同等重要的工作，技术标与管理标的关系密不可分，技术标是管理标编写的基础，管理标则是技术方案得以落实的保障。技术标编写的内容主要涵盖设计方案、采购方案和施工方案。设计方案不仅要达到业主要求的设计深度，为投标者提供必要的基础技术资料，还要提供工程量估算清单用以投标报价时使用。采购方案则需要说明拟用材料、仪器、设备的用途、采购途径、进场时间和对本项目的适应程度等。施工方案需要描述施工组织设计，各种资源安排的进度计划和主要采用的施工技术及对应的施工机械、测量仪器等。

在技术方案编写的过程中，需要针对各项内容分析其合理性和对业主招标文件的响应程度，研究如何使技术方案在工程总承包实施管理方面具有特色和优势。在正式编写前，需要全面了解招标文件对技术标的各项要求和评标规则。

对于不同规模和不同设计难度的工程总承包项目而言，技术方案在评标中所占的比重是不同的，对于小规模和技术难度比较低的工程总承包项目，业主在评标之初关注投标者提交的技术方案和各项工作进度计划，然后对其进行权重打分，最后按照商务标的一定百分比计入商务标的评分之中，由于这种规模的工程总承包项目的技术因素所占比例比较小。因此，除非投标者的报价非常接近而不得以按照技术高低来选择，否则，技术因素的影响不足以完全改变授予最低的报价标的一般原则。换句话说，就是技术标在小规模和技术难度较低的工程总承包项目的评标中，并不占有显著位置。

对于中等规模和技术难度适中的工程总承包项目，业主的评标程序与小规模项目的评标程序一致。但是因为这种规模的项目，设计与施工技术比较复杂，因此，选择哪一家公司作为中标方通常基于报价、承包商经验、技术水平以及在投标过程中的成本支出数额等因素综合权重评价。各投标方的报价调整为含有技术因素的综合报价，显然这种情况下，业主不一定将合同授予报价最低者。

对于大规模和超高技术难度的工程总承包项目，业主非常重视技术因素的评价，评价结果会在很大的程度上被技术标影响，同时，评标因素的权重要针对特殊项目重新分配。由于这种规模的工程项目标书的制作成本较高，因此，业主在资格预审时"短名单"的选择和必要时的"第二次预审"都很慎重，尽量减少各方不必要的浪费；对于评标的最终结果，业主需要进行多次的讨论，论证其决策的合理性。

（2）设计方案的编写

在设计方案开始编写之前，首先应制定该项目工作的设计资源配置和设计的主要任务。

① 设计资源配置　设计资源配置就是要对相关设计人员、资料提供和设计期限上做出安排。安排应注意以下几个方面的问题。

a. 设计资源配置要视投标项目的设计难度和业主要求的设计深度而定，并且是针对投标阶段而言的，与中标后的设计资源配置有别。

b. 工程总承包的投标人有些可能是以施工为主业的公司，以施工为主导的总承包投标人对于设计工作还需要再分包。因此，在投标阶段需要安排设计分包商的关键人员介入投标工作，在识别业主对设计的要求和设计深度的基础上，在有限的时间内，给出一个或多个最佳设计方案。

c. 在国际上，业主对投标人在投标阶段提供的设计深度要求并无统一的规定，一般达到基础设计或初步设计的深度。

d. 国内工程总承包项目开始招标时，业主往往已经完成了初步设计，业主将设计图纸和相关参数都提供给投标人。因此，投标阶段的设计基本上是对初步设计的延伸，这一特点可能对投标阶段整体的设计安排产生影响，对设计人员的要求也有所不同。

② 制定设计任务书　设计任务书是确定工程项目和建设方案的基本文件，是设计工作的指令性文件，也是编制设计文件的主要依据。设计任务书也被称为技术任务书。其内容主要包括：项目概况及用地分析、项目定位与设计目标、方案设计研究结论、方案设计需要解决的主要问题、设计成果要求等。设计资源配置完成后，要制定本阶段的设计任务书，投标人要识别业主对设计的要求和对设计方案的评价准则，对不同设计方案的优选。

a. 识别业主所需要求。工程总承包项目的投标阶段，业主对设计的要求是投标人应该认真研究的首要问题。业主的设计要求一般都是写在招标文件的"投标者须知""业主要求""图纸"部分中。投标人应做到以下三点：

Ⅰ. 应明确业主已经完成的设计深度，招标文件中的图纸和数据是否完整；

Ⅱ. 明确投标阶段的设计深度和需要提供的文件清单；

Ⅲ．考虑到报价的准确性，在资源允许的情况下，适当加深设计深度，这样报价所需要的工程量和设备询价所需技术参数就更加准确。

b. 识别业主的评价准则。识别业主设计方案的评价准则时，寻找招标文件中有无以下六个方面的特殊要求：

Ⅰ．设计方案的完整性是否符合业主要求以及在设定的偏差程度之内；

Ⅱ．设计方案的创新性与可建造性；

Ⅲ．整体工程设施布局与现场地区气候和环境条件的总体适宜性；

Ⅳ．工艺设计中拟使用的设备和仪器的功能、质量、操作的便利性等技术优点是否符合地区特点；

Ⅴ．整体工程设施是否达到了规定的性能要求；

Ⅵ．工程运行期间所需备件的类型、数量、易购性、相应的维修服务是否可行、便利。

c. 优化设计方案。根据资源要求可以设计多种方案设计，尤其是对于工艺设计而言，施工技术和构件来源的选择余地很大，因此，设计方案会多种多样。

完成主要设计任务之后，投标人应对设计方案进行优化。不一定要选择唯一方案，可以以主设计方案和替代方案的形式提供给业主。这时方案决策的主要核心是制定优选标准，对入选方案的优缺点进行全面分析。优选方案标准以业主的评价准则为基础进行归纳和挑选，影响方案排序的最主要的因素为：方案的可建造性、方案的价值、方案对投资的影响。

Ⅰ．方案的可建造性分析。要评价方案的可行性、合理性。EPC工程总承包模式下的设计、采购、施工环节的衔接非常紧密，如果设计方案设计的不切实际，技术实现困难，导致工期和投资目标不能保证，则这一方案是失败的。因此，在可建造性分析时需要有施工技术工程师和采购工程师的参与，并创造设计人员与他们之间和谐沟通的机会和氛围。

Ⅱ．方案的价值分析。价值分析要用价值工程原理分析每一方案的"单位功能成本"。价值工程的核心是：价值＝成本/功能。一个方案的价值越高，说明其不仅满足业主的最优功能要求，同时也满足了业主投资最小化的目标。在方案价值分析时，可以按照特定的价值分析步骤，对方案设计对象的功能具体化，计算不同类型的单位功能成本，并加以综合评价。设计方案的价值分析，不仅可以得出不同方案的价值排序，还可以为下一步的报价分析奠定基础。

Ⅲ．方案对投资的影响分析。主要影响分析：业主的投资满意程度。首先，要分析方案成本，也是为投标报价做准备。如果不同方案所带来的成本节约效果是不显著的，则不应该花费更多的时间和资源来多设计一个方案。投标人需要做出一个简明扼要的方案成本比较因素，例如工作量的大小与规模、工艺实施顺序、资源消耗、成本估算和风险估计，以此为依据，分析各方案的成本差异。

全寿命周期成本分析：投标人需要对方案的全寿命周期运行成本进行分析。因为，不同的设计方案未来的运营成本是不同的，运营成本越高说明设计方案越不经济，可能降低业主对投标人投资满意度。

编写工程总承包设计投标方案的关键决策点见表13-2。

表 13-2　编写工程总承包设计投标方案的关键决策点

分类	内容	关键点
设计资源配置	人员	依据业主对设计的要求来安排合适的设计人员
	设计资料	收集业主设计资料和公司内部的设计基础信息
	期限	如何在期限内安排设计工作

分类	内容	关键点
需求识别	设计深度	业主已完成的设计深度
		投标阶段的设计深度
		根据竞争环境确定是否需要加深设计深度
	评价标准	设计方案评价
		对方案设计其他方面的评价
方案优化	方案的可建造性	设计方案的适用性
		是否需要施工和采购人员参加设计
	价值工程	比较不同方案的单位功能成本
	投资影响	比较不同方案的全寿命期的成本差异

(3) 施工方案编写

工程总承包施工方案内容与传统承包模式下的技术标书内容相似，这里的施工方案更侧重于技术角度。而施工的各种组织计划以及与设计、采购的协调管理等内容则在下面"管理方案"的策略分析中加以讨论。

工程总承包项目的投标阶段编写的施工方案要说明使用的何种施工技术手段来实现设计方案中的种种构想。

同设计方案一样，首先要识别业主的需求，其次分析施工方案的可行性。

① 识别业主需求　如果业主需要投标人在施工方案中采用业主规定的施工技术，一定会在招标文件的"业主要求"中说明，如果该项技术难度超过了投标人的技术水平，投标人可以考虑与其他专业技术公司合作来满足业主的要求，最好提前与专业技术公司签订合作意向书。

② 可行性分析　完成施工方案编写以后需要进行可行性分析论证，保证施工方案在技术上可行，经济上合理。

施工方案是设计方案的延伸，也是投标报价的基础。因此，其论证要根据项目特点和施工难度尽量细化，论证的过程中应有各方面的专家在场，设计师、采购师、估算师都应参与其中。施工方案在关键技术的描述上不能过于详细，以免投标失败后，该技术成为中标者"免费的午餐"，施工技术标的描述要紧密结合招标文件，不宜过度地细化和延伸，更不能做过多的承诺。

施工方案主要包括下列内容：

① 各分部分项工程的主要施工方法；

② 工程投入的主要施工机械设备情况、主要施工机械进场计划；

③ 劳动力安排计划；

④ 确保工程质量的技术组织措施；

⑤ 确保安全生产的技术组织措施；

⑥ 确保文明施工的技术组织措施；

⑦ 确保工期的技术组织措施；

⑧ 施工总平面图；

⑨ 有必要说明的其他内容；

⑩ 与设计、采购部门的协调机制。

同设计方案类似，施工方案也可以提出替代方案，替代方案必须具备"替代优势"，如可以节约成本或提高工效，这些内容可以单独描述，并说明是供业主参考，不作为报价的基础。

(4) 采购方案的编写

在工程总承包项目中，采购是连接设计与施工的桥梁，为此，采购方案的编写成为投标文件编写的一项重要工作，尤其是工艺设计较多的项目如大型化工或电力工程。在投标时需要确定材料、设备的采购范围，由于在这类项目的报价中，材料、设备占到总报价的50%以上。因此，制定完善的采购方案，为业主提供具有竞争力的价格信息对于中标无疑是非常重要的。

采购方案需要说明拟用材料、设备和仪器的用途、采购途径、进场时间和对本项目的适用程度等。对于初次参加工程总承包项目的投标人而言，应该注意关键设备采购计划能否通过业主的技术评标，只要存在任何一个关键设备未通过技术标评审，则将视为不合格的投标人。编制采购方案应注意以下问题。

① 制定采购方案最好由拟任的采购经理主持。对于业主特别要求的特殊材料或制造厂商，投标人应在制定方案前尽早进行相关的市场调查，尤其对采购的价格信息尽早掌握。同时，还要考虑项目建设周期中价格波动的因素，对于先前未采用过的设备、材料或新型材料不能采用经验推论，避免盲目估价而造成报价失误。

② 对于总承包商可以决定的采购范围，应在采购方案中提供以下信息：供货范围，主要设备材料的规格、技术资料、性能保证等。

③ 制定采购方案时，不必向业主提供过细的信息，列明重要材料设备的质量要求和采用的主要质检措施即可。必要时可提供供货商的基础资料，包括：资质、与总承包商的合作经验和价格信息。采购与设计和施工的衔接措施；采购的内部进度计划可以在此写明，也可以作为管理方案的一部分，在管理方案中单独编制。

采购方案的主要内容包括：采购总体安排与资源配置（采购总体安排、采购流程、设备部分类采购周期、采购人员资源配置及计划）；采购进度控制措施（采购进度计划管理原则和范围、依据、内容、责任划分、控制方法、执行程序、控制工作内容、催办等）；采购招标、谈判管理（采购方式、采购程序）；采购过程的质量监督和控制；设备材料运输质量控制（运输方式、设备包装要求、接货交货工作方案等）；货物存储和手法管理规范等。上述部分内容也可以列入管理方案之中。

(5) 技术标编写实操

大型复杂工程总承包项目的投标工作，具有时间要求紧、保密性高的特点，现就投标文件中技术标（含管理标）编制的核心工作实操过程简要介绍如下。

① 技术标编制计划　编制计划对编制过程的指导和控制起着决定性作用，编制计划一般包括以下内容。

a. 项目名称与项目编号。根据各投标人企业的实际情况设置，主要是针对实现信息化管理的公司而言，方便后续的管理。

b. 投标依据。明确投标依据，主要包括业主发布的招标文件及业主澄清信函等。

c. 主要输入文件。主要输入文件一般包括：业主的招标文件；招标文件中指定的标准以及同等的国家颁布的有关的技术标准及行业技术标准、法规及规范的有效版本；本投标企业相应的技术质量管理文件；工程基本范围及投标要求等。

d. 技术标编制团队的组建及职责划分。技术标编制团队包括：投标经理、技术负责人（总监）、各专业负责人、协调人员。

投标经理：主要负责项目投标团队组织管理，对技术标范围、深度、时间安排、文本组成及格式、技术问题等进行策划；负责提出技术原则及策略；负责审核定稿项目技术文件。

技术负责人（总监）：负责组织技术方案的评审、把关；对重大技术方案的编写进行指导、整合资源。

各专业负责人：在投标经理和职能部门的双重领导下，各专业负责人（一般指派一名专业技术人员负责）负责各专业的技术文件编制。

协调人员：负责技术标编制组的日常协调工作；负责与商务标编制组日常联络，对接格式要求、相同内容的同步一致性；负责将商务经理反馈的业主信息及时反馈给技术标编制组等。

e. 技术标的构成及进度控制节点计划。明确技术标的内容构成，技术标编制进度控制节点计划；确定技术标初稿、二稿、终稿的交付时间。

f. 协调控制方式。

Ⅰ. 建立信息沟通机制：为确保各项工作衔接以及标书编制过程中信息沟通顺畅，编制项目组成员通讯录（包括手机、邮箱等），指定专门的协调联络人做好沟通和协调工作。

Ⅱ. 建立日例会制度：建议项目部每日根据工作需要召开一次例会，通报各组工作进展情况，提出问题研究解决，并制定下一日的具体工作计划。每日例会形成的小结和计划，会后传递至相关院领导和项目部各成员。标书编写节点进度计划需严格把控。

g. 技术标编制排版要求。对于技术标编制排版，一般业主的招标文件会有要求，如没有要求的，则自行确定格式，注意提前与商务标的格式协调和统一。

② 对招标文件的解读　解读业主发布的招标文件，对照招标文件的要求，重点对以下内容进行审核：

a. 工程总承包的工作范围；

b. 业主的招标答疑及补充文件；

c. 招标文件对技术标的要求；

d. 合同条款及格式（特别是专用条款）；

e. 业主对投标文件的格式要求；

f. 招标文件评标办法提供的技术评分表。

有些投标人往往忽略对招标文件的解读，一般习惯是按照技术评分表的项目来进行编制，其实业主在招标文件的其他内容中也融入了很多对细节的要求、甚至是陷阱。因此，解读招标文件非常重要，深度分析业主隐性需求，识别业主不同阶段的需求，从不同方面响应标书要求内容。招标文件解读后要形成报告，发放给投标团队全员，在编制的过程中一一对照，避免出现失误。

③ 技术标编制的过程管控

a. 技术标编写思路、模式的统一。由于技术标的不同篇章和模块通常由多人编写，因此，在标书编写前统一标书编写的思路与模式尤为重要，以免造成各篇章的内容相互割裂，无法深度融合。其次，要重视宏观管理思想与具体技术要点的结合，做到管理活动针对具体技术或业务流程提出管理。最后，还要保证项目管理整体方案中内容与各分项篇章内容保持总分层次结构与融合。

b. 技术标目录的编制。目录的编制一般细化到四级，一般对照业主的招标文件的评标办法中的评分表进行细化编制，如认为需要增加内容的也可以增加相应的内容。投标团队需要评审、集体讨论标书目录的完整性与合理性。

需要说明的是，目录一旦确定后，将作为后续技术标编制的指导性文件，在编制过程中可以根据需要进行调整，但调整也需要技术标编制团队经过集体研讨后确定。

c. 技术标编制的责任分配矩阵。根据编制确定的目录（细化到四级），注意进行责任分解，将各项工作分配到个人，严格实行编、校、审制度，明确编、校、审的责任人，确保最终交付文件的质量。

13.2.2 管理标的编写

从业主评标的角度看，在技术方案可行的情况下，投标人能否按质、按期、安全并环保的完成整个工程，主要取决于投标人的管理水平。管理水平主要体现在投标人制定的项目管理的计划、组织、协调和控制的程序与方法上，包括选派的项目管理团队组成，整个工程的设计、采购、施工计划的周密性，质量管理体系与健康安全环境体系的完善性（公司与项目两个级别），分包计划和对分包的管理经验等。

制定周密的管理方案为业主提供各种管理计划和协调方案，尤其对于大型的工程总承包来说，优秀的设计管理和设计、采购、施工的紧密衔接是获得业主信任的重要砝码。在投标阶段对管理方案的编制，不必在方案的具体措施上过细深入。这是由于投标期限不允许；另外，投标人不应将涉及商业秘密的详细内容呈现给业主，只需点到为止，突出结论性语言。

工程总承包管理标编写的思路有两种，一是可以分别按照设计、采购、施工为主体单位进行管理基本要素的分析；二是也可以按照项目管理要素分类，统一权衡工程总承包项目的计划、组织、协调和控制来分析编制。在这里将采取后面一种分析思路来介绍。项目管理要素系统编写的内容应包括：承包人实践经验、项目管理计划、项目进度计划、项目协调与控制四个部分。

(1) 承包人实践经验的介绍

运用承包人的实践经验策略是减少风险、缩短投标时间的最佳手段之一。如果投标企业过去曾经以工程总承包或主要分包商的角色参加过类似工程项目，这将大大增加投标者的中标率。由于有过去的经验教训，在风险识别上会比一般投标人具有更敏锐的洞察力，可以对项目的宏观环境进行客观的评价。丰富的经验不仅能够明确决策方向，还将大大节约投标时间成本，包括：节约了大量未知信息的调研时间；公司积累的项目投标文件以及竣工文件修改后可以直接作为项目的投标资料，从而免去从无到有的编写过程。参与过以前项目的人员在新工程面前轻车熟路，工作沟通比较畅通，节约的时间可以解决项目的难点问题。因此，在编制管理方案中介绍投标人的工作经验可以得到业主的信任。

(2) 项目管理计划的编写

在投标书编写阶段，工程总承包项目管理计划可以从设计、采购、施工和试车计划来准备，提纲挈领地描述投标人在项目管理上做出周密的安排，给业主一个已经为未来项目做好充分的准备的良好印象。

由于各种管理计划是项目实施的基础，高质量的管理计划可以使项目实施效率大幅提高。因此，管理计划编制水平的高低在很大程度上可以判断一个投标者的真实实力。投标人可以先做出一个类似项目总体管理计划表的文件，包括进度计划、资源安排和管理程序等内容，然后分别阐述设计、采购、施工、试车的管理计划。

① 设计管理计划　投标设计管理计划的重点是制定设计进度计划和设计与采购、施工的接口管理计划，特别要对设计影响造价的概念贯穿于整个设计管理计划的过程中。

a. 设计进度计划：设计进度直接影响项目的采购和施工进度，计划进度安排的合理性关系到业主投资目标是否能够如期实现，是业主评标的重要因素之一。设计进度要与设计方案紧密结合，使用进度计划工具如网络技术等，将工程设计的关键里程碑和下一级子项任务的进度安排提供给业主即可。

b. 设计接口管理计划：设计与采购、施工的接口管理计划是总承包商解决在协调运作过程中，设计工作如何与采购、施工衔接的办法，这一计划非常重要，是业主衡量投标人能否使项目的实施实现连贯性的重要标准。接口管理计划涉及的内容有：设计与采购分工的要求；早期订购的设备计划；施工委托；开车服务委托；设计对施工进度、费用、质量、安全和环境要求计划；设计需要对分包的要求计划；设计对施工标准规范的要求计划等。

② 施工管理计划　施工管理计划主要内容是给业主提供施工组织计划、施工进度计划、施工分包计划和各项施工程序文件概述，施工管理计划中应该含有与采购工作接口的管理计划内容。

a. 施工组织计划：施工组织计划中要向业主提供拟建工程项目施工部组织结构、关键人员（如项目经理、总工程师、生产经理、设计部经理等）的基本情况；关键技术方案的实施要点；资源部署计划等内容。

b. 施工进度计划：施工进度计划是在总承包项目计划中，对施工计划的细化，同设计进度计划一样，施工进度计划要把施工的关键里程碑和下一级子项目任务的进度提供给业主。

c. 施工分包计划：施工分包计划需要写明业主指定分包商的分包内容，承包商主要分包工作计划和拟用分包商的名单。

d. 施工程序文件概述：施工各项程序文件概述是证明投标人项目管理能力的文件，投标人可以在该文件中简单罗列以下内容：项目施工的协调机构和程序，分包合同管理办法、施工材料控制程序、质量保证体系、施工安全保证体系和环境保护程序以及事故处理预案等等。

③ 采购管理计划　在有大量采购任务的工程总承包项目中，采购管理的水平直接影响工程的造价和进度，并将决定项目建成后能否连续、稳定和安全地运转。投标人要将采购管理计划与设计、施工管理计划结合，同步进行。

在投标文件中，主要写入的采购管理计划的内容应包括：采购管理的组织机构、关键设备和大批量材料的进场计划、设备安装及调试接口计划、采购管理程序文件等。

a. 采购管理的组织机构。提供物资采购经理资质、业绩；部门人员的结构，人员的资格、业绩等。

b. 关键设备和大批量材料的进场计划。采购管理的最重要原则是能及时、准确地将设计方案中的关键设备和大批量材料采买到位，保证施工进度的正常运行。因此采购进度计划十分关键，在投标文件中描述时能够突出投标人未采购工作紧凑安排即可，不需要通过过细的采买过程呈现给业主。

c. 设备安装及调试接口计划。接口计划是保证总承包项目设计、采购和施工的重要文件。为业主提供采购部门与设计部门、施工部门的协同工作计划，以及专业间的搭接，资源共享与配置计划，是接口计划的重要编制内容。

d. 采购管理程序文件。采购管理程序文件可以向业主罗列投标人已有的采购管理文件和相关的采购程序流程图，规范的项目管理程序是一个公司管理水平的有力证明。

(3) 项目进度计划的编写

在标书的管理标编写中，项目进度计划是整个项目管理计划的龙头，其他计划依据进度计划编写，各类资源的投入均依据进度计划为主线而展开。编写一份科学、合理的工程总承包进度计划是取得中标的重要条件。

① 进度计划的重要性　工程总承包项目一般规模大、周期长、投资以及风险极大，参与单位和人员多，综合性强，存在错综复杂的相互联系。工程总承包进度计划编制不同于传统承包模式进度计划的编写。传统承包模式的单一编制理念，已经不适应 EPC 项目的需要，例如，原设计单位单纯编制设计进度计划时，只站在设计角度考虑问题，需要采购人提供数据，如果当时业主没有提供，则是采购人和业主的责任，设计方主要将完成时间相应顺延，

不承担主要责任。但是在 EPC 项目中的情况就完全不同了，设计、采购、施工环环相扣，从项目开工初期，也就是从设计开始阶段就要考虑到设备订货、制造周期等因素，特别是进口设备、材料和长周期设备的订货等等。施工方面还要考虑地区季节的变化，要考虑冬季施工和雨季、汛期对于施工进度的影响等，进度影响因素情况较为复杂。

目前，国内的工程总承包主体，要么是以施工企业为主，要么是以设计企业为主，从而在技术标书编写阶段难以有效协调计划控制，里程碑计划、总进度计划等，不易形成一个良好的有机整体，容易相互脱节，造成与项目设计、分包商、供应商的进度协调困难。一个科学、合理的项目进度计划，不但能够为投标人增加项目中标的概率，而且为项目执行阶段承包人控制进度、实施进度管理提供有力依据。反之，不合理或激进的进度计划，即使侥幸能够中标，也会给项目的执行带来风险。

② 项目进度计划编写层次

a. 一级进度计划（总进度计划）：一级进度计划也称总进度计划，编写依据主要是工程总承包合同。根据招标文件中的合同内容和要求，确定项目设计、采购、施工各阶段的开、竣工时间。一级进度计划是工程总体进度框架，其作用是作为报给业主投标人的总体思路，展示企业自身实力，是赢得业主信任的重要文书。编制一级进度计划时，必须将与业主有关的时间点全部列出，总进度计划应符合招标合同文件的要求。

b. 二级进度计划（里程碑计划）：二级进度计划也称里程碑计划，编写依据是工程总承包合同与一级进度计划，它是对一级进度计划控制时间点内的重要关键事件进行描述。二级进度计划是对一级进度计划的进一步细化，里程碑点也是在项目执行中的主要控制点，而且应分专业描述。

二级进度计划包括：设计、采购、施工、试车的二级进度计划。如方案设计节点、初步设计节点、施工图设计节点；采购招标、采购合同签订、货物交货节点；施工招标、施工合同签订、现场开工节点等。

c. 三级进度计划（详细进度计划）：三级进度计划也称为详细进度计划，编写依据是二级进度计划和开工报告，它是对二级进度计划的进一步细化，因为开工报告中已经列明所有专业的工程量和范围。三级进度计划同样包括：设计、采购、施工等三级进度计划，主要反映各专业每道作业的具体时间，能反映各专业间及各专业作业的先后顺序及逻辑关系，每道作业的持续时间等。

d. 四级进度计划（专业作业计划）：四级进度计划也称专业作业计划，编写依据是各阶段的三级进度计划和开工报告等，由各阶段的项目经理或指派的人员编写。同样分为设计、采购、施工等四级进度计划。

③ 进度计划深度要求　由于工程总承包项目发包招标起点早，投标阶段的进度计划编写内容和深度，不可能达到三、四级深度，但至少应编写到被称为一级进度计划（总进度计划），即项目阶段分解结构的工作包级，或者主要的工作包级，如确定项目设计、采购、施工、试车各阶段的开、竣工时间。值得一提的是，有的业主在招标文件中，也会对进度计划的编制提出进一步的深度要求，至少要达到项目总体进度计划的二级计划（一旦中标，将作为合同进度计划）。

投标人在投标书进度计划编写过程中，必须统筹流程控制，合理划分进度计划层次，科学确定工作分解结构及编码，进而确定进度计划，并对影响进度的主要因素进行分析，进而编写出更为科学、合理、符合招标文件要求的最优进度计划，为企业中标赢得筹码。

（4）项目协调与控制的编写

工程总承包项目的协调与控制措施，主要是力求为业主提供投标公司对内外部协调、过程控制以及纠偏措施的能力和经验。因此，该部分内容应尽量使用数据、程序或实例来说明总承包人在未来项目实施中的协调控制上具有很强的执行力，尤其是总承包人对多专业分包设计的管理程序、协调反馈程序、专业综合图、施工位置详图等协调流程进行的表述。

① 设计采购施工内部协调控制　设计内部的协调与控制措施是以设计方案和设计管理计划为基础编制。内部协调控制措施要说明如何使既定设计方案构想在设计管理计划的引导下按时完成，重点放在制定怎样的控制程序保证设计人员的工作质量、设计投资控制和设计进度计划，尤其是设计质量问题，应在投标文件中写明项目采用的质量保证体系以及如何响应业主的质量要求。

由于项目由各家专业设计的，所以承包人对设计协调的中心是提供共同的设计平台（基本条件、如空间布置的分配、制定位置调整原则等），为避免各专业设计人员只顾自己方便不顾专业施工等问题，总承包人应负责将各专业的施工图纸，合成综合施工详图，并在合成过程中将空间交叉、矛盾等问题处理掉，这样可大幅度减少在施工过程中因上述问题而引起的返工，缩短施工中处理问题的时间，从而保证进度计划的实现。在这方面，投标人可以为业主举例说明出现设计偏差或协调变更后的处理流程，尤其是要证明投标人对设计现场持续服务的能力。

采购内部的协调控制措施简要描述在采买、催交、检验和运输过程中对材料、设备质量和供货进度要求的保证措施，出现偏差后的调整方案。同时，介绍投标公司对供应链系统的应用情况，尤其应突出投标企业在提高采购效率上所作的努力。

施工内部的协调与控制机制和措施对总承包项目实现合同工期最为关键。投标人在这一部分中可以很大程度上借鉴传统模式下的施工经验，如进度、费用、质量、安全等措施，不过应突出 EPC 总承包模式的特征，如在与设计、采购的协调问题上，是否设置了完善的协调机制等。

② 设计、采购、施工外部协调控制　设计、采购与施工外部协调控制是指完成三者接口计划过程的控制措施。投标人可以为业主呈现设计与采购的协调控制大纲、设计与施工的协调控制大纲、采购与施工的协调控制大纲文件。

例如，设计与采购（E-P）的协调控制大纲应体现在以下方面：

a. 设计人员参与工程设备采购，设计人员应编制设备采购技术文件；

b. 设计人员参与工程设备采购的技术商务谈判；

c. 委托分包商进行加工的设备，要求分包商，分阶段地返回设计文件和有关资料，由专业设计人员审核，并经报业主审批后，返回给分包商作为正式制造图；

d. 重大设备装置和材料性能出场试验、设计人员应与业主一起参加设备制造过程中的有关目击试验，保证这些设备、材料符合设计要求；

e. 设计人员及时参与设备到货验收和试调投产等工作。

再如，设计与施工（E-C）的协调控制大纲应体现在以下方面：

a. 设计交底程序；

b. 设计人员现场服务内容；

c. 设计人员参与的施工检查与质量事故处理，施工技术人员应协助的工作范围；

d. 设计变更与索赔处理等。

又如，采购与施工（P-C）的协调控制大纲可以包括以下内容：

a. 采购与施工部门供货交接程序；

b. 现场库管人员的职责；

c. 特殊材料设备的协调措施；

d. 检验时异常情况的处理；

e. 设备安装试车时设计与施工人员的检查等。

③ 控制能力和行动方案 工程总承包项目的质量和进度是业主最为关心的重要问题，投标人在投标书中应在进度控制和质量控制方面阐述其在进度和质量控制方面的能力和行动方案。

a. 在进度控制方面。投标人需要考虑项目的进度控制点、拟采用的进度控制系统和控制方法，必要时可以对设计、采购、施工、试车的进度控制方案分别描述。如设计进度中作业分解、控制周期、设计进度测量系统和人力分析方法，采购-采购进度循环基准周期、采购单进度跟踪曲线、材料状态报告、施工进度中设计-采购-施工循环基准周期、施工人力分析、施工进度控制基准和测量等。

b. 在质量控制方面。主要针对设计、采购和施工的质量循环控制措施进行设计，首先要设立质量控制中心，对质量管理组织机构、质量保证文件等纲领性内容进行介绍，然后对设计、采购、施工分别举例说明其质量控制程序。如果业主在招标文件中对工程质量推出特殊要求，为了增加业主对质量管理的可信度，投标人可以进一步提供更细一级的作业指导文件，但是应注意适度原则，不要过多显示投标人在质量管理方面的内部规定。

④ 分包策略与分包计划 为了满足业主的要求，投标人除了在项目技术方案、管理框架流程以及询价、租价方面花费大量精力外，还要掌握借力和协力的技巧，将分包的专业长处纳入投标人的能力之中。

在投标文件中写入投标人的分包计划，利用分包策略能够为总承包人节省资源，加大中标效率。成熟的总承包人会利用分包策略，充分利用投标前期阶段。总承包人与分包人、供应商取得联系，签订意向书，利用他们的专业技能与合作关系，为投标准备增加有效资源，展现作为投标人的总承包人在分包方面的管理能力。分包策略的运用可以在很大程度上降低总承包人的风险，有利于工程在约定的工期内完成任务。运用分包策略时要从长远的角度出发，寻求与分包商建立长期合作的关系，把分包人看成合伙人，在规划、协调、管理工作上彼此完全平等。在选择分包人时要注意选择原则，因为分包策略是一把"双刃剑"，如果失去原则，总承包人可能为自己埋下风险隐患，例如信用危机、服务质量缺陷等问题。

工程总承包投标书中的分包策略与计划部分一般可以包括以下内容：

a. 投标人对分包商的职责（阐述负责编制基建工程有关分包的管理制度、审核制度、监督制度等）；

b. EPC 分包商的选择原则；

c. 对分包商的控制与管理（强调 EPC 承包人的全过程监控和检测项目的实际进展责任、工程总承包人对分包项目的执行进行即时的跟踪和报告等；

d. 投标人拟建项目的分包计划；

e. 专业分包商名单；

f. 业务专长与业绩；

g. 项目分包范围等。

13.3 商务部分编写

商务部分的编写内容分为两部分：一部分是资格业绩编写，另一部分是投标报价编写。

13.3.1 资格业绩编写

资格业绩部分编写包括两块内容，第一块是必要的合格条件证明材料，第二块是附加的合格条件证明材料。

必要的合格条件证明材料是指法律法规等规定的投标申请人必须满足的基本条件。例如，企业的营业执照、资质证书、项目经理证书、安全生产许可证以及文件要求的各项承诺书等。这些条件在对投标文件进行定性评审时，只要有一项不满足，投标就会被拒绝，不得进入后续的评审程序。资格方面的材料包括：企业有效的营业执照；安全生产许可证；有效的资质证明材料；资质等级证书；法定代表人身份证明或附有法定代表人身份证明的授权委托书；联合体协议书（如是）；投标人基本情况；项目管理机构组成；工程总承包项目经理及主要项目管理人员简历、招标文件要求的各项承诺书等。业绩方面的材料包括：企业项目管理体系介绍；投标人（工程总承包项目经理）类似的设计、施工或者工程总承包业绩介绍和证明材料；近年来企业财务状况介绍和相关的证明材料等。

附加的合格条件证明材料是指招标人根据项目的特点和自己的要求，契合资格预审目的设立的一些条件。例如，招标人对于项目经理的资质、专业、职称、工作年限以及项目管理机构人员构成的特殊要求；类似业绩的项目数量、规模和证明材料要求；近年来企业净资产、资产负债率等数据要求等。这些附加条件往往在投标评审中占有较大的分值比重，投标人不能轻视。为此，投标人一定要明确招标人对商务标的评审分值的分配。一般具体的评审标准、量化分值和权重在招标文件中都有详细的说明。认真分析招标人对于资格业绩的各项要求，以明确编写的重点。

编制资格和业绩部分过程中，文件必须注意的是要严格满足必要合格条件标准的各项要求，另一方面要响应业主附加合格条件标准的各项要求。同时，还要注意检查提供资料是否齐全，是否有遗漏、缺项。

13.3.2 投标报价编写

投标报价的编制主要是对拟建工程项目所发生的各种成本费用进行估算，在此基础上对工程总承包价格进行决策的过程。

（1）评标体系的识别

投标报价决策之前投标人应该识别招标文件中规定的评标体系，尤其是对于技术标和商务标，最后的评价总分按照何种方式、标准计算。在工程总承包招标中，常用两种评标方式：一种是综合评估法，将技术标和商务标，分别打分，并按照各自权重计算后相加得到评价总分，得分最高者作为中标候选人。另一种评标方式是经评审的最低投标价法，对于能够满足招标文件的实质性要求，技术标评审通过后，投标价格经调整后的价格最低者为推荐中标人。如果业主采用前一评标方法，在准备报价时要充分考虑技术标的竞争实力，如果竞争实力欠缺，则要尽量报价低些，以赢得主动。如果有特殊的技术优势就可以在较大的范围内报出理想的报价，并充分考虑投标人的盈利目标。而采用后一种评标方法，则投标人在保证符合业主技术要求条件下，尽量挖掘企业潜力，报价需要保守一些，做到合理低价，以利于中标。当然也不是报价越低越好，这种评标方式最低价也不见得能够中标。

（2）报价决策目标

一般总承包商的报价策略原则是该报价可以带来最佳支付。因此，必须选择一个报价——足够高以至带来充足的管理费和利润，同时还得低到在一个充满竞争对手的未知环境中有足够把握获得中标机会。明确招标人的评标体系后，就可以按照报价工作的程序展开工作。投标报价决策的第一步应准确估计成本，即成本分析和费率分析。第二步是"标高金"决策，由于这是带给承包商的价值增值部分。这一步中，首先要进行价值增值分析；然后对风险进行评估，选择合适的风险费率；最后用特定的方法如报价的博弈模型对不同的报价方案进行决策，选择最适合的报价方案。

（3）报价决策程序

如上所述，价格标决策程序包括："成本分析"和"标高金"分析。第一步是成本分析（估计成本），成本分析包括成本费用识别与成本估算；第二步是标高金分析，标高金分析包括管理费与利润的费率确定、风险识别与风险费用估算。

① 成本分析 成本估算是指在成本费用识别的基础上，对工程项目的成本费用进行大致的计算。投标人有关报价人员的水平高低对报价的准确度影响很大。因此，投标人在进行报价估算之前，必须选择优秀的有经验的报价师来主持报价工作，并制定相关的报价师职责。

首先进行"成本费用识别"，成本费用识别是指对所拟承揽的工程项目成本费用都来自于哪些方面，换句话说就是哪些地方需要花费；然后进行各种成本费用的估算，在计算时应以市场价格为主要编写依据，对于公司本部费用计算，依据公司实际发生额的平均水平进行计算是成本估算的首选方案，如果无法分解细目，需要以某一项费用的一定费率来计算，则费率的决定需要进行论证，保证其合理性，特别重要的费率要由公司决策层讨论决定。根据投标人的实际情况，可以大致估算出该工程总承包项目的成本费用。

② 标高金分析 标高金是 EPC 总承包商投标报价时考虑到预期收益和根据约定应承担的风险而计算的成本费用以外的金额。标高金由管理费、利润和风险费组成。工程总承包项目的成本估算完成后，投标人应进行标高金分析、计算和相关决策。

管理费属于总部的日常开支在该项目上的摊销，与项目管理费用有所不同，因为项目管理费用一般是与该项目直接相关的管理费用和其他费用的开支。对管理费用的划分标准没有统一的明确定义，根据投标公司实际情况由公司自行决定。

确定管理费率和投标企业的利润率是一个多目标决策过程。一方面为了盈利目标和公司的长远发展，这两个费率当然定得越高越好，但是业主在竞争性投标环境中对期望中标价是有一定上限的。同时，工程承包市场的供需变化将确定利润率的浮动区间，因此，确定费率的大小需要对目标费率进行选择。一般最简单的也是最客观的方式是模糊综合评价法，即首先确定费率的几个目标选择值，然后再建立费率影响因素的层次分解结构，最后用专家评分系统完成对几个目标费率的选择倾向百分比计算，最终选择倾向度最高的费率为此次投标的目标费率。

另一个问题是计算风险费用，其中最重要的是计算风险费率，由于风险因素对总承包项目的影响甚大，如果预计的风险没有全部发生，则可能预留的风险费有剩余，这部分剩余和利润一同成为项目的盈余额，也就是价值增值的部分，如果风险费估计不足，则只有用利润来补贴，盈余自然就减少，有可能成为负值，导致项目的亏损。计算风险费率可以运用模糊综合评价法和层次分析法计算。由于涉及较多的数学知识，在此不做介绍，感兴趣的读者可以查阅有关工程总承包风险管理方面的文献。而有经验的承包商则会以某一指标为基准，确定一个数值作为风险费用的费率，得到风险费用。

13.4　标书编写注意事项与技巧

13.4.1　编写注意事项

（1）技术标编写注意事项

① 技术标编写的一切内容要围绕招标文件中的技术评分表进行编制。

② 在编制技术要求时应慎重对待商标、制造商名称、产地等的出现，如果不引用这些

名称或式样不足以说明买方的技术要求时，必须加上"与某某同等"的字样。

③ 严格实行编、校、审制度，明确编、校、审的责任人，确保最终交付物的质量。避免出现低级错误，如：错别字、前后表述矛盾、图表编码错误、格式排版错误等。

④ 做好和商务标编制组的沟通衔接，对于业主的态度要及时反馈、相互引用的内容要统一。

⑤ 注意做好保密工作，因标书编制参与人员多、实行分段编制、审核，由投标经理统稿。

⑥ 有条件的公司可以整合资源，利用自身做工程总承包的优势，将未来合作的采购、施工分包商等纳入进来，让他们参与编写其中的部分内容，但前提是做好保密工作。

（2）商务标编写注意事项

① 商务标的编写应按照招标文件的要求进行，应答的顺序和内容应符合招标文件提出的要求；如果招标文件没有提出内容要求，或提出的内容要求不详细的，最好不要画蛇添足，如果希望增加对投标有所帮助的资质，要经过深思熟虑，确保没有漏洞、瑕疵。

② 商务标编写的目的是展示公司实力，确保参加投标的资格，确保投标有效。有些资料可以写出来，但并不是公司的所有资料都可以写出来。

③ 差异部分的处理：对于投标文件与招标文件有差异的部分，通常招标文件要求将差异部分标注在差异表中，在编写标书中，应找出差异部分并描述清楚，但并不是每个差异都适合进行清楚的描述，有时保持一定的模糊性，也有可能提高中标率。

④ 对于一个集团公司下的多个法人公司之间，可能存在资源共享的情况，应注意哪些资质不是投标法人单位的资质，如果不是本投标单位法人的资质，应该写清楚，并由资质拥有的法人单位签署授权声明，避免造成"擅自使用他人资质骗取中标"的风险。

13.4.2 编写基本技巧

（1）划分模块灵活调整运用

由于投标文件的内容较多，可将标书分为更细的若干模块，相对的可划分为以下几个模块。

① 通用模块 例如对于商务标中的资格条件即投标单位的介绍、业绩表、资质证书等，对于国内项目投标来讲，一般不需要重新编写，对各个项目的投标通用。

② 调整模块 例如工程总承包实施方案，包括设计管理、采购管理、施工管理、相互协调机制等，需要对过去使用过的类似工程投标书的部分做有针对性的调整。根据经验，除与设计有关的部分外，需重新编制的重点为：总承包组织机构框图及人员表、总承包实施总进度计划表（Project 软件编制）、劳动力计划表、施工总平面布置图等五个文件。

③ 新编模块 例如投标书总论、技术标书中的方案设计及设计技术说明、商务标中的投标报价等，需要重新编制。

根据项目情况灵活套用通用模块与调整模块，提高编写的工作效率。

（2）投标书必须"投其所好"

工程总承包投标书必须"投其所好"，尤其是技术部分标书的编写，根据项目的情况、业主要求、业主在前期联络中流露出的侧重点灵活编写，不应拘于固定的模式。例如，厦门某项目网上招标，要求投标人按照他规定的表格填写标书，不要求投标人自主组合标书，这时就应该响应业主的要求，需要提供哪个文件就提供哪个文件。最后该投标单位夺标，而那些没有按照要求编制的单位则失标了，因为业主选择投标人也是面对繁琐复杂的标书感到困感。再例如，对于刚刚接触工程总承包概念的业主，写投标书或服务建议书时就应突出项目工程总承包比其他模式"建设速度快、又省钱、又省心"这一优点，把业主吸引住。而对于一些欧美国家的业主，对工程安全很注重，如长三角地区的外资厂房项目总承包，投标书编制就要把安全作为重要章节来写。

(3) 突出管理能力以及优势

工程总承包投标书的管理标叙述中，应强调对设计、采购、施工三个主要阶段综合的协调与控制能力。外资业主特别注重工程项目总承包单位的全过程管理能力，而这也正是项目工程总承包这个发包模式的优势所在。业主询标时常会针对技术标书问一些阶段性的衔接交叉问题，例如：如何在设计中考虑工程施工费用问题，采购计划如何与施工进度配合等。

(4) 重点部分提供优化方案

方案设计不仅要响应业主的招标要求，而且也应与投标策略相符合，对工程报价影响较大的部分要进行方案优化。例如：结构的基础形式、空调机组及冷水机组等重大设备的选型。虽然对以设计为主业的设计院来讲，这是技术长项，但该部分工作应做得更细，特别是标书的技术说明一定要详细。笔者就曾遇到过因为项目投标技术说明不详细，造成业主认为商务报价过高，结果投标失败的事件。

(5) 多利用图表和工程照片

工程总承包技术标书中应多采用图表与工程照片的形式。因为业主对于篇幅较长的技术标书一般不会逐字阅读，而外资业主很重视管理的程序。为了把总承包的程序与计划表现得更形象具体，使用图表是一个很好的方法。可使用一些软件，如资源配置图表可采用Excel、计划表可用Project、布置图可用CAD。而对于安全措施及施工方案的说明可运用一些工程照片与样本，这样不仅更直观，而且更有说服力。

需要强调的是，投标文件的编写应以招标文件的要求为基础，以招标文件要求为纲，根据招标文件中的具体要求和建议来编写，来决定标书编写内容的增减，既不能对招标文件的编写要求缺漏项，也不要盲目按照自己的思路或过去的投标资料随意增项，影响招标人评标的效果，并灵活运用编写技巧提高编制工作效率达到好的效果。

我国工程总承包事业正逐渐向规范化发展。国家建设主管部门2011年颁布了标准设计施工总承包招标文件、2017年颁布新的《建设项目工程总承包管理规范》（GB/T 50358—2017）等，这对于工程总承包单位编制工程总承包项目投标书提出了更高的要求，如何使工程总承包项目技术标书更规范化也成为工程总承包单位的一个新的课题。而对于作为工程总承包人的工程设计院来讲，则更加需要在工程项目具体实践中去不断学习与改进。

第14章
工程总承包投标文件填报

投标文件（标书）填报是指投标人对编写完成的标书，按照法律规范、招标文件要求格式进行填写和递交。国家法律对投标书的填报有明确的规范要求，工程总承包项目标书填报应严格执行。否则，投标人编制标书所花费的大量人力、物力，可能因在标书填报环节上出现差错影响中标，而导致编制标书所花费的心血付之东流。本章对标书填报法规要求、填报模板以及标书制作问题进行梳理和介绍。

14.1 对标书填报的要求

法律法规对投标文件填报都有一定的要求，这些一般规定无论工程总承包项目还是传统承包项目，都具有同样的法律效力，必须严格遵守，否则将会影响到投标成功的概率。这些法律规范条款主要涉及投标文件的密封、签字、盖章、字迹、标记、装订、文件格式、送达地点时间以及提交文件等方面的内容。

14.1.1 法律法规的要求

（1）未密封条款

投标文件密封检查的目的是为了验证投标文件的内容是否被泄露，保证投标人之间的相对独立性，以保障招标活动的公平、公正、公开原则的落实。

《中华人民共和国招标投标法》第三十六条规定："开标时，由投标人或者其推选的代表检查投标文件的密封情况，也可以由招标人委托的公证机构检查并公证；经确认无误后，由工作人员当众拆封，宣读投标人名称、投标价格和投标文件的其他主要内容。"

《中华人民共和国招标投标法实施条例》第三十六条规定："未通过资格预审的申请人提交的投标文件，以及逾期送达或者不按照招标文件要求密封的投标文件，招标人应当拒收。招标人应当如实记载投标文件的送达时间和密封情况，并存档备查。"

（2）无签字条款

法律规定要求投标文件需要签字、盖章、标记的目的主要是为了明确投标主体与责任人，避免日后发生法律纠纷。

招标文件中一般都设有签字、盖章和标记的要求。例如，投标函需有法定代表人或其委托代理人签字并加盖单位公章。以下资料复印件均需加盖单位公章：企业营业执照、企业资质证书、安全生产许可证、项目经理注册建筑师资质证书以及法定代表人授权书中"法定代表人签字栏"；投标文件封袋上应标明招标人名称、标段名称等。对无签字条款有明确规定的法律法规是招标投标法实施条例第五十一条规定，投标文件未经投标单位盖章和单位负责人签字的，评标委员会应当否决其投标。

（3）字迹难辨条款

字迹清晰是投标行文的最基本要求，否则字迹模糊、无法辨认，评委则不能理解投标人的真实表述和意思表达，甚至会做出错误的判断，为保证招标的公平、公正性和评标的质量，对于字迹无法辨认的投标文件，法律做出"废标"处理的规定。

但由于字迹清晰属于行文基本要求，对此类问题法律法规做出专门条款表述的招投标法律法规相对较少，更多地体现在规章规范之中。

(4) 撰写格式条款

要求投标人按照招标文件统一规定的格式制作标书的目的是便于评标工作比较。关于文件格式的规定，在招投标法律法规中，做具体规定的专项条款较少，更多的是体现在各类标准招标文件规范之中，或要求投标人按照招标文件的要求制作投标文件的条款方面。

《中华人民共和国招标投标法》第二十七条规定："投标人应当按照招标文件的要求编制投标文件。"

(5) 逾期送达条款

招投标活动必须严格按照规定程序进行，具有严格的时间规定，否则将打乱招标活动的顺利进行。为此，预期送达的，招标法律、规范无一例外的规定了对此作废标的条款。禁止不同投标人的文件相互混装，其目的是防止投标人之间的相互串标。

《中华人民共和国招标投标法》第二十八条规定："投标人应当在招标文件要求提交投标文件的截止时间前，将投标文件送达投标地点。在招标文件要求提交投标文件的截止时间后送达的投标文件，招标人应当拒收。"

第三十四条规定："开标应当在招标文件确定的提交投标文件截止时间的同一时间公开进行；开标地点应当为招标文件中预先确定的地点。"

《中华人民共和国招标投标法实施条例》第三十六条规定："未通过资格预审的申请人提交的投标文件，以及逾期送达或者不按照招标文件要求密封的投标文件，招标人应当拒收。招标人应当如实记载投标文件的送达时间和密封情况，并存档备查。"

第三十九条规定："不同投标人的投标文件相互混装，属于投标人相互串通投标。"

(6) 投标文件前后不一条款

投标文件前后不一致的，评标人按照有关法律法规的规定，可以要求投标人澄清、确认，不确认的，将作为废标处理。

《中华人民共和国招标投标法实施条例》第三十七条规定："招标人接受联合体投标并进行资格预审的，联合体应当在提交资格预审申请文件前组成。资格预审后联合体增减、更换成员的，其投标无效。"

第三十八条规定："投标人发生合并、分立、破产等重大变化的，应当及时书面告知招标人。投标人不再具备资格预审文件、招标文件规定的资格条件或者其投标影响招标公正性的，其投标无效。"

(7) 提交多份标书条款

在没有招标人要求提交备选投标文件的情况下，一个投标人对同一招标项目提供两份不同的招标文件或投标报价，实际上是投标人进行了两次投标，对于其他投标人来说有失公平。为此，法律法规对此进行了规定。

《中华人民共和国招标投标法实施条例》第五十一条规定，同一投标人提交两个以上不同的投标文件或者投标报价，评标委员会应当否决其投标（但招标文件要求提交备选投标的除外）。

（8）联合体协议书条款

联合体的要旨就是"一人身份、分工合作、签订协议、连带责任"，如果投标合同中没有联合体协议书，为确保后续工作产生法律纠纷时，追责有据可依，投标人是联合体的必须提交联合体协议书，以保证工程的顺利进行。为此，法律规定了未附联合体协议的作废标处理的条款。

《中华人民共和国招标投标法》第三十一条规定："联合体各方应当签订共同投标协议，明确约定各方拟承担的工作和责任，并将共同投标协议连同投标文件一并提交招标人。联合体中标的，联合体各方应当共同与招标人签订合同，就中标项目向招标人承担连带责任。"

《中华人民共和国招标投标法实施条例》第五十一条规定："有下列情形之一的，评标委员会应当否决其投标：（二）投标联合体没有提交共同投标协议。"

14.1.2 标准规范的要求

（1）未密封条款

《工程建设项目施工招标投标办法》第五十条规定："投标文件有下列情形之一的，招标人应当拒收：（二）未按招标文件要求密封。"

《房屋建筑和市政基础设施工程施工招标投标管理办法》第三十四条规定："在开标时，投标文件出现下列情形之一的，应当作为无效投标文件，不得进入评标：（一）投标文件未按照招标文件的要求予以密封的"。

《中华人民共和国标准设计施工总承包招标文件（2012 年版）》中规定："第二章 投标人须知

4. 投标

4.1 投标文件的密封和标记

4.1.1 投标文件应进行包装、加贴封条，并在封套的封口处加盖投标人单位章。

4.1.3 未按本章第 4.1.1 项或第 4.1.2 项要求密封和加写标记的投标文件，招标人不予受理。"

《江苏省房屋建筑和市政基础设施项目标准工程总承包招标文件》中规定："第二章 投标人须知

4. 投标

4.1 投标文件备份的密封和标记

4.1.1 投标备份文件应放入封袋内，并在封袋上加盖投标人单位公章。技术复杂的方案设计文件也可以采用书面等形式随投标文件备份一并密封。

4.1.3 未按本章第 4.1.1 项要求密封的，招标人不予受理投标文件备份。"

除此之外，建设工程各行业的招投标法规如：《工程建设项目勘察设计招标投标办法》第二十六条、《政府采购货物和服务招标投标管理办法》第三十三条、《机电产品国际招标投标实施办法》第四十一条等对投标文件密封设有专门的条款。

在现行招投标法规中，修改前的原建设部第 89 号令《房屋建筑和市政基础设施工程施工招标投标管理办法》是最早设立"未密封废标"条款的法规文件。《评标委员会和评标方法暂行规定》并未专门设立"未密封条款"。

（2）无签字条款

《评标委员会和评标办法暂行规定》第二十五条规定，投标文件没有投标人授权代表签字和加盖公章的，属于重大偏差，为未能对招标文件做出实质性响应，作否决投标处理。

《工程建设项目施工招标投标办法》第五十条规定："投标文件有下列情形之一的，由评标委员会初审后，按废标处理：（一）无单位盖章并无法定代表人或法定代表人授权的代理人签字或盖章的。"

《房屋建筑和市政基础设施工程施工招标投标管理办法》第三十四条规定："在开标时，投标文件出现下列情形之一的，应当作为无效投标文件，不得进入评标：（二）投标文件中的投标函未加盖投标人的企业及企业法定代表人印章的，或者企业法定代表人委托代理人没有合法、有效的委托书（原件）及委托代理人印章的。"

除此之外，建设工程各行业的招投标法规规章如：《工程建设项目货物招标投标办法》第四十一条，《工程建设项目勘察设计招标投标办法》第二十六条、第三十六条，《机电产品国际招标投标实施办法》第五十七条，《政府采购货物和服务招标投标管理办法》第三十四条等均设有专门的规定。

《中华人民共和国标准设计施工总承包招标文件（2012 年版）》中规定："第二章 投标人须知 3.7 投标文件的编制

3.7.3 投标文件应用不褪色的材料书写或打印，并由投标人的法定代表人或其授权的代理人签字或盖单位章。投标人的法定代表人授权代理人签字的，投标文件应附由法定代表人签署的授权委托书。投标文件应尽量避免涂改、行间插字或删除。如果出现上述情况，改动之处应加盖单位章或由投标人的法定代表人或其授权的代理人签字确认。"

《江苏省房屋建筑和市政基础设施项目标准工程总承包招标文件》中规定："第二章 投标人须知

4. 投标

4.1 投标文件备份的密封和标记

4.1.1 投标备份文件应放入封袋内，并在封袋上加盖投标人单位公章。

4.1.2 投标文件备份的封袋上应标明招标人名称、标段名称。"

（3）字迹模糊无法辨认

《房屋建筑和市政基础设施工程施工招标投标管理办法》第三十四条规定，在开标时，投标文件出现关键内容字迹模糊、无法辨认的，应当作为无效投标文件，不得进入评标。废标的前提条件是"关键内容"出现字迹模糊、无法辨认。

《工程建设项目施工招标投标办法》第五十条规定："投标文件有下列情形之一的，由评标委员会初审后按废标处理：（二）未按规定的格式填写，内容不全或关键字迹模糊、无法辨认的。"

这里强调的是"关键字"字迹无法辨认可作为废标处理。同时规定投标文件中有三种情形：即未按照格式填写的，内容不全的或关键字迹模糊、无法辨认的，有其情形之一的，均认定为废标。

《工程建设项目货物招标投标办法》第四十一条规定，未按规定的格式填写，内容不全或关键字迹模糊、无法辨认的；由评标委员会初审后，按废标处理。

注意这一条款与《房屋建筑和市政基础设施工程施工招标投标管理办法》第三十四条比较增加了两项情形，一是"没有按照格式填写的"；二是"内容不全的"，将这两项作为废标的内容。

《政府采购货物和服务招标投标管理办法》第五十一条规定："对于投标文件中含义不明确、同类问题表述不一致或者有明显文字和计算错误的内容，评标委员会应当以书面形式要求投标人做出必要的澄清、说明或者补正。

投标人的澄清、说明或者补正应当采用书面形式，并加盖公章，或者由法定代表人或其授权的代表签字。投标人的澄清、说明或者补正不得超出投标文件的范围或者改变投标文件的实质性内容。"

（4）撰写格式条款

《工程建设项目勘察设计招标投标办法》第二十二条规定："投标人应当按照招标文件的要求编制投标文件。"

《机电产品国际招标投标实施办法》第五十七条规定，投标人的投标书、资格证明材料未提供，或不符合国家规定或者招标文件要求的；在商务评议过程中，应予否决投标。

《政府采购货物和服务招标投标管理办法》第三十二条规定："投标人应当按照招标文件的要求编制投标文件。"

《工程建设项目施工招标投标办法》第五十条规定，未按规定的格式填写，内容不全或关键字迹模糊、无法辨认的；由评标委员初审后，按废标处理。

《中华人民共和国标准设计施工总承包招标文件（2012 年版）》中规定："第二章 投标人须知

3. 投标文件

3.7 投标文件的编制

3.7.1 投标文件应按第七章'投标文件格式'进行编写，如有必要，可以增加附页，作为投标文件的组成部分。其中，投标函附录在满足招标文件实质性要求的基础上，可以提出比招标文件要求更有利于招标人的承诺。"

《江苏省房屋建筑和市政基础设施项目标准工程总承包招标文件》中规定："第二章 投标人须知

3. 投标文件

3.7 投标文件的编制

3.7.1 投标文件应按第八章'投标文件格式'进行编写，如有必要可自行增加，作为投标文件的组成部分。其中，投标函附录在满足招标文件实质性要求的基础上，可以提出比招标文件要求更有利于招标人的承诺。"

（5）逾期送达条款

《工程建设项目施工招标投标办法》第五十条规定："投标文件有下列情形之一的，招标人不予受理：（一）逾期送达的或者未送达指定地点的。"

《房屋建筑和市政基础设施工程施工招标投标管理办法》第二十七条规定："在招标文件要求提交投标文件的截止时间后送达的投标文件，为无效的投标文件，招标人应当拒收。"

《中华人民共和国标准设计施工总承包招标文件（2012 年版）》中规定："第二章 投标人须知

4. 投标

4.2 投标文件的递交

4.2.1 投标人应在第 2.2.2 项规定的投标截止时间前递交投标文件。

4.2.5 逾期送达的或者未送达指定地点的投标文件，招标人不予受理。"

《江苏省房屋建筑和市政基础设施项目标准工程总承包招标文件》中规定："第二章 投标人须知

4. 投标

4.2 投标文件的递交

4.2.1 投标人应在投标人须知前附表规定的投标截止时间前，向'电子招标投标交易平台'传输递交加密后的电子投标文件，并同时递交密封后的投标文件备份（含非网上递交的设计文件）。投标文件备份是否提交由投标人自主决定。

4.2.2 因"电子招标投标交易平台"故障导致开标活动无法正常进行时，招标人将使用'投标文件备份'继续进行开标活动，投标人未提交投标文件备份的，视为撤回其投标文件，由此造成的后果和损失由投标人自行承担。

4.2.4 逾期上传投标文件的，招标人不予受理。"

除此之外，建设工程各行业的招投标法规规章对此设有专门条款如：《工程建设项目货物招标投标办法》第三十四条；《机电产品国际招标投标实施办法》第四十一条；《政府采购货物和服务招标投标管理办法》第三十三条等。建设工程各行业的招投标法律法规几乎无一例外都设有逾期送达作为废标的条款。

（6）投标文件前后不一条款

《评标委员会和评标方法暂行规定》第十九条规定："评标委员会可以书面方式要求投标人对投标文件中含义不明确、对同类问题表述不一致或者有明显文字和计算错误的内容作必要的澄清、说明或者补正。澄清、说明或者补正应以书面方式进行并不得超出投标文件的范围或者改变投标文件的实质性内容。"

《工程建设项目施工招标投标办法》第四十三条规定："联合体参加资格预审并获通过的，其组成的任何变化都必须在提交投标文件截止之日前征得招标人的同意。如果变化后的联合体削弱了竞争，含有事先未经资格预审或者资格预审不合格的法人或者其他组织，或者使联合体的资质降到资格预审文件中规定的最低标准以下，招标人有权拒绝。"

第五十条规定，投标人名称或组织结构与资格预审时不一致的，由评标委员会初审后按废标处理。

除此之外，建设工程各行业的招投标法规规章对此设有专门条款如：《工程建设项目货物招标投标办法》第四十一条、《政府采购货物和服务招标投标管理办法》第五十九条、《工程建设项目勘察设计招标投标办法》第二十七条等。

（7）提交多份标书条款

《工程建设项目施工招标投标办法》第五十条规定，投标人递交两份或多份内容不同的投标文件，或在一份投标文件中对同一招标项目报有两个或多个报价，且未声明哪一个有效，由评标委员会初审后按废标处理；按招标文件规定提交备选投标方案的除外。

《工程建设项目货物招标投标办法》第四十一条规定，投标人递交两份或多份内容不同的投标文件，或在一份投标文件中对同一招标货物报有两个或多个报价，且未声明哪一个为最终报价的，由评标委员会初审后按废标处理（按招标文件规定提交备选投标方案的除外）。

上述两文件《工程建设项目施工招标投标办法》与《工程建设项目货物招标投标办法》对"废标"认定条款具有相同的表述，但两者与《评标委员会和评标方法暂行规定》比较，均增加了一个条件即对同一招标项目（货物）报有两个或多个报价，且未声明哪一个有效（且未声明哪一个为最终报价的）。

除此之外，建设工程各行业的招投标法规规章对此设有专门条款的还有《工程建设项目勘察设计招标投标办法》《机电产品国际招标投标实施办法》第五十七条。在《房屋建筑和市政基础设施工程施工招标投标管理办法》《政府采购货物和服务招标投标管理办法》中并未专门设立该项条款。

《中华人民共和国标准设计施工总承包招标文件（2012年版）》中规定："第二章 投标人须知

3. 投标文件

3.6 备选投标方案

除投标人须知前附表另有规定外，投标人不得递交备选投标方案。允许投标人递交备选投标方案的，只有中标人所递交的备选投标方案方可予以考虑。评标委员会认为中标人的备选投标方案优于其按照招标文件要求编制的投标方案的，招标人可以接受该备选投标方案。"

《江苏省房屋建筑和市政基础设施项目标准工程总承包招标文件》中规定："第二章 投标人须知

3. 投标文件

3.5 备选投标方案

除'投标人须知前附表'另有规定外，投标人不得递交备选投标方案。允许投标人递交备选投标方案的，只有中标人所递交的备选投标方案方可予以考虑。评标委员会认为中标人的备选投标方案优于其按照招标文件要求编制的投标方案的，招标人可以接受该备选投标方案。"

（8）联合体协议书条款

《工程建设项目施工招标投标办法》第四十四条规定："联合体各方必须指定牵头人，授权其代表所有联合体成员负责投标和合同实施阶段的主办、协调工作，并应当向招标人提交由所有联合体成员法定代表人签署的授权书。"

第五十条规定："投标文件有下列情形之一的，由评标委员会初审后按废标处理：（六）联合体投标未附联合体各方共同投标协议的。"

《房屋建筑和市政基础设施工程施工招标投标管理办法》第二十九条规定："两个以上施工企业可以组成一个联合体，签订共同投标协议，以一个投标人的身份共同投标。联合体各方均应当具备承担招标工程的相应资质条件。相同专业的施工企业组成的联合体，按照资质等级低的施工企业的业务许可范围承揽工程。"

第三十四条规定："在开标时，投标文件出现下列情形之一的，应当作为无效投标文件，不得进入评标：（五）组成联合体投标的，投标文件未附联合体各方共同投标协议的。"

《房屋建筑和市政基础设施项目工程总承包管理办法》第十条规定："设计单位和施工单位组成联合体的，应当根据项目的特点和复杂程度，合理确定牵头单位，并在联合体协议中明确联合体成员单位的责任和权利。联合体各方应当共同与建设单位签订工程总承包合同，就工程总承包项目承担连带责任。"

除此之外，工程建设各行业的招投标规章对此均设有专门条款如：《工程建设项目勘察设计招标投标办法》第二十七条、《工程建设项目货物招标投标办法》第三十八条、《机电产品国际招标投标实施办法》第四十二条等。

《中华人民共和国标准设计施工总承包招标文件（2012年版）》中规定："第四章 合同条款及格式

第一节 通用合同条款

4. 承包人

4.4 联合体

4.4.1 联合体各方应共同与发包人签订合同。联合体各方应为履行合同承担连带责任。

4.4.2 联合体协议经发包人确认后作为合同附件。在履行合同过程中，未经发包人同意，不得修改联合体协议。

4.4.3 联合体牵头人或联合体授权的代表负责与发包人和监理人联系，并接受指示，负责组织联合体各成员全面履行合同。"

《江苏省房屋建筑和市政基础设施项目标准工程总承包招标文件》中规定："第四章 合同条款及格式

第二部分 通用条款

第1条一般规定

1.1 定义与解释

1.1.7联合体,指经发包人同意由两个或两个以上法人或者其它组织组成的,作为工程承包人的临时机构,联合体各方向发包人承担连带责任。联合体各方应指定其中一方作为牵头人。"

14.2 标书填报格式模板

投标人应按照招标文件提供的投标书文件格式进行填报。依据《中华人民共和国标准设计施工总承包招标文件》规定,对于投标书各类内容的填报格式做简要说明。

14.2.1 目录、投标函和附录模板

(1) 目录

标书目录编排格式模板见图14-1。

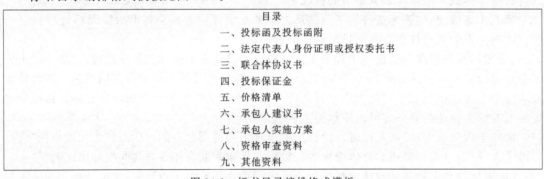

图14-1 标书目录编排格式模板

(2) 投标函和附录

① 投标函 投标函是指投标人按照招标文件的条件和要求,向招标人提交的有关报价、质量目标等承诺和说明的函件,是投标人为响应招标文件相关要求所做的概括性说明和承诺的函件,一般位于投标文件的首要部分,其格式、内容必须符合招标文件的规定,投标函填报格式模板,见图14-2。

_____(招标人名称):

1. 我方已仔细研究了_____(项目名称)设计施工总承包招标文件的全部内容,愿意以人民币(大写)_____(¥_____)的投标总报价,工期_____日历天,按合同约定进行设计、实施和竣工承包工程,修补工程中的任何缺陷,实现工程目的。

2. 我方承诺在招标文件规定的投标有效期内不修改、撤销投标文件。

3. 随同本投标函提交投标保证金一份,金额为人民币(大写)_____(¥_____)。

4. 如我方中标:

(1)我方承诺在收到中标通知书后,在中标通知书规定的期限内与你方签订合同。

(2)随同本投标函递交的投标函附录属于合同文件的组成部分。

(3)我方承诺按照招标文件规定向你方递交履约担保。

(4)我方承诺在合同约定的期限内完成并移交全部合同工程。

5. 我方在此声明,所递交的投标文件及有关资料内容完整、真实和准确,且不存在第二章"投标人须知"第1.4.3项和第1.4.4项规定的任何一种情形。

---

6. _____（其他补充说明）。

投标人：_____（盖单位章）

法定代表人或其委托代理人：_____（签字）

地址：_____

网址：_____

电话：_____

传真：_____

邮政编码：_____

_____年_____月_____日

图 14-2　投标函填报格式模板

② 投标函附录　投标函附录是附在投标函后面，填写对招标文件重要条款响应承诺的地方，也是评标时评委重点评审的内容。投标人投标时按照能够承诺、填报的内容填写。不能超出招标文件给出的响应的范围。在工程招标中，投标函附录内容为项目经理名字、工期、缺陷责任期、投标有效期等等。如招标文件要求计划工期 100 日历天，可以填报 95 日历天（100 天以内）。投标函附录格式模板见表 14-1。

除此之外，为进一步说明投标函附录中的"价格调整的差额计算"项，设有价格指数权重表，以备材料价格调整使用。价格指数权重表格式模板见表 14-2。

表 14-1　投标函附录格式模板

序号	条款名称	合同条款号	约定内容	备注
1	项目经理	1.1.2.4	姓名：	
2	工期	1.1.4.3	天数：日历天	
3	缺陷责任期	1.1.4.5	……	
4	分包	4.3.4	……	
5	价格调整的差额计算	16.1.1	见价格指数权重表	
……	……	……	……	
……	……	……	……	

表 14-2　价格指数权重表格式模板

名称		基本价格指数		权重			价格指数来源
		代号	指数值	代号	允许范围	投标人建议值	
定值部分				A			
变值部分	人工费	F_{01}	……	B_1	__至__	……	……
	钢材	F_{02}	……	B_2	__至__	……	……
	水泥	F_{03}	……	B_3	__至__	……	……
	……	……	……	……		……	……
	……	……	……	……		……	……
合计						1.00	

注：1. 价格指数权重表是用于调整材料价格的，由各省做出规定。此表一般包括的是各类材料的权重以及一些固定的指数。价格指数是反映不同时期一组商品（服务项目）价格水平的变化方向、趋势和程度的经济指标，是经济指数的一种，通常以报告期和基期相对比的相对数来表示。价格指数是研究价格动态变化的一种工具。

权重是一个相对的概念，针对某一指标而言。某一指标的权重是指该指标在整体评价中的相对重要程度。权重是要从若干评价指标中分出轻重来，一组评价指标体系相对应的权重组成权重体系。

2. 本表中，A 为定值，也就是招标单位的预留金等项目。价格指数权重是指占投标价的比例，其中有一项目为"投标人建议值"即投标人确定 A 占总价的百分比；"允许范围"应由招投标双方或一方确定，比如在 1%～20% 之间等。F_{01}、F_{02}、F_{03} 等，为商务标中各项原始数据占总价的比例；B_1、B_2、B_3 等为投标人调整商务标中各项数据占总价的比例，如招标文件中有某项权重指数"允许范围"，则投标人应该在"允许范围"内调整。

投标函附录以及其他格式不能改，一般在评标时，标文件格式是响应招标文件的强制要求，不符合招标文件给出的格式，投标文件往往会被判为废标。

14.2.2 商务部分填报模板

(1) 证明或授权书

① 法定代表人身份证明　法定代表人指的是代表公司或者个人行使权利或者履行义务的人。它和法人的概念是不同的，法定代表人指的是个人，而法人则可以是一个组织。在工程项目投标中，法定代表人会被要求出具法定代表人身份证明。法定代表人身份证明书是法人参加民事、经济或者行政诉讼时必须向人民法院提交的一种法律文书，法定代表人身份证明书必须如实填写。法定代表人代表法人进行民事诉讼，无须经过委托，但必须向人民法院提交身份证明书，法定代表人以法人的名义进行活动，行使诉讼权利，承担诉讼义务，其行为视为法人的行为，其法律效力及于法人。

一个公司的法定代表人是代公司对外行使民事权利，承担民事责任的人。若公司的法定代表人不能亲自去参加某项目的投标工作时，可以暂时委托其他高层人员，此时就需要法定代表人授权委托书。法定代表人必须亲自签名，不得使用公章或其他电子制版签名。

工程招标文件一般都规定了法定代表人身份证明填写的具体格式，法定代表人身份证明填写格式模板见图 14-3。

```
投标人名称：＿＿＿＿＿＿＿＿＿＿
单位性质：＿＿＿＿＿＿＿＿＿＿
地址：＿＿＿＿＿＿＿＿＿＿
成立时间：＿＿＿＿年＿＿＿＿月＿＿＿＿日
经营期限：＿＿＿＿＿＿＿＿＿＿
姓名：＿＿＿＿ 性别：＿＿＿＿ 年龄：＿＿＿＿ 职务：＿＿＿＿
系＿＿＿＿＿＿＿＿（投标人名称）的法定代表人。
特此证明。
                                          附：法定代表人身份证复印件。

                          投标人：＿＿＿＿＿＿＿＿＿（盖单位章）
                                  ＿＿年＿＿＿月＿＿＿日
```

图 14-3　法定代表人身份证明填写格式模板

② 授权委托书　授权委托书是指公司法人作为委托人，委托受托人代表该公司从事该项目建设的一份书面证明书，主要内容是表明谁委托谁去办理什么事情，具体有哪些权限等。授权委托书填报格式模板见图 14-4。

```
                          授权委托书
    本人＿＿＿＿（姓名）系＿＿＿＿（投标人名称）的法定代表人，现委托＿＿＿＿（姓名）为我方代理人。代理人
根据授权，以我方名义签署、澄清、说明、补正、递交、撤回、修改＿＿＿＿（项目名称）设计施工总承包投标文件、
签订合同和处理有关事宜，其法律后果由我方承担。
    委托期限：＿＿＿＿＿＿。
    代理人无转委托权。
    附：法定代表人身份证明
    投标人：＿＿＿＿＿＿＿＿＿（盖单位章）
    法定代表人：＿＿＿＿＿＿＿＿＿（签字）
    身份证号码：＿＿＿＿＿＿＿＿＿
    委托代理人：＿＿＿＿＿＿＿＿＿（签字）
    身份证号码：＿＿＿＿＿＿＿＿＿附身份证复印件

                                          ＿＿＿＿年＿＿＿月＿＿＿日
```

图 14-4　授权委托书填报格式模板

(2) 联合体协议书

在招标文件中，允许联合体投标的招标项目，应有联合体协议书。联合体协议书填报格式模板见图14-5。

_____（所有成员单位名称）自愿组成_____（联合体名称）联合体，共同参加_____（项目名称）设计施工总承包投标。现就联合体投标事宜订立如下协议。

1. _____（某成员单位名称）为_____（联合体名称）牵头人。

2. 联合体牵头人合法代表联合体各成员负责本招标项目投标文件编制和合同谈判活动，并代表联合体提交和接收相关的资料、信息及指示，并处理与之有关的一切事务，负责合同实施阶段的主办、组织和协调工作。

3. 联合体将严格按照招标文件的各项要求，递交投标文件，履行合同，并对外承担连带责任。

4. 联合体各成员单位内部的职责分工如下：_____。

5. 本协议书自签署之日起生效，合同履行完毕后自动失效。

6. 本协议书一式____份，联合体成员和招标人各执一份。

注：本协议书由委托代理人签字的，应附法定代表人签字的授权委托书。

牵头人名称：_____（盖单位章）
法定代表人或其委托代理人：_____（签字）
成员一名称：_____（盖单位章）
法定代表人或其委托代理人：_____（签字）
成员二名称：_____（盖单位章）
法定代表人或其委托代理人：_____（签字）

_____年_____月_____日

图 14-5　联合体协议书填报格式模板

(3) 投标保证金

投标保证金填报格式模板见图14-6。

投标保证金

_____（招标人名称）：

鉴于_____（投标人名称）（以下称"投标人"）于_____年_____月_____日参加_____（项目名称）的投标，_____（担保人名称，以下简称"我方"）保证：投标人在规定的投标有效期内撤销或修改其投标文件的，或者投标人在收到中标通知书后无正当理由拒签合同或拒交规定履约担保的，我方承担保证责任。收到你方书面通知后，在7日内向你方支付人民币（大写）_____。

本保函在投标有效期内保持有效。要求我方承担保证责任的通知应在投标有效期内送达我方。

担保人名称：_____（盖单位章）
法定代表人或授权人：_____（签字）
地址：_____
邮政编码：_____
电话：_____
_____年_____月_____日

图 14-6　投标保证金填报格式模板

(4) 项目价格清单

工程总承包项目的招标文件中一般会提供工程量清单，投标人根据招标文件中的工程量清单进行报价。除非合同另有规定外，在标价的工程量清单中，填写单价与合价，以及报价汇总表中的价格应包括劳务、施工设备、材料、安装、维护、保险、利润、税金、政策性文件规定的以及合同包含的所有风险和责任等各项费用。工程量清单中的每一项均需填写单价与合价，没有填写出单价与合价的项目将被认为此项费用已包括在工程量清单的其他单价与合价中。因此，所有项目都不能够遗漏。

关于投标报价的测算，在前面有关章节中已经做了介绍。投标报价的计算可以按工料单价法计算，即根据已审定的工程量，按照定额或市场单价，逐步计算出每个项目的合价，分别填入招标人提供的工程量清单中，计算出全部工程的直接费。再根据各项费率的取费规定依次计算出间接费、计划利润及税金等，得出工程总造价。

投标报价也可以按综合单价法计算，即所填入工程量清单中的单价，应包括人工费、材料费、机械费、其他直接费、间接费、利润、税金，以及材料价差和风险金等全部费用。将全部单价汇总后，即得出工程总造价。

价格清单主要由两部分组成：一是价格清单说明；二是价格清单。

① 价格清单说明　说明价格清单的编制依据、清单内容、计价规则，对各类清单报价以及其他方面的解释和说明。价格清单说明填报格式模板见图14-7。

价格清单说明

（一）价格清单说明

1.1　价格清单列出的任何数量，不视为要求承包人实施的工程的实际或准确的工作量。在价格清单中列出的任何工作量和价格数据应仅限用于合同约定的变更和支付的参考资料，而不能用于其他目的。

1.2　本价格清单应与招标文件中投标人须知、专用合同条款、通用合同条款、发包人要求等一起阅读和理解。

1.3　设计费的说明：_____。（A）

1.3　勘察设计费的说明：_____。（B）

1.4　工程设备费的说明：_____。

1.5　必备的备品备件费的说明：_____。

1.6　建筑安装工程费的说明：_____。

1.7　技术服务费的说明：_____。

1.8　暂列金额的说明：_____。

1.9　暂估价的说明：由招标人列明并应包含在投标报价汇总表中。

1.10　其他费用的说明：_____。

图14-7　价格清单说明填报格式模板

② 价格清单　价格清单一般应包括八种类型的清单，即：勘察设计费清单、工程设备费清单、必备的备品备件费清单、建筑安装工程费清单、技术服务费清单、暂估价清单（材料暂估价表、工程设备暂估价表、专业工程暂估价表）、其他费用清单、投标报价汇总表，其模板分别见表14-3～表14-12。

表14-3　勘察设计费清单格式模板　　　　　　　　　　　　　　单位：元

序号	项目名称	工作内容	金额	备注
合计报价				

表 14-4　工程设备费清单格式模板　　　　　　　　　　　　　　　　　　　单位：元

序号	设备名称	规格型号	数量	单价	合价
	合计报价				

表 14-5　必备的备品备件费清单格式模板　　　　　　　　　　　　　　　单位：元

序号	备品备件名称	规格型号	数量	单价	合价
	合计报价				

表 14-6　建筑安装工程费清单格式模板　　　　　　　　　　　　　　　　单位：元

序号	项目名称	工作内容	单位	数量	单价	合价
	合计报价					

表 14-7　技术服务费清单模格式模板　　　　　　　　　　　　　　　　　单位：元

序号	项目名称	工作内容	金额	备注
	合计报价			

表 14-8 材料暂估价表格式模板

序号	名称	单位	数量	单价	合价	备注

表 14-9 工程设备暂估价表格式模板

序号	名称	单位	数量	单价	合价	备注

表 14-10 专业工程暂估价表格式模版

序号	专业工程名称	工程内容	金额
		小计：	

表 14-11 其他费用清单格式模板   单位：元

序号	项目名称	内容	金 额	备注
	合计报价			

表 14-12 投标报价汇总表格式模板   单位：元

序号	项目名称	金额	备注
	投标报价		

14.2.3 技术部分填报模板

(1) 承包人建议书

承包人建议书与实施计划填报格式模板见图 14-8。

承包人建议书
（一）图纸
（二）工程详细说明
（三）设备方案
1. 生产设备。
2. 必备的备品备件。
3. 备选的备品备件。
（四）分包方案
（五）对发包人要求错误的说明
（六）其他
说明：发包人认为承包人实施计划中的有关内容应列入承包人建议书的，应在本页载明。

图 14-8 承包人建议书填报格式模板

(2) 项目实施计划

承包人实施计划填报格式模板见图 14-9。

承包人实施计划
（一）概述
1. 项目简要介绍。
2. 项目范围。
3. 项目特点。
（二）总体实施方案
1. 项目目标（质量、工期、造价）。
2. 项目实施组织形式。
3. 项目阶段划分。
4. 项目工作分解结构。
5. 对项目各阶段工作及文件的要求。
6. 项目分包和采购计划。
7. 项目沟通与协调程序。
（三）项目实施要点
1. 勘察设计实施要点。
2. 采购实施要点。
3. 施工实施要点。
4. 试运行实施要点。
（四）项目管理要点
1. 合同管理要点。
2. 资源管理要点。
3. 质量控制要点。
4. 进度控制要点。
5. 费用估算及控制要点。
6. 安全管理要点。
7. 职业健康管理要点。
8. 环境管理要点。
9. 沟通和协调管理要点。
10. 财务管理要点。
11. 风险管理要点。
12. 文件及信息管理要点。
13. 报告制度。

图 14-9 承包人实施计划填报格式模板

14.2.4 资格审查资料模板

资格审查资料包括：投标人基本情况表、近年财务状况表、近年完成的类似项目情况表、正在实施的和新承接的项目情况表、近年发生的重大诉讼及仲裁情况、拟投入本项目的主要施工设备表、拟配备本项目的试验和检测仪器设备表、项目管理机构组成表、主要人员简历表。其模板分别见表 14-13～表 14-20 及图 14-10。

表 14-13 投标人基本情况表填报格式模板

投标人名称						
注册地址				邮政编码		
联系方式	联系人			电 话		
	传真			网址		
组织结构						
法定代表人	姓名		技术职称		电话	
技术负责人	姓名		技术职称		电话	
成立时间			员工总人数：			
企业资质等级		其中	项目经理			
营业执照号			高级职称人员			
注册资金			中级职称人员			
开户银行			初级职称人员			
账号			技工			
经营范围						
备注						

表 14-14 近年财务状况表填报格式模板

财务指标	2016 年	2017 年	2018 年
流动资产			
非流动资产			
资产总计			
流动负债			
非流动负债			
负债总计			
所有者权益			
资产负债率			
营业收入			
营业利润			
利润总额			
净利润			

附：近三年的会计师事务所出具的审计报告。

表 14-15 近年完成的类似项目情况表填报格式模板

项目名称	
项目所在地	
发包人名称	
发包人地址	
发包人电话	
合同价格	
开工日期	
竣工日期	
承担的工作	
工程质量	
项目经理	
技术负责人	
项目描述	
备注	

表 14-16　正在实施的和新承接的项目情况表填报格式模板

项目名称	
项目所在地	
发包人名称	
发包人地址	
发包人电话	
签约合同价	
开工日期	
计划竣工日期	
承担的工作	
工程质量	
项目经理	
技术负责人	
项目描述	
备注	

近年发生的重大诉讼及仲裁情况

致：_____

近年发生的重大诉讼及仲裁情况模板如下：

1. 我公司参加在_____项目的投标活动前，近年内我公司无违约，或不履约

引起的合同中止、纠纷、争议、仲裁、诉讼及各行政主管部门取消投标资格的记录。

2. 近年未出现过重大安全事故及拖欠农民工工资而引起的争议或诉讼情况。

3. 我公司及法定代表人、拟派项目经理无任何行贿犯罪记录。

特此承诺

承诺人：　　　（盖单位章）

年　　月　　日

图 14-10　近年发生的重大诉讼及仲裁情况填报格式模板

表 14-17　拟投入本项目的主要施工设备表填报格式模板

序号	设备名称	型号规格	数量	国别产地	制造年份	额定功率/kW	生产能力	用于施工部位	备注

表 14-18　拟配备本项目的试验和检测仪器设备表填报格式模板

序号	仪器设备名称	型号规格	数量	国别产地	制造年份	已使用台时数	用途	备注

表 14-19　项目管理机构组成表填报格式模板

职务	姓名	职称	执业或职业资格证明					备注
			证书名称	级别	证号	专业	养老保险	

表 14-20　主要人员简历表填报格式模板

姓名		年龄		学历	
职称		职务		拟在本合同任职	
毕业学校		年毕业于		学校	专业
主要工作经历					
时间	参加过的类似项目		担任职务	发包人及联系电话	

注：“主要人员简历表”中的项目经理应附项目经理证、身份证、职称证、学历证、养老保险复印件，管理过的项目业绩须附合同协议书复印件；设计、施工、采购负责人应附身份证、职称证、学历证、养老保险复印件，以及设计、施工负责人的执业资格证书复印件，管理过的项目业绩须附证明其所任技术职务的企业文件或用户证明；其他主要人员应附职称证（执业证或上岗证书）、养老保险复印件。

14.3　标书的复核与制作

14.3.1　标书复核主要查点

一般来说，编标的时间都比较短，对于工程总承包项目而言，其内容又比较多，在编标、填报过程中会有这样或那样的错误是在所难免的，尤其是每个参加编标的人员不可能都对招标文件进行全面、详细的阅读和理解。因而，标书的统一性与一致性、对招标文件的响应性和符合性应为标书复核的主要任务和内容。比如实质性响应方面，投标书与招标文件中的条款与规定是否有重大偏离或保留，特别是在对本工程招标范围、工程质量标准或工程实施方面是否有重大改变，或工期安排是否有实质性偏离，或者对合同中业主的权利或投标人的责任和义务是否有实质性限制等。在符合性方面提供的各种材料是否齐全，报价文件先后是否一致，印制文件是否清晰，封面、密封是否符合要求等。

标书的复核应由公司副总工程师、工程技术部部长或协调人（负责人）负责。复核人应对招投标程序有较为深刻的了解，并且应对该工程的招标文件、图纸、技术规范等作详细阅读，熟悉理解，这样才能通过复核获得高质量的投标书。复核要点见表14-21～表14-24。

表 14-21　标书复核要点表（一）

复核分类	复核要点
封面	封面格式是否与招标文件要求格式一致，文字打印是否有错字
	封面标段、里程是否与所投段名、里程一致
	企业法人或委托代理人是否按照规定签字或盖章，是否按规定加盖单位公章，投标单位名称是否与资格审查时的单位名称相符
	投标日期是否正确

复核分类	复核要点
目录	目录内容从顺序到文字表述是否与招标文件要求一致
	目录编号、页码、标题是否与内容编号、页码（内容首页）、标题一致
投标书及 投标书附录	投标书格式、标段、里程是否与招标文件规定相符，建设单位名称与招标单位名称是否正确
	报价金额是否与"投标报价汇总表合计""投标报价汇总表""综合报价表"一致，大小写是否一致，国际标中英文标书报价金额是否一致
	投标书所示工期是否满足招标文件要求
	投标书是否已按要求加盖了公章
	法人代表或委托代理人是否已按要求加盖了公章
	投标书日期是否正确，是否与封面所示吻合
修改报价的 声明书 （或降价涵）	修改报价的声明书内容是否与投标书相同
	降价函是否按照招标文件要求装订或单独递送
授权书、 银行保函、 信贷证明	授权书、银行保函、信贷证明是否按照招标文件要求格式填写
	上述三项是否由法人正确签字或盖章
	委托代理人是否正确签字或盖章
	委托书日期是否正确
	委托权限是否满足招标文件要求，单位公章加盖完善
	信贷证明中信贷数额是否符合业主明示要求，如业主无明示，是否符合标段总价的一定比例
报价	报价编制说明要符合招标文件要求，繁简得当
	报价表格式是否按照招标文件要求格式，子目排序是否正确
	"投标报价汇总表合计""投标报价汇总表""综合报价表"及其他报价表是否按照招标文件规定填写，编制人、审核人、投标人是否按规定签字盖章
	"投标报价汇总表合计"与"投标报价汇总表"的数字是否吻合，是否有算术错误
	"投标报价汇总表"与"综合报价表"的数字是否吻合，是否有算术错误
	"综合报价表"的单价与"单项概预算表"的指标是否吻合，是否有算术错误。"综合报价表"费用是否齐全，来回改动时要特别注意
	"单项概预算表"与"补充单价分析表""运杂费单价分析表"的数字是否吻合，工程数量与招标工程量清单是否一致，是否有算术错误
	"补充单价分析表""运杂费单价分析表"是否有偏高、偏低现象，分析原因，所用工、料、机单价是否合理、准确，以免产生不平衡报价
	"运杂费单价分析表"所用运距是否符合招标文件规定，是否符合调查实际
	配合辅助工程费是否与标段设计概算相接近，降低造价的幅度是否满足招标文件要求，是否与投标书其他内容的有关说明一致，招标文件要求的其他报价资料是否准确、齐全
	定额套用是否与施工组织设计安排的施工方法一致，机具配置尽量与施工方案相吻合，避免工、料、机统计表与机具配置表出现较大差异
	定额计量单位、数量与报价项目单位、数量是否相符合
	"工程量清单"表中工程项目所含内容与套用定额是否一致
	"投标报价汇总表""工程量清单"采用 Excel 表自动计算，数量乘单价是否等于合价（合价按四舍五入规则取整）。合计项反求单价，单价保留两位小数

表 14-22　标书复核要点表（二）

复核分类	复核要点
对招标文件及合同条款的确认和承诺	投标书承诺与招标文件要求是否吻合
	承诺内容与投标书其他有关内容是否一致
	承诺是否涵盖了招标文件的所有内容，是否实质上响应了招标文件的全部内容及招标单位的意图。业主在招标文件中隐含的分包工程等要求，投标文件在实质上是否予以响应
	招标文件要求逐条承诺的内容是否逐条承诺
	对招标文件（含补遗书）及合同条款的确认和承诺，是否确认了全部内容和全部条款，不能只确认、承诺主要条款，用词要确切，不允许有保留或留有其他余地

复核分类	复核要点
设计组织与进度	工程概况是否准确描述
	设计组织及人员资格是否符合业主的要求
	对招标文件的招标范围、功能要求、性能要求、标准、规范的描述、理解是否与业主要求一致
	所明确的设计节点和设计报批的控制目标是否符合业主的要求和条件
	设计进度是否可以满足后续工作的需要，不影响业主提出的总工期
	计划的设计深度是否能够达到业主的要求
	设计与采购、施工的协调措施是否得当、能够保证各环节的无缝连接
采购组织与进度	采购组织力量是否与工程采购量、业主要求相匹配
	采购进度计划是否能够保证施工进度计划的顺利实施
	采购清单中的设备材料品种配件标准、规格、质量是否符合工程要求，是否齐备
	采购与设计、施工的协调方案是否可行、有效
施工组织及施工进度安排	计划开竣工日期是否符合招标文件中工期安排与规定，分项工程的阶段工期、节点工期是否满足招标文件规定。工期提前要合理，要有相应措施，不能提前的决不提前，如铺架工程工期
	工期的文字叙述、施工顺序安排与"形象进度图""横道图""网络图"是否一致，特别是铺架工程工期要针对具体情况仔细安排，以免造成与实际情况不符的现象
	总体部署：施工队伍及主要负责人与资格审查文件的要求是否一致，文字叙述与"平面图""组织机构框图""人员简历"及拟任职务等是否吻合
	施工方案与施工方法、工艺是否匹配
	施工方案与招标文件要求、投标书有关承诺是否一致。材料供应是否与甲方要求一致，是否统一代储代运，是否甲方供应或招标采购。临时通信方案是否按招标文件要求办理（有要求架空线的，不能按无线报价）。施工队伍数量是否按照招标文件规定配置
	工程进度计划：总工期是否满足招标文件要求，关键工程工期是否满足招标文件要求
	特殊工程项目是否有特殊的安排；冬季施工项目措施是否得当；影响工程质量的必须停工；膨胀土雨季要考虑停工；跨越季节性河流的桥涵基础雨季前要完工，工序、工期安排是否合理
	"网络图"工序安排是否合理，关键线路是否正确
	"网络图"如需中断时，是否正确表示；该项目结束时是否归到相应位置
	"形象进度图""横道图""网络图"中工程项目是否齐全：路基、桥涵、轨道或路面、房屋、给排水及站场设备、大临设施等
	"平面图"是否按招标文件布置了队伍驻地、施工场地及大临设施等位置，驻地、施工场地及大临工程占地数量及工程数量是否与文字叙述相符
	劳动力、材料计划和机械设备、检测试验仪器表是否齐全
	劳动力、材料是否按照招标要求编制了年、季、月计划
	劳动力配置与劳动力曲线是否吻合，总工天数量与预算表中总工天数量差异要合理
	标书中的施工方案、施工方法描述是否符合设计文件及标书要求，采用的数据是否与设计一致
	施工方法和工艺的描述是否符合现行设计规范和现行设计标准
	是否有防汛措施（如果需要），措施是否有力、具体、可行
	是否有治安、消防措施及农忙季节劳动力调节措施
	主要工程材料数量与预算表中的工、料、机统计表的数量是否吻合一致
	机械设备、检测试验仪器表中设备种类、型号与施工方法、工艺描述是否一致，数量是否满足工程实施需要
	施工方法、工艺的文字描述及框图与施工方案是否一致，与重点工程施工组织安排的工艺描述是否一致；总进度图与重点工程进度图是否一致
	施工组织及施工进度安排的叙述与质量保证措施、安全保证措施、工期保证措施叙述是否一致
	投标文件的主要工程项目工艺框图是否齐全
	主要工程项目的施工方法与设计单位的建议方案是否一致，理由是否合理、充分
	施工方案、方法是否考虑与相邻标段、前后工序的配合与衔接
	临时工程布置是否合理，数量是否满足施工需要及招标文件要求。临时占地位置及数量是否符合招标文件的规定
	过渡方案是否合理、可行，与招标文件及设计意图是否相符

表 14-23　标书复核要点表（三）

复核分类	复核要点
工程质量	质量目标与招标文件及合同条款要求是否一致
	质量目标与质量保证措施"创全优目标管理图"叙述是否一致
	质量保证体系是否健全，是否运用 ISO9002 质量管理模式，是否实行项目负责人对工程质量负终身责任制
	技术保证措施是否完善，特殊工程项目如膨胀土、集中土石方、软土路基、大型立交、特大桥及长大隧道等是否单独有保证措施
	是否有完善的冬、雨季施工保证措施及特殊地区施工质量保证措施
安全保证措施、环境保护措施及文明施工保证措施	安全目标是否与招标文件及企业安全目标要求口径一致
	确保既有铁路运营及施工安全措施符合铁路部门有关规定，投标书是否附有安全责任状
	安全保证体系及安全生产制度是否健全，责任是否明确
	安全保证技术措施是否完善，安全工作重点是否单独有保证措施
	环境保护措施是否完善，是否符合环保法规，文明施工措施是否明确、完善
	工期目标与进度计划叙述是否一致，与"形象进度图""横道图""网络图"是否吻合
	工期保证措施是否可行、可靠，并符合招标文件要求
工期保证措施	工期目标与进度计划叙述是否一致，与"形象进度图""横道图""网络图"是否吻合
	工期保证措施是否可行、可靠，并符合招标文件要求
控制（降低）造价措施	招标文件是否要求有此方面的措施（没有要求不提）
	若有要求，措施要切实可行，具体可信（不做过头承诺、不夸大）
	遇到特殊有利条件时，要发挥优势，例如，队伍临近、就近制梁、利用原有大临设施等
施工组织机构、队伍组成、主要人员简历及证书	组织机构框图与拟上的施工队伍是否一致
	拟上施工队伍是否与施工组织设计文字及"平面图"叙述一致
	主要技术及管理负责人简历、经历、年限是否满足招标文件强制标准，拟任职务与前述是否一致
	主要负责人证件是否齐全
	拟上施工队伍的类似工程业绩是否齐全，并满足招标文件要求
	主要技术管理人员简历是否与证书上注明的出生年月日及授予职称时间相符，其学历及工作经历是否符合实际、可行、可信
	主要技术管理人员一览表中各岗位专业人员是否完善，符合标书要求，所列人员及附后的简历、证书有无缺项，是否齐全
企业有关资质、社会信誉	营业执照、资质证书、法人代表、安全资格、计量合格证是否齐全并满足招标文件要求
	重合同守信用证书、AAA 证书、ISO9000 系列证书是否齐全
	企业近年来从事过的类似工程主要业绩是否满足招标文件要求，在建工程及投标工程的数量与企业生产能力是否相符
	在建工程及投标工程的数量与企业生产能力是否相符
	财务状况表、近年财务决算表及审计报告是否齐全，数字是否准确、清晰
	报送的优质工程证书是否与业绩相符，是否与投标书的工程对象相符，且有影响性

表 14-24　标书复核要点表（四）

复核分类	复核要点
其他复核检查内容	投标文件格式、内容是否与招标文件要求一致
	投标文件是否有缺页、重页、装倒、涂改等错误
	复印完成后的投标文件如有改动或抽换页，其内容与上下页是否连续
	工期、机构、设备配置等修改后，与其相关的内容是否修改换页
	投标文件内前后引用的内容，其序号、标题是否相符
	如有综合说明书，其内容与投标文件的叙述是否一致
	招标文件要求逐条承诺的内容是否逐条承诺
	按招标文件要求是否逐页小签，修改处是否由法人或代理人小签
	投标文件的底稿是否齐备、完整，所有投标文件是否建立电子文件
	投标文件是否按规定格式密封包装、加盖正副本章、密封章
	投标文件的纸张大小、页面设置、页边距、页眉、页脚、字体、字号、字型等是否按规定统一
	页眉标识是否与本页内容相符

复核分类	复核要点
其他复核 检查内容	页面设置中"字符数/行数"是否使用了默认字符数
	附图的图标、图幅、画面重心平衡,标题字选择得当,颜色搭配悦目,层次合理
	一个工程项目同时投多个标段时,共用部分内容是否与所投标段相符
	国际投标以英文标书为准时,加强中英文对照复核,尤其是对英文标书的重点章节的复核(如工期、质量、造价、承诺等)
	各项图表是否齐全,设计、审核、审定人员是否签字
	采用施工组织模块,或摘录其他标书的施工组织内容是否符合本次投标的工程对象
	标书内容描述用语是否符合行业专业语言,打印是否有错别字
	改制后,其相应组织名称是否做了相应的修改

14.3.2　标书制作注意事项

投标文件是整个投标的关键,如何编制一本完美、准确、高质量的投标文件是每个投标人需要不断学习和总结的。投标文件制作时应注意以下问题。

① 投标文件应当对招标文件有关招标范围、投标有效期、工期、质量标准、发包人要求等实质性内容做出响应。

② 投标文件应按招标文件要求格式等规定进行撰写,如有必要,可以增加附页,作为投标文件的组成部分。其中,投标函附录在满足招标文件实质性要求的基础上,可以提出比招标文件要求更有利于招标人的承诺。

③ 投标文件应用不褪色的材料书写或打印,并由投标人的法定代表人或其授权的代理人签字或盖单位章。投标人的法定代表人授权代理人签字的,投标文件应附有法定代表人签署的授权委托书。投标文件应尽量避免涂改、行间插字,或删除。如果出现上述情况,改动之处应加盖单位章或由投标人的法定代表人或其授权的代理人签字确认。签字或盖章的具体要求见投标人须知前附表。

④ 投标文件正本一份,副本份数见投标人须知前附表。正本和副本的封面上应清楚地标记"正本"或"副本"的字样。当副本和正本不一致时,以正本为准。

⑤ 投标文件的正本与副本应分别装订成册,具体装订要求见投标人须知前附表规定。

⑥ 投标文件的外观应干净、整洁、漂亮,使企业首先获得评委们的良好印象分。投标文件均统一以 A4 版面编制打印组成,按序加注页码,整册装订不能轻易脱落。如果投标出现数量不全、密封不严、装订不整以及未按时提交等情况,该投标将被拒绝接受,其责任和损失均由投标人自行承担。

⑦ 除非招标文件另有规定外,投标文件以及一切来往书面通知函均应使用中文。任何非中文的资料,都应提供中文翻译本,在解释时以翻译本为准。投标文件中所使用的计量单位除招标文件中有特殊规定外,一律使用中华人民共和国法定计量单位。投标过程所发生的一切费用均由投标人自行承担。

⑧ 注意招标人对投标书的排版格式、印字要求。一般来说商务标:用 Word 即可,就是排版、打印、装订(企业资信的内容);技术标:用 Word 或 WPS 均可,按招标文件,有时也称白皮书(施工组织设计);经济标:定额预算或清单报价,通常用"广联达",做完后转成 Excel,也有标书制作的专用软件,但很少用。总之,应按照招标文件的要求去排版印制。

⑨ 投标文件的密封和标记:投标文件应进行包装、加贴封条,并在封套的封口处加盖投标人单位章;投标文件封套上应写明的内容见投标人须知前附表。未按要求密封和加写标记的投标文件,招标人将不予受理。

第15章
工程总承包资格预审申请

资格预审申请是投标人对招标人资格预审要求所做出的响应活动，主要体现在向招标人提交资格预审申请文件。预审申请文件是指投标人对招标人资格预审的响应的文件，是投标人按照招标文件或招标资格预审文件的要求编制而成的。资格预审申请是投标人争取入围的"首道门槛"，工程总承包的资格预审申请工作比一般承包模式更具有一定的难度。

15.1 资格预审申请文件概述

15.1.1 资格预审申请文件的概念

（1）资格预审

资格预审是国际竞争性项目招标过程中的必要程序，对投标申请人进行资格预审无论是国际市场，还是国内市场都是招投标活动的一种常用做法。国际咨询工程师联合会（FID-IC）、世界银行、亚洲开发银行等国际机构对国际招标项目的资格审查都进行了明确的规定：对于国际竞争性工程项目的投标人，应该进行资格预审，以确保投标人具有足够能力和经验来履行合约。

资格预审是指投标前对获取资格预审文件并提交资格预审申请文件的潜在投标人的承包能力、业绩、资格和资质、历史工程情况、财务状况和信誉等进行资格审查的一种方式。资格后审是指在开标后对投标人就上述内容进行的资格审查。进行资格预审的，一般不再进行资格后审，但招标文件另有规定的除外。

（2）资格预审申请文件

招标人在采用资格预审方式对投标人进行资格审查时，资格预审成为投标活动的起始点，资格预审是投标人参与投标的第一阶段，是招投标活动重要的环节，需要投标人按照招标人发布的资格预审文件公告的要求，撰写资格预审申请文件。

具体而言，资格预审申请文件是指建设工程企业希望参加某个工程项目的投标活动，按照业主制定的资格预审文件的要求，向业主递交的证明自己的公司具备了承揽招标拟建工程项目履约资格和履约能力，对业主的资格预审文件所做出相应响应的文件。其目的是获取"入围"，为最终得到工程的建设权利奠定基础。为此，资格预审申请文件可以比喻为是承揽工程项目的"通行证""入场券"。如果将投标看作一场考试的话，那么资格预审文件的递交则是初试，投标文件的递交则相当于是一场复试。投标人的预审申请文件的水平不但要满足招标人的要求，而且还要在众多投标者中名列前茅，才能保证投标人入围。如果众多投标者都能满足招标人的要求，而招标人在不可能让过多的投标人参与投标的情况下，只能从中择优录取前几名预审文件水平较高、实力和信誉较好企业作为合格的投标人，形成所谓投标人的"短名单"。

一份完美的资格预审申请文件，必须组建优秀的团队，做好基础资料收集，熟悉企业各项业绩的项目概况、施工工艺、施工方法、结构物的结构形式；熟悉企业各种奖项的分类、财务指标、各项资质和各类人员的资历；掌握各项办公软件和电子投标工具，建立完整的资料库和分地区建立各类投标注意事项。只有通过编制高质量的资格预审申请文件，才能为自身的投标活动保驾护航。

从某种程度上讲，资格预审申请文件的编写工作较投标文件的编制工作难度要大，尤其是国内一些工程项目，时间紧，业主往往搞"突然袭击"，从招标信息发布到资格预审文件递交截止日，有些只有两三天的时间，投标人往往没有足够的时间往返于招标办和公司总部，对于跨省的投标人来讲，更是有口难言，只能草草编制一份资格预审申请文件，由于编制质量不高，企业痛失良机的不在少数。为此，高度重视预审申请文件的编写，成为投标人需要研究的重要课题。

15.1.2 资格预审申请文件组成

资格预审申请文件组成要求，一般由招标人编制提供。工程总承包项目招标资格预审申请文件组成参考模板见图 15-1。

□资格预审申请函；

□法定代表人身份证明或附有法定代表人身份证明的授权委托书；

□联合体协议书（如有）；

□申请人基本情况表；

□工程总承包项目经理简历表；

□企业营业执照；

□企业资质证书；

□……

需从诚信库中获取的材料（同时具有施工和设计资质的申请人提供）：

□企业安全生产许可证；

□注册建造师证书；

□安全生产考核 B 证；

□执业资格证书；

□职称证书；

□企业或工程总承包项目经理类似工程业绩（含中标通知书、施工合同、竣工验收证明材料，直接发包项目可不提供中标通知书，但须提供发包人出具的加盖单位公章的直接发包证明）（如有）；

□……

需从诚信库中获取的材料（仅具有施工资质的申请人提供）：

□企业安全生产许可证；

□注册建造师证书；

□安全生产考核 B 证；

□企业或工程总承包项目经理类似工程业绩（含中标通知书、施工合同、竣工验收证明材料，直接发包项目可不提供中标通知书，但须提供发包人出具的加盖单位公章的直接发包证明）（如有）；

□……

需从诚信库中获取的材料（仅具有设计资质的申请人提供）：

□执业资格证书；

□注册资格证书；

□职称证书；

□企业或工程总承包项目经理类似工程业绩（含中标通知书、施工合同、竣工验收证明材料，直接发包项目可不提供中标通知书，但须提供发包人出具的加盖单位公章的直接发包证明）（如有）；

□……

需提供扫描件的材料：

□会计师事务所审计的财务审计报告和财务报表（   年-   年）；

□工程总承包项目经理养老保险缴费证明（   年   月-   年 月）；

□授权委托人养老保险缴费证明（   年   月-   年   月）（高等院校、科研机构、军事管理等部门从事工程设计、施工的技术人员不能提供养老保险缴纳证明的，由所在单位上级人事主管部门提供相应的证明材料）；

□企业业绩、工程总承包项目经理业绩其他证明材料；

□企业工程总承包项目经理行贿犯罪查询告知函；

□……

说明：采用联合体方式投标的，申请人应当提供符合要求的相关材料。

图 15-1　工程总承包项目招标资格预审申请文件组成参考模板

15.1.3　法规、标准的有关规定

目前，行业尚未有单独的工程总承包项目资格预审申请文件规范，其要求主要体现在行业法规以及其他模式预审文件规范之中，有些地方政府已经出台了专门的工程总承包资格预审文件规范文件可供参考。下面将有关工程总承包投标人资格预审申请文件的规定、规范梳理如下。

（1）《中华人民共和国招标投标法实施条例》

《中华人民共和国招标投标法实施条例》中规定："第三十六条　未通过资格预审的申请人提交的投标文件，招标人应当拒收。

第四十三条　提交资格预审申请文件的申请人应当遵守招标投标法和本条例有关投标人的规定。"

（2）《标准施工招标资格预审文件》

《标准施工招标资格预审文件》中规定："第二章 申请人须知

3. 资格预审申请文件的编制

3.1　资格预审申请文件的组成

3.1.1　资格预审申请文件应包括下列内容：

（1）资格预审申请函；

（2）法定代表人身份证明或附有法定代表人身份证明的授权委托书；

（3）联合体协议书；

（4）申请人基本情况表；

（5）近年财务状况表；

（6）近年完成的类似项目情况表；

（7）正在施工和新承接的项目情况表；

（8）近年发生的诉讼及仲裁情况；

（9）其他材料：见申请人须知前附表。

3.1.2　申请人须知前附表规定不接受联合体资格预审申请的或申请人没有组成联合体的，资格预审申请文件不包括本章第3.1.1（3）目所指的联合体协议书。

3.2　资格预审申请文件的编制要求

3.2.1　资格预审申请文件应按第四章"资格预审申请文件格式"进行编写，如有必要，可以增加附页，并作为资格预审申请文件的组成部分。申请人须知前附表规定接受联合体资格预审申请的，本章第3.2.3项至第3.2.7项规定的表格和资料应包括联合体各方相关情况。

3.2.2　法定代表人授权委托书必须由法定代表人签署。

3.2.3　'申请人基本情况表'应附申请人营业执照副本及其年检合格的证明材料、资质证书副本和安全生产许可证等材料的复印件。

3.2.4　'近年财务状况表'应附经会计师事务所或审计机构审计的财务会计报表，包括资产负债、现金流量表、利润表和财务情况说明书的复印件，具体年份要求见申请人须知前附表。

3.2.5　'近年完成的类似项目情况表'应附中标通知书和（或）合同协议书、工程接收证书（工程竣工验收证书）的复印件，具体年份要求见申请人须知前附表。每张表格只填写一个项目，并标明序号。

3.2.6　'正在施工和新承接的项目情况表'应附中标通知书和（或）合同协议书复印件。每张表格只填写一个项目，并标明序号。

3.2.7　'近年发生的诉讼及仲裁情况'应说明相关情况，并附法院或仲裁机构作出的判

决、裁决等有关法律文书复印件，具体年份要求见申请人须知前附表。

3.3 资格预审申请文件的装订、签字

3.3.1 申请人应按本章第 3.1 款和第 3.2 款的要求，编制完整的资格预审申请文件，用不褪色的材料书写或打印，并由申请人的法定代表人或其委托代理人签字或盖单位章。资格预审申请文件中的任何改动之处应加盖单位章或由申请人的法定代表人或其委托代理人签字确认。签字或盖章的具体要求见申请人须知前附表。

3.3.2 资格预审申请文件正本一份，副本份数见申请人须知前附表。正本和副本的封面上应清楚地标记'正本'或'副本'字样。当正本和副本不一致时，以正本为准。

3.3.3 资格预审申请文件正本与副本应分别装订成册，并编制目录，具体装订要求见申请人须知前附表。

4. 资格预审申请文件的递交

4.1 资格预审申请文件的密封和标识

4.1.1 资格预审申请文件的正本与副本应分开包装，加贴封条，并在封套的封口处加盖申请人单位章。

4.1.2 在资格预审申请文件的封套上应清楚地标记'正本'或'副本'字样，封套还应写明的其他内容见申请人须知前附表。

4.1.3 未按本章第 4.1.1 项或第 4.1.2 项要求密封和加写标记的资格预审申请文件，招标人不予受理。

4.2 资格预审申请文件的递交

4.2.1 申请截止时间：见申请人须知前附表。

4.2.2 申请人递交资格预审申请文件的地点：见申请人须知前附表。

4.2.3 除申请人须知前附表另有规定的外，申请人所递交的资格预审申请文件不予退还。

4.2.4 逾期送达或者未送达指定地点的资格预审申请文件，招标人不予受理。

5. 资格预审申请文件的审查

5.1 审查委员会

5.1.1 资格预审申请文件由招标人组建的审查委员会负责审查。审查委员会参照《中华人民共和国招标投标法》第三十七条规定组建。

5.1.2 审查委员会人数：见申请人须知前附表。

第四章 资格预审申请文件格式

一、资格预审申请函

二、法定代表人身份证明

三、授权委托书

四、联合体协议书

五、申请人基本情况表

六、近年财务状况表

七、近年完成的类似项目情况表

八、正在施工的和新承接的项目情况表

九、近年发生的诉讼及仲裁情况

十、其他材料"

(3)《江苏省房屋建筑和市政基础设施项目标准工程总承包资格预审文件》

江苏省结合本省实际对房屋建筑与市政基础设施工程总承包资格预审制定了地方规范性资格预审文件（2018 版）。其中对资格预审申请文件的组成、资格预审申请文件的编制、资格预审申请等有详细的规范性要求：

"第二章　申请人须知

3. 资格预审申请文件的编制

3.1　资格预审申请文件的组成

3.1.1　资格预审申请文件的组成见申请人须知前附表。

3.1.2　第四章'资格预审申请文件格式'有规定格式要求的，申请人应按规定的格式填写并按要求提交相关的证明材料。

3.1.3　申请人须知前附表规定不接受联合体投标的，或申请人没有组成联合体的，申请文件不包括本章第3.1.1中所指的联合体协议书。

3.2　资格预审申请文件的编制

3.2.1　资格预审申请文件应按第四章'资格预审申请文件格式'进行编写，如有必要可自行增加，作为资格预审申请文件的组成部分。

3.2.2　电子资格预审申请文件应使用'电子招标投标交易平台'可接受的资格预审申请文件制作工具进行编制、签章，并在提交资格预审申请文件截止期前上传至'电子招标投标交易平台'中。

3.2.3　资格预审申请文件中涉及从企业诚信库中获取的材料见本章第3.1.1项，申请人应在相应章节中建立相应链接（点击后可自动进入企业诚信库查看相应原件彩色扫描件，并作为资格预审申请文件组成部分）。对已在资格预审申请文件中链接的企业诚信库材料进行更新的，须重新链接获取相应信息。

申请人有义务核查资格预审申请文件中相应链接，以及从企业诚信库中获取扫描件的有效性和真实性，如存在扫描件无效、不清晰、不完整或链接无效等情形的，申请人应及时更新企业诚信库相关材料，并重新链接获取相应信息。

未按本项要求从企业诚信库中获取的材料，在资格审查评审时该材料不予认可。

3.2.4　补充内容：资格预审申请文件编制的其它要求详见申请人须知前附表。

4. 资格预审申请

4.1　资格预审申请文件的递交

4.1.1　申请人应在申请人须知前附表规定的资格预审申请截止时间前，向'电子招标投标交易平台'传输递交加密后的电子资格预审申请文件，并同时递交密封后的资格预审文件备份。资格预审备份文件是否提交由申请人自主决定。

4.1.2　因'电子招标投标交易平台'故障导致资格审查活动无法正常进行时，招标人将使用'资格预审申请备份文件'继续进行审查活动，申请人未提交资格预审申请备份文件的，视为撤回其资格预审申请文件，由此造成的后果和损失由申请人自行承担。

4.1.3　申请人递交资格预审申请文件的地点：见申请人须知前附表。

4.1.4　逾期上传的资格预审申请文件，招标人不予受理。

4.1.5　通过'电子招标投标交易平台'中上传的电子资格预审申请文件应使用数字证书认证并加密，未按要求加密和数字证书认证的资格预审申请文件，招标人不予受理。

4.2　资格预审申请文件的修改与撤回

在4.1.1规定的截止时间前，申请人可以修改或撤回已递交的资格预审申请文件。

5. 资格预审申请文件的审查

5.1　审查委员会

资格预审申请文件由招标人依法组建的审查委员会负责审查。

5.2　资格审查

审查委员会根据申请人须知前附表规定审查办法和第三章'资格审查办法'中规定的审

查标准审查，没有规定的方法和标准不得作为审查依据。

需申请人拟派工程总承包项目经理答辩的，申请人拟派工程总承包项目经理应按照申请人须知前附表规定时间、地点和要求参加答辩。未按要求参加的，造成的后果由申请人自行承担。

5.3 特殊情况处理

5.3.1 因'江苏省网上开评标系统'故障，资格审查活动无法正常进行时，招标人将使用'资格预审备份文件'继续进行开标活动。

'江苏省网上开评标系统'故障是指非投标人原因造成所有申请人电子预审申请文件均无法提交的情况。

5.3.2 因申请人原因造成资格预审申请文件在规定的时间内未完成提交的，该申请将被拒绝。

第四章 资格预审申请文件格式

1. 资格预审申请函
2. 法定代表人身份证明
3. 授权委托书
4. 联合体协议书（如有时）
5. 申请人基本情况表
6. 项目管理机构组成表
7. 工程总承包项目经理及主要项目管理人员简历表
8. 申请人（工程总承包项目经理）类似工程业绩一览表
9. 拟再发包计划表
10. 拟分包计划表

工程业绩资料

其他资料：

1. 资格预审文件要求提交的其他资料；
2. 申请人认为有必要提供的其他资料。

其他省份的标准工程总承包资格预审文件关于预审申请文件的规定大致相同。"

15.2 资格预审申请文件编制

15.2.1 申请文件编制基本原则

（1）严格按照业主提供的格式编制原则

深入了解业主的资格预审文件的关键内容，对于正确编写投标资格预审申请文件十分重要，在业主提供的资格预审文件中，一般都有具体的示范编写格式，其目的是方便评审人员评审工作，有利于对投标人资格之间的比较分析。为此，投标人编制申请文件，一定要按照业主提供的格式填写，决不能随意。否则将会当作"废标"处理。

（2）内容完整、真实、可靠性原则

真实性是对投标资格预审申请文件的基本要求，在报送投标资格预审申请文件时，业主要求投标人对其所提供的资格预审申请文件的真实性做出书面承诺；如果由于投标资格预审申请文件的真实性导致评审未能通过，将会直接影响投标人在该市场的商业信誉，造成十分不利的影响。所以投标人必须如实填报有关资料。投标资格预审申请文件要按照业主的要求

逐项填报，不能有漏项，对于业主的资格预审文件表格中的所有问题，投标人都应该给予积极、得体的响应。

（3）层次分明、突出重点原则

业主在针对项目进行资格审查时，会对预审申请文件中给出的项目的规模、工程量计算、计划工期等要求投标人进行简要介绍。投标人在编写投标资格预审申请文件时既要对业主要求的内容进行全面响应，又要层次分明、突出重点，有针对性地将自己承包此项目的优势显现出来。例如，在提供 EPC 项目业绩时，最好选择近期完成的项目或在建的项目，选择技术含量、标准和规模等与投标项目类似的代表性的项目，这样能够在时间上为业主提供现实的、直观的比对资料，为业主预审提供方便。

（4）全面组织、通盘考虑原则

业主资格预审考察的是投标人的动态数据，其涵盖的内容非常全面，从企业经营情况到人员、设备配备；从企业的 HSE、质量体系运行情况到企业 EPC 项目执行经验。此外，有些业主在招标时会明确规定，投标文件内容必须与资格预审申请文件内容一致。因此，投标人应科学安排投标文件和资格预审申请文件的编写工作，安排专业人员统一编写这两部分文件，以确保两部分文件的一致性，力争提供一份具有针对性、专业性的高水平文件。同时，在资格预审阶段必须对项目组织结构、关键岗位人员设置、项目执行策略、机械装备配备等通盘考虑，为后续投标工作打好基础。

15.2.2 申请文件编制主要内容

资格预审申请文件作为参与工程建设项目招标的"敲门砖"，投标人编制的质量，将直接决定其能否获得参与投标的资格。因此，熟悉资格预审申请文件的主要内容和基本要求，有助于投标人提高申请文件的编制质量。本节通过英国石油公司（British Petroleum，简称 BP 公司）在伊拉克某油田项目的实例，对 EPC 投标人资格预审申请文件涉及的关键内容进行介绍。

申请文件编制内容如下。

① 主体资格和基本情况　业主要审查的内容包括：公司名称、成立时间、注册地点、组织形式、企业法人代表情况以及企业驻外机构分布等情况，审查这些方面能够使业主对投标人形成概念性的认识，有些业主还要求投标人提供近十年来业务构成的百分比信息，了解投标人基本业务构成和基本业务范围变动。

② 遵守所在国法律法规及道德规范情况　遵守业主所在国、注册地所在国和项目所在国的法律法规及道德规范，没有任何违反法律法规的行为是业主对投标人的基本要求，业主在资格预审时通常会对投标人提出以下问题：是否熟悉美国《反海外腐败法》和英国的《反贿赂法案》，是否有反腐败法案相匹配的行为守则，在与英国石油公司的合作中是否遵守了该公司的守则，是否与政府官员有着直接或间接的经济往来，是否存在行贿、受贿、贪污、欺骗行为等。投标人不仅要如实回答以上问题，而且还要详细阐述其在反腐败方面的内部规章、制度和具体做法。

③ 投标人的财务和商业信誉情况　投标人的最新财务报告是业主了解投标人的经营和财务状况，考察投标人履约能力的重要依据。业主通常会要求投标人提供以下三方面财务信息。

a. 近三年来的投标人的资产负债情况，包括：固定资产、流动资产资本金、流动负债、长期负债等。

b. 投标人近三年来的营业收入和利润。

c. 投标人拟用于该项目的资金来源，以及投标人是否愿意遵照业主的付款原则进行工程款支付。

另外业主还会要求投标人提供担保人的相关财务信息，以便了解担保人的资产负债、益损等相关财务信息。投标人可以提供担保人的上年度财务报告作为证明文件。

④ HSE、质量运行体系情况　业主对于投标人的 HSE、质量运行体系情况非常重视，要求投标人建立符合业主要求的 HSE、质量运行体系，具有良好的 HSE、质量运行状态和记录，能够按照合同规定的标准和质量要求完成项目，并且无质量事故。这部分主要预审的内容包括：投标人是否具有国际上相关体系权威机构颁发的资格认证证书，投标人的 HSE 和质量方针、管理手册、程序文件等是否齐全，投标人是否有环境管理体系，投标人是否定期对 HSE 和质量体系进行内审和外审。

业主对投标人的安全管理十分重视，一般要求投标人提供近三年所承建项目的 HSE 体系运行情况，包括可记录事件、死亡事件、损失工时事件、可记录事件率、总工时、环境污染事件等内容，以此考察投标人的 HSE 体系运行情况。

⑤ 项目组织机构和项目管理　根据招标项目的具体情况，业主会要求投标人提供项目总体执行情况、组织机构设置等相关资料。

项目执行的主要内容包括：项目工作内容、项目工作场所、当地和他国的资源利用情况、项目分包计划、项目主要分包商名录、后勤管理等。

业主要求承包商提供本公司和母公司的组织机构，而且要根据拟投标的项目组建该项目的管理机构，要求投标人提供用于管理、成本、工期和质量控制的项目管理系统和相关程序文件；要求投标人详细阐述检测成本、工期、质量和 HSE 等运用情况的关键性指标；要求投标人对项目执行过程中的风险进行预测并提出切实可行的防控措施等。

⑥ 项目执行资源　业主要求投标人具有充足的项目管理、控制以及 EPC 执行资源，预审关键点包括：

a. 投标人现有资源、目前可利用资源、过去五年间高峰值的总资源；

b. 拟参与投标项目所需资源、拟使用的自有资源和外部资源情况；

c. 公司总体机械设备的拥有、在用情况，目前可供调配的机具设备；

d. 投标人项目管理信息系统建设情况等。

⑦ 工业项目业绩　投标人 EPC 项目的建设能力是业主所关注一个重要方面，业主常常安排专业的工程师来检查这方面的内容。BP 公司一般要求投标人提供近十年来承担类似工程项目的业绩，尤其是项目所在国或同类地区的类似 EPC 工程项目的业绩。
基本要求是：

a. 投标人提供的项目业绩在技术含量、标准和项目规模方面是否能满足本项目的需要；

b. 能够按照合同规定的工期完成项目建设；

c. 反映工程项目业绩的主要内容包括：合同名称、承包范围、合同金额、合同类型、开竣工日期、项目监理公司、项目质量和安全工时记录、项目分包情况等。

业主会特别要求投标人提交相关项目的业主联系人信息，投标人必须确保这些信息准确无误。

⑧ 招标预审清单　一般情况下，BP 公司会允许投标人自行提交相关材料以证明投标人资信和能力。对于投标人而言，提供充分证明材料有助于企业在众多的投标人中脱颖而出，增加胜算。

中国对外承包商会颁发的企业信用 AAA 证书、美国《工程新闻纪录》（ENR）中公布的国际承包商和国际设计公司排名，业主颁发的工程验收合格证书；业主或项目所在国政府对项目的评价以及 HSE 奖牌、证书等资料都可以作为投标人的资格证明材料。国内工程总承包投标人参加资格预审一般需准备的资料清单见表 15-1。

表 15-1 投标人参加资格预审一般需准备的资料清单

项目	分类	准备内容
资质	资格证书	设计资质、施工资质
	荣誉证书	曾经获得的社会荣誉证书或行业工程荣誉证书
经验	信誉水平	已竣工项目业主或合作伙伴的推荐材料
	经验	项目专业经验和项目团队设置
		主要项目团队成员曾经执行过的类似项目信息
能力	专业特长	设计专长、特殊新工艺、施工技能、专用工装设备等
	专业技术	说明该专业技术可用于招标项目的哪部分,预计可降低费用的水平
	项目控制	质量和安全控制、工期控制、费用控制措施
	履约表现	过去类似项目参与方的背景信息,当前工作负荷;拟建项目团队中每一成员的当前任务;能够在招标项目实施过程中提供的服务时间
财力	融资	自有资金实力,已完成项目的融资实力
	担保	担保能力及历史,银行给予的授信规模
	财力支持	公司对该项目的财力支持
组织	总部	公司总部的组织结构
	项目	拟用项目团队的组织结构
	能力	组织与计划程序
人员	执业资质	各种证书与资质证明
	背景与经验	项目团队每一位成员的背景与经验
	人员安排	项目团队需要定义在该工程各个阶段拟用人员的工作性质和服务功能
资源	设备	现有设备和新增设备的承诺
	分包商	拟用分包商名单
	供应商	拟用供应商名单
其他	任何可以证明能降低该项目风险、减少费用开支和提高实施效率的清单	

15.2.3 申请文件编制工作流程

近年来,我国工程建设领域的法律法规不断修改和完善,工程总承包的规章、规范不断出台,对于规范建设市场起到重要作用。在越来越规范的市场中,编制资格预审申请文件的质量就显得尤其重要,针对相关的国家政策及文件要求,提出资格预审申请文件的具体工作流程见图 15-2。

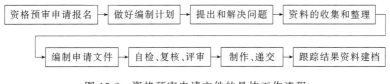

图 15-2 资格预审申请文件的具体工作流程

(1) 资格预审申请报名

① 全面理解预审文件 认真阅读资格预审公告,分析各项资格要求,在满足要求的基础上开展其他各项投标工作。

招标人的资格预审文件通常由资格预审公告、投标人须知、资格审查办法、资格预审申请文件格式和项目建设概况等几部分组成。对资格预审公告基本上在购买资格预审文件的时候就已经了解了相关内容;投标人须知(包括投标人须知前附表)中包含的相关内容非常重要,需要详细的阅读和分类整理。招标人或招标人代理机构名称、地址、联系方式和电话,对投标人也十分重要,这样便于联系沟通。

工程项目基本情况:包含项目名称、建设地点、资金来源、出资比例、资金落实、招标范围、计划工期和质量要求,有助于申请人了解招标人项目的基本情况。

申请人的资质条件、能力和信誉：告知申请人所必备的资质要求、财务要求、业绩要求、信誉要求、人员要求、主要机械设备和试验检测设备的最低要求，这部分体现了申请人各方面的能力。如果资格审查采用合格制，满足这些方面要求就能通过资格预审。

② 协调资质使用权　响应《中华人民共和国招标投标法实施条例》第三十四条的规定"单位负责人为同一人或者存在控股、管理关系的不同单位，不得参加同一标段投标或者未划分标段的同一招标项目投标"；需要组成联合体投标的，应响应《中华人民共和国招标投标法实施条例》第三十七条的规定"招标人接受联合体投标并进行资格预审的，联合体应当在提交资格预审申请文件前组成；资格预审后联合体增减、更换成员的，其投标无效。联合体各方在同一招标项目中以自己名义单独投标或者参加其他联合体投标的，相关投标均无效。"

③ 收集并整理全部报名所需的资料和信息　如单位介绍信或授权委托书，企业证件扫描件，项目经理和项目总工相关资料，企业业绩资料，网上报名系统相关信息等。

④ 完成资格预审申请的报名工作　按规定获取的招标人颁发的资格预审文件，整理报名时业主或代理机构给予资格预审申请人的提醒或注意事项。

(2) 制定编制工作计划

资格预审申请负责人根据业主规定的澄清时间、原件查验时间、递交资格预审申请文件时间等时间节点，做好严格的计划，并将计划以通知的形式在网上交流平台共享，严格执行，相互沟通，以免影响编制质量。

(3) 提出和解决问题

全面阅读和理解资格预审文件，提出问题并总结编制重点和难点，先报复核人协商解决问题，仍有疑问的，再由资审负责人组织编制人员开会解决问题；业主文件编制本身存在漏洞的条款，如申请人须知、资格审查办法、投标文件格式相互要求不一致，对资格预审文件要求的理解有歧义的，一旦不反复推敲和研究，就会成为陷阱，这些最终不能解决的疑问应按资格预审文件的要求以"质疑书"的形式发给业主，充分利用业主答疑的机会解决，对于需要银行、公证处、检察院等提供的证明材料有疑问的，可先电话咨询招标代理或业主，先办理审批程序，避免答疑出来后再进行办理造成时间紧张。

(4) 资料的收集和整理

根据招标人颁发的资格预审文件要求，做好各项资料的收集和整理。按照要求认真分析资格审查办法，确定采用合格制还是有限数量制，并对同一区域的同一类别标书和备案资料进行收集和学习，根据资格预审文件的要求协调各单位提供资质、财务、人员、业绩、信用信誉、奖项、机械设备、施工工艺等相关资料，需要有一定时限或异地才能办理的资料，如现金担保、银行保函、银行信贷、公证书、需核验的原件等，做到提前准备、关注办理过程、保持良好沟通、及时核对办理成果，保证资料齐全、准确无误。

(5) 编制申请文件

编制前比较招标人颁布的资格预审文件和国家或地方制定的标准工程总承包招标文件（如有）以及相关文件的区别，并分析重点和难点，看清资格审查办法；准备好预审申请文件的评审资料及表格，包括原件核验清单、需要办理的各种证件资料、文件编制各项表格及需附的相关资料，注意签字和盖章、装订和包封、递交等环节的工作；保证思路清晰，合理分工，合理分配时间，保持好进度，遇到疑点，能积极找到解决疑点的制度和方法，编制小组可通过网络会议、书面汇报等多种方式及时处理，认真阅读和理解业主发出的答疑书和补遗书并回复确认函。对业主答疑中未明确的条款，在文件编制过程中可以适当增加附件内容补充说明，采用多附相关资料的方式解决，一定要对业主的要求逐一完全响应。同时，在文件中充分体现出企业的实力和企业信用履约良好，适当附一些企业获奖、企业在业主辖区内的信用评价、信用中国查询截图等资料；还要注意完善业主在文件中明确要求备案的资料；编制电子标书的，一定要认真学习编制电子标书的流程和注意事项，并提前完成电子标书的制作和试上传。

标书编制必须做好过程控制，边制作边复核、边收集边检查，尤其是办理资料、原件资料，做到各项资料复核到位，简单的资料也要坚持复核制度，不能掉以轻心。

（6）自检、复核、评审

自检：对业主各项要求的响应情况逐条核查，对填写的各项信息逐一落实，做到有问必答，有理有据，对文件的完整性认真检查。

复核：对标书进行全面检查，包括对答疑和补遗的响应情况，对文件格式仔细核对，对"废标"条款反复研究和核查，核对同一信息多次填写的情况是否保持一致，各项证书是否在有效期内，签字、盖章是否符合要求，装订、包封、递交工作是否明确和准备到位。

评审：编制人准备好文件要求递交的各项资料和原件，评审小组按评审表开展评审工作，并对资格预审申请文件的美观和协调提出意见，复核人做好评审记录，有整改的在评审现场规划出整改的具体措施和时间。

（7）制作、递交

经评审定稿的资格预审申请文件先检查完整性和各项资料的顺序，再编制连续页码和目录，然后按照招标人颁发的资格预审文件要求进行装订包封，复核人必须进行全程监督，再与递交人详细交流和确认递交事宜，并整理好相关资料，为建档做准备。

（8）跟踪结果资料建档

递交文件完毕后，保持各种联系方式畅通，在文件的规定时间内及时关注资格预审结果通知。同时，完成资料电子版、纸质版、原件清单等投标交底资料，为投标做好准备，并做出书面经验总结，列出与国家制定的《中华人民共和国标准设计施工总承包招标文件》等相关规范格式区别，比较与最近编制预审申请文件的区别，总结业主最新提出的要求，并报评审小组审核定稿，为下次编制资格预审申请文件提供参考。

15.3 资格预审申请工作技巧与实践

15.3.1 资格预审申请工作技巧

（1）及时做好报名工作

把握投标时机，做好报名工作。获得一项工程信息后，企业如果决定重点跟进，那么就要时刻关注相关资格预审公告的发布时间和发布媒体，并在规定的时间内报名。网上报名的可直接在相关建设工程网上点击报名，平时要注意报名卡的维护和升级工作。现场报名的一定要带齐营业执照、资质证书、安全生产许可证的原件和复印件，法人委托书原件、委托代理人身份证原件和复印件等，外埠企业还要提供工程所在地的各类备案许可证书。报名时由于携带的资料较多，最好将各类资料列出一个清单，既方便查找又避免漏项。

（2）努力展现公司实力

邀请业主考查，展现公司实力。对于某些邀请招标的工程项目，投标企业大多是业主曾经合作过的或通过介绍了解的，完成报名工作后，资格预审申请的工作比较简单，也没有固定的模式。为进一步加深业主对投标企业的了解，可以邀请招标人来公司进行考察，一般分为公司本部考察和类似工程工地考察。企业一定要在短时间内凸显公司实力，给业主留下良好的印象，建议做好以下几个方面的工作：

① 企业资质更新及时化　资质信息是业主考察的主要方面，展现在其面前的一定是企业的最新信息。如营业执照、资质证书、安全许可证、管理体系认证、组织机构代码等相关证书一定要在有效期内且年检合格。

② 企业品牌宣传多样化　企业可以提供资质文件、画册、获奖证书、类似施工业绩合同、制作投影演示等多种形式向招标人展示公司的品牌实力，要做到内容丰富、形式多样、重点突出。

③ 企业技术能力展示专业化　企业要在短时间内充分证明有承揽此类工程项目的实力和经验，使招标人放心交给企业，就要做好两方面的工作，一是要认真挑选专业人员，包括有决策权的领导层代表、市场营销人员代表、拟派项目经理和专业技术人员代表等；二是要认真挑选用于考察的已竣工工程项目，所选择的项目尽量在建筑规模、专业类别以及特殊工艺等各方面与招标项目类似或选择有代表性获奖工程项目。

(3) 分析明确投标要点

分析预审文件，明确投标要点。国内工程项目招标人的资格预审文件主要审查的因素包括：具有独立签订合同的资格（EPC 具有设计或施工相应资格）；具有履行承包合同的能力；没有处于被责令停业，投标资格被取消，财产被接管、冻结，破产的状态；在最近三年内没有骗取中标和严重违约及重大工程质量事故。

我国现行的资格预审文件一般由两部分组成：第一部分是必要合格条件证明材料，这是法律法规等规定的投标申请人必须满足的条件，进行定性评审，只要有一项不满足，投标资格就会被拒绝，不得进入后续的评审程序。第二部分是附加合格条件证明材料，这是招标人根据项目特点和自己的要求，契合资格预审目的设立的条件，评审分值实行百分制，具体的评审标准、量化分值和权重在资格预审文件中都有详细的说明。投标人收到资格预审文件后，一定要认真分析资格预审文件的各项要求，以明确投标工作的重点。

① 要注意时间节点，申请人澄清截止时间；招标人澄清、修改资格预审文件截止时间；资格预审申请文件的递交时间；只有把握了这些时间点，才能在编制申请文件中更好地利用这些时间点，在规定的时间内完成相应的工作。

② 必须严格满足必要合格条件标准的各项要求，包括营业执照、资质证书、项目经理证书、安全生产许可证以及文件要求的各项承诺书。

③ 响应业主附加合格条件标准的各项要求。例如，项目经理要求的专业、级别、工作年限以及类似项目从业经历要求；类似业绩的项目数、规模和证明材料要求；近三年企业净资产、资产负债率等数据要求。

④ 明确装订和密封要求，例如，有的业主要求编排连续页码；有的要求在书脊上也列出项目名称；还有的则要求将正副本分别密封，然后再统一加装外封，不尽相同。

(4) 编写高质量的申请文件

编写申请文件，争取入围资格。工程总承包公开招标的项目大多数都要经过资格预审，由于其规模大，涉及的专业多，提交资格预审文件的时间往往有限，所以投标单位任务加重。所以投标企业要设立专门机构来负责资格预审工作。由于资格预审的内容较多，涉及企业管理、人力资源、财务、技术、合约等多方面的资料，这就需要专人来组织协调各部门，收集整理并及时更新相关信息。

① 目录清晰，层次分明　要按照业主资格预审文件的要求顺序编制目录，并标注页码范围，让评审专家对申请文件的内容一目了然。在不同的内容之间加张彩页，例如在必要合格条件和附加合格条件之间加张彩页，以便评审专家对申请文件进行检索。

② 全面响应，资料齐全　投标申请单位要按照招标文件的要求逐项填报，不能疏忽任何一个细节，要在"全"字上下功夫，有问有答。对文件中存在异议而又影响申请文件编制的问题一定及时向招标人或招标代理机构提出疑问，不能仅凭经验而草率决定。

a. 提供的资料要齐全。在对主要管理人员的资料准备上要提供一整套个人资料，包括建筑师证、安全考核证、职称证、毕业证、身份证、劳动合同、社保缴费证明、获奖证书等彩色扫描件，还有各种技术工种人员的上岗证、资格证等，有的证书上有效期那一页也须附上，有变更事项的，变更一页也要附上。

在业绩资料的准备上尽量将过去项目中标的通知书、合同协议书主要内容、竣工验收单、获奖证书、业主证明等附上。

在财务资料的准备上应提交近三年经会计师事务所或审计机构审计的财务报表，包括资产负债表、损益表、现金流量表等，最好附上由开户银行出具的金融信誉等级证书或银行资信证明，或由资信评估机构出具的等级证书。

在机械资料的准备上一定按照项目实际配备，做到设备先进、种类齐全、数量充足，最好附上购买凭证或租赁协议。

在企业信誉资料的准备上要将相关的证明材料、包括法院、仲裁机构做出的判决、裁决；行政机构的处罚决定等法律文书附后，如果没有上述问题存在，应出具相应的承诺书。

在联合投标资料的准备上一定要附上联合体协议书，表明牵头方及双方权利义务的划分。尤其要注意的是，有同一专业单位组成的联合体，按照资质等级较低的单位确定资质等级。所以，联合体成员中资质等级较低的一方也必须符合招标文件中注明的最低资质等级要求。

b. 签字盖章齐全。公司的营业执照、资质证书、安全生产许可证、管理体系证书、人员证件、合同复印件、财务报表等要加盖公章。有的招标文件要求每页加盖公章并授权代理人逐页小签。有的招标文件要求在授权委托书上或申请人承诺书上由法定代表人签字，这时就不能盖手印章，一定要由法定代表人亲自签字，否则会当作废标处理。有的招标文件还要求在建造师证书复印件上加盖执业印章，这时也一定按照要求去办。

③ 文件突出重点，侧重体现亮点　工程项目各具特点，具有不可复制性，为此，每个招标人考虑的侧重点也不尽相同。所以，投标人不能简单地用标准化模板去套用资格预审申请文件，一定要认真地阅读招标文件的特殊要求，有针对性地编制资格预审申请文件。

例如，某大剧院机电设备安装工程中，投标人在编制资格预审申请文件中做到了以下几点：一是认真选派项目经理团队，项目经理要有类似工程的从业经历，具有机电专业的一级建造师证书、高级职称、本科以上学历、工作年限在10年以上等；技术负责人最好是相关专业的高级工程师，专业技术要过硬；各专业的工程师、造价员、合同员、资料员、工长等人员要齐全。二是在类似工程业绩的准备上，重点选择建筑规模、建筑形式、使用功能、合同金额类似的项目，每个业绩单独制表，将各项信息填写齐全，数据详实，尤其是将剧院、场馆等类似工程做重点介绍，可以附上现场施工图片、获奖证书、图文并茂，突出投标人在此类似的工程上的专业能力。三是在机械资源的配备上，一定要与公司技术部门合作，提供适用于本工程的各类机械资源，做到设备齐全，数量充足。

④ 注意日常积累，建立信息档案　大型工程总承包项目业主都十分重视投标前的资格预审工作，资格预审申请文件涉及的资料比较繁琐，而且往往准备时间紧迫，这就要求编制人员有一个快速编制体系，建立健全投标资料库，内容包括：企业资质、人员资格、工程合同、机械设备、财务状况等。并注意将相关资料分类、建档、建立台账信息，及时补充更新，做到快、准、齐。

应将一个工程的所有资料放在一个文件夹中，例如"消防""空调""弱电"等，分类整理完毕后建立台账目录，以便投标时迅速调用。人员证件资料可以先按照每个人的姓名，例如王某，建立一个文件夹，将其所有证件，如建造师证、安全考核证、职称证、毕业证、身份证、劳动合同证、社保缴纳证明、获奖证书等彩色扫描件均放在一个文件夹中，然后按照工作岗位分类设置下一级文件夹。项目经理、工程师、经济师、质量员、安全员、材料员、合同员、施工员等经常使用的人员最好将其所有证件粘贴在一个文档内，需要使用时直接打印，节省输出时间。

⑤ 完整存档手续，建立交接制度　资格预审申请文件提交后，企业要做好文件的存档工作，包括纸质版和电子版，并及时备份给投标部门。因为在投标过程中所涉及的项目管理班子和成员应与资格预审申请文件保持一致，如有特殊情况变更，必须征得业主同意。再者，将报名资料、资格预审公告及文件、资格预审合格通知书等资料保存齐全，也是企业管理体系运行的重要要求，投标部门应站在企业可持续发展的高度抓好投标过程的每一个环节。

(5) 熟练运用电子平台

熟悉电子平台，适应市场发展。随着进一步规范招投标交易、服务和监管行为的要求，提高交易信息水平，降低招投标社会成本，电子化招投标工作目前逐渐推进，越来越多的工程招投标使用电子化招投标方式。

2012年招标投标法实施条例明确规定：国际鼓励运用信息网络进行电子招投标。招投标电子化的第一步就是让投标人用身份证锁登录电子化交易平台进行报名，然后进行电子化资格预审。以北京建筑市场为例，早在2011年北京建设工程发包承包交易中心以及北京市建设工程招标投标管理办公室就出台了《北京市建设工程电子化招投标实施细则》，其中就规定了资格预审申请文件须采用建筑市场发布的"电子标书生成器"软件的最新版进行编制，并在规定的递交截止日期前，通过网络方式递交申请文件，电子平台在成功接收到文件之后，会提供回执，递交时间以回执时间为准，回执载明的传输完成时间超出资格预审文件规定的递交截止时间的，将不能通过资格预审。因此，投标企业必须逐步熟悉电子化招投标流程，尽快适应建筑市场的新规则，共同维护建筑市场的公平、公正，逐步降低招投标交易的社会成本，体现节约创新精神。

15.3.2　资格预审申请工作案例

【内容摘要】

以M国疏浚填海工程投标实践为例，对M国投标资格预审的特点、资格预审条件和要求以及承包商如何做好资格预审前准备工作进行了介绍。

【市场准入特点】

由于M国地处马六甲海峡这一战略优势位置，近几年，该国是疏浚填海市场比较活跃的东南亚国家之一，由此，世界主要的疏浚填海工程承包商聚集于此，发挥各自优势承揽工程。M国最大疏浚公司INAI KIARA，与M国政府签订了全国港口基建、维护性疏浚的特许经营协议，凡是政府有管辖权的港口疏浚项目均不需招标，直接由该公司承担施工任务。因此，外来承包商只能着眼于承揽非政府主导的港口项目以及填海项目。

M国工程承包市场相对比较开放，但政府对于外国承包商有一些通用的资质要求，比如某些重点项目，外国承包商需要在M国当地注册子公司或分公司，而且当地土著需要拥有子公司、分公司一定比例的股权，或者需要与本地公司组成联营体。此外，任何承包商都需要向M国建筑工业发展局（CIDB）注册，CIDB会根据企业规模及能力做出评估，根据评估结果对承包商划分七个等级，政府对各级承包商可投标项目的规模有明确规定。M国本地没有劳务资源，大部分劳务都来自外国，该国对中国等传统优势劳务资源国家不开放，因此，在工程投标前，政府会要求外国承包商制定劳务使用计划，并对工作准证办理进行较为严格的审批。除此之外，不同的项目会有不同的资质要求。

【预审前准备工作】

资格预审前期需要准备大量资料文件，主要有以下几类。

① 公司宣传资料，包括：公司历史和背景、公司组织机构、公司业务领域和服务范围等。

② 公司的资质文件，包括：由国际机构颁发的注册证书、资信证明、质量体系等。

③ 支持性文件，包括：国家政府部门（大使馆）授予承包商对外经营权有关文件，母公司支持函、母公司给被委托人的授权证书等。

④ 对于联营体投标，需提供联营协议或联营意向书。按照M国惯例，以上文件需提供公证机关的国际公证或M国本地政府机构核证真实副本（Certified True Copy）。

此外，结合M国国情和本地业主特殊要求，还应准备如下文件：

① 若要求本地注册公司，需提供本地公司注册文件，主要审查公司章程内约定的经营业务范围以及注册资本。

② M国建筑工业发展局注册文件，即CIDB文件，主要审查承包商等级。

③ 个别业主还会要求一些M国部委颁发的许可文件，包括环保部、内陆税收局以及职业健康与安全部等。

【预审条件及要求】

（1）资格要求

一般来讲，资格预审对承包商的资格要求有以下几点。

① 一些大型项目的业主或出资人对承包商的注册国家有所限制，对于承包商用于该项目的物资来源有限制，比如某项目要使用钢板桩，业主要求钢板桩来源必须为欧洲某规格钢板桩。亚洲开发银行的《项目招标导则》规定，参与亚行贷款项目的承包商和向该项目提供物资和服务的机构应来源于亚行的成员国，如中国、日本、韩国等四十一个亚洲国家以及亚洲以外的美国、加拿大、英国、法国、德国等15个国家。

② 某些项目业主或出资人对承包商是否为国有企业或国家控股公司也有一定的限制。只有承包商是国有企业或国家控股公司，而且是自负盈亏的、依照商业法运作的才有资格参加投标。

③ 部分政府项目比较关注承包商联营体是否有本地公司参加，对本地公司份额有特殊要求，而且关注是否承担连带责任。

④ 承包商或承包商联营体的某一方，如果在过去的若干年参与过该项目的实施、咨询工作，或与业主有利益冲突，都有可能作为资格预审的限制条件。

（2）资历要求

项目业主从多个方面了解承包商的资历，包括履约记录、财务信用状况、工程资历、人力资源情况、施工设备能力、管理能力等。在资格预审文件中，业主会根据项目的具体情况，对资历要求提出一个基本标准，承包商需要满足这些标准才能够获得通过，对于疏浚填海工程，有些要求有其专业性特点，针对 M 国国情，也有其独特之处。

① 承包商的履历记录，包括承包商在过去若干年里是否有违约记录、诉讼状况等，往往业主在这一项有一票否决的权利。

② 承包商的财务信用状况是业主最为关心的一个问题。M 国政府主导项目的预付款一般只有合同额的 5%～15%，甚至有些私人业主项目没有预付款，尤其疏浚填海类项目依赖于海上大型设备，如果承包商的财务状况不好，无法筹措到足够的流动资金，工程施工肯定会受到影响。因此，在资格预审文件中，业主一般要求承包商提供过去若干年的审计财务报表，了解其资产情况、流动资产、负债情况等。同时还要提供实施该项目所需流动资金的来源计划，以及银行机构提供的信贷证明等。

③ 承包商完成的工程资历也很重要，疏浚填海工程有规模大、设备集成度高、专业性强等特点，这些都可以作为资格预审的限制条件，比如要求承包商要在过去若干年内完成疏浚填海工程合同额超过一定数额；在过去若干年有完成该类单体合同额超过一定数额（类似规模）的项目；有些业主要求国外承包商有本地工程经验，其中包括本地材料供应、本地分包以及本地当局许可审批的经验等。以上要求应该提交相应合同副本、完工证书、以往项目业主的回访记录等。此外，有些业主关心承包商在建项目的履约情况，要求提供在建项目的甘特图以及业主信息，联系方式等。

④ 人力资源状况，包括：承包商母公司、实施子公司的员工情况报告、拟组建项目部的关键人员简历以及关键人员的相关认证证书等，M 国政府出于保护本国人员职业发展的目的，一般要求国外承包商承诺在项目实施期间雇佣一定比例的当地员工。此外，对于在 M 国注册子公司或分公司的外国公司，需要提供从业人员的 CIDB 注册绿卡。

⑤ 承包商的施工设备能力在疏浚填海工程资格审查过程中尤为重要，该类工程依赖于大型海上施工设备，比如大型绞吸式挖泥船、耙吸式挖泥船等。项目业主资格预审时往往在这方面做文章，比如要求承包商自有船舶设备达到一定数额，并对挖泥船船籍、设备功率、仓容等做了明确要求。这一项要求提供船舶归属权证明文件、船舶性能证明文件等。

⑥ 承包商的管理能力，主要包含质量（QA/QC）管理，健康、安全、环境（HSE）管理等，在这一方面业主要求承包商具有国际水准的管理体系和经验，一般要求提供 ISO 认证文件、QA/QC 管理手册、审计报告、HSE 管理手册、特种人员简历及证书，HSE 培训情况、应急处理经验及成功案例等。

(3) 对当地承包商优惠

许多国家出于保护本地承包商的目的，在资格预审文件中往往设置一些优惠的规定，M 国也是如此，尤其是涉及 M 国本地公司，主要包括：承包商在项目实施过程中，要将一定比例合同额的工程分包给本地公司；国外承包商要与本地承包商组成联营体，本地承包商份额不得少于一定比例，且本地承包商的资格预审条件在工程资历、财务状况、设备能力等方面门槛设置较低。因此，在招标过程中，国际大型承包商往往希望同本地信誉较好的承包商组成联营体参加竞标，同时，借助联营模式获得当地政府以及业主的青睐。

【案例启示】

M 国是近些年基础设施投资和建设比较活跃的国家之一，一些大项目都要进行国际公开招标，资格预审是公开招标前的必须环节，疏浚填海项目，对投标人资格以及资历有其自身特点，投标人在资格预审准备过程中应仔细研究评审文件的标准、评审因素和其侧重点，加强信息积累，完善制度规范，在文件编制与整理方面与国际接轨，确保获得参加投标的资格。对于国际工程而言，投标人应注意以下问题。

（1）明确资格预审重要意义

资格预审是国际投标工程中不可缺少的一部分，特别是对一些大型或较复杂的 EPC 工程，可以说资格预审是投标人参加国际投标工程的第一轮竞争，只有做好资格预审并通过资格预审，投标人才能取得投标资格，继续参与下一轮的竞争。

对于投标人来说，通过资格预审还可以减少一大批投标竞争对手。比如在世界银行贷款的柬埔寨金边水处理厂项目的投标中，先期参加该资格预审的各国公司有 50 余家，而通过资格预审的只有 7 家，这就为后来中国某水利电力公司可以在与众多世界知名公司的竞争中一举夺标奠定了基础。同时，通过资格预审可以在筛选出少数有实力和有经验的承包公司参加竞争，避免不合格承包商作无效支出。

为了赢得胜利，国际承包商一般都非常认真对待资格预审，并以严肃审慎的态度提交资格预审所需的一切资料。

（2）预审工作应注意的问题

投标人要想在资格预审阶段赢得业主青睐，预审申请文件编制工作尤其应注意以下问题。

① 投标人要提供显示实力和业绩的图片和资料，最好能附上这些工程的业主颁发的竣工证书及优质工程证书等有说服力的文件。尤其是在国外类似工程方面，这些文件会显得非常重要。在业主发售的资格预审文件中对投标人工程经验的要求，只是最低要求，投标人要把近几年所做的工程尽可能全地提供给业主。投标人的工程经验是资格预审中相当重要的部分，通常占 40%之多。

② 获得一流银行的信贷能表明承包商的信誉程度。如果投标人能在文件中附一份国内有知名度和信誉度的银行开出的信贷证明信，保证投标人在得到该工程时，银行可以提供投标人信贷资金的保障，这个信贷资金为合同总额的 30%～40%，且这笔贷款将保持到工程由业主及咨询机构全部验收为止，这必将获得评审委员会对投标人财务能力的信赖。投标人的财务能力在资格预审的评审中占总评分的 30%。

③ 在投标人提供关键人员资料时，应该注意拟派到现场人员的工作经历，要选派那些有在国内外做过同种类型、同等规模工程经验，年富力强的人员，专业组成应合理，以符合工程的需要。

④ 一般情况下只有提供资金的金融组织成员国才有资格参加项目的资格预审及投标。投标人在决定参加资格预审前，一定要了解是否有资格参加资格预审，在资格预审文件的最后，业主会提供亚行（世行）或其他金融组织成员国名单。

⑤ 为了保护业主本国承包商的利益，一般资格预审文件中都有对本国承包商优惠的条款，规定本国投标人或与业主本国承包商联合投标的国际承包商都享受 7.5%的价格优惠。应充分利用业主这一优惠政策，为今后商务标的取得奠定基础。

不一定所有项目都进行资格预审。有些项目采用资格后审，资格后审和资格预审的要求基本相同。资格后审有时是和整个投标文件一起开标，有时是分别开标。在分别开标时先开标的部分叫技术标，相当于资格标，后开标的部分是价格部分也叫商务标。

总之，无论何种方式的资格审查，投标人都要实事求是同时又要有一定的策略，只有这样才能取得国际投标工程的第一轮胜利。

第 16 章
工程总承包项目投标管理

投标管理是指投标企业在特定的市场环境中，充分利用企业与社会资源对投标活动进行有效的计划、组织、领导和控制，以便达到投标活动目标——获取工程项目承包权的过程。由于工程总承包项目具有众所周知的特点，其投标管理工作更为复杂。投标管理是多方面的，本章仅就投标与报价组织管理、投标风险管理、决标后合同谈判管理三个方面做初步探讨。

16.1 投标与报价组织管理

16.1.1 投标报价评价指标

投标报价作为工程总承包项目经营与项目管理的重要管理过程，并非只是简单的组织人员进行资料数据准备、表格制作与填报等基本投标工作与内容，该过程是汇集商务、技术、法律、财务等专业于一体，运用策略、技巧以实现目标（战略目标、战术目标、效益目标）的集体智慧过程。优质的投标报价组织管理，不但能够提高投标人的中标率，而且能够通过项目的实施，达到预定的项目收益目标，对投标报价组织效果的评价指标应包括，但不限于以下几点：

① 投标报价虽未中标，但可以系统地总结经验，从而更新组织过程资产；

② 投标报价成功中标，可以通过项目实施实现预期的项目收益目标；

③ 投标报价的风险识别比较客观与系统，能避免项目实施过程中团队疲于对风险的应对；

④ 投标报价做好了风险储备金准备，防止侵蚀项目利润与项目亏损；

⑤ 投标报价预设了项目潜在利润增长点，在项目实施中成功实现项目利润增值目标。

为了达到上述成功的投标报价评价指标，投标报价的组织管理则是至关重要的，下面从国际工程总承包项目的企业各职能部门职责分工、投标报价组织管理、报价风险识别流程方面进行探讨。

16.1.2 企业各职能部门职责分工

(1) 公司经营部（或市场部或商务部）及其代表的工作职责

经营部门通过搜集相关信息、技术交流、介绍公司的经验活动，寻找符合的项目进行投标，同时，委派相应的代表负责该项目的报价管理以及与业主及相关方的联络工作，其具体职责如下。

① 负责报价以及合同谈判期间与业主之间的沟通与协商，同时，负责项目成立之前的各项商务工作内容。

② 参加投标策略会议和报价开工会议，提供询价文件的背景数据、材料和业主方面的信息。

③ 负责提出报价文件价格标准与投标原则，同时，负责该项目的利润水平、风险费用构成汇总、各种技术费和许可费用的确定等。

④ 代表应与报价负责人密切配合，参与合同条款的分析与研究，尤其是针对特殊条款（联合体、联合设计、联合采购等）的风险分析与研究工作，并从自身的工作职责和工作内容角度给出专业意见。

⑤ 直接或组织报价负责人与业主及相关方沟通与联络，以澄清询价文件中的商务问题

和技术问题。

⑥ 营销代表负责组织编制商务建议书。

⑦ 接受经过审核和批准的技术建议书、项目实施建议书和投标资格材料，整理后与商务建议书汇集成报价文件，同时递交给业主。

⑧ 市场营销部门在报价负责人的协助与配合下，负责组织与业主的合同谈判。

⑨ 营销代表负责在价格、合同条款、付款方式、技术转让费、服务费、合同变更等方面与业主达成一致意见，同时代表必须非常明确地划分工作范围，以避免范围蔓延。

⑩ 在项目合同签约后的合同履约过程中，部门负责合同管理和项目实施中和后期的跟踪服务工作。

（2）报价部门及报价负责人的职责

在工程总承包投标实践中，有些公司并没有成立专门的报价部，而是将报价工作并入经营部（或市场部或商务部）之中，以便形成统一的报价管理系统。同时，结合特定投标项目的特点和要求，还有可能由更高一级的公司管理层机构负责投标，或者为便于项目中标后的实施管理工作的顺利开展，也可以委任预选的项目经理负责报价组织和管理工作，其具体职责如下。

① 负责公司项目的报价集中归口管理工作以及报价基础资料的汇总、整合和开发工作。所以说，从报价部门的工作职责来看，并非仅是针对某一项目的报价组织和管理工作，而是需要从组织层面建立系统的报价管理系统，从公司层面沉淀报价管理的组织经验、数据资料和经验教训的组织过程资产。

② 报价负责人全面组织和领导该项目的报价工作。

③ 在商务部门跟踪新项目信息时，报价部门应协助其对该项目进行分析与机会研究。

④ 应积极配合相关部门分析和审核业主的询价文件，同时准备报价计划。

⑤ 负责召开报价策略会议，以及报价开展工作中间的各种审核、检查会议和最终确认会议。

⑥ 应与营销代表紧密配合和沟通，对报价中的人工时在预算内进行有效的管理、监督与控制，按时编制符合业主要求和询价文件规定并有竞争力的报价文件。

⑦ 负责或参与合同条款的研究，搜集和协调各部门对合同条款的评审意见。

⑧ 负责把完整的报价文件移交给项目的营销代表。

⑨ 与营销部门协调配合并组织向业主介绍报价内容，同时参加签约前合同谈判以及有关工作内容的跟踪服务。

（3）其他相关职能和业务部门报价工作职责

其他相关职能或业务部门与报价部门的联系示意图，见图 16-1，其他相关职能或业务部门对报价工作的职责示意图，见图 16-2。

其他职能与业务部门需要密切配合营销与报价部门，在整个投标报价阶段进行有效的衔接，保证在各自的工作职责和工作范围内，及时做出预算内符合质量要求的成果。从整个报价文件来看，任何一部分成果的缺陷都将成为整个报价文件的缺陷与隐藏的风险点。因此，对投标报价过程的质量控制至关重要。

16.1.3 投标报价组织管理

为了保证投标报价整个管理阶段与过程的有序进行，需要对不同的管理阶段与过程进行有效的管理与监督，明确不同阶段的工作内容与阶段产出，同时做好不同阶段的质量控制，保证输出符合该阶段的质量控制衡量标准。不同等级的产出成果，将对最终的投标文件质量产生直接的影响。因此，明确划分投标报价的工作阶段和阶段成果产出是保证最终成果高质量的前提条件和基础性工作。国际 EPC 工程总承包项目投标报价工作过程大致可以分为如下阶段。

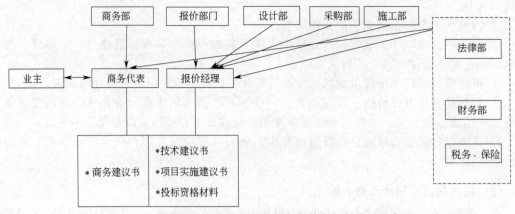

图 16-1　其他相关职能或业务部门与报价部门的联系示意图

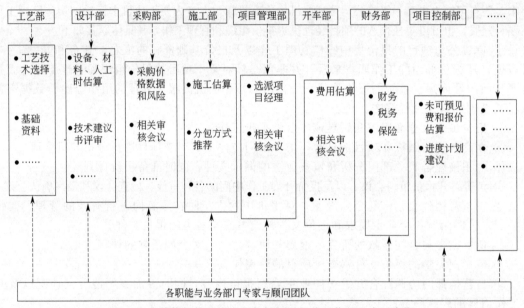

图 16-2　其他相关职能或业务部门对报价工作的职责示意图

（1）开展积极形象公关，严格项目筛选并确定投标意向

在项目开发与拓展中，从组织层面应做好公司的形象推广与品牌建设，通过已建项目标杆、各种媒体宣传、技术交流、政府公关等方式让客户熟悉和了解公司的管理经验、技术优势，同时公司的营销团队通过搜集相关信息并确定潜在的项目信息，并通过持续的跟踪、访问和表示投标意向等活动，争取获得竞争（公开招标、议标）的机会。而获取竞争的机会仅是完成的第一步，随后营销部门和代表对是否投标应提出部门和自己的推荐意见，公司本部门领导和公司层面再对投标与否进行审议和决策。同时根据项目的规模、复杂程度和合同金额等指标划分投标审议决策的层级和审批制度。

（2）报价书的编写与组织管理

在确定投标决策后，公司应该明确的任命报价负责人，全面负责报价文件的组织、协调与领导工作，在该负责人的领导下针对报价策略会议、报价计划编制、报价开工会议、分包合同协调会议、报价文件中间审核、投标风险分析以及报价文件汇总等具体工作进行组织与协调。该阶段作为整个 EPC 项目投标报价工作的核心内容，需要投入大量资源（人、财、物）进行成果产出。在有限的报价期限内，需要编制合理并可行的报价计划，而不要因为时间短、任务重而仓促地编写标书与投标。工程总承包本身的特点就要求投标人具备丰富的整合管理能力，风险因素众多，该阶段工作成果的好坏将对后期项目实施产生非常大的影响（有利或不利）。投标报价组织管理流程示意图见图 16-3。

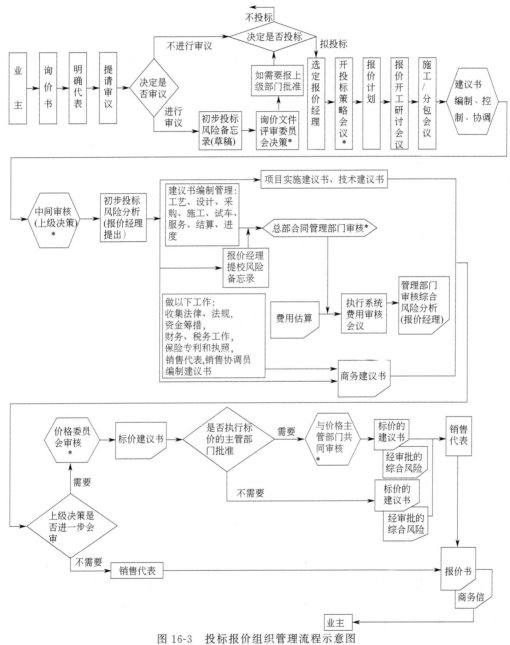

图 16-3　投标报价组织管理流程示意图

*—正规会议

（3）报价文件的审核

风险管理贯穿于工程总承包的全过程，因此，做好投标报价阶段的风险因素分析同样重要。所以，在工程总承包的该阶段应该建立报价文件评审制度，从管理的源头识别与管控风险。其具体内容包括（但不限于此）：审查报价文件的完整性、竞争性；报价文件的价格原则、确定报价价格；报价文件风险识别、风险应对解决方案和费用构成等。

目前，我国部分从事工程总承包的承包商在该阶段的审核工作还没有建立系统的审核机制，无法通过该过程为项目的最终成功创造更大的附加价值，反而由于该阶段工作的不系统、不科学、不严谨而为后期项目实施隐藏了巨大的风险因素。

（4）报价文件的递交

该阶段与管理过程是将审核通过的报价文件进行编码分类，并把应递交给业主的报价文件集中，注意各种文件和信函的格式、签字、盖章要求，同时注意招标文件对各种时间和日期的截止要求。

16.1.4 报价风险识别流程

工程总承包业务具有高度的复杂、专业多样性，参与人员众多，投标报价阶段工作是投标的主要组成部分。投标报价风险不但直接影响到是否能够中标，获得工程承揽权，而且投标报价的风险相当一部分将延续至项目中标后实施工程中，为此，对投标报价风险识别十分重要。在投标报价阶段对风险进行管理，其管理成本比较小，是制定风险预案的最佳时机。

工程总承包项目风险因素众多，制定科学、可行的投标报价风险识别流程是投标报价风险管理的首要环节。由于报价文件的编制是由多部门、多专业集体配合的结果，因此，需要以不同部门、专业对项目风险的认知为基础，有针对性的识别、分析和估计。一般投标报价风险控制流程是报价负责人根据市场营销代表提供掌握的项目信息资料和数据，编制投标项目的综合风险清单；在综合风险清单项下，各专业负责人负责针对投标项目的情况从自己专业角度编制各自专业的风险清单；各专业部门负责人对编制的风险清单进行审核、补充，形成各专业的部门风险清单；随后，报价负责人将汇总各专业部门预测分析的风险因素，对与项目管理相关的其他方面应考虑的风险因素进行补充后上报，由公司、管理部门和成立的专业委员会审查，最终形成报价风险管理和控制依据。

16.2 投标风险管理

16.2.1 投标风险涵义

本节所称"投标风险"是指投标人（承包人）在投标、履约等整个过程中所面临的各种风险。投标风险管理则是指投标企业对可能遇到的风险进行预测、识别、评估、分析及采用相应的对策和决策，例如，利用风险回避、控制、分割、分散、转移、自留及采取相应活动，以最低成本实现最大安全保障的科学管理方法。

投标风险管理是投标管理的重要内容之一。在工程总承包模式下，总承包人的工程承包范围大、工程投标时的不确定性明显增加。由于工程总承包合同是固定总价和固定工期的合同，并且招标人在招标文件中偏向于将合同范围内可能产生的绝大多数风险转移给投标人。所以，前期投标阶段进行风险因素分析和风险管理，对于制定合理的投标策略；预测成本构成、实施合理报价；提高企业投标的核心竞争力和投标中标率；控制项目实施过程中的各种风险都有着重要的影响。

企业在工程总承包投标时，应坚持实行全过程的风险管理，即从项目跟踪开始直至缺陷责任期结束，以报价经理、项目经理为主要责任人，风险管理工程师负责组织协调各相关人员，按照国内外先进的风险管理理论，结合项目实际情况，对风险进行有效的管理和控制。值得注意的是在全过程风险管理过程中，鉴于风险管理的效率随着时间的推移而不断降低

（图 16-4），必须对投标阶段的风险管理工作予以特别重视。

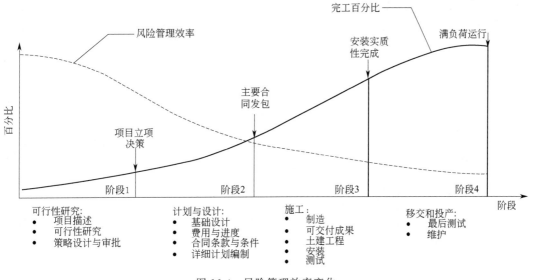

图 16-4 风险管理效率变化

16.2.2 风险管理流程

投标企业在收到业主的招标文件后，应按下列程序开展投标阶段的风险管理工作。

（1）投标前期准备

① 立即组建包含风险管理工程师在内的投标报价团队；

② 团队中的风险管理工程师应就投标阶段的风险管理工作制定工作计划；

③ 通过整理项目资料及专家访谈的方式，编制初步投标风险备忘录以供营销部门决策是否投标。

（2）决定投标后

① 风险管理工程师按技术风险和非技术风险分类，组织各相关人员运用专家打分、头脑风暴、事故树等方式对项目可能存在的风险进行识别。由于项目尚处于投标报价阶段，不确定性因素很多，因此一般采用风险的定量分析与定性分析相结合的方式对识别出的风险因素进行评价。

② 按风险的不同类别编制各专业风险识别清单及风险分析工作单，在此基础上制定风险应对措施、合同谈判策略，并确定相应的风险金。投标阶段的风险管理工作流程见图 16-5。

16.2.3 风险分析与责任分配

对于工程总承包人来讲，在投标阶段应及时对项目风险进行识别和分析，采取有效的管理措施，对于编制投标方案、准确的报价以及为项目中标后降低风险损失都十分重要。

（1）风险来源分析

工程风险的来源是多方面的，如自然风险、社会风险、经济风险、法律风险和政治风险。不同承包模式的承包人会侧重于不同范围的风险。工程总承包项目具有传统分段承包模式下所有的风险，且所面临的风险范围进一步增大，其风险增大源于以下两个方面：

① 合同条款变化 与传统承包合同条件相比，工程总承包合同条件下的合同风险分担

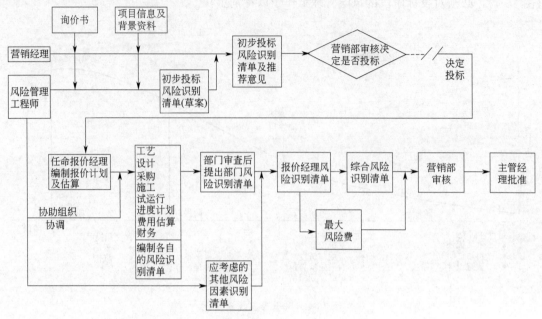

图 16-5　投标阶段的风险管理工作流程

发生了很大变化，这样就给工程总承包人的风险管理大大增加了难度。例如，FIDIC 红皮书（2017 版）中业主承担了大部分和全部设计风险、工程量变化风险、不可预见的物质条件风险和例外事件风险，承包商仅承担施工风险。而 FIDIC 银皮书（2017 版）中业主承担例外事件的风险，承包商承担设计风险、工程量变化的风险、不可预见的物质条件风险以及满足合同规定的预期目的（fit for purpose，FFP）风险。例如，某 EPC 管道工程项目，管沟开挖是一项主要工作，按合同规定，管道应埋入地表 1.5m 下，总承包商在管沟开挖中遇到了大量的石方段，与合同中工作范围描述的管线地质情况严重不符，总承包商在其技术标和商务标中报价的石方段长度只有 70km，而实际开挖过程中碰到的石方段多达 300km。因此，总承包商向雇主提出了索赔，雇主在收到初步索赔报告后，出于反索赔策略方面的原因，答复称将对承包商的索赔报告进行研究。但当工程进入收尾阶段时，雇主致函总承包商，不同意这项索赔，主要理由是 EPC 合同条款规定："雇主在合同文件中给出任何数据和信息仅仅供承包商参考，雇主不负责承包商依据此类数据得出结论的正确性……，对现场条件的不了解，不解除承包商的履约义务，也不能作为承包商的索赔依据。"

② 工作范围的扩大　在工程总承包（如 FIDIC 银皮书）模式下，总承包商的工作范围包括了设计、采购、施工等过程，若根据业主需要，总承包商还可能参加到项目的前期策划、试运行、物业管理与运行维护等阶段。在如此之大的工作范围中，分项目、各专业的接口多，承包范围边界模糊的风险大，同时，需要多单位、多专业人员的参与建设才能完成项目目标。范围包括：设计单位、设备材料的供应商、施工分包商等等，参与人员众多，从而增加了项目的风险。另外，与传统分段承包的模式相比较，EPC 项目一般持续的工期都较长，不但从项目范围上会有增加的风险，而且在项目实施难度上往往也会增加，工程总承包项目实施过程中环境的复杂性、不可确定性，会造成总承包商项目管理组织跨度的增加，管理风险增大。

例如，苏丹某石油开发项目中，前期的部门设计工作是由业主方实施的，导致了合同范围有时界定不十分清楚，合同执行过程中出现了关于线路的附属工程简易机场是否属于EPC 工作范围的争议。该项目在合同工作范围中规定：若在工程的配套设施 A 炼厂和 B 炼厂各自的50km以内没有简易机场，则承包商应在这两个炼厂的50km内的区域各自修建一个简易机场。在工程开工后的现场详细勘察中，中方承包商的设计部发现在距两个炼厂的50km范围内，实际上已经分别存在简易机场了，于是中方承包商的设计部就致函业主，按照合同不再修建简易机场，业主最初回信同意，不再修建简易机场，并据此发出工作范围的删减的工程变更令，同时要求中方承包商将EPC合同价格进行分解，以便从中将修建两个简易机场的费用扣除。

但后来业主发现其中一个炼厂附近的简易机场是军用的，不允许商业使用，因此又重新来函要求中方承包商必须修建一个简易机场，并将另一个不需要修建的简易机场的费用从合同价格中扣除。中方承包商回函，不认可此项变更，既不同意修建一个机场，也不同意扣除另一个简易机场的费用。理由是从合同的措辞来看，只要是两个炼厂50km以内有简易机场就可以不再修建，而且承包商在其投标报价中根本没有包括简易机场建设费用，若业主坚持要再修建简易机场，业主必须下达追加工作的变更命令，而不是删减工作变更命令，并对承包商进行费用和工期补偿。

业主不同意承包商的说法，因为业主发现作为EPC合同一部分的承包商技术建议书的内容中包括了简易机场，在承包商的商务建议书中的报价中，必然包含有此费用。所以，承包商必须自费修建一个简易机场，并从合同价格中扣除另一个不修建的简易机场的费用。中方承包商致函业主，在承包商的技术建议书中出现了简易机场的设计是一个笔误，因为承包商在投标前期原计划修建简易机场，但在投标勘察阶段发现存在简易机场，就将简易机场的工作内容从技术建议书中删除了，只是在承包商的技术建议书的一个目录中忽略了删除"简易机场的设计"这几个字，在详细的设计施工计划中，并没有具体描述简易机场设计和施工的内容，同时对EPC合同价格进行了分解，以证明其中没有包含简易机场的费用。双方经过多次谈判，最终达成协议，中方承包商自费修建一个简易机场，另一个简易机场不再修建，业主也不再从合同价格扣除其费用。由上述例子说明，工程总承包（EPC）工程项目中，工程总承包商将面临由于工程范围扩大所带来的各种风险。

（2）全面风险分析

以国际工程为探讨背景，工程总承包项目存在以下几种常见具体的风险因素。

① 项目外部风险因素

a. 政治风险：项目所在国政局动荡，国内战乱、动乱；国有化、征用、没收外资；法制不健全，所在国法律法规发生变化，汇兑限制、国际关系反常、专制行为等。投标时必须对风险发生的可能性和严重性进行分析与评估，以决定是放弃还是在投标价中增加政治风险补偿。一旦发生上述风险，将导致项目停工、毁损，将给承包商带来巨大的经济损失，如2011年发生的利比亚战争，导致中国公司蒙受巨大损失。2012年，非洲业主从政府获批一块土地用于建设垃圾发电厂，中方承包非洲该电厂后的2013年，该国新一届政府上台直接否认此项目，同时收回该业主的土地，使承包商前期投入的大量资金受到损失。可见，政治风险在投标阶段是投标人需要做重点考虑的问题。

b. 经济风险：经济风险是指经济领域潜在或出现的各种可能导致承包商企业遭受厄运的风险，由于工程总承包周期一般比较长，在建设周期内可能发生通货膨胀，原材料价格变化、汇率浮动等，从而承包商费用的增加，这些因素有可能对承包商的经济利益带来不利后果。例如，南非某港口项目，业主在招标文件中明确规定以南非"兰特"为结算货币。根据南非的储蓄银行的数据，2011～2014年间，1美元兑换兰特年平均汇率分别为7.25、8.21、9.65、10.84，每年贬值幅度超过10%。埃及某装箱码头项目，业主明确以"埃及镑"作为支付货币，埃及央行2016年突然宣布实施自由化汇率，几乎一夜之间，埃及镑兑美元贬值幅度达到48%，由于在投标时未考虑汇率波动因素，承包商遭受巨大经济损失。再如，中方公司承包印度某一工程项目，合同双方合同约定以美元支付，但在项目建设期间由于人民币持续升值，该公司遭受了投标时未曾预见的汇兑损失。

通过上述例子可见，投标人在投标报价时应充分考虑到这些经济因素对项目带来的影响，在编制投标文件中，给予足够的重视和采取相应的措施。

c. 自然环境风险：建设工程项目面临的环境条件各不相同。为此，其风险因素也不相同。自然环境风险是指自然地理环境对项目所产生的风险因素。如当地的自然灾害、恶劣气候、地质条件、水文、地理位置、重大流行病等对项目建设构成障碍或不利条件等。例如，大西洋附近某港口项目所在现场属于中长期波浪海域，每年5～9月份为涌浪期，对水上作业极为不利，如投标人在投标时未考虑这一气候情况，必然造成工期延误和承受经济损失。

自然环境风险一般属于不可抗力，在国际EPC项目中承包商所遭受的损失一般不能够得到业主的有效补偿，这就需要投标人在投标时充分认识到项目所存在的自然环境风险因素，并在制定投标方案中采取相应的控制措施，如实施风险规避、转移等措施。

特别要指出的是，由于海外项目是在国情千差万别的不同国家进行，严重依赖项目所在国提供的自然状况资料，这往往容易衍生出两种风险：一是项目业主方提供的项目自然条件资料不完整，更新不及时，导致现场实际情况与资料不一致；二是项目方管理和技术人员有限的经验和知识结构可能导致对风险的评估和准备不足。

d. 融资风险：工程总承包投资巨大，在国际工程总承包项目中，业主往往对承包商提出融资的要求，由投标人提供一定比例的资金参与建设，由于国外形势的不确定性，融资承包会给承包人带来融资风险。如果承包商融资参建，参与境外项目融资将面临投资所在国的战争和政治暴乱、国有化（征收）、汇兑限制以及政府或其授权机构相关特许经营权，或其他销售合同项下的违约风险。投标人必须分析融资风险，确保融资金额的固定性和安全性。否则，投标人的资金风险很大，将导致融资风险的增加。投标人在投标时对于融资风险应高度重视，如需要对业主做出实质性响应，就需要制定控制融资风险的详细控制措施。

e. 法律风险：国际项目通常会选择适用项目所在国的法律，或者选择适用较为普遍的英国法或美国法。中国的法律属于大陆法系，通常中方的项目参与人员和法律工作人员对其他国家的法律不熟悉，对英美法系也比较陌生，无法判断合同适用的法律可能产生哪些风险和问题。例如，我国某总承包商曾经参与的海外项目，在项目进行至一半时才发现，根据该国法律，该项目的发包过程无效。此外，由于不熟悉当地法律，当项目产生纠纷提交仲裁时，不得不聘用项目所在国律师或熟悉英美法系的律师，这会产生高额的律师代理成本。

② 项目内部风险因素

a. 商务标风险。

Ⅰ. 工作范围不明风险：如前所述，在工程总承包模式下，总承包商的工作范围包括了设计、采购、施工等过程，若根据业主需要，总承包商还可能参加到项目的前期策划、试运行、物业管理与运行维护等阶段。在如此之大的工作范围中，分项目、各专业的接口多，承包范围边界模糊的风险大，同时，需要多单位、多专业人员的参与建设才能完成项目目标，范围包括：设计单位、设备材料的供应商、施工分包商等等，参与人员众多，从而增加了项目的风险。另外，与传统分段承包的模式相比较，EPC项目一般持续的工期都较长，不但从项目范围上会有增加的风险，而且在项目实施难度上往往也会增加，EPC项目实施过程中环境的复杂性、不可确定性，会造成总承包商项目管理组织跨度的增加，管理风险增大。

Ⅱ. 工程量差大风险：工程总承包模式下，招标文件规定投标人按照业主要求的工程范围、工程量和质量进行报价，但是投标人面对的是业主对项目的功能要求或概念设计估价，设计深度不够，工程量存在较大变数。合同签订后，才有方案设计、详细设计和施工计划，但这些必须经过业主批准后才能实施，这样最终按照详细设计核算的工程量与报价时的工程量可能存在较大的差异，给编制报价带来一定的计价风险。在投标报价时应该考虑到此种风险因素。

Ⅲ．重大偏差风险：由于投标人对招标文件理解不深入、不全面，造成编制的投标文件与招标文件产生重大偏差，重大偏差风险主要表现在：

- 投标书中没有按照招标文件要求提供投标担保或者所提供的投标担保有瑕疵；
- 投标文件没有投标人授权代表签字和加盖公章；
- 投标文件载明的招标项目完成期限超过招标文件规定的期限；
- 明显不符合技术规范、技术标准的要求；
- 投标文件载明的货物包装方式、检验标准和方法等不符合招标文件的要求；
- 投标文件附有招标人不能接受的条件；
- 不符合招标文件中规定的其他实质性要求。

由于对招标文件的理解失误而引发重大偏差的投标书，无疑会给投标人带来废标的风险。

b．技术标风险。

Ⅰ．技术标准风险：国际工程项目适用的技术标准，通常会成为一项评级较高的风险。机械电气类的标准通常适用国际标准，而土建及消防等一般要求适用项目所在国的标准。尽管中国的很多标准已经与国际标准接轨，但由于还存在细微差别以及语言翻译和压力容器认证等多方面因素，仍然需要设计人员开展更多工作。对于土建等工作的技术内容，则需要消耗大量的时间和精力去研究项目所在国的标准。

Ⅱ．技术失误风险：由于所投项目的差异性，其技术风险也各不相同，投标书编制容易产生技术上的失误，从而带来投标风险，风险因素主要体现在以下几个方面：

- 技术标书对项目设计人员配置、管理措施未能达到业主的预期；
- 技术标书所编制的技术方案未能满足施工标准要求，未能满足业主施工安全要求；
- 技术标书中所配置的人力资源、施工机具资源未能满足项目管理和施工进度的需要；
- 技术标书中，项目实施采用的技术老化，未能采用新工艺、新技术，未达到业主的先进性要求；

技术标书中未能够按照业主招标书中规定的临时建筑的要求编制，而产生的相应的风险。

Ⅲ．选择分包商风险：在工程总承包招标中，有经验的业主会要求投标人提供分包商的名单和分包商的业绩材料，分包商一旦写入投标文件中被选中，中标后就很难改变，这种情况就容易降低作为总承包商的投标人对分包商讨价还价的能力。同时，分包商的技术水平、管理水平以及分包商的违约的行为都可能会影响到与其他分包商的工作衔接，可能引起整个工期的拖延和其他分包商的索赔的风险。

(3) 风险责任分担

工程总承包投标人分为设计单位单独投标，施工单位单独投标和联合体投标的形式。三种形式投标主体面临风险的责任是不同的。

① 设计单位单独投标　设计单位承接工程总承包项目时，设计单位不仅要对设计负责，而且还要对施工质量、安全负责任。如果在工程项目建设和使用生命周期内，在进度、安全、质量方面出现问题，设计单位作为总承包商应是第一位的责任主体，应承担全部责任。因此，作为工程总承包人的设计单位很有必要对施工分包单位进行全面的风险识别，对施工进度、质量、安全等进行有效的控制。相应风险对策有以下几点：

a. 应选契约精神强，施工管理水平高，市场信誉好的大型施工企业作为施工分包单位；

b. 应选择那些社会信誉良好，具有丰富现场管理经验的，并经过长期合作的项目经理负责项目管理实施；

c. 组建项目内公司，形成风险与收益相匹配的利益共同体，共同对新项目的优化设计、工程造价、形象进度、施工质量、安全生产等方面进行全面的管控。

② 施工单位单独投标　施工单位承接工程总承包项目时，同上述情况一样，施工单位不仅要对施工的质量、安全负责，而且还要对设计进度、执行标准、设计深度负责任，如果在工程项目建设和使用生命周期内，无论是施工原因，还是设计原因引起的工程安全、质量方面的任何问题，施工单位作为总承包商应是第一责任人，应承担全部责任。由此，施工单位作为总承包单位很有必要对设计分包单位进行全面的风险识别，对其设计进度、设计标准、设计深度等进行有效的控制。相应风险对策与上述相同。

③ 联合体投标　工程总承包模式的初衷是由单一的责任主体来对项目的质量安全、项目进度、工程造价方面负责。联合体方式的工程总承包实际上存在两个以上的责任主体，可以说还是有些偏离初衷的，联合体方式应理解为市场起步阶段的权宜之策。为此，住建部第12号文中，将工程总承包项目的投标人条件调整为应同时具备设计、施工资质，作为今后工程总承包企业的发展目标。

目前，市场上的工程总承包业务有相当比例的是以设计单位和施工单位联合的形式承包，而其中大多数都是以施工单位牵头的。在联合体承包工程项目时，无论是施工单位牵头，还是设计单位牵头，设计单位（或施工单位）都要向施工单位（或设计单位）的违约行为承担连带责任。设计单位与施工单位的权责约定并不能对抗第三方。联合体双方，任何违约行为，如一方无力承担责任时业主方将有权要求另一方单位承担责任。为此，任何一方的经营不善或担保行为，以及设计、施工负责人的个人不良行为都会给联合体的另一方带来潜在的风险。这些风险相应对策有以下几点。

a. 对此类风险应有清醒的认识，不鼓励单纯抱着承接业务的想法去承接联合体总承包项目，不能让风险和收益失衡。

b. 签订协议内容一定要具体、分工明确、权责明晰，特别是明确联合体各方的责任分担，以及相应的内部追偿机制等，在发包人或第三方索赔时有据可依；成立联合体委员会共同决策、落实有效履约担保措施。

c. 选择与抗风险能力强的大型单位组成联合体，为更好地进行项目管控，降低项目实施风险，设计单位牵头的，应选择与大型的、抗风险能力强的施工单位联合；施工单位牵头的，应选择与大型的、抗风险能力强的设计单位联合。

d. 设计方应在项目投标阶段发挥出资质和业绩优势，通过优化设计最大限度地提高项目效益，体现出设计龙头的作用，适度参与项目监管，并由此向施工单位收取一定的管理费用。施工单位应充分发挥其先进的施工技术和管理能力，将设计落到实处。同时，可以参与设计的进度、质量的管理。在实施过程中，联合体任何一方都应密切关注另一方的经济状况，并加强对项目的管理，发现重大问题及时落实措施，控制连带责任风险。

16.2.4　投标风险管理措施

工程总承包项目存在诸多不确定性。因此，要求投标人在投标时充分考虑这些风险因素，制定研究风险对策。

(1) 认真踏勘现场

注重市场调查，认真踏勘现场。加强投标阶段的风险控制，应重视项目所在国、地区的市场调查和现场踏勘工作，深入把握项目实际的第一手情况，以保证投标报价的合理性。市场调查主要是广泛收集和分析影响宏观经济的政治、法律、税收、物价、施工条件、安全、生活等方面的信息资料。现场踏勘主要是投标人组织设计、技术、造价、管理等方面的专业人员进行现场调查，对施工现场全面考察。重点了解项目所在地的地质、地貌、水文、气候、气象资料，当地的民风民俗；水、电、通信现状和交通条件；主要材料和当地材料的价格、材料运输及供应方式、设备租赁价格、临时工程的数量及位置等。

通过市场调查和现场踏勘，收集分析各种资料，及早发现工程项目实施中存在的风险，并积极采取有效应对措施，以加强技术标编制的准确性和对投标报价的控制，避免编制文件与实际不符，在履行合同中造成投标人的经济损失。市场调查和现场踏勘是确保投标文件编制和今后项目顺利实施的前提条件。

（2）理解招标文件

准确理解招标文件，准确合理报价。投标报价的取胜策略应建立在充分理解招标文件的基础之上，投标人要认真分析招标文件合同条款中的责任权利条款以及风险分担条款，充分理解总承包企业的工作范围，审核业主对总承包企业的设计要求、施工要求、安装运行要求、竣工验收要求以及任务量和工期的吻合性。尤其是应关注业主关于项目抗震水平、工艺要求、特殊材料等方面的要求，特别是对项目的一些非常规的方法要求，进行全面的详细的分析。通过这些分析，投标人一方面能够确认设计重点以及施工难度，为后续的工程设计和施工提供信息，另一方面可以帮助投标人明确项目的初步造价预算，准确测算工程成本，合理确定报价。

此外，工程总承包项目在仔细审查招标文件与合同条件的基础上，结合对项目风险的分析，合理增加风险性报价，如对于使用当地货币结算时，应考虑汇率的变化，为了保值，可适当调整保值系数，但应注意各种风险不是重复发生，应注意总的风险性报价的平衡。

（3）建立沟通机制

建立沟通机制，与业主积极交流。在工程总承包投标中，积极与业主交流和沟通十分重要。投标人对于招标文件中涉及的如工作范围边界条件模糊、各类技术规范选择不清、招标文件之间有冲突的、文字表述不清的问题与业主进行及时的澄清和确定，明确工作边界、各种重要的技术参数信息、招标文件先后顺序、语言真实涵义等，这样才能将业主的意图和要求全面贯彻到编制的投标文件中，并在项目执行中全面准确地予以落实。良好的沟通能够使投标人更好的理解业主的需求，不仅仅能够编制出符合业主要求的技术实施方案，而且能够提高投标报价的准确性和合理性，以及对于提高投标人的中标率都具有重要的作用。

与业主的交流与沟通可分为领取招标文件阶段的沟通，主要是解决在领取招标文件的时间、地点、费用以及其他方面的疑惑；招标会议沟通，招标会议是业主与投标人沟通的重要的形式，是业主就建设前期准备情况（尤其是履行基建申报审批手续结果）、工程范围和内容、技术质量要求、工期要求、发包方式、为施工单位提供的条件、材料设备的供应及付款结算办法等情况的介绍会议，是投标人与业主沟通的最好时机，主要解决投标人对有关招标项目具体情况的疑惑；投标文件编制阶段与业主的沟通，主要解决在投标文件编制过程中的规范化要求、投标书递交等方面的问题；签订合同协议时的沟通，主要解决业主对合同条款中有关规定的解释和非实质性条款的修改和磋商。

（4）实施风险转移

结合风险实际，考虑风险转移。工程总承包项目的业主一般对工程保险有明确的要求，而且保险费按照各自责任由合同约定各自承担。在招标阶段投标人应充分了解业主对项目的保险要求和投标项目的工程保险可参保范围、保险公司承保等基础信息，确定初步风险转移的水平和比例，列出保险险种、保险金额、保险期限、保险费用等，分析转移风险的范围和估算保险成本，初步设计出保险安排以及保险采购，这是投标文件管理部分编制的一项重要内容。

工程总承包项目投标文件中需要投标人列出分包商名单和分包工程范围等，分包策略实际上也是投标人实施风险转移的一种有效途径。例如分包商的有关人员的伤害保险、施工机具保险等费用可以通过与分包商协商，由分包商自己承担，将投标人的部分风险转移给分包商承担，或要求分包商出具相应的保函，可以达到风险转移的目的，分包风险的转移将影响到投标文件管理部分的编制和投标报价。

工程总承包的运作过程、管理模式、合同责任和风险分配与传统的承包模式有很大的差异，因而加大了总承包商的风险。投标阶段的风险不仅仅关系到投标期风险，而且关系到项目执行期工程能否顺利实施和企业的盈利目标，因此，投标人应尽早地将风险消灭在萌芽中。

(5) 选用标准合同

住建部颁布的工程总承包第 12 号文件以及其他地方政府文件均提倡运用国内制定的《建设项目工程总承包合同（示范文本）》作为工程总承包合同文本。示范文本明确合同双方的权利和义务，严格遵循了合同法、建筑法等法律要求，与国家现行的有关法律、法规和规章相协调一致。根据我国法律法规和工程总承包的实际特点，实事求是地约定了合同条款及内容。国内项目的合同选用，与 FIDIC 编制的银皮书相比，更符合我国工程实际。

16.3 决标后合同谈判管理

16.3.1 决标后谈判意义

无论国外还是国内工程，在实践中同样有一个决标后合同谈判的环节，但是国内外有所区别，主要区别在于国内商签合同谈判的法律要求十分具体、严格，投标人中标后，交易条款就没有多少回旋余地，且国内法律并不支持"二次议标"，认为没必要进行商签合同谈判。而国外工程商签合同谈判则是一个商业习惯。因此，国际工程决标后，承包商可以充分利用商签合同谈判弥补投标时由于时间有限、所掌握的资料有限，可能出现的差错的最佳时机，将在投标时不想说清，或无法定量的内容与业主进行具体约定并争取承包商的利益，这也是承包商优化设计方案、减少施工困难、创造良好施工条件的重要环节。其意义具体表现在以下几个方面。

(1) 确保工程项目合同的签订

尽管承包商通过了一系列的项目跟踪、调研、投标和评标过程，业已取得项目中标资格，获得此项工程承揽权，但是毕竟与业主还没有签订正式合同，工程项目合作能否继续发展下去还是存在一定的变数，商签合同谈判是项目承揽目标落地得以向前推进的一个重要环节。

(2) 确保合理价格的良好机会

无需质疑，业主在工程承包项目中通常处于有利地位，他可以通过招标方式让投标人相互竞争压低工程价格，而当业主在评标后最终选择一家承包商作为唯一中标人后，进入到与中标人进行商签合同谈判阶段时，双方的地位微妙地发生了一定的改变，承包商已经从过去被业主裁定的被动卖方地位转变为可以和业主及其咨询人员同桌商谈项目的合作伙伴的地位，业主作为买方的有利地位有所削弱，由于合同尚未签订承包商不受合同约束，也不至于遭受巨大损失，承包商可以借此解决一些业主强加在自己身上的不合理条款。

相对而言，业主一方由于受到招投标的限制，只能在投标人中选择优胜者，在商签合同谈判中也存在进一步压价的动机。如果承包商忽视了商签合同谈判，也可能进一步蒙受损失。

（3）为后期的工程建设争取良好的条件

招投标前期阶段，承包商主要考虑的问题是如何以适合的价格条件争取中标，精力主要放在对竞争者的分析方面，此时很可能未对工程实施的细节进行深入细致的考虑。投标人中标后的考虑重点开始转移到项目建设实施方面，而且也给承包商更多的时间来仔细研究细节问题，这就有助于承包商发现问题，找出项目实施方案环节可能面临的困难和问题，从而通过商签合同谈判，为后期工程实施争取良好的条件。

16.3.2 决标后谈判内容

决标后合同谈判是招投标前期阶段的深化和项目具体化的阶段。既不能简单地将商签合同谈判视为投标的延续，是投标的组成部分（即对甲方要约进行承诺的延续和组成部分）；也不能将招投标前期阶段的条款全部推翻重来。商签合同谈判必须与前期的投标文件保持一定的连续性，并运用建设性谈判方式，谋求双方的共同利益，建立合作伙伴关系。因此，与业主的决标后合同谈判常常就以下内容进行商谈。

（1）修改设计

业主的咨询人员，甚至是监理工程师，在评标阶段都可以对承包商原设计方案以及承包商的比较方案提出一些修改方案，而设计方案如何在实际项目条件下具体落实，如何保证工期，采取什么重要技术措施，只有承包商最关心、也最清楚。承包商可以参与其中，凭借自己的设计、施工技术修改原有设计方案，在征得业主同意后就新的工程设计内容和技术路线提出谈判，或降低工程成本，或调整部分工程造价。

（2）增加工程

按照国际惯例，增加工程有两类：一类是合同内的附加工程，依据 FIDIC 合同条件，甚至在开工以后结合现场实际情况，以下达变更令的方式增加的。当然，在签订合同前，承包商在进一步的施工技术路线调研中，也可以进行这样的调整。第二类是合同额外的工程，有时这样的增加工程不能在签订合同前，对此进行谈判，也可以在以后的合同履行中以下达变更令的方式增加工程。

（3）技术问题

一般而言，大多数技术问题在投标人编制投标文件时通过文件质询商谈已经得到解决。但在签订合同谈判中，业主及其咨询人员往往会对承包商提出的比较方案进一步在技术上提出额外要求或附带条件，以保证工程质量。承包商在谈判中一方面应仔细解答业主的技术提问，以确保合同签订。另一方面也可以借此机会努力争取良好的工程施工条件，甚至在技术上、细节上为自己争取更多的利益。

（4）价格修订和确认

一般而言在招投标过程中对于工程价格已经基本上达成了一致意见，商签合同谈判主要是对合同金额进行最终确认，只是履约签字手续问题而已。但如果发生业主要求修改设计，或由于采纳了承包商提出的比较方案等变动情况，在谈判中承包商可以就此展开谈判，或者建议在项目实施后结合实际完成的工程量进行结算。

（5）其他问题

在决标后合同谈判中，业主和承包商还可能对开工日期、预付款细节、外汇比例等方面开展谈判。

总之，对于国际工程项目涉及的各项问题较为复杂，而且项目施工也有很大的不确定性，会受到国家政局不稳、法律法规、投资环境、自然风险、技术风险等因素的影响，在投标阶段只能对项目的总体格局和主要内容予以确定，在之后还会有遇到各种变化，决标后合同谈判乃至施工过程和竣工后的谈判都将成为整个国际工程谈判的主要组成部分。

16.3.3 决标后谈判技巧

（1）树立正确的谈判理念

承包商在决标后合同谈判中，应始终把业主看成合作伙伴，经过前一阶段的投标、评标工作，直到决标后的合同谈判阶段，双方必然有一定的合作基础，否则业主也不会将中标的机会授予承包商。不应该把决标后合同谈判过程看作是游戏，从大的方面说双方没有达成共识的只是一些细节问题，而整个事情的性质就是"合作"两个字，而不是竞争。

另外，应该把决标后合同谈判当作整个工程项目的一个阶段性谈判，其主要任务是发现细节上还没有确定的问题，并将其进一步精细化、明确化和优化，将工程项目向前推进。既不能将前期取得的共识推倒重来，也不能认为前一阶段的工作问题已经完全解决了，要在推进的基础上，通过创造性的解决方案增加双方合作的利益。

（2）做好谈判前的准备工作

承包商尽管在投标前对项目进行了调查研究，在决标后合同谈判前最好还是再次进行调查研究，从工程项目的实施角度对技术细节进行研究，并将技术和经济结合起来寻求有利于双方合作共赢的解决方案。

谈判人员的组成。由于工程总承包涉及面广，承包商最好派出以承包商高层领导为首的，包括设计、采购、施工的主要负责人参加商签合同谈判，应事先共同商讨谈判方案，制定出包括谈判目标、谈判议程、谈判策略（投石问路、多做试探、让步策略、不开先例策略等）方面的谈判方案，承包商谈判小组必须对此达成共识。

（3）善于说服和私下沟通

在决标后合同谈判过程中，即使承包商与业主存在很大分歧和争议，在大多数情况下都是一些细节问题，没有必要大动干戈、争执不下，应当尽可能通过说服和私下沟通的方式不断将工程项目推进合作，有时当退则退，向前推进项目合作才有实际意义。

说服对方要有技巧，要抓住对方的心理动态，先说什么，再说什么，该说什么，不该说什么，心里要有数。在开始谈判时先讨论简单问题，再讨论复杂的问题，不要一开始就使气氛十分紧张，这样不利于解决问题。私下沟通也是解决问题的有效途径，会议上各执一词，经过冷处理后，通过私下沟通，语境不同、环境不同、人际关系不同了，可能会达到意想不到的效果。

第17章
工程总承包项目投标案例

　　近年来，我国建设企业在国内外工程总承包投标实践中，尤其是在国际市场上，勇于实践，努力拼搏，积累了丰富的成功经验，逐步提高了企业的工程总承包投标能力和管理水平。本章将列举我国优秀企业在投标方案全面策划、投标进度计划编制、商务报价编制过程、投标风险管理、工程量清单应用五个方面的典型投标案例。

17.1　投标方案全面策划案例

【内容摘要】

　　本案例是一则国际 EPC 项目的投标方案策划案例，以中方承包公司参与非洲某工程道路项目为背景，介绍了投标方案策划的情况，内容包括：总体工程进度计划、主要施工方案、资源配置计划、生活设施配置、工程报价方案等方面，基本涵盖了投标方案策划的主要内容。

【项目背景】

　　本项目位于非洲某地区，业主为该地区政府，工程总承包方为中国某国际总承包公司集团（以下简称：总承包公司）。其中，标段承包方为中方某工程建设公司（以下简称：标段承包公司），标段承包方式为 EPC（勘察设计＋采购＋施工），资金来源中国出口银行贷款，为免税项目。10％预付款，每月付进度款 85％，完工付款至 95％，5％的质保金。

　　标段承包公司投标为第二段，全长 273km，含两个标段，其中 4 标段全长 80km 主线＋45km 支线；5 标段主线全长 148km，项目部考虑设在 5 标段起点处。以下将整体投标策划方案描述如下。

【投标公司简介】

　　本项目投标公司是我国目前西部地区唯一拥有房屋建筑、公路工程施工总承包双特级资质的国有大型建筑企业集团，下辖全资、控股企业 28 家，注册资本金 16.33 亿元，总资产428 亿，管理和技术人才 9000 人，2012 年荣列中国 500 强前 220 名，中国建筑企业排名第12 名等。

【整体项目说明】

　　全线无成型路基，属于新建道路。通过现场勘察和参照当地类似工程，投标小组以经济适用为原则，本次设计方案按照国内二级公路标准进行设计，设计速度为 60km/h，路基宽度为 10m，行车道宽度 7m，结构层次为 80cm 红土填筑＋0.6cm 稀浆封层＋5cmAC-13 沥青混凝土面层，桥梁结构形式全部采用 13m 跨径的预应力混凝土空心板桥，涵洞采用盖板涵，总工期确定为 42 个月。线型指标根据实际勘测设计确定。

【总体进度策划】

　　项目处于该国东部森林、季节湿地及山地地区，地区有两个明显的季节：旱季和雨季，雨季降雨较多，旱季无降雨。项目所在地缺水缺电，沿途均为土路，进场困难。由于当地气候原因，雨季（主要是 7、8、9 月份）不能施工，所以根据工程量的大小及当地类似项目确定施工工期为 42 个月。

① 标段承包公司与总承包公司签订合同后第一年主要是进行勘察设计工作及机械设备、材料的订货、运货工作。

② 第二年的旱季才开始具体工程施工。

③ 路基工程安排 510 天完成，路面安排 210 天完成，桥涵 420 天完成，其他附属工程 180 天完成。

【主要施工方案策划】

施工方案策划包括路基施工、路面施工、排水工程、涵洞工程和桥梁工程五个部分，本项目主要施工方案策划见表 17-1。

表 17-1　本项目施工方案

项目	子项目	具体方案
路基施工	填筑路堤	利用现有土路作为天然基地，降低填方高度；据现场考察，一般填方路基边坡均小于 3m，考虑地区填料性质，确保路基稳定，减少边坡保护，填方边坡均采用 1∶3 坡率，填方路基与边坡之间设置 1m 宽坡脚平台，折线处采用曲线过渡，与地形和谐相融；路基填料以粗粒类透水性材料为主，主要是当地红土，严格按粒径、CBR 值和水稳性能等指标控制，特殊材料增加级配、膨胀性等指标
	不良地质和特殊路基施工	据现场调查，其中部分季节性湿地路段，两侧为软土，该段路基填土高度为 2m，软弱路基全部采用换填方式进行处理
	路基护坡工程	一般路段创造条件促使边坡长草，形成天然草被植物进行保护；对城镇内道路采用混凝土进行防护；石料丰富地段沿河路及低洼地段采取圬工防护
路面施工		采用红土路基上铺筑 0.6cm 稀浆封层加沥青混凝土面层，施工方法同国内，拌合站采用 2000 型，设在采石场附近，路肩采用先撒一层沥青再铺筑一层碎石
排水工程	城外路基路面排水	根据沿线地形条件，降雨量大小，城外路基路面排水采取浅蝶形草皮生态水沟，其施工工艺简单、便于养护、工程造价低、有利于路容美观
	城区段排水	城区段排水措施纳入市政排水管网，市区内路堤每隔 10m 设置一道 50～100mm 横向边坡排水沟，排入道路两侧设置的 800mm×800mm 纵向排水沟内并在恰当位置汇入城市市政排水管网；没有市政排水管网的城镇采用自然排水
	桥梁引道路堤段	桥梁引道路堤段，每隔 20m 设置一道横向边坡排水沟，将路面雨水接至边坡外或配排水沟内，防止流水冲刷边坡；路面排水采用路面横坡排水设计，路面横坡设计为双向人字坡，坡度为 2%
涵洞工程		通过现场踏勘，明显低洼必须修建涵洞的地方做出桩号标记，其余路段根据沿线条件参照类似工程设置涵洞，其中，4 标段设置各类盖板涵 120 道，5 标段设置各类盖板涵 158 道，共计涵洞 278 道
桥梁工程		原路段采用混凝土 U 形过水路面，现场调查损坏比较严重，且在最大水位时期会出现路面漫水 40～80cm 的深度，存在严重的过水面不足的情况，导致河水流速增大，使下游河道冲刷严重，无法满足本项目的设计要求，根据以上情况考虑，全线共设置简支预应力混凝土空心板桥 6 座，其中 4 标段 K75+080 处为 6×13m/座、K76+230 处为 4×13m/座、K78+530 处为 2×13m/座；5 标段 K105+100 处为 3×13m/座、K109+775 处为 2×13m/座、K125+660 处为 2×13m/座

【资源配置策划】

(1) 人工配置

计划配置 458 名人员参与项目建设，其中包括 212 名中国公民，246 名项目所在地人员，当地人员工资较低，所以尽量聘用当地人员，节约成本。

(2) 施工机械设备配置

根据工程量大小和工期的要求，确定施工机械型号和数量。施工设备全部从国内进口，海运到该国某处登陆，陆运至项目施工现场，所有设备均为一次性摊销，设备出口退税由中国某国际总承包公司集团收取一定的管理代理费带为代办。

（3）材料供应计划

水泥从当地或附近国家购买；沥青当地购买（西班牙供应商）；碎石从沿线采石市场自采（主要为花岗岩）；砂从沿线河里自采（中粗砂）；柴油当地购买，其他材料从国内进口。

【生活设施配置】

① 人员住宿条件：全部采用板房建筑，空调、冰箱、彩电、洗浴等配套设施一应俱全，所有板材以及办公生活用品均从国内运至该国。

② 人员生活用水：项目部和当地取水方式一样，打井取水，项目部初步计划打井一口，深度 30m，日供水量 20t，供 200 人一天的使用，水质进行检测，达到饮水标准，如不达标采用净水器。

③ 办公、生活用电：项目部配备柴油发电机 3000kW 一台，100kW 两台自发电。

④ 人员饮食：主要粮食当地购买；肉食当地自己饲养；夏季蔬菜当地购买，旱季蔬菜自种，炒菜调料等从国内自带。

⑤ 出行条件：项目部考虑配置 1 台中巴、9 台皮卡车、8 台轻卡车用于项目部、工人进出现场及出行使用。

⑥ 回国探亲：每年雨季分批次安排项目部人员、工人回国探亲休假，休假时间每次 1～2 个月。

【工程报价策划】

（1）工作内容与费用划分

该标段承包公司承担项目地勘设计、所需要的物资采购和运输、全部施工任务、项目质保期并提供的全套地勘资料和竣工资料。

该标段承包公司费用包括：全部工程派遣人员的派遣费用、土建工程费、设备费、安装工程费、试生产调试费、勘察设计费、质保期费用、经营费、公司管理费、财务费用、利润；物资运输的国内外港杂费、海陆运费、清关费、海运保险费；涨价预备费、捐赠费、不可预见费；当地税费、矿产资源税费、进口货物统计费、共同体贡献税费。

总承包公司费用包括：公司管理费、现场费用、利润、项目人员培训及业主考察费、工程保险费、出口信用保险费、保函费、佣金、佣金所得税及超过 5% 的附加税、汇率风险费、财务风险费。

出口退税由标段承包公司享有，总承包公司收取 10% 的手续费。

（2）投标报价说明

项目的人工费：人工费（12622.8 万元）＝中方人员工资（9348.3 万元）＋当地人员工资（3274.5 万元）。其中，中方人员 212 人，中方人员工资＝国外工资×国外工作时间＋国内工资×国内工作时间；当地人员工资＝当地工资×工作时间。

项目人员派遣费：标段承包公司人员的国内差旅费、出境签证、出境护照费、体检和疫苗注射费、国际机票、意外保险费、首次入境登记费、出国人员居留费、生活费、药品费、社保费等共计约 3078 万元。

机械、材料采购费：机械采购费约 13000 万元，材料采购费约 25160 万元。

机械、材料运费：从国内进口的所有机械、材料的海运费＋陆运费。

油料费用：油料费用＝每台机械设备的每台班（8h）耗油量×设备台数×生产周期；柴油消耗量约为 18790t，油费约为 13618 万元。

勘察设计费：通过当地和国内设计院的询价对比，确定了此报价。

财务费用：考虑到办理 10％的履约保函所需要的资金成本。

涨价预备费：本项目所需的费用中人工费、油料费用价格处于上涨趋势，预备费主要用于这两项费用的上涨趋势造成的成本增加，预提的金额能够满足工程需要。

投标报价：按每公里美元报价。

工程款结算：按照人民币结算。

(3) 工程报价汇总表

工程报价汇总表见表 17-2；标价的工程量清单见表 17-3。

表 17-2　工程报价汇总表

编号	费用名称	费率	价格/万元
1	机械、材料采购费		38163.3330
2	机械、材料运费(海运+陆运)		9000.0000
3	油费		13618.1100
4	人工费		12622.8000
5	勘察设计费		1500.0000
6	验收费用		200.0000
7	质保期费用		200.0000
8	赞助费		500.0000
9	协调费		500.0000
10	人员派遣费		3077.5984
11	小计	1+2+3+4+5+6+7+8+9+10	79381.8414
12	管理费	(11)×4％	3175.2737
13	财务费用	(11)×10％×13％×3	3095.8918
14	涨价预备费		1500.0000
15	矿产资源税		5760.0000
16	风险金	(11)×2％	1587.6368
17	利润	(11+12+13)×6％	5139.1804
18	总价	11+12+13+14+15+16+17	99639.8241

每公里造价约人民币 365 万元(约 58.86 万美元)

表 17-3　标价的工程量清单

道路主线部分(4 标段 80km+5 标段 148km)共 228km

序号	分项工程名单	单位	数量	单价	合计/元
1	总部基地搭建	项	1	8500000.00	8500000.00
2	采石场基地搭建	项	1	14000000.00	14000000.00
3	路基、桥涵市政设施施工机械设备进场	项	1	162075996	162075996.00
4	路面施工机械设备进场	项	1	35563400	35563400.00
5	沥青	t	15000	9000.00	135000000.00
6	施工文件	项	1	6000000	6000000.00
	其他费用合计				361139396.00
	路基工程				159995636.00
1	道路清表	m²	3009600	3.95	11887920.00
2	路基挖方	m³	152000	12.00	1824000.00
3	路基填方	m³	2432000	58.45	142150400.00
4	边坡整形	m²	1225800	2.42	2966436.00
5	纵向排水沟	m	374000	3.12	1166880.00
	路面工程				242883840
6	稀浆封层	m²	2280000	18.58	42362400.00
7	AC-13 沥青混凝土面层	m²	1596000	125.64	200521440.00

道路主线部分(4标段80km+5标段148km)共228km				
序号	分项工程名单	单位	数量	单价	合计/元

序号	分项工程名单	单位	数量	单价	合计/元
	涵洞排水工程				77230151.38
8	盖板涵	m	2100	8219.78	17261538.00
9	钢筋及预埋件	t	80	10879.50	870360.00
10	市政排水沟	m	20000	2281.50	45630000.00
11	护坡基础浆砌片石	m²	3406	1145.23	3900653.38
12	路缘石	m	42000	227.80	9567600.00
	桥梁工程				35018294.99
13	挖基坑土石方	m³	18700	12.00	224400.00
14	桥梁混凝土	m³	6867	4517.65	31022702.55
15	钢筋及预埋件	t	270	10879.50	2937465.00
16	护坡基础浆砌片石	m³	728	1145.23	833727.44
	道路主线部分合计				515127922.37

道路支线部分：4标段45km					
序号	分项工程名单	单位	数量	单价	合计
	路基工程				65324025.00
1	道路清表	m³	720000	3.95	2844000.00
2	路基挖方	m³	135000	12.00	1620000.00
3	路基填方	m³	1132500	52.53	59490225.00
4	边坡整形	m²	450000	2.42	1089000.00
5	纵向排水沟	m	90000	3.12	280800.00
	路面工程				47708100.00
6	稀浆封层	m²	450000	18.35	8257500.00
7	AC-13沥青混凝土面层	m²	315000	125.24	39450600.00
	涵洞、排水工程				7098797.16
8	盖板涵	m	660	8209.89	5418527.40
9	钢筋及预埋件	t	6	10879.50	65277.00
10	护坡基础浆砌片石	m³	1012	1145.23	1158972.76
11	路缘石	m	2000	228.01	456020.00
	道路支线部分合计				120130922.16
	全线合计				996398240.53

经过专家对该投标策划方案的评审，认为该投标方案整体可行，且80%以上的专家给出肯定的态度。投标过程中，按照策划实施投标方案对标书进行了编制，并提交招标人，经评标，一举中标。

【案例启示】

① 投标方案是投标人按照招标文件制定的要素进行响应的重要文件，是投标人争取中标的唯一表达文件，为此，策划编制一份高质量的投标方案是一项关键性工作。投标方案主要包括技术标（施工方案）和商务标（标价）两部分，本案例对这两部分的内容均作了介绍。

② 基于工程总承包项目的特点，尤其是非洲项目，业主在评价投标方案是否优良时，主要考虑的因素还是技术因素。在技术过硬的情况下，考虑合理的报价，才有可能被业主看中。业主不单纯考虑报价的目的可以有效避免其他投标人故意压低报价，形成恶性竞争的局面。在技术因素中，施工方案和施工组织设计仍是投标方案重点考察的内容，在对施工方案和施工组织设计安排合理的情况下，投标人对人工、机械、材料的考虑也不可忽视。

③ 在商务标方面，报价也是比较重要的考察因素。对于非洲地区经济情况，尤其是基础设施建设项目，当地政府作为业主来说，需要充分利用资金，希望能够得到一个合理的报

价。基于这方面的考虑，投标人在策划编制投标方案时，应该重视对报价合理性的分析，在不损害自己利益的前提下，尽可能地考虑业主方的因素，合理报价。

17.2 投标进度计划编制案例

【内容摘要】

本案例是一则国际 EPC 工程项目投标书编制计划的案例。以中方公司投标东南亚化工项目以及其他项目为背景，就如何编制施工进度计划介绍了他们的认识、体会和做法。

【项目背景】

东南亚某国业主投资 200 亿美元建设炼油规模为 $1500 \times 10^4 t/a$、乙烯规模为 $110 \times 10^4 t/a$ 的一体化炼油厂，其中炼油装置专利技术采用美国雪佛龙、UOP 及法国 AENSE（阿尔纳斯尔）等专利技术；乙烯装置采用鲁玛斯专利技术。

【进度编制意义】

作为 EPC 投标人，在技术标中编制进度计划是不可少的内容，也是招标文件的基本要求。一方面作为投标方，要想获得项目，必须响应招标文件的有关要求，通过编制科学、合理的进度计划，向业主表达投标方对项目的控制思路和战略思考，展现投标方的管理水平，并向业主承诺，按照进度计划保质、保量地完成合同范围内的工作；另一方面，从业主角度，为评估不同的投标人的项目执行能力，通过不同的进度计划安排，筛选出最科学、最合理的进度计划，为最终确定中标人提供依据。

项目投标成功最重要的是投标报价，其次是工程的完成时间。进度计划与投标价格密不可分，投标价格是以项目进度计划为基础的，如管理费、设计费、采购费、施工费以及其他费用都与工程进度有着密切的联系；工期长短直接影响工程价格，所以优化进度、费用、质量等因素，编制科学、合理的进度计划、对于最终投标的成功起着举足轻重的作用。

同时，项目进度也是总体策划的基础，与执行计划的编制、现金流量的预测、动迁计划的编制、风险投资汇报分析，乃至付款计划、商务条款的确定以及其他执行计划相关联。

在投标阶段，编制一个科学合理的进度计划不但能够提高投标人中标的概率，还能为项目将来进入执行阶段创造有利的条件，反之，不合理或激进的进度计划即使侥幸赢得项目，但会给项目执行增加风险。

【进度编制依据】

进度计划的编制首先应依据招标文件的要求，招标文件中的工作范围和服务范围界定了进度计划的内容。除此以外，招标文件中业主还会规定项目建设的周期，如果是 EPC（设计、采购、施工）项目，招标文件还会规定从开工到机械安装完工（Mechanical Completion）的周期；如果是 EPC（设计、采购、施工、试车），招标文件会规定从开工到项目具备开工条件（Ready for Start Up）的周期；如果投标人投的是全厂性项目，招标文件还会定义一些关键里程碑，对进度计划进行初步的规划。例如，公用单元的完工时间；按照工艺流程，分阶段的工艺单元机械完工时间，等等。如果投标人投标的是全厂性项目的部分单元，招标文件还会规定不同投标人间界面关系数据发布时间，如公用工程消耗提交时间，冻结本装置 DCSI/O 点数时间，本装置的火炬完工时间等。目的是统一协调，管理整个工程的总体进度计划。

当然，作为项目的重要干系人，也有许多约束条件来自业主，如发布项目开工令 NTP

（Notice to Proceed）、现场的场地移交、临设、营地场地的移交、外围水电的引入等，这些条件也是投标人进行进度计划需要考虑的重要因素，是承包商将来开展工作的先决条件。作为有经验的业主，一般都会在表述中明确指出，如果标书中没有相关的描述，投标人需要进行技术澄清，获得这些信息，并需要反映到进度计划中。

所有这些信息都是进度计划编制的基本条件，EPC 投标人要根据这些信息和要求，结合自己的项目执行和管理能力，编制完成具有竞争性的进度计划。

【进度编制软件、内容与深度】

对于海外 EPC 工程总承包投标报价项目，项目进度计划一般都会使用 ORACLE 公司的 P6 软件进行编制，以关键路径法（Critical Path Method，CPM）网络形式编制，要求逻辑关系科学、准确、合理。

同任何项目的进度计划编制要求一样，在编制进度计划前，要定义完整的项目活动 ID、相应代码等内容，做好进度计划编制的基础工作。

关于投标报价阶段进度计划编制内容和深度，至少应编制到 WBS（工作分解结构）的工作包级，或者主要的工作包级，如确定项目设计、采购、施工、试车各阶段的开、竣工时间，称为一级进度计划或称总进度计划。对于重要、关键性设备还需要编制到位号级（主要考虑便于识别计划关键路径）。对于这一点，已被多家国际工程公司的投标进度计划证明，通常称为二级计划。

值得注意的是，业主在招标文件中，也会对进度计划的编制提出深度要求，至少要达到项目总体进度计划的二级计划（一旦中标，将作为合同进度计划）。更进一步的，有些业主还会对此提出更为严格的深度要求，除编制二级进度计划外，还需要编制项目初步的一级计划、90d/120d 进度计划等。

【进度编制职责】

项目投标报价控制经理负责组织、编制进度计划，指导计划工程师完成进度计划初稿的基础编制工作。项目经理、设计经理、采购经理、施工经理、商务经理审核进度计划初稿。

项目报价经理要审核总体的设计、采购、施工周期是否合理、项目里程碑是否完整、能否满足招标文件的要求，能否实现；项目的关键线路设计是否合理等。

设计经理要审核设计活动内容是否覆盖所有设计工作，活动是否与工作程序相符；原定工期（设计周期）及逻辑关系是否合理。

采购经理要审核采购活动内容是否覆盖所有的设备和材料（特别是关键性和重要设备），原定工期（制造工期）及逻辑关系是否合理。

施工经理要审核施工活动内容是否覆盖所有施工工作、活动；原定工期（施工周期）及逻辑关系是否合理。费用经理从项目的费用的控制、现金流的角度审核计划的合理性。

商务经理依据招标文件的要求，从商务角度提出计划的合理性。

投标报价项目控制经理，依据审核意见，整体评估后，组织完成进度计划的修改工作，并再次报投标报价项目组，审核、确认。

【进度编制过程】

本案例项目由于规模巨大，业主依据工作范围分若干包进行 EPCC 招标，其中，本案例中方公司作为投标人参加了渣油加氢包的投标报价，工作范围为 1500×10^4 t/a 常压装置、$2 \times 440 \times 10^4$ t/a 常压加油加氢脱硫装置、$4 \times 105895 m^3$/h 氢气收集和分配及燃料油系统。

合同类型为总承包合同，项目总工期为 41 个月，承包商负责项目详细设计、设备和材料的采购、施工安装、预试车和试车工作。同时，业主还规定了部分中间控制点的完成时间。下面对于该项目的进度计划编制过程做一简要介绍，见图 17-1。

N_0	MILESTOES	MILESTOESDATE
P_{01}	Insurance certificate and PERFORMANCE BOND	TO
P_{02}	Project Execution Plan &、PPM、IFA	TO+2 months
p_{03}	Utility consumption issued（90% accuracy）	TO+3 months
p_{04}	Poplaced for DCS/ESD/FGS	TO+6.5 months
p_{05}	Effluent summary and flare loads frozen	TO+5 months
p_{06}	Power balance and Single Line Diagram IFD	TO+9 months
p_{07}	CONTRACTOR TCF ready for occupancy	TO+8 months
p_{42}	RFSU of HCDUUNTT	TO+40 months
p_{43}	RFSU of FOS and CDUUNTTS	TO+40 months
p_{44}	RFSU of first ARDSUNIT	TO+40 months
p_{45}	RFSU of last ARDSUNIT	TO+41 months

图 17-1　项目进度计划（一）

TO—项目开始时间；TCF—Temporary Construction Facility；

RFSU—Ready For Start UP

项目由若干包组成，为了一体化管理需要，业主还就自己范围的工作及与其他投标人的界面进行了规划，投标人在编制进度计划时也需要考虑，如图 17-2 所示。

N_0 Events under OWNER's responsibility KEY DATE		
M_{01}	Temporary Construction Facility North area handover	TO+3 months
M_{03}	Site preparation Complete and First Refinery Area handover	TO+6 months
M_{05}	Compcommon facilities and utilities available	TO+7 months
M_{06}	Camp Area Ready for Occupancy by CONTRACTOR	TO+6 months
M_{07}	Material Off-Loading Facility and road ready	TO+20 months
M_{08}	Water，Power，Steam available form REFINERY	TO+34 months

图 17-2　项目进度计划（二）

TO—项目开始时间

根据以上信息，投标人在进行仔细阅读理解后，编制了下面的二级进度计划，见图 17-3。其中相关的编制基础和结果说明如下：

① 项目的进度计划适用 P_6 及 CPM 法编制而成；

② 项目进度计划包含了所有 ITB 要求的额里程碑；

③ 关键线路，见计划的斜棒条。

本计划的关键路径围绕 ARDS（渣油加氢）单元 反应器的设计（请购）、采购、施工（相关的配管、仪表工作）、预试车、试车等活动。

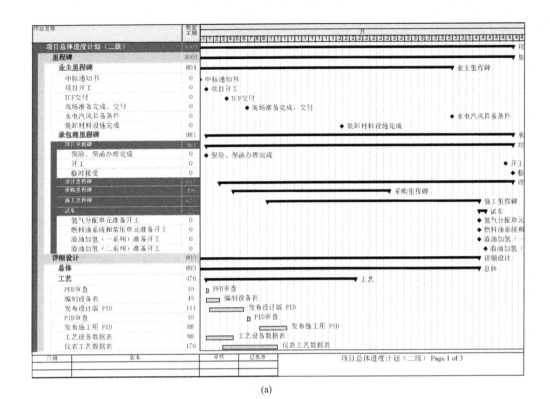

(a)

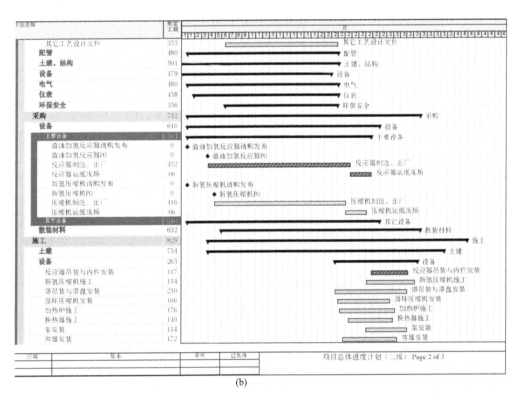

(b)

图 17-3

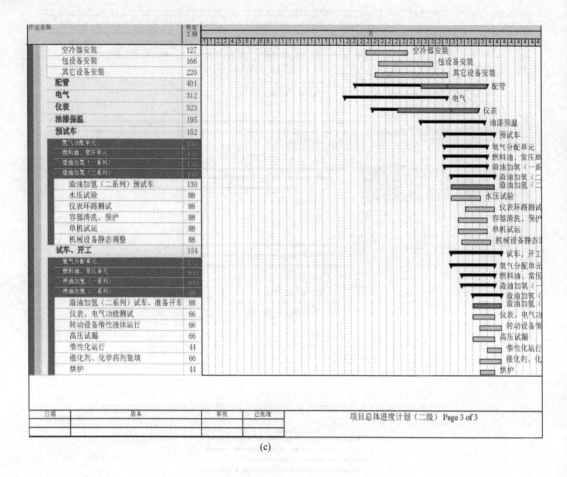

作业名称	恒定工期	月
空冷器安装	127	空冷器安装
包设备安装	166	包设备安装
其它设备安装	220	其它设备安装
配管	401	配管
电气	312	电气
仪表	323	仪表
油漆保温	195	油漆保温
预试车	152	预试车
氢气分配单元	130	氢气分配单元
燃料油、常压单元	130	燃料油、常压单
渣油加氢（一系列）	130	渣油加氢（一系
渣油加氢（二系列）	130	渣油加氢（二
渣油加氢（二系列）预试车	130	水压试验
水压试验	88	仪表环路测试
仪表环路测试	88	容器清洗、保护
容器清洗、保护	88	单机试运
单机试运	88	机械设备静态
机械设备静态调整	88	
试车、开工	154	试车、开工
氢气分配单元	132	氢气分配单元
燃料油、常压单元	100	燃料油、常压
蒸油加氢（一系列）	100	渣油加氢（一
蒸油加氢（二系列）	88	渣油加氢（二
渣油加氢（二系列）试车、准备开车	88	仪表、电气功
仪表、电气功能测试	66	转动设备惰
转动设备惰性液体运行	66	高压试漏
高压试漏	66	惰性化运行
惰性化运行	44	催化剂、化
催化剂、化学药剂装填	66	烘炉
烘炉	44	

日期	版本	审核	已批准	项目总体进度计划（二级）Page 3 of 3

(c)

图 17-3　项目总体进度计划（二级）

注：1. 通过投标商的努力和多次澄清，投标方成功获得本项目，
作为技术标的重要组成部分，项目进度计划获得了业主的认可。
2. 由于篇幅有限，所附计划仅在结构、内容上做一示意

【案例启示】

随着项目管理技术的发展，中国公司参与海外项目的增多，投标进度计划的编制无论在理论方面还是技术方面越来越成熟，对进度计划的编制逐步走向程序化、标准化。通过本案例编制实践说明，技术标书中的进度计划的编制，除了要遵守招标文件的相关要求外，在编制过程中要考虑以下要点。

（1）进度计划编制应与执行综合考虑

项目报价的目的是为了获得项目，而获得项目最终目的是为了盈利。进度计划一方面要满足招标文件的总体计划要求，还要依据项目执行经验进行综合评估，综合考虑进度计划的完成概率。如果这时的进度计划比较激进，或难以实现，要提出风险，在项目风险储备金中应予以充分考虑。如果完成项目非常困难或不能实现，要及时和业主澄清，并提出投标人的建议，看看工期能否延长。否则要考虑是否再继续完成投标工作。总之，在无特殊的情况下，不能为了一味地迎合业主获得工程项目，而为投标企业带来巨大经济风险。

（2）关键路线必须清晰

作为网络计划，关键线路是基本组成和属性，关键路径决定了工程的总工期。同样，投标报价阶段的进度计划也应当有清晰的关键线径，一方面能够向业主说明项目计划（周期）的合理性和科学性；另一方面作为投标人，是评估项目能否按时完成的依据。所谓优化进度计划，主要就是优化关键线路上的设计、采购、施工、试车活动，这些活动也是将项目执行阶段的重点控制工作。

（3）逻辑关系、原定工期合理

逻辑（前后续）关系连接合理、原定工期相对客观和准确是编制进度计划的基本要求，也是确定关键路径的基础。

作为项目的二级进度计划，活动深度不可能具体编制到位号级，这样的话，在连接前后续活动的逻辑关系上，FS(Finish to Start)为零的关系较少，一一对应的逻辑少，经常是多个活动前后续逻辑关系，用到的前后续 LAG 关系多，而 LAG 的多少，要依据项目实践经验确定，也是编制进度计划的难点。

同样，对于活动原定工期，也存在同样的问题，多数情况下，工程包的活动工期要根据项目实践经验进行综合确定。

合理的逻辑关系和原定工期，直接影响了项目进度计划的准确性，进而反映了投标人的项目管理经验和综合管理水平。

（4）恰当的解释和说明

为让业主更清晰地理解投标人的进度计划和总体安排，投标人在完成进度计划的编制后，对编制的进度计划进行适当的解释和说明是很有必要的，如招标文件中的未尽事宜；编制进度计划做了哪些假设条件；另外，实现此进度计划，需要业主提供的支持和配合等其他因素说明。

17.3 商务报价编制过程案例

【内容摘要】

这是一起介绍国际 EPC 工程项目总承包商务报价编制过程的案例，以中方企业投标 Y 国铁路工程项目为背景，分析了 Y 国的工程造价体系的特点、投标报价文件的形式选择、前期调研、报价要素、风险因素、报价的合理性分析等过程，并提出对国际工程承包与报价的认识和建议。

【项目背景】

该案例项目铁路，全长约 503km，Y 国国家部门对该项目已经立项，拟通过 EPC 方式引进外资并完成此项目。中方公司组织融资公司、设计、施工等单位去伊朗进行了实地考察并与业主初次洽谈，且对于报价进行了分析。

【造价体系】

Y 国的工程造价计算的基本依据是由该国家计划组织部门公布的建筑土建工程、公路、机场、铁路等的《基本单价表》以及《机电设备单价表》（"土建 PBO" 和 "设备 PBO"），设备 PBO 很简单，在此主要介绍土建 PBO，以下简称 PBO。

（1）PBO 基本结构

PBO 按照工艺分类（如拆除工程、现浇混凝土工程等）共分 20 章，每章仅列出分项工程年度基本单价目录清单，不包含相应的人工、机械、台班消耗和单价，土建 PBO 附录分章说明中有主要材料价格表、管理费系数表、地区差异系数表、动员费系数表、工期系数（物价费系数）、风险系数、难度系数等费用计取说明。PBO 规定允许工程决算总价在 PBO 计算价格和合同价格的 ±25% 范围内。

PBO 价格是官方根据以往工程执行价格统计材料和人工、材料、机械台班费的市场现行价格测定，PBO 价格的合计再乘以各种系数，即确定的工程官方造价，用以控制投资规模，发包时则由承包商自主确定各种价格和费用报价。其造价计算模型如下：

$$工程总造价 = \Sigma PBO \ 基本合计 \times 管理费系数 \times 地区差异系数 \times$$
$$动员费系数 \times 工期系数 \times 风险系数 \times 难度系数$$

① 管理费系数　管理费分为日常管理费和工程管理费。日常管理费是指管理人员工资、保险、总部管理费、差旅费、招待费、投标费、办公设备耗用费、保函费、城市建设费、法律费用、场地仓库资金等。

工程管理费是指财务费用、所得税、培训费、利润、参建工程人员工资、差旅费、招待费、投标费、办公设备耗用费、业主代表及工程咨询师工资、合同制作费、交通车辆费、施工图编制费、竣工图编制费、项目监督控制费、工程移交前维修费、移交费等。管理费系数取值一般为 1.3。

② 地区差异系数　地区差异系数主要是根据地形、地貌、地质等因素，将伊朗以自然行政单位划分为若干单元，并以首都地区为基准，规定各单元地区系数，取值为 1.0～1.4 之间。

③ 动员费系数　动员费包含动员费和解散费两项，主要是指支持性建筑（现场加工车间、预制车间、机械修理车间、实验室、电机房、材料库等）、一般性建筑（现场居住房、办公房、祷告室、餐厅、浴室、洗衣房、诊所等）、场地布置（进出场道路、排水防洪设施、露天仓库、停车场、运动区、围墙、场地照明等）、场地四通（水、电、燃气、通信）、临时便道、疏解道路、场地恢复、撤场等临时工程所需费用。动员费系数一般取值为 1.06。

④ 工期系数　工期系数即物价增长系数，主要是指编制期和建设期物价差异调整系数，以过去 3 年的物价平均增长率作为调整计算依据。工期系数为年平均增长率连乘计算，连乘级次为编制期至建设期末年份数。

⑤ 风险系数　风险系数属于承包商自列系数，是指承包商根据雇主要求和相关资料文件等，识别分析风险因素，测算风险值和风险系数。

⑥ 难度系数　难度系数属于区别工程类别的调整系数，如 PBO 中隧道长度仅 150m，如果实际长度超出 150m，则按照规定模型计算难度调整系数。此外还有路基宽度超出的外露系数、交通量增加的交通系数等。

（2）PBO 造价体系特点

综上所述，该国工程造价的体系基本上是市场化的，具有统计性和计算性的特点，其系统性、科学性和技术深度较差。Y 国政府每 1～2 年出版一次 PBO，以指导工程造价实施。

【文件形式选择】

一般来说，涉外投标报价文件的形式（主要是指项目的总包报价，单体工程竞标报价形式以及要求，一般比较明确）应便于双方的理解和沟通，同时，也应便于承包商的造价计算和成本测算。工程报价既要紧密结合相关合同条款，又要切实反映工程项目的国际价格，做到眼前服从于项目谈判实际，长远服从于项目合同利益。EPC 总承包项目的报价不同于单一的国际工程投标报价，两种报价在前提条件、竞争方式与策略以及合作性质等方面都存在较大的差异，故其工作的重点及价格组成也是不同的。

（1）报价文件结构形式的选择分析

我国铁路工程项目造价计量模式是基于定额形式，人工、材料、机械使用费均为不完全价格，采用"基价加运杂费加差价"的处理方式，而且费用结构方面也不符合国际惯例，而承包商又不可能在短期内完全掌握 Y 国的工程造价体系，况且 PBO 结构划分较为综合，深度不够，所以采用 PBO 结构方式报价对承包商来说是不现实的。

经过综合分析，本项目报价选择了国际通用的工程量清单形式，简称"BOQ"（Bill of Quantities）。这种计价方式和计价过程能够充分体现不同投标人对特定的项目价格形成的自主性、灵活性、竞争性和个别性。不同的投标人在同一平台上报价，强调了竞争的科学性，符合国际咨询工程师联合会（FIDIC）所倡导的基本原则和精神，是当前国际承包中广泛使用的报价方式。

在本案例报价中，由于当时铁路工程项目没有国际通用的标准工程量清单格式，所以，该项目报价是以国内"新铁路工程项目工程量清单"为基础，并比较国际惯例以及 FIDIC 条件等进行必要的修订调整，确定了工程量清单报价方式。

（2）国内铁路工程量清单存在的主要问题

鉴于国内铁路工程量清单在某些方面（局部结构、深度）还有待进一步完善，不能直接应用到该国的铁路工程中去，对 Y 国的铁路项目报价时，主要修改了以下内容。

① 计量单位不统一　国内清单中很多不是国际单位，翻译后，理解比较困难，需要进行简化描述，如将断面方、圬工方简化为立方米；延长米、横延米、条米简化为米；条公里、沟公里、铺轨公里简化为公里（内容界定反应在细目名称上）；正线公里改为线路长度（公里）。有时为了更明确表述一些细目的工程量级单位，对部分清单细目进行了分级拆分描述，如隧道钻孔注浆，原单位为钻孔米，不易理解，而且综合了注浆量，应拆分为钻孔和注浆两项明细，单位为米和立方米等。

② 章节结构层次划分习惯不同　国内清单中工程（项目）分类划分还延续历史习惯，章节之间穿插较多，有的划分过细，有些只是区分概算、费率而划分，不符合国际惯例，不利于沟通，因而有必要进行相应的调整。如路基中路基土石方与站场石方，此次合并为路基土石方；路基附属土石方不再单独计列，部分归为路基主体，部分列入相应工程；路基加固防护主要按照材质区分列示；机务、车辆等专业库内专门建筑（如"检查坑""落轮坑""库内线"等）习惯上列入相应房屋专业，本次均单列于机务、车辆节中相应项目下；房屋及房屋附属工程、站场建筑设备、给排水三类工程内容基本都在站区，统归在站场建筑项下。此外，与工程类别相关的其他费用，如动员费、大型临时工程费等，分解归入相应章节下。

【施工现场调查】

工程项目价格计算是基于一定的现场实施条件和施工组织方案条件下，这对国际工程显得尤为重要，为了能够把握工程沿线的实施条件，合理确定施工组织方案，做好工程报价工作，投标人在以下两个方面开展工作。

（1）到工程现场踏勘

项目组成员多次到该工程现场实地考察，分析沿线的地形地质、地物地貌、气候气象、交通运输、水电燃料可利用情况及价格；砂石等天然建筑材料的分布、质量、储量及价格；水泥、钢材、木材等建筑用料的产地、产量、储运及市场价格；施工场地选址布设、人口分布和劳动力利用情况及价格；地方政府和民众对本项目的态度，当地民族风俗及治安、卫生状况；生活资料的利用和供应等。

对正在实施中的工程、施工机械的采购和租赁、该国的施工力量现状及合作利用的可能性等情况进行调查，并到该国官方相关部门收集工程建设和建筑材料价格等情况，以及工程设计、施工及质量的相关要求和规定的文件。同时，结合该国提供的该项目的前期资料，确定该项目的实施条件，进行施工组织安排。

(2) 邀请相关人员座谈

首先，邀请在该国境内承担工程建设的中国公司的管理和技术人员座谈，了解执行项目从谈判准备到实施阶段的具体情况和应注意的问题。其次，邀请该国相关专业技术人员介绍近年来的伊朗铁路项目执行情况，建筑市场的现状，建筑材料价格信息，施工企业的数量、装备和工艺习惯以及市场劳动力状况和相应的国家法律规定，并请他们解答投标人提出的相关问题，进一步确认、核实投标人的调查情况，预测施工组织风险因素，完善该项目的施工组织和安排。

【报价要素分析】

一般来说，我国企业参与国际市场交易的主要竞争力之一在于价格优势，国际工程也不例外。因此，合理确定实物消耗、费用与费率等报价要素的水平和价格，把握适度的利润水平和报价水平，是一个很重要的问题。该项目的工程价格主要分为商务价格和工程量清单报价两部分。由于国际工程项目地区差异性较大，因而价格和费用有所差别，下面对本案例的报价基本思路做一简介。需要说明的是该项目采用基于清单单价的总价合同方式，在报价深度和技巧上侧重于单价的计算，同时，补充设置总价合同方式特征项目，如总价、合价（费用）包干项目。

(1) 分部分项工程实物消耗量的确定

分部分项工程人、材、机的消耗量具有横向差异和纵向变化的特点，通常根据项目的性质、工程特点、合作对象、施工工艺等因素分析，对实物消耗的水平进行适当的调整。当然，特殊的或新的施工工艺，以及具有专利或垄断性的施工工艺及设备，要根据实际情况适当从高确定消耗水平。该项目主要依据以下几个方面信息综合分析确定。

① 依据国内定额　我国国内现行的铁路、公路等行业建设工程概算、预算定额，定额消耗量代表了我国各行业在目前常规成熟的施工工艺下的平均先进消耗水平，是国内公认的预结算依据，也是国际工程报价的主要参考资料。

② 依据企业内部定额　施工企业在长期的工程施工和管理中不断积累和完善的仅为服务于企业内部结算和工程成本测算控制的企业相关定额。企业定额代表企业自身的工艺和施工水平，可用来预测和测算工程成本规模，审视和把握报价的总水平。

③ Y国当地常规施工水平　Y国当地常规的施工工艺、施工水平、工艺习惯及施工工效，可租赁或采购使用施工机械的种类、规格型号等因素。Y国的施工从业人员较少，机械化水平较高，施工机械租赁市场发展较快，操作手的费用较高，材料工艺损耗略高，总体工效较低。如Y国的房屋工程建筑和结构较为特殊，因而宜按本项目所在国的工艺习惯报价。

④ 依据自身设备条件　施工企业可根据自身拥有的大中型施工机械情况或熟练工艺，编制该项目的施工方案，如轨道工程采用熟悉的单枕法一次铺设无缝线路，大型成套机械"配碴"整道。

一般来说，国际工程谈判报价中（尤其是单价合同），相对于以费率取值的费用来说，可根据具体情况适当提高报价水平。

(2) 报价工费标准的确定

依照当地每周工作制（天数）、法定节假日总天数，计算出月平均工作天数。然后按照施工组织设计及初步谈判意见确定的不同工程类别，中国人工与当地人工的使用比例，以及我国人工和当地人工的日工资标准，计算出综合工费标准。

中国各类人员工资，参照财政部、外交部等部门联合下发的相关文件规定确定，按月基本工资（津贴）计列，同时，还需要考虑当地的个人所得税政策，各种当地政府"规费"、个人工作许可的签证费用、探亲费用、交通费以及其他必要的附加费用，并结合当地中国和国外公司工程报价水平，确定各类中方人员的实效工资。报价工费标准要区别于实效工资，其水平确定与工程报价的工日消耗水平有关，一般按照总费用控制原则调整使用。

Y国当地的人工价格是依据当地法律法规文件规定，按当时市场情况及该项目的特点，综合确定一般技术工（含机械操作工）、普通工、特殊工种（岗位）的劳动力报价。通过调查了解，该国当地一般通过劳务公司雇佣劳动力，劳动力工资差距很大，总体比国内便宜，普通劳动力价格更低。

(3) 报价工程材料、设备和施工机费用的确定

因融资问题，有些材料设备需要从中国采购供应，如该项目的工程用的轨料、桥梁支座、光缆、电缆、机电设备等，这部分材料设备报价前的询价工作十分重要，其预算价格包括出厂价、运杂费、港杂费、国际运保费、该国区内至工地运杂费等。

运输方式的选择，主要是考虑经济便利，国内段运至港口采取陆运方式，国内有铁路运输条件的采取铁路运输，否则采用汽车运输；国际段则采取海运方式，运费取多家价格的高者并考虑预测波动价格；该国的港口至工地的运输除特殊货物外主要采用汽车运输，一则因为是该国公路发达，油料价格低；二则是该国南部港口没有到工程项目地方向的铁路线。关税和相关贸易费用在商务报价中考虑。

本项目的另一部分的材料需要在Y国当地采购供应。如水泥、砂子、钢材、木材等建材，报价前进行了大量的市场价格和量能调查，尤其是对地方材料的选点，进行了现场踏勘核实，并在合同条款中进行必要的风险规避。当地采购（自开采）材料按照出厂价、运杂费（包括运输损耗）、采购管理费（包括库存费）等编制预算定额。据调查了解，该国的总体物价水平比中国低，存在政策性货币贬值，采用美元计价和结算合同风险不大。

国内施工机械的折旧年限较长，台班费用的计算普遍较低，与国际通行的台班费计算方案差距较大。现场租赁的施工机械，按照该国市场价格（综合价格）并考虑预留适度的价格空间后列入报价；自购或"自带"方式的施工机械，按台班费用组成（折旧费、大修费、经常修理费、安装拆卸和进出场费、燃料动力费、台班司机工费等）分析台班单价。其中，折旧费不能按照国内折旧办法计算，原则上小型机械按照项目工期折旧，大型机械采用加速折旧法折旧；大修理及经常修理费、安装拆卸和进出场费以当地调查资料为基础并经过测算，在国内水平的基础上进行一定幅度的提高。

(4) 报价其他要素的确定

工程量清单分部分项工程综合单价由直接成本、间接成本和利润构成（税金由业主代扣代交，在商务价格中计划）。间接成本与利润往往以费用项目出现，以费率取值。国际工程费率取值一般为3%～5%。各国对于间接成本（有时含部分其他直接成本费）的费用名目和取值差异较大，有"直接成本＋管理费（分材料、劳务、总包三大类费用）＋利润"和"直接成本＋基本综合费用＋利润"等形式。由于部分取费与工程类别有关系，单体和单一类别的工程项目可采用综合固定费率报价，像本工程这样大型综合项目，就要求按照分项费率报价。但不管如何变化，计入单价中的费用内容除了利润外，必须包括不易放入实物消耗的降效增加费、施工辅助费（小型生产用具工具使用费、检验试验费、工程复测等费用）、现场费（现场管理费、一般生产生活临时设施费）、总公司费用（企业综合管理费、财务费用及流动资金贷款利息）、动员费等。

根据国家和地区不同，也有将工程施工图设计费、工程保险费、税金、第三方费用（佣金）等费用以及业主要求列明的其他费用分摊到单价中。

此外，还有独立费。一般单体工程的独立费较少，本项目这样的综合性系统工程费用项目较多，如工程勘察设计费、工程师（业主代表）设施费、大型临时设施费、佣金、培训费、试车费、操作手册编制费、保修期费用、应急费（预留金）等其他费用，根据项目特点及雇主要求选定，大部分按照实际分项清单计算出总价，或按业主要求及规定计列，个别费用项目按照费率取值计算，均以总价形式报价。一般来说，各项独立费用计算仅作为后台支持文件备用，不出现在正式报价文件中。

该铁路项目是以 EPC 总承包方式运作的商业性融资项目，合同商务条款就融资方式、融资渠道、融资金额、资金支付与偿还方式和计划、使用币种及汇率以及各种财务费用、手续费、保证金、资金利息等相关费用进行详细的界定和说明。综合单价中不含强制性费用（融资性国际工程对所在国政府而言往往又是一个可变的竞争性费用），如关税、进出口贸易费用、营业税、工程保险费、行政规费等在商务条款中也作为一个费用包另行处理，这是符合国际惯例的。同时，也降低了工程报价风险以及在工程实施阶段的协调难度，增加了项目谈判的灵活性。

计日工是指可能产生的零星劳动力、材料和机械台班的分类及其单价，将来一旦发生，按实际发生量和报价单价计量拨付工程款，所以这部分单价要适当提高报价。

【工程风险与对策】

一般来说，国际工程主要考虑的风险为政治风险、经济风险、自然风险、技术风险、商务风险及信用风险。

① 政治风险　中 Y 两国友好交往的历史悠久，民众相互接受态度积极。目前 Y 国国内政局稳定，但在国际关系中存在一些问题，尤其是自 2003 年以来美国对 Y 国多次发出战争威胁。尽管战争风险是属于业主风险，但是也有分析认为近期爆发全面战争的可能性不是很大，应认真研究对待。

② 经济风险　主要考虑物价增长、汇率、Y 国经济政策等变化因素。Y 国铁路主要机电设备拟采用出口信贷方式由中国采购供应，我国近 5 年来物价平均增长率为 3% 以下，谈判前由机械设备生产商先行报价，工程设备报价以生产商当前报价并考虑一定的增长率为基础，总包方与生产商签订供应协议（建议时效期 1 年），一旦工程承包合同签订，设备供应协议即成为具有法律效力的合同文件，可转移总包方设备采购部分风险。

Y 国近几年来通货膨胀幅度较大，货币大幅度贬值，该国货币对美元汇率一直持续走低，主要原因在于其国内经济的扩张政策。该项目采用美元计量和支付，美元在国际市场走势较为平稳，与人民币汇率基本保持稳定，所以汇率风险不大。与 Y 国经济政策有关影响较大的费用如关税、营业税、行政规费等，建议采用商务列示费用、总额支付，由 Y 国交通部代收代缴，以减少接触环节，转移部分费用风险。

③ 自然风险　Y 国是一个地震频发的国家，项目所在地区地震烈度为 8～9 度。所以，地震是该项目主要考虑的自然风险。在工程措施和商务条款两方面，需进行必要的加强和说明，工程措施最终要体现在报价中，规避条款在合同中界定，努力降低地震灾害风险。

④ 技术风险　技术风险主要考虑地质勘察资料的深度不够或不全面，以及 Y 国在实施阶段有意要求提高局部技术标准或机电设备性能等。地质问题通过专业人员对收集的区域地质资料和勘察资料进行分析，以及对该地区部分在建工程项目地质情况进行调查，初步判断该地区的地层地质情况良好，灾害性地质问题存在的可能性或发生的概率很小。其他技术风险则通过"雇主要求""设备及材料清单""机电设备技术规格书"等合同资料进行详细的界定和说明。

⑤ 商务风险及信用风险　商务风险及信用风险是涉外工程的主要风险之一，该项目由

融资方聘请经验丰富的专业人士进行合同条款的起草、编制和谈判，最大限度地控制风险事件的发生，减少风险损失。

根据总价合同方式惯例，该项目选择和设置了一定数量的清单工程项目（如路基石方、支挡工程、桥梁基础、涵洞及隧道支护与衬砌等），以及钢筋（型材）、水泥、石材、木材等当地采购或建设方指定采购的大宗主要材料作为可调项目，当工程数量或材料单价变化超过合同规定的幅度时，按合同规定予以调整或在工程报价中针对风险识别预测情况，单列风险预留金费用项目，其额度根据风险预测情况确定。

【报价合理性判断】

报价完成后还有一项重要的工作，就是对标价的总体水平及合理性进行分析，并进行必要的调整。总价过高，利润空间大了，获取项目的谈判就困难了；总价过低，则可能主动放弃了部分经济利益，甚至造成工程成本的误判或低估，所以把握一个适当的报价水平，是项目成败的一个关键因素。

（1）分析工程所在地的工程造价资料

在项目前期，应注意收集当地近期施工的或由国外公司承建的类似工程造价及相关技术资料，如分部工程指标、单位工程指标、单项工程指标及相关的地形地质、技术标准等，通过与报价指标对比，两者之间的差距要能在技术、经济等方面得到充分合理的解释，而且一定是谈判对方能够理解的。

一般来说，中国公司的工程报价较欧美日韩等发达国家公司报价要低。调查分析这些外国公司在当地承建工程的造价资料，或该类工程与当地工程造价的关系，判断工程总体报价水平的合理性。

（2）分析判断国内同类工程造价资料

将收集的我国铁路项目工程造价指标，并根据国外工程的具体特点，对指标进行测算调整，利用报价工程的主要工程数量，估算项目造价指数，并与报价分部分项工程指标和报价总额进行对比分析，判断总价编制的合理性，两者水平应基本一致。

（3）分析印证项目施工组织设计资料

进行国际工程报价必须根据工程建设要求、技术条件和施工条件等指定较为详细的施工组织设计。根据施工方案、进度和工期等施工组织确定的劳动力、施工机械和材料（设备）的分类及数量，按照报价基础单价资料，计算出该工程的劳动力总费用、材料（设备）的总费用和施工机械总费用。然后按照报价费用取值计算各类费用，汇总工程施工组织总造价，与报价总额进行比较。如果报价合理，两者就不应该有较大的差距。

有谈判就有让步，所以报价的综合水平一定要有所考虑和预留，但这种预留要适度，否则可能会影响谈判的诚信度，反而弄巧成拙。

【案例启示】

近几年来，我国政府提出了实施"一带一路"倡议，通过加强政府对"走出去"的引导和支持力度，加快建立健全相关法律、金融服务等体系，鼓励企业积极参与国外竞争。所以，我国参与国际工程承包竞争联营体的各个公司，应该注意相互之间的学习，取长补短，在工程实践中加强锻炼，快速成长，以多种方式参与国际市场竞争。对于国际工程项目的投标报价编制，应注意以下问题。

（1）执行两国政策，落实双边协议

执行我国政府关于企业境外投资和进出口管理有关法律法规和政策，执行项目所在国政府关于引进资金和项目的有关法律规定，落实我国政府援助相关备忘录及会议纪要的精神，并据此确定相关税收费的计算原则和减免方案。

(2) 以国内项目计算，进行境外项目调整

一般国外项目工程的机械设备大都是从中国国内采购，部分工程人员从国内邀请的情况，先将项目视为国内项目，测算工程项目的单项指标和工程投资，然后再结合项目所在国的建设条件差异，对存在的差异造成的各种影响进行分析，对指标进行调整。

① 按国内项目编制预算　将建筑项目视为国内项目，工料机、施工条件、概算编制方法等。均按照国内铁路及条件编制。当地建材运输可按照项目所在国所作调查的实际运费考虑；直发材料按照由厂家运至国内既有铁路最近接轨点，然后运至工地考虑；厂发材料就近供应。

② 按国外项目调整预算

a. 人工费调整。建设项目人工的使用，国外人工费用要结合项目所在国的法律规定分析和当地在建工程项目实际情况而确定，国内人工单价在国内概算编制办法的基础上分析在国外时的人工价差，人工价差一般包括出国人员保险费、护照和签证费、暂住证手续费、主副食差价补贴、探亲费用等。这些费用的取费标准除了项目所在国的法律规定外，还包括我国和项目所在国签署的有关铁路建设备忘录和会议纪要，通过现场资料测算等综合分析确定，合理确定不同类别国外、国内人工使用比例，加权计算出人工综合单价。

b. 材料费的调查和调整。材料单价应作为调查和调整的重点，工程所用材料主要包括直发材料、厂发材料、当地材料等。

Ⅰ. 直发材料（直发料）：了解项目所在国是否生产项目所需的直发料以及运输方案等。有些国家铁路工业发展水平较低，未形成统一的体系和标准，所需道岔、钢轨、扣件等直发料建议从国内采购，采用同类项目相应标准选取型号、规格等。

Ⅱ. 厂发材料（厂发料）：了解项目所在国是否生产项目所需的主要厂发料（水泥、钢材），并对其供应方案进行经济分析。如果项目所在国生产所需的厂发料，应调查该材料是否符合国内铁路建设相关规范要求，项目所在国的生产能力是否能满足工程项目工期的需要，条件允许时需要到生产企业进一步核实情况。若不生产，应了解项目所在国在水利、公路、铁路项目使用厂发料的来源、运输途径、到达公司价格等，同时还要调查厂发料过境费用（相关手续费、税费等），研究相关材料从国内采购运输的可行性，做好经济成本分析。

Ⅲ. 当地材料（当地料）：了解项目所在地砂、石料等当地分布情况，生产企业分布情况，当地料的产量、等级标准等。了解当地砂料是否满足桥梁梁体的生产需要，石料的岩性、硬度是否满足"道砟"标准。建议当地料在项目所在国就近采购，并视沿线既有料场分布、生产分布、项目需求以及料源分布等，研究适度增建自材料厂的可行性及数量，测算自采单价，尽量降低采购成本。

Ⅳ. 燃油料：原则上在当地采购，以调查价格为依据，结合加油站销售价格和政府批发指导价，综合分析汽油、柴油价格。如果项目所在地的燃料价格明显高于国内价格，可考虑从国内采购。

Ⅴ. 运价：汽车运费原则上采用调查价。通过国内和项目所在国的运价了解确定合理价格。但需要注意两点：一是项目所在国工业发展水平低，项目所需材料从国内采购，而项目所在国没有到项目地的铁路衔接点，运输只能需要汽车长距离运输；二是项目所在地基础设施薄弱，公路交通不发达，既有道路等级较低，对运输车辆和效率有一定的影响。

一般情况下，调查的是运输市场汽车运输的平均运价。因此，在确定运价时，需要结合项目特点及项目所在国的基本条件综合分析确定。同时，依据项目所在国规定，运输进出关需要征收的相关费用（通过谈判可争取减免）。

Ⅵ. 取费：施工措施费、间接费因国外项目特点不同而有所差异，对施工措施费影响较大的主要是雨季区域的不同；影响间接费的主要是项目管理人员的工资差异等。因此，编制国外项目报价时，应结合项目的特点，对概、预算编制办法有关规定进行适当的调整。

（3）应注意的其他问题

除上述外，在编制报价时，还需要注意一些其他问题：如出口税、营业税、外部电源、大临便道、车站配套等。这些问题应充分重视，深入研究，同时考虑国外工程项目的投资控制与国内项目存在的差别，还应根据项目所在国的通货膨胀情况，适度计取工程造价增长预留费等费用。

（4）报价的编制适度从紧

投标报价的编制本着费用适度从紧，总量留有余地原则。优化工程技术方案和措施，核实工程数量，参照项目所在地的在建工程项目情况，合理确定单项工程指标，达到费用从紧控制目的，考虑到境外铁路建设项目的不确定性，总报价应适当留有余地，基本预备费按铁路概预算编制办法相关规定计列，增加工程造价增长预留费用等。

（5）当地分包商的选择及环境保护

在国际工程承包中，当地分包商的选择很重要，尤其是进入一个新的市场或行业。如果业主没有指定分包商，应选择在本地区或本行业有影响、有实力的分包商合作。从长远发展的角度考虑，调动其积极性，充分利用其地缘、人缘等优势，这样有利于项目的获得和价格谈判，同时还可以规避因地方信息不对称而引起的风险。

保护环境是当今世界的共同呼声，不同的国家对环保要求和标准各异，国际工程设计施工中的环境保护问题也同样很重要。以往国内有些企业对环保重视不够，有时被限制市场准入，有时到谈判最后阶段却因此出局，有时在项目实施阶段因环保问题付出了额外的沉重代价。所以，应根据不同国家或不同项目的环保要求，制订详细的环保方案及措施，确保足额报价。

17.4 投标风险管理案例

【内容摘要】

本案例是一起国际工程总承包（EPC）项目投标风险管理案例，以中东某化纤厂项目为背景，介绍了承包商对该工程总承包项目投标阶段的风险因素的分析判断、采取的应对措施、形成风险评估报告的过程。

【项目背景】

中东某化纤厂工程总承包项目位于该国西部港口城市，业主为私营机构，采用议标方式，从发出投标书到投标时间为 60 天，工期为 18 个月。

【管理组织】

按照中方公司的管理流程，成立了投标小组，任命项目经理，风险控制工程师，设定 30 天的风险估计期限，确定风险清单及风险评估方法，风险评估师组织专家及各专业负责人实际开展风险评估工作，根据风险评估结果，项目经理和中方公司决定本项目投标策略。

【评估报告】

（1）政治及社会风险

① 政治风险　近年来，该国政局不稳，国内政治动荡，不稳定因素多，政局和政治变

动风险较大，由于该国经济滞后，产能严重不足，且中方具有国际先进水平，对业主有较大的吸引力。因此，尽管项目存在一定的政治风险的不确定性，投标人拟采用风险溢价策略进行投标。风险溢价策略的目的是为风险设定明确的收益回报。企业的风险偏好和风险接受度不同，直接影响着项目决策，在招投标阶段采用风险溢价策略通常是企业进入新兴市场、新兴领域的必要手段。

② 社会暴力和治安风险　目前该国的治安状况较差，主要有三种刑事犯罪活动时有发生：一是恐怖暴力活动；二是武装抢劫、谋杀掠财、强奸和绑架勒索等恶性犯罪行为；三是非武装性的抢劫和偷盗犯罪活动。政府在治安方面投入不足，警力系统运转不畅，破案率较低。因此，中方针对该类风险，实施风险转移的策略，要求业主提供现场及营地的保卫工作，并对保卫等级进行详细的约定。

③ 劳工权益引发的政治暴力风险　劳工权益是本项目运行的过程中潜在的风险，有可能因为劳资纠纷问题引起的罢工、工潮、暴动以及政府部门的相关检查，会造成工程项目进度迟缓。中方公司对项目可能涉及的各参与方进行了仔细分析，现场周围的土著居民基本上过着自给自足的生活，其中一部分人靠打工为生，计划由当地公司或土著居民负责场地平整和土建施工，机电安装属于技术工种，不受"优先雇佣当地工"的限制，负责装置土建施工的是一家中国公司，因此在项目界区内发生罢工的可能性比较小，投标人可以采取风险自留的策略。

同时，中方公司采取海外工程的通常做法，计划选定保险策略，为所有外派人员购买人身意外伤害保险、医疗和紧急救助服务，并将此费用计入投标报价。

(2) 自然风险

项目所在地区属于内陆气候，一年分两季，每年 4～10 月为旱季，11 月份到来年 4 月为雨季。本项目运输距离长，运输货物的种类多，有超重设备的运输。当地道路状况较差，雨季道路通行不便，通过实地考察，有些路段无法通过超重运输车。初步估计，雨季货物运输周期为 3 个月，旱季可以保持 2 个月将货物运输到现场。

项目所在地的医疗卫生状况不好，特别是在雨季蚊虫肆虐，近些年多次暴发霍乱、疟疾等传染性疾病。对人员安全和社会稳定造成一定的影响。针对自然风险，中方准备采取以下风险管控措施：

一是根据初步估计的雨季运输时间合理安排工程总体运输计划，并据此安排工程总进度计划，以确定工期完工时间。如果超过招标文件规定的工期，则需要与业主谈判。由于雨季可能导致的滞箱费、滞车费，则计入投标报价。

二是项目人员派驻现场人员需携带蚊帐和防疟疾、霍乱等必备药品。建立卫生管理制度，注意饮食卫生、勤洗手。项目现场至少派一名专职医生。在谈判中要求业主在承包人员出现严重疾病时提供协助。投标报价中将医疗相关费用计入现场管理成本。

(3) 商务风险

① 业主的支付能力风险　业主公司在伦敦上市。中方投标人认为，业主的资金很大程度上受到伦敦股市的影响，在招标文件中没有业主资金保障方面的任何证明文件。招标文件中采用的是 FIDIC 编制的《设计采购施工（EPC）/交钥匙工程合同条件》，通用条款 2.4 款和 16.2 款规定，业主应根据承包商的要求提供资金安排的证明，否则承包商有权终止合同。而业主在专用条件中将此条款删除，这增加了中方公司对业主资金的怀疑，对此在风险评估结果中的风险度达到最高，对此中方承包人在报价时确认：

a. 在投标文件中加入商务偏差表；

b. 在合同谈判时要求以跟单信用证的方式向承包商支付，跟单信用证须从中国银行认可的英国一级银行开出；

c. 如果业主不同意采用跟单信用证支付方式，则要求业主首先支付30％的预付款，承包商收到预付款之日为开工日期，其余70％的合同金额，要求业主开具无条件保函，开具保函的银行必须为中国银行认可的英国一级银行；

d. 如果业主既不同意跟单信用证支付，也不同意银行保函，则中方公司根据风险评估的结果将退出谈判，不再参加此项目的投标。

② 保函风险　根据招标文件中合同条款的规定，在合同生效后，履约保函和预付款保函应同时开出，预计达到合同总价30％～40％，而此时业主对承包商没有任何支付和担保，且履约保函的有效期一直持续到缺陷通知期结束。这意味着在缺陷通知期内，中方仍有10％的履约保函和10％的保留金保函扣在业主手中，这20％的保函无法收回的可能性极高。

针对上述两个主要风险点，中方投标公司采取了如下策略：

a. 对于保函的开出时间问题，由于在本项目的风险评估中的评级较低，中方决定风险自留；

b. 对于履约保函的有效期以及保留金保函的比例问题，编制商务偏差，并在合同谈判时要求业主将履约保函的有效期确定在颁发接收证书时；保留金保函的比例改为5％。否则中方公司将在投标报价的基础上增加10％的风险费。

③ 汇率风险　在招标文件中只约定了合同支付和货币为美元，但在合同条款中并没有关于汇率损失进行调价的相关规定。由于无法改变合同规定的支付币种。

因此，中方公司做出如下决定：

a. 在投标文件中注明报价所依据的美元兑人民币的汇率，并在商务偏差中添加固定汇率条款，要求业主在每次向承包商付款时，均需根据付款时的汇率与固定汇率之差，向承包商额外支付汇率补偿款；

b. 如果确实无法谈判成功，中方投标公司可以不将此项风险转移给业主，而是通过一些金融衍生工具，例如，套期保值、远期外汇等方式弥补外汇损失，但采取这些手段的财务成本以及仍然存在的外汇损失需计入投标报价。

④ 税务风险　由于中方投标人对当地的税法不了解或了解得不全面，在投标报价中很难估算在项目所在国所需缴纳的各项税费，这使得项目税费风险度较高，为规避这类风险，本着风险分摊的原则，中方投标公司在谈判中，力争业主承担在该国境内的全部税费；中方投标人则承担在该国境内发生的除税费以外的其他费用。否则，考虑到当地政府的政治法律状况，中方投标公司采取的策略是：将在投标报价中增加一定的不可预见风险费用，用以防范该类风险的发生。

⑤ 原材料及人力价格上涨风险　在分析了一段时间的经济统计资料后发现，项目所在国国内的原材料及人力价格上涨趋势十分明显，而且原油价格的上涨还将导致货物运输费的上涨。由于本项目是交钥匙合同，想在合同条款中增加调价公式比较困难。中方投标公司决定根据预算人员对未来价格上涨的情况的预测和风险评估的结果，将可能发生的价格上涨计入价差预备费。

(4) 法律风险

招标文件规定，合同适用英国法律，如果合同出现争端将在英国伦敦进行仲裁。项目执行应符合项目所在国的强制规定，合同语言为英语和当地语言。

英国法律属于普通法系，而中国法律属于大陆法系，中方参建人员和法务人员对英国法律都不熟悉，项目组成员的第二外语均为英语，完全不懂当地语言，依据 FIDIC 编制的 EPC 合同条款规定，承包商提交的所有文件必须为英语和当地语言两个版本。这不仅仅增大中方公司的翻译成本，而且还无法保证翻译公司的翻译的准确性，如果业主人员按照存在疏漏的当地语言版本操作手册对工厂进行操作，一旦出现事故，承包商将毫无疑问地承担全部责任。对上述风险中方公司采取以下应对策略：

① 争取尽量适用中国香港法律并选择在香港仲裁，同时，在投标报价中增加部分风险费用；

② 如果业主不同意修改适用法律，则中方公司只能风险自留；

③ 合同语言可以为英语，但不能存在当地语言，否则风险太大，项目将无法执行，合同当地语言版本只能用于工作参考。

(5) 技术风险

招标文件规定，本项目适用英国标准。此项在风险评估中风险系数非常高。因为中方公司的设计人员对于英国标准完全不了解，即使从英国买回一套标准，设计人员也不可能有时间学习和消化，并在短期内按照该标准进行设计，何况项目所在国并非英国。中方公司经过再三考虑，针对上述风险准备采取以下应对策略：

① 原产地为中国的材料、设备、工具等采用中国标准进行设计、检验；其他从外境采购的材料和设备采用国际标准或产品所在国的标准；

② 压力设备、管道设计采用美国 ASIM 标准；

③ 消防材料、设备采用美国标准；

④ 土建工程的设计和验收采用中国标准。

本项目通过中方承包公司对风险的识别和制定的风险应对策略，在与业主谈判中进行了充分的沟通，极大地增加对风险的预见性和可控性，取得一定的效果。

【案例启示】

(1) 提高对招标阶段风险的认识

由于风险管理的效率随着时间的推移而逐步降低的。因此，在对项目全过程风险管理中，投标报价阶段的风险管理工作应得到特别重视。目前，随着"一带一路"倡议的实施，我国更多的企业参与到国际市场的竞争中去，由于海外环境因素、模式、风险因素与国内差异较大，直接影响到企业的经济利益。因此，要充分借鉴他人或自身以往的教训，加强决策前的风险评估，保持与业主的充分沟通，制定风险应对策略，以确保项目的顺利实施。

(2) 风险应对方式

针对承包商面临的不同的风险，在投标阶段工程总承包商可以选择和应对风险的管控策略包括：回避、自留、对冲、溢价等策略。

① 风险回避策略　风险回避策略是指经过评估后认定项目风险过高且不可控，决定不再参与导致风险损失发生的项目招投标工作。

风险回避通常是在无法进行风险自留，其他风险管理手段无效或风险控制成本过高时企业采取的主动风险规避行为，此时主动停止或放弃招投标工作是招投标风险管理的重要内容。

政治或政局变动风险经常是企业采用风险回避策略的主要原因。伊拉克、利比亚等国政权变动期所带来的高风险促使许多跨国企业撤出这一地区。国际社会对伊朗的制裁也阻碍了中国企业在这一地区招投标工作的活跃程度。

② 风险自留策略　风险自留即风险接受。对于一部分投机性的风险可以采用风险自留的策略。需要说明的是，风险自留应是在风险管控和风险溢价策略基础上的风险自留，是经过主动的详细的风险评估计划基础上的风险自留，企业不应该不经过风险评估就采用风险自留策略，否则会导致投标报价工作失去基础并且由于风险的不可预知而给未来带来潜在的巨大损失。

风险自留策略应用的前提有几个方面：一是风险意识强，经营报价团队有很强的风险经营和管理理念；二是风险识别准，风险管理小组对风险类别判断准确，风险事件信息充分掌握；三是风险分析与评价正确，对已知的风险类别和风险事件发生形式、发生频率、概率等有准确的分析和判断。

政治风险、社会风险、自然风险、技术标准风险等都可采用风险自留策略来应对。

③ 风险对冲策略　对于可控风险可以采取对冲策略，招投标报价必须考虑风险对冲的成本。对冲策略包括以下三种方法。

a. 风险管控：风险管控包括风险预防与风险减少，一般情况是承包方经风险评估后能够主动采取针对风险的经济和技术措施，因这些措施而增加的成本经测试后在招投标报价中予以合理计入。

b. 风险保险：风险保险是一种金融安排，对于一些只有损失可能性，而无获利可能性的纯粹风险可以通过保险安排进行风险对冲。风险保险受保险品种的限制，部分保险品种的承保条件也非常特殊和苛刻，在进行风险的保险安排时必须给予充分的注意。

c. 风险转移：除了风险保险策略外，还包括另外几种风险转移的风险对冲方式：一是由业主方承担的风险转移，在投标文件中明确由业主方负责的风险种类；二是由分包商承担的风险转移，包括由技术提供商承担的技术风险、土建承包方承担的施工风险等；三是第三方担保，部分项目由于政府间协议或国际协定安排，存在由政府指定机构或国际协定框架下的第三方担保，可以为总承包方提供风险转移支持。

④ 风险溢价策略　风险溢价是指投标人因面对承揽项目的风险而超出无风险收益率之上的补偿，这种超出必要收益率补偿，就是风险溢价。实施风险溢价策略的目的是为风险设定明确的收益回报。企业的风险偏好和风险接受程度不同，直接影响着项目决策，在招投标阶段采用风险溢价策略通常是企业进入新兴市场、新兴领域的必要手段。

17.5　工程量清单应用案例

【内容摘要】

本案例是一则国际 EPC 工程项目投标工程量清单应用案例，以南非某糖化厂建设工程总承包项目为背景，介绍了由于投标人对工程量清单计价规则的理解偏差，使双方在结算时产生争执纠纷以及解决的过程。

【项目简介】

南非某国糖化厂 EPC 项目的总承包商为中方公司，业主邀请英国咨询工程师对项目按照 FIDIC 编制的设计采购施工 EPC 合同条件进行全程管理，该合同施工部分为单价合同，按工程师提供的工程量清单确定合同单价。工程量计价方法按合同规定分别为：土建部分为按《英国施工测量规则》（英国皇家特许测量师协会）实施计量；安装部分按《工业工程施工标准测量方法》（英国皇家特许测量师协会）实施计量。工程量清单由工程咨询工程师编制。清单构成分为：开办费、工程量部分和暂定金额三部分。

在工程量清单的构成上，由于 EPC 项目的特点，即设计属于承包商工作范围。因此，土建工程量清单设置的较粗，没有按照我国《建设工程工程量计价清单规范》以及英国皇家特许测量师协会编制的《英国建筑工程标准计量规则（第七版）》（SMM7中文版）分项工程量清单中按照构件种类、施工详细特征对项目进行区分，而是按照分项工程简单地划分不同等级的混凝土、打桩、土方、钢筋、模板等内容，混凝土工程量清单片段见图 17-4。

安装部分由于工程咨询工程师对设备相对熟悉，因此，内容较为详细，按不同工作内容分为机械设备安装、管道及阀门安装、保温、电器、电缆、仪表以及控制系统安装六个部分。工程量清单片段见图 17-5。

ITEM	DESCRIPTION	UNIT	QTY	RATE FOREX US$	AMOUNT FOREX US$
4.45	Concrete Grade 20 in reinforced foundations,plinths,floors etc	m³	8300	104.74	869342
4.46	Extra over concrete Grade 20 for concrete Grade 25	m³	2100	109.81	230601
4.47	Extra over concrete Grade 20 for concrete Grade 30	m³	5600	116.85	654360

图 17-4　该工程混凝土工程量清单片段（一）

SWI－BILLS OF QUANTITIES，SECTION7，

5：INSTALLATION OF MECHANICAL EQUIPMENT

Ref No	Mechanical equipment description	Equipment information		Quantities			Supply condition		
		Equipment drive rating (kW)	Elevation above datum (m)	Structural steel quantity total (t)	Platework quantity total (t)	Mechanical parts quantity total(t)	Structural steel	Platework	Mechanical Parts
5H Pan floor									
5 H1	A seed pumps×2	20×	12	N	N	0.5	N	N	U
5 H2	B magma tank	N	18	N	4	2	N	PS	SA
5 H3	A seed pan	N	18	N	20	5	N	PS	SA
5 H4	A continuous pan	N	18	N	60	12	N	PS	SA
5 H5	A seed receiver	N	12	N	4	2	N	PS	SA
5 H6	A molasses tank	N	0	N	6	N	N	PS	N
5 H7	A molasses pumps×2	25×	0	N	N	0.6	N	N	U
5 H8	B continuous pan	N	18	N	75	15	N	PS	SA
5 H9	B seed receiver	N	12	N	4	2	N	PS	SA

图 17-5　该工程工程量清单片段（二）

【争议事例】

上述项目在期中付款（Interim Payment）的实际操作过程中，承包商与工程师在很多结算与计量问题上存在争议。下面列举的三个典型的例子，分别从工程量计量规则、清单项目设置及综合单价三个清单计价中最重要的方面予以阐述。

(1) 土方工程量的计量

工程量清单土方部分按开挖、原土回填、余土外运、外购土回填分为四个子项。由于该项目处于国内推行工程量清单不久，国内企业对于工程量清单不熟悉，加上对测量方法理解上的偏差和对现场情况的分析不够深入，致使承包商按照定额计价方法进行单价核算和计价，最终导致承包商的巨额损失，有关情况如下。

① 测量规则　按完工后"净工程量"计量是清单计价方式与定额计量方式的重要原则，在《英国施工测量规则》以及《英国建筑工程标准计量规则（第七版）》即 SMM7 均在计量的通用原则中予以说明，但在土方计量原则上，《英国施工测量规则》较 SMM7 显得笼统，容易造成误解，《英国施工测量规则》其原文为："Excavation：Unless otherwise stated，excavation shall be measured by volume as the void which is to be occupied by the permanent construction，or vertically above any part of the permanent construction，classified as follows：

……

5. Trench excavation to receive foundations，which

shall include pile caps and ground beams."

译意为："除非另有说明，开挖按永久建筑物或永久建筑物任何部分垂直向上部分所占空间的体积进行计量，分类如下："

其中第 5 条为："5. 为基础施工而进行的开挖包括桩承台及地梁。"

SMM7 中开挖测量规则为："The quantities given are the bulk before excavating and no allowance is made for subsequent variations to bulk or for extra space for working space or to accommodate earthwork support".

译意为"开挖工程量按开挖前状态体积计量，不计量开挖后造成的体积变化、工作面所需空间及土方支撑需要的空间"。相比之下，《建设工程工程量清单计价规范》中对开挖计量的规则较为明确：土石方体积应按开挖前天然密实体积计算。

② 现场地质情况　该项目地质构成为淤泥质土，业主要在开工前期在全场回填平均厚度为400mm的砂层。按合同要求，淤泥土不能用于回填，业主回填的砂层可用作基础回填材料，不足的回填材料需另外购砂。

③ 实际应用　在实际应用过程中承包商认为既然合同中没有约定开挖方法，要求采用大开挖施工方法，按照《英国施工测量规则》中开挖计量的通用规则即可理解开挖体积是建筑物外边线的面积与开挖平均深度的乘积计算。承包商提出的计量办法是基于现场实际情况提出的，由于回填工作量的计量与开挖工作量紧密相关，开挖工程量减少对承包商影响尚小，但会直接导致回填工程量减少，由于当地建筑材料价格昂贵，承包商会遭受较大的经济损失。工程师不接受承包商的计量方法，认为开挖面积只能对承台面积及地梁面积进行计量，采用大面积开挖是承包商为了减少土壁支撑、增加工作面所自行选择的方法，而土壁支撑和工作面的费用已经包含在相应的土方开挖费率中。

④ 结论　承包商对土方测量规则理解得不透，对现场实际情况缺乏细致的分析。在有施工图纸的前提下承包商估算实际开挖量与结算净工程量的差值相对容易。但对于EPC项目，由于在报价阶段，项目大多仅有概念设计图纸，对于土方工程这样实际工程量与计量工程量存在较大差距的工程项目，准确估算其差值是确定合理单价的重要前提。其中一个值得注意的现象是在特定条件下，土方回填量可出现负值。本案例中，现场存在大量的圆柱形罐体基础，按计算规则，由于开挖体积被罐体混凝土体积全部占据，因此不存在回填工作量，而且罐体开挖中可利用的400mm厚原回填砂层，理论上可应用于其他区域的回填，所以罐体回填计量工程量即为负值，详见图17-6。

对于不同的基础形式，由于开挖方法的不同，实际开挖量与计量工程量的差值也不同。本案例中的项目为桩承台基础，短柱间地梁连接，承台基础埋深约1.8m。表17-4列出实际开挖回填工作量与计量工作量的数据，作为参考。

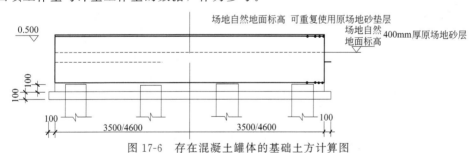

图 17-6　存在混凝土罐体的基础土方计算图

表 17-4　开挖回填工作量与计量工作量的比较

项目	内容	承包商计算工程量/m³	工程师计算工程量	差额/m³
4.37	开挖基础	51289	9926	41363
4.38	填方	6050	3354	2696
4.41	换砂填	26086	5600	20486

(2) 混凝土工程量计量

本案例中混凝土的结算从结果上看对承包商是成功的，但其实际意义又远大于此。

① 计量规则　混凝土工程由于是按构件图示尺寸以立方米进行计量，承包商与业主工程师在计量工作量方面不会存在较大的分歧。值得注意的是计价清单中混凝土项目的设置问

题。《建设工程工程量清单计价规范》是按照不同混凝土构件类别进行项目设置，构件子目中再按照构件的特征进行细分，SMM7 也是按照不同构件类别设置项目，构件子目的分类特征中相对《建设工程工程量清单计价规范》增加了钢筋含量这一特征。计量规则也只略有不同，如《建设工程工程量清单计价规范》中规定不扣除单个面积小于 $0.3m^2$ 的孔洞所占体积，SMM7 和《英国施工测量规则》中不扣除的洞口所占的体积分别为小于 $0.5m^3$ 和 $1m^3$ 等。在 EPC 项目清单设置中，由于投标阶段很难确定具体构件的工程量，大多会选择相对简单的项目设置方法，即按混凝土强度等级分类，估算混凝土的总用量。本案例的混凝土项目设置也是按照此原则，混凝土工程量清单片段见图 17-4。

② 实际应用　应用过程中双方在工程量计算中没有异议，但在单价组成方式上有不同理解。注意图 17-4 中 4.46 和 4.47 项目的项目名称，Extra over concrete Grade 20 to concrete Grade 25（额外超出 C20 达到 C25 等级的混凝土）及 Extra over concrete Grade 20 to concrete Grade 30（额外超出 C20 达到 C30 等级的混凝土）。按正常的思维方式，4.45 项为 C20 混凝土的子项，4.46 及 4.47 项应分别为 C25 和 C30 混凝土的子项，承包商在实际报价和合同价格的确认过程中也是按这一原则进行的。在实际结算中，承包商对于上述项目名称的实际意义存在疑问，主要是对 extra over（额外超出）的理解不清楚。

承包商查询到《工业工程施工标准测量方法》中对 "extra over" 的名词解释为 "Extra over where used within this document shall mean the additional requirements in provision of labour，plant，materials and consumables in performing the specific operation referred to"。译文意为 "额外超出在本文件中系指完成指定工作所需的额外人工、设备、材料及辅材"。

据此承包商提出该项目的真实意思应为 C20 混凝土达到 C25（C30）等级需额外支出的费用，即 C20 与 C25（C30）的费用差值。按这一原则，在实际结算中的做法为所有 C20 及以上混凝土先按 4.45 项收取 C20 混凝土费用，C25 及 C30 混凝土再分别按 4.46 及 4.47 项单价收取差价。即相当于 4.46（4.47）项中 C25（C30）混凝土的结算单价即为 4.45 项 C20 混凝土单价与 4.46（4.47）项中的价格之总和。

③ 结论　严格说来，业主工程师及承包商在这一事件中都存在失误，都没有对项目设置的真实意思充分理解。一方在局部项目获得预料外高收益的情况下，必将导致另一方对其他项目的过度限制或反索赔。本工程中，由于业主在土建施工实际结算中超支严重，在对安装及土建后期的结算中设置了很多障碍。在 EPC 项目中，由于清单项目设置不能完全达到清单计价规范的项目设置的要求，因此在项目设置上容易出现漏洞。承包商不仅在对业主投标报价中要做到正确理解清单子项的含义，也要在进行分包招标时控制好清单项目的设置原则，避免可能的漏洞或造成工作界面混乱。

(3) 锅炉筑炉砌筑计量

筑炉砌筑计量工作正是在项目施工成本超支的背景下开始的，工程师利用清单项目设置模糊的机会，扣减承包商提出的付款申请。这个案例涉及到清单填报规则、综合单价和新增项目报价的概念，比较复杂。

① 计量规则　"炉窑砌筑工程" 在《建设工程工程量清单计价规范》中为单独的专业工程（C4），以 "m^3" 或 "t" 为单位进行计量，英国《工业工程施工标准测量方法》中没有单独列出 "炉窑砌筑" 项目，其中与 "炉窑砌筑" 有关联的保温隔热项（Section L：Insulation）及覆盖保护层（Section M：Protective Coverings）中也未见明确的砌筑项目描述。可能正是基于此原因，本例中工程师在设置工程量清单时将锅炉浇筑、保温、覆盖保护层列入机械设备安装工程量清单。机械设备安装工程量清单由两部分组成，即工程量部分及工程单价部分，单价部分设置了钢结构安装、钣金拼装及安装、机械部分安装三个单价，详见图 17-7、图 17-8。

Ref No	Mechanical equipment description	Equipment information		Quantities			Supply condition		
		Equipment drive rating (kW)	Elevation above datum (m)	Structural steel quantity total(t)	Platework quantity total (t)	Mechanical parts quantity total(t)	Structural steel	Platework	Mechanical parts
5 O	Heavy fuel oil								
5 O1	Heavy fuel oil storage tank	N	0	N	50	N	N	PS	N
5 O2	Heavy fuel oil transfer pumps×2	15×2	0	N	N	1	N	N	U
5 O3	Heavy fuel oil day tank	N	0	N	10	N	N	PS	N
5 O4	Heavy fuel oil supply pumps×2	15×2	0	N	N	1	N	N	U
5P	Bollers								
5 P1	Pressure parts for 160tpin, bi-drum watertube boiler×2	N	0						
5 P2	Boiler structural steelwork×2	N	0						
5 P3	Boiler casings×2	N	0						
5 P4	Air & gas ducting×2	N	0						
5 P5	Refractory and insulation for membrane-type walls×2	N	0						
5 P6	Water cooted pinhole grate×2	N	6						
5 P7	Bagasse feeders×8	25×8	12						
5 P8	Heavy fuel oil burners×4	N	12	300	500	1000	KD	PS	SA
5 P9	SA fans×2	110×2	0						
5 P10	FD fans×2	350×2	0						
5 P11	ID fans c/w reducer and turbine drive (steam)×2	600×2	0						
5 P12	Airheaters×2	N	12						
5 P13	Scrubbers×2	N	0						
5 P14	Scrubber water tank	N	18						
5 P15	Scrubber pumps×2	N	0						
5 P16	Ash disposal conveyor/system	20	0						
5 P17	Chimney×2	N	0	10	70	N	KD	PS	N

图 17-7　安装价格清单

填报价格清单时，由于工程量清单给出的工程量是 5P1～15P16 项工程量的累计估算值，承包商在报价时也按类似格式，对 5P1～15P16 项只给出了一个相应的单价，其真实意图是该单价适用于 1～16 项的任一项目，其中的 5P5 项为锅炉膜壁炉的耐火保温。

② 实际应用　在实际应用过程中，双方围绕锅炉耐火保温结算发生了一系列的争执，大体分为两个阶段。

第一阶段双方的争论焦点在于耐火保温的单价，承包商在提交的工程量结算申请书中，认为锅炉耐火保温应执行价格清单中给出的三个单价中的机械部分安装单价，因为钢结构安装单价、钣金拼装及安装单价都有明确的对应项目，套用机械安装单价最为合适。工程师则认为锅炉耐火保温不属于机械安装内容，原报价单中耐火保温项目（5P5）没有填报相应的单价，按合同规定应属重新定价项目，因此参考土建清单中砌砖的单价给出了低于机械安装单价近 10 倍的新单价。承包商聘请的咨询工程师在对工程量清单认真研究后发现，清单其他部分在认定某工作项目不包含在列表上方的工程量时会在该项目上做出"N"的标记（表 17-10），而 5P1～15P16 项目内无任何标记，并且通过对清单给出工程量进行核算，证实该工程量从数量上为 5P1～15P16 项的工作量之和，因此认定锅炉耐火保温的工作量包含在工程量清单工程量范围内，相应价格清单的价格也应为价格清单中的价格。在这种情况下，工程师勉强接受了这一说法，但只接收以低于机械安装单价的钣金拼装及安装单价作为锅炉耐火保温工程结算的单价；确定了单价后，双方进入对第二个问题的争议。

Ref No	Mechanical equipment description	Equipment information		Quantities			Supply condition		
		Equipment drive rating (kW)	Elevation above datum (m)	Structural steel quantity total(t)	Platework quantity total (t)	Mechanical parts quantity total(t)	Structural steel	Platework	Mechanical parts
5O	Heavy fuel oil								
5 O1	Heavy fuel oil storage tank	N	0	N	50	N	N	PS	N
5 O2	Heavy fuel oil transfer pumps×2	15×2	0	N	N	1	N	N	U
5 O3	Heavy fuel oil day tank	N	0	N	10	N	N	PS	N
5 O4	Heavy fuel oil supply pumps×2	15×2	0	N	N	1	N	N	U
5P	Bollers								
5 P1	Pressure parts for 160tpin, bi-drum watertube boiler×2	N	0						
5 P2	Boiler structural steelwork×2	N	0						
5 P3	Boiler casings×2	N	0						
5 P4	Air & gas ducting×2	N	0						
5 P5	Refractory and insulation for membrane-type walls×2	N	0						
5 P6	Water cooted pinhole grate×2	N	6						
5 P7	Bagasse feeders×8	25×8	12	300	500	1000	KD	PS	SA
5 P8	Heavy fuel oil burners×4	N	12						
5 P9	SA fans×2	110×2	0						
5 P10	FD fans×2	350×2	0						
5 P11	ID fans c/w reducer and turbine drive (steam)×2	600×2	0						
5 P12	Airheaters×2	N	12						
5 P13	Scrubbers×2	N	0						
5 P14	Scrubber water tank	N	18						
5 P15	Scrubber pumps×2	N	0						
5 P16	Ash disposal conveyor/system	20							
5 P17	Chimney×2	N	0	10	70	N	KD	PS	N

图 17-8　工程量清单

第二阶段的争议表现在结算工程量上，承包商计算整个锅炉的耐火保温工程量为 1000t 左右，而工程师只接受其中的 1/3 数量，即仅为膜壁炉墙耐火保温工程量。承包商认为 5P5 膜壁炉耐火保温项应为耐火保温的通用项目，其单价应适用于全部应予以计量的耐火保温项目。工程师则提出了综合费率的概念，即清单中的价格应包含所有未列出项目的费用，认为只应对膜壁炉墙的耐火保温工作予以计量，锅炉其他部分的耐火保温价款已经包含在其他项目的结算价款中，不再予以计量。

③ 结论　《建设工程清单计价规范》规定工程量清单计价格式中列明的所有需要填报的单价和合价，投标人均应填报，未填报的单价和合价，视为此项费用已包含在工程量清单的其他单价和合价中。这一规则对于一般的施工项目不难理解，因为业主方在已经拥有施工图纸的前提下按照计价清单规范编制的工程量清单中，无论是清单项目设置还是工程量都与实际施工差异不大，承包商也容易报出相对准确的价格。但在 EPC 项目，由于缺乏详细的工程量资料，清单项目的设置和工程量估算具有很大的不确定性，与业主或工程师自身对项目的了解程度有很大关系。在这种情况下，客观上对承包商也提出了更高的要求，即承包商不仅仅要按照清单给定的项目和

工程量进行报价，而且要最大限度地对项目加强了解，分析业主提供的工程量清单的准确性，以此作为报价的重要依据。本例中，承包商如能在报价阶段就与工程师对报价格式及工程量范围进行有效的澄清，就可避免后期结算的争执，最大限度地保护自身利益。

【清单报价有关条款释疑】

在很多 FIDIC 合同条件下的国际工程中，在工程量清单的报价条款中经常会出现如下条款：

"i. A rate or price shall be entered against each item in the priced Bill of Quantities，whether quantities are stated or not. The cost of items against which the Contractor has failed to enter a rate or price shall be deemed to be covered by other rates and prices entered in the Bill of Quantities."

"i. 清单中各子项无论工程量是否给出，承包商均应对其报价。承包商未报价的项目，视为此费用已经包含在其他费率和价格中。"

"ii. The whole cost of complying with the provisions of the Contract shall be included in the items provided in the priced Bill of Quantities，and where no items are provided，the cost shall be deemed to be distributed among the rates and prices entered for the related Items of Work."

"ii. 与合同条款对应的全部费用应包含在附有报价的工程量清单中，工程量清单中未列出的项目，其费用视为已分配在其他已报价的相关项目中。"

条款 i 与我国的《建设工程工程量清单计价规范》中所做的规定相一致，即要求承包商对清单中所列出的项目均进行报价。

条款 ii 则是一条很严厉的条款，业主和工程师也经常以此作为反驳承包商提出新增项目（即清单中未列出项目）报价的要求。承包商在应用清单过程中要注意新增项可以得到重新定价和计量的条件。

FIDIC 合同中通常给出新费率项目应满足以下三个条件中的任何一条：

"a. The work is instructed under Clause13（Variations and Adjustments）;"

"a. 按条款 13（变更及调整）指令的项目；"

"b. No rate or price is specified in the Contract forthis item."

"b. 合同中本工作项目无费率或价格"；

"c. No specified rate or price is appropriate because the item of work is not of a similar character, or is not executed under similar conditions，as any item in the Contract."

"c. 由于该工作项目与定价项目不相像或未与合同中其他项目在相似条件下执行而导致该工作项目费率或价格不合理"。

这三个条件与上述的第 ii 条款结合分析，发现可重新定价的新增项目实际上仅限于 a 条件，即变更及调整项。因此，承包商在合同执行过程中应特别注意"变更及调整"项的应用程序和方法，并及时提出新增报价，保护自身利益。

【案例启示】

工程量清单计价方法在 EPC 项目的应用与通常在施工投标阶段的应用有很大不同，EPC 项目面临工程量不确定性较大、项目设置准确性较差以及新增项目价格确定程序复杂等困难，在实际执行过程中容易产生纠纷导致承包商利益损失。本案例通过海外 EPC 项目实际执行过程中遇到的工程纠纷并结合清单计量规范、FIDIC 合同条件等相关规定展开论述，大量的实际数据表明工程承包商在 EPC 项目清单报价过程中，必须对项目进行深入详细了解，对工程清单计价规则深入全面的理解，尤其是国际项目更是如此。对 EPC 清单报价中的苛刻条款更应事先逐条理解和采取应对措施，确保承包商的利益。EPC 项目工程量清单的计量防范对承包商的报价工作提出更高的要求。

第4篇

评标篇

第 18 章
工程总承包项目评标概述

评标是审查、确定中标人的必经程序，是招标投标活动中十分重要的环节。评标是否真正做到公开、公平、公正，决定着整个招标投标活动是否公平和公正；评标的质量决定着能否从众多投标竞争者中选出最能满足招标项目各项要求的中标者。本章就涉及工程总承包评标的基本知识进行介绍。

18.1 评标基本概念

18.1.1 评标主体与客体

所谓"评标"是指按照规定的评标标准和方法，对各投标人的投标文件进行评价比较和分析，从中选出最佳投标人的过程。评标是招标投标活动中十分重要的阶段。

评标由招标人依法组建的评标委员会负责，招标人按照法律的规定，挑选符合条件的人员组成评标委员会，负责对各投标文件的评审工作。对于依法必须进行招标的项目即法定强制招标的项目，评标委员会必须符合法律规定。对法定强制招标项目以外的自愿招标项目的评标委员会的组成，招投标法未作规定，招标人可以自行决定。招标人组建的评标委员会应按照招标文件中规定的评标标准和方法进行评标工作，对招标人负责，从投标竞争者中评选出最符合招标文件各项要求的投标者，最大限度地实现招标人的利益。显然，评标委员会是评标的主体，评标委员会行事招投标法赋予的权利，并对招标人负责。

投标文件是具备承担招标项目能力的投标人，按照招标文件的要求编制的文件。在投标文件中对招标文件提出的实质性要求和条件做出响应，投标文件是向招标人提出的邀约，是投标人在招标项目中的投标意愿的真实表达和投标企业实施方案及投入实力的真实反映，成为评标委员会评标的客体。

18.1.2 评标原则与标准

（1）评标原则

评标原则是招标投标活动中相关当事人各方应遵守的基本规则，评标原则可以概括为以下四个方面。

① 客观、公正原则　客观、公平原则是评标人评标行为的基本原则，客观、公平体现在评标活动要实事求是对待每一份投标文件，对投标文件内容既不夸大，也不缩小，同时要严格按照公开评标条件和评标程序、标准办事，一视同仁，一把尺子量到底，同等地对待每位竞标者，不能含有倾向或者排斥潜在投标人。

现行的《中华人民共和国招标投标法》第四十四条规定："评标委员会成员应当客观、公正地履行职务，遵守职业道德，对所提出的评审意见承担个人责任。"

现行的招标投标法实施条例第四十九条规定："评标委员会成员应当依照招标投标法和本条例的规定，按照招标文件规定的评标标准和方法，客观、公正地对投标文件提出评审意见。招标文件没有规定的评标标准和方法不得作为评标的依据。"《评标委员会和评标方法暂行规定》第十三条规定："评标委员会成员应当客观、公正地履行职责，遵守职业道德，对所提出的评审意见承担个人责任。

评标委员会成员不得与任何投标人或者与招标结果有利害关系的人进行私下接触，不得收受投标人、中介人、其他利害关系人的财物或者其他好处，不得向招标人征询其确定中标人的意向，不得接受任何单位或者个人明示或者暗示提出的倾向或者排斥特定投标人的要求，不得有其他不客观、不公正履行职务的行为。"

② 严格保密　严格保密是评标活动应遵守的基本原则，也是评标人的职业道德，包括两层意思，一是对评标活动要保密，评标在保密情况下进行。同时，评标委员会成员的名单在中标结果确定前也应当保密，以保证评标不受外界干扰，招标投标法第三十七条规定："评标委员会成员的名单在中标结果确定前应当保密。"第三十八条规定："招标人应当采取必要的措施，保证评标在严格保密的情况下进行。任何单位和个人不得非法干预、影响评标的过程和结果。"

二是评委会成员对评审、比较的内部情况必须进行保密。《评标委员会和评标方法暂行规定》第十四条规定："评标委员会成员和与评标活动有关的工作人员不得透露对投标文件的评审和比较、中标候选人的推荐情况以及与评标有关的其他情况。前款所称与评标活动有关的工作人员，是指评标委员会成员以外的因参与评标监督工作或者事务性工作而知悉有关评标情况的所有人员。"招标投标法第五十六条对于评标委员会成员或者参加评标的有关工作人员向他人透露对投标文件的评审和比较、中标候选人的推荐以及与评标有关的其他情况的，规定了处罚条款。严格保密原则是保障评标公正性的重要原则。

③ 独立评审　独立评审是指评标人在评标过程中，不能受外界的干扰，依据制定的评标方法、标准进行评标，行使法律赋予的评标权利，独立评审原则的目的是能够保障评标活动的公正性，择优选出中标人。在评标活动中评标人最容易受到招标人的影响，为此招标投标法实施条例第四十八条规定："招标人应当向评标委员会提供评标所必需的信息，但不得明示或者暗示其倾向或者排斥特定投标人。"

④ 严格遵守评标方法　评标的目的是根据招标文件中确定的标准和方法，对每个投标人的标书进行评价和比较，以评出最低投标价的投标人。评标必须以招标文件为依据，不得采用招标文件规定以外的标准和方法进行评标，凡是评标中需要考虑的因素都必须写入招标文件之中。严格按照评标方法、标准评标，是保障评标公正性、择优性的又一原则，招标投标法第四十条规定："评标委员会应当按照招标文件确定的评标标准和方法，对投标文件进

行评审和比较。"《评标委员会和评标方法暂行规定》第十七条规定:"评标委员会应当根据招标文件规定的评标标准和方法,对投标文件进行系统的评审和比较。招标文件中没有规定的标准和方法不得作为评标的依据。"

(2) 评标因素标准

评标因素一般包括价格因素和非价格因素(价格因素以外的其他因素),通常来说,在评标时,非价格因素可以是设计方案、施工方案、管理方案、项目经理和管理人员的素质以及企业的以往经验等。在货物评标时,非价格因素主要有运费和保险费、付款计划、交货期、运营成本、货物的有效性和配套、零配件和服务的供给能力、相关的培训、安全性和环境效益等。在服务评标时,非价格因素主要有投标人及参与提供服务的人员的资格、经验、信誉、可靠性、专业和管理能力等。对于非价格因素的评审应尽可能地定量化,用分值或货币额表示。评审标准则是指对这些评标因素进行评审的衡量尺度。评标标准由招标人根据评标因素划分档次,明确度量的尺度,具体采用何种因素和如何划分标准,应结合工程项目的特点和评标的需要而定。

18.2 评标委员会组成

18.2.1 评委会确定方式

由于招标项目是由招标人提出的,因此,参加评标委员会的专家也应由招标人来确定,招标人负责评标委员会的组建。

我国法律对评委会确定方式有明确的限定,即应当从国务院有关部门或省级人民政府有关部门提供的专家名册中选定。国务院有关部门和省级人民政府有关部门应当建立各行业有关专业的专家名册,进入名册的专家应当是经政府有关部门通过一定的程序选择的在专业知识、实践经验和人品等方面比较优秀的专家。专家名册中所涉及的专业面比较广泛,以便不同招标项目的招标人都能够从中选出本招标项目所需的相关专业的专家。

应当指出的是,国务院有关部门或省级人民政府有关部门只是提供专家名册,由招标人从中挑选符合条件的专家,而不是由政府有关部门直接指定进入评标委员会的专家,否则就构成对评标过程的不当干预,这是法律所不允许的。

对于一般招标项目,可以采取随机抽取的方式确定,而对于特殊招标项目,由于其专业要求较高,技术要求复杂,则可以由招标人在相关专业的专家名单中直接确定。

18.2.2 评委会人员构成

(1) 评委会人员结构

评标委员会成员中,需要哪些人员、哪些专业的专家参加评标,应根据招标项目特点和评审的实际情况加以确定。专业组成合理,才能保证评审的专业性、科学性和准确性。《中华人民共和国招标投标法》第三十七条对于评委专业做了原则的规定:依法必须进行招标的项目,其评标委员会由招标人的代表和有关技术、经济等方面的专家组成。

① 招标人的代表 评标专家通常都有业主(即甲方)代表参加,这个是合理合法的。招标人的代表参加评标委员会,以在评标过程中充分表达招标人的意见,与评标委员会的其他成员进行沟通,并对评标的全过程实施必要的监督,都是必要的。

《评标委员会和评标方法暂行规定》第九条则规定:"评标委员会由招标人或其委托的招标代理机构熟悉相关业务的代表……"可见招标人代表除招标人的本单位人员外,也可以是其委托的招标代理机构熟悉相关业务的代表。但由招标人本单位人员参加更能够反映招标方的真实意图和发挥代表的作用。为此有一些地方法规则进一步规定：评标委员会中的招标人代表，应为招标人的本单位人员，具有工程建设类中级及以上技术职称或注册执业资格，并能熟悉评标操作要求（包括电子评标系统操作，如有）等；行政监督部门的工作人员不能作为评委参与评标。

② 技术方面的专家　由招标项目相关专业的技术专家参加评标委员会，对投标文件所提方案的技术上的可行性、合理性、先进性和质量可靠性等技术指标进行评审比较，以确定在技术和质量方面能满足招标文件要求的投标。工程总承包评标专家应包括勘察设计师、设备采购专家。

③ 经济方面的专家　由经济方面的专家（如造价审计专家）对投标文件所报的投标价格、投标方案的运营成本、投标人的财务状况等投标文件的商务条款进行评审比较，以确定在经济上对招标人最有利的投标。

④ 其他方面的专家　根据招标项目的不同情况，招标人还可聘请除技术专家和经济专家以外的其他方面的专家参加评标委员会。比如，一些大型的或国际性的招标采购项目，还可聘请法律方面的专家参加评标委员会，以对投标文件的合法性进行审查把关。

（2）评委人数规定

我国法律法规对评标委员会人员的组成、占比要求做出了明确的规定。要求评标委员会成员人数应为五人以上的单数，评标委员会成员中，有关技术、经济等方面的专家的人数不得少于成员总数的 2/3，以保证各方面专家的人数在评标委员会成员中占绝对多数，充分发挥专家在评标活动中的权威作用，保证评审结论的科学性、合理性。

"五人以上单数"是大部分人对评标委员会人数要求的第一印象，但在某些情况下，评审委员会仅五人是不符合要求的。在实际工作中，"专家不够、代表来凑"的现象时有发生，严重影响了评审结果的公正性，与法律规定明显不符。

招标人代表与评审专家是两个完全不同的概念，两者不能"兼容"或者"互换"，招标人代表只能以代表的身份出现在项目的招标活动中，表达招标人的意见。招标人代表不是评审专家，不应包含在专家人数之内。因此，如果评审委员会为 5 人，除去 1 个招标人代表，专家人数实则只有 4 人，不满足政府采购相关法律法规关于"专家人数应当为五人以上单数"的要求。因此，此类项目必须至少抽取专家 5 人或 5 人以上，为同时满足法律及部门规章的几项要求，建议组织 7 人的评标委员会，即招标人代表 2 人，技术、经济方面的专家 5 人比较合适，为此有人提出评标委员会组成人数应为"7 人"的道理，既符合组成人员人数的要求，也符合专家占 2/3 的比例。

在评标实务操作中，也常有招标人放弃参与评审权利的情况发生，评标委员会成员全部由评审专家组成，这种做法也不符合法定的人员组成结构。

根据各地方工程总承包项目政策规章的规定来看，对于工程总承包项目评委会组成人数一般规定不少于"9 人的单数"，并对专家的组成做出具体规定。如江苏省规定："招标人应当根据工程特点和需要依法组建工程总承包招标的评标委员会，评标委员会应当包含工程设计、施工和工程经济等方面的专家，成员人数应为 9 人（专业工程为 7 人）以上单数，其中负责评审设计方案和项目管理组织方案的评标委员会成员为 7 人（专业工程为 5 人）以上的单数。若招标人不采取'评定分离'方式确定中标人，则招标人可以委派 1 名具备工程类中级及以上职称或者具有工程建设类执业资格的代表参与评标。"

福建省工程总承包办法规定："招标人应当根据工程特点和需要依法组建评标委员会，评标委员会包括工程设计、施工和工程经济等方面的专家。评标委员会人数为 5 人（含）以上单数，其中大型公共建筑工程项目的评标委员会人数应不少于 9 人（含）（其中应包含 1 名一级注册结构工程师）。凡带建筑工程设计方案的评标，建筑专业专家不得少于专家总数的 1/3。评标委员会人数少于 9 人的，招标人代表为不超过 1 人，9 人（含）以上的，招标人代表不超过 2 人。"

湖南省工程总承包办法则规定："招标人应当根据工程特点和需要依法组建评标委员会。评标委员会由招标人代表，以及建筑、结构、给排水、电气、暖通等设计、施工、经济和设备等方面专家组成。成员人数为不少于 7 人以上单数。招标人代表总人数不超过总人数的三分之一。"

(3) 评委资格标准

《中华人民共和国招标投标法》第三十七条和《评标委员会和评标方法暂行规定》第十一条规定，评标专家应符合下列条件。

① 从事相关专业领域工作满八年；相关专业领域是指与评标内容相关的专业领域，如建筑专业（建筑设计、勘察设计、工业设计）、土木专业［桥梁与隧道工程、道路与铁道工程、工业与民用建筑专业、工程（造价）管理］等。

② 具有高级职称或者同等专业水平。即经过国家规定的职称评定机构评定，取得高级职称证书的职称，包括高级工程师、高级经济师、高级会计师、正副教授、正副研究员等。对于某些专业水平已经达到与本专业具有高级职称人员相当水平的，有丰富实践经验，但因为某些原因尚未取得高级职称的专家也可以邀请作为评委会成员。

③ 熟悉有关招标投标的法律法规，并具有与招标项目相关的实践经验。

④ 具备认真、公正、诚实、廉洁的品质和工作态度。为了保证活动的客观、公正，要求评标专家应具备认真、公正、诚实、廉洁的品质和工作态度履行评标人的职责。

⑤ 身体健康，能胜任评标工作。

(4) 对评委的限制性规定

需要指出的是，依据《评标委员会和评标方法暂行规定》第十二条规定，对以下人员禁止其进入评标委员会。

① 投标人或者投标人主要负责人的近亲属，不得进入相关项目的评标委员会。投标人的近亲属在评标过程中必然带倾向性，侵害其他投标人的利益，影响评标结果的客观和公平性；投标人的近亲已经进入评标委员会，经审查发现以后，应当按照法律规定更换，评标委员会的成员自己也应当主动退出。

② 与投标人有经济利益关系，可能影响对投标公正评审的，不得进入相关项目的评标委员会。有经济利益关系的人是指与投标人有隶属关系的人员或者中标结果的确定涉及其利益的其他人员。与投标人有经济利益关系的人已经进入评标委员会，经审查发现以后，应当按照法律规定更换，评标委员会的成员自己也应当主动退出。

③ 项目主管部门或者行政监督部门的人员，不得进入相关项目的评标委员会。如果招标人上级主管部门属于"项目主管部门或者行政监督部门的人员"情况的，不得担任评标委员会成员，具有行政干预评标之嫌。招标人上级主管部门不属于"项目主管部门或者行政监督部门的人员"情况的，可以作为招标人代表作为评标委员会成员，但不能以评标专家身份成为评标委员会成员。

④ 曾因在招标、评标以及其他与招标投标有关活动中，从事违法行为而受过行政处罚或刑事处罚的，不得进入相关项目的评标委员会。评标委员会成员有此情形的，应当主动提出回避。

上述规定，工程总承包项目招标人在组建评标委员会时必须遵守。

除此之外，结合工程总承包项目评标方式的特点，有些地方规章做出了特殊的规定，应予以注意。例如上海市规定，工程总承包项目评标中，项目方案文件开标之后，评标委员会组建之前，招标人一般可以自行组织专家对总承包方案文件进行方案分析，形成方案分析报告，提交评审委员会进行评审，评审方案不合格的，不再进行后续评审。参加方案分析的专家不再作为评标委员会成员参加后续的评审。

18.2.3 评委的权利义务

《中华人民共和国招标投标法》《评标委员会和评标方法暂行规定》《评标专家和评标专家库管理暂行办法》对评标委员会成员，特别是评标专家的权利和义务做出了如下明确的规定。

《评标专家和评标专家库管理暂行办法》规定，评标专家享有下列权利：

① 接受招标人或其招标代理机构聘请，担任评标委员会成员；

② 依法对投标文件进行独立评审，提出评审意见，不受任何单位或者个人的干预；

③ 接受参加评标活动的劳务报酬；

④ 法律、行政法规规定的其他权利。

《中华人民共和国招标投标法》《评标委员会和评标方法暂行规定》规定，评标专家具有以下义务。

① 主动回避义务。具有招标投标法第三十七条和《评标委员会和评标方法暂行规定》第十二条规定情形之一的，应当主动提出回避。

② 遵守纪律义务。遵守评标工作纪律，不得擅离职守，不得私下接触投标人，不得收受他人的财物或者其他好处，不得透露对投标文件的评审和比较、中标候选人的推荐情况以及与评标有关的其他情况。

③ 履行客观公正义务。客观、公正地进行评标是评委应履行重要的义务，也是对评委的职业道德和工作态度的基本要求，是评委履行的核心义务。如严格按照招标文件规定的评标方法和标准评标、对依法应当否决的投标坚决提出等。

④ 协助监督义务。行政监督是保证评标依法进行的重要手段，协助、配合有关行政监督部门的监督、检查是评委应尽的协同义务。

⑤ 法律、行政法规规定的其他义务。

18.3 工程项目评标制度

18.3.1 评标方法制度

（1）国外评标方法

① 美国的评标方法　美国是世界上最早实行政府采购招标制度的国家之一，其招标投标制度被认为是世界上比较成功的工程交易体制之一，美国采用方式一般为公开招标为主，成为美国招投标模式的一大特色。

美国采用最低价中标的原则。美国的法律规定，参加政府项目的投标需要缴纳一定的工程担保保函金，作为衡量投标单位的一项资格标准。在评标时，采用最低中标法，在价格、质量、产品和服务等方面最大限度地满足招标采购人的要求，使报价最低、责任性最强、最符合招标人要求的投标人中标，但并不保证最低报价的投标人中标，如果最低报价人被认为以不合理的低价骗取中标，难以履行合同，将被取消中标资格。

在美国，资格审查是相当严格的，承包商的施工资质、信用必须经过专门进行资格审查的中介机构的核定，然后在此资格范围内承揽相应的工程，资格预审主要是核验承包商的资格和信用，通过资格预审后最低报价的投标者就是中标者，当然，业主对最低报价的投标会详细审阅，预防合同实施过程的高额索赔。

在评标时，美国的招标单位要对最低价中标的单位进行复核，目的是检测投标单位是否有漏项和计算错误，使工程质量能够得到保证。美国很重视投标程序的完整性，其法律制度是"先重程序，后重结果"，而不是相反。有时为了保证程序的进行，允许出现招标工作效率低的现象发生，这使得美国在招投标中的腐败现象少了许多。

投标者以最低报价中标，其报价很可能低于成本价，为防止承包商履约过程中因报价过低无法履行合同或承包商因亏损而倒闭，造成业主的损失，美国要求每个投标者必须提供银行担保，即其全面履行合同的银行担保函，在承包商不能履行合同的情况时，由所担保的银行提供资金，保证承包商履行合同中所规定的义务。发生这种情况后，承包商的信用将会受到较大影响，并很可能造成公司今后无法立足，以致破产。因此，承包商一般会极力避免此种情况的发生。当然，银行对承包商提供担保时也会十分慎重，以避免造成银行的损失。

② 英国的评标方法　英国是招投标制度的发源地，英国土木工程师协会常设合同条件联合委员会认为：无限制招标不经济，有许多弊端，如在整个招投标过程中需要花费很多时间和精力，同时也要消耗大量的人力和财力，有时还可能出现招标无效的情况，造成招投标双方的经济损失，所以英国的招标一般采取国际有限招标的方式。由于英国具有悠久的招投标历史，所以其招投标、评标制度相当完善、管理体制相当健全、竞争机制自由，信誉评标很成熟，政府制定的法律法规有效地规范了建设市场参与主体的行为，使得招投标市场得到有序发展。

英国在评标时一般采用低价中标法，英国的招投标计价模式是自由的模式，统一工程量的计算规则，但价格定额不统一，投标人都具有自己的渠道获得人、材、机的价格，并有自己的合作伙伴。在采用低价中标法时，会综合考虑投标人的能力、品质、技术和财务等情况，如果低价投标单位能够对招标文件做出实质性响应，则一般就是中标人。

③ 法国的评标方法　法国的政府招投标制度由来已久，起源于欧洲，法国是世界贸易组织和欧盟的成员，其法律体系由世贸组织的《政府采购协议》、欧盟的有关规定和本国的法律组成。

法国以及法语地区采用的招标形式是公共采购中采用的主要形式，公开招标和有限招标则是优先采用的采购方式。评标和定标的程序相当简洁，价格标上确定一个上限，一个下限。在标书审查委员会当众开标后，即向最低报价者宣布临时授标，将招标结果公布于众，以便于投标者了解情况。如果未中标的投标人的出价低于公布的中标价格，可以根据购物方做出解释。如没有一家报价低于可接受报价时，评标委员会可以要求投标人当场进行一次重新报价，如仍没有产生低于可接受极限的报价的，则宣布本次招标失败，另行重新组织招标议标。但评标委员会对投标报价进行复审的时间在 10 天左右，有充足的时间进行反复研究投标文件和投标报价。

④ 日本的评标方法　日本在第二次世界大战后，迅速发展成为经济大国，其国内的建筑市场需求特别巨大。日本的法律中与招投标有关的内容相当繁多，其特点是十分全面、具体和详细。目前，日本共有 59 万家建筑承包商，其中排名前 20 位、60 位和 100 位的总承包商所占市场份额分别为 16.3%、23.8% 和 26.9%，超级总承包商在建筑市场中占据了支配地位。总承包商很少直接从事施工活动，施工任务几乎全部由分包商完成，总承包商委派项目经理对分包商进行管理。

日本的中标原则是低价中标，价格因素在评标过程中占据主导地位。根据官方价格指数确定工程的最高限价，招投标过程中，评标专家在对承包商的素质和技术能力等因素通过审查的情况下，承包商是否中标，投标报价是重要决定因素。投标人的报价如果超过预算价格则不能中标。预算价格是指由发包人根据计算基准所得工程费即规定为价格上限，这与我国最高限价相似。通常国家级项目事先不予公布预算价格，但现在决标后也会公布预算价格。地方公共团体多数情况下也会在决标后公布预算价格。当然，日本的评标也不是单纯以低价为准，还要对其他要素进行综合分析才能选定中标人。

⑤ 世行贷款项目的评标方法　世界银行组织（WB）即世界银行，又称世界复兴开发银行，成立于 1944 年，是联合国所属的经营国际金融业务机构，也是全球最大的发展援助机构之一 WB 推行招投标的原则是程序公开、机会均等、手续严密、评定公平。由于世行的资金来源于各会员国及世行从国际资本市场上筹集。因此，世行的协议条款中规定：要求世行保证其贷出的款项只能用于规定的项目，并充分考虑经济和效率，成为世界银行推行的招标规则主要突出的三个基本特点之首。正因如此，世界银行在信贷采购指南文件中指出：

"评标的目的是在各个投标人的投标的评标价格进行比较的基础上，确定每个借款人产生成本，合同应该授予具有最低评标价的投标，但不一定是报价最低的投标。

在开标时宣读的投标价，应予以调整和纠正任何计算上的错误。同样为了评标的目的应对任何可以量化的非实质性的偏差或保留进行调整。评标时不应考虑适用于合同执行期的价格调整规定。

评标和对投标的比较应以国外进口货物到岸价（CIF）或到目的地价（CIP）和借款国内供应的货物的出厂价（Ex-works）为基础，并考虑任何所需的安装、培训、调试和其他类似服务的价格。

除了价格因素之外，在评标中需要考虑其他有关因素，以及如何运用这些因素来确定评标价最低的投标。对于货物和设备，评标时可以考虑的其他因素包括：运到指定现场的内陆运费和保险费、付款时间表、交货期、运营成本、设备的效率和可配套性、零部件和售后服务的可获性，以及相关的培训、安全性和环境效益。除价格外，用以确定最低评标价投标因素应在实际可能的范围内尽量货币化，或在招标文件中的评标条款中给出相应的权重。

在土建和交钥匙工程中，承包人负责缴纳所有关税和征收的其他税费，投标人在投标时应该考虑这些因素。对投标书的评价和比较应以此为基础。土建工程的评标应严格按货币化的方式进行，任何因投标价超过或低于某一事先确定的投标估值是评标程序所不能接受的，即自动淘汰。如果时间是个关键因素，则只有在合同条款中规定对未按期完工的承包人进行相应处罚的情况下，评标时才可根据招标文件中规定的标准把提前完工给借款人带来的价值考虑进去。

借款人应准备一份详细的评标报告，其中应说明作为授标建议依据的具体理由。"

(2) 国内评标方法体系

1998 年颁布的《中华人民共和国建筑法》倡导实行工程建设招投标制度。1999 年通过《中华人民共和国合同法》，明确规定了工程建设项目的发包人和承包人具有的权利、义务。2000 年正式实施的《中华人民共和国招标投标法》针对招投标的共性问题加以规范，确立了招投标中的基本原理和基本制度，突出了工程建设项目招投标的法律地位，为我国的工程建设项目招投标制度全面走向法制化奠定了极为重要的法律基础。

① 在评标方法方面　《中华人民共和国招标投标法》未直接对评标方法做出规定。《评标委员会和评标方法暂行规定》明确规定：评标方法包括经评审的最低投标价法、综合评估法，或者法律、行政法规允许的其他评标方法。可见招标投标法律体系范围内仅有两种评标方法：一是经评审的最低投标价法，二是综合评估法。在两种评标方法适用方面，经评审的

最低投标价法一般适用于具有通用技术、性能标准或者招标人对其技术、性能没有特殊要求的招标项目；相对应的复杂性、特殊性项目，适用于综合评估法。

属于《中华人民共和国政府采购法》法律体系下的《政府采购货物和服务招标投标管理办法》（财政部）规定：评标方法分为最低评标价法和综合评分法。最低评标价法是指投标文件满足招标文件全部实质性要求，且投标报价最低的投标人为中标候选人的评标方法。技术、服务等标准统一的货物服务项目，应当采用最低评标价法。采用最低评标价法评标时，除了算术修正和落实政府采购政策需进行的价格扣除外，不能对投标人的投标价格进行任何调整。

综合评分法是指投标文件满足招标文件全部实质性要求，并且按照评审因素的量化指标评审得分最高的投标人为中标候选人的评标方法。评审因素的设定应当与投标人所提供货物服务的质量相关，包括投标报价、技术或者服务水平、履约能力、售后服务等。资格条件不得作为评审因素。评审因素应当在招标文件中规定。

评审因素应当细化和量化，且与相应的商务条件和采购需求对应。商务条件和采购需求指标有区间规定的，评审因素应当量化到相应区间，并设置各区间对应的不同分值。

评标时，评标委员会各成员应当独立对每个投标人的投标文件进行评价，并汇总每个投标人的得分。

货物项目的评标价格分值占总分值的比重不得低于30%；服务项目的价格分值占总分值的比重不得低于10%。执行国家统一定价标准和采用固定价格采购的项目，其价格不列为评审因素。

价格分应当采用低价优先法计算，即满足招标文件要求且投标价格最低的投标报价为评标基准价，其价格分为满分。

在《中华人民共和国招标投标法》和《中华人民共和国政府采购法》指导下，各部委结合各行业特点，相继出台了具体评标规定。

a. 房建和市政工程评标方法规定。依据《房屋建筑和市政基础设施工程施工招标投标管理办法》（住建部）规定：房建和市政工程采用综合评估法的，投标文件提出的报价部分（投标价格）、商务部分（工程质量、施工工期、投标人及项目经理业绩）、技术部分（施工组织设计或者施工方案）可以作为综合评估因素，以评分方式进行评估的，各种评比奖项不得额外计分。

采用经评审的最低投标价法的，以满足实质性要求且评审价格最低的投标人为中标候选人排序推荐原则，但投标价格低于企业成本除外，住建部上述规定中并未规定商务部分可以在采用经评审的最低投标价法时进行价格折算。

b. 机电项目采购方法规定。《机电产品国际招标投标实施办法（试行）》（商务部）规定：机电产品国际招标一般采用最低评标价法进行评标。因特殊原因，需要使用综合评价法（即打分法）进行评标的招标项目，其招标文件必须详细规定各项商务要求和技术参数的评分方法和标准，并通过招标网向商务部备案。

c. 公路工程评标方法规定。《公路工程建设项目招标投标管理办法》（交通运输部）规定，由于密封方式带来的评标流程不同而将评标分为单信封评标和双信封评标，其中单信封评标是传统意义上的评标方式，投标人将商务、技术、报价文件放在一个信封中密封提交，一次性开标（商务、技术、报价文件）、一次性评标，双信封将商务文件和技术文件放在第一信封中、将报价文件放在第二信封中进行密封，两次开标、两次评标，第一次对第一信封进行开标、评标，第二次仅对通过第一信封文件评审的报价文件进行开标、评标，未通过商务文件和技术文件评审的，对其第二信封不予拆封，并当场退还给投标人。

公路工程施工招标评标方法分综合评估法和经评审的最低投标价法两种。其中综合评估法细化为合理低价法、技术评分最低标价法和综合评分法三种，意味着公路工程施工评标实际有四种评标方法。

其中合理低价法是指对通过初步评审的投标人，不再对其施工组织设计、项目管理机构、技术能力等因素进行评分，仅依据评标基准价对评标价进行评分，按照得分由高到低排序，推荐中标候选人的评标方法。

技术评分最低标价法是指对通过初步评审的投标人的施工组织设计、项目管理机构、技术能力等因素进行评分，按照得分由高到低排序，对排名在招标文件规定数量以内（不得少于3个）的投标人的报价文件进行评审，按照评标价由低到高的顺序推荐中标候选人的评标方法。

综合评分法是指对通过初步评审的投标人的评标价、施工组织设计、项目管理机构、技术能力等因素进行评分，按照综合得分由高到低排序，推荐中标候选人的评标方法，其中评标价的评分权重不得低于50%。

经评审的最低投标价法是指对通过初步评审的投标人，按照评标价由低到高排序，推荐中标候选人的评标方法。

在具体的评标方法适用上，公路工程施工招标一般适用于合理低价法或者技术评分最低标价法，技术特别复杂的特大桥梁和特长隧道项目主体工程，可以采用综合评分法。工程规模较小、技术含量较低的工程，可以采用经评审的最低投标价法。

交通运输部还规定：公路工程综合评估法评标时，商务、技术评分因素一般不低于满分的60%，否则应由评标委员会做出特别说明。公路工程评标时，评标委员会应当查询交通运输主管部门的公路建设市场信用信息管理系统，系统中记录的投标人的资质、业绩、主要人员资历和目前在岗情况、信用等级等信息，与投标人投标文件中的信息不符的，使得投标人的资格条件不符合招标文件规定的，评标委员会应当否决其投标。

d. 铁路工程评标方法规定。依据《铁路建设项目施工招标投标实施细则（试行）》（铁路总公司）规定：铁路建设项目招标评标方法分综合评估法和经评审的最低投标价法，招标人自主确定最高投标限价。

采用综合评估法时，商务标、技术标、报价标所占权重分别为20分、50分、30分，其中技术标得分45以上的投标人，三部分得分进行汇总，信用评标A级企业允许在汇总基础上加3分，然后按总分由高到低进行中标候选人排序。

采用经评审的最低投标价法时，商务标采用通过制，技术标采用打分通过制，总分100分，技术标90分以上的投标人方可进入报价标的评审，按评审后的投标价由低到高进行初步排序，前三名中的企业信用评价为A级，享受投标报价0.6%的评标价计算优惠。

e. 水利工程评标方法规定。根据《水利工程建设项目招标投标管理规定》规定：评标方法可采用综合评分法、综合最低评标价法、合理最低投标价法、综合评议法及两阶段评标法。

对于水利工程建设项目施工评标，水利部规定，施工招标设有标底的，评标标底可采用4种方式确定：招标人组织编制的标底（A值）、以全部或部分投标人报价的平均值作为标底（B值）、（A+B）/2作为标底、以进入有效标（以A值作为确定有效标的标准）内投标人的报价平均值作为标底。施工招标未设标底的，按不低于成本价的有效标进行评审。

f. 通信工程评标方法规定。依据《通信工程建设项目招标投标管理办法》（工业和信息化部）规定：通信工程建设项目评标方法包括综合评估法、经评审的最低投标价法，或者法律、行政法规允许的其他评标方法，鼓励通信使用综合评估法进行评标。

g. 民航工程评标方法规定。根据《民航专业工程及货物招标投标管理办法》规定，招标人应事先设立投标报价的最高限价，最高限价不超过批复的项目概算，投标人的投标报价不得超过最高限价，否则按"废标"（无效投标）处理，民航工程评标可以采用综合评分法。

由于我国招标投标采用了"分散监管"的管理模式，即住房和城乡建设、交通运输（民航、铁路)、水利、商务、工业和信息化、发展和改革等部门分别对房建和市政工程建设项目、公路和水运工程(民航工程、铁道工程)建设项目、水利工程建设项目、重点重大工程建设项目、机电产品国际招标等招标投标项目分别进行监督管理的模式，其中发展和改革部门还处于综合性的协调、牵头的地位，各部门的规章和行政规范性文件在操作层面处于"铁路警察，各管一段"的状态，各部门在评标方法的具体规定上存在一定的差异，但总体来说都是从招投标法和政府采购法派生而出的。

② 评标价格控制方面　2000 年颁布的《中华人民共和国招标投标法》引入了"标底""低于成本价"的概念。2011 年制定的招标投标法实施条例保留了标底概念，引入了"最高投标限价或其计算方法"概念，继续明确了标底必须保密、低于成本价的投标报价将被否决。但与招标投标法规定不同的是，标底必须在开标前公布，标底只能作为评标的参考，不得以投标报价是否接近标底作为中标条件，也不得以投标报价超过标底上下浮动范围作为否决投标的条件。与此相对应的是最高投标限价或其计算方法事先应在招标文件中公布，投标人投标报价高于招标文件设定的最高投标限价或其计算方法的，投标文件将被否决。

《房屋建筑和市政基础设施工程施工招标投标管理办法》第四十三条规定：

"(一)设有标底的，投标报价低于标底合理幅度的；

(二)不设标底的，投标报价明显低于其他投标报价，有可能低于其企业成本的。

经评标委员会论证，认定该投标人的报价低于其企业成本的，不能推荐为中标候选人或者中标人。"

《机电产品国际招标投标实施办法(试行)》第二十一条规定："(五)招标人设有最高投标限价的，应当在招标文件中明确最高投标限价或者最高投标限价的计算方法。招标人不得规定最低投标限价。"

《公路工程建设项目招标投标管理办法》(交通运输部)第二十三条规定："招标人可以自行决定是否编制标底或者设置最高投标限价。招标人不得规定最低投标限价。"

《铁路建设项目施工招标投标实施细则(试行)》(铁路总公司)第四十条规定："招标人应根据建设项目情况，在不超过施工图预算(不含甲供物资设备费)的前提下，自主确定最高投标限价，并在招标文件中载明，最高限价不含甲供物资设备费，投标报价不含甲供物资设备费。"

《水利工程建设项目招标投标管理规定》第三十六条规定："施工招标设有标底的，评标标底可采用：

(一)招标人组织编制的标底 A；

(二)以全部或部分投标人报价的平均值作为标底 B；

(三)以标底 A 和标底 B 的加权平均值作为标底；

(四)以标底 A 值作为确定有效标的标准，以进入有效标内投标人的报价平均值作为标底。"

施工招标未设标底的，按不低于成本价的有效标进行评审。

《通信工程建设项目招标投标管理办法》和《民航专业工程及货物招标投标管理办法》评标价格控制方面并未作规定。

我国评标方法制度主要体系见图 18-1。

(3) 评标方法制度比较

综上所述分析可以看出，国外评标方法多采用低价中标法，在评标过程中坚持以报价最低和条件优惠的评标原则。如美国一般采用最低价中标，但投标人中标后，招标人会对中标人的最低报价进行严格复核。英国在评标时一般也采用低价中标法，在采用低价中标法时，

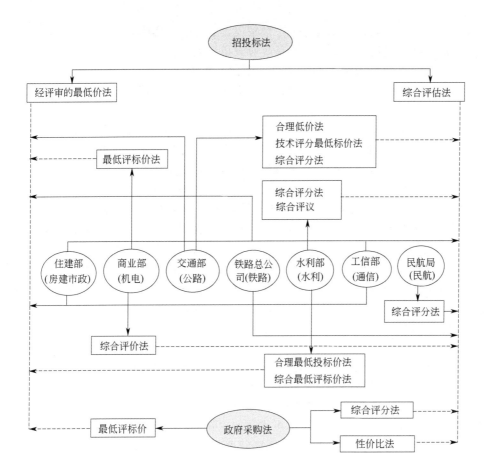

图 18-1　评标方法制度体系

‑‑‑‑‑—评标方法名称；　　—归属类别

会综合考虑投标人的能力、品质、技术和财务等情况。法国同样采取最低报价中标法。日本坚持以最低价中标为评标原则，但投标人报价超过预算价格则不能中标。当然，日本的评标也不是单纯以低价为准，还要对其他要素进行综合分析才能选定中标人。

我国的评标方法被广泛使用的是综合评分法和经评审的最低投标价法以及其他方法，其中综合评分法更为普遍。综合评分法需要综合考虑投标人资格、业绩、信誉、财务能力、技术水平、价格等各方面的因素，以确保工程质量。尤其是在工程总承包项目评标中，综合评分法被推荐为评标方法的首选，这是与我国目前社会、法制等环境相适应的。

(4) 评标方法接轨的保障措施

评标方法是招投标工作的关键，评标方法的应用应以完善的市场机制和成熟的市场经济条件为前提条件。目前，我国市场发育还不成熟，如果强行推进最低价中标法，违背市场经济规律，将会产生负面效应，欲速则不达。

评标方法是建设市场环境的综合反映，什么样的市场环境就会产生什么样的评标方法，反过来评标方法的改变又会对市场环境产生巨大的影响，两者相互适应、相互制约、相互促进。为此，应在逐步推进最低价中标法的基础上，积极为其创造相应的成熟的市场配套环境，实现与国际接轨。

① 严格市场准入和清除制度　现行建设市场缺乏强有力的管理机制，当前，建设市场竞争激烈，一些企业利用违法的办法来承揽业务的屡见不鲜，扰乱了公平竞争的环境，违法

乱纪的企业不能及时清除，给招投标工作带来很大的冲击。实际上，经评审的最低价中标法不能够大规模地推广使用，很大程度上是政府或招标人害怕一些企业低价中标，但又不能很好地履约，给国家或招标人带来巨大损失。因此，要确保经评审的最低价中标法的有效实施，应建立和完善市场准入和清出制度，正确引导企业理性投标。对于发生挂靠、转包、违法分包、发生重大安全事故、拒不履行投标承诺和合同义务的企业，应责令限期清场退出。

② 实行一票否决制　在低价中标时，凡出现总价优惠或让利的，应对其人工工资、机械台班费、材料价格均列出清单，以备竣工结算审价。在投标报价审查中，不但要评审其总价，而应评审其单价，尽量减少不平衡报价的影响；对施工安全费、职工社会保险费用，投标人要足额保证，切实保障职工的利益；对于低于成本报价的，应采取一票否决制。

③ 完善工程保证担保制度　工程保证担保制度是转移风险的重要手段，它强调了招投标各方应具有的风险意识，有利于规范市场。目前，我国的工程保证担保事业发展与国外有一定的差距，人们对工程风险的防范意识不强，对工程保证担保的功能认识还不是很充分，建设单位对防范风险的措施还处于低级阶段，不能有效防范投标人恶意低价中标所造成的损失。因此，完善工程保证担保制度是进一步规范市场秩序，防止恶性竞争和恶意中标，确保工程质量和投资效益，最大限度地抵御和减少工程风险损失的一种重要制度。

采用低价中标的工程利润较低，使得企业对抗风险的能力有限，一经风吹草动，极易难以为继，甚至造成工程失败。为了规避各种有意或因疏忽造成的风险，我国按照美国的"米勒法案"立法规定，所有政府工程投标人都要提供相应的投标保函、履约保函和付款保函，还应要求中标人提供低价风险担保，中标价越低，低价风险保函的数额越大，以保证招标人的利益。对于合理低价中标顺利实施来说，尤其是对于具有高风险的工程总承包而言，工程保证担保制度显得更加重要，是一项不可或缺的、强有力的保障措施。

④ 建立中标价的复核制度　中标价复核制度是国外运用低价中标法的成功经验。中标人确定后，为确保中标价包括了招标文件规定的全部工作内容，招标方应邀请造价师，分别对其报价进行复核。即使中标者明知利唯，要么坚持履约，要么可以放弃签约。在这种情况下，次低价投标人成为新的中标人，招标人应继续对其报价进行复核，如果仍然不能签约，排序第三的投标人成为新的中标人或重新招标。中标价复核制度能够有效地防止在履约中发生纠纷，避免给招投标双方带来不必要的损失，抑制了恶性竞标的行为。这样既对招标人有利，也对投标企业有利，可以早发现问题，早预防。

(5) 建立健全市场信用监管制度

诚信经济不仅仅是道德约束而形成的，还需要建立有效的监管和惩处机制。当前不缺乏失信惩罚的约束制法律，如合同法、反不正当竞争法和刑法等中有关诚实守信的法则和失信惩罚的条款。但是目前不守信的行为仍然出现，其中一个重要原因是缺乏对信用的监管。经评审的最低投标价法是建立在诚信基础上的邀约与承诺，因此，实行经评审的低价中标制度必须建立切实有效的信用监管机制。要建立企业信用等级标准，对企业形成监管信用结果。对于信用级别较低的企业应加大其履约担保金的数额，对于存在两次违约记录的企业应限制其进入本地区市场。

随着我国市场准入和清除制度、一票否决制、信用评价体系、工程保证担保制度、市场信用监督管理体系的不断完善，将会克服最低投标价法所容易带来的弊端，必将为我国广泛使用最低价投标价法创造良好的制度空间。

18.3.2　评标专家制度

评标是招标最为重要的环节，评标的公开、公平和公正决定着招标的公开、公平和公正。参加评标的主体有招标人代表、专家、采购官员、主管部门人员和专门的评审委员等等。评标专家在各国招标中起到不同程度的作用。本节对国内与主要发达国家的评标专家制度进行比较分析。

(1) 国外评标专家制度

① 美国专家制度　美国的招标采购法律制度较为完善。美国政府采购的三大基本原则是法制、竞争和申诉，其中最基本原则是竞争原则。美国采用采购官员制推荐投标人，由采购官员评标。其拥有政府采购官员约 15 万名和政府采购专家约 3 万名，负责招标采购项目的主持开展、签订合同和验收。按承担责任和权限以及项目预算的不同，由相应级别的采购官员负责采购。根据实际工作需要，采购官员可以召集相关专家组成评委会对项目进行评审，专家根据自身经验和专业知识发表意见，但评标结果由采购官员确定，采购官员承担全部责任。招标代理机构、咨询公司和政府采购部门都有自己的专家库，专家库已发展得较为完善。美国专家是以技术支持的身份出现，在项目早期调研、对投标文件的技术方案进行审查、监督合同履行等方面起到重要作用。但美国是明确限制外部专家的。

② 英国专家制度　英国自 1782 年就开始实行政府采购制度，经过两个多世纪的发展，英国已经形成了一套成熟的采购运作规则和体系。其采购的核心及政策分别是竞争和物有所值，通过竞争实现物有所值的招标采购。其管理体制是较为松散的，地方政府和中央各部门都有采购的权力，自行承担本地区、部门的招标采购任务。其招标采购的协调和牵头部门是财政部，同时还有许多招标采购行业协会和招标采购代理机构协助采购。英国采购要求规范采购评审，强调权责清晰。它的评审原则为物有所值，要求采购的产品或服务要符合使用单位的需求，并且价格接近产品或服务的价值。其评审小组主要由采购单位人员和采购机构（代理机构）组成，并有权决定中标结果。当采购单位人员与多数人意见不一致时，采购机构有权剔除采购单位人员的打分或意见。如果遇到较为复杂的采购项目，采购机构也会邀请行业内的专家来参与项目评审。

③ 德国专家制度　19 世纪德国就有政府采购立法。加入欧盟以后，德国政府采购受到国内法律和欧盟法律的约束。德国实行联邦制，有联邦、州、地区三级。政府采购各州和地方高度分散，集中采购机构不统一，一般由市政联合会向政府部门提供采购合同管理信息系统，并发布政府采购信息。德国的采购监督机构设置合理，职能齐全。德国政府有公开招标、邀请招标和谈判三种采购方式，其中优先选择公开招标方式。德国政府采购组建评标委员会评标。评标委员会包含业主派出的职员，如业主没有足够的专家，将由政府部门派人参加评标委员会，评标委员会只是提供咨询性的意见，最终由业主方决定。

(2) 国内专家制度

我国招标采购经历 30 多年的发展，从无到有，逐渐完善，取得的成绩是有目共睹的。招标投标法第三十七条规定："评标由招标人依法组建的评标委员会负责。依法必须进行招标的项目，其评标委员会由招标人的代表和有关技术、经济等方面的专家组成，成员人数为五人以上单数，其中技术、经济等方面的专家不得少于成员总数的三分之二。"我国招标由招标人的代表和专家组成的评标委员会评标。招标人的代表和专家作为评标主体应当认真研究招标文件，充分掌握、熟悉项目的需求，依据招标文件规定的评标标准和方法、评标因素、合同条款、技术规范等，对投标文件进行技术经济分析、比较和评审，向招标人提交书面评标报告并推荐中标候选人。按现行的规定实质上评审委员会评标后直接就决定了中标人，而不是对中标人行使建议权。法律规定招标人对中标人是行使确认权，但候选人的排名顺序已按从高到低排序好，招标人只能从高到低的确认，毫无选择余地和自由裁量权。因此，不如说招标人对中标人是履行确认义务，完全按照评标委员会的排序确认中标人。评标委员会是集体决策机构，按照多数决定原则行使决定权，占评标委员会成员绝对多数的评审专家无疑牢牢控制着中标人的决定权。

(3) 评标专家制度比较

综上所述，国内外评标专家在招标中所起的作用存在较大区别。我国由招标人的代表和专家评标，专家对评标的方向和质量起到主导作用。美国、英国和德国的评审专家是在业主方或采购官员有需求时才予以邀请参加。同时，评审专家也仅是提供咨询性意见，最终由业主方或采购官员决定。发达国家评标专家受到顾主和专业人士行业协会的约束，一旦发现有舞弊行为，评标专家不但要丧失评标资格，承担法律责任，而且更重要的是其今后的职业生涯将受到很大影响。其整个社会已形成了一种良性的信誉约束机制，如果职业生涯中出现了污点，那么其今后的就业就会受到很大影响甚至无人雇佣。这样评标专家就有积极性保持应有的公平、公正，同时一般采用最低价评标法，评标专家也没有太多地方可以滥用自由裁量权。

我国招标采购的最大特色是引入第三方评标专家制度。评标专家先入专家库，再待抽取的程序，这就是我国评标专家制度设计的核心环节，即评标专家评定分离制度。现阶段我国社会并不信任招标人自行组织评标，招标人也缺乏独立的专业评标能力。要想解决招标人"不可信"和"不专业"问题，只有通过由独立性较强的专家评标，并加强管理来解决。

现行评标专家制度是一种切合我国政治、经济、文化特点的制度创新，符合我国基本国情。虽然不能说评标专家制度运行的很理想，但如果换一种制度，哪怕是被发达国家的实践证明是运行良好的制度，也不能或者未必能取得现在的效果。符合基本国情，就是评标专家制度得以有效运行的大前提。评审专家制度不但具备这一大前提，同时还满足许多其他复杂的小前提，以最终实现其设计的理想目标。这好比人体器官的移植，被移植器官与受体的同质绝对不是移植成功的唯一条件，但却是最根本的条件。这也解释了现阶段评标专家制度出现异化的原因。

为保证评标专家的专业技术水平，我国法律对评标专家的资格提出了较高的要求。但问题不是出在技术水平方面，而是在评标专家容易受到招投标人或者其他利益集团的影响，即碍于我国根深蒂固的人情世故、利益诱惑或压力，做出违背自己意愿的选择。另外，我国立法尚不完善，违法成本低，执法不严。实践中评标专家出现不履行评标专家职责、违法评标、违反评标纪律和职业道德等不规范或者违法违规行为，也就是被取消评标资格，并没有受到其他方面的处罚。被取消资格的专家即使不参加评标活动，其经济收益方面也未受到太大的影响，他依旧可以在其专业领域从事其他方面的工作。

我国尚未建立起良好的信誉约束机制，被取消评委资格的专家在信誉方面也不会受到太大的影响。我国一般采取综合评标法进行评标，导致评审专家拥有较大的自由裁量权，主观影响因素较大，这也给评审专家违规提供了机会。

(4) 评标专家制度建议

在评标专家制度上，应积极创造条件与国际接轨，采取的措施如下。

① 完善行为主体诚信体系建设 美国采用的最低评标方法和采购官员推荐中标人制，由评标专家评标；而我国采用的是第三方评标专家制度，由评标委员会评标，由此可见，在我国评标专家的诚信直接关系到评标的公平、公正性，评标专家具有举足轻重的作用，显然，建立健全专家信用体系十分重要。

目前，我国招投标活动中由于信用体系的不健全，建设工程交易中心如何规范运作都很难达到"公开、公平、公正择优"的目标。因此，行业应建立评标专家诚信评级制度以及违规处罚制度，建立统一的信用评价指标体系，各部门根据统一平台和评价指标，对评标专家在本行业的评分等级借助网络媒体技术公开予以公布，实现互联互通、信息共享、对违规的人员和机构，取消其从业资格，绝不姑息，从而形成威慑。

② 完善对评标专家库的管理　当前，评标专家库的现状一是某些评标专家技能单一，知识结构不合理，综合素质参差不齐，建筑工程方面的专家只会搞建筑，石油方面的专家只懂石油领域，综合业务能力有待提高；专家库中高级评标专家的地区分布不合理，不利于评标专家的地区性交流，一些偏远地区专家资历达不到法律规定的要求，影响了评标结果的科学性和准确性。某些项目评标流于形式，投标人事先与评标人沟通，暗箱操作等。可见对评标专家管理有待改进和提高。针对以上问题对评标专家管理的建议措施如下。

a. 提高评标专家库中专家的综合业务素质和专家的责任意识。专家库的专家应不断提高自己的综合业务素质，改变专业知识结构，形成一专多能的复合型人才，才能胜任复杂的评标工作。为此，政府部门应对进入专家库申请人员严格把关，对于复合型人才优先纳入专家库，从源头上把关。对于评标专家应积极开展业务培训，以适应评标工作的发展需要。

b. 建立统一的专家资源库和招投标管理平台，调整、规划、整合各行业的评标专家库。建设事业的不断发展和各项制度的日益健全和完善，为评标专家库多领域、跨区域需求创造了条件。评标专家的工作涉及的领域日趋多样化，从长远目标看需要建立一个全国性的统一专家资源库，并实现专家资源全国互联共享。现阶段可以先整合各省、市或行业专家库资源，组建一个打破地区、跨部门，资源开放共享的区域性的专家库信息平台。相对整合有利于专家库的统一管理，又照顾到区域性的特点。全国统一的区域性建设工程评标专家库管理示意图，见图18-2，这样在一定程度上缓解高级评标专家地区分布不均的局面。

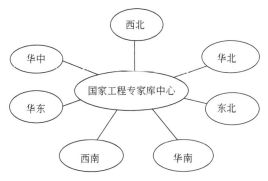

图18-2　全国统一的区域性建设工程评标专家库管理示意图

③ 对违法违纪行为严格执法　我国已经建立起了相对完善的招标评标法律制度，但在执法方面却不尽如人意，总体执法不严。法律是以国家权力机关为坚强后盾，执法不严将使法律变得苍白无力，失去约束性。评审专家制度发展到今天，行业内的争论和意见仍然存在，其中较大原因是关于与评标专家相关的法律、法规和规范性文件得不到很好的执行。执法不严，损害了我国评标秩序，对这种状况的治理措施建议要点如下：

a. 统一评审专家主管部门，落实责任；

b. 执法人员加强业务学习，提高执法能力；

c. 进行道德、思想、纪律教育，强化法律意识，使执法人员忠于法律、忠于职守，做到"拒腐蚀、永不沾"；

d. 强化行政执法与司法机关的联动机制，涉嫌犯罪的，行政执法部门要主动积极移交案件，并协助司法机关侦办。

第 19 章
工程总承包项目评标方法——综合评分法

评标方法是指预先在招标文件或采购文件中做出的、用于评标的方式、评审因素、评审标准及其体系。综合评估法和经评审的最低投标价法是常用的两种评标方法，而综合评估法则是工程总承包模式评标的适宜方法。综合评估法按评审的量纲不同，又可以划分为综合评分法、综合估价法或其他法律规定的方法，本章所说的综合评估法，仅指综合评分法。

19.1 综合评估法基本原理

19.1.1 综合评估法基本概念

(1) 定义的描述

招投标活动中，评标是非常重要的环节之一，评标时需要选择合适的评标方法。其中综合评估法是比较常见的一种，综合评估法是指投标文件满足招标文件全部实质性要求，按照评审因素的量化指标打分，评审得分最高的前三名投标人推荐为中标候选人的评标方法。

综合评估法具有其自身的特点，它是把涉及的招标人各种资格资质、技术、商务以及服务的条款，都折算成一定的分数值，总分为 100 分。评标时，对投标人的每一项指标进行符合性审查、核对并给出分数值，最后汇总比较，取分数值前三名为中标人候选人。评标时的各个评委独立打分，互相不商讨；最后汇总分数。综合评估法是在工程项目领域常用的评标方法，也是我国工程总承包政策首推的评标方法。

《中华人民共和国招标投标法》对于综合评估法有如下规定：

"第四十条 评标委员会应当按照招标文件确定的评标标准和方法，对投标文件进行评审和比较；设有标底的，应当参考标底。评标委员会完成评标后，应当向招标人提出书面评标报告，并推荐合格的中标候选人。

第四十一条 中标人的投标应当符合下列条件之一：

(一) 能够最大限度地满足招标文件中规定的各项综合评价标准；

(二) 能够满足招标文件的实质性要求，并且经评审的投标价格最低；但是投标价格低于成本的除外。"

(2) 定义要点

通过上述对综合评估法的定义分析，其内涵有如下要点。

① 满足招标文件实质性要求是前提 运用综合评估法，首先要对投标文件进行审查，是否满足招标文件实质性要求，对于不能够对招标文件做出实质性响应的投标书，不进行下一步的评审工作，作废标处理。

② 对投标文件进行综合、全面的评审是关键 这种方法是将技术标、商务标等各方面因素分别进行量化评估。就 EPC 而言，其技术标的量化评估因素至少包括：设计文件、项目施工与管理方案等。EPC 商务标的量化评估因素至少包括：工程总承包报价、资信状况、工程业绩等。

量化指标建立在统一基础或者统一标准上，使各投标文件具有可比性。对技术部分和商务部分进行量化后，评标委员会应当对这两部分的量化结果进行加权，计算出每一投标人的综合评估价或者综合评估分。以评估价格或评估分值最高的投标人作为中标人。

③ 投标价格低于成本的除外　以评估分值最高的投标人中标，但投标价格低于成本的除外。很多部门、很多人对招标投标法第四十一条理解有误，认为"投标价格低于成本的除外"仅限于经评审的最低投标价法，而不适用于综合评估法。这是一种误解。其实从招标投标法第三十三条以及招标投标法实施条例第五十一条否决投标的情形规定分析，其中"(五)投标报价低于成本或者高于招标文件设定的最高投标限价"应否决其投标，可以看出，投标价格不得低于成本是基本投标报价原则，与招标人采取何种评标办法无关，否则就是不正当竞争。因此，那种采用经评审的最低投标价法需要核对投标报价是否低于成本，而采用综合评估法不需要核对投标报价是否低于成本的认识和做法都是错误的，在确定投标报价是否低于其成本方面两种评标方法应该是一致的。

④ 综合评估比较表是评估结果　综合评估法评标活动的成果，是通过一份"综合评估比较表"体现的，表中载明投标人的投标报价、所作的任何修正、对商务偏差的调整、对技术偏差的调整、对各评审因素的评估以及对每一投标的最终评审结果，评委员会连同书面评标报告提交招标人。

(3) 对关键词的理解

对于综合评估法的概念理解，要明确三个关键词的涵义，即"综合""评估"和"最大满足"。

"综合"——综合的涵义是指综合评估法既对技术标进行评估量化，又对商务标进行评估量化，对投标文件中确定的主要评估因素无一例外的进行评估。评估因素的全面性、综合性是该方法的核心，也是优势所在。

"评估"——评估需要有评估基准或衡量尺度，在综合评估法中，衡量投标文件是否最大限度地满足招标文件中规定的评估基准可以采取折算为货币的方法、打分的方法或者其他方法。国内综合评估法一般是以分值作为评估标准，称之为"综合评分法"或"综合打分法"。

"最大满足"——最大满足是中标的原则，即最大限度地满足招标文件中规定的评估标准者中标，在运用综合评估法评标时，其评估值最高者为中标人。

19.1.2 综合评估法法律依据

除上述的《中华人民共和国招标投标法》外，《评标委员会和评标方法暂行规定》等规章、规范对工程项目评标采用综合评估法也做出了相应的规定。

(1)《评标委员会和评标方法暂行规定》

《评标委员会和评标方法暂行规定》中有："第三十四条　不宜采用经评审的最低投标价法的招标项目一般应当采取综合评估法进行评审。

第三十五条　根据综合评估法最大限度地满足招标文件中规定的各项综合评价标准的投标，应当推荐为中标候选人。

衡量投标文件是否最大限度地满足招标文件中规定的各项评价标准，可以采取折算为货币的方法、打分的方法或者其他方法。需量化的因素及其权重应当在招标文件中明确规定。

第三十六条　评标委员会对各个评审因素进行量化时，应当将量化指标建立在同一基础或者同一标准上，使各投标文件具有可比性。

对技术部分和商务部分进行量化后，评标委员会应当对这两部分的量化结果进行加权，计算出每一投标的综合评估价或者综合评估分。

第三十七条　根据综合评估法完成评标后，评标委员会应当拟定一份‘综合评估比较表’，连同书面评标报告提交招标人。“综合评估比较表”应当载明投标人的投标报价、所作的任何修正、对商务偏差的调整、对技术偏差的调整。对各评审因素的评估以及对每一投标的最终评审结果。

第三十八条　根据招标文件的规定，允许投标人投备选标的，评标委员会可以对中标人所投的备选标进行评审，以决定是否采纳备选标。不符合中标条件的投标人的备选标不予考虑。

第四十六条 中标人的投标应当符合下列条件之一：

（一）能够最大限度满足招标文件中规定的各项综合评价标准；

（二）能够满足招标文件的实质性要求，并且经评审的投标价格最低；但是投标价格低于成本的除外。”

关于工程总承包项目采用综合评标价法的行业、地方政府的规章、规范有以下文件。

(2)《关于进一步推进工程总承包发展的若干意见》（住建部第93号文件）

“（六）工程总承包企业的选择……工程总承包评标可以采用综合评估法，评审的主要因素包括工程总承包报价、项目管理组织方案、设计方案、设备采购方案、施工计划、工程业绩等。”

(3)《标准设计施工总承包招标文件》

在第三章 评标办法（综合评估法）部分，评标办法的前附表对评审因素以及评标方法、评标程序都有规范，评标方法规定：“采用综合评估法的评标委员会对满足招标文件实质性要求的投标文件，按照招标文件规定的评分标准进行打分，并按得分由高到低顺序推荐中标候选人，或根据招标人授权直接确定中标人，但投标报价低于其成本的除外。

综合评分相等时，以投标报价低的优先；投标报价也相等的，由招标人或者经招标人授权评标委员会自行确定。评审标准分为初步评审标准、分值构成与评分标准两部分。评审程序其中包括初步评审、详细评审、投标文件的澄清和补正、评标结果等。”

(4)《上海市工程总承包招标评标办法》

在第五条评标方式中，规定了两种综合评估方法，供招标人选择：“工程总承包招标的评标采取两阶段评标，评标方式分综合评估法一和综合评估法二，由招标人根据项目情况可以自行选择。”

(5)《江苏省房屋建筑和市政基础设施项目工程总承包招标投标导则》

第十九条规定：“工程总承包评标一般但不限于采用综合评估法。评审的主要因素包括承包人建议书、工程总承包报价、承包人实施计划和工程业绩。”

(6)《浙江省重点建设工程EPC总承包招标文件示范文本（征求意见稿）》

在（三）投标资格条件、要求6中规定：“采用综合评估法的，设置的投标人业绩、项目负责人业绩或设计（施工）负责人业绩要求，应与本次招标内容相类似，且在设计方案、设计技术、投资管理、施工技术、管理难度等方面不得高于本次招标，评分业绩数量原则上不超过三个。”

三、投标人须知前附表部分的12.评标办法中规定：“招标人应根据本次招标的实际情况合理选定评标办法，谨慎选用经评审的最低投标价法，一般选用综合评估法。”

（7）《福建省房屋建筑和市政基础设施项目工程总承包招标投标管理办法》

"第四章　初步评审标准

第二十七条：评标委员会对每组投标文件按照先初步评审、后详细评审的程序进行评审，初步评审合格的投标人方可进入详细评审。初步评审分为形式评审、资格评审和响应性评审三个阶段，前一阶段评审合格的，方可进入下一阶段的评审。

第二十八条：形式评审因素包括投标人名称、投标函签字盖章、投标文件格式、联合体投标人、备选投标方案等。

第二十九条：资格评审因素包括投标人营业执照、资质要求、财务要求、业绩要求、信誉要求以及其他要求。

第三十条：响应性评审因素包括投标报价、投标内容、工期、质量标准、投标有效期、投标保证金、权利义务等。

第三十一条：经初步评审合格投标人不足 3 家使得投标明显缺乏竞争的，评标委员会可以否决全部投标。

第五章　详细评审标准

第三十二条：综合评估法实行 100 分评分制，评审的主要因素包括方案设计文件（承包人优化方案）、工程总承包报价、项目管理组织方案、工程业绩、资信分。招标人根据发包阶段，按照本办法的附件一、附件二制定评标办法。"

（8）《广州市关于公布设计施工总承包招标监管标准的指引（试行）》

"六、评标办法：设计施工总承包一般采用综合评估法。招标文件应按照国家的《标准设计施工总承包招标文件》（2012 年版）范本进行编制，但应遵循以下原则：

（一）特殊性工程或大型复杂工程项目

1. 含方案设计内容的建筑工程项目（含单独立项的装修项目）和以批复估算进行招标的市政工程项目，设计标（或含勘察）的权重占评分总权重的【10％～35％】，其中方案部分（或技术部分）采用暗标形式，权重不得少于设计部分总权重的 70％；设计机构实力、设计团队部分不得超过设计部分总权重的 30％。施工企业实力及施工项目团队纳入施工技术标中考核，且不超过施工技术标权重的 36％。施工标价格权重可以在施工标权重【60％～100％】选择。

2. 设计内容仅包含初步设计或施工图设计的建筑工程项目（含单独立项的装修项目）和以批复概算进行招标的市政工程项目，设计标可仅对设计机构实力、设计团队进行评分，总分不得超过评标总权重的 10％。施工价格权重可以在施工标权重在【60％～100％】选择。施工企业实力及施工项目团队纳入施工技术标中考核，且不超过施工技术标权重的 36％。

3. 设计和施工全过程采用建筑信息模型（BIM）技术的，BIM 评审因素不应超过总权重的 10％。

4. 施工技术标评审因素须包含分包工程管理方案（如有）、实名制管理方案等。

（二）非大型、复杂或特殊性工程项目

1. 含方案设计内容的建筑工程项目（含单独立项的装修项目）和以批复估算进行招标的市政工程项目，设计标（含勘察）的权重占总评分权重的【10％～35％】，其中方案部分（或技术部分）采用暗标形式，权重不得少于设计部分权重的 70％。设计机构实力、设计团队部分不得超过 30％。施工标价格权重可在施工标权重【80％～100％】选择。

2. 设计内容仅包含初步设计或施工图设计的建筑工程项目（含单独立项的装修项目）和以批复概算进行招标的市政工程项目，设计机构实力、设计团队、施工企业实力以及项目团队的评审因素，合计不得超过总权重的 20%。施工标价格权重可在评分的总权重【80%～100%】之内选择。

（三）装配式建筑的各项权重由招标人根据工程实际依法确定。

（四）鼓励招标人依法创新招投标流程、评标和定标方法。"

19.1.3 综合评估法操作程序

在工程总承包项目中，采用综合评估法的操作一般分为两个阶段评标，即技术标和商务标分开评审，两个阶段不分先后，可以先评审技术标（图 19-1），也可以先评审商务标（图 19-2）。但为了公平、公开的原则，第一阶段先评审技术标（技术标为暗标），第二阶段再评商务标。

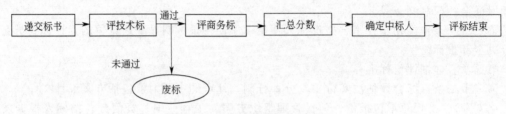

图 19-1　综合评估法操作程序之一

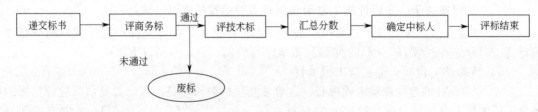

图 19-2　综合评估法操作程序之二

例如，江苏省规定：工程总承包项目招标一般应当采用两阶段评标。投标人应当按照招标文件的要求编制、递交投标文件（一般包括两部分：一是设计文件部分；二是商务技术部分，包括资格审查材料、工程总承包报价、项目管理组织方案以及工程业绩等）；第一阶段先开评设计文件部分，先对设计文件进行评审；第二阶段再开启商务技术部分（仅针对进入第二阶段的投标文件进行）进行评审。

评审的量化是通过百分制打分的方法来体现的，即评标委员会事先将评标因素进行分类，并确定其评分标准。例如对技术标是对每一个评审因素赋予一定的分值，评审专家按照评标文件规定的标准，主观判断打分。因此，对设计标的评审分数可能存在偏差。

对于商务报价评标需要确定基准价标准，基准价可分为有标底基准价、复合标底基准价和无标底基准价等。对投标价进行必要的修正后，与基准价先比较，得出分值。最后，将技术标得分和商务报价得分相加作为各投标人的总得分，得分最高者优先。

两阶段、百分制的评分法是一种定性和定量相结合的评标方法，一般适用于资格后审的招标项目。

19.2　技术部分的评分方法

19.2.1　综合评分因素设置

评分因素是指综合评审的对象，评分因素也称评分要素或评分指标。评标委员会成员是综合评分的主体，是指由谁来评审；投标文件是评标的客体，是指对谁评审；评审因素则是评审的内容，是指主体对客体的哪些方面进行评审。

（1）评标因素设置原则

① 综合性原则　运用综合评分法时设置评分因素应遵循综合性的原则，综合性原则是根本性原则。不但要对技术标打分，也要对商务标打分；应对可能影响投标人完成工程项目的因素进行综合的、全方位的评审，例如对方案设计的、投标报价的、施工组织管理的、工程业绩的等各种因素进行评分，不能缺项、漏项，这样才能充分体现出综合评分法的实质涵义。

② 合理性原则　为了更好地对投标书进行客观公正的比较，体现"三公一信"原则，应合理地对评审因素进行选择，选择那些对工程建设影响较大的因素进行比较评分。评分因素设置既不要过于复杂、繁琐，也不能设置得过于简单、笼统。过于复杂、繁琐，会使评分的重点内容不够突出，且会使评标打分的工作量加大，给评标人带来一定的工作压力，进而会影响评分的质量。打分因素设置得过于简单、笼统，打分会缺乏针对性，影响打分结果的准确性，最终导致实力并不是太强的投标人中标，以至影响工程项目的实施和质量。因此，坚持合理性原则设置评分因素至关重要。

③ 科学性原则　科学性原则是指评标因素的设定应符合社会、经济可持续发展，符合国际发展的潮流，与时俱进。

（2）评标因素设置细化

对于大型、复杂化的工程总承包项目评审的因素设置，往往根据项目评标的需要可以进一步细化评审因素，每项评审因素分为若干小项，形成二级评审因素体系，这样可以使评委之间的打分赋值更加具体化、客观化。如"案设计文件"因素，可以再细分为设计说明、总平面布局、建筑功能、建筑造型、结构方案、设备方案、绿色节能与装配式建筑设计、设计深度等二级评审因素，这样可以提高评分的客观性、准确性，工程总承包项目评标的一、二级评分因素设置参考体系见表 19-1。

表 19-1　工程总承包项目评标一、二级评分因素设置参考体系表

因素级别	评审因素内容			
一级要素	方案设计文件	工程总承包报价	项目管理组织方案	工程业绩
二级要素	设计说明	报价评审	总体概述	投标人类似工程业绩
	总平面布局	投标报价合理性	设计管理方案	工程总承包项目经理类似工程业绩
	建筑功能		施工管理方案	
	建筑造型		采购管理方案	
	结构方案		项目管理机构	
	设备方案		建筑 BIM 技术	
	绿色节能与装配式建筑设计		项目经理陈述及答辩	
	设计深度			

19.2.2　分值与标准的设置

综合评分法依据招标文件中规定的评标方法对投标书中的技术标和商务标，通过打分的方式进行全面的比较，以选择分数最高的投标书为中标人。为此，评分分值和标准的设定是该方法的关键性内容。

（1）评审因素分值的设置

综合评分法打分分值一般实行百分制，各评审因素得分总和 100 分为满分。对于较为简单的工程项目评标，由于评审因素较少，不需要再细分为二级评分因素，通常在一级评分因

素之间分配权重就可以了。例如，技术标和商务标权重分别为 40%、60%，那么技术标满分为 $100×60\%=60$ 分，商务标满分为 $100×40\%=40$ 分。采用百分制法评标，应预先设置技术标和商务标的满分值或各自的分值权重（分值权重的设置在下面讨论）。

如前所述，对于大型、复杂化的工程总承包项目评审因素比较多，有时需要对一级评分因素进行更为详细的考察，则需要在一级评分因素的基础上再划分为二级评分因素。二级评分因素各项分值之和应等于该一级评分因素分值所分配的数值，也就是说二级各评分因素分值是在一级评分因素数额内进行分配的。那么二级评审因素分值如何分配，这就需要对二级评分各因素分别赋予不同的权重，解决二级各因素分值所占一级评分因素分值的比例，以确定其满分分值。

（2）评审因素打分标准设置

在运用综合评分法时，为了使各位评委打分有一个客观的依据，避免各位评委的主观性而造成评审的差异过大，要有一个统一的打分标准提供给评标专家作为依据。

以房屋建筑工程在可行性研究完成阶段进行招标设置的评审因素为例，项目评审总分值为 100 分，如"方案设计文件"中的二级因素"设计说明"分值为 ≥4 分，其评分标准可设定如下。

① 设计说明论述基本符合：对项目解读基本充分、理解基本深刻、分析基本准确、构思欠缺新颖；项目规划设计各项指标基本满足任务书及规划设计要点并科学、合理；技术指标基本满足任务书要求，符合规划基本要求；各专业设计说明基本清楚；投资估算与经济评价基本准确的，得 2 分。

② 设计说明论述比较符合：对项目解读比较充分、理解比较深刻、分析比较准确、构思比较新颖；项目规划设计各项指标满足任务书及规划设计要点并科学、合理；技术指标满足任务书要求，符合规划要求；各专业设计说明清楚；投资估算与经济评价准确的，得 3 分。

③ 设计说明论述充分符合：对项目解读充分、理解深刻、分析准确、构思新颖；项目规划设计各项指标完全满足任务书及规划设计要点并科学、合理；技术指标完全满足任务书要求，非常符合规划要求；各专业设计说明清晰；投资估算与经济评价很准确的，得 4 分。

其他评审因素打分标准以此类推。打分标准应在招标前事先拟定。各评委对各个投标人的技术标、商务标均进行打分。

综合评分法通常运用在大型复杂的工程项目评标之中，作为评标的重要方法之一。评分标准应设置几级标准，以利于评委打分，减小评分的随意性，评审的指标因素体系及标准、权重应根据招标项目特点而设置。

19.2.3 分值权重的设置

（1）分值权重概念

除科学、合理地设置评分因素、评分因素分值与标准外，设定评分因素分值的权重则是保证评标效果的重要一环。所谓"分值权重"，就是这 100 分如何使用，技术标和商务标各占多少。由于工程项目规模、技术难度以及特点的不同、业主的认知偏好不同，评审因素的各部分占评审总得分一般不可能平均，就有个比例问题，这个比例就是权重，分值权重是一个十分关键的问题，其反映的是招标人对项目方面的关注和侧重。

分值权重的设置必须围绕着保证工程项目顺利完成这一总目标，一方面要充分发挥价格因素的作用，另一方面又要不影响其他要素作用的发挥。在采用综合评分法时，需要按照技术标、商务标这两部分来对评审因素打分，达到能选择出理想中标人的目的。

（2）设置权重的制约因素

① 法规规范的制约　行业或地方法规（如有）是综合评审因素分值权重设置的制约因素，分值权重确定不能违背行业或地方法规的有关规定。例如福建省规定，招标评标时（百分制），工程总承包报价≥40分、方案设计文件≤30分、项目管理组织方案≤10分、工程业绩≤6分、资信分≤14分。那么，该地区工程总承包项目设置评分分值权重时，就应该根据相关规定，结合工程项目的实际情况，分值的权重设定控制在规定范围之内。

② 项目类别的制约　分值权重的设定对评标结果无疑是重要的，甚至是会产生决定性的影响，也是投标人十分关注的问题。技术标和商务标的分值权重设定受工程类型与特点因素制约。如对于普通的工程项目，承包商一般采用常规的施工技术即可完成，这时商务标的分值权重就应设置得比较高，放在法规规定的上限部分；而对于大型复杂的工程项目则更应该强调技术标的质量，因而应降低商务标的分值权重。可见，评标并不是简单的投标报价高低的比较。

③ 项目标准的制约　技术指标是综合评分法中较为重要的因素，尤其是在大型EPC项目中更是如此。每个项目要求的技术指标如设计标准、质量标准、工业项目的产能指标等不尽相同。对于那些技术指标要求高的项目，技术评审分值权重应放在法规规定区域（如有）内的中上等为宜；对于那些技术指标要求较低的项目，技术评审分值权重应放在法规规定（如有）区域内的中下等为宜。

④ 招标起点的制约　工程总承包项目招标发包起点不同，涉及项目的承包工作范围不同，分值权重的设定情况就肯定有所不同。因此，招标起点也应算作分值权重的制约因素。招标人应当根据发包招标不同起点来设置评分因素和评分权重。如可行性研究后发包的与初步设计后发包的其评分分值权重在全盘分配上就会有不同变化。

总之，评审因素体系及其分值权重应根据工程项目的法规、项目类型、工程标准、发包起点等因素加以设定。有些地区不管何种项目，评审因素体系千篇一律；权重也只有一个，而不是依据工程项目的特点和承包方式做适当的调整；还有些地区评标时，当众随机抽取，这就具有很大的笼统性和随机性，缺乏科学性和精确性。

（3）分值权重的设置规范

当前，许多地方法规对于工程项目总承包综合评分法分值权重都有了指导性的、明确的规范，如上海、江苏省对采用综合评分法的分值权重做了规定。

《上海市工程总承包招标评标办法》综合评估法一中规定：总得分＝工程总承包方案得分（含设计方案、施工方案）（30分）＋工程总承包报价得分（70分）。如有勘察、货物、设备采购方案均包含在工程总承包方案中。即技术标：报价标＝30：70。

《江苏省房屋建筑和市政基础设施项目工程总承包招标投标导则》（适用于房屋建筑工程项目）规定中，一级评审因素由方案设计、工程总承包报价、项目管理组织方案、工程业绩四部分组成，对三种发包阶段分别进行指导性的分值权重的分配，规定如下。

① 可行性研究完成阶段进行招标权重参考值　方案设计文件权重≤35分；其中二级因素：设计说明2～4分、总平面布局6～8分、建筑功能7～9分、建筑造型2～4分、结构方案1～3分、设备方案1～2分、绿色建筑（含建筑节能）与装配式建筑设计1～3分、设计深度1～2分。

工程总承包报价权重≥50分；其中二级因素：报价评审（工程总承包范围内的所有费用）≥48分、投标报价合理性≤2分。

项目管理组织方案权重≤12分，其中二级因素：总体概述1～2分、设计管理方案≤1分、施工管理方案1～2分、采购管理方案≤1分、项目管理机构2～3分、建筑信息模型

（BIM）技术≤1分、工程总承包项目经理陈述及答辩≤2分。

工程业绩权重≤3分，其中二级因素：投标人类似工程业绩≤1分、工程总承包项目经理类似工程业绩≤2分。

即设计标：报价标：管理标：工程业绩标＝35：50：12：3

② 方案设计完成之后进行招标权重参考值 初步设计文件≤25分；其中二级评审因素：设计说明书2～4分，总平面设计2～4分，建筑设计2～3分，结构设计2～3分，设备设计（建筑电气、给水排水、供暖通风与空气调节、热能动力等专项设计，每个专业工程1～2分），新技术、新材料、新设备和新结构应用≤1分、绿色建筑与装配式建筑设计≤1分、经济分析≤1分、设计深度≤1分。

工程总承包报价≥60分。其中二级评审因素：报价评审（工程总承包范围内的所有费用）≥58分、投标报价合理性≤2分。

项目管理组织方案≤12分；其中二级评审因素：总体概述1～2分、采购管理方案≤1分、施工平面布置规划≤1分、施工的重点难点1～2分、施工资源投入计划≤1分、项目管理机构1～2分、新技术、新产品、新工艺、新材料≤1分、建筑信息模型（BIM）技术≤1分、工程总承包项目经理陈述及答辩≤1分。

工程业绩≤3分；其中二级评审因素：投标人类似工程业绩≤1分、工程总承包项目经理类似工程业绩≤2分。

即设计标：报价标：管理标：工程业绩标＝25：60：12：3

③ 初步设计完成之后进行招标权重参考值 工程总承包报价≥85分；其中二级评审因素：报价评审（工程总承包范围内的所有费用）≥83分、投标报价合理性≤2分。

项目管理组织方案≤13分；其中二级评审因素：总体概述≤1分，设计管理方案1～2分，采购管理方案≤1分，施工平面布置规划≤1分，施工的重点难点≤1分，施工资源投入计划≤1分，项目管理机构1～2分，新技术、新产品、新工艺、新材料≤1分，建筑信息模型（BIM）技术≤1分，工程总承包项目经理陈述及答辩≤2分。

工程业绩≤2分；其中二级评审因素：投标人类似工程业绩≤1分、工程总承包项目经理类似工程业绩≤1分。

即报价标：管理标：工程业绩标＝85：13：2

19.3 报价部分的评分方法

对报价部分的评审不同于对技术标的打分方法。对各投标人报价部分的评审比较是计算各投标报价对基准价的偏离度，偏离度越大，其报价部分得分越低。拿什么去衡量这个偏离度，这个衡量尺度就是基准价。综合评分法所常用的衡量基准尺度可以是"标底"，可以是"修正标底"，也可以是"无标底"以某一数值作为衡量评分的基准价。

19.3.1 以项目标底为基准价

（1）标底为基准价的概念

以标底衡量报价得分的综合评分法，简称有标底综合评分法。有标底评分法是在评标中以业主设置的标底作为衡量尺度，在工程总报价分值权重设定的条件下，对各报价以标底为基准价进行衡量打分，与基准价相同的得满分（标底价为满分），其计算得分的方法是在基准价的基础上衡量各投标报价偏离基准价的程度，偏离度越大，其分值越低。偏差率计算如下：

$$偏差率＝100\% \times (投标人报价-评标基准价)/评标基准价$$

（2）标底为基准价的计算

以标底为基准评分，具体计算方法按照扣分方向又分为"单向扣分法"和"双向扣分法"。单向扣分法就是对高于基准价的报价扣分，对低于基准价的报价给满分（标准价）。这种方法的优点是不会出现低报价得分少于高报价得分的不合理现象，从而在一定程度上体现了市场竞争的原则。

双向扣分法就是无论是高于或低于基准价的报价都扣分，只有等于基准价的报价才能得满分。这种方法的缺点是会出现高报价得分高于低报价得分的现象，使价格竞争毫无意义。

无论单向扣分法或双向扣分法，又可分为"百分比法"和"比重法"两种计算方法。

百分比法：即预先规定的具体投标报价每高于基准价一个百分点就从价格标准分中扣除一个既定分值，其余值作为该投标人的价格得分。其公式为：

$$某投标人得分＝价格标准分-[(该投标人报价-基准报价)/$$
$$基准报价\times100\%\times每百分点扣减分值]$$

这种计算方法符合人们的思维定式，但计算复杂，可能出现价格分为零分的不合理现象。另外，报价每高出一个百分比究竟扣几分才合理也是比较难把握的问题。

比重法：即以基准价占该投标人报价的比重作为该投标所得价格分占标准分值的比重。其计算公式为：

$$某投标人的报价得分＝（基准报价÷该投标人报价）\times价格标准分值$$

这种计算方法计算简单，不会出现价格分为零分的不合理情况。

总之，以标底为基准的评分方法，无论采取哪种具体的计算得分方法都应事先确定并说明，通过对各投标人报价分值的计算得出分值，比较各投标文件在报价上的优劣。

（3）标底为基准价的优缺点

以标底为基准的评分法有其鲜明的优点，其优点是：操作方便，简单明了。但是也有其缺点，该方法对于标底编制的要求较高，要求标底做得正确，不能有严重的遗漏和失误，要结合当前的市场经济实际情况，下浮一个适当的幅度，达到一个合理低标价的水平。同时，还要求在编制标底时，严格保密，但是因为在市场供求失衡的情况下，一些建设单位在发包工程时有自己的主观倾向性，或因碍于关系、情面，总是希望某些特定的投标人中标，所以标底泄露现象时有发生，保密性差。因此，标底编制人员的压力很大，标底编制人员一般不愿承接这种标底的编制工作，故目前这种方法已较少采用了。

19.3.2　以修正标底为基准价

（1）修正标底为基准的概念

以修正标底为基准评分法，又称复合标底评分法。修正标底评分法是指在确定报价评标基准时，将招标人编制的标底和各投标单位的投标报价的平均值按一定的权重相复合，组成一个复合标底，并以此作为衡量尺度，再按评标规则对各项打分，最后以累计得分比较各投标文件的优劣。

（2）修正标底为基准法的步骤

修正标底编制操作步骤如下。

① 计算各有效报价算数平均值，即 $\sum$（n 位投标人投标报价）/$n＝A$。

② 招标人编制标底 B。

③ 选取 A、B 的权重 α、β，且 $\alpha+\beta=1$；α、β 具体数值在开评前由投标领导小组临时

决定。

④ 计算修正标底：即修正标底 $=\alpha A+\beta B$。

如果投标人数大于 3 家，招标人可以考虑将明显偏离实际工程造价的投标报价剔除，剩余投标报价进行修正标底计算。

⑤ 以修正标底为基准，按照评标规则确定的计算方法，按报价与修正标底标准的偏离程度计算各投标书的该项得分。

按报价偏离程度计算各投标书的得分，与以标底为基准的计算方法相同，可分为"单向扣分法"和"双向扣分法"，无论单向扣分法或双向扣分法，又可分为"百分比法"和"比重法"两种计算方法。

投标人报价得分具体计算公式参照以标底为基准价。

（3）修正标底为基准法的优缺点

① 修正标底法评分优点　采用修正标底法评分其最大优点就是减轻了标底编制人员的压力，而且还相应地淡化了业主标底，只要标底编制中没有很大的遗漏和失误，就不会因此造成投标失败，同时也使人为泄露标底的情况得到控制。

因为即使有个别投标单位千方百计地设法探知到了标底，也无法同时能探知到其余投标单位的投标报价，毕竟招标投标是一种市场经济行为，同行之间的竞争是非常激烈的，所以修正标底价法能较好地保证评标标底的保密性。

② 修正标底法评分缺点

a. 由于在计算修正标底中，不但要计算各单位的平均值，同时，还要计算其他各种在评价报价中应该统一考虑的因素，因此计算工作量较大，比单一标底法麻烦得多。

b. 由于在修正标底时要取投标单位的算术平均值，一旦在投标中有一家或两家投标单位报价不准，投了一个高价，这样就可能把整个评标标底抬到一个较高的水平，或因为标底编制人员在标底编制中不甚负责，标底编得较高，最终可能会造成高报价者中标，反而会使投了合理低标价的投标单位不能中标，给业主造成了经济损失，因要支付较高的工程费用，使招标的最终目的即合理地降低工程造价没有达到。

尽管修正标底法存在着种种的不足之处，但由于其具有一定的优点，因此，目前对投标报价评价还是较多地采用这种基准价评分方法。

19.3.3　不设标底的评分方法

（1）不设标底法概念

不设标底法，又可称为以报价某一数值为基准的综合评分法，即在业主招标过程中不设标底，用反映投标报价的某一数值作为衡量基准，再按照打分规则对各项打分，最后以累计得分比较各投标文件的优劣。

（2）不设标底法分类

不设标底法可分为最低报价、报价均值、合理最低价下浮、最高控制价下浮、ABC 合成法共五种方法。

① 以最低报价为基准价　以最低报价为基准是指在所有投标书中以有效报价（指经澄清、补正和修正算术计算错误的投标报价）最低者为评分标准（该项满分），其他投标人的报价按预先确定的偏离百分比计算相应的得分。报价越高得分越低，但应注意的是如果最低的投标报价与比其次低的投标报价相差悬殊（例如在 20% 以上），则应首先考虑该最低报价者是否为低于其企业成本的竞标，若报价的费用组成合理，才可以作为评分

标准值。

各投标人报价偏差率的计算以及投标价得分计算公式参照"以标底为基准"得分计算。

以最低报价为基准价在工程总承包中得到运用。例如，江苏省工程总承包招投标导则中对可行性研究完成阶段、方案设计完成之后以及专业工程总承包项目（工程总承包范围内的所有费用）进行招标的报价评审方法之一规定："以有效投标文件的最低评标价为评标基准价。投标报价等于评标基准价的得满分，每高 1% 的所扣分值不少于 0.6 分。偏离不足 1% 的，按照插入法计算得分。"

最低报价为基准价打分法的优点是简便易行，通俗易懂，能较好地体现市场竞争原则，因而能够被投标人所接受。其缺点是容易导致恶性竞争，同时，最低报价者中标率很高，使招标人担心其履约能力。

② 以报价均值为基准价　在实际应用中，以报价算数均值为基准价又可分为直接采用各投标报价的算数均值作为基准价和以报价算数均值下浮为基准价两种方法。

a. 报价算术均值计算。报价算术均值是指通过了资格、形式以及符合性审查，能进入详细评审的价格（有效报价）的算数平均价格，其计算公式如下：

全体平均基准价（算数均值 A）＝$\sum$合格投标人报价/全体合格投标人数

应注意的是，投标人总数达到 4 家以上时，在各有效报价中，去掉最高报价高于次高报价 N（通常为 10%～20%）最高值，或者最低报价低于次低报价 M（通常为 15%～25%）的最低值，取剩余各有效投标报价的算数平均值作为基准评标值，以消除因为个别高或低报价而影响平均报价的均值（如果投标人只有 4 家时，以各有效投标报价的平均值作为基准评标打分），其基准价计算公式为：

平均基准价（算数均值 A）＝$(\sum$合格投标人报价-1个最高价$)/($全体合格投标人数$-1)$

$$(19\text{-}1)$$

或　平均基准价（算数均值 A）＝$(\sum$合格投标人报价-1个最低价$)/($全体合格投标人数$-1)$

$$(19\text{-}2)$$

或　平均基准价（算数均值 A）＝$(\sum$合格投标人报价-1个最高价-1个最低价$)/($全体合格投标人数$-2)$

$$(19\text{-}3)$$

以投标报价均值作为基准价法，计算各投标报价的偏离度，各投标人报价得分计算请参照"以标底为基准"得分计算公式。

b. 以报价均值下浮为基准价。以报价均值下浮为基准是指将所有投标人有效报价均值乘以一个"下浮率"作为基准价，再按评标规则对各有效投标报价打分，均值计算根据情况选择利用式(19-1)～式(19-3)计算。

评标基准价（均值下浮）＝A（均值）$\times K$（下浮率）

K 值在开标时，由投标人推选的代表随机抽取确定 K 值的取值范围。

以报价均值下浮为基准打分，各投标人报价得分计算请参照"以标底为基准"得分计算公式。

以报价均值为基准价在工程总承包中同样得到较多的运用。例如，江苏省工程总承包招投标导则中对可行性研究完成阶段、方案设计完成之后、专业工程总承包（工程总承包范围内的所有费用）进行招标的报价评审方法之二规定："以有效投标文件的工程总承包报价进行算术平均，该平均值下浮 5%～10%（具体数值由招标人在招标文件中明确）为评标基准价。工程总承包投标报价等于或者低于评标基准价的得满分，每高 1% 的所扣分值不少于 0.6 分，偏离不足 1% 的，按照插入法计算得分。"

③ 合理最低价下浮为基准价　合理最低价下浮作为评标基准价是指工程量清单中的分

部分项工程项目单子目（指单价）、单价措施项目清单综合单价子目（指单价）、总价措施项目清单（指总费用）、其他项目清单费用（指总费用）等所有报价由低到高分别依次排序。

如果有效投标文件≥7家时，先剔除各报价中最高的20%项（四舍五入取整，投标报价相同的均保留）和最低的20%项（四舍五入取整，投标报价相同的均保留）后进行算术平均；

如果有效投标文件在4~6家时，剔除各报价中最高值（最高值相同的均剔除）后进行算术平均；

如果有效投标文件<4家时，取各报价中的次低值。

将上述计算结果按计价规范，分别计算生成分部分项工程费、措施项目费和其他项目费，再按招标清单所列费率计算规费、税金得出总价A。评标基准价如下：

$$评标基准价（合理最低价）=A \times K$$

K为下浮率。下浮率的范围视工程性质而确定。招标人需在招标文件中明确具体下浮区间。项目具体下浮率应根据招标文件规定的下浮区间在开标时抽取，或者在招标文件中明确确定固定下浮率。同时规定，各地可根据情况适时对下浮范围进行调整。

江苏省将合理最低价下浮法作为工程总承包投标报价评审的方法之一，对下浮率K的取值规定为：建筑工程下浮范围为93%~97%；装修、安装工程下浮范围为90%~95%；市政工程下浮范围为88%~93%；园林绿化工程下浮范围为85%~92%；其他工程下浮范围为90%~95%。

以合理最低价作为评审基准价，投标价的偏离度计算以及各投标人报价得分计算公式照"以标底为基准"得分计算公式。

④ 最高控制价下浮为基准价　最高控制价下浮是指将招标文件编制的最高控制价下浮一定百分比的数值作为基准，再按评标规则对各投标人价格进行打分。评标基准价计算公式为：

$$评标基准价=最高控制价 \times W \quad (W<1)$$

其中，W为小于1的某一取值，随机抽取。

投标人的有效报价等于基准价为满分，偏离基准价越小得分越高，偏离基准价越大得分越低。投标人的得分按照事先约定计算公式进行计算得分。

例如：《福建省工程总承包评标办法（试行）》（征求意见稿）对于初步设计完成阶段评标的报价评审规定：

$$A=最高投标限价 \times (1-K)$$

其中，A为评标基准价（以"元"为单位，取整数，小数点后第一位四舍五入，第二位及以后不计）；

招标项目K的取值区间为$a\%\sim b\%$（含$a\%$，不含$b\%$），按百分数表示的K值小数点后保留2位。

K值在评标委员会完成初步评审、方案设计文件（承包人优化方案）、项目管理组织方案、工程业绩、资信分评审后，由招标人代表当众从K值的范围中随机抽取一个作为本工程的K值。K值三次抽取，首先抽取整数位，其次抽取小数点后第一位，最后抽取小数点后第二位。

投标报价的偏差率计算公式：

$$B=|a_i-A| \div A \times 100\%$$

其中，B为投标报价的偏差；a_i为各合格投标人的经澄清、补正和修正算术计算错误后的投标报价。

$$投标报价得分=投标报价满分值-B \times 100 \times Q$$

其中，Q 为投标报价每偏离本工程评标基准价 1% 的取值，当 $a_i > A$ 时，$Q = 2$；当 $a_i < A$ 时，$Q = 1$。

对于可行性研究完成后的投标报价得分规定：当 $a_i > A$ 时，Q 不低于 6；当 $a_i < A$ 时，Q 不低于 3。

⑤ ABC 合成法　ABC 合成法是指在计算招标控制价、最低评标价和任意评标价三因素分别乘以各自权重后，计算它们的和，在基础上再进行下浮调整后所得价格为基准。

$$评标基准价 = (A \times a\% + B \times b\% + C \times c\%) \times K$$

式中　A——招标控制价 $\times$（100% - 下浮率 Δ）；

B——有效投标价中的任意一个投标价（除 C 外），在开标时随机抽取确定；

C——有效投标价的最低价格。

$a\%$、$b\%$、$c\%$ 为权重，$(a\% + b\% + c\%) < 100\%$，其中，$a\%$、$b\%$、$c\%$ 取值由招标人根据实际确定。

K 为下浮系数、Δ 为下浮率，开标时在事先规定的范围内随机抽取。下浮率可根据实际调整。

ABC 合成法也是常用的一种基准价方法。例如，《江苏省房屋建筑和市政基础设施项目工程总承包招标投标导则》在对初步设计完成之后进行招标的评标办法中，对报价评审（工程总承包范围内的所有费用）规定："采用苏建招办（2017）7 号文'二、投标报价评审'中方法五（ABC 合成法）作为评标基准价的计算方法，或者在方法一～方法四中任选不少于两种计算方法在开标时随机抽取确定评标基准价。投标报价相对评标基准价每低 1% 的所扣分值不少于 0.3 分，每高 1% 的所扣分值为负偏离扣分的 2 倍；偏离不足 1% 的，按照插入法计算得分。"

苏建招办（2017）7 号文投标报价评审中方法五（ABC 合成法）具体规定如下：

① 基准价计算

$$评标基准价 = (A \times 50\% + B \times 30\% + C \times 20\%) \times K$$

A = 招标控制价 $\times$（100% - 下浮率 Δ）；

B = 在规定范围内的评标价除 C 值以外的任意一个评标价，在开标时随机抽取确定；抽取方式：若评标价在 A 值的 95%（及以上）范围内，则该类评标价不纳入 B 值抽取范围；若在 A 值的 92%～95%（含）、89%～95%（含）范围内，则在两个区间内各抽取一个评标价，与在 A 值的 89% 以下至规定范围内的其他评标价合并后作为 B 值抽取范围。若按上述办法未能抽取 B 值，则在规定范围内的任意一个评标价（除 C 值外）中随机抽取 B 值；

C = 在规定范围内的最低评标价；

规定范围内：评标价算术平均值 $\times$ 70% 与招标控制价 $\times$ 30% 之和下浮 25% 以内的所有评标价；

下浮系数 K、下浮率 Δ，在开标时按表 19-2 取值范围内随机抽取。下列系数 K、下浮率 Δ，各地可根据实际调整。K 的取值范围见表 19-2。

表 19-2　下浮系数 K、下浮率 Δ 取值范围表

分类		取值范围
下浮系数 K		95%、95.5%、96%、96.5%、97%、97.5%、98%
下浮率 Δ	房屋建筑工程	6%、7%、8%、9%、10%、11%、12%
	装饰装修、建筑幕墙及钢结构工程	8%、9%、10%、11%、12%、13%、14%、15%
	机电安装工程	10%、11%、12%、13%、14%、15%、16%、17%
	市政工程	15%、16%、17%、18%、19%、20%、21%、22%、23%
	绿化工程	17%、18%、19%、20%、21%、22%、23%、24%、25%、26%

上述招标控制价和评标价均应扣除专业工程暂估价（含税金）后参与计算和抽取；应扣除的专业工程暂估价（含税金）须在招标文件中予以明确，开标时不再另行计算。

② 投标报价得分　投标报价等于评标基准价的得满分，投标报价相对评标基准价每低1％的所扣分值不少于 0.6 分，每高 1％的所扣分值为负偏离扣分的 1.5 倍；偏离不足 1％的，按照插入法计算得分。

(3) 不设标底法优缺点

① 特殊优点

a. 因为不设标底所以不存在标底泄露问题，消除了暗箱操作的一个重要环节，有效地遏制了招标投标过程中腐败行为的发生。由于招标过程的评定标准严格、明确，使得人为操作的可能性大大降低，招标人和评委会对中标人确定的主观因素逐渐被消除。

b. 无标底招标规范了建筑市场各方的行为，节制了转包行为的发生。由于项目一般中标价格都较低，中标人必须尽心尽力地去完成项目才会有所盈利，并且投标企业在报价时及合同执行过程中会利用企业自身的先进施工工艺和施工方法。

c. 在工程的管理上采用高素质的管理人员和先进科学的管理方法，以降低工程成本，节约工程支出。因此，其管理费用和施工成本相对是最低的，从而最大限度地节约了工程投资。

d. 这种方法采用了"量价分离"的科学形式，可消除标底编制不够正确对招标投标过程所产生的负面影响，有利于降低造价，更加符合市场科学的要求，加强招投标过程的竞争机制。

② 不设标底法的不足

a. 评标不设标底，业主似乎缺少了衡量工程造价的标准，感到心中无底，对评标结果有所担心。

b. 评标不设标底，万一有几家投标单位相互联合哄抬标价或压低标价，则可能会造成高标价中标或低于成本价中标。

目前，不设标底评标法是行业极力推荐的一种类型，是综合评标方法的前进方向，但无标底综合评价法还有待于进一步的完善。

在投标报价的评审实践中，确定评标基准价的方法有多种，只要不违背有关法律法规，不违背招标原则，选择任何一种方法都是可以的。

19.3.4　基准价系数确定分析

本节仅以"以报价均值下浮为基准价"中，评标基准价确定系数 K 的选取为分析对象。

(1) 采用评标基准价系数确定法的特点

评标基准价系数确定方法具有其他报价评审基准价法的普遍特征，也具备不同于其他报价评审基准价法所不具备的独特之处。

① 公平性　与以标底或修正标底为基准价两类方法相比，采用评标基准价系数确定法不以预先设定的标底作为衡量条件，这样就减少了因标底编制不合理或者招标方有针对性地编制标底而导致评分不公现象的发生，体现了该类方法的公平性。

② 合理性　与以最低报价为基准价法相比，采用评标基准价系数确定法以修正的报价平均值为衡量条件，这样就减少了投标单位刻意拉动报价甚至以低于企业成本的价格竞标而导致恶意竞标现象的发生，使报价的费用组成更加合理。

③ 节约投资成本　与直接采用各投标报价平均值作为标准价法相比，采用评标基准价系数确定法还需在原平均值基础上下浮一个不大于百分之百的系数 K，这样就使得评分衡量标准落入更合理、更低价的范围中来，成为在合理的价格区间中刺激低价中标的一种重要

手段，同时为业主节约了投资成本。

（2）评标基准价系数确定对评标结果的影响

当前采用评标基准价系数确定的综合评分法在招投标活动中得到了较为广泛的运用。在实际应用中，评标基准价系数确定的方式大致分为招标文件中预先确定和开标现场即时确定两种。这两种不同的确定方式可对各报价项得分情况产生巨大的影响，下面将以一个实例说明这种影响。

已知某市一项建筑工程招标项目共有 13 家投标有效单位，这 13 家单位的投标总报价信息如表 19-3 第 2 列所示。评审原则采用《某市评标内容及评审原则综合评估法五》（即投标总报价满分 70 分，投标报价每高于控制线 1% 扣 1 分，每低于控制线 1% 扣 0.5 分）。则该项目总价项得分计算步骤如下。

① 设定（总）报价评审控制线　由于该项目投标人超过 10 个，按照该市编制的综合评估法五，随机去掉两个最高报价和最低报价，其余有效报价取平均值 $\bar{\bar{X}}$，$\bar{\bar{X}}$ 再与评标基准价确定系数 K 作乘，乘积即为（总）报价评审控制线 X。

$$X = \bar{\bar{X}} \cdot K$$

② 计算投标报价得分。

a. 报价高于（总）报价评审控制线时，则：

$$投标报价得分 = 70 - \alpha \left(\frac{B-X}{X} \right) \times 100$$

参照该市规定的综合评估法五，其中 $\alpha = 1$，B 为各投标单位（总）报价。

b. 报价低于（总）报价评审控制线时，则：

$$投标报价得分 = 70 - \beta \left(\frac{B-X}{X} \right) \times 100$$

参照该市规定的综合评估法五，其中 $\beta = 0.5$，B 为各投标单位（总）报价。

当评标基准价确定系数（以下简称"K 系数"）采用预先确定的方式时，依据该市规定的综合评估法五，K 系数取 95%、96%、97%、98%、99% 中的任一值。

假设系数预先确定为 95%，则将各单位投标（总）报价数值与 K 系数值代入以上公式，可得出各投标单位总报价得分，如表 19-3 中第 3 列所示。

采用同样的计算过程，可以得出 K 系数分别取 96%、97%、98%、99% 时各投标单位（总）报价得分，分别见表 19-3 中的第 4、5、6、7 列。

表 19-3　某市建筑工程招标项目总报价得分汇总表

投标单位	投标报价/万元	评标基准价确定系数				
		95%	96%	97%	98%	99%
A	7225.93	65.9905	67.074	68.1351	69.1745	69.9035
B	7006.23	69.1529	70.2034	69.3839	68.88	68.3862
C	7136.8	67.2735	68.3435	69.3915	69.7909	69.288
D	7374.58	63.8509	64.9566	66.0103	67.1003	68.1397
E	7255.68	65.5623	66.6502	67.7157	68.7594	69.782
F	7731.41	58.7147	59.8739	61.0092	62.1214	63.2111
G	7413.65	63.2885	64.4001	65.4887	66.5552	67.6001
H	7017.19	68.9951	69.9764	69.4612	68.9565	68.4619

投标单位	投标报价/万元	评标基准价确定系数				
		95％	96％	97％	98％	99％
I	7307.17	64.8212	65.9168	66.9898	68.0409	69.0708
J	7250.49	65.637	66.7241	67.7888	68.8318	69.8537
K	7566.76	61.0847	62.2192	63.3303	64.4188	65.4853
L	7121.55	67.493	68.5608	69.6065	69.6845	69.1827
M	7655.71	59.8043	60.9522	62.0764	63.1777	64.2567

从表 19-3 中不难看出，K 系数取 95％时，得分最高的为 B 公司；系数取 96％时，得分最高的为 H 公司；系数如果抽取另外三个数值时，得分最高的单位皆不相同（当然，这也是一种特殊情况）。K 系数值看似差别不多，但该 K 系数运用到评标过程后将会对本项得分产生不小的影响。如果将此项得分与其他各得分项累加，也势必会影响到最后的得分情况和排名情况。

由此，可以得出以下结论：评标基准价系数 K 的确定可对评分结果产生巨大影响，甚至可能影响到最终的中标结果。此外，当 K 系数采用预先确定方式时，一旦各投标人之间或者投标人和招标人之间相互勾结，便可以用预先公布的系数进行提前演算，进而为个别单位修正数值谋取中标提供方便。而 K 系数采用开标现场即时确定方式后就为围标、串标现象设置了极大的障碍，从而进一步保证了招投标过程的公平性，这也正是 K 系数采用开标现场即时确定方式的独到之处。

19.4 综合评分法评价

19.4.1 综合评分法适用

综合评估法评标将各个评审因素在同一基础，或者同一标准上进行量化，量化指标可采取打分的方法或者其他方法，使各投标文件具有可比性，对技术部分和商务部分的量化结果进行加权，计算出每一投标的综合评估价，或者综合评估分值，以此确定候选中标人。而计算出每一投标的综合评估分值，称为综合评分法，计算出每一投标的综合评估价称为综合评价法。

综合评估法是目前国内应用较为广泛的一种评标方法，通常对于规模大、技术要求高且复杂、工程难度大、价格不是考察重点，而投标人的方案、业绩、经验、人员是考察重点的项目，需要全面对投标人的各方面要素进行审评。

19.4.2 综合评分法优势

在 2000 年招标投标法实施后，综合评估法得到了长足发展，而经评审的最低投标价法的应用受到一定的阻力。例如，北京市建设工程施工招标几乎全部采用了综合评分法。北京市住房和城乡建设委员会颁发的《北京市建设工程施工综合定量评标办法》实施细则明确规定：为了保证工程质量和安全，本市房屋建筑和市政工程一般均应采用综合评估法。无独有偶，在民航等工程建设领域施工招标，也几乎采用了综合评估法。《民航专业工程标准施工招标文件》也特别强调，除经民航招投标行政监督部门备案同意外，民航专业工程项目均应采用综合评估法。之所以综合评分法得到广泛应用，主要因为它具有以下优势。

① 符合量化与科学的发展趋势。通过对投标人技术标、商务标、经济标进行全面评价

打分量化，能够充分体现出各投标人的综合实力，运用起来灵活性强，并且这种方法使得"高报价"战胜"低报价"成为可能，因而，能够选择出报价合理，综合实力最佳的中标人。

② 相对于最低评价法，综合评估法评审程序简单、操作容易。因为经济标只需要评审投标总价，不用评审投标单价，又是简单的加减乘除数学计算，所以经济标评审没有任何难度，打分很快，实行电子招投标后计算机直接计算出结果，技术标就是按照评标成员个人经验给分，所以简单易行。

③ 中间评标价格得满分，不鼓励高价和低价，所以投标人做出降价的动力不大，基本不会出现报价低于成本的情况，中标人一般利润比较丰厚，能够保证建设工程项目的顺利进行。

19.4.3　综合评分法弊端

① 因为业绩、资质、财务以及信誉都参与评分，使得投标人出现挂靠行为，串标和围标现象，不能反映出投标人的真正实力；一旦挂靠的投标人中标，将会造成工程质量降低，腐败和豆腐渣工程会出现，公众生命和财产安全受到损害。

② 评标过程中，人的主观因素较多，尽管各个评审要素经专家打分量化，但是评标的各个环节还是要依赖于评委会成员的专家经验和偏好，这样难免出现偏差和失误，不能反映出投标人的真实的综合实力。为此，需要有高素质的评委参与，才能做到客观、公正的打分。否则，主观因素过多，将会影响打分的质量。

③ 综合评分法很难确定合理的权重和评标要素，主要表现在：难以对评标标准做细致的制定，精确到具体的分值；难以将平衡价格和技术标准的关系确定出来；难以细化评分标准，不能满足招标人的需要；同最低评价法一样，难以对不平衡报价界定。

第 20 章
工程总承包评标方法案例

综合评分法在我国工程总承包项目评标实践中应用得比较广泛、使用时间较长。因此，招标人或评标机构在工程总承包评标实践中积累了一定的经验，并获得了较好的评标效果。本章将列举综合评估法的评审因素设定、分值权重设定、分值计算、评标程序的四个案例，评标方法创新研究的两个案例，即价值工程、云模型在评标方法中的应用，供读者参考。

20.1 综合评估法评审因素设定案例

【内容摘要】

本案例是一则侧重于综合评估法评审因素设定介绍的案例。以某垃圾焚烧发电厂 EPC 项目评标为背景，以招标人的招标评分因素作为重点研究对象，通过制定定性、定量的评分量化因素，使得该垃圾焚烧发电厂 EPC 项目的招标工作取得成功。

【项目背景】

某垃圾焚烧发电厂项目是国家《重点流域水污染防治规划》确定的重点项目，设计规模为 1500t/d，将实施一期项目建设，规模为 1000t/d，估算投资为 8.2 亿元。该项目将通过垃圾焚烧发电的方式实现生活垃圾的合理利用及无害化处理，最大限度地控制城市污染水平，实现资源的再生和循环利用，预计在对垃圾进行焚烧处理的同时，将使用垃圾焚烧产生的余热发电，提供电能。

【招标范围】

(1) 建设内容和要求

建设内容包括：垃圾进场接收到完成处置以及固相、气相、凝相、噪声等二次污染控制的全面工程技术范围。项目建设需要根据厂址所在区域的自然条件，考虑生产、运输、环境保护、职业健康与劳动安全、职工生活以及电力、通信、燃气、热力、给排水、污水处理、防洪排涝等因素综合分析比较后确定。

(2) 承包工作内容

EPC 是指依据合同约定对建设项目的设计、采购、施工和试运行实行全过程的承包。垃圾焚烧发电厂工程通常还要求投标人承担厂址红线内的验收、移交，性能测试，操作人员培训和维修手册的编制，协助发包人与电力公司（电力监理）间的协调，并在质量保证期内对上述工作中表现出的任何缺陷进行修复和维护。

【项目因素分析】

(1) 风险控制与管理

垃圾焚烧发电厂工程是整个环境卫生工程中技术与管理集大成。工程涉及服务范围、责任和风险都很大。EPC 的本意是招标范围内可预计的风险由承包人承担。通过招标，发包人选择优秀的承包人，实现工程质量、进度、造价、安全风险的全部控制。垃圾焚烧发电厂面临的工程风险及其风险控制管理的重点是工作界面、变更与合同价格风险。

（2）特定的技术要求

"功能描述书"即招标人的要求，是招标文件的核心部分，招标人根据工程的实际需要将项目的特定技术要求在功能描述书中明确，本案例特定技术要求如下。

① 投标人必须满足工程建设的规模要求；主要指标要求；主要建设阶段及内容要求；主要设备和工艺要求；对承包人实施方案要求及调试、竣工试验的要求；试运行和验收的要求；有关工程项目管理规定；对技术服务及人员服务、缺陷责任期服务要求；投标报价的要求和投标报价包含的风险范围等规定。

② 在技术上必须遵守国家的相关法律标准和项目审批文件要求。

③ 即使发包人未述及未规定的事项，但为法律或者强制性标准规定或正常功能所需，皆为投标人的责任。

④ 若投标人中标后对发包人某些技术条款或技术指标有不同建议，在不违背技术要求总体原则、不降低建厂标准、不影响工程质量、不降低垃圾处置目标和环保标准的前提下，可与招标人协商议定优化。

⑤ 以垃圾处理量、上网电量和烟气排放指标作为竞争性指标。承包人应根据自己所选技术、工艺、设备和运营能力等做出垃圾处理量、上网电量和烟气排放指标实际能力的慎重承诺。承包人投标时的承诺值将接受 6 个月稳定运营的测定和考核，若未能达到，属承包人违约。

（3）配套的工程控制措施

配套的工程控制措施是指招标人在招标文件中列示的工程管理方案，分为以下内容。

① 项目分包　承包人必须将拟分包的专业工程报经发包人审批同意后，才允许专业分包；否则视为承包人违约，对承包人未经批准擅自分包该专业的工程费用，发包人将采取全部不予确认的方式追究承包人的违约责任。

② 设备监造　对重要的设备实行监造。

③ 拟选名单　在投标报价时，投标人需提交 3 家及以上的设备分包人名单。

④ 设备调试　调试分为单机试运、分系统试运、整套启动试运三个阶段。只有在单机调校和单机试运全部合格后，才能进行分系统试运。只有分系统试运全部完成，达到整体启动试运条件后，才能进行整套启动试运。调试同时也是总承包工程合同中的竣工试验。投标人应根据要求编制详细的项目调整方案。

⑤ 稳定性运行　承包人应编制并实施项目稳定性运行（竣工后性能测试）方案，顺利达到竣工后性能测试的检验和验收。稳定性能运行时间为初步验收合格后 6 个月。

⑥ 其他要求

a. 按照国家标准建立 HSE（健康、安全与环境保护）体系。

b. 沟通计划：双方组建包含专业人员的至少 5 人的协调委员会。

c. 对项目业主人员操作的培训：承包人应确保参加培训人员熟练掌握项目工厂的运行操作、维护检修。

d. 保险：投标人除建安一切险、第三方责任保险外，还可以选择其他必需的险种。

e. 监督：全过程跟踪审计；发包人将委派工程师、监理师、第三方设计院对承包人具体工作进行管理和监督，并配合审计部门跟踪审计。承包人应无条件配合审计部门及其委派的跟踪审计单位的工作和发包人委派的工程师、监理师、第三方设计院的管理和监督。

【评分因素设置】

招标文件的编制中，评分量化因素是体现招标人意图、选择适当投标人的主要内容。目前，国家有关部门虽然颁布了部分标准招标示范文件，但尚未形成明确的 EPC 评分因素量化细则与分值权重。同时，垃圾焚烧发电工程项目具有地域性、专业性和协同性的特点，实践中更需要规整的评分量化因素，但目前尚无对垃圾焚烧发电工程的评分因素量化研究，本案例评标因素的设定情况如下：

评审量化因素分为四个部分，分别为技术方案、实施方案、竞争指标和商务指标，每部分评分均为 100 分。权重设定为技术方案 0.3、实施方案 0.1、竞争指标 0.2、商务指标 0.4。技术方案评分因素及分值细则见表 20-1；实施方案评分因素及分值细则见表 20-2；竞争指标评分因素及分值细则见表 20-3；商务指标评分因素及分值细则见表 20-4。

通过对本案例项目的分析和对招标评分量化因素设置，招标工作进展顺利，达到预期目标，选择出了合格的中标人，此次评标实践是成功的。

表 20-1　技术方案评分因素及分值细则

序号	评分因素	分值	评分标准
1	方案设计总体评价	10	对方案的技术先进、运营可靠、维修方便、环境安全、工业卫生、资源节约、经济合理等方面做出综合评价
2	总图布局	10	①功能分区明确，建(构)筑物设计满足节能规范要求；②工艺流程简洁流畅、物料输送距离短；③交通组织合理，满足生产、参观及消防要求；④竖向布局合理，建(构)筑物及设备层次分明，有利于运输管理；⑤厂区绿化面积适宜，满足绿化率要求
3	土建工程	10	①建(构)筑物设计简洁、美观、新颖，并于周围环境相协调；②各建筑物面积适宜，结构合理；③厂房外墙材料应具备既美观又有良好的隔声、隔热及易维护的特性，厂房内必须有良好的散热、通风、采光设计；④主厂房内分区合理，有利于生产管理和运行维护；⑤厂房主体结构设计、屋盖系统设计、厂房基础设计科学、合理
4	垃圾接受系统	6	①汽车衡数量及规格合理，称量系统采用全自动方式；②卸料平台宽度、卸料门合理，满足垃圾车倾卸需要；③垃圾回料大厅密闭性好，有交通指挥系统和安全防护措施；④垃圾储装坑道处于负压密封状态，有渗透液收集及防渗措施，并由独立的机械排风除臭系统；⑤垃圾起重机国内先进且技术成熟，运行稳定、可靠，完全满足项目的要求
5	焚烧系统	18	①物料平衡图、热量平衡图、燃烧图设计参数合理；②焚烧炉应用采用成熟的机械炉排，适应城市垃圾的实际情况，在我国和世界范围具有广泛而成功的应用业绩；③炉排运行稳定、可靠，使用寿命长、更换方便且备品备件易得；④炉腹设计充分考虑炉腹温度和烟气停留时间等保障措施，温度测点完善，炉腹设计先进；⑤液压控制系统采用成熟可靠产品，自动化程度高；⑥点火及辅助燃烧系统采用成熟可靠产品，燃烧器数量及分布位置合理；⑦出渣系统稳定、可靠，炉渣热灼减率≥3%；⑧一、二次风的配置、设备选型、焚烧炉烟气含氧量等合理
6	余热发电系统	12	①余热锅炉蒸气采用中温中压参数，额定蒸发量满足要求；②余热锅炉产品成熟、稳定、可靠；③余热锅炉各受热面积及材质选择合适，充分考虑烟气对受热面的高温和低温腐蚀问题；④空气预热器成熟、稳定、不易积灰；⑤清灰系统成熟、可靠、有效；⑥汽轮法定机组选型及辅助设备技术参数合理；⑦汽轮法定机组产品成熟、可靠、效率高
7	烟气净化系统	8	①烟气净化处理工艺满足招标文件要求，污染物排放指标优于招标文件要求；②喷雾塔选型合理、烟气在其中有足够的停留时间；③旋转雾化器选用成熟、合理、稳定、先进，有成功应用业绩的进口产品；④布袋除尘器过滤面积合适，有合理的气布比，滤袋材质选用 PTFE 双层覆膜，龙骨材料选用 316L，合理在线风速
8	灰渣处理系统	4	①炉渣输送、储存综合利用方案可行并有成功应用业绩；②炉渣产生量估计准确，设备选型合理；③飞灰固化处理方案可行，设备选型合理，并有应用成功业绩

序号	评分因素	分值	评分标准
9	渗滤液处理系统	5	渗滤液实现无害化处理,方案合理,出水水质能够满足招标文件要求
10	自动控制系统	6	①自动控制系统技术水平成熟、可靠、先进;②检测、报警、安全保护和联锁设计方案的完整性、先进性和可靠性;③自动燃烧控制系统的独立性、实时性、开放性和可靠性;④烟气在线监测系统(CEMS)及其他污染物指标数量应满足标准要求;监测数据应与监管部门联网
11	电器系统	6	①电器主接线方案安全可靠,有保证机组停机和启动的可靠备用电源;②厂用电系统方案安全可靠,高低压厂用母线位置合理;③继电保护、自动装置及综合自动化系统安全可靠;④电器设备选型合理、可靠、先进;⑤电器配电系统设置合理,优先采用节能技术及节能设备,厂用电率低
12	主要辅助系统	5	主要生产及配套设施完善,设备选型合理(主要包括给排水系统、消防系统、压缩空气系统、采暖通风及空调系统、通信系统)
合计			满分100　投标人得分=实际得分×权重30%

表 20-2　实施方案评分因素及分值细则

序号	评分因素	分值	评分标准
1	项目管理组织机构	8	①项目负责人具有 EPC 项目管理经验;②项目负责人具有职业资格;③组织机构设置覆盖项目管理的全部内容;④组织机构人员岗位管理职责明确
2	项目进度目标计划	8	①项目进度计划满足工期要求;②施工进度计划关键线路清晰、分解作业顺序和持续时间合理可行;③设计、采购计划应满足施工进度计划的实施
3	项目质量管理目标计划	8	①项目质量管理体系组织结构清晰、职责明确;②施工质量控制点合理、质量保证措施有效
4	安全文明施工管理	8	①建立相关方参与的安全文明管理机构;②机构组织职责明确;③安全施工管理方案范围明确,具有可行性;④项目安全文明施工措施费计提、预付、使用和结算程序清晰
5	施工方案和技术措施	8	方案应涵盖项目实施全过程中的施工安装关键作业;施工方案技术措施合理
6	货物运输险	3	到场货物投标运输保险
7	第三方责任险	2	建筑施工前置性险种
8	施工机具险	3	相应施工机具保险
9	其他险种	2	遵守中国法律法规要求,合理设置项目其他险种
10	调试能力	7	①具有电力(发电)工程调试资质,可自行调试,不需要调试分包;②项目调试组织机构健全、制度完善、职责清晰
11	调试方案与措施	8	①调试方案、技术措施、技术交底、危险源识别与排查、调试签证等程序内容的完备性、合理性、科学性;②调试进度计划满足工期要求,进度计划关键线路清晰、分解作业顺序和持续时间合理可行;③各阶段(单机、分系统、整体调试)测试质量目标清晰、措施得当
12	性能测试	2	测试大纲的可行性,测试方法的科学性、合理性,测试系统的完善性
13	培训	3	①拥有同等(及以上)规模的投运工厂进行人员的生产培训;②生产人员培训方案合理,培训体系完善
14	运营能力	10	①投标人具有同等(及以上)规模的工厂运营经验;②可派驻生产运营管理机构,提供不少于1年的生产运营服务;③运营经理等服务人员拥有同等(及以上)规模的工厂生产管理经验;④运营组织机构健全、制度完善、职责清晰
15	运营目标和方案	10	①运营目标的科学性、合理性,运营指标达到国内同等规模的先进水平;②垃圾焚烧发电厂运营标准齐全、实用、管理制度完善可行,保障措施合理等;③设备维护和检修管理制度健全,检修维护方案、资金预算管理内容的专业性、可行性、先进性

序号	评分因素	分值	评分标准
16	生产管理	10	①"清洁、文明、安全、环保"实施方案的科学性、完整性、可行性,保障措施的合理性、完善性等内容;②运用期内取得环境管理体系和职业健康安全管理体系认证;③安全环保管理机构齐全、职责清晰,安全环保管理制度健全与完善,措施的可行性等;④涉及工厂安全、环保的应急预案的齐全及保障措施的可靠性,事故演练机制、措施的完善
	合计		满分100 投标人得分=实际得分×权重10%

表 20-3 竞争指标评分因素及分值细则

序号	评分因素	分值	评分标准
1	财务实力	16	
1.1	净资产	8	经审计的财务报表
1.2	净利润	8	经审计的财务报表
2	综合实力	16	
2.1	电力调试资格等级证书	8	具有电力工程调试单位能力资格等级证书
2.2	环境污染治理设施的甲级资质证书	8	获得国家环保部门颁发的环境污染治理设施(生活垃圾类)运营资质证书
3	同类项目业绩	48	
3.1	EPC(或设计、施工)业绩	32	具有采用炉排炉工艺,单炉规模在500t/d及以上的EPC业绩(以EPC合同为准),或设计业绩(指负责垃圾焚烧发电厂焚烧线的安装和施工,以施工合同为准)
3.2	经环保验收的EPC业绩数量	8	实施的EPC业绩中,通过省级环保部门验收的
3.3	运营业绩数量	8	有采用炉排炉工艺,单炉规模在500t/d及以上的运营业绩(以委托运营合同为主)
4	焚烧炉技术	20	
4.1	焚烧炉技术	8	独立投标人或联合体牵头人取得国外先进垃圾焚烧技术(炉排炉)拥有方使用授权、实现国产化并承诺应用于本项目的
4.2	所选焚烧炉技术在国内应用情况	12	应用于本项目的焚烧炉技术在国内具有广泛的使用,每有一个单炉规模在500t/d及以上的应用业绩(以焚烧炉供货合同为准)得1.5分,最高分12分
	合计		满分100 投标人得分=实际得分×权重20%

表 20-4 商务指标评分因素及分值细则

序号	评分因素	分值	评分标准
1	投标报价	50	①有效投标人超过5家时,去掉一个最高分和一个最低分后计算算数平均值 $\bar{P}$ 作为基准价;有效投标人在5家以下时,全部有效投标人报价的算数平均值 $\bar{P}$ 作为基准价; ②计算有效投标人EPC投标人投标报价 P 的得分: 当 $\bar{P}\times(1-3\%)\leqslant P\leqslant\bar{P}\times(1+3\%)$ 时,EPC投标人报价得分=50分; 当 $P<\bar{P}\times(1-3\%)$ 时:EPC投标人报价得分= $$50\times\left[1-\frac{\bar{P}(1-0.3\%)-P}{\bar{P}}\right]$$ 当 $P>\bar{P}\times(1+3\%)$ 时:EPC投标人报价得分 $$=50\times\left[1-\frac{\bar{P}(1+0.3\%)-P}{\bar{P}}\times1.5\right]$$

序号	评分因素	分值	评分标准
2	垃圾处理量	15	将投标人承诺的 6 个月稳定运营期日平均垃圾处理量作为评分标准
3	上网电量	20	将投标人承诺的 6 个月稳定运营期上网电量作为评分标准
4	烟气排放指标	15	将投标人承诺的烟气排放指标作为评分标准
合计			满分 100　　投标人得分＝实际得分×权重 40％

【案例启示】

（1）评标因素设定的重要性

评标因素的设置是招标文件编制中的重要部分之一，它承载着招标文件的合规性、科学性和针对性，评标因素设定需要符合招标项目的具体需求和目标，以及招标人的价值主张。招标人的价值主张是指在正确的价值观下，招标人的价值主张与项目需求和目标的一致性，即"价廉物美"。

评标因素的设定应在合规的前提下选择恰当的评标因素，准确描述项目的需求和招标人的价值主张，并通过评标因素的设置，体现招标项目的价值取向，评标因素是评标文件编制的灵魂。同时，评标因素的设定也是在投标人编制投标文件时计算人力资源、设备资源、各种成本的"标尺"，以及潜在投标人评估在投标竞争中的自身优势和劣势的重要度量。这两个方面充分体现了评标因素设定的重要性。

（2）评标因素设定原则

评标因素的设置属于招标专业难度较大的技术性工作，评标因素的设置应遵循以下原则：

① 准确描述招标项目的需求和招标人的价值主张；

② 充分体现招标项目的价值取向；

③ 评标因素的设置应符合法律法规等规范性要求，防范风险，确保工程质量。

对于工程项目招标，招标人的价值主张是对招标标的实力、质量、服务等能力择优的客观需求，评标因素的设置在"合规"的前提下，筛选符合项目需求的评标因素，体现项目需求的价值取向，可以从招标人设置的评标因素、权值的分配中体现出项目需求的目标。

（3）评标因素设定方法

项目的属性不同，评标因素的设置就不同。工程类项目、货物类项目、服务类项目三类项目的标的不同，其评标因素的设置就不同，各有差异。例如，标准施工招标文件、标准设备采购招标文件、标准材料采购招标文件、标准勘察招标文件、标准设计招标文件、标准监理招标文件等，其评标因素设置就不一样。

目前，建设行业各部门结合各行业管辖范围，对依法必须招标的房屋、市政、铁路、交通等也颁布了或正在起草相应的标准招标文件或评标办法，标准文件规范了依法必须招标的项目招标文件的编制，同时，对于评标办法、评标因素也进行规范。评标因素设置的办法主要有以下几种。

① 根据标准文件范本设定　评标因素的设定应参照对应的标准招标文本，依据标准招标文本进行评标因素的设置。对于必须招标的工程总承包项目而言，依照标准设计施工总承包招标文件规定，采用综合评分法的评标因素应包括：承包人建议书、资信业绩、承包人实施方案、投标报价以及其他因素。

② 根据项目特点进行设定　上面已经讲到，项目的标的物不同，对其评标因素设置应该不同，对工程项目、工程货物、工程服务的招标，所设置的评标因素就有差异。对传统的承包

项目主要围绕其施工能力，设备配备、施工负责人的管理能力设置评标因素；工程总承包项目评标因素主要是围绕着设计、施工的总承包综合能力、协调能力、综合管理能力而设置评标因素；而工程设备评标则主要是围绕设备的性能指标、销售业绩、安全节能指标、价格设置评标因素；工程服务项目主要是围绕技术能力、技术的先进性、服务方案等设置评标要素。

③ 根据项目需求进行设定　标准招标文件对于评标因素的设置提供了指导，同时，也对评标要素的量化进行了限制，但工程项目各有不同，在标准文件的基础上，招标人应贯彻"招标人的价值主张"和"应准确体现招标项目的价值取向"的原则，针对项目特点和项目需求对评标因素进行针对性的细化和补充设置。例如，工程招标的资信业绩因素可以细化为类似项目业绩、项目经理业绩、设计负责人业绩、施工负责人业绩、采购负责人业绩以及其他主要人员的业绩等。

④ 依据法律法规进行设定　评标因素的设置应遵循国家、行业、部门的有关规定，招标从业人员不仅需要熟悉招投标相关法律法规，还应深入学习和掌握工程项目相关专业的政策规定，尤其是国家政府职能转化形势下的"放管服"改革，下放权力、强化监管、优化服务，以利于提高政府工作效能。近年来，政府取消、下放了许可证办理、审批、核准手续。因此，在评标因素的设置中涉及国家规定的资质等级的，应密切结合新的规定、政策要求，保证评标因素设置的合规性。行业有相关规范要求的，应适用其要求。

20.2　综合评估法分值权重设定案例

【内容摘要】

本案例是一则侧重于综合评估法分值权重设置介绍的案例。通过介绍 4 个工程承包项目采用综合评估法的分值设置以及投标人计算得分方法的做法，比较、总结了在工程项目评标中因标的不同、工程总承包项目特点不同，在采用综合评估法时，其分值权重设置差别的分析。

【案例 20-1】装修工程总承包项目分值权重分配

某单位办公区工程总承包装修工程评标分值权重及计算细则如下。

(1) 投标报价（20 分）

① 最高限价：本次装修最高限价 800 万元。

② 投标基准价：基准价＝（最高限价/2）＋（经评审入围的投标人的投标有效报价的算数平均值/2）。

③ 有效报价：投标人通过符合性评审后的报价即为有效投标报价。

④ 评分算法：当投标人有效报价在基准价±2%（含±2%）以内得满分；有效报价高于基准价 2% 的基础上，每增加 1%（不足 1%，四舍五入）扣 0.5 分；有效报价低于基准价 2% 的基础上，每减少 1%（不足 1%，四舍五入）扣 0.5 分；报价最低分为 10 分。

(2) 设计方案（40 分）

设计方案评分标准：

审查本着"以人为本、安全可靠、功能完善、布局科学、便捷适用、节能环保、适度超前"的原则，按照以下各方面进行，满分 40 分。

① 方案设计指标 0～3 分。是否符合招标文件提出的基本指标要求。

② 设计方案 0～37 分。

a. 有效果图、平面布置图等直观表现形式，0～3 分；

b. 布置合理、使用便捷，合理利用空间，功能分区明确、完善，0～7分；

c. 办公区域的安全性（财产、物资、信息的安全等方面），0～7分；

d. 以人为本，体现公司对员工的关怀，0～6分；

e. 具备先进的办公自动化、信息化水平，0～6分；

f. 节能环保，0～4分；

g. 有超前意识（设计理念、办公自动化、信息化水平、节能环保、材料选用等方面），0～4分。

（3）施工组织设计（25分）

① 施工方案全面完整、针对性强、切实可行，0～5分；

② 施工总平面图设计合理，0～2分；

③ 劳动力计划安排合理，0～1分；

④ 材料供应安排合理，0～2分；

⑤ 关键部位施工方法明确、切实可行，0～3分；

⑥ 质量安全保证措施切实可行，0～2分；

⑦ 机械设备配备满足本工程施工要求，0～2分；

⑧ 工期计划合理，保证措施切实可行，0～2分；

⑨ 具有可行的提高工程质量、保证工期、降低造价的合理化建议，0～2分；

⑩ 在施工中采取新技术、新材料、新工艺、新设备的，0～2分；

⑪ 施工现场采取环保、消防、降噪声、文明等施工技术措施等，0～2分。

（4）企业资质以及项目经理资质要求（10分）

① 企业资质0～6分。

a. 企业营业执照；

b. 税务登记证；

c. 组织机构代码证；

d. 资质证书（设计和施工）；

e. 质量管理体系认证；

f. 安全证；

g. 近三年经审计的财务报表；

h. 银行资信证书；

i. 规费证。

以上资质均需要通过国家有关部门审查合格，评标时有一项计0.2分。

投标人近三年同类型工程（办公区面积不低于3600m^2）、业绩证明材料（如证明通知书、合同、竣工验收报告、施工许可证等）有一项业绩计1分，最高计2分。

工程获奖证书，有一项计1分，最高2分。

② 项目经理资质0～4分。

a. 本项目项目经理、项目副经理、技术负责人、工长、质量、材料、安全、计划、技术、预算人员等，根据省建设厅的有关规定需要的每一专业人员及相关证件，0～2分。

b. 本项目经理近三年同类型工程（办公区面积不低于3600m^2）、业绩证明材料（如证明通知书、合同、竣工验收报告、施工许可证等）有一项业绩计0.5分，最高计2分。

（5）标书质量（5分）

① 标书内容符合招标文件要求，字迹清楚、表述明确、内容齐全，0～3分。

② 现场答辩，条理清楚，0～2分。

【案例20-2】景观工程总承包项目评分分值权重分配

某景观工程总承包项目评分分值权重分配及计算细则如下。

（1）报价评分（70分）

工程总承包控制价1870.00万元；

基准价计算方法：有效范围平均值法，评标基准价 $C = A_2$。

第一步，确定报价均值 A_1。

当 $n < 5$ 时，$A_1 =$ 所有有效标书的投标报价的算数平均值；

当 $5 \leqslant n < 7$ 时，$A_1 =$ 所有有效标书的投标报价去掉1个最高价、1个最低价后的算数平均值；

当 $7 \leqslant n < 9$ 时，$A_1 =$ 所有有效标书的投标报价去掉1个最高价、2个最低价后的算数平均值；

当 $9 \leqslant n < 11$ 时，$A_1 =$ 所有有效标书的投标报价去掉2个最高价、3个最低价后的算数平均值；

当 $11 \leqslant n < 13$ 时，$A_1 =$ 所有有效标书的投标报价去掉3个最高价、4个最低价后的算数平均值；

当 $13 \leqslant n < 15$ 时，$A_1 =$ 所有有效标书的投标报价去掉4个最高价、5个最低价后的算数平均值；

当 $15 \leqslant n < 17$ 时，$A_1 =$ 所有有效标书的投标报价去掉5个最高价、6个最低价后的算数平均值；

当 $n \geqslant 17$ 时，$A_1 =$ 所有有效标书的投标报价去掉6个最高价、7个最低价后的算数平均值。

第二步，确定基准价有效范围。

评标基准价有效范围为 A_1 的90%～110%（含90%和110%）。

第三步，确定评标基准价 A_2。

对评标基准价有效范围内的投标报价按第一步计算 A_1 的规则进行再次加权平均，所得算数平均值即为 A_2。

投标报价得分计算：

投标价等于评标基准价的得分100分，各有效投标报价与评标基准价偏差，高于基准价1%的扣0.5分；低于基准价1%的扣0.3分；偏离不足1%的按照插入法计算得分，分值保留两位小数。

（2）技术标（15分）

① 设计方案（10分）。

a. 设计方案基本理念、规划分析、基本功能要求（2分）：理念先进可行、定位合理、功能详细得2分；一般得1分；无得0分。

b. 总平面设计是否合理（2分）：详细、合理得2分，一般得1分，无得0分。

c. 设计功能划分是否满足要求，设计分区布置是否合理（2分）：合理得2分，一般得1分，无得0分。

d. 施工图大致方案、设计效果图变现效果（2分）：较好得2分，一般得1分，无得

0分。

e. 景观节点、驳岸、苗树种植等大致方案是否详细，苗木品种选择是否合理（2分）：详细、合理得2分，一般得1分，无得0分。

② 施工组织设计（5分）。

a. 总体概述，施工组织总体设想、方案针对性和施工段划分：得0.2~0.5分。

b. 施工现场平面布置和临时设施、临时道路布置：得0.2~0.5分。

c. 施工进度计划和各阶段进度的保证措施：得0.2~0.5分。

d. 各分部分项工程的施工方案和质量保证措施：得0.2~0.5分。

e. 安全文明施工和安全保护措施：得0.2~0.5分。

f. 项目管理班子的人员岗位职责、分工：得0.2~0.5分。

g. 劳动力、机械设备和材料投入计划：得0.2~0.5分。

h. 关键施工技术、工艺及工程实施重点、难点和解决方案：得0.2~0.5分。

i. 苗木成活保证措施：得0.2~0.5分。

j. 苗木养护期措施：得0.2~0.5分。

（3）企业资信（15分）

① 企业施工信用（10分）。按工程所在地行政主管部门信用体系平台公布的考核分，除以100乘以10所得分值即为投标人信用考核招标加分值。

② 企业业绩（5分）。

a. 投标人若为施工企业，具有市政公用工程总承包的一级资质，得1分；投标人若为设计单位，具有市政行业设计甲级资质，得1分。本项最高得1分。

b. 投标人若为施工企业，项目负责人具有市政工程专业一级注册建造师执业资格的，得2.5分；投标人若为设计单位，项目负责人具有市政工程专业一级注册建筑师执业资格的，得2.5分；本项最高得2.5分。

c. 投标人若为施工企业，投标人自2018年1月1日起至今承担的单项合同额2000万元以上的含园林绿化内容业绩，每个得0.5分，最多得1.5分；投标人若为设计单位，投标人自2018年1月1日起至今承担的单项合同额2000万元以上的含园林绿化内容设计业绩的，每个得0.5分，本项最高得1.5分。

【案例20-3】道理施工招标评标分值权重分配

某机场大道施工招标评标细则如下。

评标价的分值确定

① 设定最高限价 G_1（含暂定金额）。招标人通过补遗方式在招标截止日期前5日发布合同段的最高限价。如投标人高于本合同段的 G_1，则视为投标无效，按"废标"处理。

② 确定最终限价 G_2。开标现场随机抽取最高限价下浮系数 X_1（X_1 只抽取一次，为2%、3%、4%三个数值中的一个，所有合同标段共用）。

$$各个合同标段的 G_2 = G_1 \times (1 - X_1)$$

如果投标报价高于本合同段的 G_2，则视其为超出招标人的支付能力，将不再参与后续任何计算，按"废标"处理。

③ 确定理论成本价 C。各个合同标段中所有小于和等于 G_2 的有效投标价的算术平均数的50%与最终标价 G_2 的50%相加后，乘以成本价系数 Z 所得数值，为该合同段的理论成本价 C。公式如下：

$$C = (0.5 \times G_2 + 0.5 \times A) \times Z$$

式中 A——该合同段中所有小于和等于 G_2 的有效投标价的算术平均数；

Z——成本系数（$Z=0.85-X_1$）

④ 评标基准价 D 的确定。

$$D=[X_2\times G_2+(1-X_2)\times B]\times X_3$$

式中　X_2——开标现场从 0.25、0.30、0.35 之间随机抽取一个数值（X_2 只抽取一次，为所有合同标段计算评标基准价 D 时统一使用）；

B——该合同段不高于最终限价 G_2 且不低于理论成本价 C 的有效投标报价的算术平均值；

X_3——开标现场从 0.99、0.98、0.97 之间随机抽取一个数值（X_3 只抽取一次，为所有合同标段计算评标基准价 D 时统一使用）。

评标基准价 D 在整个评标工作期间保持不变。

上述三个系数（X_1、X_2、X_3）在开标现场由投标人推荐三位代表抽取。

⑤ 评标价得分的确定。当投标人的投标报价等于 D 时得满分（100 分），每高于 D 一个百分点扣 2 分，每低于 D 一个百分点扣 1 分，中间值按比例内插，保留两位小数点。公式如下：

$$F_1=F-|D_1-D|/D\times100\times E$$

式中　F_1——投标人投标价得分；

F——投标报价所占百分比权重分值（100 分）；

D_1——投标人的投标报价即评标价；

D——评标基准价；

E——若 $D_1\geqslant D$，则 $E=2$；若 $D_1<D$，则 $E=1$。

⑥ 评标委员会根据评标价得分由高到低的顺序，每一合同段依次推荐 3 位中标候选人。

【案例 20-4】配电房设备采购分值权重分配

某单位配电房设备采购分值权重分配及其计算细则如下。

(1) 报价评分（30 分）

投标报价得分＝（评标基准价/评标价）×价格分值

① 评标基准价是指有效投标报价中的最低价；

② 若投标人是小型或微型企业，且所投产品制造商为小型或微型企业的，评审时对其产品价格给予 6% 的扣除；用扣除后的价格参与评标。

(2) 技术部分（35 分）

① 施工现场组织机构、施工方案（10 分）：方案全面、措施完善、可操作性强，得 10 分；方案较全面、措施较完善、可操作性较强，得 7 分；方案或措施一般、可操作性一般，得 3 分；方案或措施有缺陷、可操作性差，得 0 分。

② 进度计划（9 分）：进度计划安排紧凑、方案合理，得 9 分；进度计划安排较紧凑、方案较合理，得 5 分；进度计划安排一般、方案合理性一般，得 2 分；进度计划安排不紧凑、方案不合理，得 0 分。

③ 安全目标、安全体系和技术组织措施（8 分）：措施完善合理、保障到位、有利于执行，得 8 分；措施较完善合理、保障到位、较有利于执行，得 5 分；措施一般、保障一般、可行性一般的，得 3 分；措施不合理、保障与可行性差的，得 0 分。

④ 质量目标、质量体系和技术组织措施（8 分）：质量保障体系和措施完善全面、实施有保障的，得 8 分；质量保障体系和措施较完善、实施较有保障的，得 5 分；质量保障体系和措施一般、实施保障一般的，得 3 分；质量保障体系和措施不完善、实施有保障差的，得

0分。

（3）商务部分（35分）

① 对投标人质量事故考核指标评分（3分）：今年未发生过一般及以上质量事故、无重大设备、重大质量事故的，得3分；否则0分。

② 对投标人安全事故考核指标评分（3分）：今年未发生过一般及以上安全事故、无重大安全事故的，得3分；否则0分。

③ 对投标人"重合同守信誉"情况评分（5分）：近年来连续三年获得工商行政管理部门或行业协会颁发的"重合同守信誉"的，得5分。

④ 对投标人相关管理体系认证情况评分（6分）：获得质量管理体系认证的，得2分；获得职业健康安全管理认证的，得2分；获得环境管理体系认证的，得2分。

⑤ 对投标服务机构设立便利性情况评分（6分）：距离≤50km的，得6分；50km＜距离≤100km的，得3分；100km＜距离≤200km的，得1分；其他不得分。

⑥ 对投标人近期同类工程业绩情况评分（6分）：每个业绩3分，最高12分，没有的，不得分。

【案例启示】

上述4个案例均采用了综合评估法，但评分分值权重分配的差异比较突出，从以下几个方面对此进行初步分析。

（1）分值权重设定的分析

上述4个案例分值权重分配情况表见表20-5。

表20-5　分值权重分配情况表

案例	项目名称	设计文件分值	价格分值	施工组织方案分值(技术评分)	商务项分值	其他项分值
1	装修工程总承包	40	20	25	10	5
2	景观工程总承包	10	70	5	15	—
3	道路施工招标评标	0	100	0	0	0
4	配电房设备采购	—	30	35	35	

① 分值权重因标的类别不同存在区别。在工程总承包招标中，由于是对项目设计、采购、施工的总承包，与传统的承包模式相比较，因含有设计，其技术要素分值权重则相应要高些，而价格要素分值相应要低些。因为不同的人对同一项目有不同的设计理念和思维，设计水平的高低则直接影响到项目运行的成败和效率。此时价格因素不能完全反应投标人的实力，更多的要从技术上对投标人进行评定。

同时，尽管同属于工程总承包项目，它们之间分值权重分配也是有差别的，往往受到项目特点的影响，依据设计的难度、复杂因素、作用地位的强弱又有所不同。例如，案例20-1和案例20-2同属于EPC项目，案例20-1装修项目设计分值（40分）就比案例20-2景观项目设计分值（10分）设定的就高。这是因为装修设计比景观设计的难度大，复杂得多。

在工程总承包项目中如果不包含设计，是以工程量清单或者以施工图纸为招标的依据，那么，价格将起到主导作用。因为工程项目前期往往要对投标人的资格进行审查，能够进入打分阶段的投标人更是经过了严格审查后的合格投标人，所以价格的高低将会对中标人的确定产生决定性的影响。例如案例20-3施工项目中的价格分值（100分）就比案例20-1、案例20-2的EPC项目的价格分值（20分、70分）高。

在案例20-4的设备采购招标中，可以按照《机电产品国际招标综合评价法实施规范（试行）》文件规定的，价格权重不低于30%，技术权重不高于60%来设定价格因素所占的比重。对于一些成熟的通用设备，价格比重可以适度放宽，在 50% 以上为好。对于一些工艺复杂的成套类设备，价格比重不宜过宽，以不超过 50% 为宜。总之，在设备招标中，在功能满足的情况下，还是倾向于比较价格。

② 工程总承包项目发包起点对权值分配的影响。在工程总承包项目招标评标中，其权值分配受项目发包起点不同有所不同，这是由于投标人承包的内容发生了变化，需要评审的指标多少存在差异而产生权值变化。对于工程总承包项目，其发包时点分为：可行性研究发包方案后、方案设计完成之后、初步设计方案之后发包。权值分配依上述发包时点顺序其价格标的权值分配应依次增加。

③ 技术评分因素划分粗细得当。当技术占很大比例时，应当突出主要参数既不能过于笼统，也不能过于细化。过于笼统，区分不出投标人的实力；评分要素分的过细，将会为评标带来困难，抓不住重点。当技术内容占很大比例时，可根据项目特点找出主要参数作为评分依据，将投标人对项目要求的特点突出出来。

④ 商务评分比例不应过大。商务标很多时候往往是属于送分的，没有什么技术含量，只要投标人符合要求，在编制投标文件时按照招标文件要求，细心、认真就能得到高分。因此，分值不能定得过高，过高了将不利于评委会评审，很难反映投标人的真实实力。

(2) 价格评分办法的计算

价格得分的计算无论采用何种方法，目的都是为了防止出现对项目招标的围标现象。上面 4 个案例先确定偏离度，然后计算偏离度数值，再计算各投标人的得分，处于规定的两偏离度数值之间的投标人得分，都采用了"直线内插法"，他们不同之处只是体现在基准价的设定上。案例 20-1 是以最高限价与有效报价均值各二分之一之和作为基准价；案例 20-2 将有效报价均值作为基准价；案例 20-3 则将最高限价与有效报价均值等的复合基准价法作为基准价；案例 20-4 采用的是有效投标报价中的最低投标价为基准价。

由此可见，在工程招标中，无论是工程总承包模式，还是传统承包模式，评标基准价往往将最高限价、最低投标价及有效投标人投标报价的因素之一为基准价或它们的算术平均值按一定比例组合而成，即采取所谓的 ABC 法。

在设备采购招标中，由于事先无法估计设备的价格，所以评标基准的计算通常是通过计算有效投标人投标报价的算术平均值作为评标基准价。

无论采用何种方法计算基准价都是为了选择一个标准价格作为尺度，其合理性是得到各方认可的。这样也就对招标文件中评标基准价计算方法的制定提出了更高要求。在科学的计算方法下，如果能在计算过程中多选择一些随机系数，参与到基准价的计算中，那么将会更有效地防止围标现象出现。所以评标基准价的制定，都是为了营造一个公平、公正的评标环境，帮助招标人选择一个合格的投标人。招标人与招投标代理机构作为评标方法的制定者，应该严格遵守国家法律法规，用科学的方法，制定出严谨、科学的打分方法。

20.3 综合评估法分值计算案例

【内容摘要】

本案例是一则综合评估法分值计算的案例。以某工程总承包项目采用综合评估法对投标文件进行打分为背景，介绍评委对各投标人打分后，如何统计计算各投标人的得分。

【项目背景】

某工程总承包项目采用公开招标方式，有 A、B、C、D、E、F 等 6 家承包商参加投标。

经资格预审该 6 家承包商均满足业主要求。该工程采用两阶段评标法评标，评标委员会由 7 名委员组成。

【技术标打分】

第一阶段对技术标打分。技术标共计 40 分，其中设计方案 15 分、施工方案 8 分、管理方案 6 分、项目班子 6 分、企业信誉 5 分。

技术标内容的得分，为各评委评分去除一个最高分和一个最低分后的算术平均数。

技术标合计得分不满 28 分者，不再对其评审商务标。

表 20-6 为各评委对 6 家承包商设计方案评分汇总表。

表 20-6 设计方案评分汇总表

投标单位	评委							得分
	评委 1	评委 2	评委 3	评委 4	评委 5	评委 6	评委 7	
A	13.0	11.5	12.0	11.0	11.0	12.5	12.5	11.9
B	14.5	13.5	14.5	13.0	13.5	14.5	14.5	14.1
C	12.0	10.0	11.5	11.0	10.5	11.5	11.5	11.2
D	14.0	13.5	13.5	13.0	13.5	14.0	14.5	13.7
E	12.5	11.5	12.0	11.0	11.5	12.5	12.5	12.0
F	10.5	10.5	10.5	10.5	9.5	11.0	10.5	10.5

A 投标单位设计方案得分的计算过程如下。

在各位评委对 A 投标单位的评分中，去掉最高分 13.0 和最低分 11.0，计算 A 投标人的得分值，A 投标单位设计方案得分的计算过程如下：

$$(11.5+12.0+11.0+12.5+12.5)/5=59.5/5=11.9$$

B 投标单位设计方案得分的计算过程如下。

在各位评委对 B 投标单位的评评分中，去掉最高分 14.5 和最低分 13.0，计算 B 投标单位的得分值，B 投标单位设计方案得分的计算过程如下：

$$(13.5+14.5+13.5+14.5+14.5)/5=70.5/5=14.1$$

在各位评委对 C 投标单位的评评分中去掉最高分 12.0 和最低分 10.0，计算 C 投标单位的得分值，C 投标单位设计方案得分的计算过程如下：

$$(11.5+11.0+10.5+11.5+11.5)/5=11.2$$

......

其他各投标单位设计方案得分统计同理。对各评委对各投标单位的总工期、质量、项目部班子、企业信誉得分的统计过程也同理。

各投标单位施工方案的总工期、质量、项目部班子、企业信誉得分汇总见表 20-7。

表 20-7 总工期、质量、项目部班子、企业信誉得分汇总表

投标单位	总工期	工程质量	项目班子	企业信誉	其他要素得分
A	6.5	5.5	4.5	4.5	21.0
B	6.0	5.0	5.0	4.5	20.5
C	5.0	4.5	3.5	3.0	16.0
D	7.0	5.5	5.0	4.5	22.0
E	7.5	5.0	4.0	4.0	20.5
F	8.0	4.5	4.0	3.5	20.0

技术标得分＝设计方案＋其他要素得分。各投标人技术标得分汇总见表 20-8。

表 20-8　各投标人技术标得分汇总表

投标单位	设计方案得分	其他要素得分	技术标总分
A	11.9	21.0	32.9
B	14.1	20.5	34.6
C	11.2	16.0	27.2
D	13.7	22.0	35.7
E	12.0	20.5	32.5
F	10.5	20.0	30.5

【商务标打分】

第二阶段对技术标打分。商务标共计 60 分。招标文件规定：以招标人编制标底的 50%与投标报价算术平均数的 50%之和作为基准价，但最高（或最低）报价高于（或低于）次高（或次低）报价的 15%者，在计算投标报价算术平均数时不予考虑，且商务标得分为 15 分。

以基准价为满分（60 分），报价比基准价每下降 1%扣 1 分，最多扣 10 分；报价比基准价每增加 1%扣 2 分，扣分不保底。表 20-9 为标底和各投标人报价汇总表。

表 20-9　标底和各投标人报价汇总表　　　　　　　　　单位：万元

投标单位	A	B	C	D	E	F	标底
报价	13656	11108	14303	13098	13241	14125	13790

注：计算结果保留两位小数。

由表 20-8 可知，投标人 C 的技术标部分仅得 27.2 分小于 28 分的最低限，按规定不再评审其商务标，实际上已作为"废标"处理。

下面计算各投标人 A、B、D、E、F 五家投标单位的商务标得分。

(1) 复合标底作为基准价评分推荐中标人

① 基准价计算。如前面所述，本项目招标文件规定：

$$基准价（复合标底）＝标底×50\%＋报价均值×50\%$$

以标底的 50%与承包商报价算术平均数的 50%之和作为基准价。同时还规定，最高报价高于次高报价的 15%者，或者最低报价低于次低报价的 15%者，在计算承包商报价算术平均数时不予考虑，且商务标得分为 15 分。

从表 20-8 中可以看出，F 投标单位为最高报价 14125 万元，A 投标单位为次高报价 13656 万元；D 投标单位为次低报价 13098 万元，B 投标单位为最低报价为 11108 万元。

$$（最高报价－次高报价）/次高报价＝（F 报价－A 报价）/A 报价$$
$$＝（14125－13656）/13656＝3.43\%＜15\%$$
$$（次低报价－最低报价）/次低报价＝（D 报价－B 报价）/D 报价$$
$$＝（13098－11108）/13098＝15.19\%＞15\%$$

所以，B 投标单位的报价（11108 万元）在计算基准价时不予考虑。

$$基准价（复合标底）＝底标×50\%＋报价均值×50\%$$
$$＝13790×50\%＋（13656＋13098＋13241＋14125）/4×50\%$$
$$＝13660（万元）$$

② 各投标人商务标得分计算。投标人 A、B、D、E、F 五家投标单位的商务标得分计算过程及结果见表 20-10。

表 20-10　商务标得分计算表

投标单位	报价/万元	报价与基准价的比例/%	扣分	得分
A	13656	(13656/13660)×100＝99.97	(100－99.97)×1＝0.03	59.97
B	11108	—	—	15.0
D	13098	(13098/13660)×100＝95.89	(100－95.89)×1＝4.11	55.89
E	13241	(13241/13660)×100＝96.93	(100－96.93)×1＝3.07	56.93
F	14125	(14125/13660)×100＝103.40	(103.40－100)×2＝6.80	53.20

③ 计算各投标人的综合得分。各投标人的综合得分计算见表 20-11。

表 20-11　各投标人的综合得分计算表

投标单位	技术标得分	商务标得分	综合得分
A	32.9	59.97	92.87
B	34.6	15.0	49.60
D	35.7	55.89	91.59
E	32.5	56.93	89.43
F	30.5	53.20	83.70

因为 A 投标人的综合得分最高为 92.87，故应推荐 A 为中标单位。

（2）无标底综合评分推荐中标人

若该工程未编制标底，以各承包商报价的算术平均数作为基准价，其余评标规定不变。

基准价（报价均值）＝Σ各投标人报价/投标人数

按原评标原则确定推荐中标人的计算过程如下：

① 基准价计算。A 投标单位报价 13656、D 投标单位报价 13098、E 投标单位报价 13241、F 投标单位报价 14125，取其均值为基准价：

$$基准价（报价均值）＝（13656＋13098＋13241＋14125）/4$$
$$＝13530（万元）$$

② 各投标人商务标得分。报价与基准价的比例、扣分、得分计算过程见表 20-12。

表 20-12　商务标得分计算表

投标单位	报价/万元	报价与基准价的比例/%	扣分	得分
A	13656	(13656/13530)×100＝100.93	(100.93－100)×2＝1.86	58.14
B	11108	—	—	15.0
D	13098	(13098/13530)×100＝96.81	(100－96.81)×1＝3.19	56.81
E	13241	(13241/13530)×100＝97.86	(100－97.86)×1＝2.14	57.86
F	14125	(14125/13530)×100＝104.40	(104.40－100)×2＝8.80	51.20

③ 计算各投标人的综合得分。各投标人的综合得分等于技术标得分与商务标得分之和，其结果见表 20-13。

表 20-13　各投标人的综合得分计算表

投标单位	技术标得分	商务标得分	综合得分
A	32.9	58.14	91.40
B	34.6	15.0	49.60
D	35.7	56.81	92.51
E	32.5	57.86	90.36
F	30.5	51.20	81.70

由表 20-13 可知，因为承包商 D 的综合得分最高为 92.52，故应推荐投标人 D 为中标人。

【案例启示】

① 本案例旨在介绍评标打分后各投标人评分值的计算问题以及两阶段评标法所需注意的问题和报价合理性的要求。虽然评标大多采用定量方法，但是，实际仍然在相当程序上受主观因素的影响，这在评定技术标时显得尤为突出。因此，需要在评标时尽可能减少这种影响。例如，本案例中将评委对技术标的评分去除最高分和最低分后再取算术平均数，其目的就在于此。

② 商务标的评分似乎较为客观，但受评标具体规定的影响仍然很大。本示例通过两种评审方法结果的比较，标底基准价和报价均值基准价评审打分，说明评标的具体规定不同，商务标的评分结果可能不同，甚至可能改变评标的最终结果。针对本案例的评标规定，本项目招标人给出最低报价低于次低报价 15％和技术标得分不满 28 分的情况，而实践中这两种情况是较少出现的。

20.4 综合评估法评标程序案例

【内容摘要】

本案例是一则侧重综合评估法评标程序介绍的案例。以某 EPC 水利工程招标评标为背景，介绍了招标人评标工作程序，较为详细的阐述从评委会的组建到投标人的资格审查，以及评标过程的各个环节到评标报告整个过程，对招标人对 EPC 评标程序的把握，具有一定的参考价值。

【项目背景】

某 EPC 水利基础设施改建项目，项目建设内容包括某段河流治理、泵站工程建设、长江某河段治理及其他。估算总投资约 15 亿元，预计中央、省级补助资金约×亿元。

【组建评委会】

① 本项目由招标人依法负责组建。

② 评委会人员人数由 5 人以上单数组成，其中技术、经济专家人数不少于成员总数的 2/3。

③ 评标人员应客观公正地履行职责，遵守职业道德，对所提出的评审意见承担相应责任。评委成员实行回避制度和保密制度。

④ 评委会应按照资格评审、初步评审、澄清、详细评审（技术标评审、综合实力评审、投标报价评审）、编写评标报告、推荐中标候选人的程序开展评标工作。

【资格审查】

投标人的资格审查按照资格审查强制性合格条件表（表 20-14）的内容进行，凡表中所列任何一项条件不满足，则视为资格审查不合格。只有资格审查合格的投标人方可进入初步审查。

表 20-14 资格审查强制性合格条件表

序号	内容	要求标准条件	评审结论
1	联合体协议书	投标人按招标文件要求、格式提供的协议书有效。如本项目规定只接受设计单位为 EPC 牵头人的投标，联合体各方有明确的协议，规定各自的权利义务	
2	联合体授权委托书	按招标文件要求、格式提供的，有效	
3	营业执照	有效	
4	资质证书	符合招标文件要求	

序号	内容	要求标准条件	评审结论
5	信誉要求	未处于财产被接管、冻结、破产状态	
6	投标人业绩	符合招标文件要求	
7	项目部人员资质、业绩	符合招标文件要求	
8	单位信用记录（评价）	无不良记录且在投标有效期内有效	
9	其他要求	符合招标文件要求	
	结论（应填写"合格"或"不合格"）		

【初步评审】

① 在初评之前，评委会应认真研究招标文件，了解和熟悉以下内容：

a. 招标目标；

b. 招标的范围和性质；

c. 招标文件中的主要要求、标准和商务条款；

d. 文件规定的评标标准、评标方法和在评标过程中应考虑的相关因素。

② 初评主要是对投标文件进行符合性评审，只有通过符合性评审的投标文件才能进入下一阶段的评审。初步评审的内容见表 20-15。

③ 评委会审查各投标文件其是否对招标文件提出的所有实质性要求进行了响应，未能在实质条款上做出实质性响应的投标文件，属于重大偏差，应做"废标"处理。

④ 对投标文件进行符合性评审应按照招标文件规定的符合性审查表进行。凡是对表 20-14 中所列的任何一项投标人未作响应，属于重大偏差，则按照"废标"处理。做出实质性响应的投标文件可以进入下一个评审环节。

⑤ 重大偏差外的偏差属于细微偏差，细微偏差只是在个别地方存在漏项或提供不完整的技术信息和数据等情况，并且补正这些漏项或不完整，不会给其他投标人造不公平的结果。细微偏离不影响其有效性。评标专家应在详细评审前要求投标人予以补正，对于拒不补正的，在详细评审中可以对细微偏差做出不利于投标人的处理。

⑥ 当通过初审的投标人少于 3 家时，一般应继续进行评标。凡通过初步评审的投标人投标报价均视为评审各投标人投标报价是否为有效报价的评审依据。

表 20-15 投标文件符合性审查表

序号	重大偏差情况	是否存在重大偏差（填写"是"或"否"）
1	未按招标文件要求签字或盖章	
2	未缴纳投标保证金或保证金额不符合要求	
3	投标书中关键内容字迹潦草、模糊、无法辨认	
4	缴纳两份或多份投标文件，或在一份投标文件中对同一标的报两个或多个报价，并没有说明哪个有效	
5	未按招标文件要求提交法定代表人授权委托书	
6	投标工期、质量、技术标准、技术规格不能满足招标文件要求	
7	投标报价或主要合同条款等关键性内容与招标要求不符、有显著差异或保留（评委认为是细微偏差的除外）	
8	投标报价超出控制价范围	
9	投标文件中附有招标人不能接受的条件	
	结论（应填写"合格"或"不合格"）	

【问题澄清】

初评后,由评标委员会主持讨论对投标文件中含义不明确的内容等提出是否需要澄清的问题,需要澄清问题的清单由评标委员会成员签字后以书面的形式提出。有关澄清说明与答复,要求投标人应以书面形式按照招标文件规定的数量、签署等规定进行,但对于投标报价实质性的内容不得更改。澄清问题作为投标文件的组成部分。经评标委员会的评审,没有询标内容的,应由评标委员会主任签字确认"本评标委员会确认本项目没有需要询标事项。"

【详细评审】

评标委员会根据量化考核标准对各个投标文件(技术标、综合实力、投标报价)进行打分,最终根据得分高低提出中标候选人名单。各考核项目的权重和分值设置见表20-16量化考核评分细则表。

(1) 计分规则

① 打分计算保留小数点后两位,第三位四舍五入;

② 评分计算中出现中间值时按插入法计算得分;

③ 各评委打分的算术平均值为投标人的得分;评标委员会采取记名评分的方式,在评分表中任何改写处,均必须由评分人员小签。

(2) 量化打分

本次评标共分以下方面对投标文件进行评价,其设置为:

① 技术标(30分);

② 综合实力及总承包实施业绩(43分);

③ 项目管理团队及人员保证(27分)。

注:技术标+综合实力及总承包实施业绩+项目管理团队及人员保证满分100分,占总分的(权重)30%;商务标(投标报价)满分100分,占总分的(权重)70%。即计算得分为:

$$最终得分=(技术标得分+综合实力及总承包实施业绩得分+项目管理团队及人员保证$$
$$得分)\times30\%+(商务标得分\times70\%)+信用标得分$$

表 20-16 量化考核评分细则表

评分因素		评分标准
技术标(30分)	对采用设计-采购-施工模式的理解(6分)	根据对项目工作内容、责任、风险、工作流程等方面进行描述和对该模式的理解程度和深度进行打分(上等6分、中等4分、下等0分)
	总体实施方案(24分)	勘查方案:结合投标人提供的方案的科学性、合理性进行评比(上等4分、中等2分、下等0分)
		设计方案:结合投标人提供的设计方案的科学性、合理性、可行性进行评比(上等4分、中等2分、下等0分)
		进度计划、控制措施:结合投标人提供的计划和措施方案是否满足本项目的总体要求,工期保证措施是否切实可行、科学合理进行评比(上等4分、中等2分、下等0分)
		质量控制措施:结合投标人提供的质量控制措施的科学合理性、切实可行性进行评比(上等4分、中等2分、下等0分)
		安全文明施工:结合投标人提供的安全文明施工方案的完整、可行、经济性进行评比(上等4分、中等2分、下等0分)
		施工总平面布置图:结合投标人提供的总平面布置图的科学、可行、合理性,是否有利于施工组织进行评比(上等2分、中等1分、下等0分)
		风险控制措施:结合投标人提供的风险预测及风险控制措施的合理有效性进行评比(上等2分、中等1分、下等0分)

评分因素		评分标准
综合实力及总承包实施业绩（43分）	投标人（若为联合体投标的应为联合体中的设计方）综合实力（8分）	国家一级注册建筑师达到 3 人得分 3 分，每增加一名一级注册建筑师加 1 分，满分 4 分
		国家一级注册结构工程师达到 5 人得基本分 3 分，每增加一名一级注册结构工程师加 1 分，满分 4 分
	投标人（若为联合体投标的应为联合体中的勘察方）综合实力（2分）	国家一级注册建筑师达到 3 人得 1 分，每增加一名一级注册建筑师加 1 分，满分 2 分
	投标人（若为联合体投标的应为联合体中的施工方）综合实力（9分）	满足招标文件门槛条件的得基本分 5 分，同时具有建筑行业（建筑工程）设计甲级资质的加 4 分
	投标人（若为联合体投标的应为联合体中的设计方）类似项目设计业绩（9分）	满足招标文件门槛条件的得基本分 5 分，每增加一个类似施工业绩的加 2 分，业绩满分 9 分
	投标人（若为联合体投标的应为联合体中的施工方）类似项目施工业绩（15分）	满足招标文件门槛条件的得基本分 9 分，每增加一个类似施工业绩的加 2 分，业绩满分 11 分；上述业绩如果有得省级优等奖的另加 2 分，获得鲁班奖的另加 4 分，同一项目不重复得分
项目管理团队及人员保证（27分）	设计经理（10分）	具有高级技术职称的得 0.5 分，具有正高级技术职称的得 1 分；满足招标文件门槛条件的得基本分 5 分，每增加一个类似设计业绩的加 2 分，满分 9 分
	勘察经理（2分）	具有注册岩土工程的得 2 分
	施工经理（15分）	满足招标文件门槛条件的得基本分 9 分，每增加一个类似施工业绩的加 2 分，业绩满分 11 分； 上述业绩如果有得省级优等奖的另加 2 分，获得鲁班奖的另加 4 分，同一项目不重复得分
商务标（100分）	商务标（投标报价）评分（100分）	1. 工程勘察部分商务标满分 10 分；投标报价为基准价的满分；其他报价与基准价相比每差 1%（不足 1% 的按 1% 计取）扣 2 分，扣完为止 2. 工程设计部分商务标满分 20 分；投标报价为基准价的满分；其他报价与基准价相比每差 1%（不足 1% 的按 1% 计取）扣 2 分，扣完为止 3. 工程施工部分商务标满分 70 分；其中最低的有效投标报价为满分 70 分；每与最低报价相比差 1%（不足 1% 的按 1% 计取）扣 2 分，扣完为止。因最低报价费率过低导致次低报价费率投标人商务标得分与最低报价费率投标人商务标的得分相差 20 分及以上时，最低报价费率的投标人工程施工部分商务标按 0 分计

注：1. 类似业绩是指满足招标公告要求的业绩；

2. 各类项荣誉、企业银行资质等级以发证时间为准（均需是投标当年 1 月 1 日至今），现场需提供原件备查；

3. 所有类项的颁发部门必须是建设行政主管部门或行业协会；

4. 各类项荣誉、企业银行资质等级、业绩、证书等现场需提供原件备查，否则不予计分。

【信用标的评审】

信用标的评审采用住房和城乡建设部主管部门公布的企业市场行为信用评价分值，并按照办法的规定，将其计入相应投标人的分值，信用标在总分值中比重不超过 10%，权重设置按《不同规模房屋建筑和市政工程信用标分值计取标准》的规定执行。技术标合格的投标人企业市场行为信用评价分值（以开标当日在省工程建设监管和信用管理平台查询的信用评分为准）最高的信用标为满分，其他人投标按比例计算，即：

信用标得分＝投标人信用评价分值/最高信用评价分值×信用标权重×100

在本市行政区内，已有业绩（在建或已完工）的，也可以据项目实施行为按以下方法评价：由政府投资项目建设单位或住房和城乡建设行政主管部门评定为"优秀"的信用分值为满分；"良好"的信用分按 70% 计分；"一般"的信用分按零分计；"差"的不得进入商务标的评审。要求投标文件中提供政府投资项目建设单位或住房和城乡建设行政主管部门评定（或出具证明）的复印件原件备查。联合体参加投标的，其信用标的评审按联合体中最低评价认定，经测算投标人信用标得分与政府投资项目建设单位或住房和城乡建设行政主管部门评定的信用分值不一致的，以有利于投标人的分值为准。

【推荐候选人】

评标委员会按照投标人总得分从高到低排序，推荐从高到低前三名为中标候选人并注明排名顺序。招标人应确定排名第一的中标候选人为中标人。如总分相同，以商务标得分高的投标人排序在前；商务标得分相同的，以技术标得分高的排名在前；技术标得分相同的，以投标人综合实力及总承包实施业绩得分高的排名在前。根据《安徽省住房城乡建设厅关于将建筑施工企业信用评定结果纳入房屋建筑和市政基础设施工程施工招标投标评分项目的通知》规定，房屋建筑与市政基础设施工程招标项目，施工企业在安徽省工程建设监管和信用管理平台信用评分得分排名在后 60% 的，原则上不作为中标候选人。

【评标报告】

评标委员会在出具评标结论前，招标人应提醒评委会对评标过程中的一些重要事项进行复核，经复核准确无误后，才能出具评标结论。评标委员会完成评标后，向招标人提交书面评标报告。书面评标报告由评标委员会全体成员签字。

评标委员会通过评审报告向招标人报告评标过程中的其他事项。评标专家对评审报告有不同意见的，采取少数服从多数的原则形成评审报告。对评审结论持有异议的评委可以以书面方式阐述其不同的意见和理由。评标委员会成员拒绝在评标报告上签字且不陈述其不同意见和理由的，视为同意评标结论。评标委员会应就此做出书面说明并记录在案。

【案例启示】

① 当前，由于工程总承包模式的优势突出，在国际市场上备受青睐，国内正在大力推广之中，中国的企业迫切需要创新，对工程总承包模式尤其是对其招标中的评标方法进行深入研究和探讨。如何选择一个优秀的总承包商，本案例为此提供了详细的评标方法以及标准，对从评委会的组建到投标人的资格审查以及评标过程中的各个环节都进行了论述，对于工程总承包项目评标具有一定的参考价值。

② 招标程序的重要作用。严格按照法律规定遵守招标的程序十分必要，招标程序的重要性主要体现在以下几个方面。

a. 规范招标过程。例如，对于编制招标计划、招标公告发布、招标会议的组织、评标委员会的组成、评标方法的规定和发布中标公告，各个环节的工作，都形成了有效的制约机制，从而更好地规范招标的整个过程。

b. 规范市场竞争秩序。在激烈的市场竞争中，一些企业单位和个人为了取得竞争优势有可能采取一些不正当的竞争手段，破坏市场公平竞争秩序。通过正常、公开的评标过程规范，可以规避不法投标行为，达到稳定交易市场秩序的目的。

c. 落实招标过程的"三公"原则。招标程序可以保证整个招标活动是在一个公开的、监察严格的过程中进行，遵循程序能有效增强对整个招标过程的约束和管理。通过资格审查程序的规范、评标文件的公布和对最高限价等的编制，从而更好地落实招标的公平、公正、公开的原则。

d. 规范和约束中标人的行为。招标投标法是一部程序法，招标投标法对中标单位的投标过程、具体实施、合同签署和协议履行都有明确的规定，对招投标各方都具有法律约束的作用。投标单位中标后，招标单位和有关监管部门会根据招标文件和协议对中标单位形成一定的约束作用，通过合同确立、监管部门审核、媒体公示，对中标单位的项目落实进行有效的监管。

③ 本案例中招标人将投标人的道德作为评审因素，值得借鉴。随着建设工程市场的发展和市场化程度的不断提高，人们开始认识到企业信用在工程建设实践中的重要作用。信用作为一种企业道德的"压舱石"，是保证工程建设承发包顺利运行，项目按期、保质完成的基础，是企业承包项目应具有的先决条件。在招投标中，业主对投标企业的信用越来越重视。本案例对信用标的评标方式，具有紧随形式发展的特点，将信用放在十分重要的位置，对于治理市场秩序，提高工程质量，具有重要意义，值得推广和借鉴。

参考文献

[1] 房屋建筑和市政基础设施项目工程总承包管理办法. (建市规〔2019〕12号)
[2] 标准设计施工总承包招标文件. (发改法规〔2011〕3018号)
[3] 建设项目工程总承包合同示范文本 (试行). (GF-2020-0216)
[4] 关于进一步推进工程总承包发展的若干意见. (建市〔2016〕93号)
[5] 建设项目工程总承包费用项目组成 (征求意见稿). (建办标函〔2017〕621号)
[6] 房屋建筑和市政基础设施项目工程总承包计价计量规范 (征求意见稿). (建办标函〔2018〕726号)
[7] 上海市工程总承包招评标办法. (沪建建管〔2018〕808号)
[8] 江苏省房屋建筑和市政基础设施项目工程总承包招标投标导则. (苏建招办〔2018〕3号)
[9] 高云贞, 褚勤. 中外建筑工程招投标方式比较研究 [A]. 七省市建筑市场与招标投标优秀论文集. 2006.
[10] 吴洪伟. 采用EPC模式的工程项目招标探讨 [J]. 中国工程咨询, 2010 (01): 52-54.
[11] 冯春, 姚浩. EPC招标文件策划 [J]. 上海建筑科技, 2010 (03): 69-71.
[12] 杨学彦. 浅谈EPC项目两阶段招标的方法 [J]. 中国招标. 2018 (36).
[13] 杨文洪. EPC总承包工程合同计价模式的选择及思考——基于×××医院建设项目的实践 [C]. 成都市工程造价协会. 2017.
[14] 邱应剑. EPC模式下招标阶段造价控制探讨 [J]. 工程造价管理, 2019 (05): 43-49.
[15] 赵阳. 浅谈EPC项目总承包投标报价 [J]. 有色冶金设计与研究, 2010 (04): 51-53.
[16] 王伍仁. EPC项目投标的关键决策点分析 [J]. 施工企业管理, 2019 (05): 72-75.
[17] 邓德利. 大型EPC项目投标资格预审要点解析 [J]. 国际经济合作, 2012 (05): 69-71.
[18] 杨秀梅. 大型EPC项目中总承包商须注意的问题 [J]. 中国招标, 2010 (24): 22-24.
[19] 李从山. EPC工程总承包评标办法及标准 [J]. 安徽建筑, 2016 (05): 276-279.
[20] 余甜甜, 李维芳. 基于云模型的EPC总承包项目评标方法研究 [J]. 价值工程, 2020 (02): 261-263.